福州大学教材建设基金资助出版

交流电机控制原理及控制系统

周扬忠　杨公德　屈艾文　编著

机械工业出版社

本书围绕交流电机控制原理及控制系统之间的联系，选择异步电机、永磁同步电机、无刷直流电机、多相永磁同步电机、开关磁阻电机、电励磁同步电机等的控制为讲解对象，重点简介各种交流电机转矩、磁场控制原理，并基于此，构建调速控制系统。

全书共 12 章，重点介绍交流电机调压调速、变压变频调速等基于电机稳态数学模型的控制策略和交流电机磁场定向矢量控制、直接转矩控制等基于电机瞬态数学模型的控制策略，从三相交流电机控制讲解到多相交流电机控制，从异步电机控制讲解到同步电机控制，从永磁同步电机控制讲解到电励磁同步电机控制。全书从多角度介绍常用交流电机控制原理、典型控制系统仿真建模分析、DSP 全数字控制系统硬件及软件案例。

本书适合作为高等学校电气工程及其自动化、电机与电器、电力电子与电力传动专业及其他相关专业的本科生、研究生教材，也可以供从事交流电机控制策略及系统研究、设计、开发的工程技术人员参考使用。

图书在版编目（CIP）数据

交流电机控制原理及控制系统/周扬忠，杨公德，屈艾文编著. —北京：机械工业出版社，2023.5（2025.1 重印）
ISBN 978-7-111-72837-5

Ⅰ.①交… Ⅱ.①周… ②杨… ③屈… Ⅲ.①交流电机-控制系统 Ⅳ.①TM340.12

中国国家版本馆 CIP 数据核字（2023）第 049974 号

机械工业出版社（北京市百万庄大街 22 号　邮政编码 100037）
策划编辑：吕　潇　　　　　责任编辑：吕　潇
责任校对：张晓蓉　李　婷　封面设计：马精明
责任印制：郜　敏
中煤（北京）印务有限公司印刷
2025 年 1 月第 1 版第 2 次印刷
184mm×260mm · 22.25 印张 · 538 千字
标准书号：ISBN 978-7-111-72837-5
定价：99.00 元

电话服务　　　　　　　　网络服务
客服电话：010-88361066　　机　工　官　网：www.cmpbook.com
010-88379833　　机　工　官　博：weibo.com/cmp1952
010-68326294　　金　　书　　网：www.golden-book.com
封底无防伪标均为盗版　　机工教育服务网：www.cmpedu.com

前　言

交流电机从 19 世纪诞生到今天，被大量地应用于工业、农业、交通运输、航空、航天、国防、医疗、生活等各个领域，是电能与机械能变换的重要载体。电机设计及分析方法的改进、特性优良的新材料研制、电机应用领域的拓展、电力电子类和控制类学科的发展，在不断推动着交流电机控制原理及控制系统的发展。

实际使用的交流电机种类较多，可以从不同角度进行分类：从转子与同步磁场转速差的角度分为异步电机、同步电机；从励磁角度分为永磁电机、电励磁电机，例如电励磁同步电机、永磁同步电机等；从气隙磁场波形角度分为正弦波电机和非正弦波电机，例如异步电机、电励磁同步电机、永磁同步电机气隙磁场为正弦波，开关磁阻电机、无刷直流电机气隙磁场为非正弦波；从励磁方向角度分为径向磁场电机和轴向磁场电机；从励磁源所处位置角度分为转子励磁型电机和定子励磁型电机，例如转子永磁型同步电机、定子永磁型磁通切换电机。以后还会涌现出更多的新颖结构交流电机，如何统一这些交流电机的控制是实现交流电机向广度、深度不断拓展应用的重要问题。

虽然高性能的交流电机控制技术于 20 世纪 70 年代初期就产生了，但新工科建设目标、国际通用工程专业认证以学生毕业数年后能力获得为产出导向、行业对毕业生高实战能力的期望等综合因素对“交流电机控制原理及控制系统”教学内容提出了新的要求，不仅要阐述清楚交流电机转矩、磁场控制原理及控制模型，同时还要引导学生学会分析交流电机控制系统性能、设计交流电机控制系统硬件及算法软件的能力；而且要把传统交流电机控制与潜在的新型交流电机控制相结合，以满足学生毕业数年后新型交流电机控制系统设计的需求。

为此，本书围绕交流电机及其控制系统之间的联系，选择异步电机、永磁同步电机、无刷直流电机、多相永磁同步电机、开关磁阻电机、电励磁同步电机为重点讲解对象，分析研究基于稳态数学模型和瞬态数学模型的交流电机控制原理及控制系统，包括开环及闭环控制策略构建、控制系统仿真建模、参数对控制系统性能影响分析、控制系统硬件及软件设计等，以满足电机控制、自动化等行业对新时代电机控制人才厚实的基础理论和强大的解决工程实际问题能力的要求。

本书的章节内容组织具体安排如下：

第 1 章：概述了推动交流电机控制技术发展的因素、交流电机基于稳态模型和基于瞬态模型控制技术发展现状、交流电机控制系统的应用领域及发展趋势。

第 2 章：重点介绍了应用于交流电机控制系统中典型功率电子变换电路拓扑及其核心的控制策略，主要包括交流-交流调压器、基于全控型器件的变压变频器，并对常用的变换器调制策略建模仿真研究。

第 3~6 章：重点讲解异步电机控制原理及控制系统，遵循从基于稳态数学模型控制到基于瞬态数学模型的控制，从控制原理、控制系统设计到控制系统案例分析等顺序展开。具体涉及调压调速控制、变压变频调速控制、转子磁场定向矢量控制、直接转矩控制等策略，给出了典型调速控制系统仿真建模分析、DSP 编程实现，从仿真及案例实际结果深化读者对异步电机控制理论知识及控制系统设计的理解。

第 7、8 章：从气隙磁场波形差异角度研究两类永磁电机控制原理及控制系统，遵循从正弦波气隙磁场到方波气隙磁场顺序，先后讲解永磁同步电机转子磁场定向矢量控制、无刷直流电机两相导通方波电流控制，给出了两种电机闭环控制系统仿真建模分析、DSP 编程实现，从仿真及案例实际结果深化读者对两种电机控制理论知识及控制系统设计的理解。

第 9 章：以六相永磁同步电机为例介绍多相交流电机控制原理及控制系统设计，抓住多相电机多变量、多自由度的特点，介绍电机数学模型、逆变器电压矢量的最优选择、直接转矩控制系统结构，并基于数学模型简要介绍电机转子磁场定向矢量控制。给出了电机直接转矩控制系统仿真建模分析、DSP 编程实现，从原理讲解到仿真及案例实际结果引导读者熟悉多相交流电机数学模型建立、控制系统构建等环节。

第 10 章：为了拓展读者对基于开关控制的交流电机调速系统的认识，本章以开关磁阻电机调速控制为例，介绍开关磁阻电机的结构、工作原理、调速控制系统，使读者认识到功率电子变换器与电机控制的一体化趋势，并熟悉这类电机控制系统分析及设计的特点。

第 11 章：为了进一步满足读者在行业中可能遇到的大容量同步电机控制系统构建或分析建模的需要，本章介绍了电励磁同步电机矢量控制原理及控制系统，遵循转子无阻尼绕组到有阻尼绕组顺序，介绍了电励磁同步电机数学模型、气隙磁场定向矢量控制原理及数学模型、功率因数及转子励磁电流控制模型、气隙磁场定向矢量控制系统构成，给出了电机典型闭环控制系统仿真建模分析，从仿真结果深化读者对气隙磁场定向矢量控制理论知识的理解。

第 12 章：集中介绍本书所采用的全数字交流电机控制系统硬件设计，包括总体结构、部分电路设计分析等。

全书共 12 章，由三位老师共同撰写而成。其中第 1、7、8 章由杨公德老师编写，第 2 章和第 12 章的部分内容由屈艾文老师编写，其余章节由周扬忠老师编写。全书交流调速控制系统仿真建模、案例硬件设计及 DSP 软件编写、实验等部分内容由多位研究生共同参与完成，在此对这些研究生的贡献表示衷心的感谢！为了全书内容的完整性，部分内容引用了一些专家学者的研究成果，对于他们的研究成果对本书的贡献表示最衷心的感谢！

本书配有课件资源及习题答案，读者可关注封底“机工电气”公众号，回复“电机控制”来获取。

由于作者们认识水平、研究能力有限，书中难免会出现问题解决不全面、错误等，希望读者及时批评指正。另外，电机包括电动机和发电机，而本书中电机特指电动机。

编著者

目　录

第1章 绪论

1.1 交流电机控制系统发展基础

自1917年以来，中国的电机生产已有百年历史。目前，得益于完整的电机行业体系，我国已成为世界电机制造强国，尤其是中小型电机的生产制造基地。按照供电方式，电机可分为直流电机和交流电机两大类。直流电机具有调速性能好、起动转矩大等优点，自20世纪60年代诞生以来发展迅速，在各类调速领域广泛应用。但直流电机采用机械换向装置，导致直流电机控制系统存在以下问题：

1）换向片和电刷之间产生的换向火花，造成了直流电机换向装置的电腐蚀，危害了周围用电设备，也限制了直流电机控制系统在易燃、易爆和多粉尘或多腐蚀性气体场合的应用；

2）换向片和电刷之间滑动接触所造成的电弧磨损和机械磨损，导致直流电机工作寿命缩短、故障增多、维护工作量增大；

3）为使直流电机机械换向装置能够可靠工作，一般需增大机械换向装置外径，这增大了直流电机体积和转动惯量，降低了响应速度；

4）机械换向装置的换向电压、换向电流及换向片和电刷之间滑动接触速度存在极限容许值，这限制了直流电机在大容量和高转速等调速领域的应用。

机械换向装置的存在，限制了直流电机控制系统的进一步发展。多年来，研究者尝试寻求以交流电机控制系统取代直流电机控制系统，以满足高性能、大容量、高转速和高可靠控制应用需求。随着交流电机设计技术、电力电子技术、计算机技术和信号检测与调理技术的快速发展，交流电机控制系统存在的控制复杂、调速性能差等问题取得了重大突破。交流电机控制性能日益提高，系统成本逐渐降低，交流电机控制系统逐渐取代直流电机控制系统已成定局。交流电机控制系统主要由交流电机、功率变换装置、控制器和信号检测与调理等单元组成，结构如图1-1所示，以下分别介绍各组成单元。

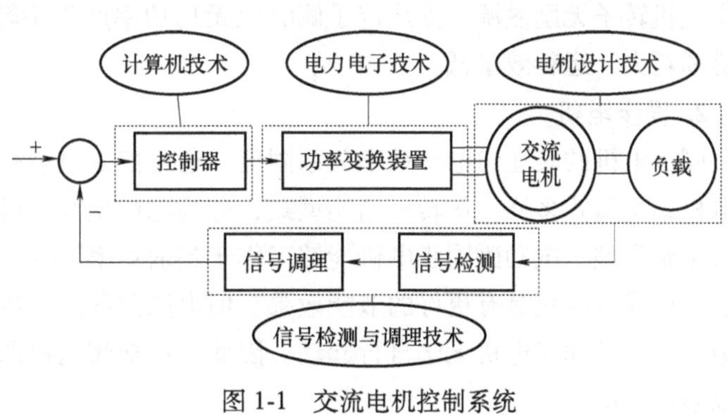

图1-1 交流电机控制系统

1.1.1 交流电机

交流电机作为交流电机控制系统中的核心部件，主要包括异步电机和同步电机。异步电机和同步电机的区别在于转子是否直接产生磁场：异步电机是在电枢绕组接入三相交流电源后产生旋转磁场，该电枢磁场在笼型转子或绕线转子中产生感应电流，感应电流在电枢磁场作用下产生磁力作用牵引或推动转子旋转；同步电机是电枢绕组和转子均产生旋转磁场，电枢磁场牵引或推动转子旋转，并且电枢磁场和转子磁场的旋转速度保持一致。

1. 异步电机

异步电机的转速与电源频率没有严格的固定关系，而是随负载的变化而变化，但转速范围变化不大。异步电机的定子和转子没有电的联系，能量的传递是通过电磁感应实现。根据转子结构，异步电机分为笼型转子异步电机和绕线转子异步电机两类。笼型转子异步电机和绕线转子异步电机定子结构类似，均由定子铁心和电枢绕组等部分构成，区别在于转子结构。笼型转子异步电机的笼（俗称鼠笼）由铜条（铝条）与铜端环（铝端环）焊接而成，为增大磁导率，笼一般嵌装在转子铁心内，一种铜制笼型转子如图 1-2a 所示。绕线转子异步电机的转子铁心槽内嵌放着转子绕组，该转子绕组出线端通过集电环和电刷与外电路连通，一种绕线转子如图 1-2b 所示。相对于绕线转子异步电机，笼型转子异步电机结构简单，成本低，应用较为广泛。

a) 笼型转子

b) 绕线转子

图 1-2　异步电机转子结构

异步电机具有结构简单、成本低、可靠性高、维护工作量低、容易实现弱磁调速等优点，而且控制技术较为成熟。但异步电机转子散热困难，转子电阻受温度影响较大。此外，异步电机转子无励磁源，需从定子侧吸取无功功率产生旋转磁场，故异步电机功率因数低，励磁损耗大，运行效率低。

2. 同步电机

同步电机的转速与电源频率关系固定，通过控制电源频率，可实现转速的准确控制。同步电机结构型式多样，按转子结构型式，分为隐极型和凸极型；按励磁方式，分为电励磁型和永磁励磁型。电励磁同步电机能够工作于超前功率因数状态，可补偿感性负载的滞后功率因数，比异步电机具有更好的节能效果。但电励磁同步电机的转子在电枢磁场的作用下平均转矩为零，即同步电机无法自行起动。因此，在交流电机调速控制系统发展初期，很少采用电励磁同步电机。

随着高性能永磁材料、先进电机设计加工技术、电力电子技术、现代控制理论和高精度传感器的发展，同步电机的起动和调速性能不断提高，其在调速领域的应用日益广泛。目前，在交流电机控制系统中常用的同步电机主要为永磁交流电机。相较于电励磁同步电机，永磁交流电机采用永磁励磁，无需从电网吸取无功电流建立气隙磁场，无励磁损耗，电机效率可提高4%~8%。同时，永磁交流电机可实现高功率/转矩密度、优良的动态性能、良好的低速性能和更小的体积。此外，在同样输出功率下，永磁交流电机所需逆变器容量更小，可显著地降低系统的总成本。

永磁交流电机主要包括永磁同步电机和无刷直流电机，如图1-3所示。永磁同步电机和无刷直流电机具有相似的定子和转子结构，即永磁体都安装在转子侧，省掉了励磁绕组；通过功率开关器件实现了电枢绕组的电流换相，省掉了直流电机中的机械换向装置，提高了电机运行可靠性。永磁同步电机和无刷直流电机的运行原理不同，在控制方法、转矩产生和位置信号检测等方面差异较大。永磁同步电机的气隙磁密按正弦波波形分布，而无刷直流电机的气隙磁密按梯形波波形分布，这导致了两种交流电机的电流控制方式存在不同，前者采用正弦波电流控制，后者采用方波电流控制。永磁同步电机的反电动势近似为正弦波，在三相电枢绕组中注入正弦电流，便可获得稳定电磁转矩输出。无刷直流电机电枢绕组中的电流为非理想方波，气隙磁场的极弧宽度也小于180°电角度，输出电磁转矩存在较大波动，不适合在高精度交流电机控制系统中应用。永磁同步电机需要连续位置信号实现高性能控制，一般采用光电编码器、旋转变压器等高分辨率的转子位置传感器，导致了永磁同步电机控制系统的成本偏高。无刷直流电机一般采用两相导通控制模式，每次换相间隔为60°电角度，只需间隔60°电角度的离散位置信号，三个低成本的霍尔位置传感器即可满足其位置检测要求。

a) 永磁同步电机

b) 无刷直流电机

图1-3 永磁交流电机

近年来，随着新材料、新工艺和新设计工具的出现，同步电机结构不断推陈出新，相继开发了多相永磁同步电机、开关磁阻电机、轴向磁场永磁同步电机及定子永磁型同步电机等。

（1）多相永磁同步电机

功率开关器件的性能和制造工艺限制了三相电机系统的供电水平，一般通过将多个功率开关器件串并联以达到大功率应用场合要求，但功率开关器件存在控制复杂和难以均压和均流问题。采用多相永磁同步电机系统替代三相永磁同步电机系统，不仅降低了平均相电压，也降低了功率开关器件的功率等级，相对地增加了系统容量，有利于大功率输出。同时，多相永磁同步电机系统在发生一相或多相开路故障时，中性点不需要与变频器相连，结合故障前后定子总磁动势不变原理，重新整定相电流大小和相位，适当减少输出功率后可以由非故障相实现电机的断相运行，提升了系统的可靠性。

（2）轴向磁场永磁同步电机

轴向磁场永磁同步电机也被称为盘式永磁同步电机，其气隙为平面型的，气隙磁场呈轴向分布。与径向磁场永磁同步电机相比，轴向磁场永磁同步电机磁力线所在平面与转轴平行，具有高径长比、高转矩密度及高运行效率的特点，尤其适用于电动汽车、飞轮储能、风力发电、船舶推进等转矩密度和结构紧凑度要求较高的应用场景。轴向磁场永磁同步电机结构多样，按照定转子数目可分为四类：单定子/单转子，单定子/双转子，双定子/单转子和多定子/多转子，如图 1-4 所示。单定子/单转子电机外观简单，容易制造。单定子/双转子电机采用双边永磁体结构，可以充分利用永磁体材料，相同体积下能够产生更大的转矩，有利于提高电机的性能。双定子/单转子电机构造较为复杂，但由于一个转子同时被两个定子共用，可减少永磁体的使用，降低损耗，另外，定子安置在转子两边，便于散热。多定子/多转子电机可进一步提高转矩密度，但加工复杂，装配困难。

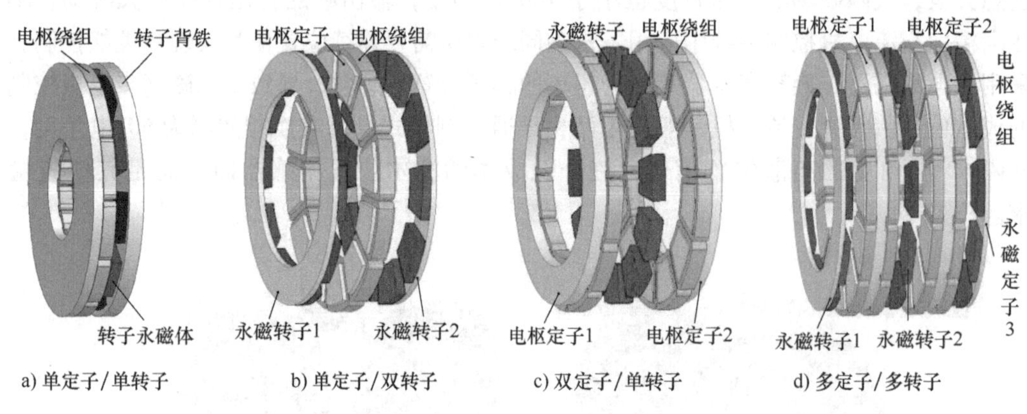

图 1-4　轴向磁场永磁同步电机结构

（3）定子永磁型同步电机

为克服高速运转时的离心力，传统永磁交流电机通常对转子采取加固措施，如安装由非金属纤维材料或不锈钢制成的套筒，不仅导致转子结构复杂，制造成本高，而且增大了等效气隙，降低了电机性能。同时，永磁体安放在转子上，散热困难，引起的温升会导致永磁体发生不可逆退磁，限制电机出力，减小功率密度。为克服传统永磁交流电机的缺点，近年出现了将永磁体安装于定子侧的定子永磁型同步电机，受到了日益广泛的关注。定子永磁型同步电机主要有磁通反向永磁电机和磁通切换永磁电机两类类，如图 1-5 所示。每一类型电机在结构上又有很多变化，它们既有共性，又有个体差异性。

如图 1-5a 所示，磁通反向永磁电机是一种将永磁体安装在定子齿表面的定子永磁型无刷电机，通过在每个定子齿面上安装两块磁化方向相反的永磁体，当转子与定子齿对齐时，根据磁阻最小原理，极性相反的永磁磁通会穿过定子侧的绕组，从而在电枢绕组中匝链极性和数值都随转子位置变化的永磁磁通。磁通反向永磁电机的电枢绕组磁链呈现双极性。在磁通反向永磁电机中，可通过转子斜槽来获得正弦感应电动势。由于永磁体位于定子齿表面，电枢绕组具有较强的相间隔离作用，提高了磁通反向永磁电机的容错能力，减小了电枢电感的变化范围。但磁通反向永磁电机中相邻永磁体之间的漏磁较为严重，永磁体涡流损耗较大，并且功率因数也较低，这些因素在一定程度上限制了该类电机的发展。

如图 1-5b 所示，磁通切换永磁电机的绕组采用集中绕组，永磁体上端嵌在定子铁心里，与定子外空气不直接接触，转子为凸极结构。当转子齿与同一相线圈下分属于不同定子单元的定子齿对齐时，绕组里匝链的永磁磁通极性会改变，实现了所谓“磁通切换”。因此，随转子位置变化，磁通切换永磁电机电枢绕组中会匝链交变的永磁磁通。磁通切换永磁电机本身具有绕组一致性和绕组互补性，即组成一相的各线圈感应电动势谐波相位互补，使得合成相感应电动势正弦度显著高于单个线圈感应电动势正弦度。经过转子齿宽优化设计后，采用直槽转子和集中绕组的磁通切换永磁电机可获得高度正弦的永磁磁链和空载感应电动势。此外，磁通切换永磁电机的定子单元完全独立，非常适合模块化制造。

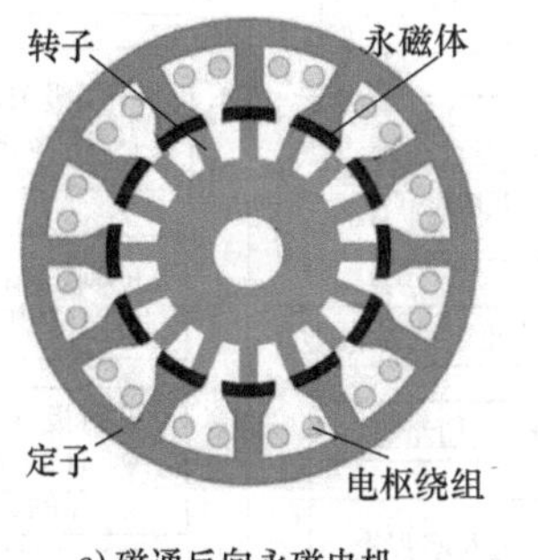

a) 磁通反向永磁电机

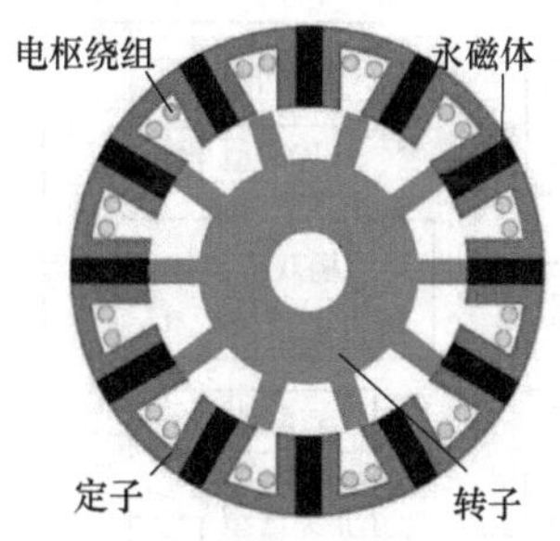

b) 磁通切换永磁电机

图 1-5 定子永磁型同步电机

3. 开关磁阻电机

开关磁阻电机的定子、转子均为双凸极结构，转子无绕组和永磁体，结构简单、坚固，特别适用于高速及高温等应用场合。开关磁阻电机的绕组与功率开关器件串联，同一桥臂上下两个功率开关器件不会同时导通。电机的各相绕组独立分布，一相出现故障不会危及整个控制系统的运行，但影响系统电磁转矩性能。开关磁阻电机的控制参数多，使用不同参数组合可实现多种模式控制，满足航空航天、风力发电和电动汽车等应用场合高可靠性的应用需求。开关磁阻电机存在功率/转矩密度低的不足，而且凸极定转子结构导致电机输出较大的转矩脉动，产生了振动和噪声。

1.1.2 功率变换装置

对于交流电机控制系统，其功率变换装置性能提升离不开电力电子器件和电能变换技术的发展。迄今为止，电力电子器件经历了不控器件、半控器件、自关断能力器件和复合型场控器件以及集成功率模块等发展历程。交流电机控制系统常用的功率变换拓扑包括交-交变换器和交-直-交变换器两种，通过采用先进脉宽调制技术，可实现交流电机高性能控制。

1. 电力电子器件

目前，已问世的电力电子器件分类如图 1-6 所示，主要包括不控器件，如二极管（Diode），半控器件，如晶闸管（Thyristor），自关断能力器件，如功率晶体管（Giant Transistor，GTR）、门极关断晶闸管（Gate Turn-Off Thyristor，GTO），复合型场控器件，如功率场效应晶体管（Metal-Oxide Semiconductor Field Effect Transistor，MOSFET）和绝缘栅双极晶体管（Insulate-Gate Bipolar Transistor，IGBT）以及集成功率模块（Integrated Power Module，IPM）。

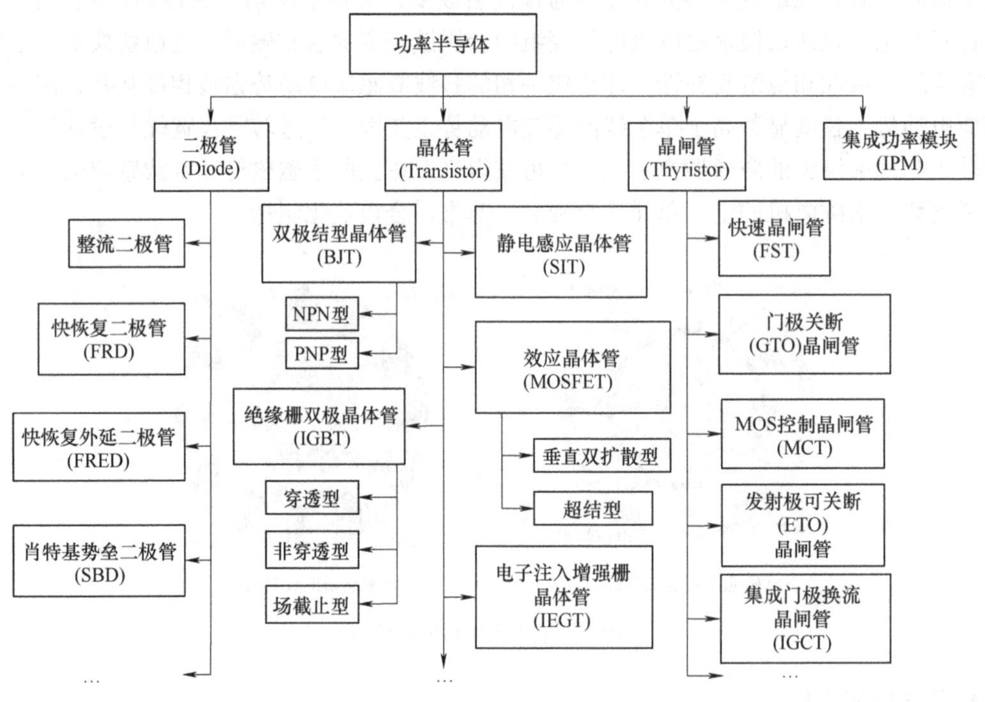

图 1-6　电力电子器件类别

二极管作为应用最为广泛的电力电子器件，可构成不控整流电路，为功率变换装置提供直流供电电压，也可与功率开关器件反并联，为功率变换装置提供续流回路。晶闸管具有高电压、大电流等特性，在高压直流输电和大容量无功补偿器中有一定的应用。但晶闸管的关断条件受限于输入电压及负荷换流状态，只能在较低的开关频率范围内使用。GTR 和 GTO 属于电流控制型电力电子器件，存在控制电路复杂和工作频率较低等问题。MOSFET 和 IGBT 为电压控制型电力电子器件，采用电压信号来控制器件的开通和关断，具有控制方便、控制功率小和工作频率高等特点。作为高性能的全控型功率开关器件，电压型控制器件在开关速度和可靠性方面都有很大程度上的提高，具有较好的综合性能，在功率变换装置中应用广泛。IPM 不但能实现功率输出，还含有驱动电路、保护电路，具有过电流、短路、负压、过电压保护等功能。用户只需提供信号给 IPM，就可实现复杂的外围电路功能。

目前，具有更高功率等级、更高耐温和更高频率的新型电力电子器件，如碳化硅

(SiC)、氮化镓 (GaN) 等宽禁带器件还有待于进一步的开发和应用考验。

2. 电能变换技术

电力电子器件是交流电机控制系统功率变换装置的核心，其在一定程度上决定了功率变换装置的发展方向。目前，交流电机控制系统常用的功率变换装置包括交-交变换器和交-直-交变换器，如图 1-7 所示。

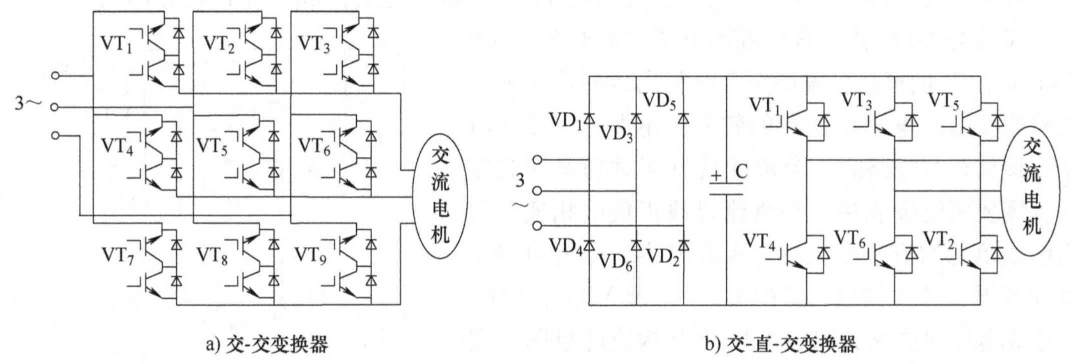

图 1-7　功率变换装置

交-交变换器存在输出频率低、网侧谐波成分较大等缺点，在交流电机控制系统应用中，多被控制性能更优的交-直-交变换器取代。交-直-交变换器是交流电机控制系统的主流电路，常用的交-直-交变换器分为大电感平波电流源型和电容储能电压源型两类变换器。

电力电子器件性能的不断提升使得功率变换装置不断革新，推出了多种多电平变换电路拓扑、零电流零电压功率开关谐振电路以及清洁电能变换拓扑，不断推进了交流电机控制系统的发展。一种二极管钳位型三电平变换电路如图 1-8 所示。

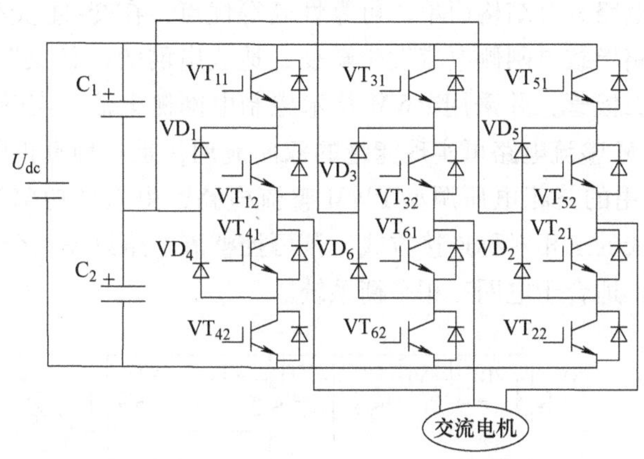

图 1-8　二极管钳位型三电平变换电路

其由两个容值相等的储能电容 C_1 和 C_2、12 个功率开关器件及 6 个钳位二极管组成。两个储能电容的中点为多电平变换电路的中性点，当功率开关器件 VT_{11} 和 VT_{12} 同时导通时，每相输出电压为 $U_{dc}/2$；当功率开关器件 VT_{41} 和 VT_{42} 同时导通时，每相输出电压为 $-U_{dc}/2$；当功率开关器件 VT_{12} 和 VT_{41} 同时导通时，每相输出电压为 0。该电路每相输出电压有 $U_{dc}/2$、

0 和$-U_{dc}/2$三个状态，也被称为三电平变换电路。多电平变换电路拓扑通过将低压、小电流的功率开关器件串联或并联，实现功率变换装置高电压和大电流输出，而且具有多个电平的输出，谐波含量较小，非常适合在中大容量交流电机控制领域应用。

随着功率开关器件的功率等级越来越高，功率开关器件承受的电压应力和电流应力都比较大，而且在高频交流电机控制系统中，功率开关器件开关损耗在系统总损耗中的占比较大，造成系统运行效率降低。同时，过高的 du/dt、di/dt 还会造成严重的电磁干扰。

20 世纪 80 年代，研究者提出了“软开关（Soft Switching）”的概念，发展至今已相当成熟。一种二极管钳位型三电平变换器的软开关电路如图 1-9 所示，该软开关电路的一个桥臂具有两对功率开关器件，需要两组吸收单元与直流母线正负端相连。两组吸收单元均有吸收电感、吸收电容、能量回馈电感和若干二极管构成，其中 L_{s1}、C_{s1} 及 VD_{s11}、VD_{s12} 构成无源吸收电路，VD_{r1} 和 L_{r1} 串联构成能量回馈支路，上述电子器件构成了第一个吸收单元；L_{s2}、C_{s2} 及 VD_{s21}、VD_{s22} 构成无源吸收电路，VD_{r2} 和 L_{r2} 串联构成能量回馈支路，上述电子器件构成了第二个吸收单元。两个吸收单元的中点连接到两个容值相等的储能电容的中点，以适应功率开关器件的换流。两组吸收单元的自举电容 C_{b1} 和 C_{b2} 的作用是构造一个电压源。应用于交流电机控制系统中的软开关技术可显著降低功率开关器件的开关损耗，提高系统运行效率，而且还减小了功率变换装置的电磁干扰。

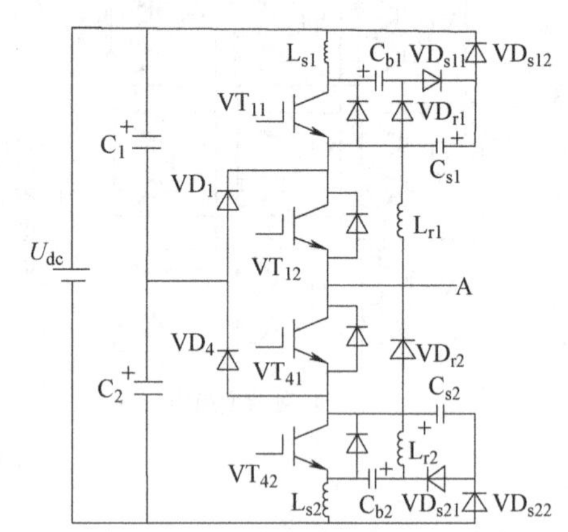

图 1-9　一种二极管钳位型三电平变换器的软开关电路

二极管不控整流电路具有结构简单、可靠性高等优点，在交-直-交变换器整流环节中应用广泛。但该整流电路导致电网侧电流发生畸变，造成电网的“污染”。研究者以复合型场控器件替代不控器件二极管，并采用 PWM 技术控制电网侧电流，实现了交-直-交变换器单位功率因数运行。PWM 整流电路可实现能量的双向流动，是一种真正的“绿色电能变换”。图 1-10 所示为一种常用的三相电压源型 PWM 整流电路，由六个功率开关器件组成三相桥臂，交流侧采用无中线的三相对称连接方式。该可控整流电路只需六个功率开关器件，成本较低，控制策略灵活，适合于电网三相平衡系统。

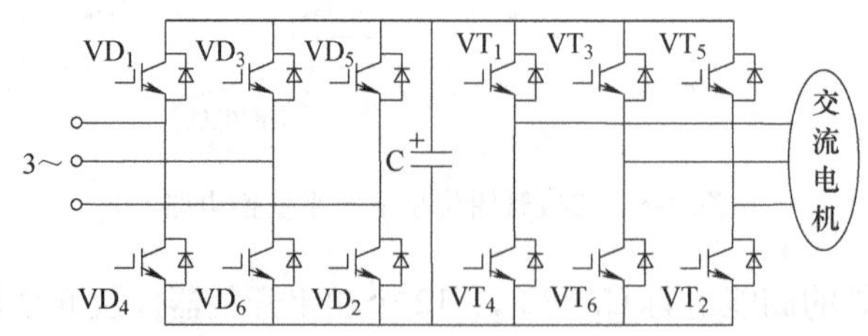

图 1-10　三相电压源型 PWM 整流电路

PWM 整流电路具有能量双向流动的特点，非常适合应用于四象限运行的交流电机控制系统。PWM 整流电路不仅可使交流电机制动时向电网反馈能量，实现能量回收，还能使直流侧获得稳定直流电压。同时 PWM 整流电路采用适当的控制策略，可减小直流侧电容容值，提高系统可靠性，降低系统成本。

1.1.3 控制器

微处理器和自动控制理论等计算机技术的发展，有力促进了交流电机控制技术的发展。早期电机控制技术采用的是模拟微处理器，不仅体积大、可靠性低，而且抗干扰能力差，不能满足高性能交流电机调速控制的需要。随着微电子集成技术和精简指令集的不断进步，具有快速性、高精度和可靠性等特征的数字微处理器取得了飞速发展。现有应用于交流电机领域中常用的微处理器包括不同系列的单片机、数字信号处理器（Digital Signal Processor，DSP）和现场可编程门阵列（Field-Programmable Gate Array，FPGA）。单片机、DSP 和 FPGA 在交流电机控制系统中的应用，简化了系统结构，显著提高了交流电机调速控制的可靠性、灵活性和动态性能。

数字微处理器的应用，不仅使控制系统具有高精度、高可靠性等特性，还为新型自动控制理论的应用提供了基础。交流电机矢量控制技术依赖于电机的数学模型和电磁参数，而电磁参数在电机运行过程中随外部环境发生变化，这将影响交流电机矢量控制效果。通过采用滑模变结构控制、模糊控制、神经网络和遗传算法等先进自动控制理论技术，能使交流电机调速系统在数学模型或者电磁参数变化时保持良好的控制性能。自适应控制通过交流电机的参考模型和可调模型，采用参数辨识算法自适应率辨识电机电磁参数，使交流电机的可调参数模型待辨识电磁参数趋近于参考模型中的电磁参数，以期改善系统在控制对象和运行条件发生变化时的控制性能。滑模变结构控制通过调整反馈控制系统结构，使其状态向量在开关面的领域内滑动。滑模变结构控制的动态品质由开关函数决定，与控制系统参数和扰动无关，鲁棒控制性强，已经应用于交流电机控制系统中，但该控制技术本质是一种开关控制，存在抖动问题。

此外，卡尔曼滤波、最小二乘法和龙贝格观测器等参数辨识技术参与到交流电机控制中，可降低交流电机电磁参数变化对电机控制性能的影响。

1.1.4 信号检测与调理

交流电机控制系统需要检测多个变量，如电机绕组电流或电压、直流母线电压或电流、转子位置和速度，以实现高性能控制和故障保护。从简单的调压调速控制到复杂的伺服控制，交流电机控制系统涵盖不同功率等级和不同级别检测及反馈单元。对于泵、风扇和压缩机等简单的控制系统，无需精密反馈。对于机器人、机床和贴片机器等复杂的伺服控制，不仅需要精确反馈，还需高速模数转换和通信接口。

目前，应用于交流电机控制系统的电流检测法主要有分流电阻法、霍尔效应电流传感器法和电流互感器法。分流电阻法在检测电流时存在损耗，但分流电阻法的输出线性度高，成本低，适用于交流和直流测量。霍尔效应电流传感器法和电流互感器法具有固有的隔离作用，适用于电流等级较高的交流电机控制系统。相较于分流电阻法，霍尔效应电流传感器法和电流互感器法的精度对温度敏感，而且成本偏高。电压检测法分为分压电阻法、霍尔效应电压传感器法和电压互感器法，其检测特征与电流检测方法类似，在此不再赘述。

为提高交流电机运行稳定性，一般采用位置传感器检测转子位置。常用的位置传感器为旋转编码器，根据工作原理，可分为磁性编码器和光学编码器，根据输出信号，可分为绝对值编码器和增量式编码器。绝对值编码器直接测量转子的绝对位置。增量式编码器在编码盘上均匀地刻制一定数量的光栅，在光线照射作用下，接收装置输出端得到频率与转速成正比的方波脉冲序列，基于此可以计算出转子位置。基于增量式编码器进行测速的方法有 M 法、T 法和 M/T 法，其中 M 法适用于高转速工况，T 法适用于低转速工况，而 M/T 法适合于全速域内测速。

基于传感器检测的机电信号经过信号调理，转化为可用于控制器运算的数字量。信号调理主要实现如下功能：①安全隔离以防电击，或功能隔离以便在非致命电压之间进行电平转换；②偏移补偿和电平转换，以匹配模数转换输入范围；③保证数据的完整性并消除噪声。

1.2 交流电机控制技术发展现状

无论是异步电机、传统同步电机，还是多相永磁同步电机、开关磁阻电机、轴向磁场永磁同步电机以及定子永磁型同步电机等新型交流电机，其数学模型均具有强耦合、非线性及时变等特性，无法如直流电机那样直接实现转矩电流和励磁电流的解耦控制。然而，随着电力电子技术和计算机技术的进步，交流电机的控制理论和实际控制技术得到了迅速的发展，其中调压调速控制、变压变频调速控制、矢量控制和直接转矩控制是实现交流电机控制的主要控制策略，在交流电机控制系统中应用广泛。

1.2.1 调压调速控制和变压变频调速控制技术

调压调速控制和变压变频调速控制是交流电机控制系统中常见的两种调速方法，也是交流电机早期调速控制较为成熟的控制方法。根据交流电机类型，交流电机变频调速分为异步电机变频调速和同步电机变频调速。

1. 异步电机调压调速控制和变压变频调速控制

异步电机可通过调节供电电压或改变定子电枢电流频率 f 或转差率 s 来实现电机的转速控制。异步电机从定子电枢绕组传递到转子的功率包括拖动负载的机械功率和转差功率两部分。按照对异步电机转差功率的处理方式，异步电机调压调速控制和变压变频调速控制包括转差功率消耗型、转差功率回馈型和转差功率不变型三类调速控制方法。

转差功率消耗型调速控制系统的结构较为简单，设备成本较低，在小容量异步电机调速控制系统中有一定的应用。常见的转差功率消耗型调速控制方法有降压调速、转差离合器调速和绕线转子串电阻调速。由于转差功率消耗型变频调速控制的全部转差功率均以热能的形式耗散掉，该类调速控制效率较低，而且转速越小效率越低，是一种低效、耗能的调速控制方法。

在转差功率回馈型调速控制系统中，转差功率主要通过功率变换装置回馈给电网，电机的转速越低，回馈给电网的转差功率越多。绕线转子异步电机串级调速和双馈异步电机调速属于转差功率回馈型调速控制。该类调速控制的转差功率仅有一部分被转子电阻消耗，其余回馈到电网，整个调速系统的效率较高，但需要增加一些额外的设备。

在转差功率不变型调速控制系统中，除了转子电阻消耗，无论转速高低，转差功率基本保持不变。变压变频调速是一种应用最为广泛的转差功率不变型调速控制方法，可实现异步电机高动态性能调速控制。该类调速控制的转差功率仅有一部分被转子电阻消耗，其余均回馈到电网，整个调速系统的效率较高，但也需要增加一些额外的设备。相较于转差功率消耗型调速控制和转差功率回馈型调速控制，转差功率不变型调速控制的效率最高，但需要配备与异步电机容量相当的功率变换装置，造成了该类调速系统的成本较高。

2. 同步电机变压变频调速控制方法

同步电机没有转差率，转差功率为零，故同步电机调速控制是属于转差功率不变型调速控制方法。因此，同步电机只能通过变压变频调速控制方法来调节电机转速。同步电机的变压变频调速控制分为两大类：他控式变压变频调速控制和自控式变压变频调速控制。他控式变压变频调速控制是指同步电机由独立的变频电源供电，电机转速严格跟随变频电源频率变化。由于电机转速由外部给定信号决定，同步电机可能存在失步、振荡等问题，其应用领域受到限制。同步电机变压变频调速控制一般采用自控式变压变频调速控制，即通过电机轴上安装的位置传感器检测转子位置信号，然后控制回路根据接收的转子位置信号通断功率变换装置中的功率开关器件，使各定子电枢绕组获得与转子转速对应的三相交流电，达到电机转速调节的目的。由于自控式变压变频调速控制方法采用频率闭环控制，同步电机不存在失步、振荡等问题。

1.2.2 矢量控制技术

矢量控制（Vector Control）技术又被称为磁场定向控制技术，由德国学者 Blaschke 在 20 世纪 70 年代首先提出。矢量控制技术的出现对交流电机控制系统的研究具有划时代的意义，使交流电机控制技术的发展步入了一个新的阶段。采用矢量控制技术的交流电机控制系统在静、动态性能上可媲美直流电机控制系统，促使交流电机控制系统逐渐取代直流电机控制系统。

矢量控制的基本思想是在三相交流电机上模拟直流电机控制系统中电磁转矩的控制规律，在磁场定向坐标系上，将定子电流矢量分解成两个互相垂直、彼此独立的励磁电流分量和转矩电流分量，通过励磁电流分量调节电机的磁通，转矩电流分量控制电机的电磁转矩。矢量控制技术实现了类似于直流电机的控制条件，可使交流电机控制系统获得优异的稳态和动态性能。矢量控制的关键在于对定子电流矢量幅值和空间位置的控制，但交流电机定子侧电压、电流和磁动势等物理量均为交流量，而且各物理量的空间矢量在空间以同步转速旋转，不便于调节、控制和计算。因此，需要依据矢量的坐标变换理论，按照转子磁场定向原则，将各物理量从静止坐标系转换到同步旋转坐标系中。在同步旋转坐标系中，交流电机的各空间矢量都被变换为直流量。根据交流电机电磁转矩实时计算电磁转矩对应的电枢绕组电流矢量分量，并按照电流矢量分量进行实时控制，就可达到与直流电机控制系统类似的控制性能。由于这些直流量在物理上不存在，还需通过坐标变换逆变换，将同步旋转坐标系中的直流量变换到静止坐标系中的交流量，在静止坐标系中对交流量进行控制，使其实际值跟随给定值。

1.2.3 直接转矩控制技术

矢量控制技术实现了交流电机控制系统的高性能控制，然而由于转子磁链不易观测，系统特性受电机参数的影响较大，且所用坐标变换较为复杂，使得交流电机矢量控制效果难以达到理想效果。直接转矩控制（Direct Torque Control）技术是继矢量控制技术之后发展起来的一种新型高性能交流电机控制技术，由德国学者 Depenbrock 和日本学者 Takahashi 在 20 世纪 80 年代中期相继提出。直接转矩控制技术采用定子磁场定向，通过检测定子电压和电流，在静止坐标系中计算电机的磁链和转矩，再采用“砰砰”控制（bang-bang control）产生脉冲宽度调制信号，对功率变换单元的功率开关器件进行控制，从而实现磁链和转矩的直接控制。

直接转矩控制技术通过开关表控制功率变换单元输出的电压矢量，实现电机定子磁链和电磁转矩控制。为保持定子磁链幅值恒定，可借助交流电机数学模型，计算定子磁链给定与实际磁链的偏差及定子磁链的具体方向，选取对应的电压矢量，使定子磁链幅值保持恒定。

交流电机的矢量控制技术和直接转矩控制技术是基于电机的动态数学模型设计的，均通过独立控制电机的转速和磁链，使电机转速和磁链实现了近似解耦控制。但两种控制技术的具体控制方案不同，使两者在交流电机控制性能上各有特色。矢量控制技术实现了定子电流转矩分量与励磁分量的解耦，可按线性系统理论设计转速与转子磁链两个调节器，从而使电机获得较宽的调速范围。直接转矩控制技术则对转矩和定子磁链进行“砰砰”控制，响应速度快，对系统参数摄动和外界扰动抑制能力强，但存在较大的转矩和磁链脉动，而且功率变换装置的开关频率不恒定，特别是在低速时，定子电阻上承受了大部分电压，带积分环节的磁链电压模型准确度低，系统控制性能变差，调速范围受到限制。

1.3 交流电机控制系统应用领域和发展趋势

1.3.1 交流电机控制系统应用领域

交流电机控制系统具有优良的调速性能，在电动交通工具、伺服系统和家用电器等领域应用广泛。

1. 电动交通工具中的应用

随着国家 2030 碳达峰和 2060 年碳中和战略目标的提出，发展电动汽车和电动船舶等电动交通工具如今受到国际上的极大关注。相较于普通燃油交通工具，电动交通工具具有无污染、低噪声和高效率等优点。在电动汽车控制系统中，异步电机和永磁交流电机驱动系统均有较多应用。在电动汽车发展前期，异步电机控制系统是电动汽车控制系统的主流产品，如 Tesla 公司的 Model S 和 Model X，BMW 公司的 X5，Renault 公司的 Kangoo 等。但异步电机存在效率和功率密度偏低等不足，制约了异步电机控制系统的进一步发展。由于永磁交流电机的高效率、高功率密度和强过载能力等特性，已成为电动汽车驱动电机的主要选择，如 Toyota 公司的 Prius 系列，Nissan 公司的 Tino，Honda 公司的 Insight 及比亚迪公司的 E6 等。

目前，电动船舶的应用还不普遍，但船舶电动化是重要的发展方向，也是船舶行业实现节能减排和转型升级的重要路径，尤其是我国发展电动船舶，还具有得天独厚的技术和产业优势。尽管我国在电动船舶领域已经取得较大进展，但船舶电动化仍有众多技术难关需要攻克。

2. 伺服系统中的应用

伺服系统要求伺服执行机构定位精度高，响应速度快，并且速度运行范围较大。由于交流电机控制系统不仅具有直流电机控制系统的调速性能，还具有体积小、重量轻、转动惯量小、动态响应快、低速大转矩及稳定性和可靠性好等特点，在数控机床和轧钢机等伺服系统受到极大关注。数控机床通常在较低的速度下对被加工零件进行切削，交流电机控制系统的低速大转矩特性可防止伺服执行机构出现低速爬行现象。同时，数控机床伺服系统要具有较强的抗干扰能力，以保证刀具切削速度均匀、平稳。在轧钢机应用中，轧钢机伺服系统的控制性能直接影响加工产品的质量。

3. 家用电器中的应用

随着人们生活水平的不断提高和节能意识的增强，对家用电器性能要求不断提高。20 世纪 70 年代，随着交流电机变压变频控制技术的出现，家用电器如空调、电冰箱和洗衣机等开始逐步变频化。20 世纪 90 年代后期，家用电器主要瞄准高速高出力、控制性能好、型小重量轻、大容量、长寿命、安全可靠、静音、省电等性能。电冰箱采用变频制冷后，压缩机始终运行在低速状态，可降低压缩机运行引起的噪声，节能效果明显。空调器使用变频技术后，压缩机不需要在断续状态下运行就可实现冷、暖控制，达到降低电力消耗，消除由于温度波动而引起的不适感。近年来，新式空调器采用永磁交流电机实现变频调速，其节能效果较异步电机变频调速提高 10%~15%。

此外，交流电机控制系统在大容量、高转速以及要求防火和防爆的应用领域均有广阔的应用前景。

1.3.2 交流电机控制系统发展趋势

国内外研究者对交流电机控制系统进行了深入的理论和技术研究，使其广泛应用于电动交通工具、伺服系统和家用电器等领域。但随着科学技术的进步和调速控制系统应用场景的变化，交流电机控制系统有待进一步发展。目前，交流电机控制系统正向着数字化、智能化、集成化、网络化的方向发展。

1. 交流电机控制系统向数字化方向发展

高性能数字微处理器，尤其是 DSP 和 FPGA 的出现，使交流电机控制系统向数字化方向发展成为可能。数字化交流电机控制系统的控制逻辑由软件来实现，具有体积小、抗干扰能力强、可靠性高、功耗低等优点。同时，数字化交流电机控制系统可实现复杂的控制算法，极大增强了交流电机控制系统控制的灵活性。

2. 交流电机控制系统向智能化方向发展

智能化交流电机控制系统具有很强的状态自诊断、故障保护和信息显示功能，可改善交流电机电控系统的运行性能。在交流电机控制系统中有效利用智能控制策略，可高效、自适应地检测控制系统参数和在线自整定控制器参数，使系统获得优良的动态性能。

3. 交流电机控制系统向集成化方向发展

随着电力电子器件耐压、通流和频率等级越来越高，交流电机控制系统功率变换装置逐渐向小型化方向发展。功率开关器件开关频率越高，交流电机控制技术可使功率变换装置输出波形越理想，而且还可降低滤波电抗和滤波电容的体积，更便于系统的集成。

4. 交流电机调速系统向网络化方向发展

在现代化工业生产过程中，控制设备以网络形式相连，并且需要实现远距离的调速及控制参数的设定。随着工业总线、现场总线和 CAN 总线等通信技术的实现及功能提升，多台交流电机控制系统在完成各自调速控制时，还可与上位机保持通信，实时接收指令并报告控制系统运行状况。总之，交流电机控制系统的网络化是交流电机控制系统发展的必然趋势。

第 2 章　交流电机调速系统功率电子电路

交流电机调速系统中控制交流电机工作的功率电子电路主要分为交流-交流调压器和基于全控型器件的变压变频器两大类。交流-交流调压器包括相控式交流-交流调压器和斩控式交流-交流调压器；基于全控型器件的变压变频器主要包括两电平变压变频装置、多电平变压变频装置和矩阵式变压变频装置。本章针对应用于交流电机控制系统中典型的功率电子电路拓扑及其核心的调制策略等进行介绍，并在最后给出了三相两电平逆变器正弦脉宽调制（Sinusoidal Pulse Width Modulation，SPWM）和空间矢量脉宽调制（Space Vector Pulse Width Modulation，SVPWM）调制策略的仿真案例。

2.1　交流-交流调压器

交流电机通过交流-交流调压器来改变定子的电源电压，从而实现调压调速。交流-交流调压器分为采用双向晶闸管的相控式交流-交流调压器和采用双向功率开关器件的斩控式交流-交流调压器。

2.1.1　相控式交流-交流调压器

三相相控式交流-交流调压器有星形联结和三角形联结的多种方案，包括无中线和有中线的星形联结电路、支路控制三角形联结电路、线路控制三角形联结电路和中点控制三角形联结电路，其中无中线和有中线的星形联结电路及线路控制三角形联结电路如图 2-1 所示。三相相控式交流-交流调压器有六个晶闸管，三相开关中对应晶闸管的触发信号互差 120°，同一相的两个反并联晶闸管触发脉冲相差 180°。六个晶闸管的导通顺序为 SCR_1-SCR_2-SCR_3-

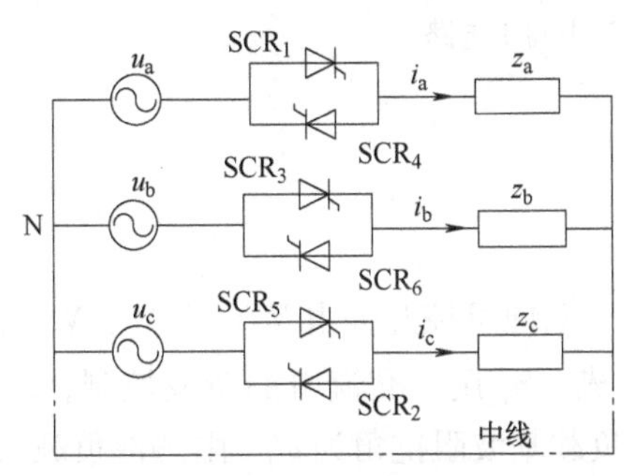

a) 无中线/有中线的星形联结电路

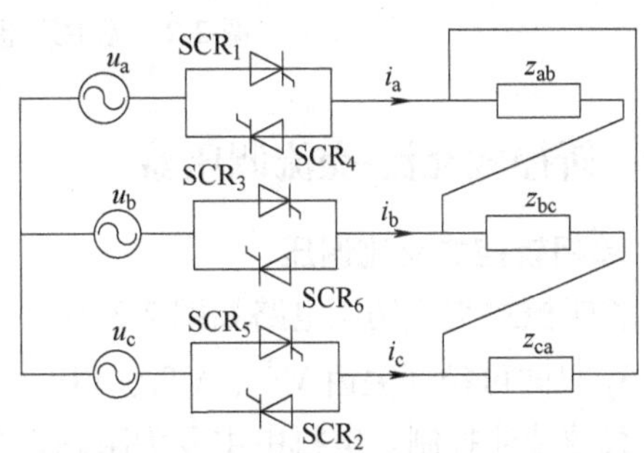

b) 线路控制三角形联结电路

图 2-1　三相交流调压电路

SCR_4-SCR_5-SCR_6，相位依次差 60°。三相调压以相电压过零时刻为触发角 $\alpha=0°$位置。

本小节以图 2-2a 所示的无中线星形联结三相调压电路为例介绍相控式交流-交流调压器的工作原理。电路有两种工作模式，模式一：三相同时工作；模式二：三相中只有两相工作。具体分析如下：

1）$0°\leqslant\alpha<60°$。在 $\alpha=0°$，电路始终工作于模式一，负载电压与电源电压相等。当 $\alpha>0°$后，电路工作于模式一和模式二交替状态。图 2-2b 给出了 $\alpha=30°$的 A 相负载电压波形。在模式一时，A 相负载电压 $u_{AN'}=u_a$；在模式二时，A 相负载电压 $u_{AN'}$等于导通两相线电压的二分之一。随 α 增加，三相同时导通的区间减小，到 $\alpha=60°$时，三相同时导通的区间为 0，这时只有模式二的工作情况，如图 2-2c 所示。

2）$60°\leqslant\alpha<150°$。在此区间电路只有模式二的一种工作方式。随着 α 的增加，负载电压下降，当 $\alpha=120°$时交流输出电压为 0。在 $\alpha>90°$后，电压电流波形将出现断续，如图 2-2d 所示。因此采用双向晶闸管的无中线星形联结的三相调压电路有效移相控制范围为 0°~150°。

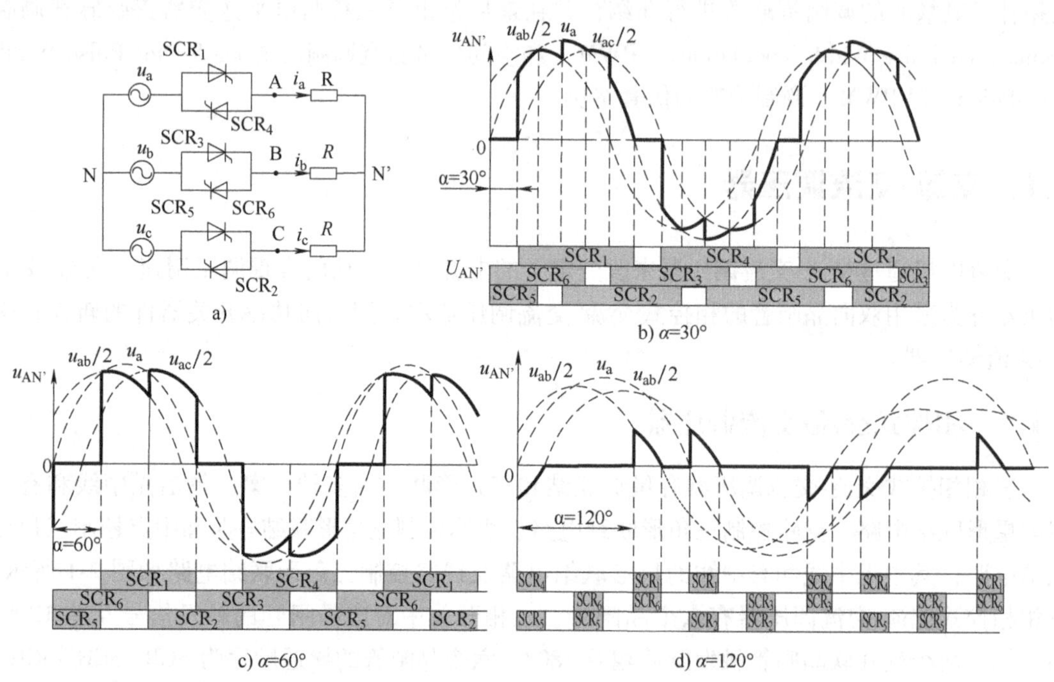

图 2-2　无中线星形联结三相调压电路

2.1.2　斩控式交流-交流调压器

1. 单相斩控式交流调压

单相斩控式交流调压电路如图 2-3 所示，其中 S_1 双向可控开关由 VT_1、VT_2、VD_1、VD_2 构成，S_2 双向可控开关由 VT_3、VT_4、VD_3、VD_4 构成。S_1 用于交流电的斩波控制，S_2 用于感性负载的续流控制。电机中主要为阻感性负载，负载基波阻抗角为 φ_1。阻感性负载时斩控式单相交流调压电路波形如图 2-4 所示。按输出电压 u_o 和输出电流的基波 i_{o1}可以划分为 4 个区，其中，B 区和 D 区中 u_o、i_{o1}方向相同，负载从电源吸收电能，除电阻消耗外，电感储能；A 区和 C 区中 u_o、i_{o1}方向相反，电感释放电能，除电阻消耗外，向电源反馈无功电能。在开关控制上，B 区应由 VT_1 斩波控制，VT_3 恒通为 L 提供续流通路；D 区应由 VT_2 斩波控制，VT_4 恒通为 L 提供续流通路。A 区应由 VT_4 斩波控制，在 VT_4 关断时，因 VT_2 恒通，为 i_{o1}反向电流提供续流通路，使 u_o 和电源电压 u_i 有相同的正极性；在 C 区，应由 VT_3 斩波控制，在 VT_3 关断时，因为 VT_1 恒通为 i_{o1}正向电流提供续流通路，使 u_o 和电源电压 u_i 有相同的负极性。这样按区控制，u_o 的波形与电阻负载时相同，输出电流的基波 i_{o1}滞后 u_o 为 φ_1。

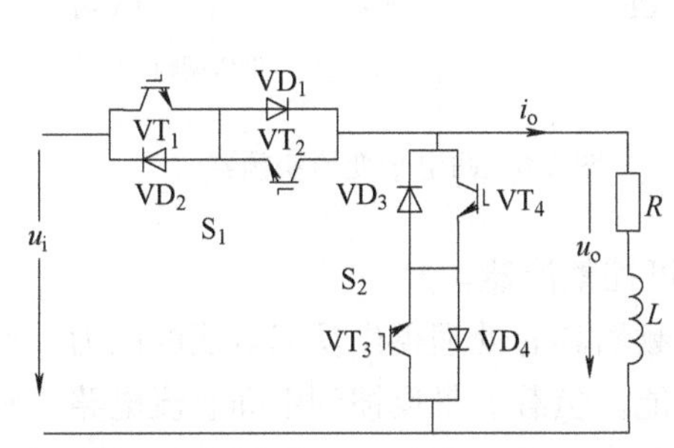

图 2-3　单相斩控式交流调压电路

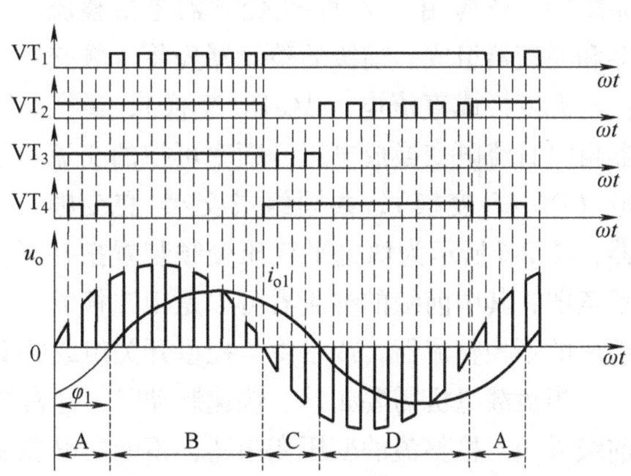

图 2-4　阻感性负载时斩控式单相交流调压电路波形

在斩波调压时，为避免输出电压中含有偶次谐波，应采用同步调制的方式，即驱动信号与电源电压保持同步，并且载波比 N 为偶数恒值，这样输出电压中的最低次谐波为 $N-1$ 次。斩波调压时，一般载波比比较大，因此电流波形比较光滑，接近正弦波。

2. 三相斩控式交流调压

三相斩控式交流调压电路包括三个双向可控开关 S_1、S_2、S_3 和三相负载组成的三相交流调压电路，以及由三相不控桥和 VT_4 组成的在感性负载时的续流回路，如图 2-5 所示。三个交流开关 S_1、S_2、S_3 由同一驱动信号 u_g 控制，续流开关 VT_4 的驱动信号 u_{g4}与 u_g 互补。在 VT_1、VT_2、VT_3 导通时，负载上电压与电源电压相等；在 VT_1、VT_2、VT_3 关断时 VT_4 导通，使感性电流经不控整流器和 VT_4 续流，负载上电压为 0。为了避免输出电压和电流中包含偶次谐波，并且保持三相输出电压对称，载波比 N 必须选为 6 的倍数。

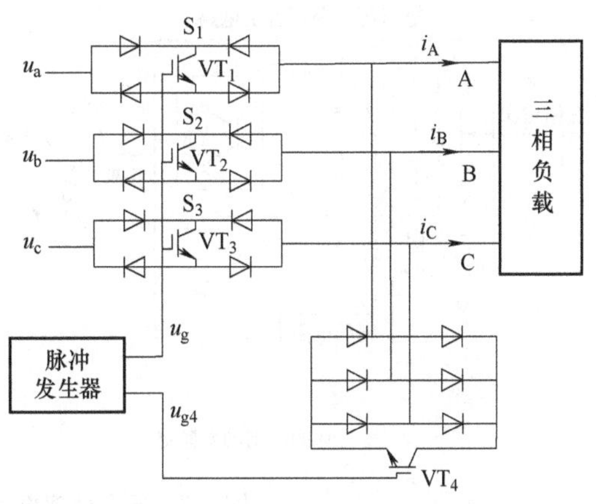

图 2-5　三相斩控式交流调压电路

2.2　基于全控型器件的变压变频器

通过变压变频电源变换装置可以改变电机电源的电压和频率，从而实现对交流电机转速的控制。本节主要介绍基于全控型器件的变压变频器，包括两电平变压变频装置、多电平变压变频装置、矩阵式变压变频装置等。

2.2.1 两电平变压变频装置

1. 电路拓扑

交-直-交变频器（Variable Voltage Variable Frequency，VVVF，即变压变频）在变频调速系统中广泛应用。交-直-交变频器是由整流器和逆变器组成。前级的整流器先将工频交流电源变换成直流电（AC-DC 变换），逆变器再将直流电变换成电压、频率可控的交流电（DC-AC 变换），共同组成交-直-交变频器。图 2-6 所示为两电平变压变频装置拓扑示意图，其中前级的整流器可以是由二极管组成的不控整流器，或是由全控型开关组成的 PWM 可控整流器。

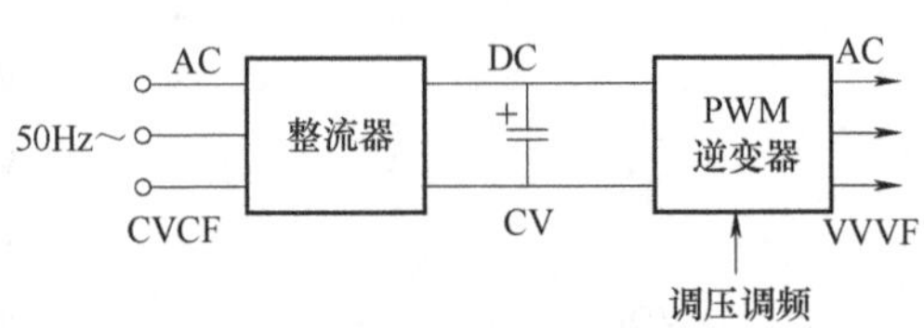

图 2-6 两电平变压变频器

当负载电机需要频繁、快速制动时，通常要求变频器具有处理再生反馈电能的能力。而前级采用不控整流的变压变频器，不能向电源反馈电能。负载能量反馈到中间直流电路，将导致电容电压升高，会危及整个电路的安全，为此，可以采用加泵升电压限制电路的能耗制动方法来解决电容电压升高的问题，如图 2-7a 所示，但该方案会增加系统的损耗，影响系统效率。为此，对于中、大容量的变频器，可在整流器的输出端反并联另外一组逆变器，制动时使其工作在逆变状态，以通过反向的制动电流，实现回馈制动，如图 2-7b 所示。

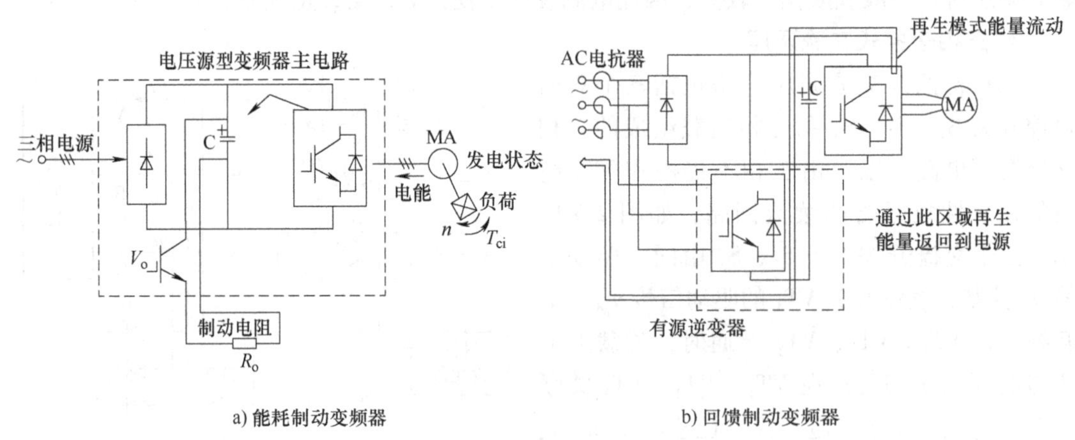

a) 能耗制动变频器　　b) 回馈制动变频器

图 2-7 具有处理再生反馈电力能力的变频器

采用不控整流的变压变频器无法实现单位功率因数，为此采用全控型开关组成的 PWM 可控整流器，如图 2-8 所示。该电路能量能够双向流动，当电机工作在电动运行状态时，电网侧的三相桥为整流器，采用 PWM 控制实现 AC/DC 变换，且 PWM 整流电路是升压型整流电路，其输出直流电压可以从交流电源电压峰值附近向高调节，电机侧的三相桥电路为逆变器，实现电机运行需要的 DC/AC 变换。当电机工作在再生制动状态时，电机侧的电路成为整流器，电网侧的电路成为逆变器，将电能回馈到电网，同时通过改变输出交流电压的相序可使电机正转或反转，便于实现交流电机的四象限运行。

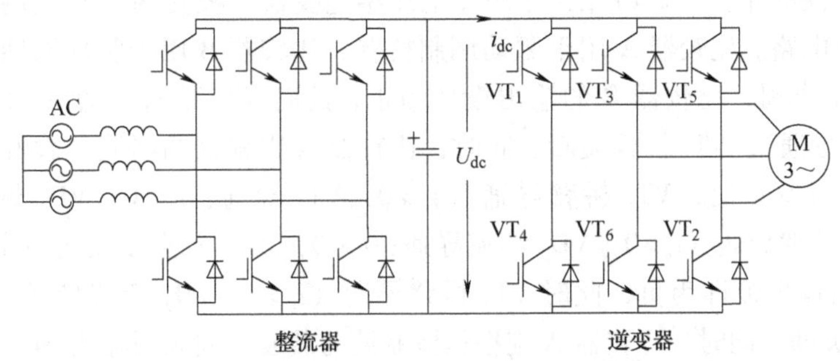

图 2-8　采用 PWM 可控整流的变压变频器

2. 正弦脉宽调制（SPWM）策略及其相关问题

交-直-交变频器中逆变器与交流电机的特性、调速系统的性能有着直接的关系，在交流调速中具有重要地位。对于方波气隙磁场的交流电机，例如永磁无刷直流电机需要采用方波控制。方波逆变器将矩形波的电压或者电流施加在电机绕组上，能够获得脉动较小的电磁转矩。但是对于大部分交流调速系统，例如异步电机、同步电机构成的系统中气隙磁场都是正弦波，如果仍然采用方波电源控制电机，则高次谐波会导致转矩脉动和功率损耗的增加，因此需要采用正弦波逆变器控制电机来获得更好的系统性能。为了满足变频调速对电压与频率协调控制的要求，可以通过改变正弦调制波的幅值 U_{rm} 和频率 f_r 来分别控制输出交流基波的电压和频率。

正弦波逆变器采用 SPWM 策略，即以频率 f_r 的正弦参考波作为调制波 u_r，并以 N 倍调制波频率的三角波或锯齿波为载波 u_c，载波频率为 f_c，将载波与调制波相交，得到一组幅值相等、宽度正比于正弦调制波函数的方波脉冲序列，并通过相应的驱动逻辑单元驱动逆变器的功率开关，以实现逆变器的 SPWM 控制。其中，$N=f_c/f_r$ 为载波比；令调制波幅值为 U_{rm}，载波幅值为 U_{cm}，则称 $M=U_{rm}/U_{cm}$ 为调制系数 。根据载波和信号波是否同步及载波比的变化情况，PWM 调制方式可分为异步调制和同步调制两种。异步调制是载波信号与调制信号不同步的调制方式。通常载波频率 f_c 固定不变，即逆变器具有固定的开关频率，调制波频率 f_r 变化。采用异步调制时，SPWM 的低频特性好，而高频性能较差，应尽量提高 SPWM 的载波频率 f_c。但较高的载波频率设计会使逆变器的开关频率增加，从而导致开关损耗增加。同步调制是载波比 N 等于常数，并在变频时使载波和信号波保持同步的方式。当逆变电路输出频率很低时，同步调制的载波频率 f_c 也很低，f_c 过低时由调制带来的谐波不易滤除。当负载为电机时会带来较大的转矩脉动和噪声。若逆变电路输出频率很高，同步调制时的载波频率 f_c 会过高，使开关器件难以承受。为了克服上述缺点，可以采用分段同步调制方法。在输出频率高的频段采用较低的载波比，以使载波频率不致过高，在功率开关器件允许范围内。在输出频率低的频段采用较高的载波比，以使载波频率不致过低而对负载产生不利影响。

对于图 2-9a 所示的单相电压型逆变器来说，正弦脉宽调制策略有单极性 SPWM 控制、双极性 SPWM 控制以及倍频单极性 SPWM 控制等。单极性 SPWM 控制是指逆变器的输出脉冲具有单极性特征，即当输出正半周时，输出脉冲全为正极性脉冲；而当输出负半周时，输出脉冲全为负极性脉冲。图 2-10 给出了单相电压型逆变器单极性 SPWM 控制时的调制波形与驱动信号生成电路。比较器 A 用于驱动调制桥臂，比较器 B 用于驱动周期控制桥臂。在正弦调制波 u_r 正半周，比较器 B 的输出极性为正，此时 VT_4 桥臂导通（$i_o>0$，VT_4 导通；$i_o<0$，VD_4 续流导通），VT_3 桥臂关断。同时，比较器 A 则根据调制波与载波的调制而输出 SPWM 信号。当 $u_r>u_c$ 时，VT_1 桥臂导通（$i_o>0$，VT_1 导通；$i_o<0$，VD_1 续流导通）；当 $u_r \leqslant u_c$ 时，VT_2 桥臂导通（$i_o>0$，VD_2 续流导通；$i_o<0$，VT_2 导通）；在正弦调制波 u_r 负半周，比较器 B 的输出极性为负，此时 VT_3 桥臂导通（$i_o>0$，VD_3 续流导通；$i_o<0$，VT_3 导通），VT_4 桥臂关断。同时，比较器 A 则根据调制波与载波的调制而输出 SPWM 信号，开关管的通断状态与正弦调制波 u_r 正半周相同。

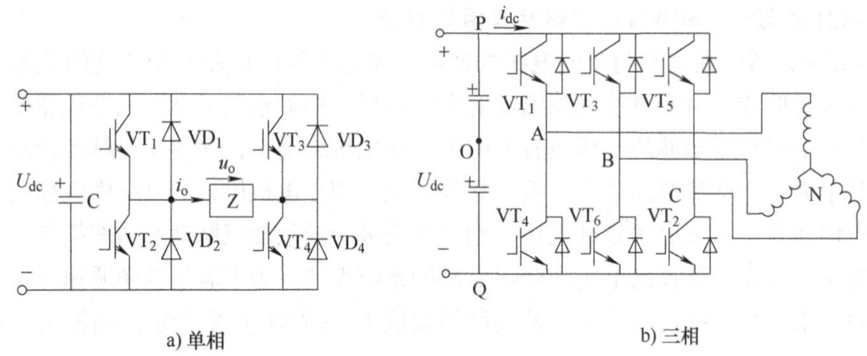

a) 单相　　b) 三相

图 2-9　电压型逆变器电路

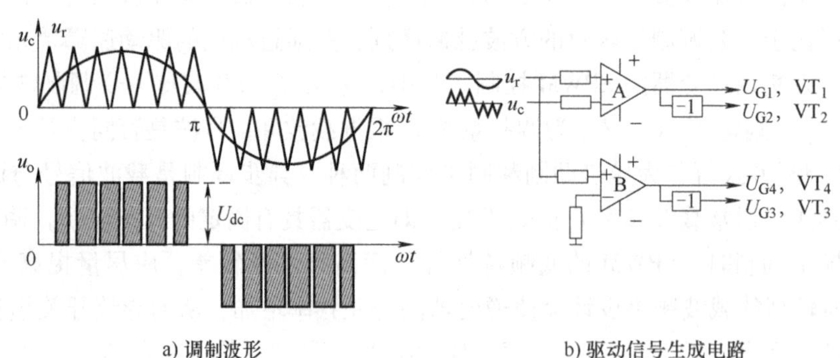

a) 调制波形　　b) 驱动信号生成电路

图 2-10　单相电压型逆变器单极性 SPWM 控制

双极性 SPWM 控制是指在逆变器输出正负半周，输出脉冲全为正负极性跳变的双极性脉冲。双极性 SPWM 控制时，采用正负对称的双极性三角载波。图 2-11 给出了单相电压型逆变器双极性 SPWM 控制时的调制波形和驱动信号生成电路。当正弦调制波信号瞬时值大于三角载波信号瞬时值时，VT_1 和 VT_4 桥臂导通，VT_2 和 VT_3 桥臂关断，逆变器输出为正极性的 SPWM 电压脉冲。当 $i_o>0$ 时，VT_1 和 VT_4 导通；$i_o<0$ 时，VD_1 和 VD_4 续流导通。当正

弦调制波信号瞬时值小于三角载波信号瞬时值时，VT_2 和 VT_3 桥臂导通，VT_1 和 VT_4 桥臂关断，逆变器输出为负极性的 SPWM 电压脉冲。当 $i_o<0$ 时，VT_2 和 VT_3 导通；$i_o>0$ 时，VD_2 和 VD_3 续流导通。

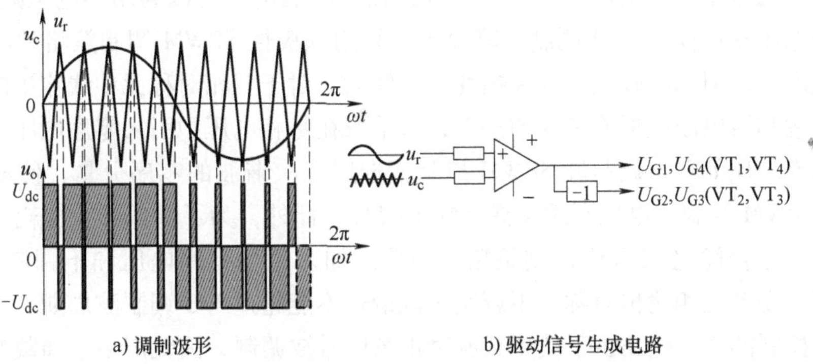

a) 调制波形　　b) 驱动信号生成电路

图 2-11　单相电压型逆变器双极性 SPWM 控制

对于图 2-9b 所示的三相电压型逆变器来说，正弦脉冲调制策略有双极性 SPWM 控制、鞍型调制波 SPWM 控制和综合优化 SPWM 控制等，本书主要介绍双极性 SPWM 控制。三相电压型逆变器双极性 SPWM 控制时的调制波形和驱动信号生成电路如图 2-12 所示。三相桥臂的调制波采用三相对称的正弦波信号，三角波载波信号 u_c 是共用的，分别与每相调制波电压比较，产生 SPWM 脉冲序列波作为逆变器功率开关器件的驱动控制信号。逆变器每相桥臂有且只有一个功率器件导通（开关管或反并联二极管）。以 A 相为例，当正弦调制波信号瞬时值 u_{ar}高于三角载波信号 u_c 时，相应比较器的输出电压 U_{G1}为正电平，VT_1 导通，VT_4

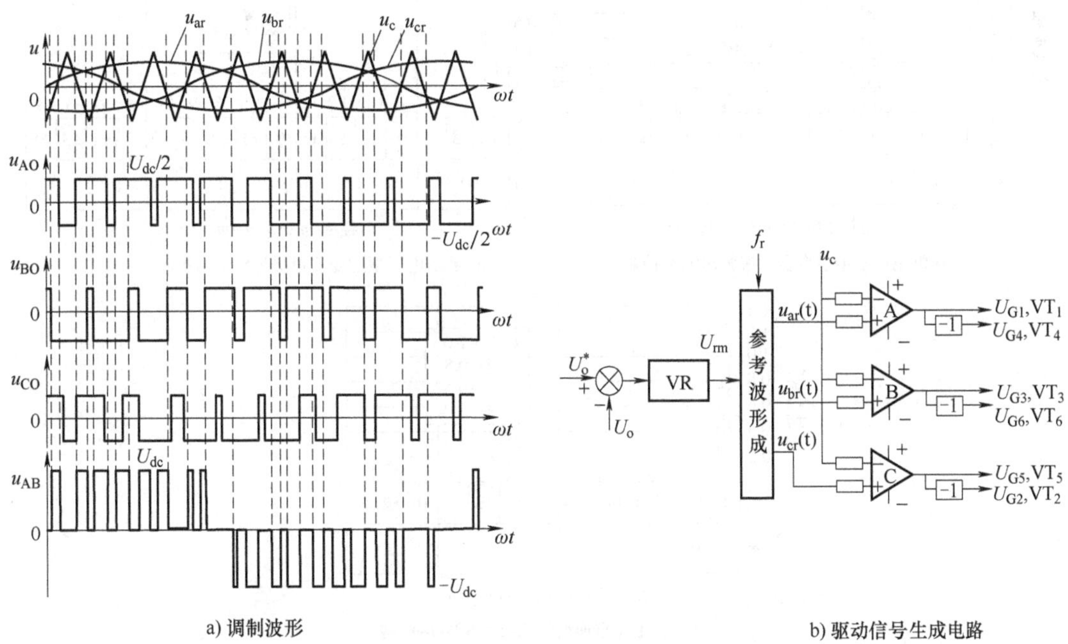

a) 调制波形　　b) 驱动信号生成电路

图 2-12　三相电压型逆变器双极性 SPWM 控制

截止；反之 U_{G1} 产生负电平，VT_4 导通，VT_1 截止。相对于逆变器直流电压中点的输出相电压波形为双极性 SPWM 波形，且幅度为 $\pm U_{dc}/2$；逆变器输出的线电压波形为单极性 SPWM 波形，且输出幅值为 $\pm U_{dc}$。

在电机驱动应用中，采用单极性 SPWM 调制策略的电机可以利用零电压减小转矩脉动，且开关损耗相比双极性 SPWM 调制策略要小。采用双极性 SPWM 调制策略的电机其电流及转矩控制速度快，但脉动较大，开关损耗相对较大。对于三相对称无中线输出的电压型逆变器，在不影响其线电压波形质量的前提下，可采取在每相电压中引入零序电压的方法来提高其电压利用率。比如鞍型调制波 SPWM 控制就选用三次谐波的零序分量，使电压利用率比正弦调制波 PWM 控制的电压利用率提高约 15.5%。此外，为了降低开关损耗和提高电压利用率，可采用综合优化 SPWM 控制策略，即采用加入适当零序电压和不调制区段来实现。但为了保证逆变器三相输出对称，不调制区段最长不能超过 1/3 调制波周期。

SPWM 控制的逆变电路由于使用载波对正弦信号波调制，因此产生了和载波相关的谐波分量。这些谐波分量的频率和幅值是衡量 SPWM 控制的逆变电路性能的重要指标之一。图 2-13 所示为电压型逆变器 SPWM 控制的输出电压频谱，其中 m 为相对于载波的谐波次数，n 为相对于调制波的谐波次数，ω_c 为载波角频率，ω_r 为调制波角频率。不同调制系数 M 时的单相电压型逆变电路，在双极性 SPWM 调制方式下，输出电压波形中不含有低次谐波，只含有角频率为 ω_c 及其附近的谐波，以及 $2\omega_c$、$3\omega_c$ 等及其附近的谐波；在单极性 SPWM 调制方式下，输出电压波形中同样不含有低次谐波，其谐波主要分布在 ω_c 及 $2\omega_c$、$3\omega_c$ 附近，并以 ω_c 附近的谐波幅值最大。相对于双极性 SPWM 调制方式而言，单极性

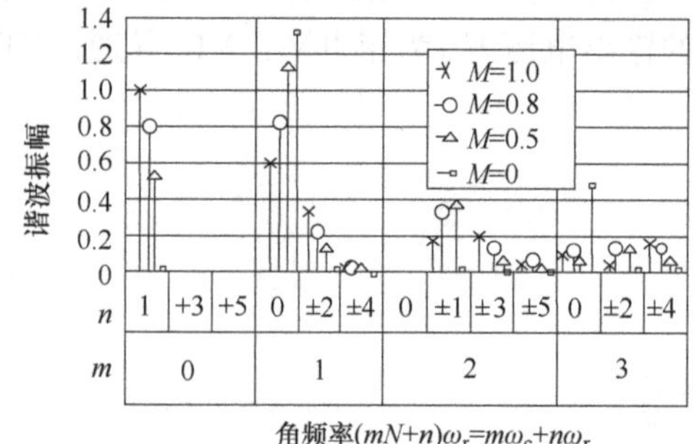

a) 单相电压型逆变器双极性SPWM控制

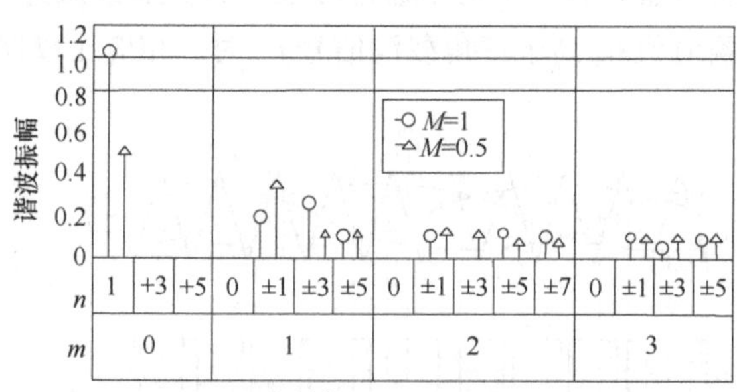

b) 单相电压型逆变器单极性SPWM控制

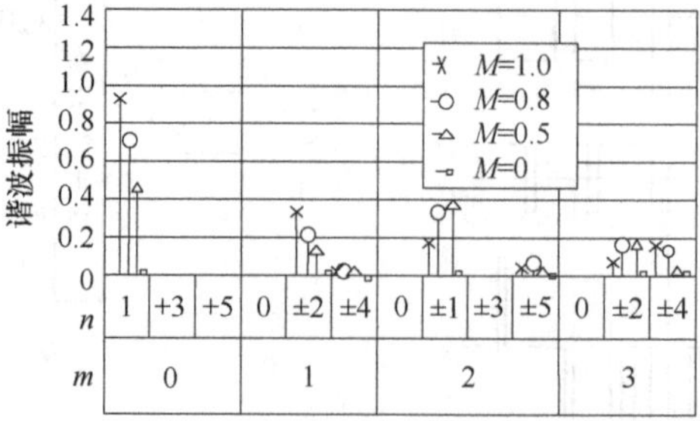

c) 三相电压型逆变器双极性SPWM控制

图 2-13 电压型逆变器 SPWM 控制的输出电压频谱

SPWM 调制方式具有更低的输出谐波。此外，不同调制系数 M 时的三相电压型 PWM 逆变电路在双极性调制方式下，输出电压波形中不含有低次谐波，不含有 ω_c 整数倍谐波，谐波中幅值较高的是 $\omega_c \pm 2\omega_r$ 和 $2\omega_c \pm \omega_r$。

按照 SPWM 控制的基本原理，在正弦波和三角波的自然交点时刻控制功率开关器件的通断，这种生成 SPWM 波形的方法称为自然采样法，如图 2-14a 所示。自然采样法所得到的 SPWM 波形很接近正弦波，但这种方法要求解复杂的超越方程，难以在实时控制中在线计算。因而在工程中实际应用不多。

规则采样法是一种应用较广的工程实用方法，如图 2-14b 所示。取三角波两个正峰值之间为一个采样周期 T_c。在三角波的负峰时刻 t_e 对正弦信号波采样而得到 E 点，过 E 点做一水平直线和三角波交于 A、B 两点，A 点和 B 点之间功率开关器件导通，导通时间为 t_2。

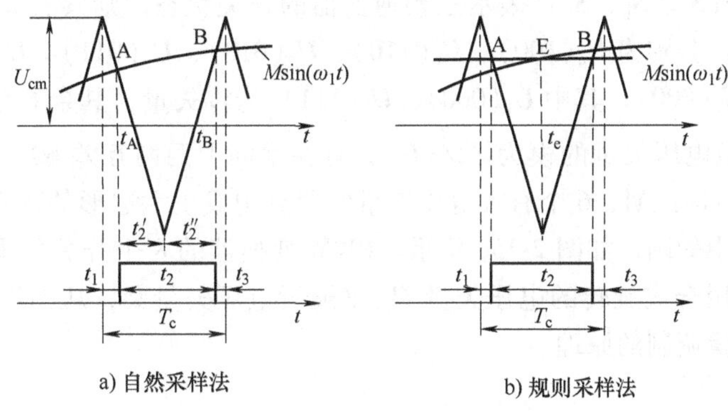

图 2-14　SPWM 的采样方法

设正弦调制信号波为

$$u_r = M\sin(\omega_1 t) \tag{2-1}$$

式中，M 为调制系数，$0 \leqslant M < 1$；ω_1 为正弦调制波频率，即逆变器输出频率。

由图 2-14b 可得

$$\frac{1+M\sin\omega_1 t_e}{2} = \frac{t_2/2}{T_c/2} \tag{2-2}$$

因此可得

$$\begin{cases} t_2 = \dfrac{T_c}{2}(1+M\sin\omega_1 t_e) \\ t_1 = t_3 = \dfrac{1}{2}(T_c - t_2) \end{cases} \tag{2-3}$$

对于三相电压型桥式逆变电路来说，应形成三相 SPWM 波形。三相正弦调制波的相位依次相差 120°，三角载波是公用的。在三角波周期内三相的脉冲宽度分别为 t_{2a}、t_{2b}、t_{2c}，由于在同一时刻三相正弦调制波电压的和为 0。因此由式（2-3）可得

$$\begin{cases} t_{2a} + t_{2b} + t_{2c} = \dfrac{3}{2} T_c \\ t_{1a} + t_{1b} + t_{1c} = t_{3a} + t_{3b} + t_{3c} = \dfrac{3}{4} T_c \end{cases} \tag{2-4}$$

3. 空间矢量脉宽调制（SVPWM）策略及其相关问题

SVPWM 策略是从电机的角度出发，着眼于如何通过逆变器开关输出状态合成任意电压矢量使电机获得幅值恒定的圆形磁场，即正弦磁通，从而使电机产生恒定的电磁转矩。它以三相对称正弦波电压供电时交流电机的理想磁通圆为基准，用逆变器不同的开关模式所产生实际磁通去逼近基准圆磁通，由它们比较的结果决定逆变器的开关，形成 PWM 波形，这种控制方法称为磁链跟踪控制。磁链的轨迹是交替使用不同的电压空间矢量得到的，因此又称为电压空间矢量 PWM 控制。该方法具有转矩脉动小、噪声低、电压利用率高等优点，因此在交流电机调速控制系统中得到广泛应用。

当图 2-9b 所示的三相对称负载的三相电压型逆变器采用 180°导通方式，A、B、C 桥臂的开关变量 S_a、S_b、S_c，当 k 相上桥臂开关导通时，$S_k=1$；当 k 相下桥臂开关导通时，$S_k=0$，(k=a，b，c)。用（S_a、S_b、S_c）表示三相逆变器的开关状态，则共有 $2^3=8$ 种开关状态，对应 8 个电压矢量，分别为 $\boldsymbol{U}_4(100)$、$\boldsymbol{U}_6(110)$、$\boldsymbol{U}_2(010)$、$\boldsymbol{U}_3(011)$、$\boldsymbol{U}_1(001)$、$\boldsymbol{U}_5(101)$ 以及 $\boldsymbol{U}_7(111)$ 和 $\boldsymbol{U}_0(000)$，其中 $\boldsymbol{U}_0(000)$、$\boldsymbol{U}_7(111)$ 为零矢量，其余 6 个非零矢量为有效电压矢量。6 个有效电压矢量的模为 $\sqrt{2/3}\,U_{dc}$，且在空间上两两互差 60°，将复平面均分为六个扇区即扇区Ⅰ~扇区Ⅵ，6 个有效电压矢量的顶点构成正六边形的顶点，合成矢量轨迹是位于这个六边形中的圆，如图 2-15a 所示。PWM 变换器的 8 个开关矢量按一定的规律切换可以在矢量空间用合成旋转的电压矢量 $\boldsymbol{U}_{ref}$ 来逼近电压矢量圆，从而形成 SVPWM 波形，这就是空间电压矢量调制的原理。

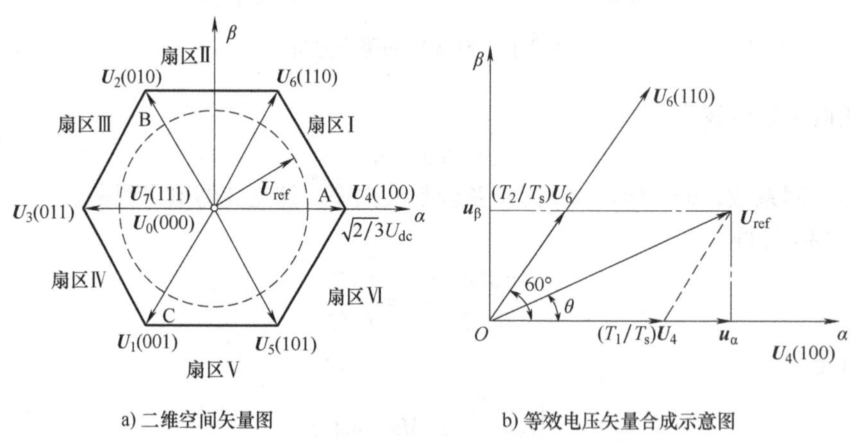

a) 二维空间矢量图　　b) 等效电压矢量合成示意图

图 2-15　三相电压型逆变器空间电压矢量图

8 个开关状态对应 8 个电压矢量，采用恒功率约束条件，各矢量为

$$\boldsymbol{U}_{out}=\sqrt{\frac{2}{3}}U_{dc}(S_a+aS_b+a^2S_c) \tag{2-5}$$

式中，$a=e^{j\frac{2}{3}\pi}$，$a^2=e^{j\frac{4}{3}\pi}$，U_{dc}为直流母线电压。

根据电压矢量 $\boldsymbol{U}_{ref}$在 $\alpha\beta$ 轴上的投影 u_α、u_β 在不同扇区的数值关系，得到表 2-1 电压矢量 $\boldsymbol{U}_{ref}$所在扇区的判断条件。从表 2-1 可知，u_β、$\frac{\sqrt{3}}{2}|u_\alpha|-\frac{1}{2}u_\beta$、$-\frac{\sqrt{3}}{2}|u_\alpha|-\frac{1}{2}u_\beta$三式与 0

的关系决定电压矢量 $\boldsymbol{U}_{ref}$ 所在的扇区，因此定义参考电压为

$$\begin{cases} u_{ref1} = \dfrac{\sqrt{3}}{2}u_{\alpha} - \dfrac{1}{2}u_{\beta} \\ u_{ref2} = -\dfrac{\sqrt{3}}{2}u_{\alpha} - \dfrac{1}{2}u_{\beta} \end{cases} \tag{2-6}$$

表 2-1　两电平变换器电压矢量 $\boldsymbol{U}_{ref}$ 所在扇区的判断条件

判断条件	$u_{\beta}>0$			$u_{\beta}\leqslant 0$		
	$\frac{\sqrt{3}}{2}\vert u_{\alpha}\vert-\frac{1}{2}u_{\beta}<0$	$\frac{\sqrt{3}}{2}\vert u_{\alpha}\vert-\frac{1}{2}u_{\beta}\geqslant 0$		$-\frac{\sqrt{3}}{2}\vert u_{\alpha}\vert-\frac{1}{2}u_{\beta}>0$	$-\frac{\sqrt{3}}{2}\vert u_{\alpha}\vert-\frac{1}{2}u_{\beta}\leqslant 0$	
		$u_{\alpha}>0$	$u_{\alpha}\leqslant 0$		$u_{\alpha}>0$	$u_{\alpha}\leqslant 0$
扇区序数	Ⅱ	Ⅰ	Ⅲ	Ⅴ	Ⅵ	Ⅳ

同时定义三个变量 A、B、C 用于扇区的计算。若 $u_{\beta}>0$，$A=1$，否则 $A=0$；若 $u_{ref1}>0$，$B=1$，否则 $B=0$；若 $u_{ref2}>0$，$C=1$，否则 $C=0$。令 $N_{sum}=A+2B+4C$，则可得 N_{sum} 值与扇区的对应关系见表 2-2。

表 2-2　N_{sum} 值与扇区的对应关系

N_{sum}	1	2	3	4	5	6
扇区	Ⅱ	Ⅵ	Ⅰ	Ⅳ	Ⅲ	Ⅴ

对于任一扇区中的电压矢量 $\boldsymbol{U}_{ref}$，可由该扇区边界的两个相邻的电压矢量 $\boldsymbol{U}_x$ 和 $\boldsymbol{U}_y$ 以及零矢量 $\boldsymbol{U}_z$ 来合成。在一个开关周期 T_s 中，令矢量 $\boldsymbol{U}_x$ 的作用时间为 T_x，矢量 $\boldsymbol{U}_y$ 的作用时间为 T_y，零矢量 $\boldsymbol{U}_z$ 的作用时间为 T_0，且 $T_s=T_x+T_y+T_0$。在一个开关周期 T_s 中，矢量 $\boldsymbol{U}_{ref}$ 存在 T_s 时间，其效应可以用 $\boldsymbol{U}_x$ 存在 T_x 时间，$\boldsymbol{U}_y$ 存在 T_y 时间以及零矢量 $\boldsymbol{U}_z$ 存在 T_0 时间来等效，即

$$\boldsymbol{U}_x T_x + \boldsymbol{U}_y T_y + \boldsymbol{U}_z T_0 = \boldsymbol{U}_{ref} T_s = \boldsymbol{U}_{ref}(T_x + T_y + T_0) \tag{2-7}$$

如果在某一开关周期 T_s 期间，电压矢量 $\boldsymbol{U}_{ref}$ 处于第Ⅰ扇区（$0\leqslant\theta\leqslant 60°$），$\boldsymbol{U}_{ref}$ 幅值为 U_{plm}，相角为 θ，如图 2-15b 所示，则

$$\boldsymbol{U}_4 T_1 + \boldsymbol{U}_6 T_2 + \boldsymbol{U}_z T_0 = \boldsymbol{U}_{ref} T_s \tag{2-8}$$

可得

$$\sqrt{\frac{2}{3}}U_{dc}T_1 + \sqrt{\frac{2}{3}}U_{dc}e^{j\frac{\pi}{3}}T_2 = U_{plm}e^{j\theta}T_s \tag{2-9}$$

进而得出各矢量的作用时间

$$\begin{cases} T_1 = MT_s\sin(\pi/3-\theta) \\ T_2 = MT_s\sin\theta \\ T_0 = T_s - T_1 - T_2 \end{cases} \tag{2-10}$$

式中，M 为 SVPWM 调制系数，且

$$M = \frac{\sqrt{2}U_{plm}}{U_{dc}} = \frac{\sqrt{2}}{U_{dc}}\vert\boldsymbol{U}_{ref}\vert \tag{2-11}$$

在SVPWM调制中，要使得合成矢量在线性区域内调制，则要满足$|\boldsymbol{U}_{ref}|=\boldsymbol{U}_{plm}\leqslant\sqrt{2/3}U_{dc}$，即$M_{max}=2/\sqrt{3}=1.1547$。因此可知，在SVPWM调制中调制系数最大可以达到1.1547，比SPWM调制的最大调制系数1高出0.1547。由式（2-11）可得，当$M=1$时，电压利用率为$\sqrt{2/3}\times(U_{dc}/\sqrt{2})/U_{dc}=\sqrt{3}/3$（折算到三相系统），这与常规SPWM电压利用率$0.5U_{dc}/U_{dc}=1/2$相比，提高了15.4%。

此外，SVPWM调制中，T_1、T_2的计算还可以根据电压矢量$\boldsymbol{U}_{ref}$在$\alpha\beta$轴投影电压u_α、u_β的数值关系得到。处于第Ⅰ扇区的$\boldsymbol{U}_{ref}$在$\alpha\beta$轴坐标系下的数值关系为

$$\begin{cases}u_\alpha=\dfrac{T_1}{T_s}|\boldsymbol{U}_4|+\dfrac{T_2}{T_s}|\boldsymbol{U}_6|\cos60^\circ\\ u_\beta=\dfrac{T_2}{T_s}|\boldsymbol{U}_6|\sin60^\circ\\ |\boldsymbol{U}_4|=|\boldsymbol{U}_6|=\sqrt{\dfrac{2}{3}}U_{dc}\end{cases}\tag{2-12}$$

从而得出

$$\begin{cases}T_1=\dfrac{T_s}{\sqrt{3/2}U_{dc}}\left(\dfrac{3}{2}u_\alpha-\dfrac{\sqrt{3}}{2}u_\beta\right)\\ T_2=\dfrac{\sqrt{3}T_s}{\sqrt{3/2}U_{dc}}u_\beta\end{cases}\tag{2-13}$$

利用类似的办法可以计算出其他扇区内$\boldsymbol{U}_{ref}$的相邻电压矢量作用时间，得到三个通用变量X、Y、Z。并得出了扇区及电压矢量作用时间T_1、T_2的对应关系，见表2-3。

$$\begin{cases}X=\dfrac{\sqrt{3}T_s}{\sqrt{3/2}U_{dc}}u_\beta\\ Y=\dfrac{T_s}{\sqrt{3/2}U_{dc}}\left(\dfrac{3}{2}u_\alpha+\dfrac{\sqrt{3}}{2}u_\beta\right)\\ Z=\dfrac{T_s}{\sqrt{3/2}U_{dc}}\left(-\dfrac{3}{2}u_\alpha+\dfrac{\sqrt{3}}{2}u_\beta\right)\end{cases}\tag{2-14}$$

表2-3　各扇区电压矢量作用时间

扇区	Ⅰ	Ⅱ	Ⅲ	Ⅳ	Ⅴ	Ⅵ
T_1	$-Z$	Z	X	$-X$	$-Y$	Y
T_2	X	Y	$-Y$	Z	$-Z$	$-X$

对于零矢量的选择，主要考虑选择$\boldsymbol{U}_0$或$\boldsymbol{U}_7$应使开关状态变化尽可能少，以降低开关损耗。各组开关状态的作用次序要遵守任意一个电压矢量的变化只能有一个桥臂的开关动作。若允许两个或三个桥臂同时动作，则在线电压的半周期内出现反极性的脉冲，产生反向转矩，引起脉动和电磁噪声。目前比较常用的有五段SVPWM和七段SVPWM矢量合成方

法，图 2-16 和图 2-17 分别给出了两种方法的开关函数波形图和频谱分布图。可见，在一个开关周期中，五段 SVPWM 桥臂开关管共开关 4 次且波形对称，七段 SVPWM 桥臂开关管共开关 6 次且波形对称，五段 SVPWM 开关次数较少，损耗较低；五段 SVPWM 和七段 SVPWM 的 PWM 谐波分量都主要分布在开关频率的整数倍附近，但七段 SVPWM 谐波幅值较小，输出波形质量更好。

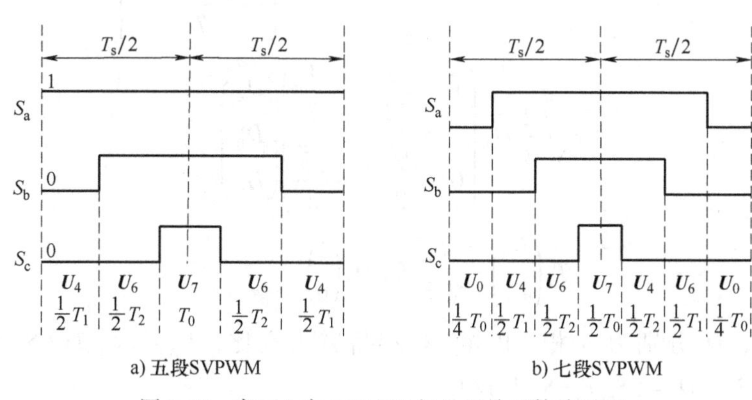

图 2-16　扇区 I 中 SVPWM 矢量开关函数波形图

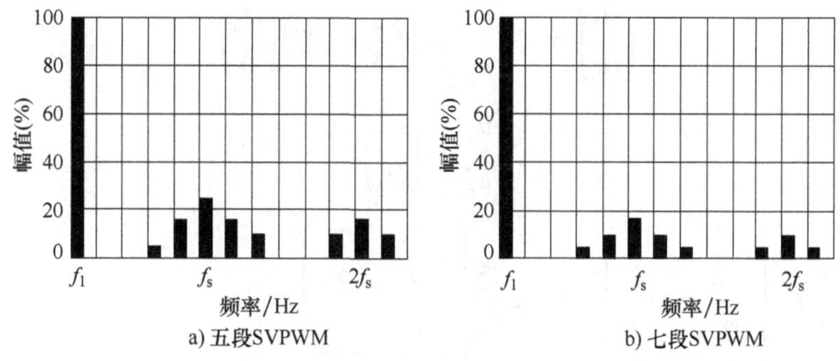

图 2-17　SVPWM 矢量频谱分布图

为了减小传统 SVPWM 控制计算量大的问题，文献中提出了一种占空比直接计算型 SVPWM 控制方法，该方法不需要判断扇区和选择电压矢量。具体推导过程如下：假设参考电压矢量 $\boldsymbol{U}_{ref}$ 由 2 个基本有效电压矢量 $\boldsymbol{U}_x$ 和 $\boldsymbol{U}_y$ 合成，且对应作用时间分别为 T_1、T_2，$\boldsymbol{U}_x$ 和 $\boldsymbol{U}_y$ 可分别表示成：

$$
\begin{cases}
\boldsymbol{U}_x = \sqrt{\dfrac{2}{3}}U_{dc}(S_{a1}+S_{b1}a+S_{c1}a^2) \\
\boldsymbol{U}_y = \sqrt{\dfrac{2}{3}}U_{dc}(S_{a2}+S_{b2}a+S_{c2}a^2)
\end{cases}
\tag{2-15}
$$

式中，$\boldsymbol{U}_x$、$\boldsymbol{U}_y$ 矢量对应桥臂的开关变量用下标 1、2 区别。

一个控制周期 T_s 内合成参考电压矢量 $\boldsymbol{U}_{ref}$ 与两个基本有效电压矢量之间关系为

$$
\begin{aligned}
\boldsymbol{U}_{ref} &= (\boldsymbol{U}_x T_1 + \boldsymbol{U}_y T_2)/T_s \\
&= \sqrt{\frac{2}{3}}U_{dc}[(S_{a1}T_1+S_{a2}T_2)+(S_{b1}T_1+S_{b2}T_2)a+(S_{c1}T_1+S_{c2}T_2)a^2]/T_s
\end{aligned}
\tag{2-16}
$$

$$\begin{pmatrix} u_\alpha^* \\ u_\beta^* \end{pmatrix} = \sqrt{\frac{2}{3}}U_{dc}\begin{pmatrix} 1 & -\frac{1}{2} & -\frac{1}{2} \\ 0 & \frac{\sqrt{3}}{2} & -\frac{\sqrt{3}}{2} \end{pmatrix}\begin{bmatrix} \frac{S_{a1}T_1+S_{a2}T_2}{T_s} \\ \frac{S_{b1}T_1+S_{b2}T_2}{T_s} \\ \frac{S_{c1}T_1+S_{c2}T_2}{T_s} \end{bmatrix}$$

$$= \sqrt{\frac{2}{3}}U_{dc}\begin{pmatrix} 1 & -\frac{1}{2} & -\frac{1}{2} \\ 0 & \frac{\sqrt{3}}{2} & -\frac{\sqrt{3}}{2} \end{pmatrix}\begin{pmatrix} D_A \\ D_B \\ D_C \end{pmatrix}$$

$$= T_p\begin{pmatrix} D_B \\ D_C \end{pmatrix} + \sqrt{\frac{2}{3}}U_{dc}D_A\begin{pmatrix} 1 \\ 0 \end{pmatrix} \tag{2-17}$$

式中，D_A、D_B、D_C分别为A相、B相、C相桥臂占空比，$D_A=(S_{a1}T_1+S_{a2}T_2)/T_s$、$D_B=(S_{b1}T_1+S_{b2}T_2)/T_s$、$D_C=(S_{c1}T_1+S_{c2}T_2)/T_s$。

则可得每相桥臂占空比为

$$\begin{pmatrix} D_B \\ D_C \end{pmatrix} = T_p^{-1}\begin{pmatrix} u_\alpha^* \\ u_\beta^* \end{pmatrix} - \sqrt{\frac{2}{3}}U_{dc}T_p^{-1}\begin{pmatrix} D_A \\ 0 \end{pmatrix}$$

$$= T_p^{-1}\begin{pmatrix} u_\alpha^* \\ u_\beta^* \end{pmatrix} + \begin{pmatrix} D_A \\ D_A \end{pmatrix} \tag{2-18}$$

式中，$T_p=\sqrt{\frac{2}{3}}U_{dc}\begin{pmatrix} -\frac{1}{2} & -\frac{1}{2} \\ \frac{\sqrt{3}}{2} & -\frac{\sqrt{3}}{2} \end{pmatrix}$，$T_p^{-1}=\frac{\sqrt{2}}{U_{dc}}\begin{pmatrix} -\frac{\sqrt{3}}{2} & \frac{1}{2} \\ -\frac{\sqrt{3}}{2} & -\frac{1}{2} \end{pmatrix}$。

图2-18所示为占空比直接计算型SVPWM控制的程序流程图。

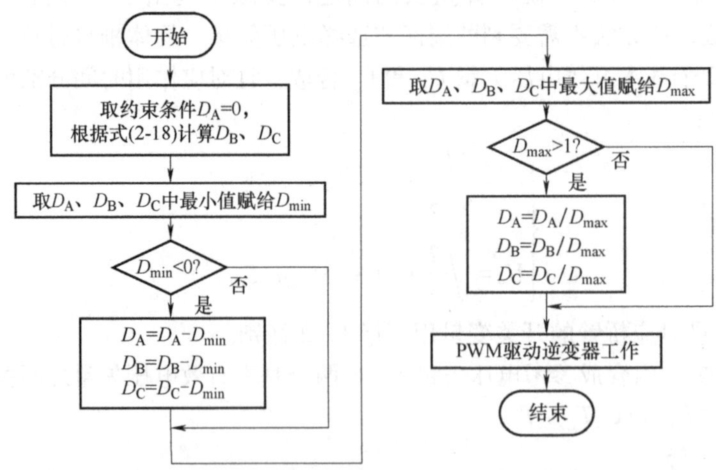

图2-18　占空比直接计算型SVPWM的程序流程图

开始时，A 相桥臂占空比 D_A设为 0，表示 A 相桥臂不参与矢量的合成，此时可以得唯一解 D_B、D_C。但是此时 D_B、D_C可能出现小于 0 或者大于 1 的情况，与占空比的定义不符，需要对 D_A、D_B、D_C进行调整和限幅，确保三相占空比 D_A、D_B、D_C均在 0~1 之间。需要关注的是，当同时增加或减小 D_B、D_C，只会引起零电压矢量作用时间的变化，不会影响逆变器的输出电压。在获得了各个桥臂开关状态占空比之后，仍需进行矢量切换时间点的计算。采用七段式 SVPWM 调制，一个开关周期 T_s 内的开关切换示意图如图 2-19 所示。

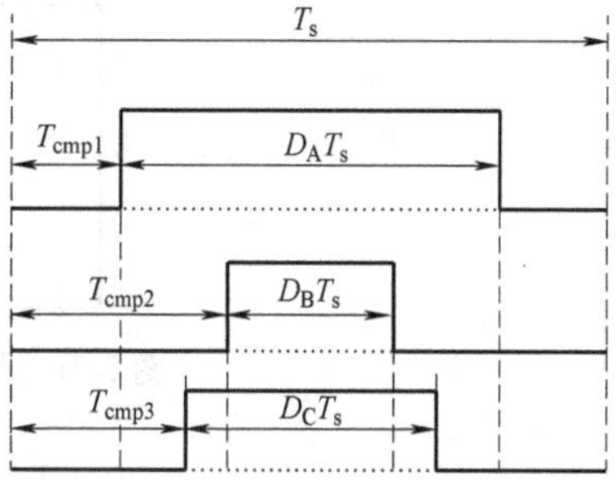

图 2-19　SVPWM 开关切换示意图

4. 迟滞比较器闭环控制及其相关问题

PWM 波形生成方法除了前文讲述的 SPWM 法和 SVPWM 法外，还有跟踪控制方法。这种方法是把希望输出的电流或电压波形作为指令信号，把实际电流或电压波形作为反馈信号，通过两者的瞬时值比较来决定逆变电路各功率开关器件的通断，使实际的输出跟踪指令信号变化。迟滞比较器闭环控制就是一种跟踪控制法，该方法具有受控对象响应速度快、鲁棒性好等优点，图 2-20 给出了采用迟滞比较器闭环控制的单相半桥逆变电路原理图和滞环比较方式的指令电流 i^* 和输出电流 i 波形。把指令电流 i^* 和实际输出电流 i 的偏差（i^*-i）作为迟滞比较器的输入，通过其输出来控制功率器件 VT_1 和 VT_2 的通断。当 VT_1（或 VD_1）导通时，i 增大；当 VT_2（或 VD_2）导通时，i 减小。通过环宽为 $2\Delta I$ 的迟滞比较器的控制，i 就在 $i^*+\Delta I$ 和 $i^*-\Delta I$ 的范围内呈锯齿状地跟踪指令电流 i^*。环宽过宽时，开关动作频率低，但跟踪误差大；环宽过窄时，跟踪误差小，但开关频率过高，开关损耗随之增大，降低了效率。因此环宽对跟踪性能有较大的影响，而且该控制器开关频率还随着负载工作状态变化而变化，开关频率不固定，导致逆变器开关动作的随机性过大，不利于逆变器的保护，使得系统的可靠性降低。

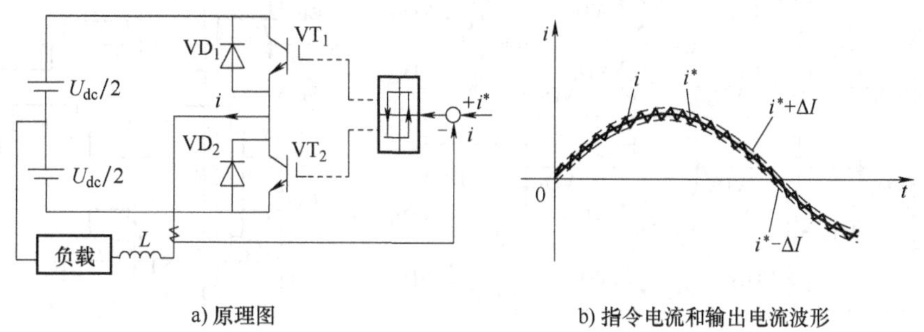

a) 原理图　　b) 指令电流和输出电流波形

图 2-20　迟滞比较器闭环控制原理图和波形图

图 2-21 给出了一种采用固定开关频率的滞环电流控制器——delta 调制器。delta 调制器把电流误差信号作为调制信号，采用实时采样开关的方法直接控制滞环的接入与切断，将比较器的输出锁定在 $f=1/T_s$ 的频率上，从而把连续信号转换为脉宽调制的数字信号。该方法

具有对负载参数变化的强鲁棒性和动态性能优良等优点，但这种方法谐波较大，为了获得好的波形质量，需要较高的开关频率。

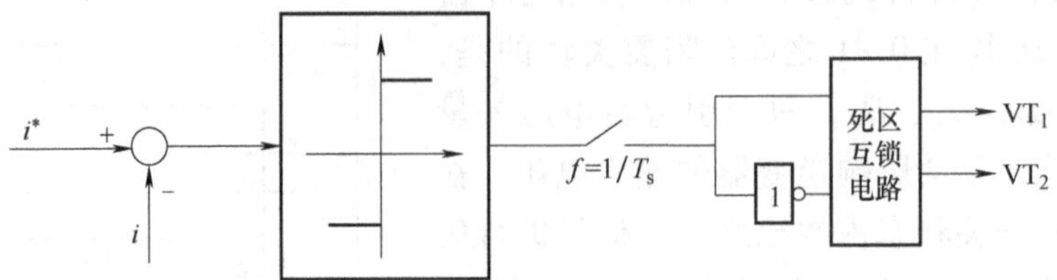

图 2-21　带 delta 调制器的滞环电流控制器

2.2.2　多电平变压变频装置

两电平变压变频装置主要用在低压交流变频调速系统中。对于中高压交流变频调速系统如高压水泵、风机、轨道交通电力牵引、船舶主传动、大型轧机主传动等应用，往往采用多电平变压变频装置。在同样的输出电压等级和相同的开关频率下，相比两电平变换器，采用多电平变换器，可以降低对器件的耐压要求，降低电压跳变，减小对电机绝缘和电路本身的损害，降低 EMI 干扰，同时可以减小输出共模电压，减小对电机轴和轴承的损害，此外，输出波形阶梯增多，更加接近目标调制波，输出电压谐波含量少，输入电流的畸变也有所改善。

1. 多电平变压变频装置的拓扑结构

目前多电平变换器主要包括中点钳位型、飞跨电容型和级联 H 桥型等电路拓扑，如图 2-22~图 2-24 所示。本节以中点钳位型三电平变换器为例进行原理介绍。

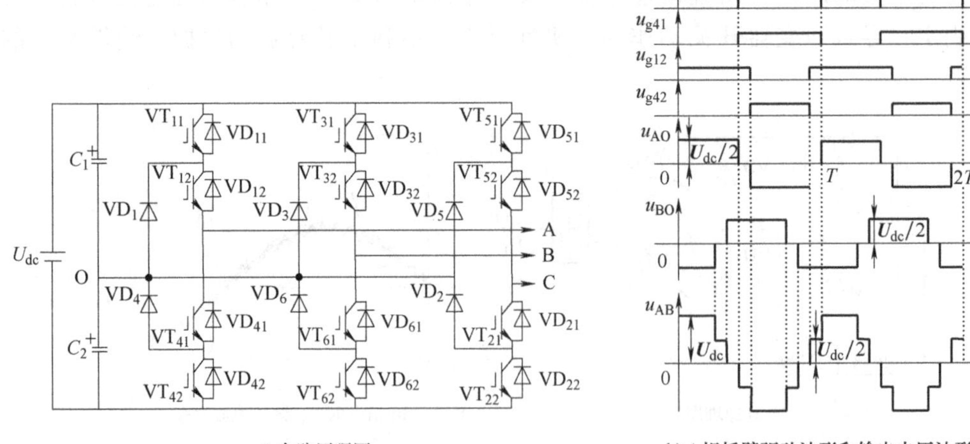

a) 电路原理图　　b) A相桥臂驱动波形和输出电压波形

图 2-22　中点钳位型三电平变换器

中点钳位型三电平逆变器也称为二极管钳位三电平逆变器，又称 NPC（Neutral Point Clamped）三电平逆变器，如图 2-22a 所示。该变换器每相上下桥臂均由 2 个开关管串联而

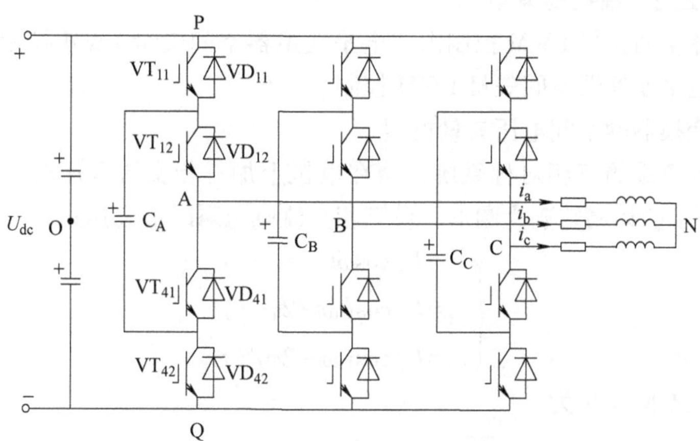

图 2-23　飞跨电容型三电平变换器

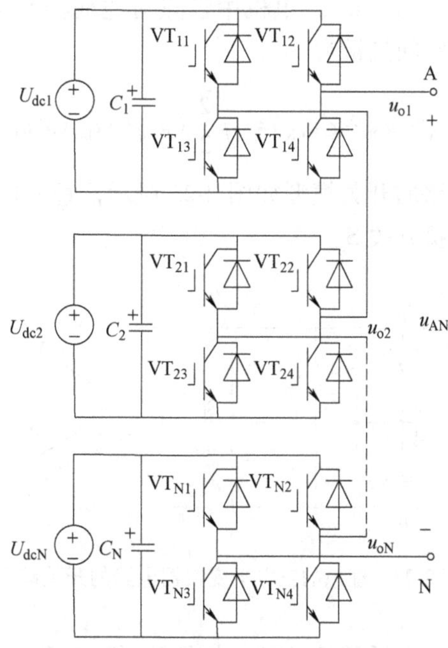

图 2-24　级联 H 桥型单相多电平变换器

成，每个桥臂中点和电源中点 O 通过一个钳位二极管连接。以 A 相为例，当 VT_{11} 和 VT_{12}（或 VD_{11} 和 VD_{12}）同时导通，A 相电平 u_{AO} 为 $U_{dc}/2$；当开关管 V_{41} 和 V_{42}（或 VD_{41} 和 VD_{42}）同时导通，A 相电平 u_{AO} 为 $-U_{dc}/2$；当开关管 V_{12} 和 V_{41} 同时导通，A 相电平 u_{AO} 为 0。图 2-22b 给出了中点钳位型三电平变换器 A 相桥臂驱动波形和输出波形。三电平变换器的输出相电压 u_{AO} 有 $U_{dc}/2$、$-U_{dc}/2$、0 三种电平，输出线电压 u_{AB} 有 $\pm U_{dc}/$、$\pm U_{dc}/2$ 和 0 五种电平。而两电平变换器的输出线电压只有 $\pm U_{dc}/$ 和 0 三种电平。因此三电平逆变电路输出电压谐波可大大小于两电平逆变电路。

2. 多电平的空间矢量控制策略

多电平变换器空间矢量 PWM 控制由三电平变换器空间矢量 PWM 控制发展而来，因此本节主要介绍三电平变换器空间矢量 PWM 控制。

(1) 三电平变换器的空间电压矢量模型

以交流电机为负载的三相对称系统，当在电机上加三相交流电压时，电机气隙磁通在 α-β 静止坐标平面上的运动轨迹为圆形。设三相交流电压瞬时值表达式为

$$\begin{cases} u_A = U_m\cos\omega t \\ u_B = U_m\cos(\omega t - 2\pi/3) \\ u_C = U_m\cos(\omega t + 2\pi/3) \end{cases} \tag{2-19}$$

则对应的电压空间矢量为

$$\boldsymbol{U} = \sqrt{\frac{2}{3}}(u_A + au_B + a^2u_C)\ \ (a = e^{j2\pi/3}) \tag{2-20}$$

设 N 为电机中性点，o 为逆变器直流侧零电位参考点，逆变器输出端电压为 u_{Ao}、u_{Bo}、u_{Co}，电机上的相电压为 u_{AN}、u_{BN}、u_{CN}，电机中性点对逆变器参考点电压为 u_{NO}，也就是零序电压。则电机的定子电压空间矢量为

$$\boldsymbol{U}_s = \sqrt{\frac{2}{3}}(u_{AN} + au_{BN} + a^2u_{CN}) = \sqrt{\frac{2}{3}}(u_{Ao} + au_{Bo} + a^2u_{Co}) = u_{s\alpha} + ju_{s\beta} \tag{2-21}$$

理想的三电平变换器电路的开关模型如图 2-25 所示，每相桥臂的电路结构可以简化为一个与直流侧相通的单刀三掷开关 S。

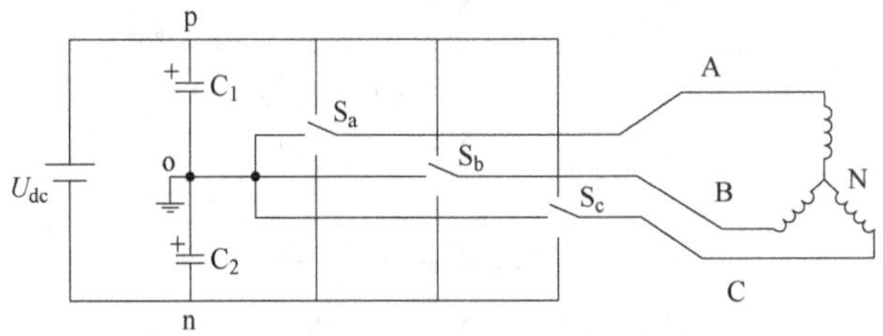

图 2-25　理想的三电平变换器电路的开关模型

通常三电平变换器电路一个桥臂相对于 o 点有 $U_{dc}/2$、0 和 $-U_{dc}/2$ 三种可能输出电压值，即每相输出分别有正 p、零 o、负 n 三个开关状态，因此三相三电平变换器就可以输出 $3^3=27$ 种电压状态组合，对应 27 组不同的变换器开关状态。定义开关变量 S_a、S_b、S_c 代表各相桥臂的输出状态，则各相电压表示为 $u_{Ao}=S_aU_{dc}/2$、$u_{Bo}=S_bU_{dc}/2$、$u_{Co}=S_cU_{dc}/2$，并带入式 (2-20) 得

$$\begin{aligned} \boldsymbol{U}(k) &= \frac{\sqrt{3/2}\,U_{dc}}{3}(S_a + aS_b + a^2S_c) \\ &= \frac{\sqrt{3/2}\,U_{dc}}{6}[(2S_a - S_b - S_c) + j\sqrt{3}(S_b - S_c)] \end{aligned} \tag{2-22}$$

式中，$S_x=\begin{cases}1, & \text{第}\,x\,\text{相输出电平 p}\\ 0, & \text{第}\,x\,\text{相输出电平 o}\\ -1, & \text{第}\,x\,\text{相输出电平 n}\end{cases}$，这里 x 为 A、B、C。

在 α-β 平面上，三电平变换器 27 组开关状态所对应的空间电压矢量如图 2-26a 所示。图中标出了不同开关状态组合和空间电压矢量的对应关系，如 pnn 表示 A、B、C 三相输出对应的开关状态为正、负、负。另外，同一电压矢量可以对应不同的开关状态，越往内层，对应的冗余开关状态越多。因此 α-β 平面上的 27 组开关状态实际上只对应着 19 个空间矢量，这些矢量称为三电平变换器的基本电压矢量。

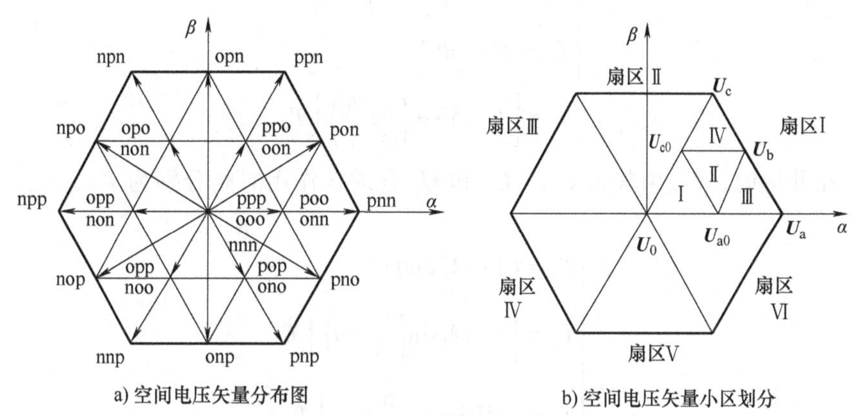

a) 空间电压矢量分布图　　b) 空间电压矢量小区划分

图 2-26　三电平变换器空间电压矢量分布图

（2）三电平空间电压矢量 PWM 合成

为了使三电平变换器输出的电压矢量接近圆形，并最终获得圆形的旋转磁通，只有利用变换器的输出电平和作用时间的有限组合，用多边形去接近圆形。

在采样周期 T_s 内，对于一个给定的参考电压矢量 $\boldsymbol{U}_{ref}$，可以用三个基本电压矢量来合成，根据伏秒平衡原理，满足方程组：

$$\begin{cases}T_1\boldsymbol{U}_1+T_2\boldsymbol{U}_2+T_3\boldsymbol{U}_3=T_s\boldsymbol{U}_{ref}\\ T_1+T_2+T_3=T_s\end{cases}\tag{2-23}$$

式中，T_1、T_2、T_3 分别为 $\boldsymbol{U}_1$、$\boldsymbol{U}_2$、$\boldsymbol{U}_3$ 矢量对应的作用时间。

为了实现三电平变换器的 SVPWM 控制，在每个采样周期内分为下列四个步骤：

1）确定合成参考电压矢量的三个基本电压矢量；

2）根据式（2-23）确定三个基本电压矢量的作用时间，即每个矢量对应的占空比；

3）根据式（2-22）电压矢量与开关状态的对应关系，确定各个基本电压矢量的开关状态；

4）确定各开关状态的输出次序以及各相输出电平的作用时间，即确定输出的开关状态序列和对应三相的占空比。

对于三电平变换器，利用 19 个基本电压矢量，使其在一个采样周期 T_s 内的平均值和给定参考电压矢量等效。将三电平空间矢量图分为六个大扇区，每个扇区分为四个三角形小区，则共有 24 个小三角形。在此基础上列写出一系列不等式，通过参考电压矢量的幅值和

角度判断所处的扇区和小区。以扇区Ⅰ为例，确定合成参考电压矢量的三个基本电压矢量及作用时间，四个小区分别为Ⅰ、Ⅱ、Ⅲ、Ⅳ，如图 2-26b 所示。其中，$\boldsymbol{U}_a$、$\boldsymbol{U}_c$ 是长矢量，$\boldsymbol{U}_b$ 是中矢量，$\boldsymbol{U}_{a0}$、$\boldsymbol{U}_{c0}$是短矢量，$\boldsymbol{U}_0$ 为零矢量。若参考电压矢量落在其他扇区，计算方法类似。调制系数 $M=\sqrt{2}\,|\boldsymbol{U}_{ref}|/U_{dc}$，即在外六边形的内切圆上，调制系数 $M=1$。

下面给出参考电压矢量 $\boldsymbol{U}_{ref}$在不同小区的合成方法及作用时间的计算公式。

1）$\boldsymbol{U}_{ref}$在Ⅰ区时，$\boldsymbol{U}_{ref}$由矢量 $\boldsymbol{U}_{a0}$、$\boldsymbol{U}_{c0}$和 $\boldsymbol{U}_0$ 合成，作用时间分别为 T_{a0}、T_{c0}、T_0，计算公式为

$$\begin{cases}T_{a0}=2M\sin\left(\dfrac{\pi}{3}-\theta\right)T_s\\T_{c0}=2M\sin\theta T_s\\T_0=\left[1-2M\sin\left(\theta+\dfrac{\pi}{3}\right)\right]T_s\end{cases}\tag{2-24}$$

2）$\boldsymbol{U}_{ref}$在Ⅱ区时，$\boldsymbol{U}_{ref}$由矢量 $\boldsymbol{U}_{a0}$、$\boldsymbol{U}_{c0}$和 $\boldsymbol{U}_b$ 合成，作用时间分别为 T_{a0}、T_{c0}、T_b，计算公式为

$$\begin{cases}T_{a0}=(1-2M\sin\theta)T_s\\T_{c0}=\left[1-2M\sin\left(\dfrac{\pi}{3}-\theta\right)\right]T_s\\T_b=\left[2M\sin\left(\theta+\dfrac{\pi}{3}\right)-1\right]T_s\end{cases}\tag{2-25}$$

3）$\boldsymbol{U}_{ref}$在Ⅲ区时，$\boldsymbol{U}_{ref}$由矢量 $\boldsymbol{U}_{a0}$、$\boldsymbol{U}_a$ 和 $\boldsymbol{U}_b$ 合成，作用时间分别为 T_{a0}、T_a、T_b，计算公式为

$$\begin{cases}T_{a0}=2\left[1-M\sin\left(\theta+\dfrac{\pi}{3}\right)\right]T_s\\T_a=\left[2M\sin\left(\dfrac{\pi}{3}-\theta\right)-1\right]T_s\\T_b=2M\sin\theta T_s\end{cases}\tag{2-26}$$

4）$\boldsymbol{U}_{ref}$在Ⅳ区时，$\boldsymbol{U}_{ref}$由矢量 $\boldsymbol{U}_{c0}$、$\boldsymbol{U}_c$ 和 $\boldsymbol{U}_b$ 合成，作用时间分别为 T_{c0}、T_c、T_b，计算公式为

$$\begin{cases}T_{c0}=2\left[1-M\sin\left(\theta+\dfrac{\pi}{3}\right)\right]T_s\\T_c=(2M\sin\theta-1)T_s\\T_b=2M\sin\left(\dfrac{\pi}{3}-\theta\right)T_s\end{cases}\tag{2-27}$$

为确定离合成电压矢量最近的几个基本电压矢量，共需要分 24 种情况，然后对不同的小区用不同的表达式计算出参与合成的电压矢量和相应的作用时间。

（3）中点电压控制

在三电平变换器的 19 个基本矢量中，长矢量对应的开关状态使三相输出和正负母线相连，不影响中点电压；零矢量使负载三相短路，并挂在正负零母线之一上，也不会导致中点

电压的变动。而中矢量和短矢量的开关状态对应至少有一相输出和零母线相连，并和正负母线形成电流回路，从而导致电容 C_1 和 C_2 的充放电，使中点电压发生波动。图 2-27 给出电压矢量开关状态为中矢量 pon 的电路拓扑示意图和电流回路，其中 i_o 为中点电流，流出中点为正。图中 $i_o = i_b$，当负载电流 $i_b>0$ 时，电容 C_1 充电，u_{c1}升高，电容 C_2 放电，u_{c2}下降，从而中点电位 $u_{om}=(u_{c2}-u_{c1})/2$ 下降；反之，$i_b<0$ 时，则 C_1 放电，u_{c1}下降，电容 C_2 充电，u_{c2}升高，中点电位升高。因此，在空间电压矢量的合成方法中，不同的选择方案对中点电压会产生不同的影响。例如在Ⅰ区，用矢量 $\boldsymbol{U}_{a0}$、$\boldsymbol{U}_{c0}$ 和 $\boldsymbol{U}_0$ 合成 $\boldsymbol{U}_{ref}$。由于对应 $\boldsymbol{U}_{a0}$、$\boldsymbol{U}_{c0}$ 分别有两个矢量，即 $\boldsymbol{U}_{a0}$ 有矢量 poo 和 onn，$\boldsymbol{U}_{c0}$ 有矢量 ppo 和 oon，如图 2-26 所示。选择不同的矢量会产生不同的 PWM 控制方案，对中点电压也会产生不同的影响。在第Ⅰ扇区的小区Ⅰ中有 2 种矢量合成方案（7 段式），矢量合成方案见表 2-4。其中，Δt 用于调整中点电压，显然 $|\Delta t|<T_{a0}/2$。

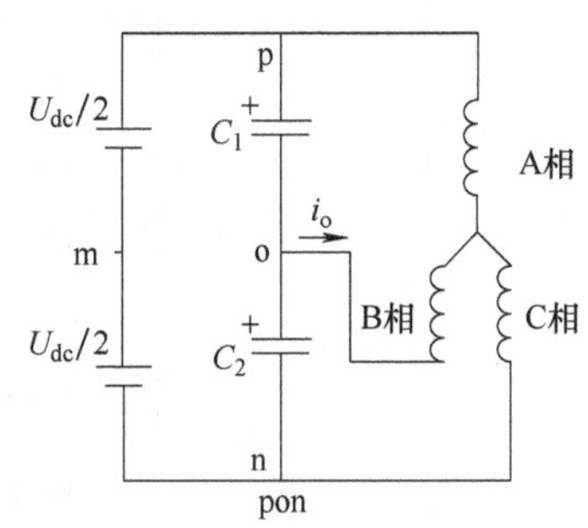

图 2-27　中矢量 pon 的电路拓扑示意图

表 2-4　矢量合成方案

方案一			方案二		
作用顺序	开关状态	作用时间	作用顺序	开关状态	作用时间
1	poo	$T_{a0}/4+\Delta t/2$	1	onn	$T_{a0}/4+\Delta t/2$
2	ooo	$T_0/2$	2	oon	$T_{c0}/2$
3	oon	$T_{c0}/2$	3	ooo	$T_0/2$
4	onn	$T_{a0}/2-\Delta t$	4	poo	$T_{a0}/2-\Delta t$
5	oon	$T_{c0}/2$	5	ooo	$T_0/2$
6	ooo	$T_0/2$	6	oon	$T_{c0}/2$
7	poo	$T_{a0}/4+\Delta t/2$	7	onn	$T_{a0}/4+\Delta t/2$

2.2.3　矩阵式变压变频装置

为了实现对输出电压频率进行调节，也可通过矩阵式变压变频装置来实现。矩阵式变压变频装置一般分为直接型矩阵变换器和间接型矩阵变换器两类。

1. 直接型矩阵变换器

三相直接型矩阵变换器结构如图 2-28 所示，包括 9 个双向开关单元。端子 A、B、C 接三相输入交流电压，端子 U、V、W 输出三相交流电压。矩阵变换器的基本工作原理为在输出电压的正半周期，对输入电压最高相的开关进行斩波控制；在输出电压的负半周期，对输入电压最低相的开关进行斩波控制，从而得到所需要的波形。

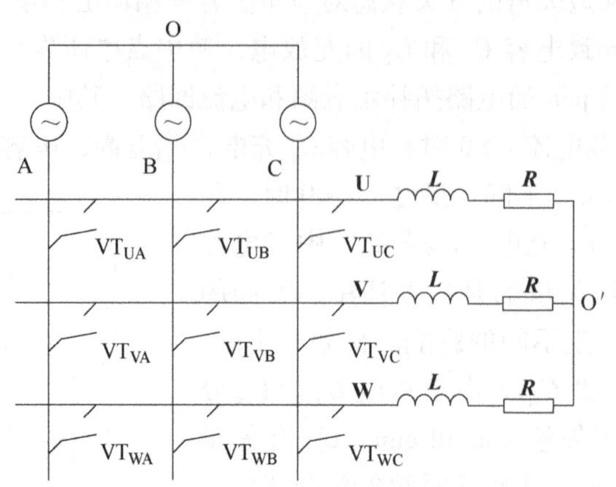

图 2-28　三相直接型矩阵变换器结构

矩阵变换器是由电压源提供电压，因此输入不能短路，又由于负载大多具有感性特质，所以输出不能开路，否则会产生很高的尖峰电压，损坏开关管。因此，每个输入相的各开关在任何时刻有且仅有一个导通。该矩阵变换器具有以下优点：①能量双向流动，适用于四象限运行的交流传动系统；②输入功率因数可调且与负载功率因数无关；③输入电流和输出电压波形为正弦波形，谐波含量少；④控制自由度大，且输出频率不受输入电源频率限制；⑤无中间储能环节，能量直接传递，体积小，效率高。但该矩阵变换器具有电路结构和控制比较复杂，负载侧的干扰会直接影响到输入侧性能，变换器网侧 EMC 性能不够理想等缺点。

2. 间接型矩阵变换器

间接型矩阵变换器是由基于双向开关的整流级电路和逆变级电路两部分组成，采用了交-直-交型的双级变换结构，而且无大电容或大电感等中间直流储能元件。根据整流级电路的拓扑结构，间接型矩阵变换器包括双级矩阵 AC-AC 变换器、稀疏矩阵 AC-AC 变换器（Sparse Matrix Converter，SMC）、超稀疏矩阵 AC-AC 变换器（Ultra Sparse Matrix Converer，USMC）等。图 2-29 所示为双级矩阵 AC-AC 变换器电路拓扑图。整流级电路由 6 个双向开关组成，逆变电路与传统的两电平逆变器结构相同。

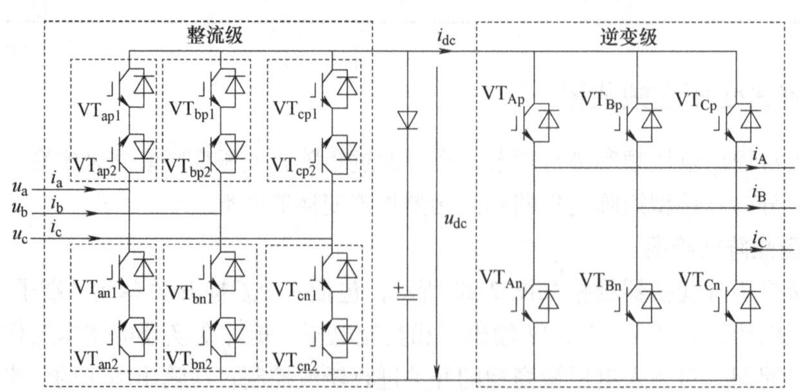

图 2-29　双级矩阵 AC-AC 变换器电路拓扑图

2.3　两电平变换器调制策略仿真建模

采用 MATLAB 仿真软件对采用 SPWM 和 SVPWM 两种调制策略的三相两电平逆变器进行仿真建模。电路拓扑如图 2-30 所示，逆变器具体仿真参数如下：u_{ea}、u_{eb}、u_{ec} 为输入 380V 交流电压，输出端接三相交流阻感负载（$R=36\Omega$，$L=70\text{mH}$），逆变器功率管开关频率为 20kHz。

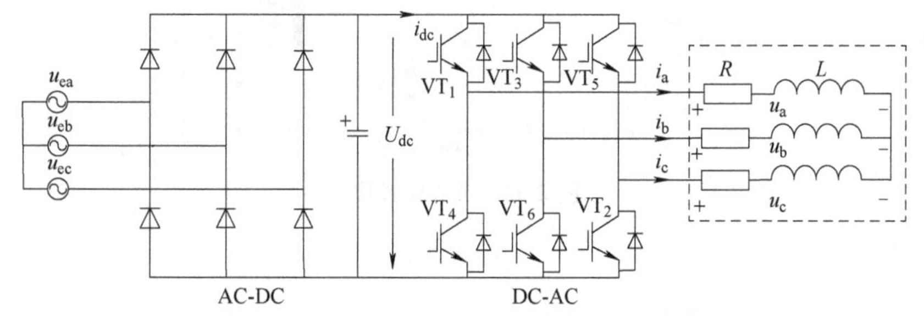

图 2-30　三相两电平逆变器电路拓扑图

2.3.1　SPWM 调制策略仿真建模

三相两电平逆变器采用 SPWM 调制策略的仿真模型如图 2-31 所示，380V 50Hz 三相交流电压通过三相 AC-DC 整流桥和 1mF 滤波电容变为直流，再通过 DC-AC 逆变桥接三相阻感负载。逆变桥的 6 个开关管通过 SPWM 模块生成的驱动信号驱动，其中 SPWM 模块的仿真模型如图 2-32 所示。图 2-33 所示为 SPWM 调制时三相逆变器瞬态仿真波形，其中，S1、S4、S3、S6、S5、S2 分别为逆变桥 6 个开关管 VT_1、VT_4、VT_3、VT_6、VT_5、VT_2 的驱动电压波形；uar、ubr、ucr 分别为 A、B、C 三相调制波波形，ucm 为载波波形；ia、ib、ic 分别为 A、B、C 三相负载电流波形；ua、ub、uc 分别为 A、B、C 三相负载电压波形。稳态时，负载电流滞后输出电压 31.42°，直流母线电压为 532.4V，输出电压基波幅值为 212V，母线电压直流电压利用率为 0.4，调制系数 $M=0.8$。

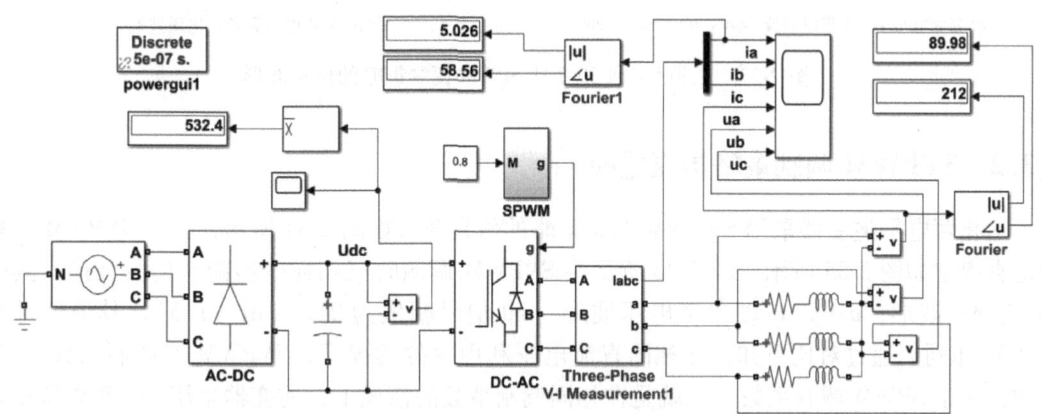

图 2-31　三相两电平逆变器 SPWM 调制策略的仿真模型

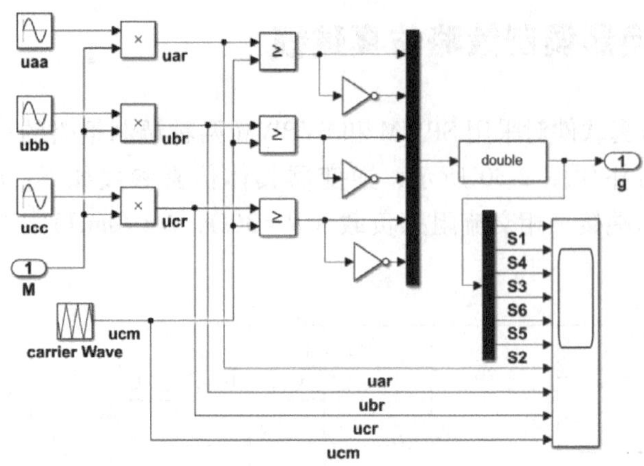

图 2-32　SPWM 模块

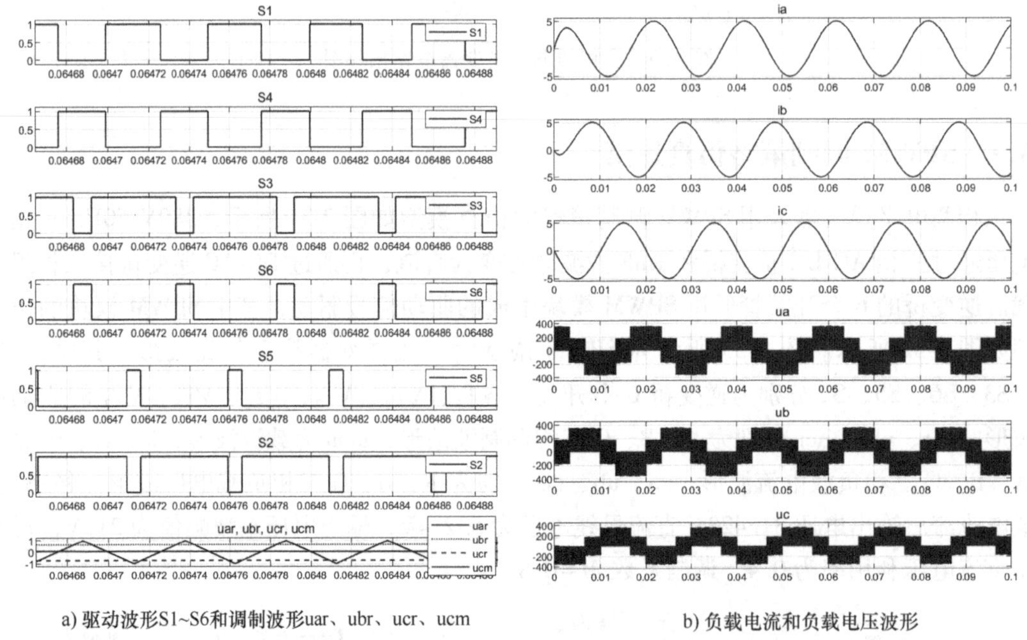

a) 驱动波形S1~S6和调制波形uar、ubr、ucr、ucm　　b) 负载电流和负载电压波形

图 2-33　三相两电平逆变器 SPWM 调制策略的仿真波形

2. 3. 2　SVPWM 调制策略仿真建模

三相两电平逆变器采用 SVPWM 调制策略的仿真模型如图 2-34 所示，其中 SVPWM 模块的仿真模型如图 2-35 所示。图 2-36 所示为 SVPWM 调制时三相逆变器瞬态仿真波形，其中 sec 为扇区波形，ual 为 α 轴参考电压波形，ual 信号幅值为 212* sqrt（1. 5），其他信号与图 2-33 相同。通过对比可知，在相同直流电压利用率的情况下，SVPWM 的调制系数 M 为 0. 69，小于 SPWM 调制系数；也就是在相同调制系数的情况下，逆变器采用 SVPWM 调制策略的直流电压利用率高于采用 SPWM 调制策略的直流电压利用率，与 2. 2 节理论分析一致。

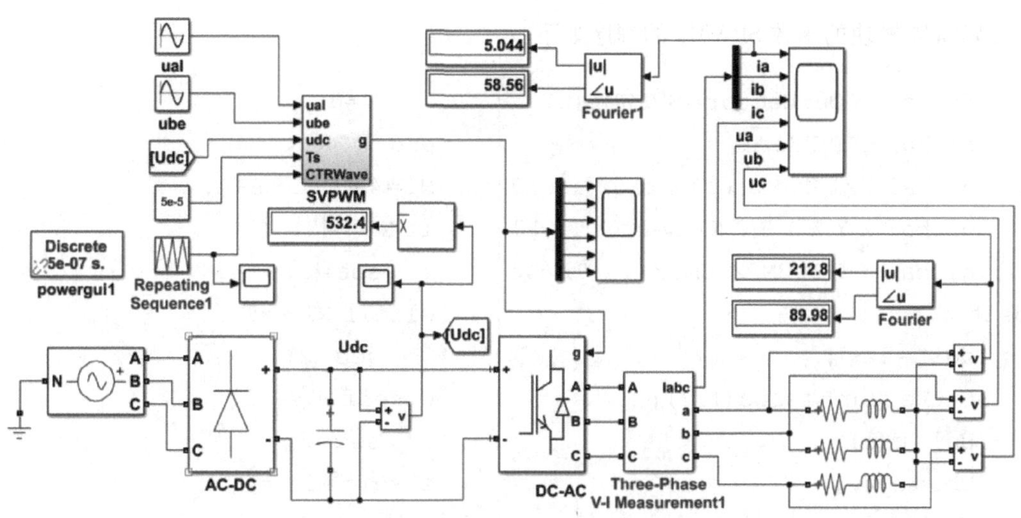

图 2-34　三相两电平逆变器 SVPWM 调制策略的仿真模型

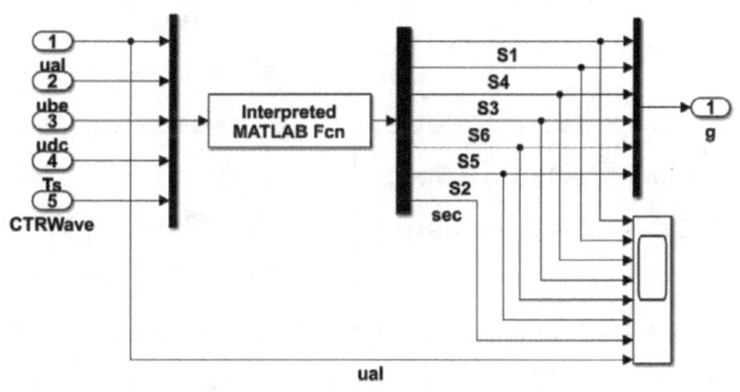

图 2-35　SVPWM 模块

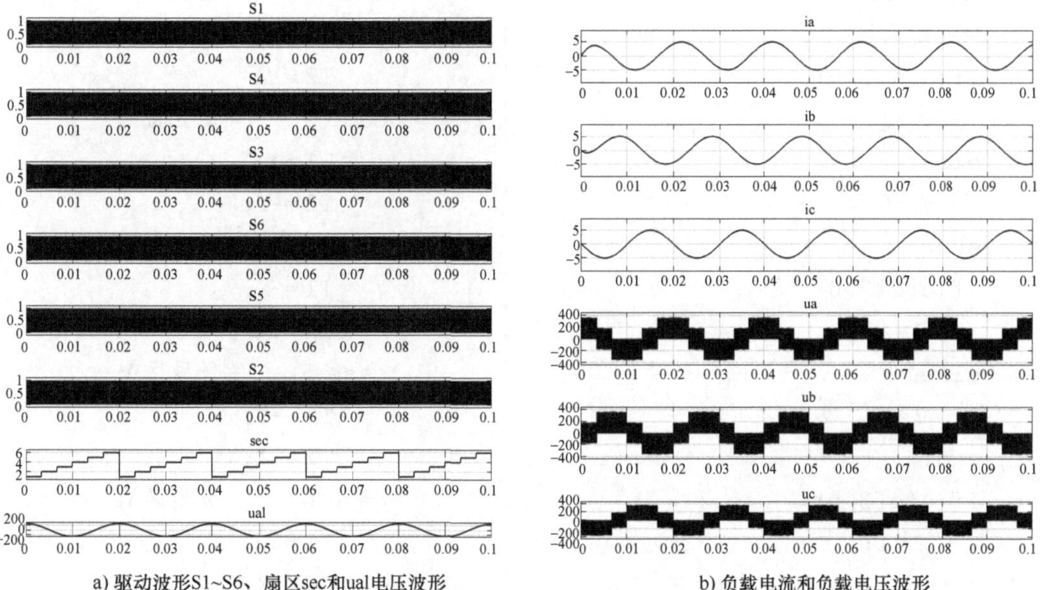

a) 驱动波形S1~S6、扇区sec和ual电压波形

b) 负载电流和负载电压波形

图 2-36　三相两电平逆变器 SVPWM 调制策略的仿真波形

SVPWM 模块的函数 SPWMa 的程序如下：

```
function OutVector=SVPWMa(u)
global CTR Udc Ts
global Ual Ube uref1 uref2 uref3
global X Y Z A B C N1 sec T1 T2 T0
global CMP1 CMP2 CMP3 Ta Tb Tc delt
delt=5e-7;
OutVector=zeros(1,7);
Ual=u(1);
Ube=u(2);
Udc=u(3);
Ts=u(4);
CTR=u(5);
uref1=Ube;
uref2=sqrt(3)*0.5*Ual-0.5*Ube;
uref3=-sqrt(3)*0.5*Ual-0.5*Ube;
X=sqrt(3)*Ts*Ube/Udc/sqrt(1.5);
Y=Ts/Udc*(1.5*Ual+sqrt(3)*Ube/2)/sqrt(1.5);
Z=Ts/Udc*(-1.5*Ual+sqrt(3)*Ube/2)/sqrt(1.5);
%判断扇区
if(uref1>0)
    A=1;
else
    A=0;
end
if(uref2>0)
    B=1;
else
    B=0;
end
if(uref3>0)
    C=1;
else
    C=0;
end
N1=4*C+2*B+A;
if N1==3
    sec=1;
elseif N1==1
    sec=2;
elseif N1==5
    sec=3;
elseif N1==4
    sec=4;
elseif N1==6
    sec=5;
elseif N1==2
    sec=6;
end
%分配作用时间
switch (sec)
    case 1    %扇区Ⅰ
        T1=-Z;
        T2=X;
    case 2    %扇区Ⅱ
        T1=Z;
        T2=Y;
    case 3    %扇区Ⅲ
        T1=X;
        T2=-Y;
    case 4    %扇区Ⅳ
        T1=-X;
        T2=Z;
    case 5    %扇区Ⅴ
        T1=-Y;
        T2=-Z;
    case 6    %扇区Ⅵ
        T1=Y;
        T2=-X;
```

```
    end
    if(T1<1e-7)
        T1=0;
    end
    if(T2<1e-7)
        T2=0;
    end
    if(T1+T2>Ts)
        T1=T1*Ts/(T1+T2);
        T2=T2*Ts/(T1+T2);
    end
    T0=Ts-T1-T2;
    Ta=fix((T0/4)/delt);
    Tb=fix(((T0/4)+T1/2)/delt);
    Tc = fix (((T0/4) + T1/2 + T2/2) /
delt);
    switch (sec)
        case 1
            CMP1=Ta;
            CMP2=Tb;
            CMP3=Tc;
        case 2
            CMP1=Tb;
            CMP2=Ta;
            CMP3=Tc;
        case 3
            CMP1=Tc;
            CMP2=Ta;
            CMP3=Tb;
        case 4
            CMP1=Tc;
            CMP2=Tb;
            CMP3=Ta;
        case 5
            CMP1=Tb;
            CMP2=Tc;
            CMP3=Ta;
        case 6
            CMP1=Ta;
            CMP2=Tc;
            CMP3=Tb;
    end

    if CTR>CMP1
        OutVector(1)=1;
        OutVector(2)=0;
    else
        OutVector(1)=0;
        OutVector(2)=1;
    end
    if CTR >CMP2
        OutVector(3)=1;
        OutVector(4)=0;
    else
        OutVector(3)=0;
        OutVector(4)=1;
    end
    if CTR >CMP3
        OutVector(5)=1;
        OutVector(6)=0;
    else
        OutVector(5)=0;
        OutVector(6)=1;
    end
    OutVector(7)=sec;
    OutVector = [ OutVector (1)
OutVector(2) OutVector(3) OutVector
(4) OutVector (5) OutVector (6)
OutVector(7)];
    end
```

习题

1. 斩控式交流调压器与相控式交流调压器相比有何优点？

2. 正弦脉宽调制 SPWM 的基本原理是什么？载波比 N、电压调制系数 M 的定义是什么？在载波电压幅值 U_{cm}和频率f_c 恒定不变时，改变调制参考波电压幅值 U_{rm}和频率f_r 为什么能改变逆变器交流输出基波电压 U_1 的大小和基波频率f_1？

3. 在单相电压型逆变器的 SPWM 调制方式中，单极性调制和双极性调制有何不同？

4. 试说明异步调制和同步调制各有何优缺点，并说明分段同步调制产生的意义。

5. SPWM 控制的逆变器，若调制波频率为 400Hz，载波比为 50，则载波频率为多少？一个周期内有多少个脉冲波？

6. 直接型矩阵变换器的控制原理是什么？它具有哪些特点？

7. 简述三电平变换器的空间矢量 PWM 控制的基本步骤。

8. 简述电流跟踪控制方法中迟滞比较器闭环控制的基本原理。

第 3 章　异步电机调压调速控制

异步电机工作时施加于定子绕组上的电压为交流电，根据电机学或电机与拖动等课程中异步电机工作原理及机械特性知识点，定子电压幅值和频率均对异步电机电磁转矩产生影响，最终影响到转子旋转速度。为了由浅入深地讲解异步电机调速控制原理及控制系统，同时也便于调速控制过程中关键技术的层层推进讲解，本章详细讲解异步电机调压调速控制原理及控制系统，为后面章节奠定基础。由于电机长期运行时定子电压不超过其额定值 U_{sN}，所以调压调速过程中定子电压 U_s 处于其额定值以下调节；且定子频率 f_s 一直为其额定值 f_{sN}。

3.1　异步电机调压调速原理

3.1.1　调压调速原理

根据电机学中相关知识，三相对称电压源供电、稳态运行的异步电机经过频率折算、绕组折算后，实际旋转转子可以用一个与定子相同有效匝数的静止转子代替，实现用一个等效电路模型描述实际异步电机能量传递目的。该等效电路模型在电机学中称之为 T 型等效电路，具体如图 3-1 所示，用可变电阻$\dfrac{(1-s)R_r'}{s}$上电功率等效实际旋转转子转轴输出的机械功率 P_m。磁通与感应电动势之间关系如图 3-2 所示，气隙磁通 $\dot{\phi}_g$加上定子侧的漏磁通 $\dot{\phi}_{s\sigma}$等于定子侧的总磁通 $\dot{\phi}_s$；定子总磁通 $\dot{\phi}_s$在定子绕组中交变产生定子感应电动势 $\dot{E}_s$。励磁支路、转子回路磁通和感应电动势关系依次类推分析。

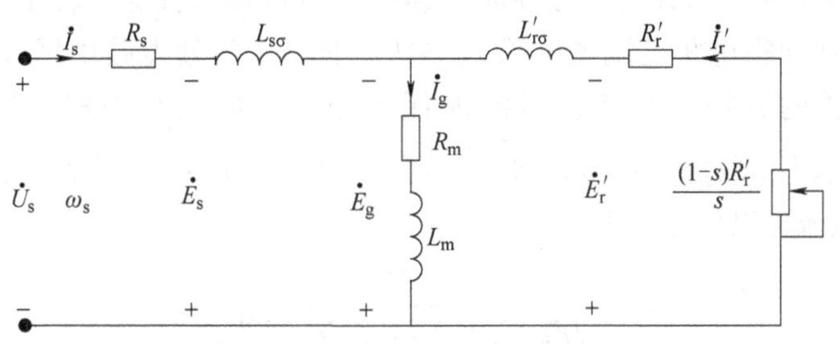

图 3-1　异步电机 T 型等效电路

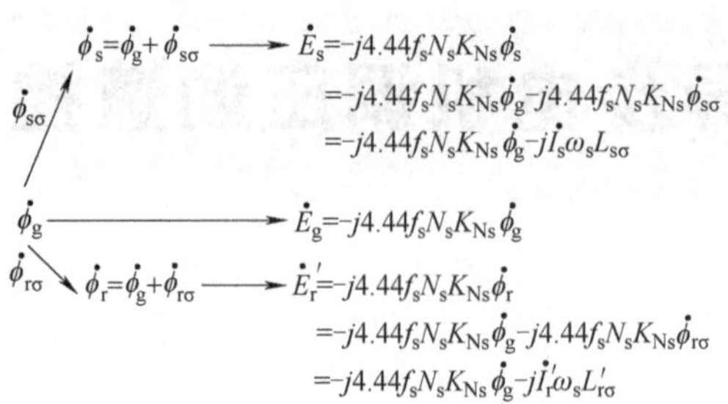

$\dot{\phi}_s=\dot{\phi}_g+\dot{\phi}_{s\sigma}$ → $\dot{E}_s=-j4.44f_sN_sK_{Ns}\dot{\phi}_s$
$=-j4.44f_sN_sK_{Ns}\dot{\phi}_g-j4.44f_sN_sK_{Ns}\dot{\phi}_{s\sigma}$
$=-j4.44f_sN_sK_{Ns}\dot{\phi}_g-j\dot{I}_s\omega_sL_{s\sigma}$
$\dot{\phi}_{s\sigma}$
$\dot{\phi}_g$ → $\dot{E}_g=-j4.44f_sN_sK_{Ns}\dot{\phi}_g$
$\dot{\phi}_{r\sigma}$
$\dot{\phi}_r=\dot{\phi}_g+\dot{\phi}_{r\sigma}$ → $\dot{E}_r'=-j4.44f_sN_sK_{Ns}\dot{\phi}_r$
$=-j4.44f_sN_sK_{Ns}\dot{\phi}_g-j4.44f_sN_sK_{Ns}\dot{\phi}_{r\sigma}$
$=-j4.44f_sN_sK_{Ns}\dot{\phi}_g-j\dot{I}_r'\omega_sL_{r\sigma}'$

图 3-2　T 型等效电路中磁通与感应电动势关系

图 3-1 和图 3-2 中，$\dot{U}_s$、$\dot{I}_s$——分别为定子相电压相量及相电流相量；

$\dot{I}_r'$、$\dot{I}_g$——分别为转子相电流相量及励磁电流相量；

$\dot{E}_s$、$\dot{E}_g$、$\dot{E}_r'$——分别为定子相绕组感应电动势、气隙感应电动势及转子感应电动势相量；

ω_s、f_s——分别为定子供电电角频率（rad/s）及频率（Hz）；

s——为转差率，$s=(n_s-n_r)/n_s$，n_s和 n_r分别称为电机理想空载转速（r/min）、转子转速（r/min），额定运行状态时转差率 $s\approx0.02\sim0.05$；

R_s、$L_{s\sigma}$——分别为定子相绕组电阻及漏电感；

R_r'、$L_{r\sigma}'$——分别为转子相绕组电阻及漏电感；

R_m、L_m——分别为励磁电阻及励磁电感；

$\dot{\phi}_s$、$\dot{\phi}_g$、$\dot{\phi}_r$——分别为定子相绕组磁链、气隙磁链及转子相绕组磁链相量；

$\dot{\phi}_{s\sigma}$、$\dot{\phi}_{r\sigma}$——分别为定子相绕组漏磁链及转子相绕组漏磁链相量；

N_s、K_{Ns}——分别为定子绕组串联匝数及绕组系数。

当电机转子转速 n_r 等于理想空载转速 n_s，即 $s=0$ 时，$(1-s)R_r'/s=\infty$，等效转子绕组开路，输出机械功率 P_m 等于零，与转子处于理想空载转速状态性能一致；当电机转子堵转或处于起动时刻，转速 $n_r=0$，即 $s=1$ 时，$(1-s)R_r'/s=0$，等效转子绕组短路，转子输出机械功率 P_m 也等于零，与转子处于堵转状态性能一致；当电机转子稳定旋转运行时，转子稳定输出机械功率 $P_m=3I_r'^2(1-s)R_r'/s$。转子回路转差功率 $P_s=3I_r'^2R_r'$，从定子传递至转子的总电磁功率 $P_M=3I_r'^2R_r'/s$，从而存在 $P_m=(1-s)P_M$，$P_s=sP_M$；且由于转差功率 P_s 在转子回路电阻上消耗了，所以转差功率 P_s 的大小直接影响了电机运行效率。

通常，电机磁路绝大部分为导磁性能较佳的铁磁材料，且定、转子之间的气隙长度很小（mm 级），从而使得电机的励磁电感 L_m较大。图 3-1 等效电路中用 R_m上的电功率等效电机的定、转子总的铁损耗功率，当铁损耗较小时，R_m可以忽略。当定子漏阻抗压降 $|\dot{I}_s(R_s+j\omega_sL_{s\sigma})|$远小于气隙感应电动势$|\dot{E}_g|$时，可以将图 3-1 中励磁支路近似移至定子输入端，这样转子电流可以推导如下：

$$I_r'=\frac{U_s}{\sqrt{(R_s+R_r'/s)^2+\omega_s^2(L_{s\sigma}+L_{r\sigma}')^2}} \tag{3-1}$$

定子通过气隙传递到转子的总有功功率即为电机的电磁功率 P_M。根据图 3-1 等效电路构成及式（3-1）可以求出电机的电磁功率 P_M如下：

$$P_{\mathrm{M}}=3I_{\mathrm{r}}'^{2}\frac{R_{\mathrm{r}}'}{s}=\frac{3U_{\mathrm{s}}^{2}R_{\mathrm{r}}'/s}{(R_{\mathrm{s}}+R_{\mathrm{r}}'/s)^{2}+\omega_{\mathrm{s}}^{2}(L_{\mathrm{s}\sigma}+L_{\mathrm{r}\sigma}')^{2}} \tag{3-2}$$

根据电机学中电磁功率 P_{M}除以同步磁场旋转机械角速度 ω_{m}求取电磁转矩的知识，进一步求出电磁转矩 T_{e}如下：

$$T_{\mathrm{e}}=\frac{P_{\mathrm{M}}}{\omega_{\mathrm{m}}}=\frac{P_{\mathrm{M}}}{\omega_{\mathrm{s}}/n_{\mathrm{p}}}=\frac{3n_{\mathrm{p}}U_{\mathrm{s}}^{2}R_{\mathrm{r}}'/s}{\omega_{\mathrm{s}}[(R_{\mathrm{s}}+R_{\mathrm{r}}'/s)^{2}+\omega_{\mathrm{s}}^{2}(L_{\mathrm{s}\sigma}+L_{\mathrm{r}\sigma}')^{2}]} \tag{3-3}$$

式中，n_{p} 为电机磁极对数，ω_{m}为同步磁场旋转机械角速度。

当转差率 s 很小时，式（3-3）分母中 R_{r}'/s 数值远大于 R_{s}及 $\omega_{\mathrm{s}}(L_{\mathrm{s}\sigma}+L_{\mathrm{r}\sigma}')$，则式（3-3）近似为

$$T_{\mathrm{e}}\approx\frac{3n_{\mathrm{p}}U_{\mathrm{s}}^{2}R_{\mathrm{r}}'/s}{\omega_{\mathrm{s}}(R_{\mathrm{r}}'/s)^{2}}=3n_{\mathrm{p}}U_{\mathrm{s}}^{2}\frac{s}{\omega_{\mathrm{s}}R_{\mathrm{r}}'} \tag{3-4}$$

由式（3-4）可见，当转差率 s 很小时，电磁转矩基本与转差率成正比关系；转速 n_{r} 也与电磁转矩 T_{e} 成线性关系。

当转差率 s 较大时，式（3-3）分母中 R_{r}'/s 数值远小于 R_{s}及 ω_{s}（$L_{\mathrm{s}\sigma}+L_{\mathrm{r}\sigma}'$），式（3-3）近似为

$$T_{\mathrm{e}}\approx\frac{3n_{\mathrm{p}}U_{\mathrm{s}}^{2}R_{\mathrm{r}}'/s}{\omega_{\mathrm{s}}[R_{\mathrm{s}}^{2}+\omega_{\mathrm{s}}^{2}(L_{\mathrm{s}\sigma}+L_{\mathrm{r}\sigma}')^{2}]} \tag{3-5}$$

由式（3-5）可见，当转差率 s 很大时，电磁转矩基本与转差率成反比关系。

从式（3-3）~式（3-5）可见，电磁转矩是转差率的函数，存在转差率 s_{m} 使得电磁转矩达到最大值 T_{em}。根据式（3-3）可以求解出电磁转矩最大值 T_{em}及与之对应的转差率 s_{m} 分别如下：

$$T_{\mathrm{em}}=\frac{3n_{\mathrm{p}}U_{\mathrm{s}}^{2}}{2\omega_{\mathrm{s}}[R_{\mathrm{s}}+\sqrt{R_{\mathrm{s}}^{2}+\omega_{\mathrm{s}}^{2}(L_{\mathrm{s}\sigma}+L_{\mathrm{r}\sigma}')^{2}}]} \tag{3-6}$$

$$s_{\mathrm{m}}=\frac{R_{\mathrm{r}}'}{\sqrt{R_{\mathrm{s}}^{2}+\omega_{\mathrm{s}}^{2}(L_{\mathrm{s}\sigma}+L_{\mathrm{r}\sigma}')^{2}}} \tag{3-7}$$

根据式（3-6）可见，电磁转矩最大值 T_{em}与定子电压的平方值 U_{s}^{2}成正比，这也导致随着定子电压的降低，电磁转矩最大值 T_{em} 大幅度降低，电机带负载能力随之降低；根据式（3-7）可见，转差率 s_{m} 与定子电压没有关系，但与转子电阻值成正比。

理想空载转速即为磁场的同步旋转速度 n_{s}：

$$n_{\mathrm{s}}=\frac{60f_{\mathrm{s}}}{n_{\mathrm{p}}}=\frac{60\omega_{\mathrm{s}}}{2\pi n_{\mathrm{p}}}=9.55\frac{\omega_{\mathrm{s}}}{n_{\mathrm{p}}} \tag{3-8}$$

由于在调节电压 U_{s} 过程中，定子侧的供电频率 f_{s} 一直维持在额定值 f_{sN}不变，所以理想空载转速 n_{s} 不变。

当转子速度等于 0 时转差率 $s=1$，由此可以求得调压调速时电机起动转矩 T_{est}如下：

$$T_{\mathrm{est}}=\frac{3n_{\mathrm{p}}U_{\mathrm{s}}^{2}R_{\mathrm{r}}'}{\omega_{\mathrm{s}}[(R_{\mathrm{s}}+R_{\mathrm{r}}')^{2}+\omega_{\mathrm{s}}^{2}(L_{\mathrm{s}\sigma}+L_{\mathrm{r}\sigma}')^{2}]} \tag{3-9}$$

根据式（3-9）可见，随着定子电压 U_s 降低，起动转矩 T_{est} 也随之减小；而且启动转矩会随着定子电压的降低大幅度降低。

根据上述分析，可以画出调压过程中电磁转矩随转速、转差率变化示意曲线如图 3-3a 所示。其中，额定电压 U_{sN}、$U_{sN}/\sqrt{2}$、$U_{sN}/2$ 对应的三支曲线最大转矩分别为 T_{em}、$0.5T_{em}$、$0.25T_{em}$，而它们的转差率 s_m 均相同。采用本书附录 A 的表 A-1 异步电机参数，基于图 3-1 等效电路的 MATLAB 绘制以上三种定子电压机械特性如图 3-3b 所示，相同定子电压“不考虑励磁支路”和“考虑励磁支路”机械特性曲线相差不大；最大转矩处的转速基本相同。说明忽略励磁支路分析调压调速结论是可信的。

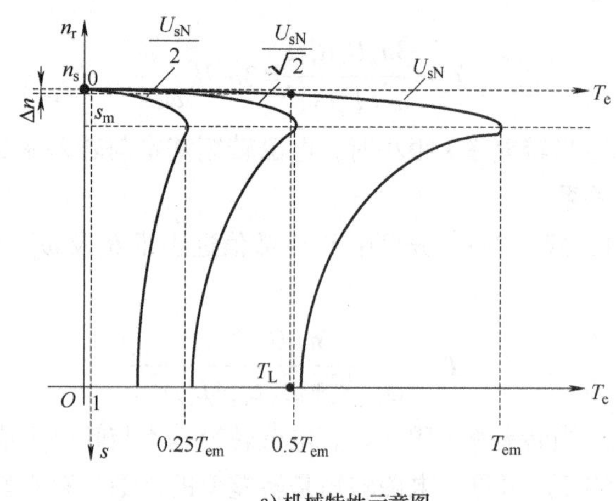

a) 机械特性示意图

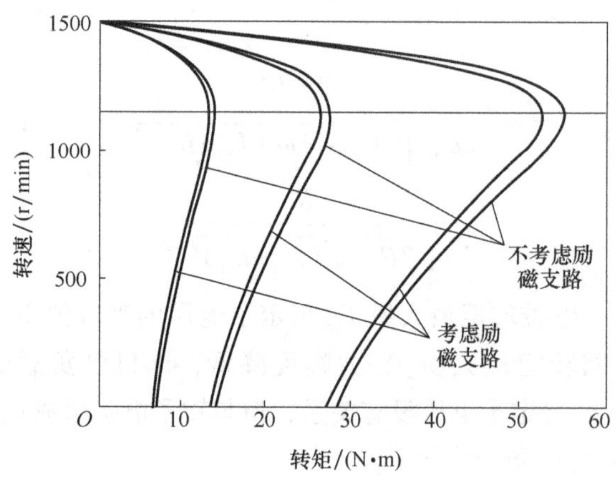

b) 基于图3-1等效电路的MATLAB绘制机械特性

图 3-3　调压调速机械特性

从式（3-4）进一步可以推导，当稳态负载转矩 T_L 不变时，转速降落 $s\omega_s$（转差角频率）及 Δn 如下：

$$s\omega_s = \frac{\omega_s^2 R_r'}{3n_p U_s^2} T_L \tag{3-10}$$

$$\Delta n = sn_s = \frac{60}{2\pi n_p} s\omega_s = \frac{60}{2\pi n_p} \frac{\omega_s^2 R_r'}{3n_p U_s^2} T_L \tag{3-11}$$

由式（3-11）可见，转速降落 Δn 随着定子电压的降低随之增大，表明随着转速的降低，机械特性的线性段硬度随之变软，对负载的扰动抑制能力变差。

从式（3-10）和式（3-11）可见，在一定的负载转矩情况下，实际转子速度 n_r 如下：

$$n_r = (1-s)n_s = n_s - sn_s = n_s - \frac{60}{2\pi n_p} \frac{\omega_s^2 R_r'}{3n_p U_s^2} T_L \tag{3-12}$$

根据式（3-12）可见，随着定子电压的降低，转速随之降低，实现了电机调压调速目的。

3.1.2　闭环调压调速结构

为了实现转速的稳定控制，可以采用转速闭环控制结构自动调节定子电压，闭环调压调速控制结构图如图 3-4 所示。转速给定为 $n_r^*(\omega_r^*)$，转速反馈为 $n_r(\omega_r)$，转速误差 $n_r^*(\omega_r^*)-n_r(\omega_r)$ 通过转速调节器 ASR 输出交流控制电压 u_c；该控制电压经过驱动环节 DR、变换器 CV，输出电机绕组端部交流电压 u_s。从而利用转速闭环方法自动对定子电压幅值进行调节。

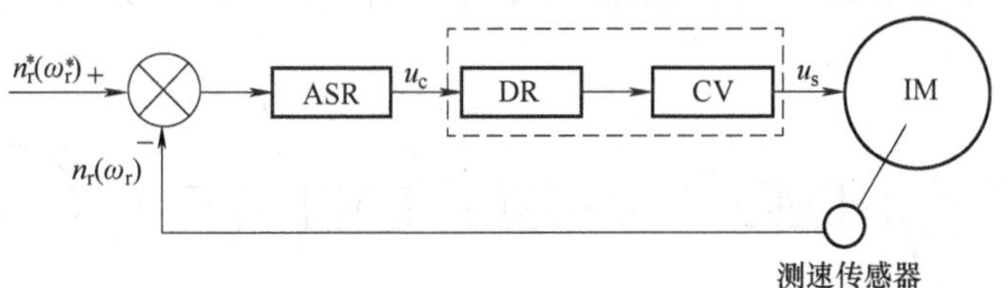

图 3-4　转速闭环调压调速结构

图 3-4 对应闭环转速调压调速系统静特性如图 3-5 所示。采用转速闭环后，实际转速 n_r 始终跟随其给定值 n_r^*；由于转矩与定子电压的平方成比例，所以在负载转矩 T_L 一定情况下根据式（3-12）可以求得定子电压如下：

$$U_s = \sqrt{\frac{60\omega_s^2 R_r'}{6\pi n_p^2 (n_s - n_r)} T_L} \tag{3-13}$$

当转子允许的最低转速和最高转速分别为 n_{rmin}^*、n_{rmax}^*，一般最高转速对应的定子电压为额定值 U_{sN}，而最低转速对应定子电压最小值 U_{smin} 如下：

$$U_{smin} = \sqrt{\frac{60\omega_s^2 R_r'}{6\pi n_p^2 (n_s - n_{rmin}^*)} T_L} \tag{3-14}$$

实际调压调速过程中，电机动态过程机械特性夹在额定电压 U_{sN} 特性 1 与最小电压 U_{smin} 特性 2 之间；且在转速闭环调压调速过程，电机的机械特跟随定子电压自动变化。例如图 3-5 中原来电机稳态运行于 A 点，转速为 n_{r1}^*；电机转速给定降低至 n_{r2}^* 后，由于给定值低于实际值，电机定子电压降低，机械特性转移至特性 3，电机工作点暂时转移至 K 点，然后由 K 点沿着特性 3 下降至 B 点转速重新稳定于 n_{r2}^*（注：实际动态中机械特性转移多次）。

由于图 3-4 中没有对定子电流进行主动控制，容易在电机调速动态过程产生过大的定子电流。为此，一种方法是采用降低转速给定的变化率方法降低动态中定子电流的冲击幅度，

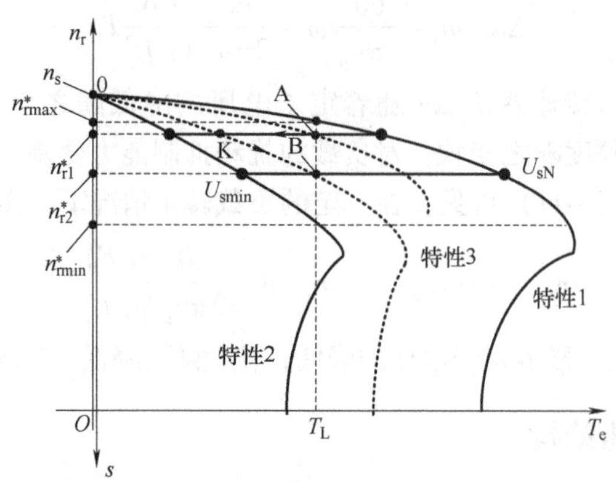

图 3-5　转速闭环调压调速系统静特性

但该方法无法保证电机具有较佳的动态过渡过程；另一种方法是借鉴直流电机中转速、电流双闭环结构来构建转速、电流双闭环型异步电机调压调速系统结构如图 3-6 所示。外环为转速闭环，转速调节器 ASR 输出定子电流给定 I_s^*；内环为定子电流闭环，电流调节器 ACR 输出交流控制电压 u_c。

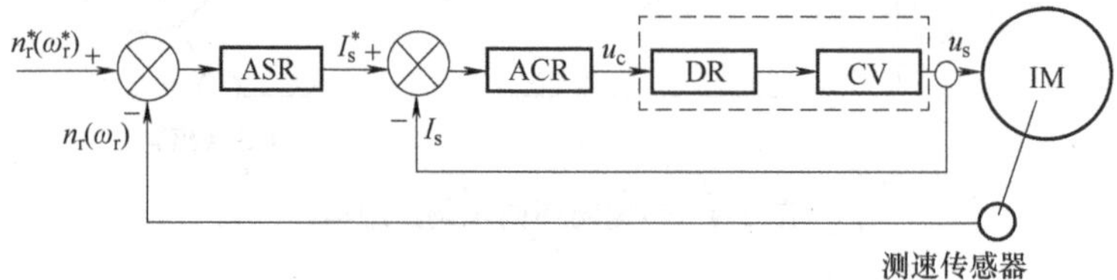

图 3-6　转速、电流双闭环型异步电机调压调速结构

3.2　异步电机转速闭环调压调速系统小信号分析

3.2.1　异步电机调压时小信号模型

假设电机原来稳定运行于 A 点，电磁转矩及运动方程式如下：

$$T_{eA}=3n_pU_{sA}^2\frac{s_A}{\omega_sR_r'} \tag{3-15}$$

$$T_{eA}-T_{LA}=\frac{J}{9.55}\frac{\mathrm{d}n_{rA}}{\mathrm{d}t}=-\frac{J}{9.55}n_s\frac{\mathrm{d}s_A}{\mathrm{d}t} \tag{3-16}$$

式中，T_{eA}、U_{sA}、s_A、T_{LA}分别为 A 点处的稳定值，J 为转动惯量。若稳定点 A 附近转矩、电压及转差率存在小信号波动 ΔT_e、ΔU_s、Δs、ΔT_L后，则根据式（3-4）存在如下机械特性：

$$T_{eA}+\Delta T_e=3n_p(\Delta U_s+U_{sA})^2\frac{\Delta s+s_A}{\omega_sR_r'} \tag{3-17}$$

式（3-17）机械特性中忽略小信号波动的 2 次及以上乘积项后

$$T_{eA}+\Delta T_e \approx \frac{3n_p}{\omega_s R_r'}U_{sA}^2 s_A+\frac{3n_p}{\omega_s R_r'}U_{sA}^2\Delta s+\frac{3n_p}{\omega_s R_r'}2U_{sA}s_A\Delta U_s \tag{3-18}$$

联立式（3-15）及式（3-18）进一步可得小信号量之间关系如下：

$$\Delta T_e \approx \frac{3n_p}{\omega_s R_r'}U_{sA}^2\Delta s+\frac{3n_p}{\omega_s R_r'}2U_{sA}s_A\Delta U_s \tag{3-19}$$

根据式（3-16），若在 A 点附近存在小信号波动 ΔT_e、Δs、ΔT_L，则运动平衡方程式如下

$$(\Delta T_e+T_{eA})-(\Delta T_L+T_{LA})=-\frac{J}{9.55}n_s\frac{d(\Delta s+s_A)}{dt} \tag{3-20}$$

联立式（3-16）及式（3-20）进一步可得小信号量之间运动平衡方程如下：

$$\Delta T_e-\Delta T_L=-\frac{J}{9.55}n_s\frac{d\Delta s}{dt} \tag{3-21}$$

由于调压调速过程中定子供电频率没有变化，所以若设 A 点处转速的小信号值为 Δn_r，则根据式（3-12）可得

$$\Delta n_r=-\Delta s n_s=-\frac{60\omega_s}{2\pi n_p}\Delta s \tag{3-22}$$

所以，将式（3-22）代入式（3-19）和式（3-21）中得：

$$\Delta T_e \approx -\frac{6\pi n_p^2}{60\omega_s^2 R_r'}U_{sA}^2\Delta n_r+\frac{3n_p}{\omega_s R_r'}2U_{sA}s_A\Delta U_s \tag{3-23}$$

$$\Delta T_e-\Delta T_L=\frac{J}{9.55}\frac{d\Delta n_r}{dt} \tag{3-24}$$

根据式（3-23）和式（3-24）可以画出异步电机小信号模型结构框图，如图 3-7 所示。该模型以电压的小信号量 ΔU_s 为输入量，转速的小信号量 Δn_r 为输出量，负载的小信号量 ΔT_L 为扰动输入。

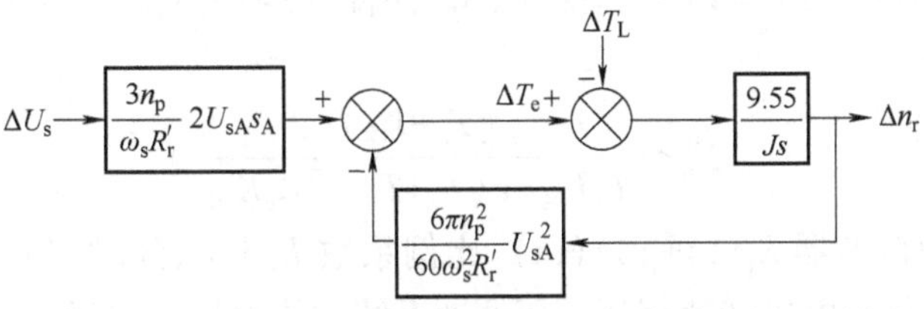

图 3-7　异步电机调压调速小信号模型

从图 3-7 可以进一步建立输入电压到输出转速之间的传递函数如下：

$$W_{IM}(s)=\frac{\Delta n_r(s)}{\Delta U_s(s)}=\frac{3n_p}{\omega_s R_r'}2U_{sA}s_A\frac{\frac{9.55}{Js}}{1+\frac{9.55}{Js}\frac{6\pi n_p^2}{60\omega_s^2 R_r'}U_{sA}^2}=\frac{\frac{3n_p}{\omega_s R_r'}2U_{sA}s_A 60\omega_s^2 R_r'}{J2\pi\omega_s^2 R_r' s+6\pi n_p^2 U_{sA}^2}=\frac{\frac{60s_A\omega_s}{\pi n_p U_{sA}}}{\frac{J\omega_s^2 R_r'}{3n_p^2 U_{sA}^2}s+1}=\frac{K_{IM}}{T_{IM}s+1} \tag{3-25}$$

式中，$K_{IM}=\dfrac{60s_A\omega_s}{\pi n_p U_{sA}}$称为异步电机电压转速变换系数；$T_{IM}=\dfrac{J\omega_s^2 R_r'}{3n_p^2 U_{sA}^2}$称为异步电机机电时间常数。

3.2.2 异步电机转速闭环调压调速系统小信号模型

根据上述异步电机调压调速小信号模型分析及图 3-4 转速闭环调压调速结构，建立全面的异步电机转速闭环调压调速控制系统小信号结构如图 3-8 所示。其中，转速调节器采用 PI 形式 $K_p(\tau s+1)/(\tau s)$，$K_c/(T_c s+1)$ 为电压变换装置传递函数。

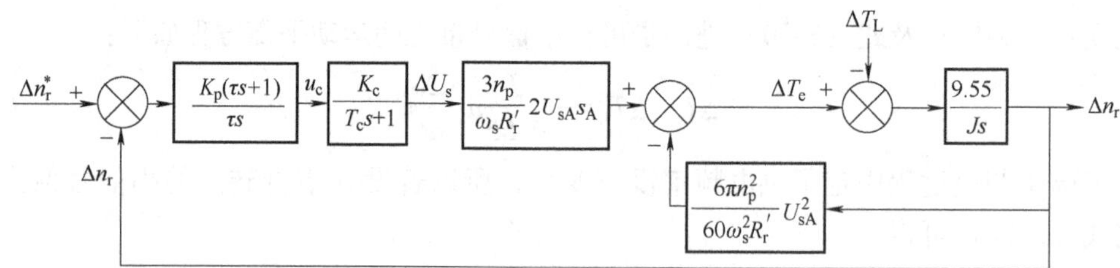

图 3-8　异步电机转速闭环调压调速系统小信号结构

根据图 3-8 小信号结构，可以建立闭环系统传递函数如下：

$$W_{cl}(s)=\frac{\Delta n_r(s)}{\Delta n_r^*(s)}=\frac{\tau K_p K_c K_{IM} s+K_p K_c K_{IM}}{(\tau T_c T_{IM})s^3+\tau(T_c+T_{IM})s^2+\tau(K_p K_c K_{IM}+1)s+K_p K_c K_{IM}} \tag{3-26}$$

根据式（3-26）可得闭环系统特征方程为

$$a_0 s^3+a_1 s^2+a_2 s+a_3 =(\tau T_c T_{IM})s^3+\tau(T_c+T_{IM})s^2+\tau(K_p K_c K_{IM}+1)s+K_p K_c K_{IM}=0 \tag{3-27}$$

式中，$a_0=\tau T_c T_{IM}$，$a_1=\tau(T_c+T_{IM})$，$a_2=\tau(K_p K_c K_{IM}+1)$，$a_3=K_p K_c K_{IM}$

根据自动控制系统稳定性要求：

$$a_1 a_2-a_0 a_3=\tau(T_c+T_{IM})\tau(K_p K_c K_{IM}+1)>\tau T_c T_{IM} K_p K_c K_{IM} \tag{3-28}$$

即

$$K_p<\frac{\tau(T_c+T_{IM})}{[T_c T_{IM}-\tau(T_c+T_{IM})]K_c K_{IM}} \tag{3-29}$$

所以，只要转速调节器 $K_p(\tau s+1)/(\tau s)$ 比例系数 K_p 和积分时间常数 τ 满足式（3-29）约束条件，则图 3-4 异步电机转速闭环调压调速系统才能保持稳定运行。

3.3 异步电机调压调速系统性能分析

3.3.1 异步电机调压调速系统损耗分析

假设负载转矩特性用以下通式表示：

$$T_L=c_T\omega_r^x \tag{3-30}$$

式中，当 $x=0$ 是表示恒转矩负载特性；$x=1$ 表示与转速成正比的负载特性；$x=2$ 表示风机及水泵类负载特性。

由于转速稳态情况下电机电磁转矩等于负载转矩，所以稳态时电磁功率 P_M 如下：

$$P_M=c_T\omega_r^x\frac{\omega_r}{n_p(1-s)}=\frac{c_T}{n_p}\frac{\omega_r^{x+1}}{1-s}=\frac{c_T}{n_p}\omega_s^{x+1}(1-s)^x \tag{3-31}$$

根据机械功率与电磁功率关系推导电机输出的机械功率 P_m 如下：

$$P_m=(1-s)P_M=\frac{c_T}{n_p}\omega_s^{x+1}(1-s)^{x+1} \tag{3-32}$$

由式（3-32）可见，最大的机械功率如下：

$$P_{mmax}=\frac{c_T}{n_p}\omega_s^{x+1} \tag{3-33}$$

根据转差功率与电磁功率关系推导转差功率 P_s 如下：

$$P_s=sP_M=\frac{c_T}{n_p}\omega_s^{x+1}(1-s)^x s \tag{3-34}$$

由于调压调速过程中定子供电频率恒定，所以式（3-34）中系数 $c_T\omega_s^{x+1}/n_p$ 为常数。为了方便分析调压调速系统损耗特性，定义转差功率损耗系数如下：

$$\sigma_{ps}=P_s/P_{mmax}=(1-s)^x s \tag{3-35}$$

当 $x=0$ 时，$\sigma_{ps}=s$，由此可见当电机带恒转矩负载时，转速越低，转差功率损耗越大，效率越低；当 $x=1$ 或 2 时：

$$\frac{d\sigma_{ps}}{ds}=(1-s)^{x-1}[1-(1+x)s]=0 \tag{3-36}$$

求解满足式（3-36）的 s 值 s_{max} 如下：

$$s_{max}=1/(1+x) \tag{3-37}$$

把式（3-37）代入式（3-35）中，进一步求解出最大的转差功率损耗系数 σ_{ps_max} 如下：

$$\sigma_{ps\_max}=x^x/(1+x)^{1+x} \tag{3-38}$$

根据式（3-38）可见：当 $x=1$ 时，$s_{max}=0.5$，$\sigma_{ps\_max}=0.25$；当 $x=2$ 时，$s_{max}=0.3333$，$\sigma_{ps\_max}=0.1481$。全面比较 $x=0$、$x=1$ 及 $x=2$ 三种情况负载对应的最大转差功率损耗系数可见，当电机驱动风机或泵类负载时，电机的转差功率损耗最小，电机效率最高。

3.3.2　异步电机调压调速系统磁通变化

若忽略定子阻抗压降，则异步电机调压调速过程中，气隙感应电动势近似等于端电压：

$$U_s\approx E_g=4.44f_sN_sK_{Ns}\phi_g \tag{3-39}$$

所以

$$\phi_g\approx U_s/(4.44f_sN_sK_{Ns}) \tag{3-40}$$

从式（3-40）可见，由于调压调速过程中频率没有变化，这样随着定子电压的降低电机的气隙磁通逐渐降低，电机处于弱磁运行状态。从而导致降低定子电压后电机产生的最大转矩也随之降低，最终影响了电机负载能力。采用本书附录 A 的表 A-1 异步电机参数，利用 MATLAB 计算定子电压 220V、$(220/\sqrt{2})$ V、(220/2) V 三种情况不同电磁转矩及不同转速时气隙磁链如图 3-9 所示，由结果可见随着定子电压的升高，气隙磁链也随之增大；即使相同的定子电压，由于电机运行的工作点不同，对应的气隙磁链也在变化。

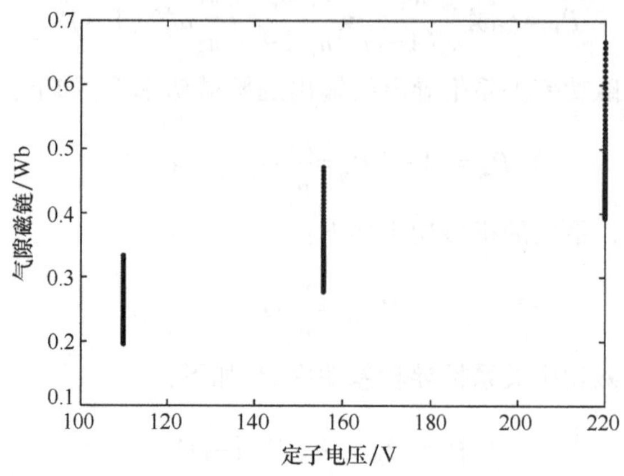

图 3-9　调压过程中气隙磁链 MATLAB 计算结果

3.4　异步电机调压调速系统仿真建模

仿真中采用附录 A 表 A-1 所示的异步电机参数，利用 MATLAB 对电机在额定转速 1440r/min、额定相电压 220V（有效值）、额定频率 50Hz 状态下的 T 型等值电路（忽略铁损耗）进行仿真求解，结果见表 3-1。可见额定运行时定子电流最大值为 8.879A，为了考虑电机起动等动态过程中过电流限幅，仿真中按照额定电流的 2 倍限制定子电流最大值为 8.879A×2＝17.76A。根据前面的 T_{em} 计算公式（3-6）及 s_m 公式（3-7），计算最大转矩及对应的转差率如下：

$$T_{em}=\frac{3\times2\times220^2}{2\times(2\pi\times50)\left[1.91+\sqrt{1.91^2+(2\pi\times50)^2\times(0.00755+0.012)^2}\right]}=55.0092(\mathrm{N\cdot m})$$

$$s_m=\frac{1.55}{\sqrt{1.91^2+(2\pi\times50)^2\times(0.00755+0.012)^2}}=0.2388$$

根据最大转矩 T_{em} 可以计算出当电机输出额定转矩 15N · m 时对应的定子电压如下

$$U_{smin}=U_{sN}\sqrt{\frac{T_{eN}}{T_{em}}}=220\times\sqrt{\frac{15}{55.0092}}=115\mathrm{V}$$

根据最大转差率可以计算对应的转速 n_{rmin} 如下：

$$n_{rmin}=n_s(1-s_m)=\frac{60\times50}{2}\times(1-0.2388)=1142\mathrm{r/min}$$

根据上述计算可见，若电机带理想额定负载 15N · m 时最大调速范围为 1142～1440r/min，对应的定子电压变化范围为 115～220V，所以仿真中带额定负载情况下，最低转速不得低于 1142r/min。

表 3-1 额定运行时 T 型等值电路仿真数据

参数	数值
输入电压/V	$311\sin(2\pi\times50t)$
定子电流/A	$8.879\sin(2\pi\times50t-36.42°)$
励磁电流/A	$4.378\sin(2\pi\times50t-91.47°)$
转子电流/A	$7.312\sin(2\pi\times50t+172.97°)$
输入有功功率/W	1115
输出机械功率/W	995.4

利用 MATLAB 对图 3-6 所示的转速、电流双闭环异步电机调压调速系统进行建模如图 3-10 所示。利用测量环节测量出定子 A 相电流 I_{sa}、定子 dq 坐标系磁链 Flux_sd、Flux_sq、定子 dq 坐标系电流 I_{sd}、I_{sq}、转子旋转的机械角频率 ω、电磁转矩 T_e，利用定子磁链与气隙磁链关系计算气隙磁链幅值 $\text{Flux\_Amp}=\sqrt{(\text{Flux\_sd}-L_{s\sigma}\times I_{sd})^2+(\text{Flux\_sq}-L_{s\sigma}\times I_{sq})^2}$；利用定子 dq 坐标系电流 I_{sd}、I_{sq} 计算反馈的定子电流幅值 $\text{I\_Amp}=\sqrt{I_{sd}^2+I_{sq}^2}$；利用极对数、转子旋转的电角频率或转子旋转的机械角频率可以求得转子旋转速度 $n=60\times\omega_r/(2\pi n_p)=60\times\omega/(2\pi)$。

根据转速给定 n^* 及转速反馈 n 计算转速误差 n^*-n；把转速误差 n^*-n 送给转速调节器 ASR 输出定子电流幅值给定值 I_{sg}，其中 ASR 中比例系数和积分系数分别为 25、0.3，输出限幅值为 17.79A；根据定子电流幅值给定值 I_{sg} 及定子电流幅值反馈值 I_s（即 I_Amp）计算定子电流幅值控制误差 $I_{sg}-I_s$；把定子电流幅值控制误差 $I_{sg}-I_s$ 送给电流调节器 ACR，输出瞬时调制信号，其中 ACR 比例和积分系数分别为 65、6，输出调制信号限幅在 -1～+1；瞬时调制信号送给 PWM 调制模块“PWM modulation”，实现瞬时调制信号与幅值为 1、频率为 20kHz 的正极性三角波进行比较，输出 PWM 驱动信号送给 IGBT 斩控式调压模块“IGBT chopping AV”，输出经过脉冲宽度调制的三相变压交流电压给异步电机模块“Asynchronous Motor”。

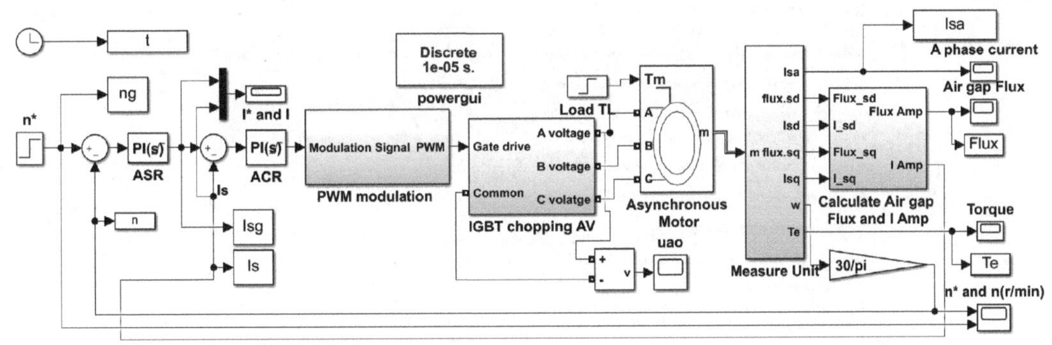

图 3-10 转速、电流双闭环异步电机调压调速系统仿真模型

PWM 调制模块“PWM modulation”内部逻辑如图 3-11 所示，瞬时调制信号“Modulation Signal”与三角波“Triangular Signal”经过比较器“Compare Operator”后，输出 PWM 控制

加到电机绕组上的交流电压幅值。

采用第 2 章中介绍的三相斩控式交流调压电路给异步电机供电，如图 3-10 中 IGBT 斩控式调压器模块“IGBT chopping AV”，其内部 MATLAB 建模如图 3-12 所示。异步电机模块“Asynchronous Motor”中参数设置如图 3-13 所示，其中转动惯量考虑了负载的转动惯量 0.045kg · m^2，这样传动轴上总的转动惯量为 0.05276kg · m^2。

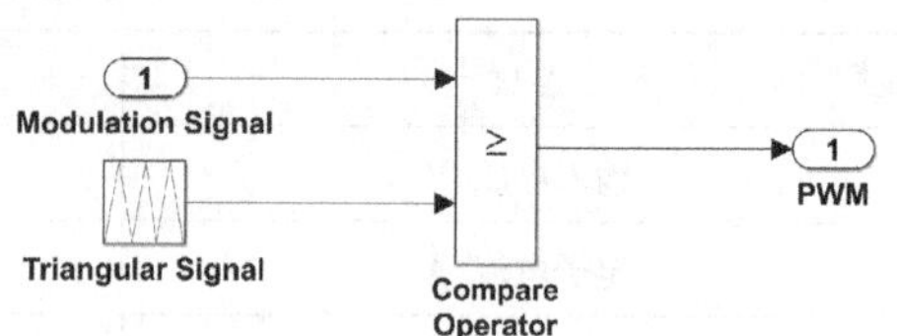

图 3-11　PWM 调制模块

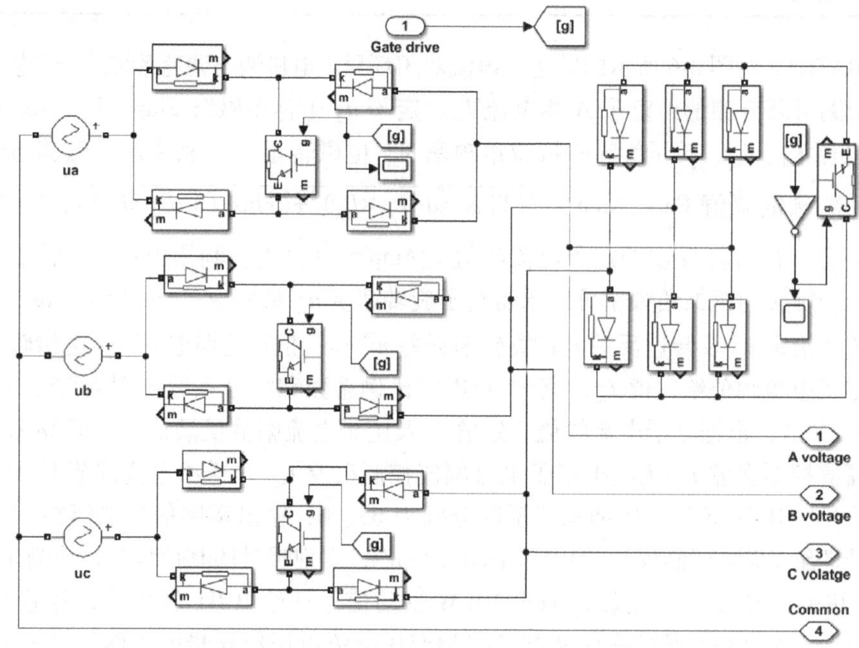

图 3-12　IGBT 斩波调压器模块“IGBT chopping AV”

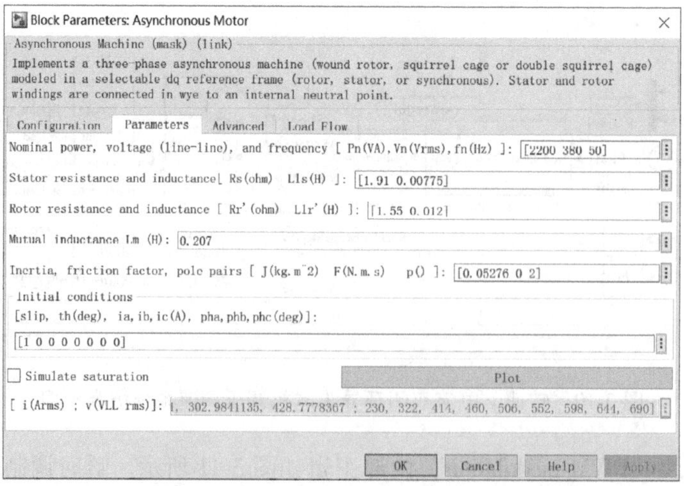

Block Parameters: Asynchronous Motor

Asynchronous Machine (mask) (link)

Implements a three-phase asynchronous machine (wound rotor, squirrel cage or double squirrel cage) modeled in a selectable dq reference frame (rotor, stator, or synchronous). Stator and rotor windings are connected in wye to an internal neutral point.

Configuration | Parameters | Advanced | Load Flow

Nominal power, voltage (line-line), and frequency [Pn(VA),Vn(Vrms),fn(Hz)]: [2200 380 50]

Stator resistance and inductance[Rs(ohm) Lls(H)]: [1.91 0.00775]

Rotor resistance and inductance [Rr'(ohm) Llr'(H)]: [1.55 0.012]

Mutual inductance Lm (H): 0.207

Inertia, friction factor, pole pairs [J(kg.m^2) F(N.m.s) p()]: [0.05276 0 2]

Initial conditions

[slip, th(deg), ia,ib,ic(A), pha,phb,phc(deg)]:

[1 0 0 0 0 0 0 0]

Simulate saturation　　Plot

[i(Arms) ; v(VLL rms)]: 1, 302.9841135, 428.7778367 ; 230, 322, 414, 460, 506, 552, 598, 644, 690]

OK　Cancel　Help　Apply

图 3-13　异步电机模块“Asynchronous Motor”中参数设置

电机轻载 1N · m 由零转速起动至 1200r/min，在 1.5s 处升速至额定转速 1440r/min，在 2s 处负载突增至额定值 15N · m 仿真波形如图 3-14 所示。从仿真结果可见：①采用调压调速电机转速能够由零转速上升至给定值 1200r/min，在此过程中定子电流幅值能够限制在最大限幅值；②即使起动阶段定子电流幅值被限制在最大值，但由于没有直接控制定子电流有功分量，导致启动阶段的转矩并不恒定，从而无法保证转速线性快速上升；③转速和电磁转矩能够跟随外界的给定变化而变化；④由于采用了定子电压幅值调节速度，而定子供电频率

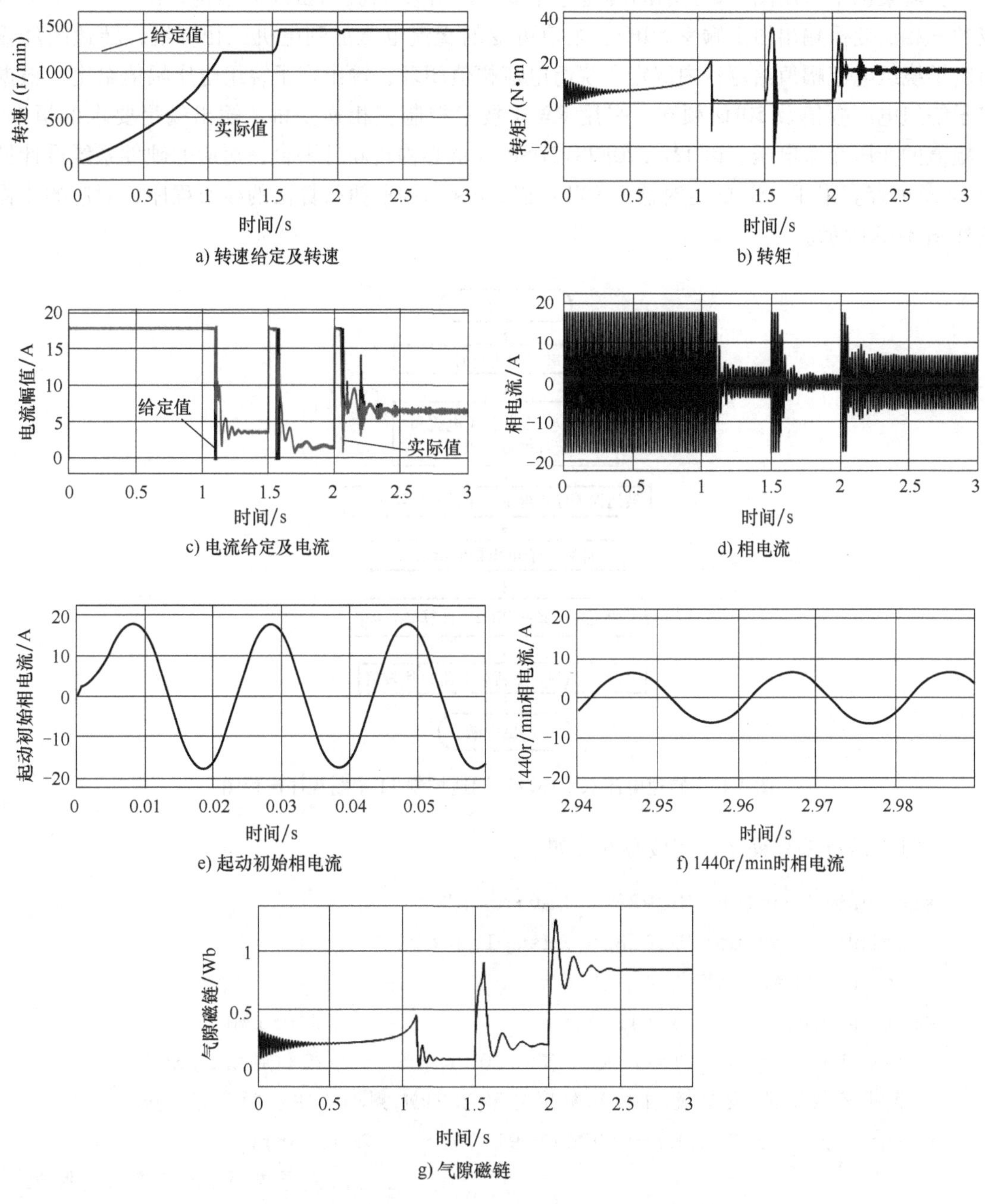

a) 转速给定及转速　b) 转矩　c) 电流给定及电流　d) 相电流　e) 起动初始相电流　f) 1440r/min时相电流　g) 气隙磁链

图 3-14　转速及电流双闭环调压调速系统仿真

不变，所以从相绕组电流启动阶段和 1440r/min 高速稳定阶段电流波形比较可见相电流频率恒等于 50Hz；⑤由于定子供电频率保持为 50Hz 不变，仅仅靠调压调速，所以电机低速气隙磁链幅值小，且随转速的提高，气隙磁链幅值随之增大，气隙磁链幅值不可控制。

3.5 异步电机调压调速案例分析

实验案例中采用图 3-6 所示的转速电流双闭环异步电机调压调速结构，由六个 IGBT 构成的三相逆变桥输出恒定频率 50Hz、幅值可变的交流电压加到电机三相绕组，转速闭环输出定子绕组电流幅值给定；内嵌定子绕组电流幅值闭环，输出定子绕组电压幅值给定。根据定子绕组电压幅值及 50Hz 频率，采用 PWM 技术控制三相逆变桥，输出满足要求的恒频、变幅值的变压交流电压。以 TMS320F2812DSP 为核心构建硬件平台，对应的硬件系统设计见第 12 章内容。采用 DSP 的定时器 1（T1）以 50μs 为周期执行算法的核心程序，对应的流程图如图 3-15 所示。

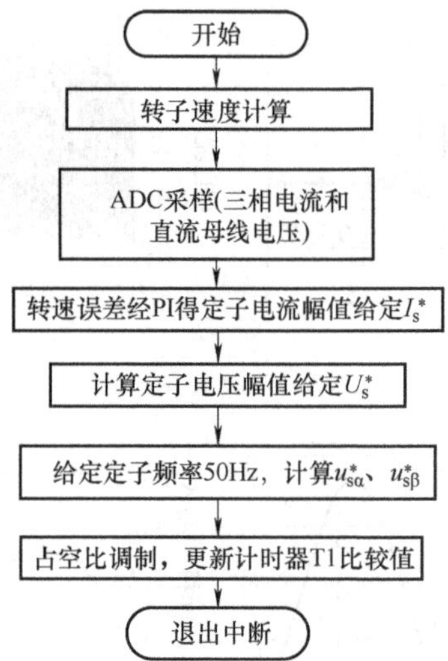

图 3-15 转速电流双闭环调压调速控制 T1 中断程序流程图

采用 C 语言编写程序，其核心部分如下：

```
#include "include/DSP281x_Device.h"
#include "include/DSP281x_Examples.h"
#include "math.h"
#define  PI         3.1415926                    //对应 180°
volatile  _iq20    Ts=_IQ20(0.00005);           //控制周期 50μs
//电机参数定义:两对极(4 极),额定功率 2.2kW,频率 50Hz,额定相电压 220V
volatile  _iq20    Rs=_IQ20(1.91),Rr=_IQ20(1.55);
                                                 //定子电阻 Rs 与转子电阻 Rr
```

```
volatile  _iq20    L1=_IQ20(0.00775),L2=_IQ20(0.012),Lm=_IQ20(0.207);
                          //等效电路中定转子侧漏感 L1、L2,励磁电感 Lm
volatile  _iq20           Ls=0,Lr=0,Lmd=0,Lsd=0,Lrd=0;
                          //定子电感 Ls=L1+Lm,转子电感 Lr=L2+Lm,dq 坐标
                            中励磁电感 Lmd=Lm,定子 dq 坐标电感 Lsd=L1+
                            Lmd,转子 dq 坐标电感 Lrd=L2+Lmd
//空间矢量调制环节变量定义
volatile  _iq20  Da=0,Db=0,Dc=0,Danew=0,Dbnew=0,Dcnew=0,min=0,
max=1,max_1=1;
//Da~Dc 为 abc 三相逆变桥臂功率开关占空比
volatile  _iq20  Ua=0,Ub=0,Uc=1,U_alpha=0,U_beta=0,U_DC_1=0;
                             //Ua~Uc 为三相电压
volatile  _iq20  U_alphak=0,U_betak=0,is_z,is_alpha,is_beta,M_
speed_DC_G3,vs3=100;
volatile  _iq20  speed3_kp=_IQ20(0.2),speed3_ki=_IQ20(0.000003),
is_Give_xf=8.32;
volatile  _iq20  Delta_Speed_Now3,is_Give_kp3,is_Give_ki3,is_
Give3=0,Te3=0;
volatile  long int  Position_Number=0,T1P_count=0,sys_delay_flag=0;
volatile  _iq20  theta_s=0,theta_r=0,sin_theta_s=0,cos_theta_s=0,
U_max=0,;
volatile  _iq20  U_DC_3=0,Us_alpha=0,Us_beta=0,U_square=0,U_amp=
0,U_rate=0;
volatile  _iq20  delta_Flux_s_alpha=0,delta_Flux_s_beta=0,Flux_s_
alpha=0,Flux_s_beta=0;
volatile  _iq20  Te,One_F,H_fc=_IQ20(1);//Te 为电磁转矩,H_fc 为高通
                                          截止频率
volatile  _iq20  Flux_s_A,delta_Flux_s_A,M_speed_DC_G3_give=_IQ20
(0);
volatile  _iq20  Is_square=0,Is=0,is_kp=_IQ20(0.2),is_ki=_IQ20
(0.004),delta_Is;
volatile  _iq20  Us_give,Us_kp,Us_ki,ws=_IQ20(314.15927);
                                              //ws=2*pi*50
//程序声明
extern void DSP28x_usDelay(Uint32 Count);
interrupt void ISR_PDPINTA(void);          //PDPINTA 中断子程序
interrupt void ISR_T1CINT(void);           //T1 比较中断子程序
```

```
interrupt void ISR_T3CINT(void);                    //T3 比较中断子程序
interrupt void ISR_Cap3(void);                      //捕获 3 中断子程序
void Speed_is_Given3(void);                         //转速 ASR 调节器子程序
void Motor_Init(void);                              //电机起动初始化子程序
void DA_Out(void);                                  //DA 转换子程序
void Speed_Given(void);                             //转速给定子程序
void Duty_calculate(void);                          //计算三相逆变桥臂功率开关占
                                                      空比子程序
void Get_PWM(void);                                 //刷新 PWM 寄存器
void Variable_voltage_amplitude(void);              //定子电压给定计算子程序
//mmmmmmmmmmmm 主函数 mmmmmmmmmmmmmmmmmmmmmmmmmmmmmm
void main(void)
{       Ls=L1+Lm;//20 定标,定子自电感
        Lr=L2+Lm;//20 定标,转子自电感
        Lmd=_IQ20mpy(_IQ20(1),Lm);                  //dq 坐标系中互感
        Lsd=_IQ20mpy(_IQ20(1),Lm)+L1;               //dq 坐标系定子侧电感
        Lrd=_IQ20mpy(_IQ20(1),Lm)+L2;               //dq 坐标系转子侧电感
        Init_Sys();//系统初始化设置,初始化中断
        EvaRegs.T1CON.all |=0x0040;                 //启动 T1 使能定时器
        EvbRegs.T3CON.all |=0x0040;                 //启动 T3 使能定时器
        IFR=0x0000;
        EINT;
        //复位 ADC 转换模块
        AdcRegs.ADCTRL2.bit.RST_SEQ1=1;             //复位排序器 SEQ1
        AdcRegs.ADCST.bit.INT_SEQ1_CLR=1;           //清除排序器 SEQ1 中断标志位
        //使能捕获中断 3(第 3 组第 7 个中断)
        PieCtrlRegs.PIEIER3.all=0x40;               //CAPINT3 使能(PIE 级)
        IER |=M_INT3;//M_INT3=0x0004,使能 INT3(CPU 级)
        //GPIO 口配置
        EALLOW;
        GpioMuxRegs.GPFMUX.all =0x0030;
        GpioMuxRegs.GPFDIR.bit.GPIOF1=1;
        GpioMuxRegs.GPFDIR.bit.GPIOF13=0;           //使 I/O26 口(GPIOF13)为输入
        GpioMuxRegs.GPFDIR.bit.GPIOF0=0;            //使 I/O27 口(GPIOF0)为输入
        GpioMuxRegs.GPFDIR.bit.GPIOF10=0;           //使 I/O23 口(GPIOF10)为输入
        GpioMuxRegs.GPFDIR.bit.GPIOF11=0;           //使 I/O24 口(GPIOF11)为输入
        EDIS;
```

```
        while(1) //等待中断
        {
        }
}
//mmmmmmmmmmm 功率保护中断服务子程序 mmmmmmmmmmmmmmmmmmmmm
interrupt void ISR_PDPINTA(void)
{
    asm ("      ESTOP0");
    for(;;);
}
//mmmmmmmmmmm 捕获 3 中断服务子程序 mmmmmmmmmmmmmmmmmmmmmmm
//(每次捕获到 Z 脉冲都装载一次初始定位值,校正编码器脉冲丢失)
interrupt void ISR_Cap3(void)
{
    PieCtrlRegs.PIEACK.all |=0x0004;  //清中断应答位
    EvaRegs.EVAIFRC.bit.CAP3INT=1;    //清捕获单元 3 中断标志
    EvaRegs.CAPFIFOA.bit.CAP3FIFO=1;  //清捕获状态
}
//mmmmmmmmmmm 定时器 T3 比较中断服务子程序 mmmmmmmmmmmmmmmmm
interrupt void ISR_T3CINT(void)
{
    Motor_Init();//电机启动初始化子程序
    DA_Out();//算法中间变量 DA 转换输出
    Speed_Given();//转速给定
    EvbRegs.EVBIFRA.bit.T3CINT=1;     //清中断标志位
    PieCtrlRegs.PIEACK.all |=0x4;     //T3CNT 中断应答
}
//mmmmmmmmmmm 电机起动初始化子程序 mmmmmmmmmmmmmmmmmm
void Motor_Init(void)
{
    if(T1P_count>60000)               //系统延时等待直流母线电压稳定、
                                        采样校正、初始定位
    {   }
    else
    {
        T1P_count++;
        if(T1P_count>60000)
```

```
        {sys_delay_flag=1;}
    }
    if(sys_delay_flag==1)                        //定位于A相绕组轴线起
                                                   动,让d轴与alpha轴
                                                   重合,此时theta=0
    {
        if(Position_Number<20000)                //定位于A相绕组轴线
        {
            Position_Number++;
            EvaRegs.ACTRA.all=0x1999;            //比较引脚1,3,5输出极
                                                   性低有效,比较引脚2,
                                                   4,6输出极性高有效
            EvaRegs.CMPR1=_IQ20mpy(_IQ20(0.9),T1_T1PR_dat);
                                                 //占空比调节定位电流
            EvaRegs.CMPR2=T1_T1PR_dat;
            EvaRegs.CMPR3=T1_T1PR_dat;
        }
        else
        {
            sys_delay_flag=0;                    //令系统延迟时间标记位
                                                   重新清0
            EvaRegs.CMPR1=T1_T1PR_dat;           //定位完后A相比较器恢
                                                   复原值
            EvaRegs.T2CON.all |=0x0040;          //使能T2定时器
            EvaRegs.CAPCONA.all |=0x1000;        //使能捕获3
            EvaRegs.CAPFIFOA.bit.CAP3FIFO=1;     //CAP3有一个数值,第一个
                                                   Z脉冲的下降沿就中断
            EvaRegs.EVAIFRC.all &=0x0004;        //清捕获单元3中断标志
            EvaRegs.EVAIMRC.bit.CAP3INT=1;使能捕获单元3中断
            EvaRegs.CAPFIFOA.bit.CAP3FIFO=1;     //清捕获状态
        }
    }
}
//mmmmmmmmmmmmmmDA转换子程序mmmmmmmmmmmmmm
//DAC1~DAC4可以输出程序中任何变量x
void DA_Out(void)
{
```

```
    DAC1=(x+2048);                              //x变化范围-2048~2048,对应
                                                  输出模拟电压-10V~+10V,
                                                  DAC2~DAC4通道赋值依此
                                                  类推
}
//mmmmmmmmmmmmmmm转速给定子程序mmmmmmmmmmmmmmmmm
void Speed_Given(void)
{
    /*恒定转速给定*/
    M_speed_DC_G3=_IQ20(vs3);
    /*斜坡转速给定,使用时把以下程序释放*/
    /*M_speed_DC_G3=M_speed_DC_G3+_IQ20(0.025);
                                                //给定转速1秒内完成从300
                                                  到600的转速上升
    if(M_speed_DC_G3>=_IQ20(600))
    {M_speed_DC_G3=_IQ20(600);}
    */
}
//mmmmmmmmmmmm定时器T1比较中断服务子程序mmmmmmmmmmm
interrupt void ISR_T1CINT(void)
{
    AdcRegs.ADCTRL2.bit.RST_SEQ1=1;             //复位排序器SEQ1
    AdcRegs.ADCTRL2.bit.SOC_SEQ1=1;             //排序器SEQ1启动转换触发位
//=======编码器测得的位置角和转速==============//
    Position_Estimate3();                       //编码器测量转子位置角
    Speed_Estimate3();                          //计算转子旋转速度
    theta_r+=_IQ20mpy(Electric_Speed3,Ts);
                                                //从速度计算转子旋转角度
                                                  theta_r
    if(theta_r<-_IQ20(0)){theta_r=theta_r+_IQ20(2*PI);}
                                                //转子旋转角度映射到0~2*PI
    if(theta_r>_IQ20(2*PI)){theta_r=theta_r-_IQ20(2*PI);}
//=======AD信号采样及相关参数计算===========//
    AD();                                       //采样进来的三相电流iA,iB,
                                                  iC以及直流母线电压
                                                  U_DC
```

```
    //===自然坐标到静止坐标系坐标变换====//
    is_alpha=_IQ20mpy(_IQ20(0.8165),iA)-_IQ20mpy(_IQ20(0.4082),
iB+iC);                                      //定子电流 alpha 量
    is_beta=_IQ20mpy(_IQ20(0.7071),iB-iC);   //定子电流 beta 分量
    is_z=_IQ20mpy(_IQ20(0.5774),iA+iB+iC);   //零序电流分量
    U_max=_IQ20mpy(_IQ20(0.577),U_DC);       //线性调制输出定子电压最
                                               大值
    Speed_is_Given3();                       //转速 ASR 调节器子程序
    Variable_voltage_amplitude();            //定子电压给定计算子程序
    //==============生成 PWM 波====================//
    if(PWM_En3==1)
    {
        Duty_calculate();                    //三相逆变桥功率开关占空
                                               比计算
        Get_PWM();                           //刷新 PWM 寄存器
    }
    //=========清中断标志位和应答位================//
    EvaRegs.EVAIFRA.bit.T1CINT=1;            //清中断标志位
    PieCtrlRegs.PIEACK.all |=0x2;            //T1CNT 中断应答
}
//mmmmmmmmmmmm 定子电压给定计算子程序 mmmmmmmmmmmmmmmm
void Variable_voltage_amplitude(void)
{
    //重构逆变器实际输出三相电压 Ua~Uc
    U_DC_3=_IQ20div(U_DC,_IQ20(3));
    Ua=_IQ20mpy(U_DC_3,_IQ20mpy(_IQ20(2),Da)-Db-Dc);
    Ub=_IQ20mpy(U_DC_3,_IQ20mpy(_IQ20(2),Db)-Da-Dc);
    Uc=_IQ20mpy(U_DC_3,_IQ20mpy(_IQ20(2),Dc)-Db-Da);
    Us_alpha=_IQ20mpy(_IQ20(0.8165),Ua)-_IQ20mpy(_IQ20(0.4082),
Ub+Uc);                                      //计算 alpha 电压
    Us_beta=_IQ20mpy(_IQ20(0.7071),Ub-Uc);   //计算 beta 电压
    //计算定子磁链 Flux_s_alpha 与 Flux_s_beta
    delta_Flux_s_alpha=Us_alpha-_IQ20mpy(Rs,is_alpha);
                                             //计算定子 alpha 感应电
                                               动势
    delta_Flux_s_beta=Us_beta-_IQ20mpy(Rs,is_beta);
                                             //计算定子 beta 感应电动势
```

```
    One_F=_IQ20(1)+_IQ20mpy(_IQ20(0.0003141593),H_fc);
                                                  //一阶惯性环节系数
    Flux_s_alpha+=_IQ20mpy(delta_Flux_s_alpha,Ts);
    Flux_s_alpha=_IQ20div(Flux_s_alpha,One_F);//定子磁链 alpha 值
    Flux_s_beta+=_IQ20mpy(delta_Flux_s_beta,Ts);
    Flux_s_beta=_IQ20div(Flux_s_beta,One_F);  //定子磁链 beta 值
    //算 A 相磁链
    delta_Flux_s_A=Ua-_IQ20mpy(Rs,iA);        //计算定子 A 相感应电
                                                动势
    Flux_s_A+=_IQ20mpy(delta_Flux_s_A,Ts);
    Flux_s_A=_IQ20div(Flux_s_A,One_F);        //定子 A 相磁链
    //算电磁转矩 Te
    Te=_IQ20mpy(_IQ20(2),_IQ20mpy(Flux_s_alpha,is_beta)-_IQ20mpy
(Flux_s_beta,is_alpha));
    //计算实际电流幅值 Is
    Is_square=_IQ20mpy(is_alpha,is_alpha)+_IQ20mpy(is_beta,is_beta);
    Is=_IQ20sqrt(Is_square);                  //计算实际电流幅值 Is
    //电流 ACR 调节器算法:电流幅值误差经 PI 得到给定 Us
    delta_Is=is_Give3-Is;                     //计算定子电流幅值控
                                                制误差
    Us_kp=_IQ20mpy(delta_Is,is_kp);           //计算 ACR 的比例部分
    Us_ki+=_IQ20mpy(delta_Is,is_ki);          //计算 ACR 的积分部分
    if(Us_ki>U_DC)                            //ACR 的积分部分限幅
       {Us_ki=U_DC;}
    if(Us_ki<-U_DC)
       {Us_ki=-U_DC;}
    Us_give=Us_kp+Us_ki;                      //计算 ACR 输出
    if(Us_give>U_DC)
       {Us_give=U_DC;}
    if(Us_give<-U_DC)
       {Us_give=-U_DC;}
    //恒定频率 50Hz 积分成角度
    theta_s+=_IQ20mpy(ws,Ts);                 //积分计算定电压相位
                                                角 theta_s
    if(theta_s<-_IQ20(0)){theta_s=theta_s+_IQ20(2*PI);}
                                              //角度映射到 0~2*PI
                                                范围
```

```
        if(theta_s>_IQ20(2*PI)){theta_s=theta_s-_IQ20(2*PI);}
        sin_theta_s=_IQ20sin(theta_s);              //计算相位角的正弦
        cos_theta_s=_IQ20cos(theta_s);              //计算相位角的余弦
        //算定子电压给定的alpha和beta轴分量:U_alpha,U_beta
        U_alpha=_IQ20mpy(Us_give,cos_theta_s); //计算alpha电压
        U_beta=_IQ20mpy(Us_give,sin_theta_s);  //计算beta电压
        U_square=_IQ20mpy(U_alpha,U_alpha)+_IQ20mpy(U_beta,U_beta);
        U_amp=_IQ20sqrt(U_square);                  //计算电压给定幅值
        U_rate=_IQ20div(U_max,U_amp);               //电压给定U_alpha/U_beta
                                                      限幅
        if(U_amp>U_max)
        {
            U_alpha=_IQ20mpy(U_alpha,U_rate);
            U_beta=_IQ20mpy(U_beta,U_rate);
        }
    }
    //mmmmmmmmmm计算三相逆变桥臂功率开关占空比子程序mmmmmmm
    void Duty_calculate(void)
    {
        U_DC_1=_IQ20div(_IQ20(0.9),U_DC);
        U_alphak=_IQ20mpy(U_alpha,U_DC_1);
        U_betak=_IQ20mpy(U_beta,U_DC_1);
        //求占空比Da~Dc
        Da=_IQ20(0);
        Db = Da-_IQ20mpy(_IQ20(1.2247),U_alphak)+_IQ20mpy(_IQ20
(0.7071),U_betak);
        Dc=Da-_IQ20mpy(_IQ20(1.2247),U_alphak)-_IQ20mpy(_IQ20(0.7071),
U_betak);
    //==================查找最小值=======
        min=Da;
        if(min>Db){        min=Db;     }
        if(min>Dc){        min=Dc;     }
    //==============最小值化为0========
        Da=Da-min;
        Db=Db-min;
        Dc=Dc-min;
    //==============查找最大值========
```

```
    max=Da;
    if(max<Db){        max=Db;    }
    if(max<Dc){        max=Dc;    }
//==========最大值大于1,化为 0.9==
    if (max>_IQ20(0.9))
    {
        max_1=_IQ20div(_IQ20(0.9),max);
        Da=_IQ20mpy(Da,max_1);
        Db=_IQ20mpy(Db,max_1);
        Dc=_IQ20mpy(Dc,max_1);
    }
    Danew=_IQ20(1.0)-Da;
    Dbnew=_IQ20(1.0)-Db;
    Dcnew=_IQ20(1.0)-Dc;
}
//mmmmmmmmmmm 转速 ASR 调节器子程序 mmmmmmmmmmm
void Speed_is_Given3(void)
{
    Delta_Speed_Now3=M_speed_DC_G3-Mechanism_Speed3;
                                                //计算转速误差
    is_Give_kp3=_IQ20mpy(Delta_Speed_Now3,speed3_kp);
                                                //计算 ASR 的比例部分
    is_Give_ki3+=_IQ20mpy(Delta_Speed_Now3,speed3_ki);
                                                //计算 ASR 的积分部分
    if (is_Give_ki3>_IQ20(is_Give_xf))          //ASR 的积分限幅
        {is_Give_ki3=_IQ20(is_Give_xf);}
    else if (is_Give_ki3<0)
        {is_Give_ki3=0;}
    is_Give3=is_Give_kp3+is_Give_ki3;           //计算 ASR 输出定子电流
                                                  幅值给定
    if (is_Give3>_IQ20(is_Give_xf))             //ASR 输出限幅
        {is_Give3=_IQ20(is_Give_xf);}
    else if (is_Give3<0)
        {is_Give3=0;}
}
```

异步电机空载运行，转速以斜坡方式由 150r/min 给定至稳态值 600r/min 电机响应如图 3-16 所示。实验结果可见，在加速过程中定子电压幅值随之增大，以满足定子绕组电流幅值跟踪给定值需要；无论稳态还是加速阶段，电流、电压频率始终控制在 50Hz；而且转速较低时，磁链幅值较低，随电压幅值的提高磁链幅值也随之增大。

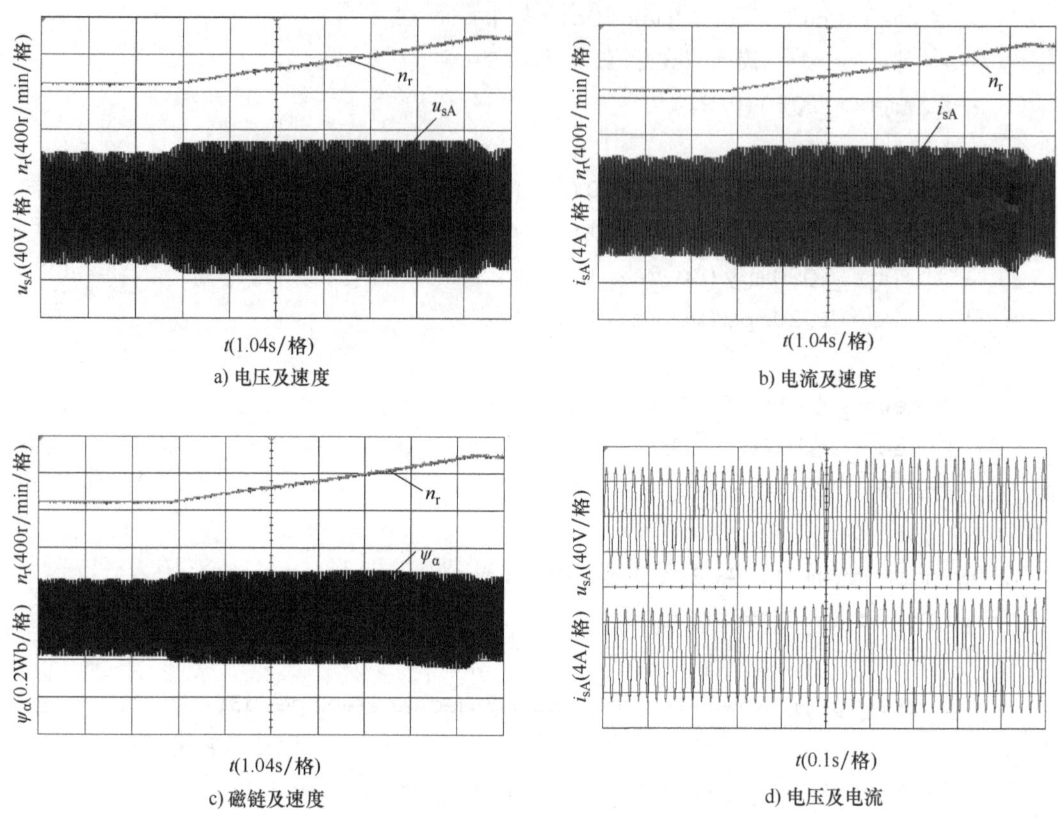

a) 电压及速度　　b) 电流及速度

c) 磁链及速度　　d) 电压及电流

图 3-16　转速、电流双闭环调压调速系统斜坡转速给定实验

电机突卸、突加负载动态响应如图 3-17 所示，实验结果可见随着负载转矩的变化，电磁转矩的平均值也随之变化；但电磁转矩发生较大的脉动，这是因为没有对电机的电变量的矢量进行实时控制的原因；定子电流幅值也存在较大幅度的脉动。

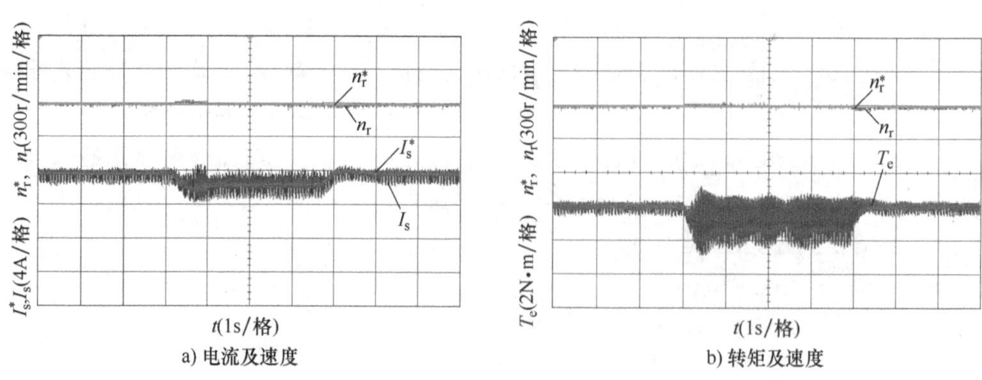

a) 电流及速度　　b) 转矩及速度

图 3-17　转速、电流双闭环调压调速系统突卸、突加负载实验

习题

1. 异步电机中定子磁场、气隙磁场和转子磁场具体有何联系？

2. 异步电机产生电磁转矩拖动转子旋转的工作原理是什么？转差率如何计算？

3. 异步电机 T 型等效电路是如何从实际异步电机推导而来？推导的前提条件是什么？

4. 异步电机采用星形联结，额定转速为 1460r/min，额定线电压为 380V，额定功率为 6.5kW，转子相绕组电阻 $R'_r=0.49\Omega$，转子漏感 $L'_{r\sigma}=0.0054\text{H}$，定子相绕组电阻 $R_s=0.375\Omega$，定子漏感 $L_{s\sigma}=0.0034\text{H}$，定转子互感 $L_m=0.1416\text{H}$，转动惯量 $J=0.05\text{kg}\cdot\text{m}^2$，电机空载转矩为 0.5N · m

1）计算电机额定运行时转差率；

2）计算电机额定运行时定子电流、转子电流及励磁电流；

3）计算电机额定运行时定子铜损耗、转子铜损耗、机械损耗、机械最大输出功率；

4）计算电机额定运行时定子阻抗压降、转子阻抗压降；

5）计算电机额定运行时最大电磁转矩及其对应的转差率；

6）计算电机额定运行时的定子感应电动势、气隙感应电动势、转子感应电动势。

5. 异步电机额定参数见第 4 题，求当定子电压降低至 0.5 倍的额定电压、且负载降低至 0.25 倍的额定负载时：

1）计算电机稳态运行速度；

2）计算电机最大电磁转矩及其对应的转差率；

3）计算电机运行时定子电流、转子电流及励磁电流；

4）计算电机运行时的定子感应电动势、气隙感应电动势、转子感应电动势。

6. 异步电机额定参数见题 4 所示，且采用晶闸管交流调压器，电压变换系数 $K=44$：

1）计算电机额定运行点处异步电机变换系数及机电时间常数；

2）建立异步电机调压调速系统小信号模型；

3）采用 PI 控制器，试分析比例系数和积分时间常数之间的约束关系。

7. 异步电机额定参数见第 4 题：

1）推导建立异步电机机械特性；

2）分别确定额定电压、0.75 倍的额定电压、0.5 倍的额定电压状态，理想空载转速、最大转矩及其转差率、起动转矩，并由此画出三种电压时机械特性曲线；

3）若额定电压时启动转矩恰好为最大转矩，则转子回路需要额外串入电阻值多少？

8. 分析对比异步电机在不同负载情况下的效率性能。

9. 异步电机额定参数见第 4 题，采用转速闭环的调压调速控制方法，转速 ASR 调节器采用 PI 形式，计算额定负载状态下电机能够运行的最低转速及最低定子电压值。

10. 异步电机额定参数见第 4 题：

1）计算电机额定负载情况下定子电压分别为额定值、0.707 倍的额定电压值、0.5 倍的额定电压值时的气隙磁链值；

2）计算电机额定定子电压情况下，额定负载、0.707 倍的额定负载、0.5 倍的额定负载、0.2 倍的额定负载时的气隙磁链值；

3）根据 1）2）的计算，说明电机气隙磁链与定子电压、负载转矩之间的联系。

11. 忽略空载损耗，三相异步电机理想空载转速为 1500r/min，电磁功率为 10kW：

1）若运行转速为 1455r/min，则输出机械功率为多少？

2）若运行转速为 900r/min，则输出机械功率为多少？

3）若运行转速为 300r/min，则输出机械功率为多少？

12. 若负载转矩特性为 $T_L = 0.0004706\omega_r^2$，采用第 4 题的异步电机（忽略空载转矩及杂散损耗），计算 0.707 倍的额定电压值时转速、转差率及转差功率损耗系数。

13. 异步电机额定参数见第 4 题，采用 IGBT 全控型调压器构建异步电机转速闭环调压调速系统，利用 MATLAB 对调速系统进行建模仿真。

14. 异步电机额定参数见第 4 题，采用 IGBT 全控型调压器构建异步电机转速、电流双闭环调压调速系统，利用 MATLAB 对调速系统进行建模仿真。

第 4 章　异步电机变压变频调速控制

通过第 3 章内容的学习发现，如果定子侧交流电压频率不变，调节定子侧电压幅值可以对转子速度进行调节，但变电压调速过程中气隙磁链幅值是变化的；尤其是低速运行区电机磁场出现严重的弱磁现象，引起电机在低转速运行区负载能力明显下降。为此，需要对电机气隙磁场幅值进行主动控制，使其在调速过程中不变，甚至始终控制在其额定值上以便电机产生最大负载能力。欲要实现电机磁场的主动控制，在调压过程中定子侧交流电压频率必须随电压幅值变化而同步调节，这便是变压变频控制；当定子侧交流电压频率变化后，改变了电机同步磁场旋转速度，从而实现了转子速度的调节。为了实现异步电机变压变频调速，可以基于电机稳态数学模型来构建控制策略，也可以基于电机瞬态数学模型来构建控制策略，本章详细讲解基于稳态数学模型的变压变频调速控制原理及调速系统。

4.1　异步电机变压变频一般问题

根据电机学异步电机工作原理可知转子旋转速度 n_r、同步磁场旋转速度 n_s、转（速）差 Δn 存在如下关系：

$$n_r = n_s - \Delta n = \frac{60f_s}{n_p} - \Delta n \tag{4-1}$$

从式（4-1）可见，在转差不变情况，可以借助定子供电频率 f_s 的调节，实现转子速度的控制，以达到变频调速目的。异步电机中气隙感应电动势与气隙磁通之间的关系如下：

$$\dot{E}_g = -\mathrm{j}\sqrt{2}\,\pi f_s N_s K_{Ns}\dot{\phi}_g = -\mathrm{j}4.44 f_s N_s K_{Ns}\dot{\phi}_g \tag{4-2}$$

电机产生的电磁转矩与气隙磁通、转子电流关系如下：

$$T_e = C_t \phi_g I_r' \cos\varphi_r \tag{4-3}$$

式中，$\cos\varphi_r = \dfrac{R_r'/s}{\sqrt{(R_r'/s)^2 + (\omega_s L_{r\sigma}')^2}}$为转子侧功率因数；$C_t$为电磁转矩系数

根据式（4-3）可见，在一定的转速及定子供电频率情况下，电机能产生的最大电磁转矩与转子绕组电流幅值、气隙磁通幅值均有关系。从电机产生最大负载能力角度，希望电机的气隙磁通幅值最大。正常电机本体在设计时，考虑到负载能力，将磁路额定工作点设计在铁磁材料 B-H 曲线的接近饱和弯曲点，从降低电机无功电流角度，希望电机在工作过程中气隙磁通幅值最大不超过额定值 ϕ_{gN}。若实际气隙磁通超出该额定值，定子绕组将会流过较大的励磁电流，导致电机发热严重，同时也严重降低了电机工作效率。

为此，从避免电机过分发热，且又能尽可能发挥电机负载能力角度，希望在调速过程中把气隙磁通控制为额定值 ϕ_{gN} 不变。

从式（4-2）可见：

$$\phi_g=\frac{E_g}{4.44f_sN_sK_{Ns}} \tag{4-4}$$

若希望气隙磁通控制为额定值 ϕ_{gN} 不变，则

$$\phi_{gN}=\frac{E_g}{4.44f_sN_sK_{Ns}} \tag{4-5}$$

从式（4-5）可见，在变频调速过程中，气隙感应电动势 E_g 必须随频率 f_s 按式（4-5）成正比例变化，才能维持气隙磁通为额定值不变。

根据图 3-1 可见，气隙感应电动势无法直接测量及直接控制，但定子端电压可以直接测量及直接控制。根据图 3-1 定子回路电压平衡方程如下：

$$\begin{aligned}\dot{U}_s&=\dot{I}_s(R_s+\mathrm{j}\omega_sL_{s\sigma})-\dot{E}_g\\&=\dot{I}_s(R_s+\mathrm{j}\omega_sL_{s\sigma})+\mathrm{j}4.44f_sN_sK_{Ns}\dot{\phi}_g\end{aligned} \tag{4-6}$$

若定子侧阻抗压降 $\dot{I}_s(R_s+\mathrm{j}\omega_sL_{s\sigma})$ 相对于气隙感应电动势 $\dot{E}_g$ 幅值较小情况下（例如电机转速较高运行时定子电压和频率均较大），则式（4-6）近似如下：

$$\dot{U}_s\approx-\dot{E}_g=\mathrm{j}4.44f_sN_sK_{Ns}\dot{\phi}_g \tag{4-7}$$

这样，

$$\phi_g\approx\frac{U_s}{4.44f_sN_sK_{Ns}} \tag{4-8}$$

所以，定子侧阻抗压降 $\dot{I}_s(R_s+\mathrm{j}\omega_sL_{s\sigma})$ 相对于气隙感应电动势 $\dot{E}_g$ 幅值较小情况下，可以按照式（4-8）控制定子电压和频率之间的比值近似达到气隙磁通额定值控制之目的。利用变频方式调节电机的转速过程中，定子电压必须配合频率变化，这便是“变压变频调速”思想。

进一步研究，若采用式（4-5）和式（4-8）分别控制气隙磁通，电机对应的相量图分别如图 4-1a、b 所示，由此可见按照式（4-8）控制得到的气隙磁链低于按照式（4-5）控制的气隙磁链。并且随着转速的降低，气隙感应电动势 $\dot{E}_g$ 幅值也随之降低，按式（4-8）控制所获得的气隙磁通更低，严重降低了电机的负载能力。

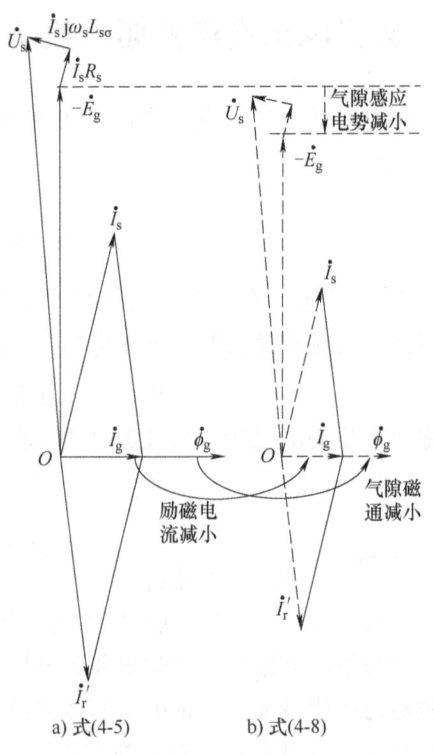

图 4-1　按式（4-5）和式（4-8）分别控制气隙磁通电机对应的相量图

为了避免气隙磁场的弱磁现象，需要在式（4-8）控制定子电压的基础上补偿定子阻抗的

压降。根据式（4-6）相量形式的定子电压平衡方程式近似可以求得经过定子阻抗压降补偿后的定子电压如下：

$$U_s \approx I_s\sqrt{R_s^2+(\omega_s L_{s\sigma})^2}+\omega_s\left(\frac{E_g}{\omega_s}\right)=I_s\sqrt{R_s^2+(\omega_s L_{s\sigma})^2}+0.5\sqrt{2}N_s K_{Ns}\phi_{gN}\omega_s \tag{4-9}$$

在电机带额定负载、维持气隙磁通为额定值控制过程中，随着定子频率升高到额定值 f_{sN}，定子端电压也升高到额定值 U_{sN}；若此后，在气隙磁通仍然维持额定值不变情况下需要进一步升高转速，定子频率就会超出额定值，定子电压势必会超出额定值。这种定子电压试图超出额定电压值的需求对实际电机驱动系统而言是不切合实际的：①电机在设计时考虑到额定运行需要及绕组绝缘等因素，长期运行定子电压最大限定在额定值；②一般的变压变频交流电由电力电子变换器产生，其前端交流或直流供电电压最大值受限，也不可能产生超出电机额定电压的交流电。综上分析，当定子频率超出额定值后，定子电压最大为额定值，根据（4-4）可见随着定子频率的继续升高，气隙磁通必然要求随定子频率的升高成反比例的减小。

综合电机运行的定子频率变化范围，以额定频率 f_{sN} 为分界点：① $f_s<f_{sN}$ 时，电机气隙磁通希望控制为额定值，根据式（4-3）在转子绕组流过额定电流情况下，电机的电磁转矩基本不变，由此称该频率区域为恒转矩调速区；② $f_s>f_{sN}$ 时，电机气隙磁通随频率升高近似成反比例减小，根据式（4-3）在转子绕组流过额定电流情况下，电机的电磁转矩也随频率升高近似成反比例减小，从而电机的输出机械功率近似恒定，由此称该频率区域为恒功率调速区，也称为弱磁升速区。根据上述分析，可以画出变压变频调速过程中气隙磁通、定子电压、转矩及输出功率随频率变化特性如图 4-2 所示。

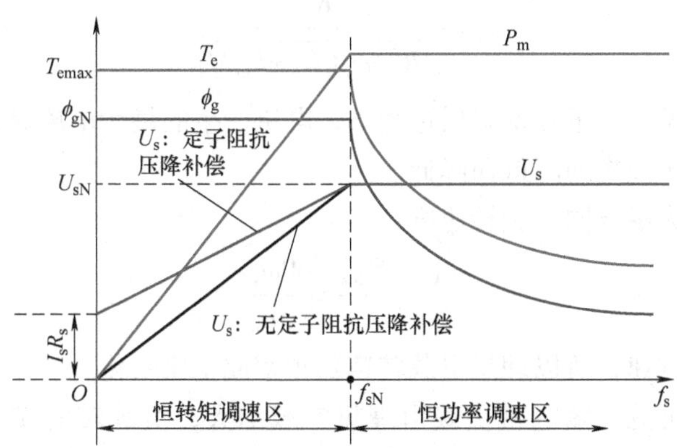

图 4-2 气隙磁通、定子电压、转矩及输出功率随频率变化特性

4.2 额定定子频率以下异步电机变压变频调速特性

4.2.1 恒压频比控制（$U_s/\omega_s=C$ 或 $U_s/f_s=C$ 控制）

根据上述分析，若定子侧阻抗压降 $\dot{I}_s(R_s+j\omega_s L_{s\sigma})$ 相对于气隙感应电动势 $\dot{E}_g$ 幅值较小情

况下，采用恒定的 U_s/ω_s 或 U_s/f_s 控制可以近似获得恒定的气隙磁通。根据式（3-3）可以推导出“恒压频比控制”下电磁转矩如下：

$$T_e=3n_p\left(\frac{U_s}{\omega_s}\right)^2\frac{\omega_s R_r'/s}{(R_s+R_r'/s)^2+\omega_s^2(L_{s\sigma}+L_{r\sigma}')^2} \tag{4-10}$$

式（4-10）在转差率 s 较小时可以近似为

$$T_e\approx 3n_p\left(\frac{U_s}{\omega_s}\right)^2\frac{s\omega_s}{R_r'} \tag{4-11}$$

根据式（4-11）可见，当转差率 s 较小时，电磁转矩基本与转差率成正比关系，即电磁转矩与转差率成线性关系。

式（4-10）在转差率 s 较大时可以近似为

$$T_e\approx 3n_p\left(\frac{U_s}{\omega_s}\right)^2\frac{\omega_s R_r'/s}{[R_s^2+\omega_s^2(L_{s\sigma}+L_{r\sigma}')^2]} \tag{4-12}$$

根据式（4-12）可见，当转差率 s 较大时，电磁转矩基本与转差率成反比关系，即电磁转矩与转差率成双曲线关系。

从式（3-6）~式（3-7）可推导变压变频过程中，电磁转矩最大值及与之对应的转差率分别如下：

$$T_{em}=\frac{3}{2}n_p\left(\frac{U_s}{\omega_s}\right)^2\frac{1}{R_s/\omega_s+\sqrt{(R_s/\omega_s)^2+(L_{s\sigma}+L_{r\sigma}')^2}} \tag{4-13}$$

$$s_m=\frac{R_r'}{\sqrt{R_s^2+\omega_s^2(L_{s\sigma}+L_{r\sigma}')^2}} \tag{4-14}$$

从式（4-13）可见，定子频率降低过程中，电机产生的最大电磁转矩也随之降低，表明电机带负载能力随定子频率的降低而降低。

理想空载转速即为磁场同步旋转速度：

$$n_s=\frac{60f_s}{n_p}=\frac{60\omega_s}{2\pi n_p} \tag{4-15}$$

由于采用了变频调速，所以理想空载转速随频率成正比变化。

根据式（4-11）可见，随电机负载由理想空载加大，负载转矩 T_L 对应的转速降落 Δn 如下：

$$\Delta n=60\frac{s\omega_s}{2\pi n_p}=\frac{60}{2\pi n_p}\left(\frac{\omega_s}{U_s}\right)^2\frac{R_r'}{3n_p}T_L \tag{4-16}$$

由此可见，负载转矩恒定情况下，尽管定子频率变化，但转速降落 Δn 恒定，表明随着转速的变化，机械特性的线性段硬度不变。所以采用变压变频调速对负载的扰动抑制能力不变，对应的机械特性示意图如图 4-3a 中“无定子阻抗压降补偿”曲线所示。采用附录 A 的表 A-1 异步电机参数，基于图 3-1 等效电路的 MATLAB 绘制 20Hz、30Hz、40Hz、50Hz 定子频率机械特性如图 4-3b 所示。

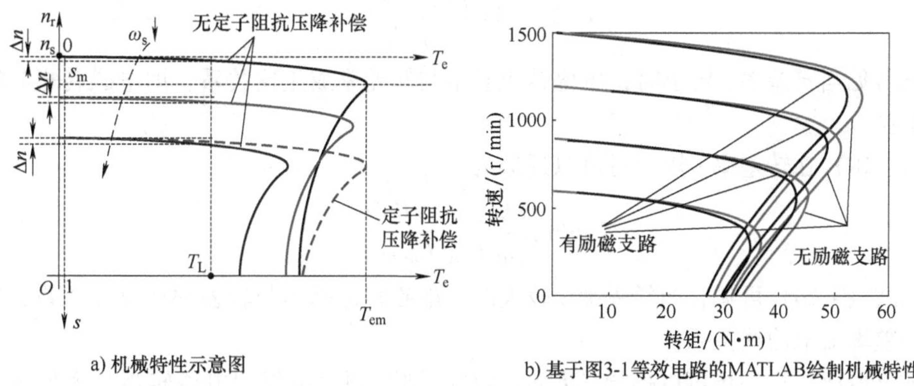

a) 机械特性示意图　　b) 基于图3-1等效电路的MATLAB绘制机械特性

图 4-3　恒定的 U_s/ω_s 或 U_s/f_s 控制时机械特性

根据式（4-9）定子电压近似关系，若在频率降低过程中无定子阻抗压降补偿，则气隙磁通近似推导如下：

$$\begin{aligned}\phi_g &= \frac{1}{0.5\sqrt{2}N_sK_{Ns}}\frac{E_g}{\omega_s}\\ &\approx \frac{1}{0.5\sqrt{2}N_sK_{Ns}}\left[\frac{U_s}{\omega_s}-\frac{I_s\sqrt{R_s^2+(\omega_sL_{s\sigma})^2}}{\omega_s}\right]\\ &=\phi_{gN}-\frac{I_s\sqrt{(R_s/\omega_s)^2+L_{s\sigma}^2}}{0.5\sqrt{2}N_sK_{Ns}}\end{aligned} \tag{4-17}$$

显然在将 U_s/ω_s 设置为对应额定气隙磁通 ϕ_{gN} 的比值后，随着定子频率的降低，实际气隙磁通也随之减小，从而导致电机能够产生的最大转矩及负载能力也随之降低。这种转矩的降低在低频区表现得更为明显，为了降低这种不利因素的影响，需要在既定的 U_s/ω_s 控制获得定子电压值基础上叠加上定子阻抗压降 $I_s\sqrt{R_s^2+(\omega_sL_{s\sigma})^2}$，从而基本维持实际气隙磁通的恒定。定子阻抗压降补偿后的机械特性见图 4-3。

4.2.2　恒定的定子感应电动势与频率比值控制（$E_s/\omega_s=C$ 或 $E_s/f_s=C$ 控制）

异步电机定子绕组感应电动势 E_s 对应定子总的磁通 ϕ_s；上述“恒压频比控制”需要同时补偿定子电阻压降和定子漏抗压降才能近似实现气隙磁通恒定，当采用恒定的 E_s/ω_s 或 E_s/f_s 控制时，定子漏抗压降对磁通恒定控制的不利影响可以消除。根据图 3-2 中定子感应电动势与频率关系，可知采用合适的 E_s/ω_s 或 E_s/f_s 可以维持定子磁通为额定值 ϕ_{sN}，对应的 $E_s/\omega_s=0.5\sqrt{2}N_sK_{Ns}\phi_{sN}$。根据图（3-1）等值电路可以推导出“$E_s/\omega_s=C$ 控制”下电磁转矩如下：

$$T_e=\frac{3I_r'^2\frac{R_r'}{s}}{\omega_s/n_p}\approx\frac{3\left[\frac{E_s}{\sqrt{(R_r'/s)^2+\omega_s^2(L_{s\sigma}+L_{r\sigma}')^2}}\right]^2\frac{R_r'}{s}}{\omega_s/n_p}=3n_p\left(\frac{E_s}{\omega_s}\right)^2\frac{\omega_sR_r'/s}{(R_r'/s)^2+\omega_s^2(L_{s\sigma}+L_{r\sigma}')^2} \tag{4-18}$$

式（4-18）在转差率 s 较小时可以近似为

$$T_e \approx 3n_p\left(\frac{E_s}{\omega_s}\right)^2 \frac{s\omega_s}{R_r'} \tag{4-19}$$

由此可见当转差率 s 较小时，电磁转矩基本与转差率成正比关系，即电磁转矩与转差率成线性关系。

式（4-18）在转差率 s 较大时可以近似为

$$T_e \approx 3n_p\left(\frac{E_s}{\omega_s}\right)^2 \frac{R_r'/s}{\omega_s(L_{s\sigma}+L_{r\sigma}')^2} \tag{4-20}$$

根据式（4-20）可见，当转差率 s 较大时，电磁转矩基本与转差率成反比关系，即电磁转矩与转差率成双曲线关系。

从式（4-18）进一步可以推导"$E_s/\omega_s=C$ 控制"调速过程中电磁转矩最大值及与之对应的转差率分别如下：

$$T_{em}=\frac{3}{2}n_p\left(\frac{E_s}{\omega_s}\right)^2 \frac{1}{L_{s\sigma}+L_{r\sigma}'} \tag{4-21}$$

$$s_m=\frac{R_r'}{\omega_s(L_{s\sigma}+L_{r\sigma}')} \tag{4-22}$$

从式（4-21）可见，"$E_s/\omega_s=C$ 控制"变频调速过程中，电机产生的最大电磁转矩始终不变，表明电机带负载能力不变。

根据式（4-19）可见，随电机负载由理想空载加大至负载转矩 T_L 对应的转速降落 Δn 如下：

$$\Delta n=\frac{60}{2\pi n_p}\left(\frac{\omega_s}{E_s}\right)^2 \frac{R_r'}{3n_p}T_L \tag{4-23}$$

根据式（4-23）可见，负载转矩恒定情况下，尽管定子频率变化，但转速降落 Δn 恒定，表明变频调速过程中，"$E_s/\omega_s=C$ 控制"机械特性的线性段硬度不变，对负载的扰动抑制能力不变，对应的机械特性示意图如图 4-4a 所示。采用附录 A 的表 A-1 异步电机参数，基于图 3-1 等效电路的 MATLAB 绘制 20Hz、30Hz、40Hz、50Hz 定子频率机械特性如图 4-4b 所示。

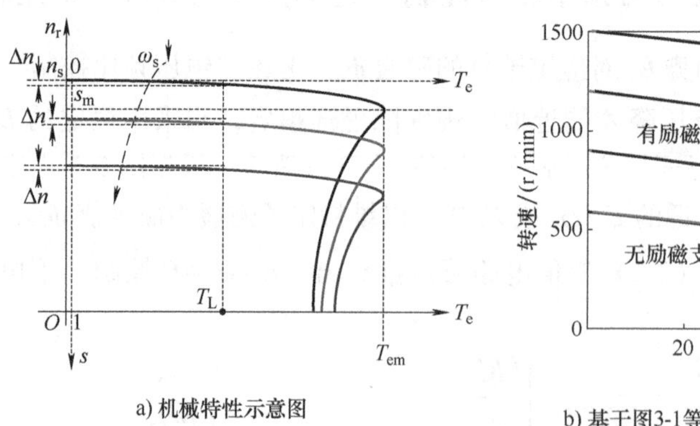

a) 机械特性示意图

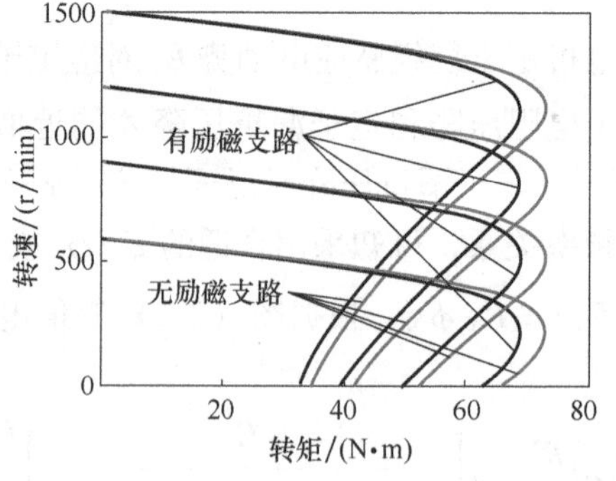

b) 基于图3-1等效电路的MATLAB绘制机械特性

图 4-4　恒定的 E_s/ω_s 或 E_s/f_s 控制时机械特性

4.2.3 恒定的气隙感应电动势与频率比值控制（$E_g/\omega_s=C$ 或 $E_g/f_s=C$ 控制）

“恒压频比控制”需要补偿定子阻抗压降 $I_s\sqrt{R_s^2+(\omega_s L_{s\sigma})^2}$ 才能实现气隙磁通的恒定；如果精确实现气隙磁通的恒定控制，应该直接控制 $E_g/\omega_s=0.5\sqrt{2}N_s K_{Ns}\phi_{gN}$，这便是恒定的 E_g/ω_s 或 E_g/f_s 控制。根据图（3-1）等效电路可以推导出“$E_g/\omega_s=C$ 控制”下电磁转矩如下：

$$T_e=\frac{3I_r'^2\dfrac{R_r'}{s}}{\omega_s/n_p}=\frac{3\left[\dfrac{E_g}{\sqrt{(R_r'/s)^2+(\omega_s L_{r\sigma}')^2}}\right]^2\dfrac{R_r'}{s}}{\omega_s/n_p}=3n_p\left(\frac{E_g}{\omega_s}\right)^2\frac{\omega_s R_r'/s}{(R_r'/s)^2+(\omega_s L_{r\sigma}')^2} \tag{4-24}$$

式（4-24）在转差率 s 较小时可以近似为

$$T_e\approx 3n_p\left(\frac{E_g}{\omega_s}\right)^2\frac{s\omega_s}{R_r'} \tag{4-25}$$

由此可见，当转差率 s 较小时，电磁转矩基本与转差率成正比关系，即电磁转矩与转差率成线性关系。

式（4-24）在转差率 s 较大时可以近似为

$$T_e\approx 3n_p\left(\frac{E_g}{\omega_s}\right)^2\frac{R_r'/s}{\omega_s(L_{r\sigma}')^2} \tag{4-26}$$

根据式（4-26）可见，当转差率 s 较大时，电磁转矩基本与转差率成反比关系，即电磁转矩与转差率成双曲线关系。

从式（4-24）进一步可以推导“$E_g/\omega_s=C$ 控制”调速过程中电磁转矩最大值及与之对应的转差率分别如下：

$$T_{em}=\frac{3}{2}n_p\left(\frac{E_g}{\omega_s}\right)^2\frac{1}{L_{r\sigma}'} \tag{4-27}$$

$$s_m=\frac{R_r'}{\omega_s L_{r\sigma}'} \tag{4-28}$$

从式（4-27）可见，“$E_g/\omega_s=C$ 控制”变频调速过程中，电机产生的最大电磁转矩不变，表明电机带负载能力不变。

根据式（4-25）可见，随着电机负载由理想空载加大至负载转矩 T_L 对应的转速降落 Δn 如下：

$$\Delta n=\frac{60}{2\pi n_p}\left(\frac{\omega_s}{E_g}\right)^2\frac{R_r'}{3n_p}T_L \tag{4-29}$$

根据式（4-29）可见，负载转矩恒定情况下，尽管定子频率变化，但转速降落 Δn 恒定，表明变频调速过程中，“$E_g/\omega_s=C$ 控制”机械特性的线性段硬度不变，对负载的扰动抑制能力不变，对应的机械特性示意如图 4-5a 所示。采用附录 A 的表 A-1 异步电机参数，基于图 3-1 等效电路的 MATLAB 绘制 20Hz、30Hz、40Hz、50Hz 定子频率机械特性如图 4-5b 所示。

4.2.4 恒定的转子感应电动势与频率比值控制（$E_r'/\omega_s=C$ 或 $E_r'/f_s=C$ 控制）

如果进一步提高定子电压，将定子阻抗压降及转子漏抗压降完全补偿掉，则也可以实现

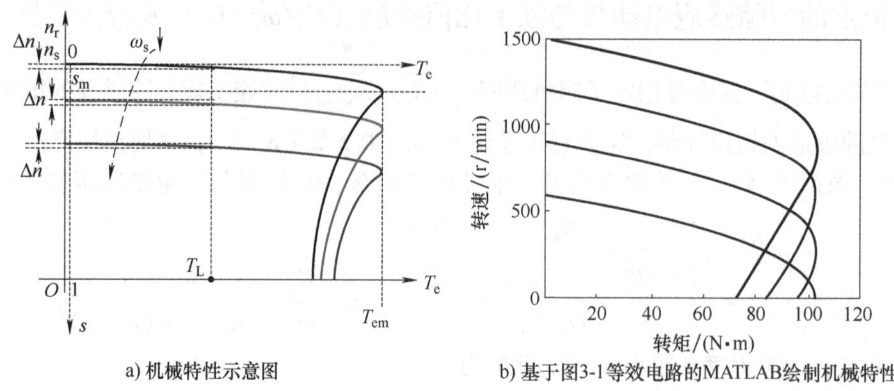

a) 机械特性示意图　　b) 基于图3-1等效电路的MATLAB绘制机械特性

图 4-5　恒定的 E_g/ω_s 或 E_g/f_s 控制时机械特性

转子磁通为额定值 ϕ_{rN}，为此需要控制 $E_r'/\omega_s=0.5\sqrt{2}N_sK_{Ns}\phi_{rN}$，这便是恒定的 E_r'/ω_s或 E_r'/f_s 控制。根据图（3-1）等效电路可以推导出"$E_r'/\omega_s=C$ 控制"下电磁转矩如下：

$$T_e=\frac{3I_r'^2\dfrac{R_r'}{s}}{\omega_s/n_p}=\frac{3\left(\dfrac{E_r'}{R_r'/s}\right)^2\dfrac{R_r'}{s}}{\omega_s/n_p}=3n_p\left(\frac{E_r'}{\omega_s}\right)^2\frac{s\omega_s}{R_r'} \tag{4-30}$$

根据式（4-30）可见，无论转速高低，"$E_r'/\omega_s=C$ 控制"下电磁转矩与转差率均成正比关系，不存在非线性区域，这种特性类似于他励式直流电机特性。

根据式（4-30）可见，变频调速过程中随电机负载由理想空载加大，负载转矩 T_L对应的转速降落 Δn 如下：

$$\Delta n=\frac{60}{2\pi n_p}\left(\frac{\omega_s}{E_r'}\right)^2\frac{R_r'}{3n_p}T_L \tag{4-31}$$

由式（4-31）可见，负载转矩恒定情况下，尽管定子频率变化，但转速降落 Δn 恒定，表明随着转速的降低，机械特性的硬度不变，对负载的扰动抑制能力不变，对应的"$E_r'/\omega_s=C$ 控制"机械特性如图 4-6 所示。

通过上述四种变压变频控制原理阐述，进一步总结它们的特点如下：

1）"$E_s/\omega_s=C$ 控制""$E_g/\omega_s=C$ 控制"及"$E_r'/\omega_s=C$ 控制"分别对应定子磁通 ϕ_s、气隙磁通 ϕ_g及转子磁通 ϕ_r额定值控制；而具有定子阻抗压降补偿的变压变频控制也可以理解成维持气隙磁通 ϕ_g额定值控制。

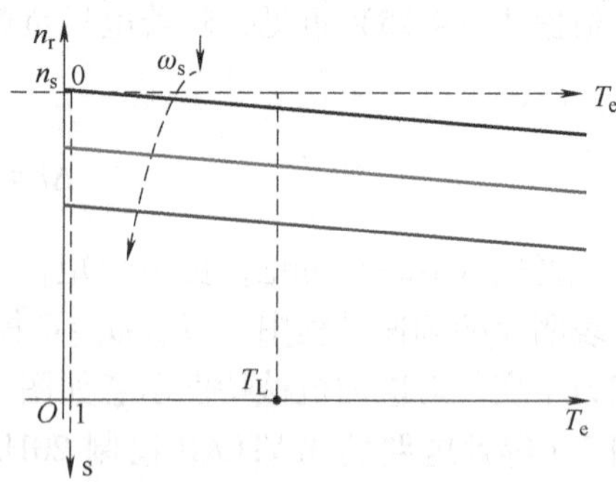

图 4-6　恒定 E_r'/ω_s或 E_r'/f_s控制时机械特性

2）从上述四种变压变频调速机械特性分析可见，维持转子磁通 ϕ_r恒定控制机械特性类似于他励式直流电机特性，为线性，特性最优；而维持定子磁通 ϕ_s恒定控制、维持气隙磁通 ϕ_g恒定控制机械特性均存在非线性部分，从而限制了电机的负载能力，同时也有可能导致实际闭环系统处于不稳定状态。

3）三种磁通恒定控制对应的机械特性线性段硬度在调速过程中不变，表明变压变频调速具有较佳的抗负载扰动抑制能力。

4）变压变频调速过程中电机的转差功率不变，属于转差功率不变型调速。

四种变压变频调速机械特性线性段可以统一写成：

$$T_{e}=3n_{p}\left(\frac{E_{x}}{\omega_{s}}\right)^{2}\frac{s\omega_{s}}{R_{r}'} \tag{4-32}$$

式中，E_x指代定子电压 U_s、定子感应电动势 E_s、气隙感应电动势 E_g或转子感应电动势 E_r'。

电机的转差功率 P_s：

$$P_{s}=3n_{p}\left(\frac{E_{x}}{\omega_{s}}\right)^{2}\frac{s\omega_{s}}{R_{r}'}\times\frac{\omega_{s}}{n_{p}}\times s=3\left(\frac{E_{x}}{\omega_{s}}\right)^{2}\frac{(s\omega_{s})^{2}}{R_{r}'} \tag{4-33}$$

由于电机带恒定不变负载情况下，转差角频率 $s\omega_s$也不随频率变换而变化，所以变频调速过程中转差功率 P_s恒定不变。

5）“$E_s/\omega_s=C$ 控制” 中最大电磁转矩可以进一步变换为

$$T_{em}=\frac{3}{2}n_{p}\left(\frac{E_{g}}{\omega_{s}}\right)^{2}\frac{1}{L_{r\sigma}'}\left(\frac{E_{s}}{E_{g}}\right)^{2}\frac{L_{r\sigma}'}{L_{s\sigma}+L_{r\sigma}'}<\frac{3}{2}n_{p}\left(\frac{E_{g}}{\omega_{s}}\right)^{2}\frac{1}{L_{r\sigma}'} \tag{4-34}$$

所以比较式（4-34）与式（4-27）可见，“$E_s/\omega_s=C$ 控制” 最大转矩小于 “$E_g/\omega_s=C$ 控制” 的最大转矩。

“$U_s/\omega_s=C$ 控制” 中最大电磁转矩也可以进一步变换为

$$T_{em}=\frac{3}{2}n_{p}\left(\frac{E_{s}}{\omega_{s}}\right)^{2}\frac{1}{L_{s\sigma}+L_{r\sigma}'}\left(\frac{U_{s}}{E_{s}}\right)^{2}\frac{L_{s\sigma}+L_{r\sigma}'}{R_{s}/\omega_{s}+\sqrt{(R_{s}/\omega_{s})^{2}+(L_{s\sigma}+L_{r\sigma}')^{2}}}\leqslant\frac{3}{2}n_{p}\left(\frac{E_{s}}{\omega_{s}}\right)^{2}\frac{1}{L_{s\sigma}+L_{r\sigma}'} \tag{4-35}$$

所以比较式（4-35）与式（4-21）可见，“$U_s/\omega_s=C$ 控制” 最大转矩小于 “$E_s/\omega_s=C$ 控制” 的最大转矩。

4.3　额定定子频率以上异步电机变频调速特性

当定子频率达到额定值以上后，由于定子电压受限于额定值不变，则根据式（3-3）可得机械特性如下：

$$T_{e}=3n_{p}U_{sN}^{2}\frac{R_{r}'/s}{\omega_{s}[(R_{s}+R_{r}'/s)^{2}+\omega_{s}^{2}(L_{s\sigma}+L_{r\sigma}')^{2}]} \tag{4-36}$$

从式（4-36）进一步推导出电磁转矩最大值及与之对应的转差率分别如下：

$$T_{em}=\frac{3n_{p}U_{sN}^{2}}{2\omega_{s}[R_{s}+\sqrt{R_{s}^{2}+\omega_{s}^{2}(L_{s\sigma}+L_{r\sigma}')^{2}}]}\approx\frac{3n_{p}U_{sN}^{2}}{2\omega_{s}^{2}(L_{s\sigma}+L_{r\sigma}')} \tag{4-37}$$

$$s_{m}=\frac{R_{r}'}{\sqrt{R_{s}^{2}+\omega_{s}^{2}(L_{s\sigma}+L_{r\sigma}')^{2}}}\approx\frac{R_{r}'}{\omega_{s}(L_{s\sigma}+L_{r\sigma}')} \tag{4-38}$$

从式（4-37）和式（4-38）可见，最大转矩处产生的机械功率如下：

$$P_m = \frac{1}{n_p}T_{em}(1-s_m)\omega_s = \frac{3U_{sN}^2}{2\omega_s(L_{s\sigma}+L'_{r\sigma})}\left(1-\frac{R'_r}{\omega_s(L_{s\sigma}+L'_{r\sigma})}\right) \tag{4-39}$$

由式（4-39）可见，最大转矩点处产生的机械功率随定子频率的提高而减小，由此可以示意画出额定定子频率以上变频调速机械特性如图 4-7a 所示。采用附录 A 的表 A-1 异步电机参数，基于图 3-1 等效电路的 MATLAB 绘制 50Hz、60Hz、70Hz、80Hz 定子频率机械特性如图 4-7b 所示，相同定子电压“不考虑励磁支路”和“考虑励磁支路”机械特性曲线相差不大；最大转矩点变化基本遵循式（4-37）和式（4-38）。

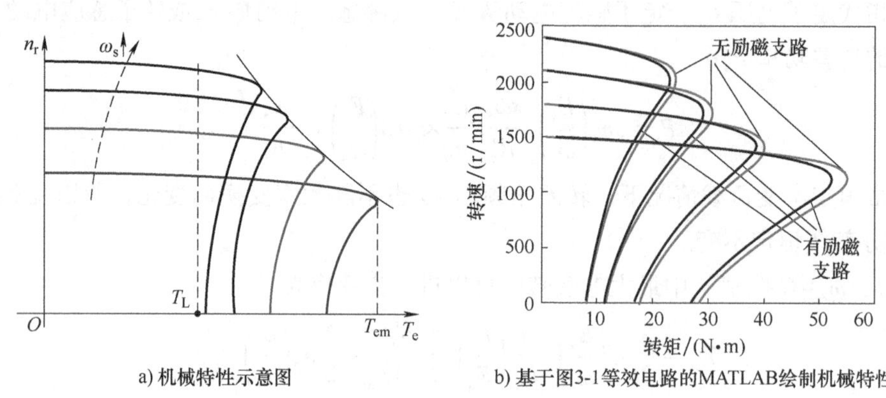

a) 机械特性示意图　　b) 基于图3-1等效电路的MATLAB绘制机械特性

图 4-7　额定定子频率以上变频调速机械特性

4.4　转速开环变压变频调速系统

4.4.1　磁通恒定控制

1. 电压方式控制

式（4-9）已经表明，若要实现气隙磁通恒定控制，则定子电压应该近似控制为

$$U_s \approx I_s\sqrt{R_s^2+(\omega_s L_{s\sigma})^2}+\omega_s\left(\frac{E_g}{\omega_s}\right) \tag{4-9}$$

其中，$E_g/\omega_s=(4.44N_sK_{Ns}\phi_{gN})/(2\pi)$

所以，若定子电压按式（4-9）进行控制，即可近似实现额定气隙磁通控制之目的。

2. 电流方式控制

图 3-1 的等效电路中忽略铁损耗后，励磁电流 $\dot{I}_g$ 求解如下：

$$\dot{I}_g = -\dot{E}_g/(j\omega_s L_m) \tag{4-40}$$

这样，根据式（4-40）及图 3-1，转子电流求解如下：

$$\dot{I}'_r = \frac{\dot{E}_g}{R'_r/s+j\omega_s L'_{r\sigma}} = \frac{-j\omega_s L_m}{R'_r/s+j\omega_s L'_{r\sigma}}\dot{I}_g \tag{4-41}$$

根据图 3-1 中定子、转子及励磁电流之间的关系，可以进一步推导出定子电流如下：

$$\dot{I}_s = \dot{I}_g - \dot{I}'_r = \dot{I}_g\frac{R'_r+js\omega_s(L_m+L'_{r\sigma})}{R'_r+js\omega_s L'_{r\sigma}} = \dot{I}_g\frac{R'_r+j\omega_f(L_m+L'_{r\sigma})}{R'_r+j\omega_f L'_{r\sigma}} \tag{4-42}$$

式中，$\omega_f=s\omega_s$，为转差角频率。

根据式（4-42）进一步可以建立定子电流幅值、励磁电流幅值与转差角频率关系如下：

$$I_s=I_g\sqrt{\frac{R_r'^2+\omega_f^2(L_m+L_{r\sigma}')^2}{R_r'^2+(\omega_f L_{r\sigma}')^2}} \tag{4-43}$$

可见，如果定子电流幅值按照式（4-43）进行控制即可实现励磁电流恒定控制之目的。根据式（4-43）可以画出对应的定子电流幅值与转差角频率关系示意如图 4-8a 所示。当转差角频率 ω_f等于零（即理想空载）时，定子电流 $I_s=I_g$；当转差角频率 ω_f无限大时，$I_s=I_g(L_m+L_{r\sigma}')/L_{r\sigma}'$。所以，当励磁电流为额定值后，定子电流随转差角频率按式（4-43）关系变化即可实现气隙磁通恒定在额定值。采用附录 A 的表 A-1 异步电机参数，基于图 3-1 等效电路的 MATLAB 绘制 20Hz、30Hz、40Hz、50Hz 定子频率时转矩、定子电流、励磁电流与转差角频率关系如图 4-8b 所示，励磁电流恒定在 3. 3552A，而且四支频率曲线完全重合。

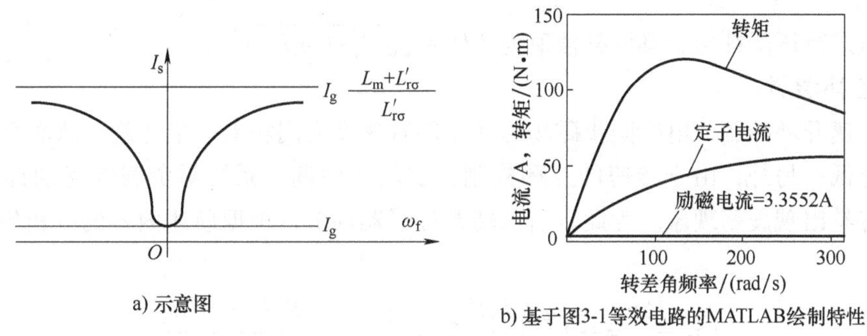

图 4-8　定子电流与转差角频率关系

4. 4. 2　电压源型逆变器供电变压变频调速系统

基于变压变频调速原理构建异步电机转速开环变压变频调速系统典型结构如图 4-9 所示。三相交流电压经过整流器输出不可控制的直流母线电压 U_{dc}经过电容 C 滤波后，在 PWM 控制下逆变器输出三相对称 PWM 电压给异步电机。

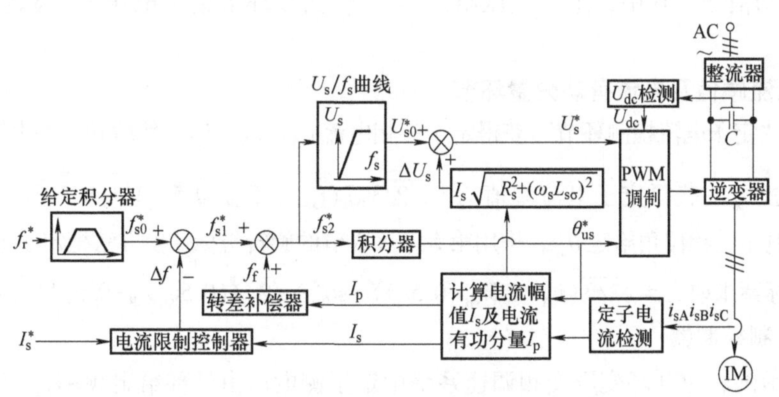

图 4-9　转速开环变压变频调速系统典型结构

图 4-9 转速开环异步电机变压变频调速系统主要包括以下几部分：

1. 给定积分器

由于转速开环，当电机处于动态过程中，若定子供电频率阶跃大幅度变化，相当于电机转差角频率发生大幅度阶跃突变，从而引起电磁转矩发生大幅度突变，对电机转子及负载产生很大的应力冲击，不利于传动链各环节的安全工作。所以，希望实际的定子供电频率缓慢变化。为此，利用给定积分器环节对外部给定的阶跃频率 f_r^*（对应转子速度）进行平滑后输出初始的定子频率给定 f_{s0}^* 再送给后一级的变压变频环节。

2. U_s/f_s 曲线

忽略定子阻抗上压降，为了实现气隙磁通量为额定值控制，定子电压与频率维持如下：

$$U_s/f_s = 4.44N_s K_{Ns}\phi_{gN} \tag{4-44}$$

3. 定子阻抗压降补偿

为了避免低频低速情况下电机气隙磁场弱磁现象的出现，需要根据定子电流对所要控制的定子电压进行压降补偿，具体补偿值为 $\Delta U_s = I_s\sqrt{R_s^2+(\omega_s L'_{s\sigma})^2}$。

4. 转差补偿器

由于转速开环控制，电机同步磁场与转子旋转速度之间相差一个转差，从而引起转速控制精度的降低；另外，由于转速的开环控制，变压变频调速系统对负载等扰动抑制能力降低，转子容易出现震荡现象。为此，引入转差补偿器环节，根据前述内容的分析转差频率 f_f 如下：

$$f_f = \frac{n_p \Delta n}{60} = \frac{1}{2\pi}\left(\frac{\omega_s}{E_x}\right)^2 \frac{R'_r}{3n_p} T_L \approx \frac{1}{2\pi}\left(\frac{\omega_s}{E_x}\right)^2 \frac{R'_r}{3} \frac{P_{in} - 3I_s^2 R_s}{\omega_s} \tag{4-45}$$

式中 P_{in}——电机定子输入的有功功率，$P_{in} = U_s I_p$；

I_p——定子电流的有功分量。

这样，实际的定子供电频率给定值 $f_{s2}^* = f_{s1}^* + f_f$。

5. PWM 调制模块

把外部给定的定子供电频率给定值 f_{s2}^* 送给积分器，获得定子电压的相位角给定 θ_{us}^*；根据相位角给定 θ_{us}^* 及定子电压给定 U_s^*，利用正弦波脉宽调制或空间电压矢量调制产生三相逆变器需要的驱动信号。其中，定子电压给定是 U_s/f_s 曲线环节输出电压 U_{s0}^* 与定子阻抗压降 ΔU_s 之和。

6. 计算电流幅值及电流有功分量环节

根据前端"定子电流检测环节"获得定子三相电流 i_{sA}、i_{sB}、i_{sC}，然后利用本书第 5 章 5.3 节的静止坐标变换方法获得定子电流幅值 $I_s = \sqrt{2/3}\sqrt{(i_{sA}-0.5i_{sB}-0.5i_{sC})^2+(0.5\sqrt{3}i_{sB}-0.5\sqrt{3}i_{sC})^2}$；再借助于定子电压的相位角给定 θ_{us}^*，采用第 5 章 5.3 节的旋转坐标变换方法把定子电流变换到定子电压定向坐标系求取 $I_p = \sqrt{2/3}(i_{sA}-0.5i_{sB}-0.5i_{sC})\cos\theta_{us}^* + \sqrt{2/3}(0.5\sqrt{3}i_{sB}-0.5\sqrt{3}i_{sC})\sin\theta_{us}^*$。

7. 电流限制控制器

图 4-9 所示的转速开环变压变频调速系统中定子侧电压由外部给定频率 f_r^*（对应转子速度）直接决定，中间没有电流闭环，容易造成电机动态过渡过程中产生较大的定子电流，

对传动链各部件的安全工作不利。为此，利用电流限制控制器限制定子电流于最大允许值 I_s^* 以下。当 $I_s^*<I_s$后，电流限制控制器输出正的频率分量 Δf 叠加到定子频率给定 f_{s0}^* 上，产生降低数值的定子频率给定 $f_{s1}^*=f_{s0}^*-\Delta f$；由于定子频率给定降低带来定子电压幅值给定也随之降低，从而限制了定子电流幅值。而且 I_s超出 I_s^* 越多，定子频率给定 f_{s1}^* 降低的数值越大，定子电压幅值越低。而当 $I_s^*>I_s$时，$\Delta f=0$，对定子电压控制没有影响。

图 4-9 所示的调速系统可以以转速开环的方式实现调速，控制算法简单，但由于没有根据转速误差对定子供电频率进行实时调节，从而导致系统在外界扰动，例如突加突卸负载等，动态过程中转速过渡过程较长。

4.5　转速闭环变压变频调速系统

4.5.1　转差频率控制转矩原理

若要实现电机转速闭环的有效控制，根据运动方程式可知关键是要有效控制电磁转矩。根据 4.2.3 小节恒定的 E_g/ω_s 或 E_g/f_s 控制研究结论，机械特性线性段表达式（4-25）进一步改写为

$$T_e \approx 3n_p\left(\frac{E_g}{\omega_s}\right)^2\frac{\omega_f}{R_r'} \tag{4-46}$$

式中，$\omega_f=s\omega_s$为电机的转差角频率，$E_g/\omega_s=0.5\sqrt{2}N_sK_{Ns}\phi_{gN}$。

由式（4-46）可见，电磁转矩 T_e近似与电机的转差角频率 ω_f成正比，利用转差角频率即可有效控制电磁转矩。但从式（4-24）机械特性的非线性特性可知，若要获得转差角频率控制电磁转矩的正向特性，转差角频率不能大于允许的最大值 ω_{fmax}：

$$\omega_{fmax}=s_m\omega_s=\frac{R_r'}{L_{r\sigma}'} \tag{4-47}$$

否则，电机工作点将滑向机械特性的非线性部分，失去了转差角频率对电磁转矩控制的稳定性。

式（4-24）进一步可以表示为电磁转矩与转差角频率关系如下：

$$T_e=3n_p\left(\frac{E_g}{\omega_s}\right)^2\frac{\omega_fR_r'}{R_r'^2+(\omega_fL_{r\sigma}')^2}=\frac{3}{2}n_pN_s^2K_{Ns}^2\phi_{gN}^2\frac{\omega_fR_r'}{R_r'^2+(\omega_fL_{r\sigma}')^2} \tag{4-48}$$

电磁转矩与转差角频率关系特性曲线示意图如图 4-10a 所示。采用附录 A 的表 A-1 异步电机参数，基于图 3-1 等效电路的 MATLAB 绘制 20Hz、30Hz、40Hz、50Hz 定子频率时电磁转矩与转差角频率关系特性曲线如图 4-10b 所示，结果可见四支频率曲线完全重合在一起。

4.5.2　电压源型逆变器供电变压变频调速系统

转速闭环转差频率变压变频调速系统结构如图 4-11 所示，转速误差（$\omega_r^*-\omega_r$）经过转速调节器 ASR 及限幅后，获得转差角频率给定值 ω_f^*；根据定子频率、转子转速及转差之间

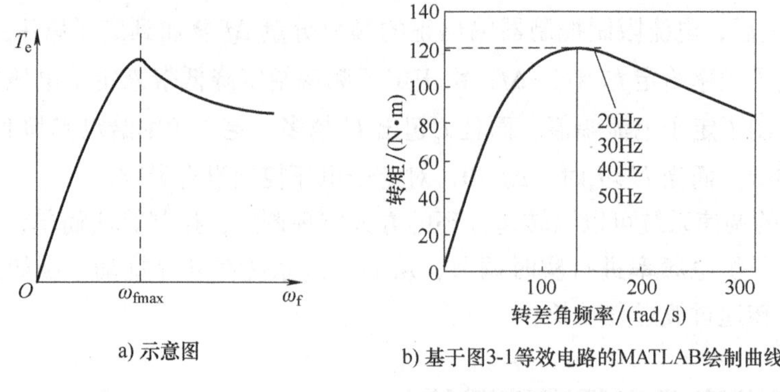

a) 示意图　　b) 基于图3-1等效电路的MATLAB绘制曲线

图 4-10　电磁转矩与转差角频率关系特性

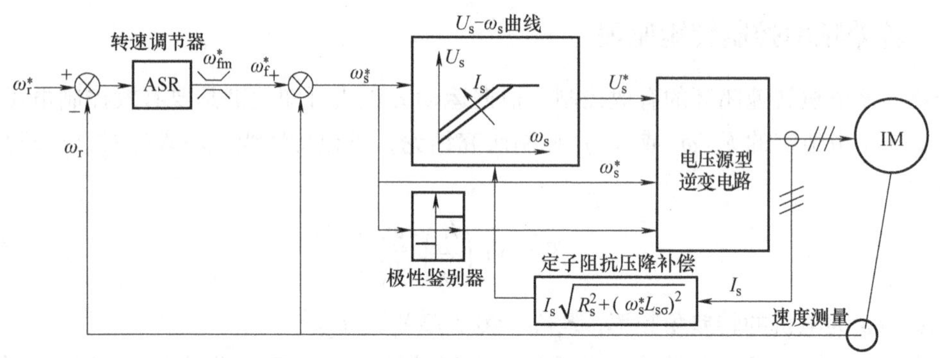

图 4-11　转速闭环转差频率变压变频调速系统

的关系，把转子转速 ω_r叠加到转差角频率上，获得定子供电频率给定 $\omega_s^*=\omega_r+\omega_f^*$；利用极性鉴别器判断定子供电频率给定极性，以便于电机正反转控制；把来自定子阻抗压降补偿环节输出、定子供电频率给定值同时送给 U_s-ω_s 曲线环节，输出定子电压幅值给定 U_s^*；将定子电压幅值给定、定子频率给定、极性鉴别器输出同时送给电压源型逆变器电路，输出三相对称的 PWM 电压加到定子绕组。若极性鉴别器输出正值，则三相对称的 PWM 电压以正相序方式加到定子绕组上，电机同步磁场正向旋转，电机正向运行；反之，若极性鉴别器输出负值，则三相对称的 PWM 电压以负相序方式加到定子绕组上，电机同步磁场反向旋转，电机反向运行。

当电机处于启动阶段时，由于 $\omega_r^*\geqslant\omega_r$，所以转速调节器 ASR 的输出很快限幅在其最大值 ω_{fm}^*，异步电机输出最大电磁转矩起动转子恒加速度加速，对应的起动过程中特性及工作点变化如图 4-12 所示。电机以最大电磁转矩 T_{emax} 实现恒加速度从零转速起动依次经过 A_1 点、A_2 点、A_3 点、A_4 点、A_5 点，…，A 点。在起动过程中 $\omega_s^*=\omega_r+\omega_{fm}^*$，所以定子供电频率随转子旋转速度的升高而同步升高，最终稳定运行于 A 点。

当电机从稳态转速至停车过程中，转速给定突然降低至 0，由于 $\omega_r^*<\omega_r$，所以转速调节器 ASR 的输出很快限幅到最大负值 $-\omega_{fmax}^*$，电机输出对应的最大负电磁转矩 $-T_{emax}$ 使得转子快速减速。在减速过程中 $\omega_s^*=\omega_r-\omega_{fm}^*<\omega_r$，电机同步磁场旋转速度低于转子旋转速度，电机

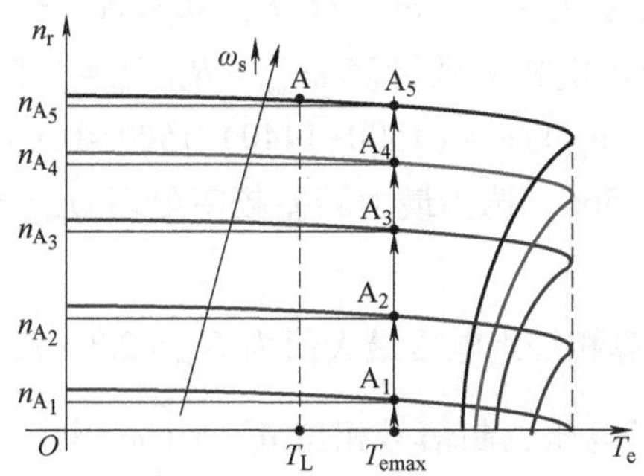

图 4-12　电机起动特性

处于发电制动运行状态；当转速降低至 $\omega_r=\omega_{fm}^*$ 以下后，$\omega_s^*=\omega_r-\omega_{fm}^*<0$，在极性鉴别器作用下三相对称的 PWM 电压以负相序方式加到定子绕组上，电机同步磁场反向旋转，进一步产生制动转矩使转子最终减速至 0。

无论电机处于动态，还是处于稳态，气隙磁场总是通过 U_s-ω_s 曲线环节稳态被控制为额定值。

尽管转速闭环克服了转速开环系统转速过渡过程长等缺陷，实现了转速较为精确而快速控制，但转速闭环转差频率变压变频调速系统仍然存在如下缺点：

1）由于定子供电频率是转子旋转电角频率与转差角频率之和，导致转速的任何检测误差均会以正反馈的方式引入控制环路中，从而影响了电机电磁转矩的控制精度。这就要求转速测量精度高。

设电机的真实速度为 ω_{r0}，测量误差为 $\widetilde{\omega}_r$，这样反馈转速 ω_r 如下：

$$\omega_r=\omega_{r0}+\widetilde{\omega}_r \tag{4-49}$$

这样，定子供电频率 ω_s^* 如下：

$$\omega_s^*=\omega_r+\omega_f^*=\omega_{r0}+(\widetilde{\omega}_r+\omega_f^*) \tag{4-50}$$

由式（4-50）可见，控制电机的实际转差角频率为 $\widetilde{\omega}_r+\omega_f^*$，其中包括了转速的测量误差 $\widetilde{\omega}_r$。所以，转速测量误差以正反馈方式耦合到电磁转矩的控制环中。

2）尽管调速系统具备 U_s-ω_s 环节，但只能控制调速系统稳态气隙磁通为额定值，而动态过程中气隙磁通却偏离其额定值，从而降低了电磁转矩的控制性能。造成这种动态特性变差的本质原因是 U_s-ω_s 环节数学模型是基于图 3-1 稳态等效电路模型构建的，并不满足电机动态模型约束。

4.6　异步电机变压变频调速系统仿真建模

采用附录 A 的表 A-1 中的异步电机参数，利用 MATLAB 对电机进行建模仿真。基于表 3-1 额定运行时 T 型等效电路仿真数据，根据励磁电感及励磁电流，求解电机额定气隙磁链 $\psi_{gN}=N_sK_{Ns}\phi_{gN}=4.378\times0.207=0.906\text{Wb}$。计算零频率时定子电阻压降 $R_sI_{sN}=1.91\times8.879=$

17V。这样，U_s/ω_s曲线表达式为 $U_s^* = \psi_{gN} |\omega_s^*| + R_s I_{sN} = 0.906\omega_s^* + 17$。

根据附录 A 表 A-1 中的异步电机参数计算 $\omega_{fmax}^* = R_r'/L_{r\sigma}' = 1.55/0.012 = 129.2$ (rad/s)；计算额定运行时转差率 $s_N = (n_s - n_{rN})/n_s = (1500-1440)/1500 = 0.04$，由此计算额定转差频率 $\omega_{fN} = s_N\omega_{sN} = 0.04\times2\times\pi\times50 = 12.566$；选择最大转差频率限幅 $\omega_{fmax} = 2\omega_{fN} = 2\times12.566 = 25.132$ (rad/s) $\leqslant \omega_{fmax}^*$。

根据电机额定电压可以计算相绕组电压最大值为 $U_{sm} = 220\times\sqrt{2} = 311\text{V}$；根据给定定子电角频率 ω_s^*，利用积分计算定子电压调制信号相位 $\theta_{us}^* = \int_0^t \omega_s^* \mathrm{d}t$；根据电压最大值及定子电压调制信号相位，计算三相绕组正弦调制电压标幺值如下：

$$\text{正相序：}\begin{cases} u_a^* = (U_s^*/U_{sm})\cos(\theta_{us}^*) \\ u_b^* = (U_s^*/U_{sm})\cos(\theta_{us}^* - 2\pi/3) \\ u_c^* = (U_s^*/U_{sm})\cos(\theta_{us}^* - 4\pi/3) \end{cases} \text{；负相序：}\begin{cases} u_a^* = (U_s^*/U_{sm})\cos(\theta_{us}^*) \\ u_b^* = (U_s^*/U_{sm})\cos(\theta_{us}^* + 2\pi/3) \\ u_c^* = (U_s^*/U_{sm})\cos(\theta_{us}^* + 4\pi/3) \end{cases}$$

正负相序的判别利用极性判别器判别给定定子电角频率 ω_s^* 的符号即可。三相绕组正弦调制电压标幺值与 20kHz 的三角波交接产生 PWM 波控制三相逆变桥 6 个功率管开关。

利用测量环节测量出定子 A 相电流 I_{sa}、定子 dq 坐标系磁链 Flux_sd、Flux_sq、定子 dq 坐标系电流 I_{sd}、I_{sq}、转子旋转的机械角频率 ω、电磁转矩 T_e，利用定子磁链与气隙磁链关系计算气隙磁链幅值 $\text{Flux\_Amp} = \sqrt{(\text{Flux\_sd} - L_{s\sigma}\times I_{sd})^2 + (\text{Flux\_sq} - L_{s\sigma}\times I_{sq})^2}$；利用极对数及机械角频率 ω_m 求得转子旋转的角频率 $\omega_r = n_p\omega_m = 2\omega_m$；利用极对数、转子旋转的电角频率或转子旋转的机械角频率可以求得转子旋转速度 $n_r = 60\times\omega_r/(2\pi n_p) = 60\times\omega_m/(2\pi)$。

根据转速闭环转差频率变压变频控制结构（图 4-11）及上述计算结果建立 MATLAB 仿真模型如图 4-13 所示，转速调节器 ASR 比例系数 $P=4$，积分系数 $I=0.3$，限幅为±12.566×2；“Us/ws Curve”模块输出定子电压给定依次经过限幅模块“Limit to 0～311”、标幺值模块“Unit”后获得标幺值化的定子电压给定 U_s^*；电角频率给定转速 ω_r^* 与反馈的电角频率

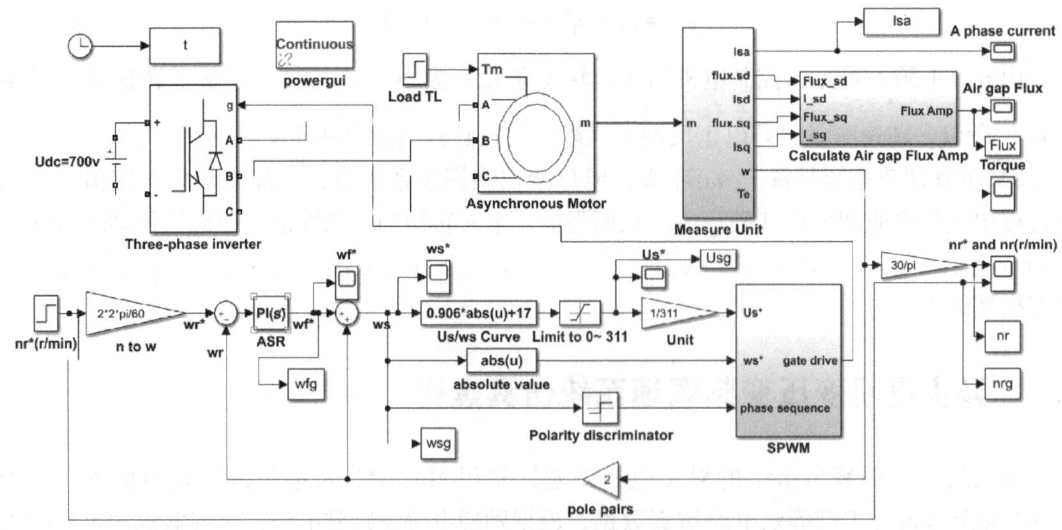

图 4-13　变压变频调速系统仿真模型

ω_r差值送给 ASR 转速调节器，输出转差频率给定 ω_f^*；转差频率给定 ω_f^* 与反馈的电角频率 ω_r之和输出定子电角频率给定 ω_s^*。根据上述 PWM 原理建立“SPWM”模块如图 4-14 所示。异步电机模块“Asynchronous Motor”中参数设置如图 4-15 所示，其中转动惯量考虑了负载的转动惯量 0.045kg · m²，这样传动轴上总的转动惯量为 0.05276kg · m²。三相逆变桥模块“Three-phase Inverter”把直流 540V 逆变成三相变压变频交流电压供给电机。

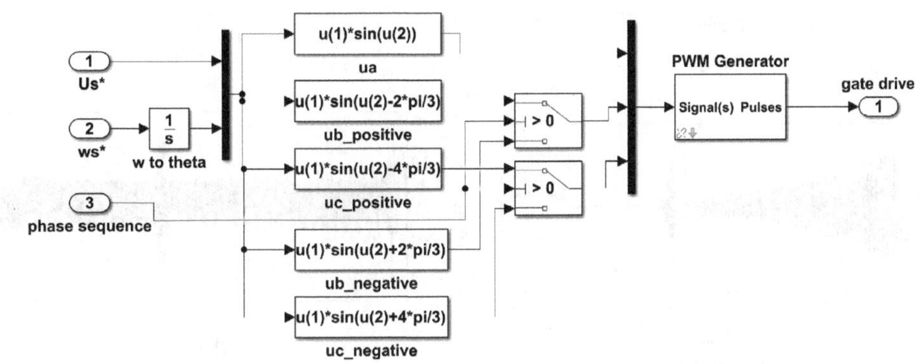

图 4-14　SPWM 模块

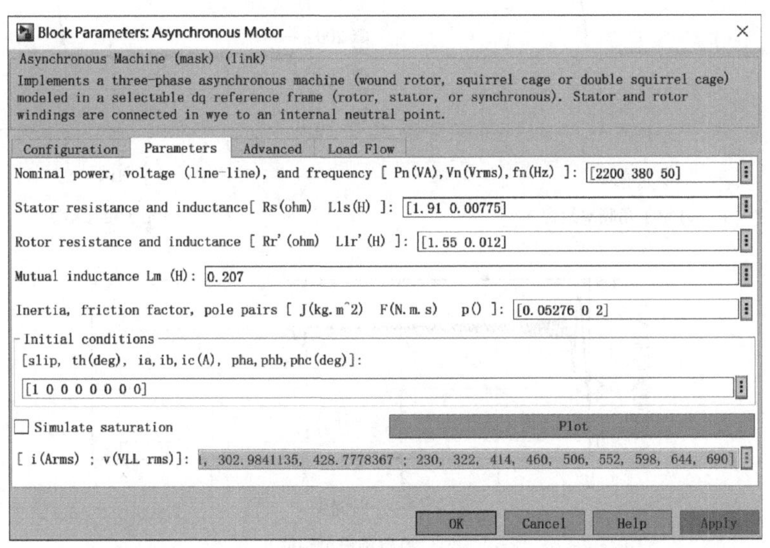

图 4-15　异步电机模块“Asynchronous Motor”中参数设置

图 4-16 所示为电机在半载 7.5N · m 起动至 720r/min，然后在 3s 处升速至额定转速 1440r/min；在 4.6s 处，负载突增至额定值 15N · m 的仿真波形。根据仿真结果可见：①转速能够快速上升至给定值，但由于转矩在动态中无法保持恒定最大值，导致转速无法线性上升；②在转速或电磁转矩动态过程中，由于采用的是稳态数学模型构建控制策略，导致气隙磁链幅值无法控制在恒定值，从而也影响了电磁转矩的控制性能；③由于采用了 U_s-ω_s 曲线，定子电压给定随定子角频率线性变化。

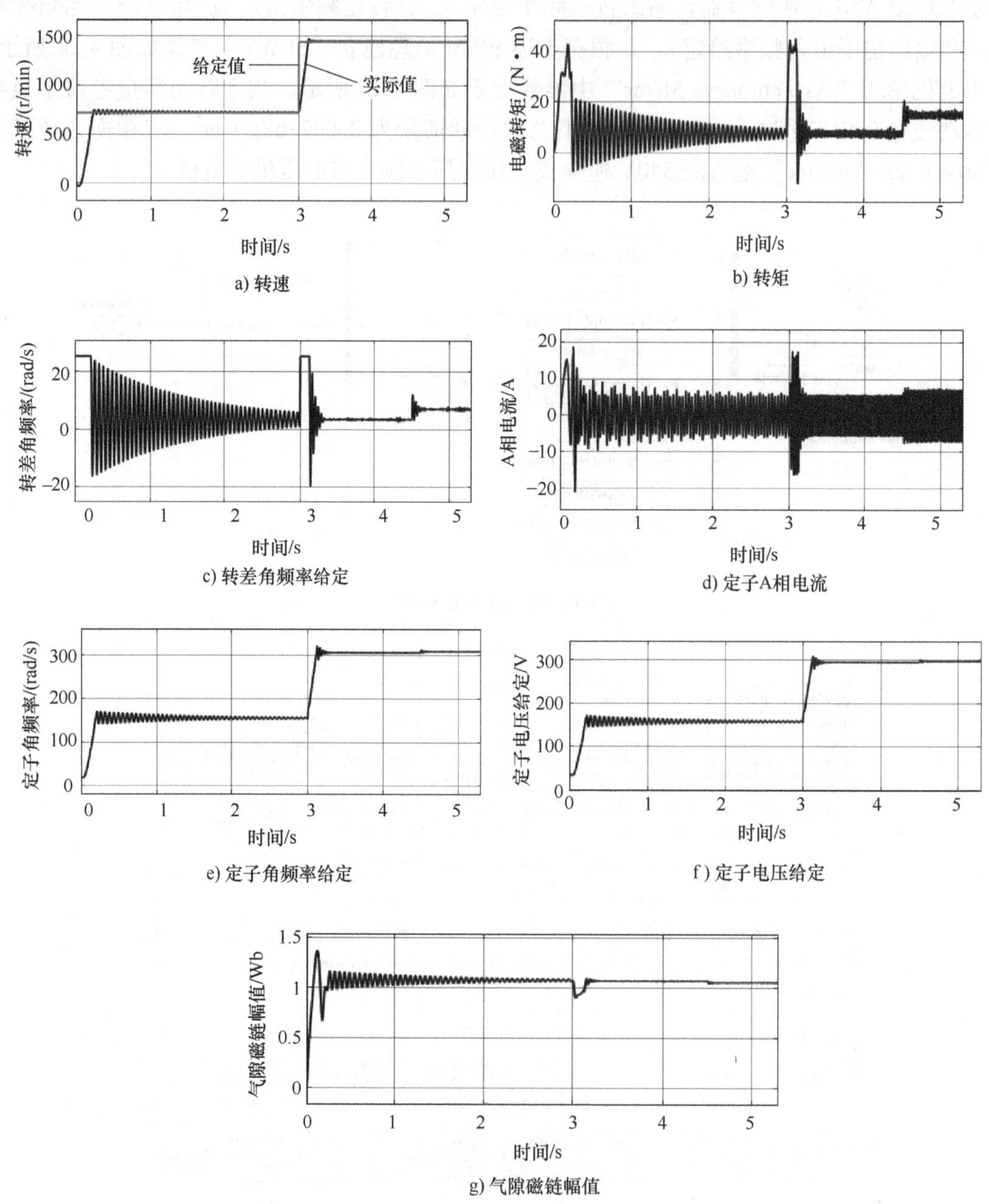

图 4-16　转速闭环转差频率变压变频控制仿真波形

4.7　异步电机变压变频调速案例分析

以转速闭环转差频率变压变频调速为例，以 TMS320F2812DSP 为核心构建硬件平台，对应的硬件系统设计见第 12 章内容。采用 DSP 的定时器 1（T1）以 50μs 为周期执行算法的核心程序，对应的流程图如图 4-17 所示。

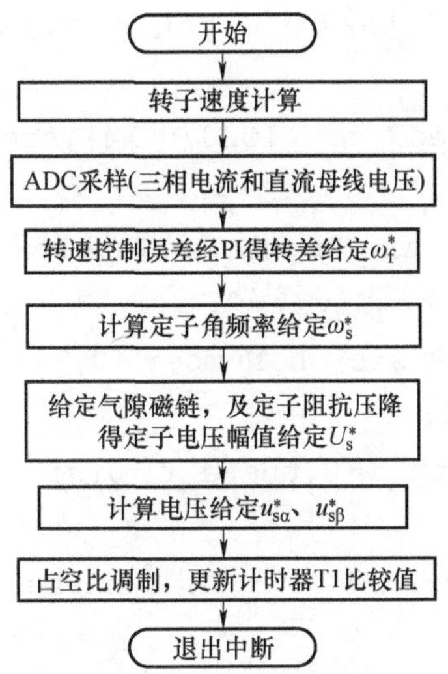

图 4-17 转速闭环转差频率变压变频调速策略 T1 中断程序流程图

利用 C 语言以定标的方式编写控制策略核心程序如下：

```
/*Speed_closed-loop_slip_frequency_system.c*/
#include "include/DSP281x_Device.h"
#include "include/DSP281x_Examples.h"
#include "math.h"
#define PI 3.1415926
volatile _iq20  Ts=_IQ20(0.00005);                //控制周期 50μs
//电机参数定义:两对极(4 极),额定功率 2.2kW,频率 50Hz,额定相电压 220V
volatile _iq20  Rs=_IQ20(1.91),Rr=_IQ20(1.55);//定子电阻 Rs 与转子电阻 Rr
volatile _iq20  L1=_IQ20(0.00775),L2=_IQ20(0.012),Lm=_IQ20(0.207);
                                                  //等效电路中定转子侧漏感 L1、L2,励磁电感 Lm
volatile _iq20  Ls=0,Lr=0,Lmd=0,Lsd=0,Lrd=0;//定子电感 Ls=L1+Lm,转子电感 Lr=L2+Lm,dq 坐标中励磁电感 Lmd=Lm,定子 dq 坐标电感 Lsd=L1+Lmd,转子 dq 坐标电感 Lrd=L2+Lmd
//空间矢量调制环节变量定义
volatile _iq20  Da=0,Db=0,Dc=0,Danew=0,Dbnew=0,Dcnew=0,min=0,max=1,max_1=1;
//Da~Dc 为 abc 三相逆变桥臂功率开关占空比
volatile _iq20  Ua=0,Ub=0,Uc=1,U_alpha=0,U_beta=0,U_DC_1=0;
                                                  //Ua~Uc 为三相电压
```

```
    volatile  _iq20  U_alphak=0,U_betak=0,is_z,is_alpha,is_beta,M_speed_DC_G3,vs3=100;
    volatile  _iq20  speed3_kp=_IQ20(0.14),speed3_ki=_IQ20(0.000003),delta_omega_sm=15.08;
    volatile  _iq20  Delta_Speed_Now3,delta_omega_Give_kp3,delta_omega_Give_ki3,delta_omega_Give3=0;
    volatile  long int  Position_Number=0,T1P_count=0,Zero_kCAP3=0,sys_delay_flag=0,Ts_1=0;
    volatile  _iq20  theta_s=0,theta_r=0,sin_theta_s=0,cos_theta_s=0,Electric_Speed3_s=0;
    volatile  _iq20  U_max=0,U_DC_3=0,Us_alpha=0,Us_beta=0,U_square=0,U_amp=0,
    U_rate=0;
    volatile  _iq20  square_Is=0,Is=0,square_impe=0,impe=0,X_L=0,delta_U=0,U_s_give=0;
    //程序声明
      extern void DSP28x_usDelay(Uint32 Count);
      interrupt void ISR_PDPINTA(void);        //PDPINTA 中断子程序,具体程序见第 3 章 3.5 节
      interrupt void ISR_T1CINT(void);         //T1 比较中断子程序
      interrupt void ISR_T3CINT(void);         //T3 比较中断子程序,具体程序见第 3 章 3.5 节
      interrupt void ISR_Cap3(void);           //捕获 3 中断子程序,具体程序见第 3 章 3.5 节
      void Speed_slip_frequence_Given(void);   //转差频率给定计算,即转速 ASR 调节器子程序
      void Motor_Init(void);                   //电机启动初始化子程序,具体程序见第 3 章 3.5 节
      void DA_Out(void);                       //DA 转换子程序,具体程序见第 3 章 3.5 节
      void Speed_Given(void);                  //转速给定子程序,具体程序见第 3 章 3.5 节
      void Duty_calculate(void);               //计算三相逆变桥臂功率开关占空比子程序,具体程序见第 3 章 3.5 节
      void Get_PWM(void);                      //刷新 PWM 寄存器
      void slip_frequence_control(void);
```

```
#pragma CODE_SECTION(ISR_T1CINT,"TEXT_T1");
#pragma CODE_SECTION(DA_Out,"TEXT_T1");
//mmmmmmmmmmmm 主函数 mmmmmmmmmmmmmmmmmmmmmmmmmmmm
  void main(void)
  {
        Ls=L1+Lm;                                  //20 定标,定子自电感
        Lr=L2+Lm;                                  //20 定标,转子自电感
        Lmd=_IQ20mpy(_IQ20(1),Lm);                 //dq 坐标系中互感
        Lsd=_IQ20mpy(_IQ20(1),Lm)+L1;              //dq 坐标系定子侧电感
        Lrd=_IQ20mpy(_IQ20(1),Lm)+L2;              //dq 坐标系转子侧电感
        Init_Sys();                                //系统初始化设置,初始化中断
        EvaRegs.T1CON.all |=0x0040;                //启动 T1 使能定时器
        EvbRegs.T3CON.all |=0x0040;                //启动 T3 使能定时器
        IFR=0x0000;
        EINT;
        //复位 ADC 转换模块
        AdcRegs.ADCTRL2.bit.RST_SEQ1=1;            //复位排序器 SEQ1
        AdcRegs.ADCST.bit.INT_SEQ1_CLR=1;          //清除排序器 SEQ1 中断标
                                                     志位
        //使能捕获中断 3(第 3 组第 7 个中断)
        PieCtrlRegs.PIEIER3.all=0x40;              //CAPINT3 使能(PIE 级)
        IER |=M_INT3;                              //M_INT3=0x0004,使能
                                                     INT3 (CPU 级)
        //GPIO 口配置
        EALLOW;
        GpioMuxRegs.GPFMUX.all =0x0030;
        GpioMuxRegs.GPFDIR.bit.GPIOF1=1;
        GpioMuxRegs.GPFDIR.bit.GPIOF13=0;          //使 I/O26 口(GPIOF13)
                                                     为输入
        GpioMuxRegs.GPFDIR.bit.GPIOF0=0;           //使 I/O27 口(GPIOF0)为
                                                     输入
        GpioMuxRegs.GPFDIR.bit.GPIOF10=0;          //使 I/O23 口(GPIOF10)
                                                     为输入
        GpioMuxRegs.GPFDIR.bit.GPIOF11=0;          //使 I/O24 口(GPIOF11)
                                                     为输入
        EDIS;
        while(1)                                   //等待中断
```

```
        {
        }
    }
    //mmmmmmmmmmmm 定时器 T1 比较中断服务子程序 mmmmmmmmmmmm
    interrupt void ISR_T1CINT(void)
    {   AdcRegs.ADCTRL2.bit.RST_SEQ1=1;              //复位排序器 SEQ1
      AdcRegs.ADCTRL2.bit.SOC_SEQ1=1;                //排序器 SEQ1 启动转换触
                                                       发位
    //=======编码器测得的位置角和转速==============//
        Position_Estimate3();                          //编码器测量转子位置角
        Speed_Estimate3();                             //计算转子旋转速度
        theta_r+=_IQ20mpy(Electric_Speed3,Ts);  //从速度计算转子旋转角度
                                                       theta_r
        if(theta_r<-_IQ20(0)){theta_r=theta_r+_IQ20(2*PI);}
                                                     //转子旋转角度映射到 0~2
                                                       *PI
        if(theta_r>_IQ20(2*PI)){theta_r=theta_r-_IQ20(2*PI);}
    //=======AD 信号采样及相关参数计算============//
        AD();                                        //采样进来的三相电流 iA,
                                                       iB,iC 以及直流母线电压
                                                       U_DC
        //===自然坐标到静止坐标系坐标变换====//
        is_alpha=_IQ20mpy(_IQ20(0.8165),iA)-_IQ20mpy(_IQ20(0.4082),
iB+iC);                                              //定子电流 alpha 量
        is_beta=_IQ20mpy(_IQ20(0.7071),iB-iC);  //定子电流 beta 分量
        is_z=_IQ20mpy(_IQ20(0.5774),iA+iB+iC);  //零序电流分量
        U_max=_IQ20mpy(_IQ20(0.577),U_DC);           //线性调制输出定子电压最
                                                       大值
        Speed_slip_frequence_Given();                //转差频率给定计算,即转速
                                                       ASR 调节器子程序
        slip_frequence_control();                    //定子电压给定计算子程序
        //=============生成 PWM 波===================//
        if(PWM_En3==1)
        {  Duty_calculate();                           //三相逆变桥功率开关占空
                                                       比计算
           Get_PWM();                                //刷新 PWM 寄存器
        }
```

```
    //==========清中断标志位和应答位================//
    EvaRegs.EVAIFRA.bit.T1CINT=1;                    //清中断标志位
    PieCtrlRegs.PIEACK.all |=0x2;                    //T1CNT 中断应答
  }
  //mmmmmmmmmmmmm 定子电压给定计算子程序 mmmmmmmmmmmmmmmm
  void slip_frequence_control(void)
  {//重构逆变器实际输出三相电压 Ua~Uc
    U_DC_3=_IQ20div(U_DC,_IQ20(3));
    Ua=_IQ20mpy(U_DC_3,_IQ20mpy(_IQ20(2),Da)-Db-Dc);
    Ub=_IQ20mpy(U_DC_3,_IQ20mpy(_IQ20(2),Db)-Da-Dc);
    Uc=_IQ20mpy(U_DC_3,_IQ20mpy(_IQ20(2),Dc)-Db-Da);
    Us_alpha=_IQ20mpy(_IQ20(0.8165),Ua)-_IQ20mpy(_IQ20(0.4082),
Ub+Uc);                                              //计算 alpha 电压
    Us_beta=_IQ20mpy(_IQ20(0.7071),Ub-Uc);   //计算 beta 电压
    //由给定转差和转子电角频率计算定子供电角频率
    Electric_Speed3_s=delta_omega_Give3+Electric_Speed3;
                                                     //定子供电角频率
    //对定子供电角频率积分计算定子电压相位角 theta_s
    theta_s+=_IQ20mpy(Electric_Speed3_s,Ts);
    if(theta_s<-_IQ20(0)){theta_s=theta_s+_IQ20(2*PI);}
                                                     //角度映射到 0~2*PI 范
                                                       围内
    if(theta_s>_IQ20(2*PI)){theta_s=theta_s-_IQ20(2*PI);}
    sin_theta_s=_IQ20sin(theta_s);                   //定子电压相位角 theta_
                                                       s 正弦值
    cos_theta_s=_IQ20cos(theta_s);                   //定子电压相位角 theta_
                                                       s 余弦值
    //定子阻抗压降补偿计算
    square_Is=_IQ20mpy(is_alpha,is_alpha)+_IQ20mpy(is_beta,is_beta);
    Is=_IQ20sqrt(square_Is);                         //计算实际电流幅值 Is
    X_L=_IQ20mpy(Electric_Speed3_s,L1);              //计算定子漏感抗
    square_impe=_IQ20mpy(Rs,Rs)+_IQ20mpy(X_L,X_L);
    impe=_IQ20sqrt(square_impe);                     //计算定子阻抗
    delta_U=_IQ20mpy(Is,impe);                       //定子阻抗压降补偿计算
    //计算定子电压 U_s 给定
    U_s_give=delta_U+_IQ20mpy(Flux_gap,Electric_Speed3_s);
                                                     //计算定子电压 U_s 给定
```

```
    //计算定子电压给定的 alpha 和 beta 轴分量:U_alpha,U_beta
    U_alpha=_IQ20mpy(Us_give,cos_theta_s);  //计算 alpha 电压
    U_beta=_IQ20mpy(Us_give,sin_theta_s);   //计算 beta 电压
    U_square=_IQ20mpy(U_alpha,U_alpha)+_IQ20mpy(U_beta,U_beta);
    U_amp=_IQ20sqrt(U_square);              //计算电压给定幅值
    U_rate=_IQ20div(U_max,U_amp);           //电压给定 U_alpha/U_
                                              beta 限幅
    if(U_amp>U_max){
         U_alpha=_IQ20mpy(U_alpha,U_rate);
         U_beta=_IQ20mpy(U_beta,U_rate);
    }
}
//mmmmmmmmm 转差频率给定计算,即转速 ASR 调节器子程序 mmmmmmmmmm
void Speed_slip_frequence_Given(void)
{
    Delta_Speed_Now3=M_speed_DC_G3-Mechanism_Speed3;
                                            //计算转速误差
    delta_omega_Give_kp3=_IQ20mpy(Delta_Speed_Now3,speed3_kp);
                                            //计算 ASR 的比例部分
    delta_omega_Give_ki3+=_IQ20mpy(Delta_Speed_Now3,speed3_ki);
                                            //计算 ASR 的积分部分
    if (delta_omega_Give_ki3>_IQ20(delta_omega_sm))
                                            //ASR 的积分限幅
       {delta_omega_Give_ki3=_IQ20(delta_omega_sm);}
    else if (delta_omega_Give_ki3<(-_IQ20(delta_omega_sm)))
       {delta_omega_Give_ki3=(-_IQ20(delta_omega_sm));}
    delta_omega_Give3=delta_omega_Give_kp3+delta_omega_Give_ki3;
                                            //计算 ASR 输出定子电流
                                              幅值给定
    if (delta_omega_Give3>_IQ20(delta_omega_sm))
                                            //ASR 输出限幅
       {delta_omega_Give3=_IQ20(delta_omega_sm);}
    else if (delta_omega_Give3<(-_IQ20(delta_omega_sm)))
       {delta_omega_Give3=(-_IQ20(delta_omega_sm));}
}
```

电机突卸、突加负载响应如图 4-18 所示，由结果可见随着突卸负载，转差角频率 3rad/s 降落至 1rad/s 左右；突加负载时，转差角频率由 1rad/s 降落至 3rad/s 左右，转差角频率随

负载变化而变化。转速给定锯齿波升速过程中，定子电压幅值、定子频率及定子电流响应如图 4-19 所示，可见随定子频率的升高，定子电压幅值基本线性增大。

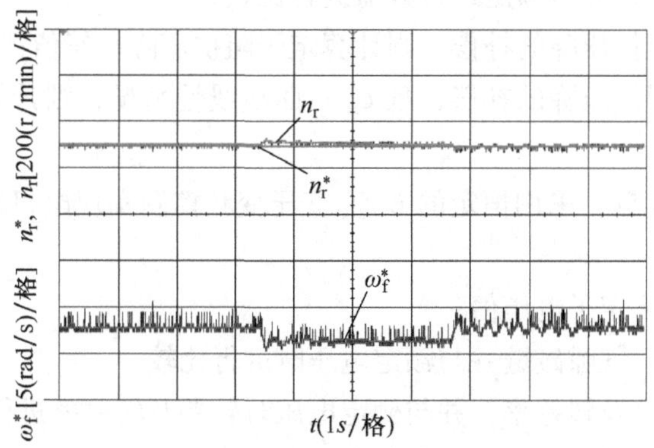

图 4-18　转速及转差角频率给定

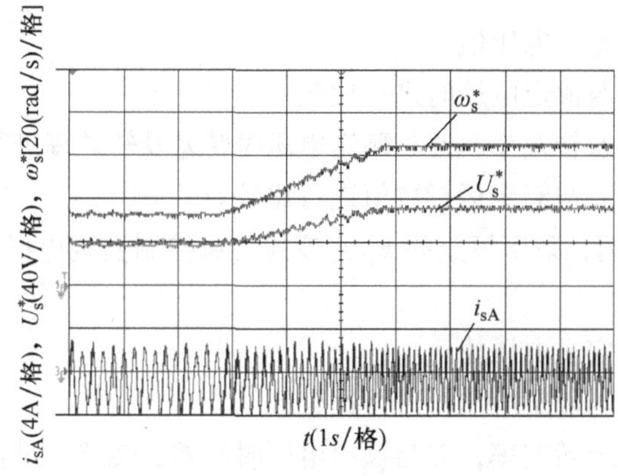

图 4-19　定子电压及电流响应

习题

1. 推导分析恒定的 U_s/f_s 情况下机械特性，并分析低速情况下的负载能力及其改善方法。

2. 推导分析恒定的 E_s/f_s、E_g/f_s 及 E_r/f_s 三种情况下机械特性，比较三种机械特性负载能力。

3. 异步电机采用Y联结，额定转速为 1460r/min，额定线电压为 380V，额定功率为 6.5kW，转子电阻 $R_r'=0.49\Omega$，转子漏感 $L_{r\sigma}'=0.0054$H，定子相电阻 $R_s=0.375\Omega$，定子漏感 $L_{s\sigma}=0.0034$H，励磁电感 $L_m=0.1416$H，转动惯量 $J=0.05\text{kg}\cdot\text{m}^2$，采用恒定的 U_s/f_s 变压变频控制实现电机额定负载、730r/min 转速运行：

（1）计算理想情况下定子电压值；

（2）计算气隙磁链并与额定电压时进行比较；

（3）计算电机的转差及转差率，并与额定电压时转差及转差率进行比较；

（4）计算最大转矩，并与额定运行数值进行比较；

（5）若进行定子阻抗压降的补偿，则计算定子阻抗压降补偿值；

（6）若进行定子阻抗压降的补偿，且 U_s-f_s 曲线线性情况，则计算最大转矩，并与无补偿的值进行比较。

4. 电机参数见第 3 题，采用恒定的 E_s/f_s 变压变频控制实现电机额定负载、730r/min 转速运行：

1）计算理想情况下定子电压值；

2）计算定子磁链、气隙磁链并与额定电压时进行比较；

3）计算电机的转差及转差率，并与额定电压时转差及转差率进行比较；

4）计算最大转矩，并与额定运行数值进行比较。

5. 电机参数见第 3 题，采用恒定的 E_g/f_s 变压变频控制实现电机额定负载、730r/min 转速运行：

1）计算理想情况下定子电压值；

2）计算气隙磁链并与额定电压时进行比较；

3）计算电机的转差及转差率，并与额定电压时转差及转差率进行比较；

4）计算最大转矩，并与额定运行数值进行比较。

6. 电机参数见第 3 题，采用恒定的 E_r/f_s 变压变频控制实现电机额定负载、730r/min 转速运行：

1）计算理想情况下定子电压值；

2）计算气隙磁链并与额定电压时进行比较；

3）计算电机的转差及转差率，并与额定电压时转差及转差率进行比较。

7. 电机参数见第 3 题，采用恒定的 E_g/f_s 变压变频控制，计算额定转速情况下，0.2 倍的额定负载、0.4 倍的额定负载、0.6 倍的额定负载、0.8 倍的额定负载、额定负载、1.2 倍的额定负载时转差，并绘制转矩与转差曲线。

8. 电机参数见第 3 题，采用恒定的 E_g/f_s 开环变压变频控制，计算 0.5 倍的额定转速给定、0.8 倍的额定转速给定对应的人为机械特性。

9. 电机参数见第 3 题，分别采用恒定的 U_s/f_s 变压变频控制（无定子阻抗压降补偿）、恒定的 E_s/f_s 变压变频控制、恒定的 E_g/f_s 变压变频控制，绘制最大转矩随频率的关系曲线。

10. 电机参数见第 3 题，采用恒定的 E_g/f_s 闭环变压变频控制，计算 1000r/min 情况下，0.5 倍的额定负载、0.8 倍的额定负载时对应的人为机械特性。

11. 电机参数见第 3 题，采用恒定的 E_g/f_s 闭环变压变频控制，计算额定转矩情况下，0.5 倍的额定转速、0.8 倍的额定转速时的人为机械特性。

12. 电机参数见第 3 题，计算额定气隙磁通情况下，定子电流、电磁转矩与转差角频率关系特性。

13. 电机参数见第 3 题，采用转速开环恒定的 U_s/f_s 变压变频控制，用 MATLAB 仿真该系统。

14. 电机参数见第 3 题，采用转速闭环恒定的 E_s/f_s 变压变频控制，用 MATLAB 仿真该系统。

15. 电机参数见第 3 题，采用转速闭环恒定的 E_g/f_s 变压变频控制，采用电流控制方式实现气隙磁通控制为额定值，用 MATLAB 仿真该系统。

第 5 章　异步电机转子磁场定向矢量控制

基于异步电机稳态等效电路构建的变压变频调速控制实现过程中无需转子位置信息，使得控制策略实现所需硬件资源减少，控制策略计算资源减少，但由于稳态模型构建的转差频率控制转矩、通过变压变频方式控制气隙磁链恒定等理论只适用于稳态，而动态过程中气隙磁链很难保持恒定，从而直接影响电磁转矩的动态控制性能；另外，由于没有根据电磁转矩、磁场控制的瞬时需要实现对定子电压或定子电流实时控制，从而限制了基于稳态模型的变压变频调速系统运行性能的提高。

为此，有必要根据电机的瞬时转矩、瞬时磁场的实际需要控制加到电机的瞬时电压或电流，这就需要建立瞬时的电磁转矩、磁场与电流或电压的瞬时模型；同时，为了实现用电流或电压对电磁转矩、磁场的有效解耦控制，需要建立电磁转矩、磁场的简洁控制模型。直流电机的电磁转矩及磁场可以分别找到对应的电流分量实现瞬时控制，模型非常简洁，能否把交流电机模型经过简化转化为直流电机模型？如果能实现，可以借助于直流电机控制转矩及磁场的方法对异步电机电磁转矩、磁场进行控制。

本章详细讲解基于瞬态模型的异步电机转子磁场定向矢量控制，借助于坐标变换手段实现三相静止坐标系、两相静止坐标系、转子磁场定向两相同步旋转坐标系数学模型简化，同时在转子磁场定向两相同步旋转坐标系中构建电机的电磁转矩、转子磁链的控制策略算法。

5.1　空间矢量概念

前面几章分析研究异步电机调速系统采用标量，对应的数学模型也是异步电机正弦供电稳态时的模型，无论是理论研究还是仿真结果均发现所得的结论满足电机稳态情况的数量关系，但调速系统的动态性能不佳，主要原因在于没有对电磁转矩、磁通等变量进行瞬时直接控制。为此，矢量控制试图基于矢量及坐标变换等手段解决上述问题。

三相绕组 ABC 流过电流产生磁动势如图 5-1 所示，每一相绕组磁动势峰值处于各自绕组轴线上，且随时间 t 变化；定义直角坐标系 $\alpha\beta$，其中 α 轴与 A 相绕组轴线重合。则在 $\alpha\beta$ 直角坐标系中，三相绕组产生磁动势空间矢量 $\boldsymbol{F}_{\mathrm{A}}$、$\boldsymbol{F}_{\mathrm{B}}$、$\boldsymbol{F}_{\mathrm{C}}$ 如下：

$$\begin{cases}\boldsymbol{F}_{\mathrm{A}}=F_{\mathrm{mA}}\mathrm{e}^{\mathrm{j}0}=\dfrac{4}{\pi}\dfrac{\sqrt{2}}{2}\dfrac{N_3k_{\mathrm{w31}}}{n_{\mathrm{p}}}i_{\mathrm{A}}\mathrm{e}^{\mathrm{j}0}\\ \boldsymbol{F}_{\mathrm{B}}=F_{\mathrm{mB}}\mathrm{e}^{\mathrm{j}\frac{2\pi}{3}}=\dfrac{4}{\pi}\dfrac{\sqrt{2}}{2}\dfrac{N_3k_{\mathrm{w31}}}{n_{\mathrm{p}}}i_{\mathrm{B}}\mathrm{e}^{\mathrm{j}\frac{2\pi}{3}}\\ \boldsymbol{F}_{\mathrm{C}}=F_{\mathrm{mC}}\mathrm{e}^{-\mathrm{j}\frac{2\pi}{3}}=\dfrac{4}{\pi}\dfrac{\sqrt{2}}{2}\dfrac{N_3k_{\mathrm{w31}}}{n_{\mathrm{p}}}i_{\mathrm{C}}\mathrm{e}^{-\mathrm{j}\frac{2\pi}{3}}\end{cases} \tag{5-1}$$

式中，F_{mA}、F_{mB}、F_{mC}为三相绕组产生的磁动势；N_3、k_{w31}为三相绕组串联匝数及绕组系数；i_A、i_B、i_C为三相绕组电流。

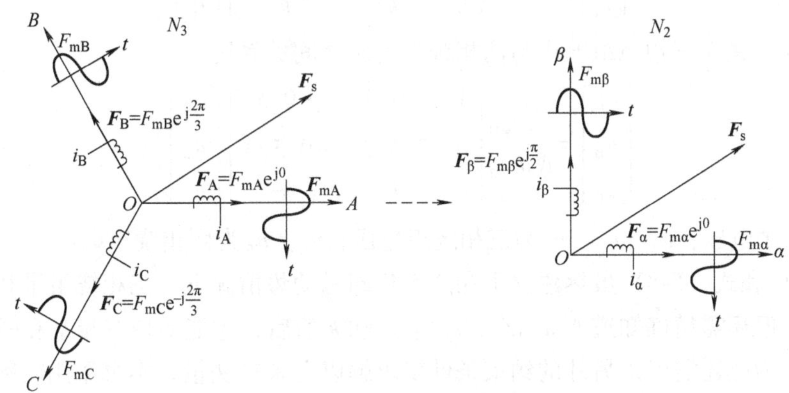

图 5-1　三相绕组产生磁动势及其磁动势空间矢量

这样，三相磁动势可以用合成矢量 $\boldsymbol{F}_s$ 表示如下：

$$\boldsymbol{F}_s=F_{mA}e^{j0}+F_{mB}e^{j\frac{2\pi}{3}}+F_{mC}e^{-j\frac{2\pi}{3}} \tag{5-2}$$

当然，产生相同的合成矢量 $\boldsymbol{F}_s$ 也可以用 $\alpha\beta$ 直角坐标系中等效的两个轴线正交绕组 α、β 来产生。两相绕组产生磁动势 $\boldsymbol{F}_\alpha$、$\boldsymbol{F}_\beta$ 空间矢量如下：

$$\begin{cases}\boldsymbol{F}_\alpha=F_{m\alpha}e^{j0}=\dfrac{4}{\pi}\dfrac{\sqrt{2}}{2}\dfrac{N_2k_{w21}}{n_p}i_\alpha e^{j0}\\[2ex]\boldsymbol{F}_\beta=F_{m\beta}e^{j\frac{\pi}{2}}=\dfrac{4}{\pi}\dfrac{\sqrt{2}}{2}\dfrac{N_2k_{w21}}{n_p}i_\beta e^{j\frac{\pi}{2}}\end{cases} \tag{5-3}$$

式中，i_α、i_β为两相绕组电流；N_2、k_{w21}为两相绕组串联匝数及绕组系数；$F_{m\alpha}$、$F_{m\beta}$为两相绕组产生的磁动势。

这样，两相磁动势 $\boldsymbol{F}_\alpha$、$\boldsymbol{F}_\beta$ 可以用合成矢量 $\boldsymbol{F}_s$ 表示如下：

$$\boldsymbol{F}_s=F_{m\alpha}e^{j0}+F_{m\beta}e^{j\frac{\pi}{2}} \tag{5-4}$$

根据式（5-2）和式（5-4），当三相绕组和两相绕组产生磁动势相同时：

$$F_{mA}e^{j0}+F_{mB}e^{j\frac{2\pi}{3}}+F_{mC}e^{-j\frac{2\pi}{3}}=F_{m\alpha}e^{j0}+F_{m\beta}e^{j\frac{\pi}{2}} \tag{5-5}$$

式（5-5）进一步拆分为 $\alpha\beta$ 轴分量等式，同时考虑零序分量平衡得如下方程：

$$\begin{cases}\dfrac{4}{\pi}\dfrac{\sqrt{2}}{2}\dfrac{N_2k_{w21}}{n_p}i_\alpha=\dfrac{4}{\pi}\dfrac{\sqrt{2}}{2}\dfrac{N_3k_{w31}}{n_p}i_A+\dfrac{4}{\pi}\dfrac{\sqrt{2}}{2}\dfrac{N_3k_{w31}}{n_p}i_B\cos\dfrac{2\pi}{3}+\dfrac{4}{\pi}\dfrac{\sqrt{2}}{2}\dfrac{N_3k_{w31}}{n_p}i_C\cos\dfrac{4\pi}{3}\\[2ex]\dfrac{4}{\pi}\dfrac{\sqrt{2}}{2}\dfrac{N_2k_{w21}}{n_p}i_\beta=\dfrac{4}{\pi}\dfrac{\sqrt{2}}{2}\dfrac{N_3k_{w31}}{n_p}i_B\sin\dfrac{2\pi}{3}+\dfrac{4}{\pi}\dfrac{\sqrt{2}}{2}\dfrac{N_3k_{w31}}{n_p}i_C\sin\dfrac{4\pi}{3}\\[2ex]\dfrac{4}{\pi}\dfrac{\sqrt{2}}{2}\dfrac{N_2k_{w21}}{n_p}i_0=k\dfrac{4}{\pi}\dfrac{\sqrt{2}}{2}\dfrac{N_3k_{w31}}{n_p}i_A+k\dfrac{4}{\pi}\dfrac{\sqrt{2}}{2}\dfrac{N_3k_{w31}}{n_p}i_B+k\dfrac{4}{\pi}\dfrac{\sqrt{2}}{2}\dfrac{N_3k_{w31}}{n_p}i_C\end{cases} \tag{5-6}$$

式中，i_0为零序电流；k 为零序通道补偿系数。

将式（5-6）等式左右两边约分，进一步建立三相电流与两相电流之间关系如下：

$$\begin{bmatrix} i_\alpha \\ i_\beta \\ i_0 \end{bmatrix} = \frac{N_3 k_{w31}}{N_2 k_{w21}} \begin{bmatrix} 1 & -0.5 & -0.5 \\ 0 & 0.5\sqrt{3} & -0.5\sqrt{3} \\ k & k & k \end{bmatrix} \begin{bmatrix} i_A \\ i_B \\ i_C \end{bmatrix} \tag{5-7}$$

依此类推，建立三相绕组电压与两相绕组电压之间关系得

$$\begin{bmatrix} u_\alpha \\ u_\beta \\ u_0 \end{bmatrix} = \frac{N_3 k_{w31}}{N_2 k_{w21}} \begin{bmatrix} 1 & -0.5 & -0.5 \\ 0 & 0.5\sqrt{3} & -0.5\sqrt{3} \\ k & k & k \end{bmatrix} \begin{bmatrix} u_A \\ u_B \\ u_C \end{bmatrix} \tag{5-8}$$

式中，u_0为零序电压；u_A、u_B、u_C为三相绕组电压；u_α、u_β为两相绕组电压。

式（5-7）和式（5-8）虽然建立了在产生相同磁动势情况下，三相绕组量和两相绕组量之间的关系，但还需精确知道$N_3k_{w31}/(N_2k_{w21})$和k值后，才能实现三相量和两相量之间的变换及求解。为此还需引入另外的约束条件来求解以上未知变量，本书采用功率不变这一约束条件进行求解，即三相绕组吸收的瞬时功率与两相绕组吸收的瞬时功率相等。根据式（5-7）和式（5-8），两相绕组吸收的瞬时功率如下：

$$\begin{aligned} \begin{bmatrix} u_\alpha \\ u_\beta \\ u_0 \end{bmatrix}^{\mathrm{T}} \begin{bmatrix} i_\alpha \\ i_\beta \\ i_0 \end{bmatrix} &= \left(\frac{N_3 k_{w31}}{N_2 k_{w21}} \begin{bmatrix} 1 & -0.5 & -0.5 \\ 0 & 0.5\sqrt{3} & -0.5\sqrt{3} \\ k & k & k \end{bmatrix} \begin{bmatrix} u_A \\ u_B \\ u_C \end{bmatrix} \right)^{\mathrm{T}} \left(\frac{N_3 k_{w31}}{N_2 k_{w21}} \begin{bmatrix} 1 & -0.5 & -0.5 \\ 0 & 0.5\sqrt{3} & -0.5\sqrt{3} \\ k & k & k \end{bmatrix} \begin{bmatrix} i_A \\ i_B \\ i_C \end{bmatrix} \right) \\ &= \begin{bmatrix} u_A \\ u_B \\ u_C \end{bmatrix}^{\mathrm{T}} \left(\frac{N_3 k_{w31}}{N_2 k_{w21}} \begin{bmatrix} 1 & -0.5 & -0.5 \\ 0 & 0.5\sqrt{3} & -0.5\sqrt{3} \\ k & k & k \end{bmatrix} \right)^{\mathrm{T}} \left(\frac{N_3 k_{w31}}{N_2 k_{w21}} \begin{bmatrix} 1 & -0.5 & -0.5 \\ 0 & 0.5\sqrt{3} & -0.5\sqrt{3} \\ k & k & k \end{bmatrix} \right) \begin{bmatrix} i_A \\ i_B \\ i_C \end{bmatrix} \end{aligned} \tag{5-9}$$

若遵循两相系统与三相系统吸收的功率相等原则，则

$$\begin{aligned} & \left(\frac{N_3 k_{w31}}{N_2 k_{w21}} \begin{bmatrix} 1 & -0.5 & -0.5 \\ 0 & 0.5\sqrt{3} & -0.5\sqrt{3} \\ k & k & k \end{bmatrix} \right)^{\mathrm{T}} \left(\frac{N_3 k_{w31}}{N_2 k_{w21}} \begin{bmatrix} 1 & -0.5 & -0.5 \\ 0 & 0.5\sqrt{3} & -0.5\sqrt{3} \\ k & k & k \end{bmatrix} \right) \\ &= \left(\frac{N_3 k_{w31}}{N_2 k_{w21}} \right)^2 \begin{bmatrix} 1+k^2 & k^2-0.5 & k^2-0.5 \\ k^2-0.5 & 1+k^2 & k^2-0.5 \\ k^2-0.5 & k^2-0.5 & 1+k^2 \end{bmatrix} = \begin{bmatrix} 1 & 0 & 0 \\ 0 & 1 & 0 \\ 0 & 0 & 1 \end{bmatrix} \end{aligned} \tag{5-10}$$

根据等式（5-10）求解未知数结果如下：

$$\begin{cases} \dfrac{N_3 k_{w31}}{N_2 k_{w21}} = \sqrt{\dfrac{2}{3}} \\ k = 0.5\sqrt{2} \end{cases} \tag{5-11}$$

所以，把式（5-11）代入式（5-7）可得

$$\begin{bmatrix} i_\alpha \\ i_\beta \\ i_0 \end{bmatrix} = \sqrt{\frac{2}{3}} \begin{bmatrix} 1 & -0.5 & -0.5 \\ 0 & 0.5\sqrt{3} & -0.5\sqrt{3} \\ 0.5\sqrt{2} & 0.5\sqrt{2} & 0.5\sqrt{2} \end{bmatrix} \begin{bmatrix} i_A \\ i_B \\ i_C \end{bmatrix} \tag{5-12}$$

根据式（5-10）求解过程，进一步求解式（5-12）的逆获得

$$\begin{bmatrix} i_A \\ i_B \\ i_C \end{bmatrix} = \sqrt{\frac{2}{3}} \begin{bmatrix} 1 & 0 & 0.5\sqrt{2} \\ -0.5 & 0.5\sqrt{3} & 0.5\sqrt{2} \\ -0.5 & -0.5\sqrt{3} & 0.5\sqrt{2} \end{bmatrix} \begin{bmatrix} i_\alpha \\ i_\beta \\ i_0 \end{bmatrix} \tag{5-13}$$

根据式（5-12），若不考虑零序分量 i_0，则三相电流可以用矢量 $\boldsymbol{i}_s = i_\alpha + \mathrm{j} i_\beta$ 表示如下：

$$\boldsymbol{i}_s = i_\alpha + \mathrm{j} i_\beta = \sqrt{\frac{2}{3}} \left(i_A + i_B e^{\mathrm{j}\frac{2\pi}{3}} + i_C e^{\mathrm{j}\frac{4\pi}{3}} \right) \tag{5-14}$$

若三相绕组流过对称正弦交流电流如下：

$$\begin{cases} i_A = I_m \cos\omega t \\ i_B = I_m \cos(\omega t - 2\pi/3) \\ i_C = I_m \cos(\omega t + 2\pi/3) \end{cases} \tag{5-15}$$

式中，I_m 为相绕组电流幅值；ω 为电流电角频率。

把式（5-15）代入式（5-14）中得

$$\boldsymbol{i}_s = \sqrt{1.5} I_m e^{\mathrm{j}\omega t} \tag{5-16}$$

根据式（5-14）所定义的矢量形式及式（5-16），总结矢量定义（5-14）特点如下：

1）式（5-14）所定义的矢量形式并没有限制电流波形形状，适合于任意波形的电流，而且对于电压、磁链等矢量仍然适用；

2）若为三相对称正弦波，则其矢量幅值是每一相幅值的 $\sqrt{1.5}$ 倍；

3）矢量在空间旋转的速度与每一相变量交变频率相同；

4）矢量初相位与 A 相变量初相位相同，从相位超前相旋转到相位滞后相。

5.2　矢量控制原理

5.2.1　直流电机磁场回顾

直流电机采用定子励磁绕组和转子电枢绕组结构，流过励磁电流和电枢电流分别控制电机每极磁通 ϕ_f 及电磁转矩 T_e。以空间产生一对极磁场为例，直流电机气隙磁场如图 5-2 所示，励磁电流和电枢电流分别产生励磁绕组磁场 B_f、电枢绕组磁场 B_s；气隙合成磁场 B_g 由励磁绕组磁场 B_f、电枢绕组磁场 B_s 共同产生。由于电刷理想情况放置在几何中心线上，使得励磁绕组产生磁场轴线和电枢绕组产生磁场轴线正交。所以，当忽略磁路饱和因素，电机产生的每极磁通 ϕ_g 计算如下：

$$\phi_g = l_{F_e}\int_0^\tau B_g \mathrm{d}x = l_{F_e}\int_0^\tau (B_f + B_s)\mathrm{d}x = l_{F_e}\int_0^\tau B_f \mathrm{d}x + l_{F_e}\int_0^\tau B_s \mathrm{d}x = l_{F_e}\int_0^\tau B_f \mathrm{d}x = \phi_f \tag{5-17}$$

式中，l_{F_e} 为转子铁心有效长度；τ 为每一磁极极距。

由式（5-17）可见，尽管转子电枢绕组流过电流 $\boldsymbol{I}_s$，但由于励磁绕组产生磁场轴线 d 和电枢绕组产生磁场轴线 q 正交，导致一个磁极极距 τ 范围内电枢绕组产生每极磁通等于 0，所以电机气隙每极磁通 ϕ_g 仅仅由励磁绕组磁通 ϕ_f 决定；而根据电机学知识电磁转矩 $T_e =$

$K_t\phi_g I_s = K_t\phi_f I_s$，在利用励磁绕组电流实现每极磁通恒定控制情况下，利用电枢电流即可实现电磁转矩的瞬时控制，从而实现了励磁绕组电流、电枢绕组电流对电机每极磁通量、电磁转矩之间的解耦控制。

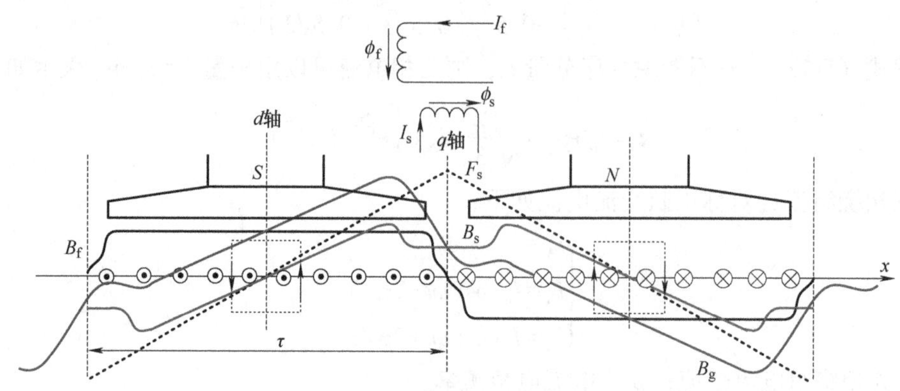

图 5-2　直流电机气隙磁场

但是，异步电机无论定子三相绕组、还是转子三相绕组，均产生气隙同步旋转磁场，二者各自的磁场轴线并非正交；而且，三相绕组之间、定转子绕组之间存在强的耦合特性。上述这些因素导致异步电机在静止自然坐标系中很难构建磁场和电磁转矩之间的解耦控制模型。

5.2.2　异步电机等效直流电机过程

若能把异步电机数学模型转换为直流电机数学模型，则可以利用直流电机磁场、转矩的解耦控制策略设计异步电机的磁场、转矩的解耦控制策略。进一步回顾以上直流电机产生磁场过程，可以发现要把异步电机模型转换成直流电机模型，异步电机的相数必须减少为两相；同时异步电机绕组中的电变量必须退化为直流量。所以异步电机模型等效为直流电机模型，可以经历如图 5-3 所示的过程。

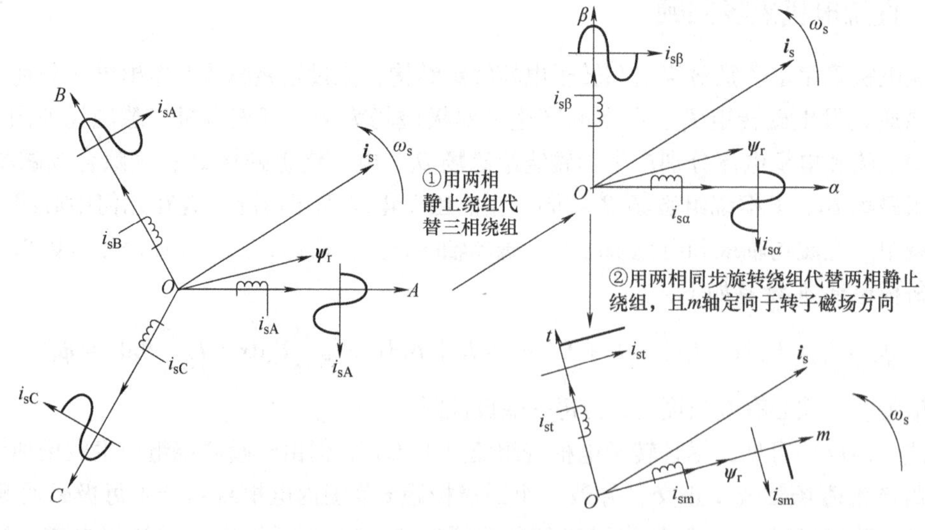

图 5-3　异步电机等效为直流电机变换过程

1）用等效的两相轴线正交的 $\alpha\beta$ 静止绕组代替实际异步电机的三相绕组 ABC；

2）用两相同步旋转、轴线正交绕组 mt 代替两相静止绕组 $\alpha\beta$，且 m 轴定向于转子磁场 ψ_r 方向上。绕组经过以上等效后，在 mt 坐标系中，异步电机磁场及电磁转矩数学模型就退化成直流电机数学模型，其中 m 轴绕组电流控制转子磁场 ψ_r 大小，t 轴绕组电流控制电磁转矩。

5.2.3　矢量控制原理

从 5.2.2 小节异步电机等效直流电机过程可见，在 mt 坐标系中 m 轴、t 轴定子电流分量分别控制着电机的转子磁链幅值及电磁转矩，由于实际的定子电流控制变换器处于定子静止坐标系中，这就需要把 mt 坐标系量变换至定子静止坐标系中。最终可以构建异步电机矢量控制原理框图如图 5-4 所示。磁场调节器 AψR 根据转子磁链闭环控制算法输出 mt 坐标系中 m 轴电流给定值 i_{sm}^*；转速调节器 ASR 根据转速闭环控制算法输出 t 轴电流给定值 i_{st}^*。借助于 mt 坐标系与 $\alpha\beta$ 坐标系夹角 θ_s、2r/2s 变换矩阵，把 i_{sm}^*、i_{st}^* 变换至 $\alpha\beta$ 坐标系电流给定 $i_{s\alpha}^*$、$i_{s\beta}^*$；借助 2s/3s 变换矩阵，再把 $i_{s\alpha}^*$、$i_{s\beta}^*$变换至三相静止坐标系中，获得三相定子绕组电流给定 i_{sA}^*、i_{sB}^*、i_{sC}^*；利用电流可控电力电子变换器控制实际三相绕组电流 i_{sA}、i_{sB}、i_{sC}跟踪各自的给定值。根据前面 5.2.2 小节异步电机等效直流电机过程，在异步电机内部，三相绕组输入电流 i_{sA}、i_{sB}、i_{sC}可以理解为借助 3s/2s 变换矩阵变换成 $\alpha\beta$ 坐标系电流 $i_{s\alpha}$、$i_{s\beta}$；借助于 mt 坐标系与 $\alpha\beta$ 坐标系夹角 θ_s、2s/2r 变换矩阵，把 $i_{s\alpha}$、$i_{s\beta}$变换至 mt 坐标系电流 i_{sm}、i_{st}。若忽略电流可控电力电子变换器对三相定子电流控制误差，2s/3s、3s/2s 变换矩阵互逆，2r/2s、2s/2r 变换矩阵互逆，所以可以认为 i_{sm}^*、i_{st}^* 分别等于 i_{sm}、i_{st}，这样把 i_{sm}^*、i_{st}^* 至 i_{sm}、i_{st}之间环节全部忽略，最后整个异步电机矢量控制系统可以等效为 mt 坐标系中的等效直流电机闭环控制系统，利用直流电机的闭环控制规律设计矢量控制异步电机闭环系统。

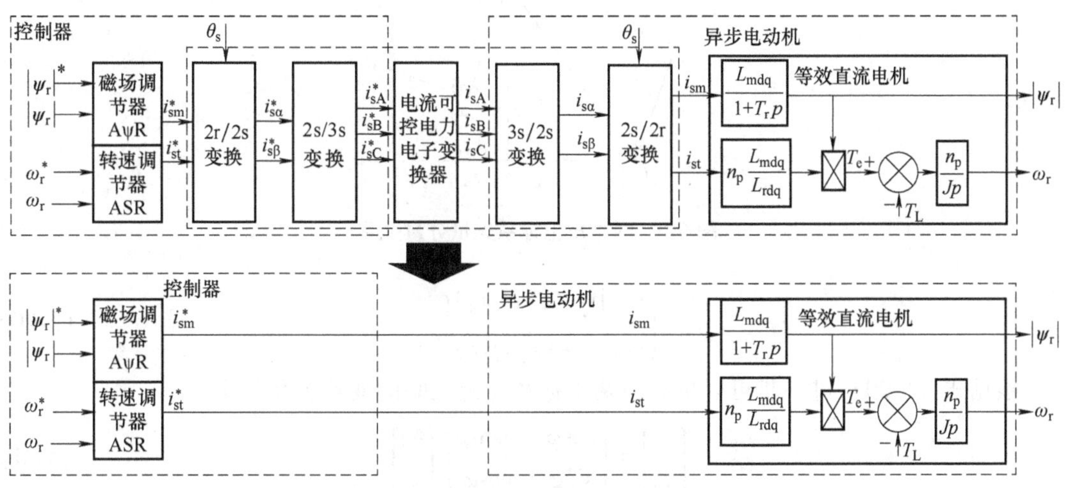

图 5-4　异步电机矢量控制原理

5.3 坐标变换

5.3.1 静止坐标变换

根据式（5-12）和式（5-13）可见，在满足磁动势不变和功率不变的条件下，ABC 三相静止坐标系变量 x_A、x_B、x_C 至 $\alpha\beta$ 静止直角坐标系变量 x_α、x_β、x_0 的变换 $C_{3s/2s}$（又称 3s/2s 变换或 Clark 变换）及其逆变换一般形式如下：

$$\begin{bmatrix} x_\alpha \\ x_\beta \\ x_0 \end{bmatrix} = C_{3s/2s} \begin{bmatrix} x_A \\ x_B \\ x_C \end{bmatrix}, \begin{bmatrix} x_A \\ x_B \\ x_C \end{bmatrix} = C_{3s/2s}^{-1} \begin{bmatrix} x_\alpha \\ x_\beta \\ x_0 \end{bmatrix} \tag{5-18}$$

其中，

$$C_{3s/2s} = \sqrt{\frac{2}{3}} \begin{bmatrix} 1 & -0.5 & -0.5 \\ 0 & 0.5\sqrt{3} & -0.5\sqrt{3} \\ 0.5\sqrt{2} & 0.5\sqrt{2} & 0.5\sqrt{2} \end{bmatrix}, C_{3s/2s}^{-1} = \sqrt{\frac{2}{3}} \begin{bmatrix} 1 & 0 & 0.5\sqrt{2} \\ -0.5 & 0.5\sqrt{3} & 0.5\sqrt{2} \\ -0.5 & -0.5\sqrt{3} & 0.5\sqrt{2} \end{bmatrix} \tag{5-19}$$

5.3.2 旋转坐标变换

假设有两个坐标系 $\alpha\beta$ 及 dq，如图 5-5 所示，dq 坐标系超前 $\alpha\beta$ 坐标系 φ 角，空间矢量 $\boldsymbol{x}_s$在 α、β、d、q 轴上的投影分别为 x_α、x_β、x_d、x_q，则空间矢量 $\boldsymbol{x}_s$在 $\alpha\beta$ 坐标系和 dq 坐标系中具体表示为 $x_\alpha+jx_\beta$、x_d+jx_q，则根据两坐标系之间的关系可得

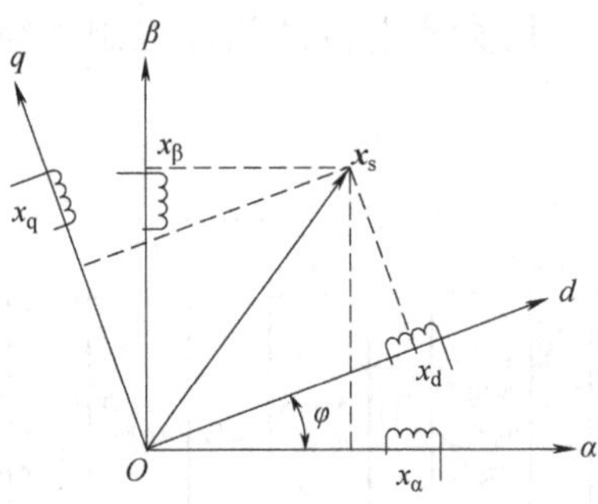

图 5-5　两直角坐标系矢量分量关系

$$\begin{cases} x_\alpha + jx_\beta = (x_d + jx_q)e^{j\varphi} \\ x_d + jx_q = (x_\alpha + jx_\beta)e^{-j\varphi} \end{cases} \tag{5-20}$$

根据式（5-20）进一步可以推导出两坐标系变量之间的变换关系如下：

$$\begin{bmatrix} x_\alpha \\ x_\beta \end{bmatrix} = \begin{bmatrix} \cos\varphi & -\sin\varphi \\ \sin\varphi & \cos\varphi \end{bmatrix} \begin{bmatrix} x_d \\ x_q \end{bmatrix} \tag{5-21}$$

$$\begin{bmatrix} x_d \\ x_q \end{bmatrix} = \begin{bmatrix} \cos\varphi & \sin\varphi \\ -\sin\varphi & \cos\varphi \end{bmatrix} \begin{bmatrix} x_\alpha \\ x_\beta \end{bmatrix} \tag{5-22}$$

以上 $\alpha\beta$ 向旋转 dq 坐标系变换称为 Park 变换，反之为 Park 逆变换。

5.3.3　直角坐标与极坐标变换

假设直角坐标中矢量 $\boldsymbol{x}_s$ 及其分量关系如图 5-6 所示。显然矢量 $\boldsymbol{x}_s$ 对应极坐标中的幅值 $|\boldsymbol{x}_s|$ 和辐角 φ 如下：

$$\begin{cases} |\boldsymbol{x}_s| = \sqrt{x_\alpha^2 + x_\beta^2} \\ \varphi = \arctan\left(\dfrac{x_\beta}{x_\alpha}\right) \end{cases} \tag{5-23}$$

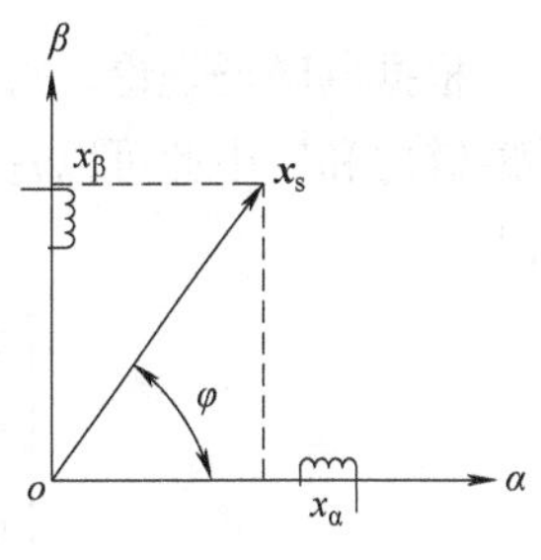

图 5-6　直角坐标系与极坐标系关系

实际在利用式（5-23）求解幅角时可能会遇到除零现象而无解。为了避免除零现象，通常采用如下改进公式：

$$\varphi = 2\arctan\left(\frac{\sin\varphi}{1+\cos\varphi}\right) = 2\arctan\left(\frac{x_\beta}{|\boldsymbol{x}_s| + x_\alpha}\right) \tag{5-24}$$

5.4　异步电机自然坐标系数学模型

为了便于异步电机数学模型的简化，有必要弄清楚三相静止坐标系中各电磁量之间的关系。假设异步电机在三相静止自然坐标系绕组模型如图 5-7 所示，且定、转子相绕组匝数相同。

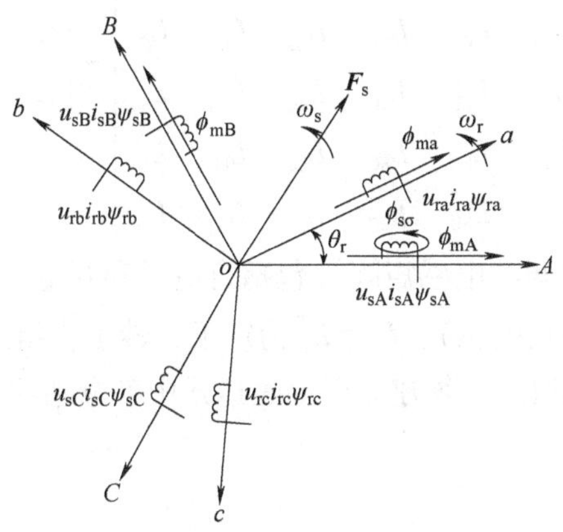

图 5-7　三相异步电机自然坐标系绕组模型

图 5-7 中，u_{sA}、u_{sB}、u_{sC} 为定子三相 ABC 电压；i_{sA}、i_{sB}、i_{sC} 为定子三相 ABC 电流；ψ_{sA}、ψ_{sB}、ψ_{sC} 为定子三相 ABC 磁链；u_{ra}、u_{rb}、u_{rc} 为转子三相 abc 电压；i_{ra}、i_{rb}、i_{rc} 为转子三相 abc 电流；ψ_{ra}、ψ_{rb}、ψ_{rc} 为转子三相 abc 磁链；θ_r 为转子旋转电角度。为了有效建立数学模型，假设：①忽略空间气隙磁场的谐波。三相对称绕组轴线互差 120°电角度，产生气隙中的正弦规律分布的磁动势；②忽略磁路饱和现象；③忽略铁心损耗；④不考虑频率、温度变化对绕组电阻的影响。

5.4.1 绕组电感模型

根据电磁场理论，每相绕组耦合的总磁链等于自身的自感磁链和它相绕组对其产生的互感磁链之和，由此可以建立三相异步电机定子三相绕组、转子三相绕组耦合的总磁链表达式如下：

$$\begin{bmatrix}\psi_{sA}\\ \psi_{sB}\\ \psi_{sC}\\ \psi_{ra}\\ \psi_{rb}\\ \psi_{rc}\end{bmatrix}=\begin{bmatrix}L_{AA} & L_{AB} & L_{AC} & L_{Aa} & L_{Ab} & L_{Ac}\\ L_{BA} & L_{BB} & L_{BC} & L_{Ba} & L_{Bb} & L_{Bc}\\ L_{CA} & L_{CB} & L_{CC} & L_{Ca} & L_{Cb} & L_{Cc}\\ L_{aA} & L_{aB} & L_{aC} & L_{aa} & L_{ab} & L_{ac}\\ L_{bA} & L_{bB} & L_{bC} & L_{ba} & L_{bb} & L_{bc}\\ L_{cA} & L_{cB} & L_{cC} & L_{ca} & L_{cb} & L_{cc}\end{bmatrix}\begin{bmatrix}i_{sA}\\ i_{sB}\\ i_{sC}\\ i_{ra}\\ i_{rb}\\ i_{rc}\end{bmatrix} \tag{5-25}$$

式中，L_{ii}为第 i 相绕组自电感 $i=A\sim c$；L_{ij}为第 i 相、第 j 相绕组之间的互电感，i、$j=A\sim c$ 且 $i\neq j$。

式（5-25）可以进一步用矢量形式简记为

$$\boldsymbol{\psi}=\boldsymbol{L}\boldsymbol{i} \tag{5-26}$$

式中，$\boldsymbol{\psi}=[\psi_{sA}\quad \psi_{sB}\quad \psi_{sC}\quad \psi_{ra}\quad \psi_{rb}\quad \psi_{rc}]^{T}$，$\boldsymbol{i}=[i_{sA}\quad i_{sB}\quad i_{sC}\quad i_{ra}\quad i_{rb}\quad i_{rc}]^{T}$分别表示磁链和电流列向量。

$$\boldsymbol{L}=\begin{bmatrix}L_{AA} & L_{AB} & L_{AC} & L_{Aa} & L_{Ab} & L_{Ac}\\ L_{BA} & L_{BB} & L_{BC} & L_{Ba} & L_{Bb} & L_{Bc}\\ L_{CA} & L_{CB} & L_{CC} & L_{Ca} & L_{Cb} & L_{Cc}\\ L_{aA} & L_{aB} & L_{aC} & L_{aa} & L_{ab} & L_{ac}\\ L_{bA} & L_{bB} & L_{bC} & L_{ba} & L_{bb} & L_{bc}\\ L_{cA} & L_{cB} & L_{cC} & L_{ca} & L_{cb} & L_{cc}\end{bmatrix}=\begin{bmatrix}\boldsymbol{L}_{ss} & \boldsymbol{L}_{sr}\\ \boldsymbol{L}_{rs} & \boldsymbol{L}_{rr}\end{bmatrix} \tag{5-27}$$

式中，$\boldsymbol{L}_{ss}$为定子三相绕组之间的电感矩阵（包括自电感和互电感）；$\boldsymbol{L}_{rr}$为转子三相绕组之间的电感矩阵（包括自电感和互电感）；$\boldsymbol{L}_{sr}=\boldsymbol{L}_{rs}^{T}$为定子、转子绕组之间的互电感矩阵。若要完全建立各绕组的磁链数学模型，必须建立以上表达式中各电感项数学模型，以下分类建立电感模型。

1. 自电感

相绕组的自电感表征的是单位电流产生磁链的能力。由于异步电机沿径向气隙等长，所以电机没有磁凸极现象，导致电机各相绕组自电感是不随转子旋转而变化的恒值。某相绕组所匝链的磁通是主磁通（穿过气隙与定、转子同时匝链的磁通）与漏磁通之和。以定子 A 相绕组流过电流 i_{sA}产生主磁通 ϕ_{mA}及漏磁通 $\phi_{s\sigma}$为例，示意如图 5-7 所示，产生的总磁通 ϕ_{sA}如下：

$$\phi_{sA}=\phi_{mA}+\phi_{s\sigma} \tag{5-28}$$

这样定子 A 相绕组自电感 L_{AA}计算如下：

$$L_{AA}=N_3\phi_{sA}/i_{sA}=N_3(\phi_{mA}+\phi_{s\sigma})/i_{sA}=N_3\phi_{mA}/i_{sA}+N_3\phi_{s\sigma}/i_{sA}=L_{ms}+L_{s\sigma} \tag{5-29}$$

式中，L_{ms}为气隙主电感，$L_{ms}=N_s\phi_{mA}/i_{sA}$；$L_{s\sigma}$为定子绕组漏电感，$L_{s\sigma}=N_s\phi_{s\sigma}/i_{sA}$。

依此类推，定子 B、C 相自电感数学模型与 A 相自电感相同：

$$L_{AA}=L_{BB}=L_{CC}=L_{ms}+L_{s\sigma} \tag{5-30}$$

同样，利用类似的推导方法建立等效转子 abc 三相绕组自电感如下：

$$L_{aa}=L_{bb}=L_{cc}=L_{ms}+L_{r\sigma} \tag{5-31}$$

式中，$L_{r\sigma}$为转子绕组漏电感，$L_{r\sigma}=N_s\phi_{r\sigma}/i_{ra}$。

2. 常数类互电感

当异步电机两相绕组轴线夹角不随转子旋转而变化，且电机磁路没有凸极现象时，两相绕组之间的互电感为常数。例如三相定子绕组之间的互电感、三相转子绕组之间的互电感。以定子 A 相绕组对定子 B 相绕组产生互电感 L_{BA} 为例推导数学模型，见图 5-7，流过定子 A 相的电流 i_{sA} 产生磁通与 B 相绕组耦合值为 ϕ_{mB}，则

$$L_{BA}=N_3\phi_{mB}/i_{sA}=N_3\phi_{mA}\cos 120°/i_{sA}=-0.5L_{ms} \tag{5-32}$$

由此可见，只要两相绕组轴线夹角为 120°，则该两相绕组之间的互感表达式同式（5-32）：

$$L_{BA}=L_{AB}=L_{CB}=L_{BC}=L_{AC}=L_{CA}=-0.5L_{ms} \tag{5-33}$$

$$L_{ba}=L_{ab}=L_{cb}=L_{bc}=L_{ac}=L_{ca}=-0.5L_{ms} \tag{5-34}$$

3. 随转子旋转而变化的互电感

由于转子旋转，导致定子绕组与转子绕组之间的互感值会随转子旋转变化而变化。以定子 A 相绕组对转子 a 相绕组产生的互感 L_{aA} 为例，流过定子 A 相绕组的电流 i_{sA} 在转子 a 相绕组中耦合磁通值为 ϕ_{ma}（见图 5-7），则

$$L_{aA}=N_3\phi_{ma}/i_{sA}=N_3\phi_{mA}\cos\theta_r/i_{sA}=L_{ms}\cos\theta_r \tag{5-35}$$

根据上述 L_{aA} 推导过程可知只要轴线满足夹角为 θ_r 的两个绕组之间互电感均为式（5-35）形式，所以

$$L_{aA}=L_{Aa}=L_{bB}=L_{Bb}=L_{cC}=L_{Cc}=L_{ms}\cos\theta_r \tag{5-36}$$

依此类推，满足轴线夹角为 $\theta_r+120°$的两个绕组之间的互感为

$$L_{bA}=L_{Ab}=L_{cB}=L_{Bc}=L_{aC}=L_{Ca}=L_{ms}\cos(\theta_r+120°) \tag{5-37}$$

满足轴线夹角为 $\theta_r-120°$的两个绕组之间的互感为

$$L_{cA}=L_{Ac}=L_{aB}=L_{Ba}=L_{bC}=L_{Cb}=L_{ms}\cos(\theta_r-120°) \tag{5-38}$$

总结上述电感矩阵各项推导结果，完整写出电感矩阵 $\boldsymbol{L}$ 中各块如下

$$\boldsymbol{L}_{ss}=\begin{bmatrix} L_{AA} & L_{AB} & L_{AC} \\ L_{BA} & L_{BB} & L_{BC} \\ L_{CA} & L_{CB} & L_{CC} \end{bmatrix}=\begin{bmatrix} L_{ms}+L_{s\sigma} & -0.5L_{ms} & -0.5L_{ms} \\ -0.5L_{ms} & L_{ms}+L_{s\sigma} & -0.5L_{ms} \\ -0.5L_{ms} & -0.5L_{ms} & L_{ms}+L_{s\sigma} \end{bmatrix} \tag{5-39}$$

$$\boldsymbol{L}_{rr}=\begin{bmatrix} L_{aa} & L_{ab} & L_{ac} \\ L_{ba} & L_{bb} & L_{bc} \\ L_{ca} & L_{cb} & L_{cc} \end{bmatrix}=\begin{bmatrix} L_{ms}+L_{r\sigma} & -0.5L_{ms} & -0.5L_{ms} \\ -0.5L_{ms} & L_{ms}+L_{r\sigma} & -0.5L_{ms} \\ -0.5L_{ms} & -0.5L_{ms} & L_{ms}+L_{r\sigma} \end{bmatrix} \tag{5-40}$$

$$\boldsymbol{L}_{sr}=\boldsymbol{L}_{rs}^{T}=\begin{bmatrix} L_{Aa} & L_{Ab} & L_{Ac} \\ L_{Ba} & L_{Bb} & L_{Bc} \\ L_{Ca} & L_{Cb} & L_{Cc} \end{bmatrix}=\begin{bmatrix} L_{ms}\cos\theta_r & L_{ms}\cos(\theta_r+120°) & L_{ms}\cos(\theta_r-120°) \\ L_{ms}\cos(\theta_r-120°) & L_{ms}\cos\theta_r & L_{ms}\cos(\theta_r+120°) \\ L_{ms}\cos(\theta_r+120°) & L_{ms}\cos(\theta_r-120°) & L_{ms}\cos\theta_r \end{bmatrix} \tag{5-41}$$

5.4.2 磁链及电压模型

根据绕组端电压等于绕组电阻压降和绕组感应电动势之和的关系建立定子和转子电压平衡方程如下：

$$\begin{cases}u_{sA}=R_s i_{sA}+\mathrm{d}\psi_{sA}/\mathrm{d}t\\u_{sB}=R_s i_{sB}+\mathrm{d}\psi_{sB}/\mathrm{d}t\\u_{sC}=R_s i_{sC}+\mathrm{d}\psi_{sC}/\mathrm{d}t\end{cases}\tag{5-42}$$

$$\begin{cases}u_{ra}=R_r i_{ra}+\mathrm{d}\psi_{ra}/\mathrm{d}t\\u_{rb}=R_r i_{rb}+\mathrm{d}\psi_{rb}/\mathrm{d}t\\u_{rc}=R_r i_{rc}+\mathrm{d}\psi_{rc}/\mathrm{d}t\end{cases}\tag{5-43}$$

式中，R_s、R_r分别为定子、转子绕组电阻。

把式（5-42）和式（5-43）写成矩阵形式如下：

$$\begin{bmatrix}u_{sA}\\u_{sB}\\u_{sC}\\u_{ra}\\u_{rb}\\u_{rc}\end{bmatrix}=\begin{bmatrix}R_s&0&0&0&0&0\\0&R_s&0&0&0&0\\0&0&R_s&0&0&0\\0&0&0&R_r&0&0\\0&0&0&0&R_r&0\\0&0&0&0&0&R_r\end{bmatrix}\begin{bmatrix}i_{sA}\\i_{sB}\\i_{sC}\\i_{ra}\\i_{rb}\\i_{rc}\end{bmatrix}+\frac{\mathrm{d}}{\mathrm{d}t}\begin{bmatrix}\psi_{sA}\\\psi_{sB}\\\psi_{sC}\\\psi_{ra}\\\psi_{rb}\\\psi_{rc}\end{bmatrix}\tag{5-44}$$

进一步用矢量形式简记为：

$$\boldsymbol{u}=\boldsymbol{Ri}+\frac{\mathrm{d}\boldsymbol{\psi}}{\mathrm{d}t}\tag{5-45}$$

式中，$\boldsymbol{u}=[u_{sA}\quad u_{sB}\quad u_{sC}\quad u_{ra}\quad u_{rb}\quad u_{rc}]^{\mathrm{T}}$为绕组电压列向量；$\boldsymbol{R}$ 为式（5-44）电流列向量前面的绕组电阻方阵。

把磁链等式（5-26）代入式（5-45），绕组电压进一步推导如下：

$$\boldsymbol{u}=\boldsymbol{Ri}+\frac{\mathrm{d}}{\mathrm{d}t}\boldsymbol{Li}=\boldsymbol{Ri}+\boldsymbol{L}\frac{\mathrm{d}\boldsymbol{i}}{\mathrm{d}t}+\frac{\mathrm{d}\boldsymbol{L}}{\mathrm{d}t}\boldsymbol{i}=\boldsymbol{Ri}+\boldsymbol{L}\frac{\mathrm{d}\boldsymbol{i}}{\mathrm{d}t}+\omega_r\frac{\partial\boldsymbol{L}}{\partial\theta_r}\boldsymbol{i}\tag{5-46}$$

根据式（5-46）可见构成绕组电压包括三部分：①$\boldsymbol{Ri}$ 是绕组电阻压降；②$\boldsymbol{L}\mathrm{d}\boldsymbol{i}/\mathrm{d}t$ 是因为电流的交变引起的感应电动势，称之为变压器电动势；③$\omega_r(\partial\boldsymbol{L}/\partial\theta_r)\boldsymbol{i}$ 是因为转子旋转引起的感应电动势，称之为运动电动势，正是这部分运动电动势实现了异步电机机电能量的转换。

5.4.3 传动链模型

假设磁路线性，则电机磁路中存储的磁场能量 W_m和磁共能 W'_m相同，具体形式如下：

$$W_m=W'_m=0.5\boldsymbol{i}^{\mathrm{T}}\boldsymbol{\psi}=0.5\boldsymbol{i}^{\mathrm{T}}\boldsymbol{Li}\tag{5-47}$$

电磁转矩等于磁共能对转子旋转机械角的偏微分（电流约束为常数），即

$$T_e=\frac{\partial W'_m}{\partial\theta_m}=n_p\frac{\partial W'_m}{\partial\theta_r}\tag{5-48}$$

把式（5-47）和式（5-27）代入式（5-48）中进一步推导电磁转矩如下：

$$T_e=\frac{1}{2}n_p\boldsymbol{i}^{\mathrm{T}}\frac{\partial\boldsymbol{L}}{\partial\theta_r}\boldsymbol{i}=\frac{1}{2}n_p\boldsymbol{i}^{\mathrm{T}}\begin{bmatrix}0 & \dfrac{\partial\boldsymbol{L}_{sr}}{\partial\theta_r}\\ \dfrac{\partial\boldsymbol{L}_{rs}}{\partial\theta_r} & 0\end{bmatrix}\boldsymbol{i} \tag{5-49}$$

令 $\boldsymbol{i}_s=[i_{sA}\quad i_{sB}\quad i_{sC}]^{\mathrm{T}}$、$\boldsymbol{i}_r=[i_{ra}\quad i_{rb}\quad i_{rc}]^{\mathrm{T}}$ 分别为定子和转子电流列向量，则代入式（5-49）中得

$$T_e=\frac{1}{2}n_p\boldsymbol{i}_r^{\mathrm{T}}\frac{\partial L_{rs}}{\partial\theta_r}\boldsymbol{i}_s+\frac{1}{2}n_p\boldsymbol{i}_s^{\mathrm{T}}\frac{\partial L_{sr}}{\partial\theta_r}\boldsymbol{i}_r \tag{5-50}$$

把式（5-41）代入式（5-50）中，电磁转矩具体展开如下：

$$T_e=-n_pL_{ms}[(i_{sA}i_{ra}+i_{sB}i_{rb}+i_{sC}i_{rc})\sin\theta_r+(i_{sA}i_{rb}+i_{sB}i_{rc}+i_{sC}i_{ra})\sin(\theta_r+120°)+(i_{sA}i_{rc}+i_{sB}i_{ra}+i_{sC}i_{rb})\sin(\theta_r-120°)] \tag{5-51}$$

根据式（5-51）推导结果可见，三相静止坐标系中的电磁转矩与定子三相电流、转子三相电流及转子旋转角均有关，体现了定子、转子对电磁转矩的强耦合特性。

根据电磁转矩克服负载转矩，产生传动链上的加速度关系，以及转子旋转产生旋转角度关系系列写传动链运动方程如下：

$$T_e-T_L=J\frac{d\omega_m}{dt}=\frac{J}{n_p}\frac{d\omega_r}{dt} \tag{5-52}$$

$$\frac{d\theta_r}{dt}=\omega_r \tag{5-53}$$

5.4.4　静止坐标系模型特性

根据上述静止坐标系数学模型建立的结果，不难探究模型具有如下特点：①异步电机是一个典型的多变量对象，存在三相定子、三相转子等；②电机数学模型为高阶方程，很难进行解析求解，从式（5-44）电压平衡方程式可见，每一个绕组电压平衡方程均为一个含有定子、转子侧变量的一阶微分方程，式（5-52）和式（5-53）也存在微分项，所以电机静止坐标系数学模型是典型的高阶方程；③静止坐标系数学模型具有强的非线性特性，例如式（5-25）代入式（5-44）对应微分方程部分项系数含有转子旋转角的正、余弦，从而使得电机的数学模型呈现非线性；④异步电机静止坐标系各部分数学模型之间还存在强的耦合特性。从以上建立的磁链数学模型（5-25）、电压平衡方程式（5-44）、电磁转矩数学模型（5-51）及运动方程式（5-52）和式（5-53）可以构建异步电机静止坐标系数学模型结构框图，如图 5-8 所示。其中微分符号用 p 简记。

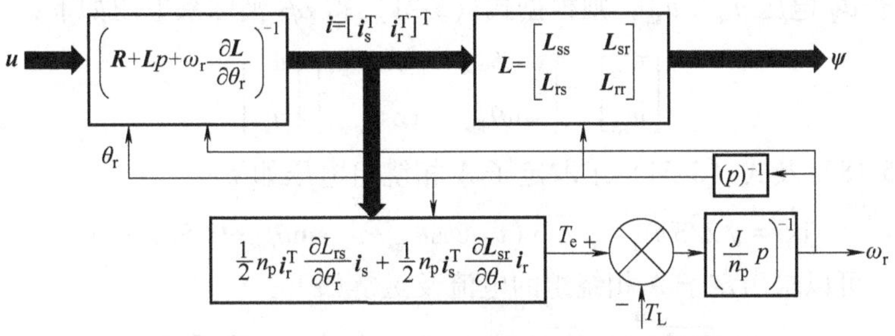

图 5-8　异步电机静止坐标系数学模型结构框图

5.5 异步电机直角坐标系模型

5.5.1 任意直角坐标系数学模型

基于上述三相静止坐标系数学模型很难实现电机磁场和电磁转矩的解耦控制，从前面 5.2.3 节矢量控制原理，可见若将电机置于定向 mt 坐标系可以实现磁场和电磁转矩的解耦数学模型。为了建立特殊直角坐标系中的数学模型，首先建立任意直角 dq 坐标系数学模型。假设任意直角 dq 坐标系与定子、转子坐标系及绕组之间的关系如图 5-9 所示。

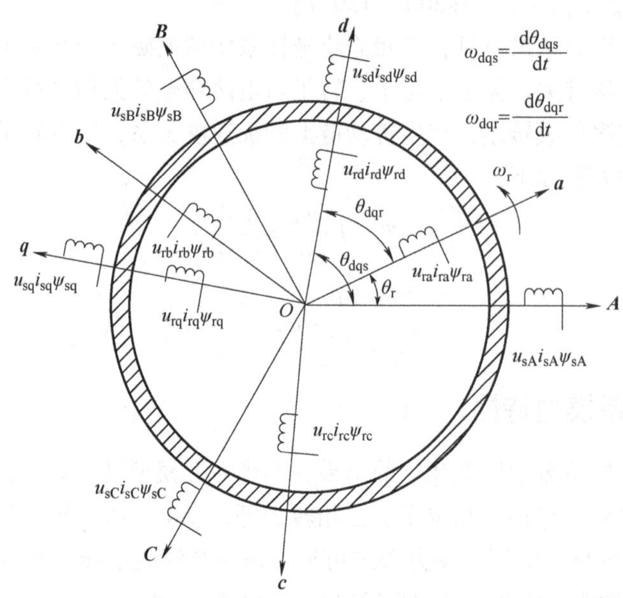

图 5-9 任意直角 dq 坐标系与定子、转子坐标系及绕组之间的关系

图 5-9 中，u_{sd}、u_{sq}为任意 dq 坐标系定子 dq 轴电压；i_{sd}、i_{sq}为任意 dq 坐标系定子 dq 轴电流；ψ_{sd}、ψ_{sq}为任意 dq 坐标系定子 dq 轴磁链；u_{rd}、u_{rq}为任意 dq 坐标系转子 dq 轴电压；i_{rd}、i_{rq}为任意 dq 坐标系转子 dq 轴电流；ψ_{rd}、ψ_{rq}为任意 dq 坐标系转子 dq 轴磁链；ω_{dqs}、ω_{dqr}为任意 dq 坐标系相对于定子、相对于转子的相对旋转电角速度。

若已知定子 dq 电压 u_{sd}、u_{sq}，则根据式（5-21）得 $\alpha\beta$ 坐标系电压如下：

$$\begin{bmatrix} u_{s\alpha} \\ u_{s\beta} \end{bmatrix} = \begin{bmatrix} \cos\theta_{dqs} & -\sin\theta_{dqs} \\ \sin\theta_{dqs} & \cos\theta_{dqs} \end{bmatrix} \begin{bmatrix} u_{sd} \\ u_{sq} \end{bmatrix} \tag{5-54}$$

结合式（5-18）及式（5-54）求取定子 A 相绕组电压如下：

$$u_{sA}=\sqrt{2/3}\,u_{s\alpha}=\sqrt{2/3}\,(u_{sd}\cos\theta_{dqs}-u_{sq}\sin\theta_{dqs}+0.5\sqrt{2}\,u_{s0}) \tag{5-55}$$

依此类推，可以求出定子 A 相绕组的电流及磁链如下：

$$i_{sA}=\sqrt{2/3}\,i_{s\alpha}=\sqrt{2/3}\,(i_{sd}\cos\theta_{dqs}-i_{sq}\sin\theta_{dqs}+0.5\sqrt{2}\,i_{s0}) \tag{5-56}$$

$$\psi_{sA}=\sqrt{2/3}\psi_{s\alpha}=\sqrt{2/3}(\psi_{sd}\cos\theta_{dqs}-\psi_{sq}\sin\theta_{dqs}+0.5\sqrt{2}\psi_{s0}) \tag{5-57}$$

把式（5-55）~式（5-57）代入式（5-44）定子 A 相电压平衡方程式得

$$\begin{aligned}&\sqrt{2/3}(u_{sd}\cos\theta_{dqs}-u_{sq}\sin\theta_{dqs}+0.5\sqrt{2}u_{s0})\\&=R_s\sqrt{2/3}(i_{sd}\cos\theta_{dqs}-i_{sq}\sin\theta_{dqs}+0.5\sqrt{2}i_{s0})+\frac{\mathrm{d}}{\mathrm{d}t}[\sqrt{2/3}(\psi_{sd}\cos\theta_{dqs}-\psi_{sq}\sin\theta_{dqs}+0.5\sqrt{2}\psi_{s0})]\end{aligned} \tag{5-58}$$

若任何角度 θ_{dqs} 情况下，式（5-58）均成立，则式（5-58）左右两侧相同角度正、余弦系数相同，得 dq 坐标系中定子电压、电流及磁链的关系：

$$\begin{cases}u_{sd}=R_s i_{sd}+\dfrac{\mathrm{d}\psi_{sd}}{\mathrm{d}t}-\omega_{dqs}\psi_{sq}\\ u_{sq}=R_s i_{sq}+\dfrac{\mathrm{d}\psi_{sq}}{\mathrm{d}t}+\omega_{dqs}\psi_{sd}\\ u_{s0}=R_s i_{s0}+\dfrac{\mathrm{d}\psi_{s0}}{\mathrm{d}t}\end{cases} \tag{5-59}$$

同理可以推导转子侧 dq 坐标系电压平衡方程式如下：

$$\begin{cases}u_{rd}=R_r i_{rd}+\dfrac{\mathrm{d}\psi_{rd}}{\mathrm{d}t}-\omega_{dqr}\psi_{rq}\\ u_{rq}=R_r i_{rq}+\dfrac{\mathrm{d}\psi_{rq}}{\mathrm{d}t}+\omega_{dqr}\psi_{rd}\\ u_{r0}=R_r i_{r0}+\dfrac{\mathrm{d}\psi_{r0}}{\mathrm{d}t}\end{cases} \tag{5-60}$$

根据式（5-27），磁链和电流关系如下

$$\begin{bmatrix}\boldsymbol{\psi}_s\\ \boldsymbol{\psi}_r\end{bmatrix}=\begin{bmatrix}\boldsymbol{L}_{ss} & \boldsymbol{L}_{sr}\\ \boldsymbol{L}_{rs} & \boldsymbol{L}_{rr}\end{bmatrix}\begin{bmatrix}\boldsymbol{i}_s\\ \boldsymbol{i}_r\end{bmatrix} \tag{5-61}$$

其中，

$$\boldsymbol{i}_s=\boldsymbol{C}_{3s/2s}^{-1}\boldsymbol{i}_{s\alpha\beta0}=\boldsymbol{C}_{3s/2s}^{-1}\begin{bmatrix}\cos\theta_{dqs} & -\sin\theta_{dqs} & 0\\ \sin\theta_{dqs} & \cos\theta_{dqs} & 0\\ 0 & 0 & 1\end{bmatrix}\boldsymbol{i}_{sdq0}=\boldsymbol{C}_{3s/2s}^{-1}\boldsymbol{C}_{\theta_{dqs}}\boldsymbol{i}_{sdq0} \tag{5-62}$$

$$\boldsymbol{i}_r=\boldsymbol{C}_{3s/2s}^{-1}\boldsymbol{i}_{r\alpha\beta0}=\boldsymbol{C}_{3s/2s}^{-1}\begin{bmatrix}\cos\theta_{dqr} & -\sin\theta_{dqr} & 0\\ \sin\theta_{dqr} & \cos\theta_{dqr} & 0\\ 0 & 0 & 1\end{bmatrix}\boldsymbol{i}_{rdq0}=\boldsymbol{C}_{3s/2s}^{-1}\boldsymbol{C}_{\theta_{dqr}}\boldsymbol{i}_{rdq0} \tag{5-63}$$

$$\boldsymbol{\psi}_s=\boldsymbol{C}_{3s/2s}^{-1}\boldsymbol{\psi}_{s\alpha\beta0}=\boldsymbol{C}_{3s/2s}^{-1}\boldsymbol{C}_{\theta_{dqs}}\boldsymbol{\psi}_{sdq0} \tag{5-64}$$

$$\boldsymbol{\psi}_r=\boldsymbol{C}_{3s/2s}^{-1}\boldsymbol{\psi}_{r\alpha\beta0}=\boldsymbol{C}_{3s/2s}^{-1}\boldsymbol{C}_{\theta_{dqr}}\boldsymbol{\psi}_{rdq0} \tag{5-65}$$

$\boldsymbol{i}_{s\alpha\beta0}=[i_{s\alpha}\quad i_{s\beta}\quad i_{s0}]^{\mathrm{T}}$，$\boldsymbol{i}_{sdq0}=[i_{sd}\quad i_{sq}\quad i_{s0}]^{\mathrm{T}}$，$\boldsymbol{\psi}_{s\alpha\beta0}=[\psi_{s\alpha}\quad \psi_{s\beta}\quad \psi_{s0}]^{\mathrm{T}}$，$\boldsymbol{\psi}_{sdq0}=[\psi_{sd}\quad \psi_{sq}\quad \psi_{s0}]^{\mathrm{T}}$，$\boldsymbol{i}_{r\alpha\beta0}=[i_{r\alpha}\quad i_{r\beta}\quad i_{r0}]^{\mathrm{T}}$，$\boldsymbol{i}_{rdq0}=[i_{rd}\quad i_{rq}\quad i_{r0}]^{\mathrm{T}}$，$\boldsymbol{\psi}_{r\alpha\beta0}=[\psi_{r\alpha}\quad \psi_{r\beta}\quad \psi_{r0}]^{\mathrm{T}}$，$\boldsymbol{\psi}_{rdq0}=[\psi_{rd}\quad \psi_{rq}\quad \psi_{r0}]^{\mathrm{T}}$。

把式（5-62）~式（5-65）代入式（5-61）中得

$$\begin{bmatrix} \boldsymbol{C}_{3s/2s}^{-1}\boldsymbol{C}_{\theta_{dqs}}\boldsymbol{\psi}_{sdq0} \\ \boldsymbol{C}_{3s/2s}^{-1}\boldsymbol{C}_{\theta_{dqr}}\boldsymbol{\psi}_{rdq0} \end{bmatrix} = \begin{bmatrix} \boldsymbol{L}_{ss} & \boldsymbol{L}_{sr} \\ \boldsymbol{L}_{rs} & \boldsymbol{L}_{rr} \end{bmatrix} \begin{bmatrix} \boldsymbol{C}_{3s/2s}^{-1}\boldsymbol{C}_{\theta_{dqs}}\boldsymbol{i}_{sdq0} \\ \boldsymbol{C}_{3s/2s}^{-1}\boldsymbol{C}_{\theta_{dqr}}\boldsymbol{i}_{rdq0} \end{bmatrix} \tag{5-66}$$

所以，

$$\begin{cases} \boldsymbol{\psi}_{sdq0} = \boldsymbol{C}_{\theta_{dqs}}^{-1}\boldsymbol{C}_{3s/2s}\boldsymbol{L}_{ss}\boldsymbol{C}_{3s/2s}^{-1}\boldsymbol{C}_{\theta_{dqs}}\boldsymbol{i}_{sdq0} + \boldsymbol{C}_{\theta_{dqs}}^{-1}\boldsymbol{C}_{3s/2s}\boldsymbol{L}_{sr}\boldsymbol{C}_{3s/2s}^{-1}\boldsymbol{C}_{\theta_{dqr}}\boldsymbol{i}_{rdq0} \\ \boldsymbol{\psi}_{rdq0} = \boldsymbol{C}_{\theta_{dqr}}^{-1}\boldsymbol{C}_{3s/2s}\boldsymbol{L}_{rs}\boldsymbol{C}_{3s/2s}^{-1}\boldsymbol{C}_{\theta_{dqs}}\boldsymbol{i}_{sdq0} + \boldsymbol{C}_{\theta_{dqr}}^{-1}\boldsymbol{C}_{3s/2s}\boldsymbol{L}_{rr}\boldsymbol{C}_{3s/2s}^{-1}\boldsymbol{C}_{\theta_{dqr}}\boldsymbol{i}_{rdq0} \end{cases} \tag{5-67}$$

由此可得 dq 坐标系定子、转子磁链与定子、转子电流关系如下：

$$\begin{bmatrix} \psi_{sd} \\ \psi_{sq} \\ \psi_{s0} \\ \psi_{rd} \\ \psi_{rq} \\ \psi_{r0} \end{bmatrix} = \begin{bmatrix} L_{sdq} & 0 & 0 & L_{mdq} & 0 & 0 \\ 0 & L_{sdq} & 0 & 0 & L_{mdq} & 0 \\ 0 & 0 & L_{s\sigma} & 0 & 0 & 0 \\ L_{mdq} & 0 & 0 & L_{rdq} & 0 & 0 \\ 0 & L_{mdq} & 0 & 0 & L_{rdq} & 0 \\ 0 & 0 & 0 & 0 & 0 & L_{r\sigma} \end{bmatrix} \begin{bmatrix} i_{sd} \\ i_{sq} \\ i_{s0} \\ i_{rd} \\ i_{rq} \\ i_{r0} \end{bmatrix} \tag{5-68}$$

式中，$L_{mdq}=1.5L_{ms}$，$L_{sdq}=L_{s\sigma}+1.5L_{ms}$，$L_{rdq}=L_{r\sigma}+1.5L_{ms}$

根据式（5-59）可以计算定子吸收的瞬时功率 P_{in} 如下：

$$P_{in}=u_{sd}i_{sd}+u_{sq}i_{sq}=\underset{①}{R_s(i_{sd}^2+i_{sq}^2)}+\underset{②}{\left(\frac{d\psi_{sd}}{dt}i_{sd}+\frac{d\psi_{sq}}{dt}i_{sq}\right)}+\underset{③}{\omega_{dqs}(\psi_{sd}i_{sq}-\psi_{sq}i_{sd})} \tag{5-69}$$

根据式（5-69）可见，构成异步电机吸收的瞬时功率有三部分：①$R_s(i_{sd}^2+i_{sq}^2)$ 对应定子电阻铜损耗；②$(d\psi_{sd}/dt)i_{sd}+(d\psi_{sq}/dt)i_{sq}$ 对应电机磁场储能的变化；③$\omega_{dqs}(\psi_{sd}i_{sq}-\psi_{sq}i_{sd})$ 与转子旋转有关，显然该部分即为电机的电磁功率 P_M：

$$P_M=\omega_{dqs}(\psi_{sd}i_{sq}-\psi_{sq}i_{sd}) \tag{5-70}$$

这样，电磁转矩 T_e 计算如下：

$$T_e=\frac{P_M}{\omega_{dqs}/n_p}=n_p(\psi_{sd}i_{sq}-\psi_{sq}i_{sd})=n_p\boldsymbol{\psi}_s\times\boldsymbol{i}_s \tag{5-71}$$

当把式（5-68）定子磁链代入式（5-71）后进一步推导电磁转矩：

$$T_e=n_pL_{mdq}(i_{rd}i_{sq}-i_{rq}i_{sd})=n_pL_{mdq}\boldsymbol{i}_r\times\boldsymbol{i}_s \tag{5-72}$$

根据式（5-68）转子磁链可以进一步推导转子电流如下：

$$\begin{cases} i_{rd}=(\psi_{rd}-L_{mdq}i_{sd})/L_{rdq} \\ i_{rq}=(\psi_{rq}-L_{mdq}i_{sq})/L_{rdq} \end{cases} \tag{5-73}$$

把式（5-73）代入式（5-72）中，进一步可以推导电磁转矩：

$$T_e=n_p\frac{L_{mdq}}{L_{rdq}}(\psi_{rd}i_{sq}-\psi_{rq}i_{sd})=n_p\frac{L_{mdq}}{L_{rdq}}\boldsymbol{\psi}_r\times\boldsymbol{i}_s \tag{5-74}$$

从以上分析可见，电磁转矩可以表示为多种形式。根据上述分析，任意 dq 坐标系中，异步电机数学模型可以用 d 和 q 两通道电路结构来描述，如图 5-10 所示。对比图 3-1 所示的稳态等效电路，dq 坐标系中瞬态等效电路含有 d 轴通道和 q 轴通道两个电路。若转子绕组没有外加电压，则 $u_{rd}=0$，$u_{rq}=0$。

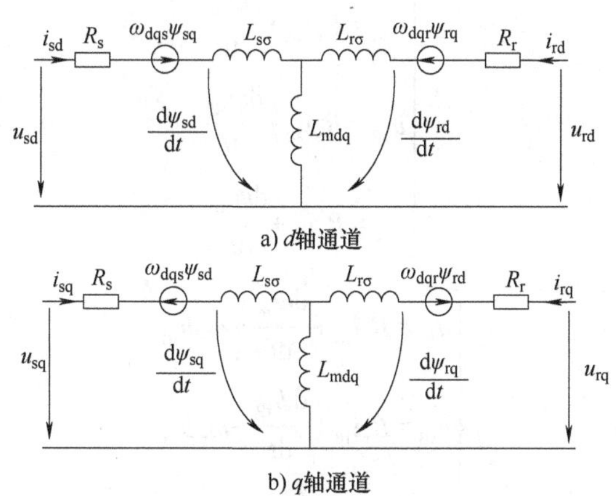

图 5-10　异步电机 d 和 q 两通道电路结构

5.5.2　同步旋转坐标系数学模型

当任意 dq 坐标系选择为同步旋转坐标系时，可以借助 3s/2s 静止坐标变换、2s/2r 直角坐标变换，基于自然坐标系数学模型推导建立同步旋转坐标系数学模型。也可以借助于任意 dq 坐标系数学模型直接建立同步旋转坐标系数学模型，本书采用后者。假设同步旋转坐标系旋转速度为 ω_s、转子旋转速度为 ω_r，则根据任意 dq 坐标系推导过程可见 $\omega_{dqs}=\omega_s$、$\omega_{dqr}=\omega_s-\omega_r=\omega_f$，所以同步旋转坐标系中主要数学模型如下：

定子、转子侧同步旋转坐标系电压平衡方程式如下：

$$\begin{cases} u_{sd}=R_s i_{sd}+\dfrac{d\psi_{sd}}{dt}-\omega_s\psi_{sq} \\ u_{sq}=R_s i_{sq}+\dfrac{d\psi_{sq}}{dt}+\omega_s\psi_{sd} \\ u_{s0}=R_s i_{s0}+\dfrac{d\psi_{s0}}{dt} \end{cases} \tag{5-75}$$

$$\begin{cases} u_{rd}=R_r i_{rd}+\dfrac{d\psi_{rd}}{dt}-\omega_f\psi_{rq} \\ u_{rq}=R_r i_{rq}+\dfrac{d\psi_{rq}}{dt}+\omega_f\psi_{rd} \\ u_{r0}=R_r i_{r0}+\dfrac{d\psi_{r0}}{dt} \end{cases} \tag{5-76}$$

其他方程与以上任意 dq 坐标系对应方程相同。

5.5.3　静止直角坐标系数学模型

当任意 dq 坐标系选择为直角 $\alpha\beta$ 静止坐标系时，根据任意 dq 坐标系推导过程可见 $\omega_{dqs}=0$、$\omega_{dqr}=-\omega_r$，所以根据式（5-59）和式（5-60）得定子、转子电压平衡方程式分别如下：

$$\begin{cases} u_{s\alpha}=R_s i_{s\alpha}+\dfrac{d\psi_{s\alpha}}{dt} \\ u_{s\beta}=R_s i_{s\beta}+\dfrac{d\psi_{s\beta}}{dt} \\ u_{s0}=R_s i_{s0}+\dfrac{d\psi_{s0}}{dt} \end{cases} \tag{5-77}$$

$$\begin{cases} u_{r\alpha}=R_r i_{r\alpha}+\dfrac{d\psi_{r\alpha}}{dt}+\omega_r\psi_{r\beta} \\ u_{r\beta}=R_r i_{r\beta}+\dfrac{d\psi_{r\beta}}{dt}-\omega_r\psi_{r\alpha} \\ u_{r0}=R_r i_{r0}+\dfrac{d\psi_{r0}}{dt} \end{cases} \tag{5-78}$$

根据式（5-77）可见，在直角 $\alpha\beta$ 静止坐标系中定子电压平衡方程式因坐标系静止而消除了运动电势，定子电压平衡方程得到了简化。其他方程与以上任意 dq 坐标系对应方程相同。

5.6 转子磁场定向控制

5.6.1 转子磁场定向控制原理

1. 转子磁场定向控制数学模型

当任意 dq 坐标系中 d 轴定向于转子磁链矢量 $\boldsymbol{\psi}_r$后，取转子磁场定向直角坐标系为 mt，则转子磁场定向坐标系 mt 与定子、转子坐标系及绕组之间的关系如图 5-11 所示。

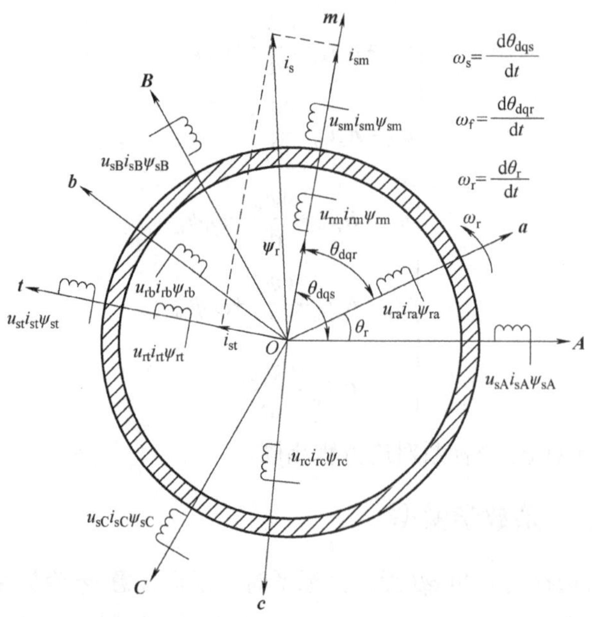

图 5-11　转子磁场定向坐标系 mt 与定子、转子坐标系及绕组之间的关系

从图 5-11 可见，任意 dq 坐标系经过定向以后，mt 坐标系就以同步速度 ω_s旋转，mt 坐标系相对于转子的相对旋转速度为转差 ω_f，可以结合以上同步旋转坐标系数学模型建立 mt 坐标系数学模型。

定子、转子侧电压平衡方程式分别如下：

$$\begin{cases} u_{sm}=R_s i_{sm}+\dfrac{d\psi_{sm}}{dt}-\omega_s\psi_{st} \\ u_{st}=R_s i_{st}+\dfrac{d\psi_{st}}{dt}+\omega_s\psi_{sm} \\ u_{s0}=R_s i_{s0}+\dfrac{d\psi_{s0}}{dt} \end{cases} \tag{5-79}$$

$$\begin{cases} u_{rm}=R_r i_{rm}+\dfrac{d\psi_{rm}}{dt}-\omega_f\psi_{rt} \\ u_{rt}=R_r i_{rt}+\dfrac{d\psi_{rt}}{dt}+\omega_f\psi_{rm} \\ u_{r0}=R_r i_{r0}+\dfrac{d\psi_{r0}}{dt} \end{cases} \tag{5-80}$$

定子、转子磁链方程如下：

$$\begin{bmatrix} \psi_{sm} \\ \psi_{st} \\ \psi_{s0} \\ \psi_{rm} \\ \psi_{rt} \\ \psi_{r0} \end{bmatrix}=\begin{bmatrix} L_{sdq} & 0 & 0 & L_{mdq} & 0 & 0 \\ 0 & L_{sdq} & 0 & 0 & L_{mdq} & 0 \\ 0 & 0 & L_{s\sigma} & 0 & 0 & 0 \\ L_{mdq} & 0 & 0 & L_{rdq} & 0 & 0 \\ 0 & L_{mdq} & 0 & 0 & L_{rdq} & 0 \\ 0 & 0 & 0 & 0 & 0 & L_{r\sigma} \end{bmatrix}\begin{bmatrix} i_{sm} \\ i_{st} \\ i_{s0} \\ i_{rm} \\ i_{rt} \\ i_{r0} \end{bmatrix} \tag{5-81}$$

由于采用了转子磁场定向，所以存在如下约束条件：

$$\begin{cases} \psi_{rm}=|\boldsymbol{\psi}_r| \\ \psi_{rt}=0 \end{cases} \tag{5-82}$$

这样，把该约束条件（5-82）代入式（5-80），进一步对转子侧电压平衡方程式进行简化如下：

$$\begin{cases} u_{rm}=R_r i_{rm}+\dfrac{d|\boldsymbol{\psi}_r|}{dt} \\ u_{rt}=R_r i_{rt}+\omega_f|\boldsymbol{\psi}_r| \\ u_{r0}=R_r i_{r0}+\dfrac{d\psi_{r0}}{dt} \end{cases} \tag{5-83}$$

其他数学模型与前述任意 dq 坐标系中对应模型相同。根据上述分析，异步电机 mt 坐标系数学模型可以用 m 和 t 两通道电路结构来描述，如图 5-12 所示。图中考虑了转子绕组没有外加电压的情况，对比图 5-12 与图 5-10 可见，采用转子磁场定向后，转子 m 轴通道仅存在变压器电动势 $d|\boldsymbol{\psi}_r|/dt$，而转子 t 轴通道仅存在运动电动势 $\omega_f|\boldsymbol{\psi}_r|$。显然，采用转子磁

场定向后，转子侧电路得到了简化。

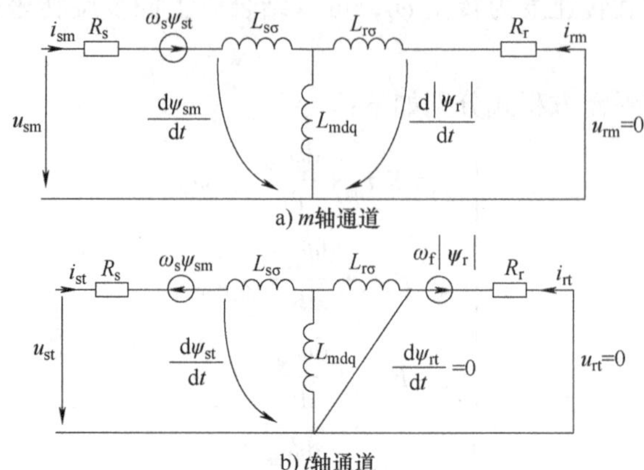

图 5-12　异步电机 m 和 t 两通道电路结构

2. 转矩及磁场控制

（1）转子磁链幅值控制

根据式（5-81）中 m 轴转子磁链及式（5-82）转子磁链定向约束条件，可以推导：

$$i_{rm}=\frac{|\boldsymbol{\psi}_r|-L_{mdq}i_{sm}}{L_{rdq}} \tag{5-84}$$

把式（5-84）代入式（5-83）m 轴转子电压平衡方程式中如下：

$$u_{rm}=R_r i_{rm}+\frac{d|\boldsymbol{\psi}_r|}{dt}=R_r\frac{|\boldsymbol{\psi}_r|-L_{mdq}i_{sm}}{L_{rdq}}+\frac{d|\boldsymbol{\psi}_r|}{dt}=0 \tag{5-85}$$

令转子回路时间常数为 $T_r=L_{rdq}/R_r$，且微分符号用 p 简记，则式（5-85）进一步可以化简为

$$|\boldsymbol{\psi}_r|=\frac{L_{mdq}}{1+T_r p}i_{sm} \tag{5-86}$$

根据式（5-86）可见，利用定子电流 m 轴分量 i_{sm} 可以实现转子磁链幅值 $|\boldsymbol{\psi}_r|$ 的控制，且定子电流 m 轴分量 i_{sm} 与转子磁链幅值 $|\boldsymbol{\psi}_r|$ 之间通过一阶惯性环节相互联系。当转子磁链幅值达到稳态值后：

$$|\boldsymbol{\psi}_r|=L_{mdq}i_{sm} \tag{5-87}$$

（2）转矩控制

根据任意 dq 坐标系中式（5-74）可以建立异步电机 mt 坐标系电磁转矩如下：

$$T_e=n_p\frac{L_{mdq}}{L_{rdq}}(\psi_{rm}i_{st}-\psi_{rt}i_{sm}) \tag{5-88}$$

由于采用了转子磁场定向，t 轴转子磁链分量 ψ_{rt} 等于 0，且 $\psi_{rm}=|\boldsymbol{\psi}_r|$，所以

$$T_e=n_p\frac{L_{mdq}}{L_{rdq}}|\boldsymbol{\psi}_r|i_{st} \tag{5-89}$$

根据式（5-89）可见，在转子磁链幅值恒定不变的情况下，可以利用定子电流的 t 轴分量 i_{st} 实现电磁转矩 T_e 的控制。这样在 mt 坐标系中，异步电机退化为直流电机数学模型，直

流电机与异步电机数学模型等效对比如图 5-13 所示。

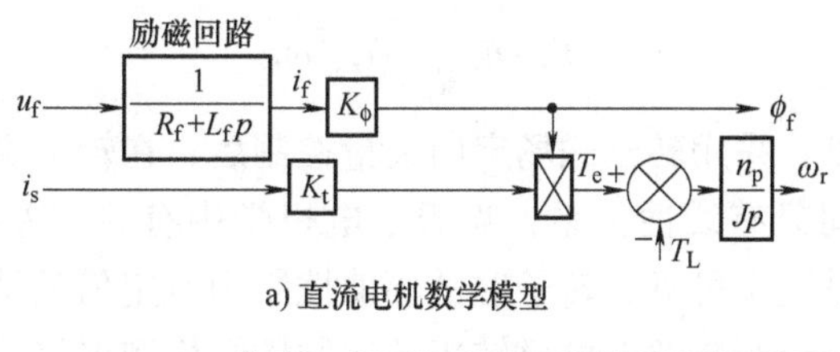

a) 直流电机数学模型

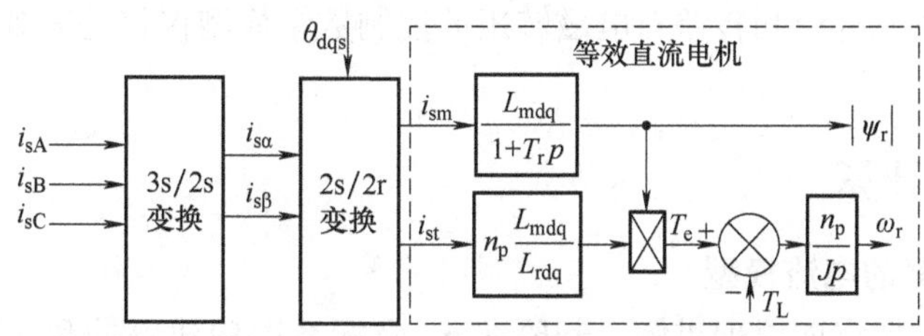

b) *mt*坐标系异步电机数学模型

图 5-13　直流电机与异步电机数学模型等效对比

3. 磁场定向控制特性分析

（1）*m* 轴通道存在对转子磁场变化的阻尼效应

根据式（5-83）转子侧 *m* 轴电压平衡方程式，可以推导：

$$i_{rm}=-\frac{1}{R_r}\frac{d|\boldsymbol{\psi}_r|}{dt} \tag{5-90}$$

而转子磁链幅值与定子、转子电流关系如下：

$$|\boldsymbol{\psi}_r|=L_{rdq}i_{rm}+L_{mdq}i_{sm} \tag{5-91}$$

所以，结合式（5-90）和式（5-91）可见，只要转子磁链幅值增大，则就会产生反向的 *m* 轴转子电流 i_{rm}，从而产生反向的转子电枢反应磁链 $L_{rdq}i_{rm}$阻碍转子磁链幅值的增大；反之亦然。所以在 *m* 轴上存在转子磁链幅值变化的阻尼效应。

（2）*t* 轴上不存在任何阻尼效应

由于采用了转子磁场定向，*t* 轴转子磁链分量等于 0，所以

$$\psi_{rt}=L_{rdq}i_{rt}+L_{mdq}i_{st}=0\Rightarrow i_{rt}=-L_{mdq}i_{st}/L_{rdq} \tag{5-92}$$

所以，定子 *t* 轴分量电流任何变化都会无延时地传递至转子 *t* 轴分量电流中，从而任何时刻均能保持 *t* 轴转子磁链分量等于 0。

（3）转差对转矩的控制与电流对转矩的控制相互统一

电机学中异步电机产生转矩的根本变量是转差，而转子磁场定向矢量控制中电磁转矩是利用电流进行控制的，那么电流对转矩的控制与转差对转矩的控制有何关联？根据式(5-83)可得转子侧 *t* 轴电压平衡方程式如下：

$$u_{rt}=R_r i_{rt}+\omega_f|\boldsymbol{\psi}_r|=0\Rightarrow i_{rt}=-\frac{|\boldsymbol{\psi}_r|}{R_r}\omega_f \tag{5-93}$$

结合式（5-92）和式（5-93）可得

$$i_{st}=\frac{L_{rdq}}{L_{mdq}}\frac{|\boldsymbol{\psi}_r|}{R_r}\omega_f \tag{5-94}$$

再把式（5-94）代入式（5-89）中得

$$T_{\mathrm{e}}=n_{\mathrm{p}}\frac{1}{R_{\mathrm{r}}}|\boldsymbol{\psi}_{\mathrm{r}}|^{2}\omega_{\mathrm{f}} \tag{5-95}$$

根据式（5-95）可见，采用转子磁场定向矢量控制后，在转子磁链幅值控制为恒定值的情况下，转差与转矩之间只有线性关系，克服了电机学中有关转差与转矩之间的非线性特性；而且从式（5-94）进一步可见在转子磁链幅值控制为恒定值的情况下，定子 t 轴电流与转差之间呈线性关系，电流和转差对电磁转矩的控制数学模型仅仅是表观不同，其本质是统一的。

5.6.2 转子磁链计算

1. 转子磁链计算的电流模型

根据前述转子磁场定向原理讲解，若要在 mt 坐标系中构建磁链和转矩的控制策略，必须知道转子磁链矢量。根据 $\alpha\beta$ 坐标系中转子电压平衡方程式可见待计算的转子磁链位于其中，可以借助于电流及转速，利用该电压模型对转子磁链进行计算。但电压方程中转子电流无法直接测量，所以有必要用已知量及待计算量来计算转子电流。根据前述任意 dq 坐标系磁链数学模型推导结论，可知静止 $\alpha\beta$ 坐标系转子磁链方程如下：

$$\begin{cases}\psi_{\mathrm{r}\alpha}=L_{\mathrm{rdq}}i_{\mathrm{r}\alpha}+L_{\mathrm{mdq}}i_{\mathrm{s}\alpha}\\ \psi_{\mathrm{r}\beta}=L_{\mathrm{rdq}}i_{\mathrm{r}\beta}+L_{\mathrm{mdq}}i_{\mathrm{s}\beta}\end{cases} \tag{5-96}$$

根据式（5-96）进一步可以求出转子电流如下：

$$\begin{cases}i_{\mathrm{r}\alpha}=\dfrac{\psi_{\mathrm{r}\alpha}}{L_{\mathrm{rdq}}}-\dfrac{L_{\mathrm{mdq}}}{L_{\mathrm{rdq}}}i_{\mathrm{s}\alpha}\\[2ex] i_{\mathrm{r}\beta}=\dfrac{\psi_{\mathrm{r}\beta}}{L_{\mathrm{rdq}}}-\dfrac{L_{\mathrm{mdq}}}{L_{\mathrm{rdq}}}i_{\mathrm{s}\beta}\end{cases} \tag{5-97}$$

把式（5-97）代入式（5-78）并以 α 轴转子磁链计算模型推导为例如下所示

$$R_{\mathrm{r}}i_{\mathrm{r}\alpha}+\frac{\mathrm{d}\psi_{\mathrm{r}\alpha}}{\mathrm{d}t}+\omega_{\mathrm{r}}\psi_{\mathrm{r}\beta}=R_{\mathrm{r}}\left(\frac{\psi_{\mathrm{r}\alpha}}{L_{\mathrm{rdq}}}-\frac{L_{\mathrm{mdq}}}{L_{\mathrm{rdq}}}i_{\mathrm{s}\alpha}\right)+\frac{\mathrm{d}\psi_{\mathrm{r}\alpha}}{\mathrm{d}t}+\omega_{\mathrm{r}}\psi_{\mathrm{r}\beta}=0 \tag{5-98}$$

上式进一步简化为

$$T_{\mathrm{r}}\frac{\mathrm{d}\psi_{\mathrm{r}\alpha}}{\mathrm{d}t}+\psi_{\mathrm{r}\alpha}=i_{\mathrm{s}\alpha}L_{\mathrm{mdq}}-T_{\mathrm{r}}\omega_{\mathrm{r}}\psi_{\mathrm{r}\beta} \tag{5-99}$$

用同样的方法建立 β 轴转子磁链计算模型如下：

$$T_{\mathrm{r}}\frac{\mathrm{d}\psi_{\mathrm{r}\beta}}{\mathrm{d}t}+\psi_{\mathrm{r}\beta}=i_{\mathrm{s}\beta}L_{\mathrm{mdq}}+T_{\mathrm{r}}\omega_{\mathrm{r}}\psi_{\mathrm{r}\alpha} \tag{5-100}$$

根据式（5-99）和式（5-100）计算模型画出电流模型计算转子磁链结构示意图，如图 5-14 所示。把定子电流 α 轴分量 $i_{\mathrm{s}\alpha}$、转子磁链的 β 轴分量 $\psi_{\mathrm{r}\beta}$ 及转子旋转速度 ω_{r} 送给式（5-99）一阶微分方程，计算获得转子磁链的 α 轴分量 $\psi_{\mathrm{r}\alpha}$；同样方法，利用式（5-100）计算转子磁链的 α 轴分量 $\psi_{\mathrm{r}\alpha}$。

以上静止坐标系中的转子磁链电流模型比较直观，但由于采用了两个惯性环节、两个除法环节，导致算法的运算量偏大；而且静止坐标系的磁链、电流均为交流量，对计算的步长

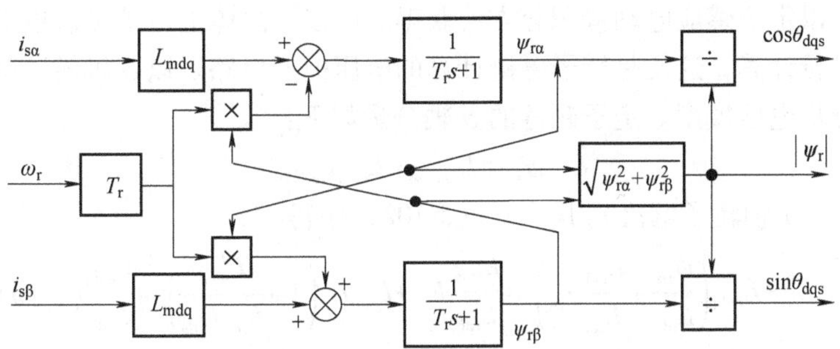

图 5-14　转子磁链计算的电流模型

比较敏感。为此，可以借助于前述异步电机转子磁场定向数学模型式（5-86）和式（5-94）构建 mt 坐标系上的转子磁链的计算电流模型如下：

$$\begin{cases}\dfrac{\mathrm{d}|\boldsymbol{\psi}_r|}{\mathrm{d}t}=-\dfrac{1}{T_r}|\boldsymbol{\psi}_r|+\dfrac{L_{mdq}}{T_r}i_{sm}\\ \omega_s=\omega_r+\dfrac{L_{mdq}}{T_r|\boldsymbol{\psi}_r|}i_{st}\end{cases}\tag{5-101}$$

若获得 mt 坐标系空间位置角的暂态量 θ_{dqs}，则据此把静止 $\alpha\beta$ 直角坐标系中定子电流变换至 mt 坐标系中获得 i_{sm}和 i_{st}分量；利用式（5-101）中第一表达式求解转子磁链幅值的暂态量$|\boldsymbol{\psi}_r|$；利用式（5-101）中第二表达式计算 mt 坐标系空间旋转角速度暂态量 ω_s；对 ω_s 积分获得 mt 坐标系空间位置角的暂态量 θ_{dqs}，并反馈至前述的定子电流 $\alpha\beta$ 坐标向 mt 坐标变换环节，最终稳态输出转子磁链矢量的幅值$|\boldsymbol{\psi}_r|$及辐角 θ_{dqs}（即 mt 坐标系空间位置角）。对应的 mt 坐标系转子磁链电流模型结构示意图如图 5-15 所示。

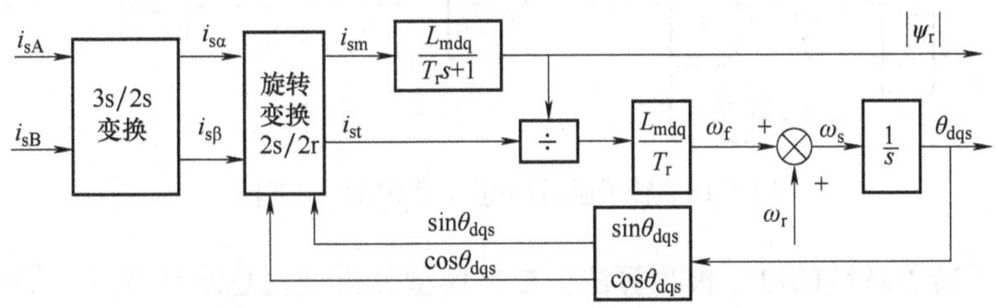

图 5-15　mt 坐标系转子磁链电流模型结构示意图

以上分析了两种转子磁链的电流模型算法，根据模型分析总结其特点：①转子磁链的电流模型需要实测的定子电流及转速，理论上不论转速高低均适用。②算法模型中含有电机的电感、转子侧时间常数等，计算的精度受电机参数的精度影响较大。实际电机温升和频率变化都会影响转子电阻，磁饱和程度将影响电机电感。③电机参数的这些影响将导致转子磁链幅值与位置信号计算出现偏差，若用有偏差的转子磁链构成闭环控制系统会造成整个系统定向控制性能的降低。

2. 转子磁链计算的电压模型

根据电机学中定子磁链、气隙磁链及转子磁链的关系，定子磁链中扣除定子漏磁链获得气隙磁链，气隙磁链基础上考虑转子漏磁链即可获得转子磁链；而定子磁链可以借助定子电压和定子电流，以定子感应电动势积分方法获得。所以，总体上转子磁链也可以根据定子电压和定子电流进行计算，这便是转子磁链计算的电压模型思路。以 α 轴转子磁链计算的电压模型推导为例分析电压模型。定子磁链的 α 轴分量如下：

$$\psi_{s\alpha}=L_{sdq}i_{s\alpha}+L_{mdq}i_{r\alpha} \tag{5-102}$$

把式（5-97）α 轴转子电流 $i_{r\alpha}$ 代入式（5-102）中得

$$\psi_{s\alpha}=L_{sdq}i_{s\alpha}+L_{mdq}\left(\frac{\psi_{r\alpha}}{L_{rdq}}-\frac{L_{mdq}}{L_{rdq}}i_{s\alpha}\right)=\frac{L_{mdq}}{L_{rdq}}\psi_{r\alpha}+L_{sdq}i_{s\alpha}\left(1-\frac{L_{mdq}^{2}}{L_{sdq}L_{rdq}}\right)=\frac{L_{mdq}}{L_{rdq}}\psi_{r\alpha}+\sigma L_{sdq}i_{s\alpha} \tag{5-103}$$

其中，$\sigma=1-L_{mdq}^{2}/(L_{sdq}L_{rdq})$为漏磁系数。

所以，结合式（5-103）和式（5-77）可以推导出 α 轴转子磁链如下：

$$\psi_{r\alpha}=\frac{L_{rdq}}{L_{mdq}}\psi_{s\alpha}-\sigma\frac{L_{sdq}L_{rdq}}{L_{mdq}}i_{s\alpha}=\frac{L_{rdq}}{L_{mdq}}\int(u_{s\alpha}-R_{s}i_{s\alpha})\mathrm{d}t-\sigma\frac{L_{sdq}L_{rdq}}{L_{mdq}}i_{s\alpha} \tag{5-104}$$

类似于 α 轴转子磁链电压模型的推导，同样可以建立 β 轴转子磁链电压模型如下：

$$\psi_{r\beta}=\frac{L_{rdq}}{L_{mdq}}\int(u_{s\beta}-R_{s}i_{s\beta})\mathrm{d}t-\sigma\frac{L_{sdq}L_{rdq}}{L_{mdq}}i_{s\beta} \tag{5-105}$$

联合式（5-104）和式（5-105）即构成完整的转子磁链计算的电压模型，由此画出转子磁链的电压模型结构示意图如图 5-16 所示。

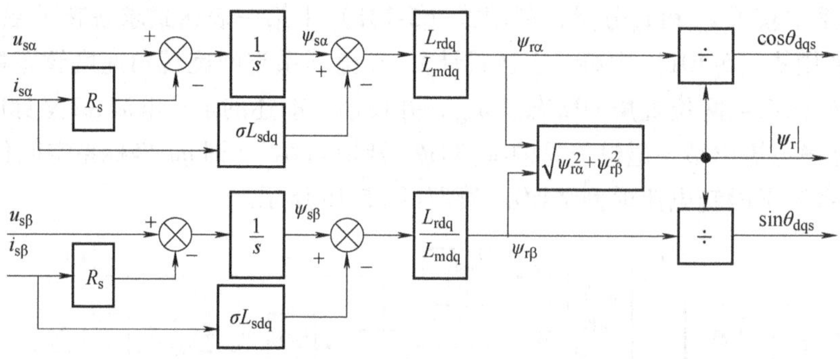

图 5-16　转子磁链的电压模型结构示意图

以上分析了转子磁链的电压模型算法，根据模型分析过程总结其特点：①电压模型中计算定子磁链需要利用纯积分器对定子感应电动势积分方法获得，积分器的初始值和感应电动势中的误差累积都直接影响计算结果的精度；②在低速运行区，定子电阻压降占定子电压比例较大，从而使得定子电阻误差对转子磁链的计算精度产生了较大影响，甚至很低转速运行区计算出的磁链误差非常大；③电压模型更适合于中、高速运行区。有时为了提高调速范围，把两种模型结合起来使用。

5.6.3　转子磁场定向矢量控制系统

1. 直接型磁场定向矢量控制系统

把转子磁链矢量直接计算出来构成反馈闭环型矢量控制称之为直接型磁场定向矢量控制，其结构示意图如图 5-17 所示。采用磁链闭环调节器 AψR 和转速闭环调节器 ASR 分别输出 m 和 t 轴电流给定值，并通过 2r/2s 变换至静止两相坐标系 $\alpha\beta$ 中；再通过 2s/3s 变换至静

止三相坐标系 ABC 中获得三相电流给定值。利用三相静止坐标系电流闭环型 PWM 方式实现三相电流跟踪其给定值。转子磁链矢量可以借助于磁链的电流模型或电压模型进行计算获得。由于实际电磁转矩中含有磁链信息，导致磁链动态对电磁转矩产生了耦合，从而影响了电磁转矩的高动态响应特性。为了避免磁链的动态对电磁转矩控制的不利影响，可以采用两种方法：方法一采用转速环内嵌电磁转矩闭环，如图 5-18 所示。利用转矩闭环输出定子电流的 t 分量给定，从而实现电磁转矩和磁链之间的完全解耦控制；方法二采用除法环节，如图 5-19 所示。利用转速闭环调节器输出电磁转矩的给定值，然后再除以实际磁链幅值最终获得定子电流的 t 轴分量。利用其中的除法和电机内部的乘法相互抵消原理，实现电磁转矩和磁链控制之间的解耦。

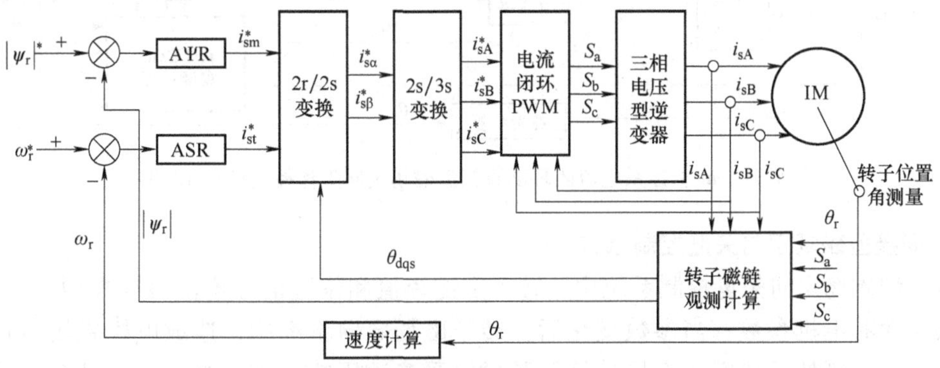

图 5-17　直接型磁场定向矢量控制结构示意图

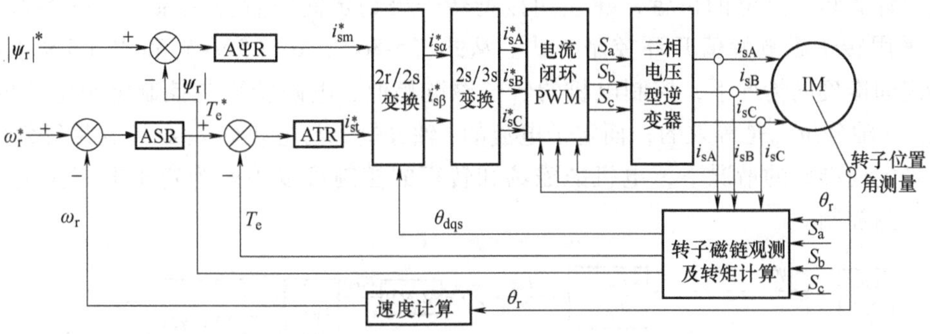

图 5-18　具有转矩闭环的直接型磁场定向矢量控制结构示意图

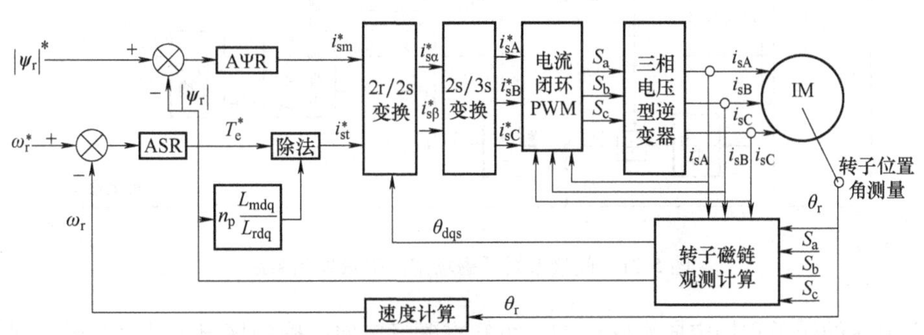

图 5-19　具有除法环节的直接型磁场定向矢量控制结构示意图

以上直接型磁场定向矢量控制系统电流闭环均放置在定子静止坐标系中，显然电流闭环控制器的输入和输出均为交流量，无法完全消除所要控制交流电流的稳态静差。为此，把电流闭环放置在同步定向坐标系 *mt* 中，利用电流调节器中的积分可以完全消除 *mt* 轴电流控制稳态误差，构建的 *mt* 电流闭环直接型磁场定向矢量控制如图 5-20 所示。

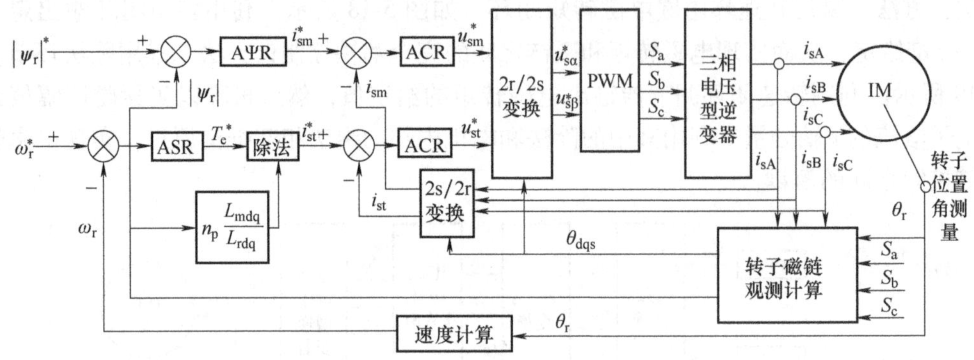

图 5-20　*mt* 坐标系电流闭环的直接型磁场定向矢量控制结构示意图

2. 间接型磁场定向矢量控制系统

直接型磁场定向矢量控制系统中，转子磁链幅值和位置信号均由磁链模型计算获得，计算模型含有电机参数；当参数变化后，转子磁场定向不准确，造成电机磁场与转矩之间相互耦合。既然反馈模式直接计算转子磁链受参数影响较多，则可以借助转差对转矩的瞬时控制思想构建磁场定向矢量控制系统，这便是间接型磁场定向矢量控制。利用给定值间接计算转子磁链的位置，建立间接型转子磁场定向矢量控制系统如图 5-21 所示，该系统采用转子磁链幅值开环控制方式。从式（5-86）、式（5-94）和式（5-95）可见，在磁场定向准确的情况下，控制电机的转子磁链幅值、电磁转矩与控制定子电流的 m 轴分量 i_{sm}、t 轴分量 i_{st}是等效的；而定子电流的 t 轴分量 i_{st}与电机转差 ω_f控制是等效的；这样在磁场定向准确的情况下，电机的磁场和转矩的控制可以等效为定子电流矢量幅值和电机转差的控制。

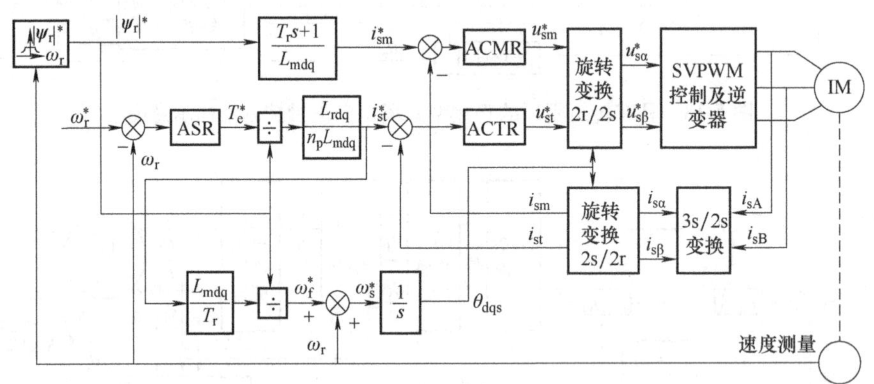

图 5-21　间接型转子磁场定向矢量控制系统

根据前述的转子磁场定向数学模型，可知在磁场定向准确的情况下若已知转子磁链幅值

给定值$|\boldsymbol{\psi}_r|^*$，则定子 m 轴电流给定计算如下：

$$i_{sm}^* = \frac{T_r p+1}{L_{mdq}} |\boldsymbol{\psi}_r|^*$$

对应的离散计算模型如下：

$$i_{sm\_k}^* = \frac{T_r}{L_{mdq}}\left(\frac{|\boldsymbol{\psi}_r|_k^* - |\boldsymbol{\psi}_r|_{k-1}^*}{T_s}\right) + \frac{|\boldsymbol{\psi}_r|_k^*}{L_{mdq}} = \frac{T_r+T_s}{T_s L_{mdq}}|\boldsymbol{\psi}_r|_k^* - \frac{T_r}{T_s L_{mdq}}|\boldsymbol{\psi}_r|_{k-1}^*$$

其中下角标“k”及“$k-1$”表示数字计算中的第“k”及第“$k-1$”拍。

采用转速闭环调节器 ASR 输出电磁转矩给定 T_e^*，根据电磁转矩及定子电流 t 轴分量可以计算 t 轴定子电流给定值 i_{st}^* 如下：

$$i_{st}^* = T_e^* \frac{L_{rdq}}{n_p L_{mdq}} \frac{1}{|\boldsymbol{\psi}_r|^*}$$

根据定子电流 t 轴分量与转差数学模型，已知 t 轴定子电流给定值 i_{st}^* 及转子磁链幅值给定可以计算转差给定 ω_f^* 如下：

$$\omega_f^* = \frac{L_{mdq}}{T_r |\boldsymbol{\psi}_r|^*} i_{st}^*$$

根据图 5-11 中转子旋转角度 θ_r、转差角度 θ_{dqr} 和定向坐标系空间角度 θ_{dqs} 的关系，计算在磁场定向准确的情况下定向坐标系空间角度给定 θ_{dqs}^* 如下：

$$\theta_{dqs}^* = \theta_r + \theta_{dqr} = \int \omega_r \mathrm{d}t + \int \omega_f^* \mathrm{d}t$$

并用该计算角 θ_{dqs}^* 实现 mt 坐标系与静止 $\alpha\beta$ 坐标系之间的变换。

根据上述分析可见，磁场定向角由磁链和电流 t 轴分量给定计算获得，没有用磁链模型实际计算转子磁链及其相位，所以属于间接型磁场定向；在转子旋转角度 θ_r 一定情况下，定向坐标系角度 θ_{dqs} 取决于转差角度频率，所以间接型磁场定向又称为转差矢量控制；图 5-21 中电流闭环位于 mt 坐标系，也可以把 mt 电流变换至定子静止坐标系，然后再构建三相绕组电流闭环控制；矢量控制方程中包含电机转子参数，定向精度仍受参数变化的影响。

5.6.4　转子磁场定向控制系统工程设计方法

1. 典型系统分析

（1）一般的调速系统型别

根据自动控制原理知识，一般的调速系统开环传递函数可以表示为

$$G_{op}(s) = \frac{K_{op}\sum_{i=1}^{k}(\tau_i s + 1)}{s^x \sum_{j=1}^{l}(T_j s + 1)} \tag{5-106}$$

根据开环传递函数中 x 的取值，称对应的调速系统为“x”型系统。对于 $x=0$ 的系统称为 0 型系统。由于 0 型系统中不存在积分环节，导致系统控制存在稳态误差；对于 3 型及 3 型以上的系统，由于积分环节带来至少−270°的相角，不利于系统稳定。所以调速系统通常设计为“Ⅰ”型或“Ⅱ”型系统。

(2) 典型Ⅰ型系统

1) 典型Ⅰ型系统幅相频特性分析

典型的Ⅰ型系统采用单位反馈结构，如图 5-22 所示。$R(s)$ 和 $C(s)$ 分别为系统的输入及输出，$E(s)$ 为系统的误差。系统的开环传递函数为

$$G_{\mathrm{Iop}}(s)=\frac{K_{\mathrm{I}}}{s(T_{\mathrm{I}}s+1)} \tag{5-107}$$

式中，K_{I}和 T_{I}分别为典型Ⅰ型系统的开环增益及对象时间常数，且 T_{I}为已知量，K_{I}为未知量。

根据式（5-107）可以建立对应系统的开环幅相频特性如下：

$$L=20\log|G_{\mathrm{Iop}}(\mathrm{j}\omega)|=20\log K_{\mathrm{I}}-20\log\omega-20\log\sqrt{(T_{\mathrm{I}}\omega)^2+1} \tag{5-108}$$

$$\varphi=-90°-\arctan(T_{\mathrm{I}}\omega) \tag{5-109}$$

根据式（5-108）和式（5-109），画出典型Ⅰ型系统开环幅相频特性曲线，如图 5-23 所示，对应的转折频率 $\omega_1=1/T_{\mathrm{I}}$，$\omega_{\mathrm{c}}$ 为开环截止频率。

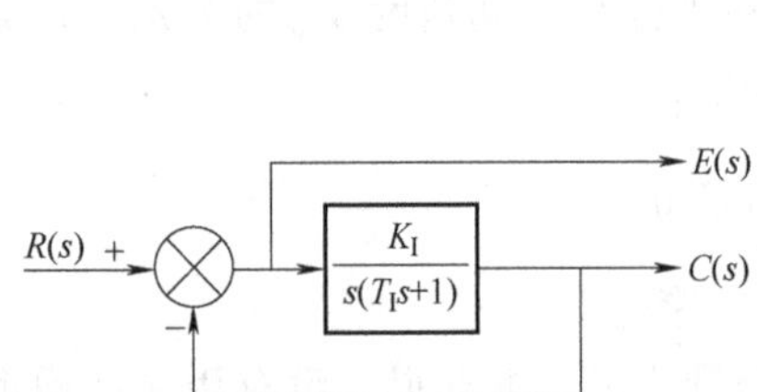

图 5-22 典型的Ⅰ型系统单位反馈结构

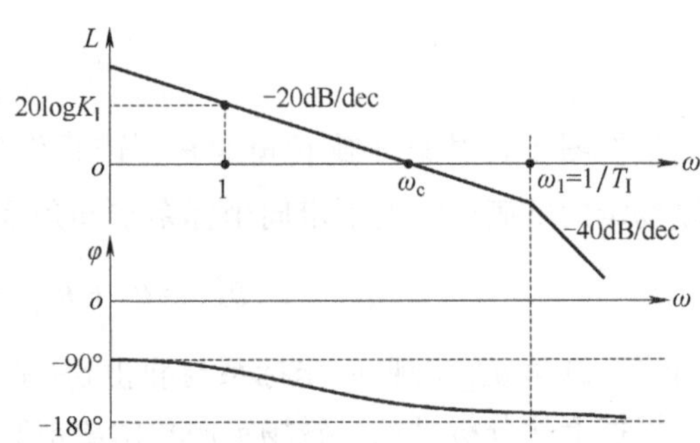

图 5-23 典型Ⅰ型系统幅相频特性曲线

从图 5-23 所示的幅相频特性曲线可以建立：

$$20\log K_{\mathrm{I}}=20(\log\omega_{\mathrm{c}}-\log 1) \tag{5-110}$$

根据式（5-110）可见 $K_{\mathrm{I}}=\omega_{\mathrm{c}}$，由此进一步推导该系统的相角裕度：

$$\phi=180°-90°-\arctan(T_{\mathrm{I}}\omega_{\mathrm{c}})=90°-\arctan(T_{\mathrm{I}}\omega_{\mathrm{c}}) \tag{5-111}$$

为了实现调速系统具有较宽广的中频段，利于调速系统的稳定，通常希望系统开环幅频特性曲线以−20dB/dec 的斜率穿越 0dB 线。根据图 5-23，只要 $\omega_{\mathrm{c}}\leqslant\omega_1=1/T_{\mathrm{I}}$即可保证幅频特性曲线以−20dB/dec 的斜率穿越 0dB 线，所以

$$K_{\mathrm{I}}T_{\mathrm{I}}=\omega_{\mathrm{c}}T_{\mathrm{I}}\leqslant 1 \tag{5-112}$$

这样，把式（5-112）代入式（5-111）中得系统的相角裕度如下：

$$\phi\geqslant 45° \tag{5-113}$$

2) 典型Ⅰ型系统稳态性能分析

根据图 5-22 可以推导误差传递函数如下：

$$G_{\mathrm{IEcl}}(s)=\frac{1}{1+G_{\mathrm{Iop}}(s)}=\frac{s(T_{\mathrm{I}}s+1)}{T_{\mathrm{I}}s^2+s+K_{\mathrm{I}}} \tag{5-114}$$

由此可以建立该系统的稳态误差如下：

$$e_{ss}=\lim_{s\to 0}(sG_{IEcl}(s)R(s))=\lim_{s\to 0}\left(\frac{s^2(T_Is+1)}{T_Is^2+s+K_I}R(s)\right) \tag{5-115}$$

这样，当Ⅰ型系统输入阶跃信号 $R(t)=R_0\varepsilon(t)$ 时：

$$e_{ss}=\lim_{s\to 0}\left(\frac{s^2(T_Is+1)}{T_Is^2+s+K_I}\frac{R_0}{s}\right)=0 \tag{5-116}$$

由此可见，Ⅰ型系统输入阶跃信号时稳态误差为 0。

当Ⅰ型系统输入斜坡信号 $R(t)=v_0t$ 时：

$$e_{ss}=\lim_{s\to 0}\left(\frac{s^2(T_Is+1)}{T_Is^2+s+K_I}\frac{v_0}{s^2}\right)=\frac{v_0}{K_I} \tag{5-117}$$

由此可见，Ⅰ型系统输入斜坡信号时存在稳态误差，且随着开环增益 K_I 的增大，误差也随之减小。

当Ⅰ型系统输入加速度信号 $R(t)=0.5a_0t^2$ 时：

$$e_{ss}=\lim_{s\to 0}\left(\frac{s^2(T_Is+1)}{T_Is^2+s+K_I}\frac{a_0}{s^3}\right)=\infty \tag{5-118}$$

由此可见，Ⅰ型系统输入加速度信号时存在无穷大的稳态误差，即典型Ⅰ型系统不能施加加速度输入信号。

3）动态跟随性能指标

根据图 5-22 可以建立对应系统的闭环传递函数如下：

$$G_{Icl}(s)=\frac{G_{Iop}(s)}{1+G_{Iop}(s)}=\frac{K_I/T_I}{s^2+s/T_I+K_I/T_I} \tag{5-119}$$

把式（5-119）写成典型的二阶系统闭环传递函数的一般形式如下：

$$G_{Icl}(s)=\frac{\omega_n^2}{s^2+2\xi\omega_ns+\omega_n^2} \tag{5-120}$$

式中，$\omega_n=\sqrt{K_I/T_I}$ 为无阻尼时的自然振荡角频率，即固有角频率；$\xi=0.5\sqrt{1/(K_IT_I)}$ 为阻尼比。

结合式（5-112），阻尼比进一步满足：

$$\xi\geqslant 0.5 \tag{5-121}$$

根据自动控制原理知识，二阶系统一般设计成欠阻尼状态，以提高系统输出的动态响应，再结合式（5-121）可得阻尼比的取值范围为

$$0.5\leqslant\xi<1 \tag{5-122}$$

根据自动控制原理知识，欠阻尼情况下典型Ⅰ型系统单位阶跃响应 $h(t)$ 如下

$$h(t)=1-\frac{e^{-\xi\omega_nt}}{\sqrt{1-\xi^2}}\sin(\omega_n\sqrt{1-\xi^2}t+\beta),t\geqslant 0 \tag{5-123}$$

式中，$\beta=\arctan(\sqrt{1-\xi^2}/\xi)$

超调量 $\sigma\%$ 计算如下：

$$\sigma\%=e^{-\pi\xi/\sqrt{1-\xi^2}}\times 100\% \tag{5-124}$$

上升时间 t_r 计算如下：

$$t_r=\frac{2\xi T_I}{\sqrt{1-\xi^2}}(\pi-\arccos\xi) \tag{5-125}$$

峰值时间 t_p 计算如下：

$$t_p=\frac{\pi}{\omega_n\sqrt{1-\xi^2}} \tag{5-126}$$

调节时间 t_s 计算如下：

$$t_s=3.5/(\xi\omega_n),\ \Delta=\pm5\%,\ \xi\leqslant0.8 \tag{5-127}$$

截止频率 ω_c 计算如下：

$$\omega_c=\omega_n\sqrt{\sqrt{4\xi^2+1}-2\xi^2} \tag{5-128}$$

相角稳定裕度 γ 计算如下：

$$\gamma=\arctan\left(2\xi/\sqrt{\sqrt{4\xi^2+1}-2\xi^2}\right) \tag{5-129}$$

根据以上表达式计算典型Ⅰ型系统跟随性能指标与参数的关系见表 5-1。对于实际的调速系统，如没有特殊要求，K_IT_I 可以选择为 0.5，此时系统的阻尼比为 0.707，超调量也只有 4.3%，能够满足绝大多数调速系统的性能需要。

表 5-1　典型Ⅰ型系统跟随性能指标与参数的关系

参数 K_IT_I	0.25	0.39	0.5	0.69	1.0
阻尼比 ξ	1.0	0.8	0.707	0.602	0.5
超调量 $\sigma\%$	0%	1.52%	4.33%	9.36%	16.30%
上升时间 t_r	∞	$6.66T_I$	$4.71T_I$	$3.34T_I$	$2.42T_I$
峰值时间 t_p	∞	$8.38T_I$	$6.28T_I$	$4.74T_I$	$3.63T_I$
调节时间 t_s	$7T_I$	$7T_I$	$7T_I$	$7T_I$	$7T_I$
相角稳定裕度 γ	76.35°	64.04°	58.82°	52.72°	46.28°
截止频率 ω_c	$0.243/T_I$	$0.487/T_I$	$0.605/T_I$	$0.761/T_I$	$0.956/T_I$

4）抗扰性能指标

实际的闭环系统对于外界的扰动抑制能力取决于扰动作用点的位置，不同的扰动作用位置具有不同的抗扰性能。结合实际的调速系统，以图 5-24 扰动点 F 作用下的典型Ⅰ型系统为例分析抗扰性能，前向通道传递函数如下：

$$W_1(s)W_2(s)=\frac{K_I}{s(T_Is+1)} \tag{5-130}$$

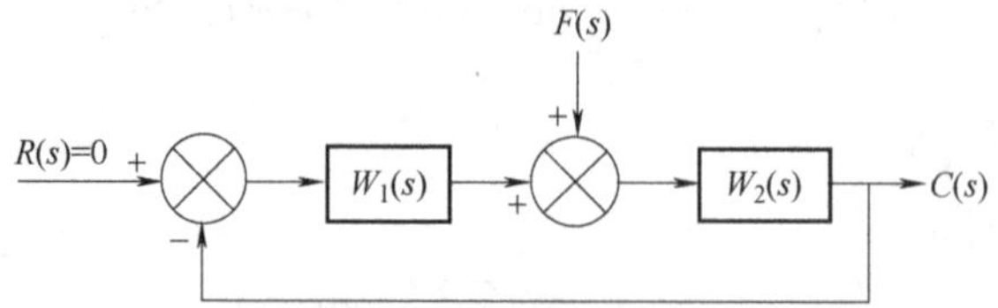

图 5-24　扰动点 F 作用下的典型Ⅰ型系统

根据图 5-24，推导扰动到输出的响应如下：

$$C(s)=\frac{W_1(s)W_2(s)}{1+W_1(s)W_2(s)}\frac{1}{W_1(s)}F(s) \tag{5-131}$$

由于抗扰性能与 $W_1(s)$ 具体形式有关，导致抗扰性能也会随着扰动点的变化而变化。对于常用的调速系统，假设：

$$W_1(s)=\frac{K_1(T_2s+1)}{s(T_1s+1)} \tag{5-132}$$

$$W_2(s)=\frac{K_2}{T_2s+1} \tag{5-133}$$

且，$K_I=K_1K_2$，$T_2>T_1=T_I$。

令，$F(s)=F/s$，$C_b=K_2F$，则把式（5-132）和式（5-133）及扰动 $F(s)$ 代入式（5-131）得

$$C(s)=\frac{FK_2(T_1s+1)}{(T_2s+1)(T_Is^2+s+K_I)} \tag{5-134}$$

若取表 5-1 中 $K_IT_I=0.5$ 特殊值，则

$$C(s)=\frac{2FK_2T_I(T_1s+1)}{(T_2s+1)(2T_I^2s^2+2T_Is+1)} \tag{5-135}$$

这样对应的输出量动态函数为

$$C(t)=\frac{2FK_2m}{2m^2-2m+1}\left[(1-m)\mathrm{e}^{-\frac{t}{T_2}}-(1-m)\mathrm{e}^{-\frac{t}{2T_I}}\cos\frac{t}{2T_I}+m\mathrm{e}^{-\frac{t}{2T_I}}\sin\frac{t}{2T_I}\right] \tag{5-136}$$

式中，$m=T_1/T_2<1$。取不同的 m 值，可以计算出相应的动态过程曲线。以上典型 I 型系统动态抗扰性能指标与参数的关系见表 5-2。由列表内容可见，当控制对象的两个时间常数相距较远时，动态降落 C_{max}/C_b 较小，但恢复时间 t_v 却拖得较长。其中 t_m 为扰动时输出下降至最低值时耗费时间。

表 5-2　典型 I 型系统动态抗扰性能指标与参数的关系

$m=T_1/T_2$	1/5	1/10	1/20	1/30
$C_{max}/C_b\times100\%$	27.78%	16.58%	9.27%	6.45%
t_m/T_I	2.8	3.4	3.8	4.0
t_v/T_I	14.7	21.7	28.7	30.4

（3）典型Ⅱ型系统

1）典型Ⅱ型系统幅相频特性分析

典型的Ⅱ型系统采用单位反馈结构，如图 5-25 所示。$R(s)$ 和 $C(s)$ 分别为系统的输入及输出，$E(s)$ 为系统的误差，系统的开环传递函为

$$G_{\mathrm{II}op}(s)=\frac{K_{\mathrm{II}}(\tau_{\mathrm{II}}s+1)}{s^2(T_{\mathrm{II}}s+1)} \tag{5-137}$$

式中，K_{II} 和 T_{II} 分别为典型Ⅱ型系统的开环增益及对象时间常数，且 T_{II} 为已知量，K_{II} 为未知量。为了易于实现典型Ⅱ型系统稳定，开环传递函数还配置了一个时间常数为 τ_{II} 的超前环节。

根据式（5-137）可以建立典型Ⅱ型系统开环幅相频特性如下：

$$L=20\log|G_{\mathrm{Iop}}(\mathrm{j}\omega)|=20\log K_{\mathrm{II}}-40\log\omega+20\log\sqrt{(\tau_{\mathrm{II}}\omega)^2+1}-20\log\sqrt{(T_{\mathrm{II}}\omega)^2+1} \tag{5-138}$$

$$\varphi=-180°+\arctan(\tau_{\mathrm{II}}\omega)-\arctan(T_{\mathrm{II}}\omega) \tag{5-139}$$

根据式（5-138）和式（5-139）画出典型Ⅱ型系统开环幅相频特性曲线如图5-26所示。对应的两个转折频率分别为 $\omega_1=1/\tau_{\mathrm{II}}$、$\omega_2=1/T_{\mathrm{II}}$。

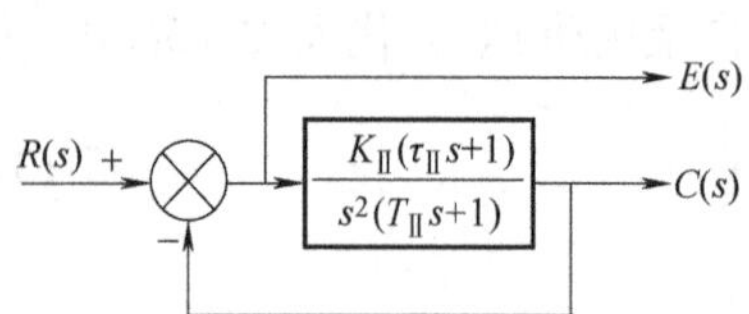

图5-25　典型的Ⅱ型系统单位反馈结构

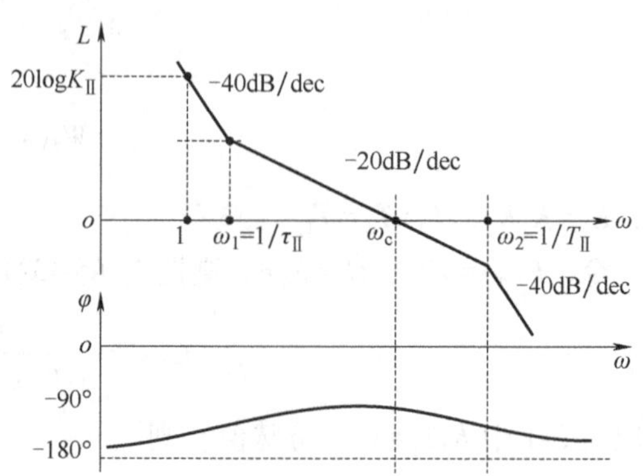

图5-26　典型Ⅱ型系统幅相频特性曲线

从图5-26幅相频特性曲线可以建立：

$$20\log K_{\mathrm{II}}=40(\log\omega_1-\log 1)+20(\log\omega_c-\log\omega_1)=20\log(\omega_1\omega_c) \tag{5-140}$$

根据式（5-140）显然 $K_{\mathrm{II}}=\omega_c\omega_1$。由式（5-139）进一步推导典型Ⅱ型系统的相角裕度：

$$\phi=180°-180°+\arctan(\tau_{\mathrm{II}}\omega_c)-\arctan(T_{\mathrm{II}}\omega_c)=\arctan(\tau_{\mathrm{II}}\omega_c)-\arctan(T_{\mathrm{II}}\omega_c) \tag{5-141}$$

显然，从图5-26可见只要满足 $\omega_1\leqslant\omega_c\leqslant\omega_2$ 即可保证开环幅频特性曲线以−20dB/dec的斜率穿越0dB线，所以：

$$1/\tau_{\mathrm{II}}\leqslant\omega_c\leqslant 1/T_{\mathrm{II}} \tag{5-142}$$

把式（5-142）代入式（5-141）进一步求得相角裕度：

$$\phi\geqslant 0° \tag{5-143}$$

2）典型Ⅱ型系统稳态性能分析

根据图5-25可以推导误差传递函数如下：

$$G_{\mathrm{II\,Ecl}}(s)=\frac{1}{1+G_{\mathrm{II\,op}}(s)}=\frac{s^2(T_{\mathrm{II}}s+1)}{T_{\mathrm{II}}s^3+s^2+K_{\mathrm{II}}\tau_{\mathrm{II}}s+K_{\mathrm{II}}} \tag{5-144}$$

由此可以建立典型Ⅱ型系统的稳态误差如下：

$$e_{ss}=\lim_{s\to 0}[sG_{\mathrm{II\,Ecl}}(s)R(s)]=\lim_{s\to 0}\left[\frac{s^3(T_{\mathrm{II}}s+1)}{T_{\mathrm{II}}s^3+s^2+K_{\mathrm{II}}\tau_{\mathrm{II}}s+K_{\mathrm{II}}}R(s)\right] \tag{5-145}$$

当典型Ⅱ型系统输入阶跃信号 $R(t)=R_0\varepsilon(t)$ 时：

$$e_{ss}=\lim_{s\to 0}\left(\frac{s^3(T_{\mathrm{II}}s+1)}{T_{\mathrm{II}}s^3+s^2+K_{\mathrm{II}}\tau_{\mathrm{II}}s+K_{\mathrm{II}}}\frac{R_0}{s}\right)=0 \tag{5-146}$$

所以，典型Ⅱ型系统输入阶跃信号时稳态控制误差为0。

当系统输入斜坡信号 $R(t)=v_0t$ 时：

$$e_{ss}=\lim_{s\to 0}\left(\frac{s^3(T_{\text{II}}s+1)}{T_{\text{II}}s^3+s^2+K_{\text{II}}\tau_{\text{II}}s+K_{\text{II}}}\frac{v_0}{s^2}\right)=0 \tag{5-147}$$

所以，典型Ⅱ型系统输入斜坡信号时稳态控制误差也为0。

当系统输入加速度信号 $R(t)=0.5a_0t^2$ 时：

$$e_{ss}=\lim_{s\to 0}\left(\frac{s^3(T_{\text{II}}s+1)}{T_{\text{II}}s^3+s^2+K_{\text{II}}\tau_{\text{II}}s+K_{\text{II}}}\frac{a_0}{s^3}\right)=\frac{a_0}{K_{\text{II}}} \tag{5-148}$$

从式（5-148）可见，典型Ⅱ型系统输入加速度信号时存在稳态控制误差 a_0/K_{II}，随着开环增益 K_{II} 的增大，稳态误差也随之减小。

3）动态跟随性能指标

根据图 5-25 可以建立典型Ⅱ型系统的闭环传递函数如下：

$$G_{\text{II}\,\text{cl}}(s)=\frac{G_{\text{II}\,\text{op}}(s)}{1+G_{\text{II}\,\text{op}}(s)}=\frac{K_{\text{II}}(\tau_{\text{II}}s+1)}{T_{\text{II}}s^3+s^2+K_{\text{II}}\tau_{\text{II}}s+K_{\text{II}}} \tag{5-149}$$

定义中频宽 h 如下：

$$h=\frac{1/T_{\text{II}}}{1/\tau_{\text{II}}}=\frac{\tau_{\text{II}}}{T_{\text{II}}} \tag{5-150}$$

利用中频宽定义，式（5-149）可以改写为

$$G_{\text{II}\,\text{cl}}(s)=\frac{G_{\text{II}\,\text{op}}(s)}{1+G_{\text{II}\,\text{op}}(s)}=\frac{K_{\text{II}}(hT_{\text{II}}s+1)}{T_{\text{II}}s^3+s^2+K_{\text{II}}hT_{\text{II}}s+K_{\text{II}}} \tag{5-151}$$

这样，典型Ⅱ型系统闭环幅频特性如下：

$$G_{\text{II}\,\text{cl}}(\mathrm{j}\omega)=\frac{K_{\text{II}}(\mathrm{j}\omega hT_{\text{II}}+1)}{(K_{\text{II}}-\omega^2)+\mathrm{j}(K_{\text{II}}hT_{\text{II}}-T_{\text{II}}\omega^2)\omega} \tag{5-152}$$

其幅值如下：

$$|G_{\text{II}\,\text{cl}}(\mathrm{j}\omega)|=\frac{K_{\text{II}}\sqrt{(\omega hT_{\text{II}})^2+1}}{\sqrt{(K_{\text{II}}-\omega^2)^2+(K_{\text{II}}hT_{\text{II}}-T_{\text{II}}\omega^2)^2\omega^2}} \tag{5-153}$$

显然式（5-153）是频率 ω 及开环增益 K_{II} 的函数。为了研究幅频特性的峰值，对式（5-153）分别取 $\partial|G_{\text{II}\text{cl}}(\mathrm{j}\omega)|/\partial\omega=0$ 及 $\partial|G_{\text{II}\text{cl}}(\mathrm{j}\omega)|/\partial K_{\text{II}}=0$ 得

$$2h^2T_{\text{II}}^4\omega^6+(3T_{\text{II}}^2+h^2T_{\text{II}}^2-2K_{\text{II}}h^3T_{\text{II}}^4)\omega^4+2(1-2K_{\text{II}}hT_{\text{II}}^2)\omega^2-2K_{\text{II}}=0 \tag{5-154}$$

$$K_{\text{II}}=\frac{1+T_{\text{II}}^2\omega^2}{1+hT_{\text{II}}^2\omega^2}\omega^2 \tag{5-155}$$

联立式（5-154）和式（5-155）求解幅频特性峰值最小时的频率 ω_{opt} 及开环增益 $K_{\text{II}\,\text{opt}}$ 如下：

$$\omega_{\text{opt}}=1/(\sqrt{h}T_{\text{II}}) \tag{5-156}$$

$$K_{\text{II}\,\text{opt}}=0.5(h+1)/(h^2T_{\text{II}}^2) \tag{5-157}$$

把式（5-156）和式（5-157）代入式（5-153），得典型Ⅱ型系统闭环幅频特性峰值最小值如下：

$$|G_{\text{II}\,\text{cl}}(\mathrm{j}\omega_{\text{opt}})|=\frac{h+1}{h-1} \tag{5-158}$$

由于 $K_{\text{II}\,\text{opt}}=\omega_c\omega_1=\omega_c/\tau_{\text{II}}=\omega_c/(hT_{\text{II}})$，则

$$\omega_c = 0.5(h+1)/(hT_{\mathrm{II}}) \tag{5-159}$$

$$\omega_2/\omega_c = 2h/(h+1) \tag{5-160}$$

这样按照$|G_{\mathrm{II}cl}(j\omega)|$峰值最小原则建立典型Ⅱ型系统开环传递函数如下：

$$G_{\mathrm{II}cl}(s) = \frac{\dfrac{h+1}{2h^2T_{\mathrm{II}}^2}(hT_{\mathrm{II}}s+1)}{T_{\mathrm{II}}s^3+s^2+\dfrac{h+1}{2h^2T_{\mathrm{II}}^2}hT_{\mathrm{II}}s+\dfrac{h+1}{2h^2T_{\mathrm{II}}^2}} \tag{5-161}$$

当输入单位阶跃信号 $R(s)=1/s$ 时，对应输出如下：

$$\begin{aligned} C(s) &= \frac{\dfrac{h+1}{2h^2T_{\mathrm{II}}^2}(hT_{\mathrm{II}}s+1)}{s\left[T_{\mathrm{II}}s^3+s^2+\dfrac{h+1}{2h^2T_{\mathrm{II}}^2}hT_{\mathrm{II}}s+\dfrac{h+1}{2h^2T_{\mathrm{II}}^2}\right]} \\ &= \frac{K(s-z_1)}{s(s-s_1)(s^2+2\xi\omega_n s+\omega_n^2)} \\ &= \frac{A_0}{s}+\frac{A_1}{s-s_1}+\frac{Bs+C}{s^2+2\xi\omega_n s+\omega_n^2} \end{aligned} \tag{5-162}$$

式中，变量参数依照有关自动控制原理教材三阶系统的单位阶跃响应推导。

对式（5-162）取拉普拉斯反变换得

$$h(t)=A_0+A_1e^{s_1t}+2Be^{-\zeta\omega_n t}\cos(\omega_n\sqrt{1-\zeta^2})t+\frac{C-B\zeta\omega_n}{\omega_n\sqrt{1-\zeta^2}}\cdot e^{-\zeta\omega_n t}\sin(\omega_n\sqrt{1-\zeta^2})t,\ t\geqslant 0 \tag{5-163}$$

根据式（5-163）采用数字仿真方法计算典型Ⅱ型系统跟随性能指标与参数的关系见表5-3。从表中结果可见中频宽 h 过大时扰动作用下的恢复时间拖长，实际视具体工艺要求确定 h 值。对比典型Ⅰ型系统，典型Ⅱ型系统的超调量比典型Ⅰ型系统大。没有特殊要求的情况下，可以取 $h=5$，此时调节时间为 $9.55T_{\mathrm{II}}$ 最短。

表5-3　典型Ⅱ型系统跟随性能指标与参数关系

h	3	4	5	6	7	8	9	10
$\sigma\%$	52.6%	43.6%	37.6%	33.2%	29.8%	27.2%	25.0%	23.3%
t_r	$2.4T_{\mathrm{II}}$	$2.65T_{\mathrm{II}}$	$2.85T_{\mathrm{II}}$	$3.0T_{\mathrm{II}}$	$3.1T_{\mathrm{II}}$	$3.2T_{\mathrm{II}}$	$3.3T_{\mathrm{II}}$	$3.35T_{\mathrm{II}}$
t_s	$12.15T_{\mathrm{II}}$	$11.65T_{\mathrm{II}}$	$9.55T_{\mathrm{II}}$	$10.45T_{\mathrm{II}}$	$11.3T_{\mathrm{II}}$	$12.25T_{\mathrm{II}}$	$13.25T_{\mathrm{II}}$	$14.20T_{\mathrm{II}}$
k	3	2	2	1	1	1	1	1

4）抗扰性能指标

实际的闭环系统对于外界的扰动抑制能力取决于扰动作用点的位置，不同的扰动作用点位置具有不同的抗扰性能。结合实际的调速系统，以图5-27扰动点F作用下的典型Ⅱ型系统为例分析抗扰性能。

图5-27中，$W_1(s)=\dfrac{K_1(hT_{\mathrm{II}}s+1)}{s(T_{\mathrm{II}}s+1)}$，$W_2(s)=\dfrac{K_2}{s}$

假设扰动信号为 $F(s)=F/s$，根据图5-27推导扰动作用下的输出如下：

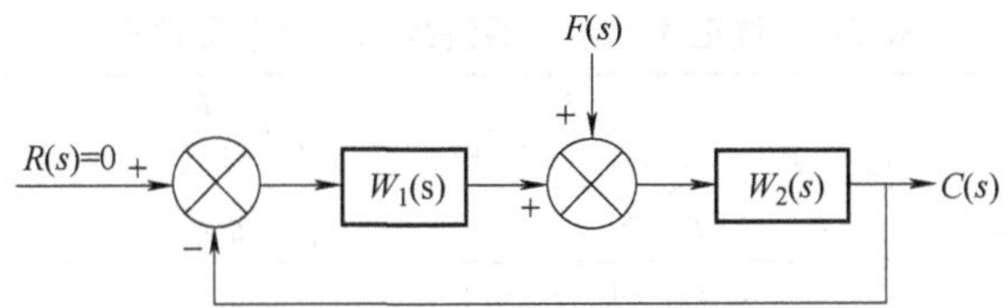

图 5-27　扰动点 F 作用下的典型Ⅱ型系统

$$C(s)=\frac{\frac{2h^2}{h+1}FK_2T_{\mathrm{II}}^2(T_{\mathrm{II}}s+1)}{\frac{2h^2}{h+1}T_{\mathrm{II}}^3s^3+\frac{2h^2}{h+1}T_{\mathrm{II}}^2s^2+hT_{\mathrm{II}}s+1} \tag{5-164}$$

假设 $C_b=2FK_2T_{\mathrm{II}}$，则各项动态抗扰性能指标见表 5-4。从中可见，h 值越小，动态降落 C_{max}/C_b 也越小，t_m、t_v 也越短，因而抗扰性能越好。C_{max}/C_b 的变化趋势与跟随性能指标中超调量与 h 值的关系相反，反映了快速性与稳定性间的矛盾。但是，当 $h<5$ 时，由于振荡次数的增加，h 值再小，恢复时间 t_v 反而拖长。由此可见，$h=5$ 是较好的选择，这与跟随性能中调节时间最短的条件是一致的。因此，结合典型Ⅱ型系统跟随和抗扰的各项性能指标，$h=5$ 应该是一个较好的选择。

表 5-4　典型Ⅱ型系统动态抗扰性能指标与参数的关系（稳态误差±5%C_b）

h	3	4	5	6	7	8	9	10
C_{max}/C_b	72.2%	77.5%	81.2%	84.0%	86.3%	88.1%	89.6%	90.8%
t_m	$2.45T_{\mathrm{II}}$	$2.7T_{\mathrm{II}}$	$2.85T_{\mathrm{II}}$	$3.0T_{\mathrm{II}}$	$3.15T_{\mathrm{II}}$	$3.25T_{\mathrm{II}}$	$3.3T_{\mathrm{II}}$	$3.4T_{\mathrm{II}}$
t_v	$13.6T_{\mathrm{II}}$	$10.45T_{\mathrm{II}}$	$8.8T_{\mathrm{II}}$	$12.95T_{\mathrm{II}}$	$16.85T_{\mathrm{II}}$	$19.8T_{\mathrm{II}}$	$22.8T_{\mathrm{II}}$	$25.85T_{\mathrm{II}}$

2. 传递函数的近似

（1）调节器结构的选择

为了利用上述典型Ⅰ型系统、典型Ⅱ型系统性能指标分析结果来设计实际系统，需要把实际对象利用合适的调节器校正为典型系统，过程如图 5-28 所示。

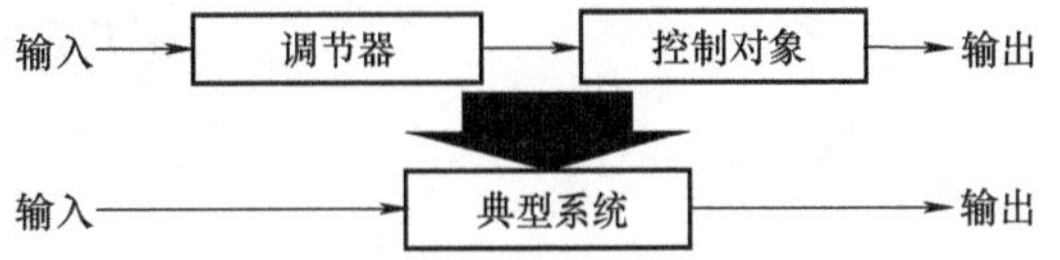

图 5-28　实际对象校正成典型系统的过程

几种校正成典型Ⅰ型系统和典型Ⅱ型系统的控制对象和相应的调节器传递函数配对列表于表 5-5 和表 5-6 中。有时仅靠 P、I、PI、PD、PID 几种调节器还是不能将对象校正成相应的典型系统，此时就不得不对对象进行一定的近似处理。

表 5-5　校正成典型Ⅰ系统的几种调节器选择

控制对象	$\frac{K}{(T_1s+1)(T_2s+1)}$ $T_1>T_2$	$\frac{K}{Ts+1}$	$\frac{K}{s(Ts+1)}$	$\frac{K}{(T_1s+1)(T_2s+1)(T_3s+1)}$ $T_1、T_2>T_3$	$\frac{K}{(T_1s+1)(T_2s+1)(T_3s+1)}$ $T_1\gg T_2,T_3$
调节器	$\frac{K_{pi}(\tau_1s+1)}{\tau_1s}$ $\tau_1=T_1$	$\frac{K_i}{s}$	K_p	$\frac{(\tau_1s+1)(\tau_2s+1)}{\tau s}$ $\tau_1=T_1,\tau_2=T_2$	$\frac{K_{pi}(\tau_1s+1)}{\tau_1s}$ $\tau_1=T_1,T_\Sigma=T_2+T_3$

表 5-6　校正成典型Ⅱ系统的几种调节器选择

控制对象	$\dfrac{K}{s(Ts+1)}$	$\dfrac{K}{(T_1s+1)(T_2s+1)}$ $T_1 \gg T_2$	$\dfrac{K}{s(T_1s+1)(T_2s+1)}$ $T_1 \approx T_2$	$\dfrac{K}{s(T_1s+1)(T_2s+1)}$ T_1, T_2很小	$\dfrac{K}{(T_1s+1)(T_2s+1)(T_3s+1)}$ $T_1 \gg T_2, T_3$
调节器	$\dfrac{K_{pi}(\tau_1s+1)}{\tau_1s}$ $\tau_1 = hT$	$\dfrac{K_{pi}(\tau_1s+1)}{\tau_1s}$ $\tau_1 = hT_2$	$\dfrac{(\tau_1s+1)(\tau_2s+1)}{\tau s}$ $\tau_1 = hT_1$(或 hT_2) $\tau_2 = T_2$(或 T_1)	$\dfrac{K_{pi}(\tau_1s+1)}{\tau_1s}$ $\tau_1 = h(T_1+T_2)$	$\dfrac{K_{pi}(\tau_1s+1)}{\tau_1s}$ $\tau_1 = h(T_2+T_3)$

(2) 传递函数的近似处理

1) 高频段小惯性环节的近似处理

实际系统中往往存在若干个小时间常数的惯性环节，这些小时间常数所对应的频率都处于频率特性的高频段，形成一组小惯性群。例如

$$W(s)=\frac{1}{(T_1s+1)(T_2s+1)\cdots(T_ns+1)} \tag{5-165}$$

研究表明在一定频率限定条件下这些小惯性环节可以近似为

$$W(s)\approx\frac{1}{\left(\sum_{i=1}^{n}T_i\right)s+1} \tag{5-166}$$

具体频率限定条件视含有的小惯性环节个数而定。若控制对象含有两个小惯性环节 $W(s)=\dfrac{1}{(T_1s+1)(T_2s+1)}$，则把 s 换成 $j\omega$ 后

$$W(j\omega)=\frac{1}{(j\omega T_1+1)(j\omega T_2+1)}=\frac{1}{1-\omega^2T_1T_2+j\omega(T_1+T_2)} \tag{5-167}$$

上式中当 $1\gg\omega^2T_1T_2$时，

$$W(s)\approx\frac{1}{1+(T_1+T_2)s} \tag{5-168}$$

在工程上以上频率限定条件可以近似等效为

$$\omega^2T_1T_2\leqslant\frac{1}{10}\times1$$

或

$$\omega\leqslant\frac{1}{\sqrt{10T_1T_2}}$$

若用开环截止频率 ω_c代替闭环带宽 ω_b，则以上频率不等式可以进一步近似为

$$\omega_c\leqslant\frac{1}{3\sqrt{T_1T_2}} \tag{5-169}$$

若控制对象含有三个小惯性环节 $W(s)=\dfrac{1}{(T_1s+1)(T_2s+1)(T_3s+1)}$，则把 s 换成 $j\omega$ 后

$$\begin{aligned}W(j\omega)&=\frac{1}{(j\omega T_1+1)(j\omega T_2+1)(j\omega T_3+1)}\\&=\frac{1}{1-\omega^2(T_1T_2+T_1T_3+T_2T_3)+j\omega(T_1+T_2+T_3-\omega^2T_1T_2T_3)}\end{aligned} \tag{5-170}$$

当 $1\gg\omega^2(T_1T_2+T_1T_3+T_2T_3)$ 且 $T_1+T_2+T_3\gg\omega^2T_1T_2T_3$时

$$W(s)\approx\frac{1}{1+(T_1+T_2+T_3)s} \tag{5-171}$$

若用开环截止频率 ω_c代替闭环带宽 ω_b，则在工程上以上两个频率限定条件近似如下：

$$\omega_c\leqslant\frac{1}{3}\sqrt{\frac{1}{T_1T_2+T_1T_3+T_2T_3}} \tag{5-172}$$

2）高阶系统的降阶近似处理

在一定的频率限定条件下，可以把高阶系统进行降阶处理成低阶系统。以三阶系统为例进行分析，假设某三阶系统如下：

$$W(s)=\frac{K}{as^3+bs^2+cs+1} \tag{5-173}$$

式中，a、b、c 都是正系数，且 $bc>a$，即系统是稳定的。

把 s 换成 $\mathrm{j}\omega$ 后，式（5-173）对应的频率特性为

$$W(\mathrm{j}\omega)=\frac{K}{(1-b\omega^2)+\mathrm{j}\omega(c-a\omega^2)} \tag{5-174}$$

如果 $b\omega^2\ll1\times\frac{1}{10}$且 $a\omega^2\ll c\ \frac{1}{10}$，即开环系统截止频率满足 $\omega_c\leqslant\frac{1}{3}\min\left(\sqrt{\frac{1}{b}},\ \sqrt{\frac{c}{a}}\right)$ 时，式（5-174）近似如下：

$$W(\mathrm{j}\omega)=\frac{K}{1+\mathrm{j}\omega c} \tag{5-175}$$

也即原系统（5-173）近似为

$$W(s)=\frac{K}{cs+1} \tag{5-176}$$

3）低频段大惯性环节的近似处理

当系统中存在一个时间常数特别大的大惯性环节时，可以在一定的频率限定条件下近似地将它看成是积分环节。假设大惯性环节传递函数如下：

$$W(s)=\frac{1}{Ts+1} \tag{5-177}$$

其对应的频率特性为

$$W(\mathrm{j}\omega)=\frac{1}{\mathrm{j}\omega T+1} \tag{5-178}$$

幅值如下：

$$|W(\mathrm{j}\omega)|=\frac{1}{\sqrt{(\omega T)^2+1}} \tag{5-179}$$

当 $(\omega T)^2\geqslant1\times10$ 即开环截止频率满足 $\omega_c\geqslant3/T$ 时，式（5-179）近似为

$$|W(\mathrm{j}\omega)|\approx\frac{1}{\omega T} \tag{5-180}$$

从而，式（5-177）大惯性环节等效为一个积分环节如下：

$$W(s)\approx\frac{1}{Ts}\tag{5-181}$$

3. 转子磁场定向控制工程设计

(1) 电压前馈解耦控制

根据前述的转子磁场定向数学模型，可以进一步建立以 mt 坐标系电流为状态变量的电流微分方程如下：

$$\begin{cases}\dfrac{\mathrm{d}i_{\mathrm{sm}}}{\mathrm{d}t}=\dfrac{L_{\mathrm{mdq}}}{\sigma L_{\mathrm{sdq}}L_{\mathrm{rdq}}T_{\mathrm{r}}}\left|\boldsymbol{\psi}_{\mathrm{r}}\right|-\dfrac{R_{\mathrm{s}}L_{\mathrm{rdq}}^{2}+R_{\mathrm{r}}L_{\mathrm{mdq}}^{2}}{\sigma L_{\mathrm{sdq}}L_{\mathrm{rdq}}^{2}}i_{\mathrm{sm}}+\omega_{\mathrm{s}}i_{\mathrm{st}}+\dfrac{u_{\mathrm{sm}}}{\sigma L_{\mathrm{sdq}}}\\ \dfrac{\mathrm{d}i_{\mathrm{st}}}{\mathrm{d}t}=-\dfrac{L_{\mathrm{mdq}}}{\sigma L_{\mathrm{sdq}}L_{\mathrm{rdq}}}\omega_{\mathrm{r}}\left|\boldsymbol{\psi}_{\mathrm{r}}\right|-\dfrac{R_{\mathrm{s}}L_{\mathrm{rdq}}^{2}+R_{\mathrm{r}}L_{\mathrm{mdq}}^{2}}{\sigma L_{\mathrm{sdq}}L_{\mathrm{rdq}}^{2}}i_{\mathrm{st}}-\omega_{\mathrm{s}}i_{\mathrm{sm}}+\dfrac{u_{\mathrm{st}}}{\sigma L_{\mathrm{sdq}}}\end{cases}\tag{5-182}$$

式中，$\sigma=1-L_{\mathrm{mdq}}^{2}/(L_{\mathrm{sdq}}L_{\mathrm{rdq}})$ 为电机漏磁系数

同时根据转子 t 轴磁链方程及 t 轴电压平衡方程式可得

$$0=-(\omega_{\mathrm{s}}-\omega_{\mathrm{r}})\left|\boldsymbol{\psi}_{\mathrm{r}}\right|+L_{\mathrm{mdq}}i_{\mathrm{st}}/T_{\mathrm{r}}\tag{5-183}$$

通过移项，把式 (5-182) 进一步变形为

$$\begin{cases}\sigma L_{\mathrm{sdq}}\dfrac{\mathrm{d}i_{\mathrm{sm}}}{\mathrm{d}t}+\dfrac{R_{\mathrm{s}}L_{\mathrm{rdq}}^{2}+R_{\mathrm{r}}L_{\mathrm{mdq}}^{2}}{L_{\mathrm{rdq}}^{2}}i_{\mathrm{sm}}=\dfrac{L_{\mathrm{mdq}}}{L_{\mathrm{rdq}}T_{\mathrm{r}}}\left|\boldsymbol{\psi}_{\mathrm{r}}\right|+\sigma L_{\mathrm{sdq}}\omega_{\mathrm{s}}i_{\mathrm{st}}+u_{\mathrm{sm}}=u_{\mathrm{sm-ACR}}\\ \sigma L_{\mathrm{sdq}}\dfrac{\mathrm{d}i_{\mathrm{st}}}{\mathrm{d}t}+\dfrac{R_{\mathrm{s}}L_{\mathrm{rdq}}^{2}+R_{\mathrm{r}}L_{\mathrm{mdq}}^{2}}{L_{\mathrm{rdq}}^{2}}i_{\mathrm{st}}=-\dfrac{L_{\mathrm{mdq}}}{L_{\mathrm{rdq}}}\omega_{\mathrm{r}}\left|\boldsymbol{\psi}_{\mathrm{r}}\right|-\sigma L_{\mathrm{sdq}}\omega_{\mathrm{s}}i_{\mathrm{sm}}+u_{\mathrm{st}}=u_{\mathrm{st-ACR}}\end{cases}\tag{5-184}$$

根据式 (5-184)，结合前述磁场定向中转子磁链及电磁转矩数学模型，可以画出以 mt 坐标系电压为输入变量、转子磁链及转速为输出变量异步电机等效结构框图如图 5-29 所示。

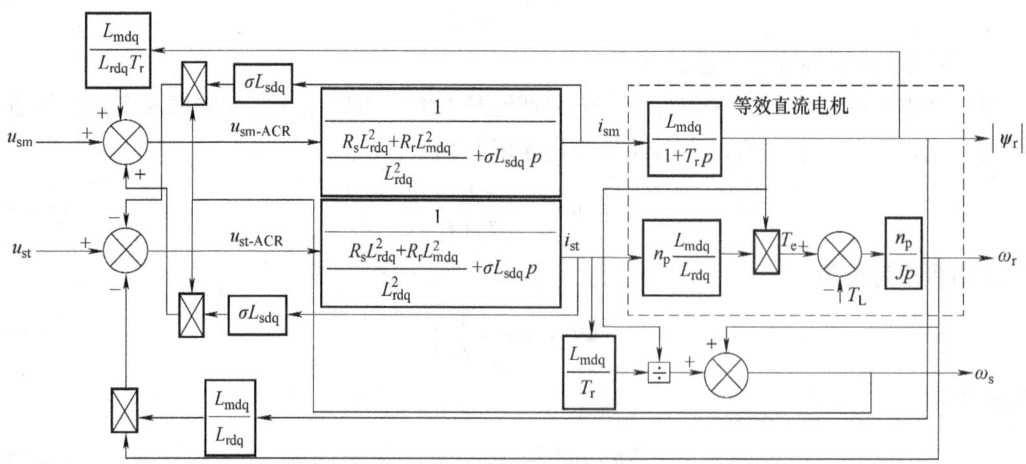

图 5-29 异步电机以 mt 坐标系电压为输入变量的等效结构框图

从式 (5-184) 及图 5-29 可见，如果利用定子电压实现定子电流控制，则 m、t 通道的电流控制相互有耦合，例如在 m 轴通道中含有 $\sigma L_{\mathrm{sdq}}\omega_{\mathrm{s}}i_{\mathrm{st}}$，在 t 轴通道中含有 $-\sigma L_{\mathrm{sdq}}\omega_{\mathrm{s}}i_{\mathrm{sm}}$；同时 mt 轴中转子磁链的耦合项，在 m 轴通道中含有 $L_{\mathrm{mdq}}\left|\boldsymbol{\psi}_{\mathrm{r}}\right|/(L_{\mathrm{rdq}}T_{\mathrm{r}})$，在 t 轴通道中含有

$-L_{mdq}\omega_r|\boldsymbol{\psi}_r|/L_{rdq}$。由于有这些耦合项的存在，实际的定子电压 u_{sm}、u_{st} 需要首先克服这些耦合项以后才控制对应的定子电流，从而造成定子电压对定子电流控制的不解耦。

为了利用电压型逆变器输出电压实现 mt 轴系定子电流闭环控制的解耦，可以对 mt 轴电压进行前馈解耦，对应的解耦环节如图 5-30 所示。

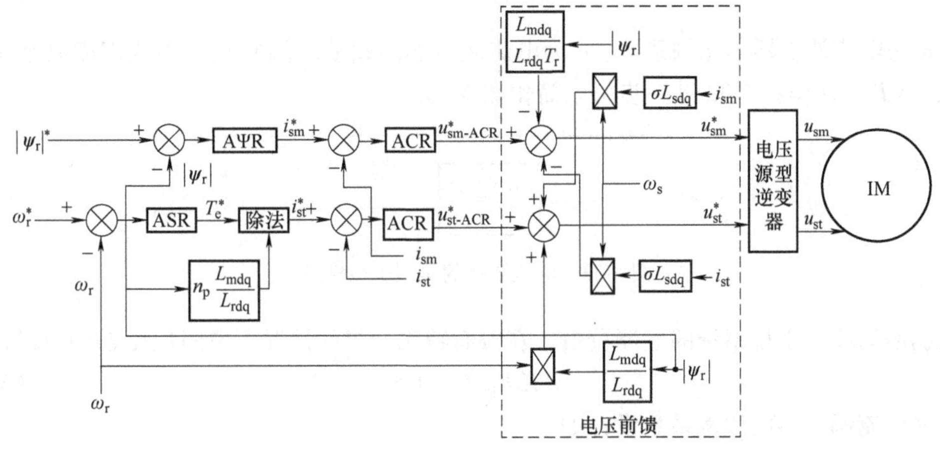

图 5-30　mt 轴电压前馈解耦控制

联立图 5-29 和图 5-30，考虑控制系统中的电压前馈和电机内部的电压和电流关系，整个矢量控制系统简化为图 5-31，其中小惯性环节 $1/(T_s s+1)$ 用来模拟电压源型逆变器输入-输出传递函数。

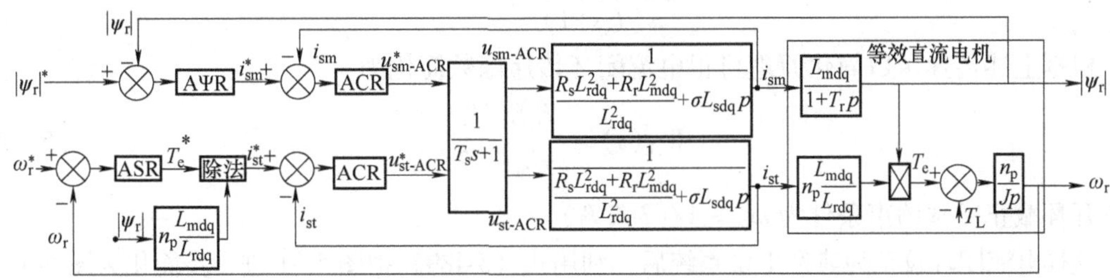

图 5-31　矢量控制系统简化

（2）电流环设计

从图 5-31 可见 mt 两轴电流闭环结构相同，以 m 轴电流闭环为例，其结构如图 5-32 所示。$W_{ACR}(s)$ 为电流调节器传递函数，$K_l/(T_l s+1)$ 为定子电压到定子电流的传递函数。

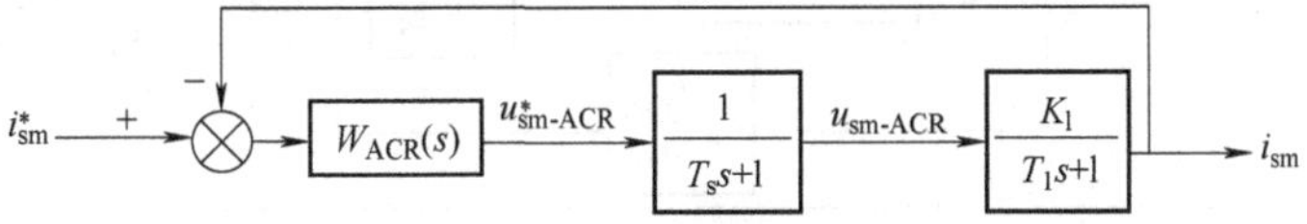

图 5-32　m 轴电流闭环结构

式中，$K_l=L_{rdq}^2/(R_sL_{rdq}^2+R_rL_{mdq}^2)$ 为电压和电流的转换倍数，$T_l=\sigma L_{sdq}L_{rdq}^2/(R_sL_{rdq}^2+R_rL_{mdq}^2)$ 为绕组时间常数。

为了减小电流超调，根据上述典型Ⅰ型系统、典型Ⅱ型系统跟随性能的对比，把电流闭环校正为典型Ⅰ型系统获得的超调更小。根据表5-5控制对象与调节器的配对，采用的电流调节器传递函数应该如下：

$$W_{ACR}(s)=\frac{K_i(\tau_i s+1)}{\tau_i s} \tag{5-185}$$

式中，K_i为电流调节器的比例系数；τ_i为电流调节器的超前时间常数。为校正成典型Ⅰ型系统，取$\tau_i=T_1$，这样图5-32进一步可以简化图5-33。

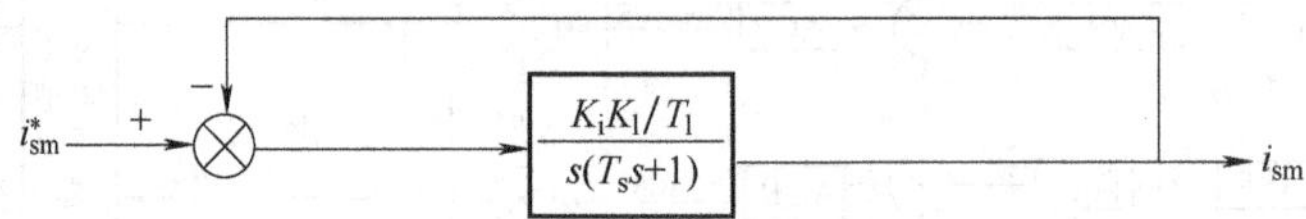

图5-33　电流闭环的典型Ⅰ型模型

根据前面典型Ⅰ型系统的性能分析，在没有特殊要求的情况下取阻尼比$\xi=0.707$，则

$$T_sK_iK_1/T_1=0.5 \tag{5-186}$$

这样电流调节器的比例系数设计如下：

$$K_i=0.5T_1/(T_sK_1) \tag{5-187}$$

电流闭环传递函数推导如下：

$$W_{cli}(s)=\frac{\dfrac{K_iK_1/T_1}{s(T_ss+1)}}{1+\dfrac{K_iK_1/T_1}{s(T_ss+1)}}=\frac{K_iK_1/T_1}{T_ss^2+s+K_iK_1/T_1} \tag{5-188}$$

根据上述传递函数简化原理可得电流闭环传递函数简化为

$$W_{cli}(s)\approx\frac{K_iK_1/T_1}{s+K_iK_1/T_1} \tag{5-189}$$

对应开环截止频率约束条件为$\omega_{cn}\leqslant 1/(3\sqrt{2}T_s)$

这样电流闭环校正为典型Ⅰ型系统后，利用式（5-189）把图5-31进一步简化为图5-34。

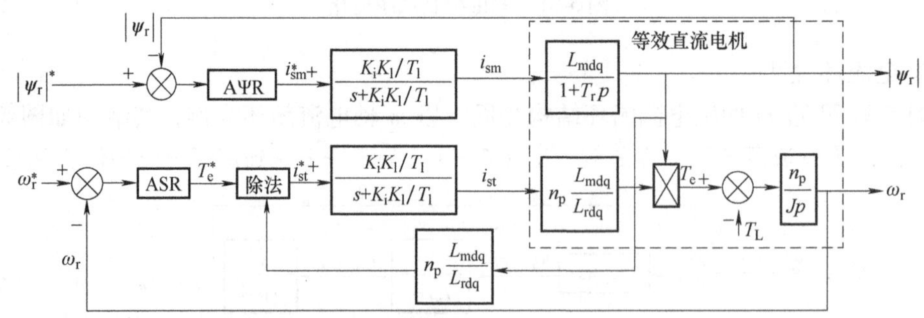

图5-34　转速及磁链闭环控制动态结构框图

对于电流闭环，电网电压的波动是其主要的扰动，其主要影响图5-32电流闭环中逆变器的输出电压$u_{sm\text{-}ACR}$，所以电网电压的扰动作用点之前前向通道传递函数$W_1(s)$和作用点

之后传递函数 $W_2(s)$ 分别为 $K_i(\tau_i s+2)/(\tau_i s(T_s s+1))$、$K_l/(T_l s+1)$，在电网电压的扰动作用下的闭环结构图与“图 5-24 扰动点 F 作用下的典型 I 型系统”相同，所以电流闭环抵抗电网电压扰动性能可以直接借助于典型 I 型系统的抗扰性能分析结论获得。

（3）转速闭环设计

根据上述化简，图 5-34 转速闭环结构可以简化为图 5-35 所示的结构。

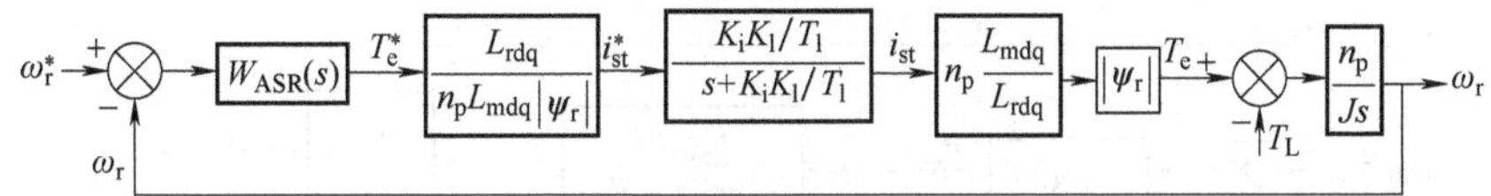

图 5-35　转速闭环结构图

忽略转子磁链的动态，则转速闭环结构图进一步可以简化为图 5-36 所示的结构。

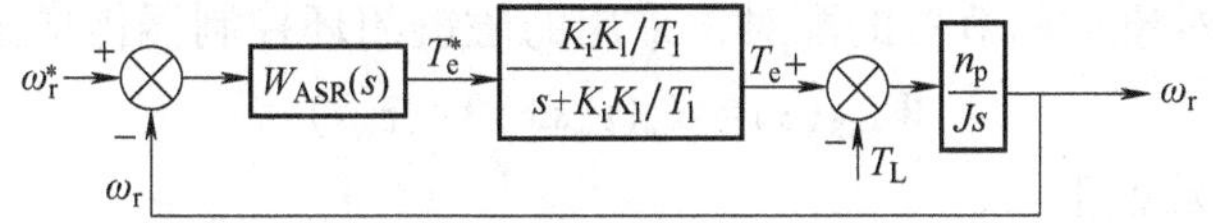

图 5-36　转速闭环结构的简化

忽略负载扰动情况下图 5-36 简化为图 5-37 所示的结构。

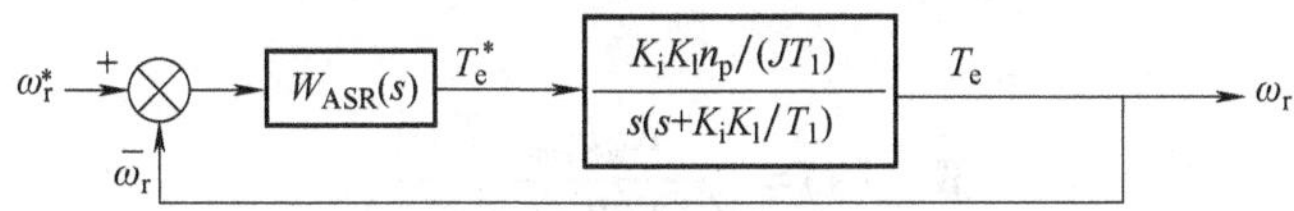

图 5-37　忽略负载扰动后的转速闭环结构

由于传动链为大惯性系统，为了提高转速的快速动态响应，根据上述典型 I 型系统、典型Ⅱ型系统跟随性能对比，可以把转速闭环校正成典型Ⅱ型系统。根据表 5-6 控制对象与调节器的配对，采用的转速调节器传递函数应该如下：

$$W_{ASR}(s)=K_n(\tau_n s+1)/(\tau_n s) \tag{5-190}$$

式中，K_n为转速调节器的比例系数；τ_n为转速调节器的超前时间常数。这样转速开环传递函数如下：

$$W_{opn}(s)=\frac{(\tau_n s+1)K_n/(J\tau_n/n_p)}{s^2(sT_l/(K_iK_l)+1)} \tag{5-191}$$

根据前述的典型Ⅱ型系统性能分析结论得

$$\tau_n=hT_l/(K_iK_l) \tag{5-192}$$

$$\frac{K_n}{J\tau_n/n_p}=\frac{h+1}{2h^2T_{\text{Ⅱ}}^2} \tag{5-193}$$

即

$$K_n=\frac{h+1}{2h^2T_{\text{Ⅱ}}^2}\frac{J\tau_n}{n_p}=\frac{h+1}{2h^2T_{\text{Ⅱ}}^2}\frac{J}{n_p}h\frac{T_l}{K_iK_l}=\frac{h+1}{2hT_{\text{Ⅱ}}^2}\frac{JT_l}{n_pK_iK_l} \tag{5-194}$$

若对转速动态响应没有特殊要求，则中频宽 $h=5$。

比较图 5-36 与图 5-27 可见转速闭环中的负载扰动作用点及闭环结构与图 5-27 的扰动作用点及结构完全相同，所以分析转速闭环中的负载抗扰性能完全借助于典型Ⅱ型系统中的抗扰性能分析结论获得。

（4） 磁通闭环设计

根据上述化简过程，图 5-34 转子磁链幅值闭环结构如图 5-38 所示。

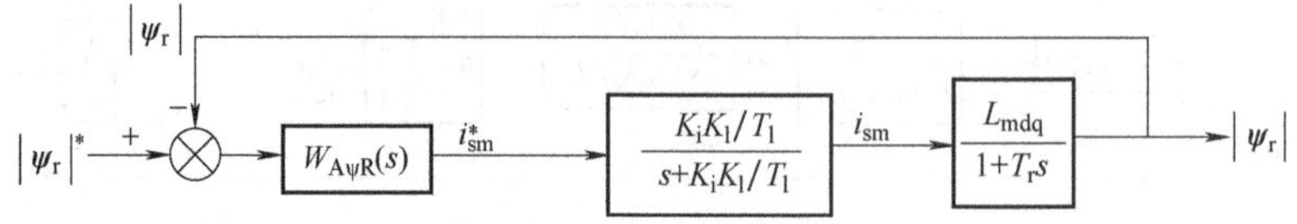

图 5-38 转子磁链幅值闭环结构

为了避免转子磁链幅值产生较大的超调，可以将转子磁链幅值闭环校正成典型Ⅰ型系统，根据表 5-5 控制对象与调节器的配对，采用的磁链闭环控制器传递函数应该如下：

$$W_{A\psi R}(s)=K_\psi(\tau_\psi s+1)/(\tau_\psi s) \tag{5-195}$$

这样磁链开环传递函数如下：

$$W_{op\psi}(s)=\frac{K_\psi(\tau_\psi s+1)}{\tau_\psi s}\frac{1}{1+sT_l/(K_iK_l)}\frac{L_{mdq}}{1+T_rs} \tag{5-196}$$

为了提高磁链闭环的动态响应及典型Ⅰ型系统校正思路，取$\tau_\psi=T_r$，则磁链开环传递函数进一步简化为

$$W_{op\psi}(s)=\frac{K_\psi L_{mdq}/T_r}{s(1+sT_l/(K_iK_l))} \tag{5-197}$$

根据前述的典型Ⅰ型系统跟随性能分析，没有特殊要求的情况下取阻尼比$\xi=0.707$，这样

$$\frac{T_l}{K_iK_l}\frac{K_\psi L_{mdq}}{T_r}=0.5 \tag{5-198}$$

这样

$$K_\psi=0.5T_rK_iK_l/(T_lL_{mdq}) \tag{5-199}$$

5.7 转子磁场定向控制系统仿真建模

5.7.1 直接型磁场定向控制系统仿真建模

采用附录 A 的表 A-1 中的异步电机参数，利用 MATLAB 对电机在额定转速 1440r/min、额定相电压 220V（有效值）、额定频率 50Hz 状态下第 3 章中的 T 型等效电路（忽略铁损耗）进行详细仿真求解，结果见表 5-7。

表 5-7 额定运行时 T 型等效电路仿真数据

参数	数值
输入电压/V	311sin（2π×50t）
定子电流/A	8.879sin（2π×50t−36.42°）

（续）

参数	数值
励磁电流/A	4.378sin（$2\pi\times50t-91.47°$）
转子电流/A	−7.312sin（$2\pi\times50t+172.97°$）
输入有功功率/W	1115
输出机械功率/W	995.4
气隙感应电动势/V	−284.7sin（$2\pi\times50t-1.47°$）
定子感应电动势/V	−297.6sin（$2\pi\times50t+1.94°$）
转子感应电动势/V	−283.36sin（$2\pi\times50t-7.03°$）
定子漏阻抗压降/V	27.48sin（$2\pi\times50t+15.47°$）
转子漏阻抗压降/V	−29.81sin（$2\pi\times50t-119.38°$）

根据转子感应电动势幅值 E_{rm}、定子额定频率 f_{sN} 求解额定转子磁链 $\psi_{rN}=E_{rm}/(2\pi\times50)=283.36/(2\pi\times50)=0.902$Wb，并据此设置转子磁链给定值为 1.105Wb；根据给定转子磁链幅值给定值及电机励磁电感，可以计算 m 轴稳态电流 $i_{sm}=\psi_{rN}^*/L_{mdq}=1.105/0.207=5.338$A，由此决定磁链调节器输出限幅值要大于 5.338A。根据图 5-20 建立 mt 坐标系电流闭环的直接型磁场定向控制 MATLAB 仿真模型如图 5-39 所示。根据转子磁链给定 1.105、转子磁链幅值观测值“phir_obs”计算转子磁链控制误差，然后再送给磁链调节器“AψR”，输出 m 轴电流给定“Ism_g”；根据 m 轴电流给定“Ism_g”、m 轴电流 Ism 计算 m 轴电流控制误差，然后再送给 m 轴电流调节器“ACR_M”，其输出再经过标幺单元 Unit_m 输出 m 轴的标幺电压给定 Usm。根据转速给定 n_given 及转速反馈值 n，计算转速控制误差，然后送给转速调节器 ASR 输出转矩给定 Te_g；根据转矩给定 Te_g 及转矩与 t 轴电流 Ist、转子磁链 phir_obs，计算 t 轴电流给定 Ist_g；根据 t 轴电流给定 Ist_g 及 t 轴电流 Ist，计算 t 轴电流控制误差，然后再送给 t 轴电流调节器“ACR_T”，其输出再经过标幺单元 Unit_t 输出 t 轴的标幺电压给定 Ust。mt 轴电压给定 Usm、Ust，零序电压 Us0=0 及转子磁链辐角 theta 送给空间矢量调制模块“SVPWM”，输出驱动三相逆变器“Inverter”的功率管驱动信号“gate”，对应的 SVPWM 模块建模如图 5-40 所示。先把 mt 轴电流分量、转子磁链辐角 theta 送给 dq 坐标向 $\alpha\beta$ 坐标变换模块，然后再经过 sqrt(3/2) 幅值补偿模块后，送入载波为 20kHz 的空间矢量调制模块，最后输出驱动三相逆变器 6 个功率开关的驱动信号“gate”。三相逆变器“Inverter”在驱动信号“gate”作用下，把直流母线电压 540V 变换成三相对称交流电压加到异步电机模块“Asynchronous Motor”。利用检测模块检测定子绕组三相电流 Iabc、转子旋转机械角速度 wm、电磁转矩 Te。三相定子电流 Iabc、经过极对数 2 转换模块“pole-pairs”转换的转子旋转电角速度 wr 送给基于 mt 坐标系的转子磁链观测器模块“mt_phir_obs”，输出气隙磁链矢量幅值“phir_obs”、气隙磁链矢量辐角“theta”、定子 mt 轴电流 Ism 及 Ist。其中“mt_phir_obs”模块建模内容见图 5-41 所示，对应理论结构图见上述图 5-15。所建立模型中，磁链调节器“AψR”中比例、积分系数分别为 25、25，输出限幅±10A，大于前面计算的 m 轴稳态电流值 3.072A；转速调节器 ASR 比例、积分系数分别为 15、0.5，输出转矩限幅为±30N · m，

是电机额定转矩 15N · m 的两倍；*mt* 轴电流调节器比例、积分系数分别为 10、2.5；输出限幅为±1。

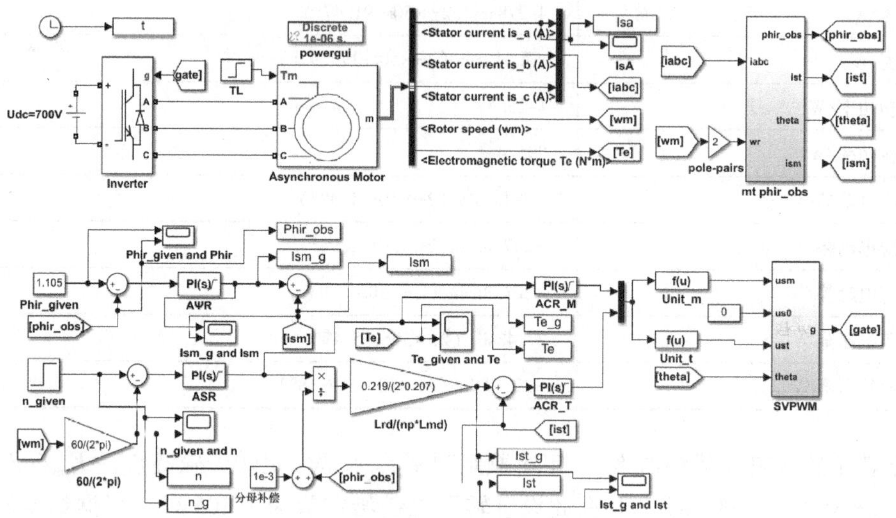

图 5-39 *mt* 坐标系电流闭环的直接型磁场定向控制仿真模型

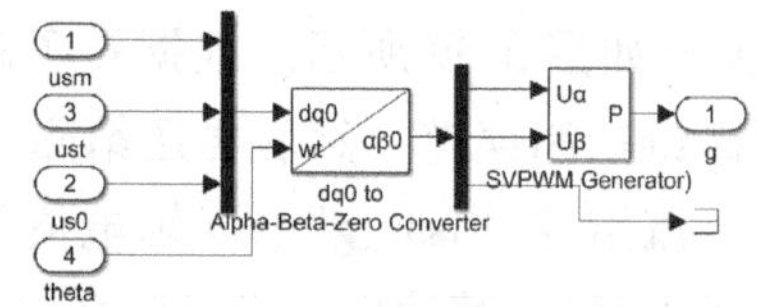

图 5-40 空间电压矢量调制模块“SVPWM”

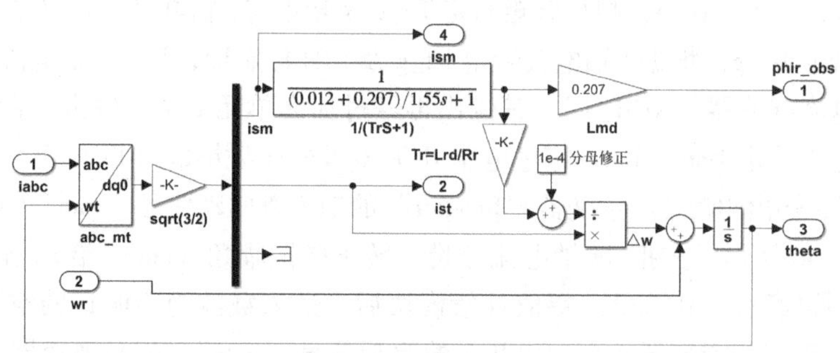

图 5-41 转子磁链观测器模块“mt_phir_obs”

图 5-42 所示为电机在半载 7.5N · m 起动至 720r/min，然后在 3s 处升速至额定转速 1440r/min；在 4.5s 处，负载突增至额定值 15N · m 的仿真波形。根据仿真结果可见：①由于在动态过程中，转矩能够限幅至最大值 30N · m，实现了转矩以最大加速度线性上升至给定值；②当转子磁链上升至给定值后，转子磁链不再受负载突加扰动的影响，实现了转子磁链与电磁转矩的解耦控制；③由于采用了转矩环节的除法环节，*t* 轴电流能够快速跟踪其给定值，从而快速补偿负载转矩的扰动；④*m* 轴电流能够始终跟随其给定值，稳态后约等于 5.338A，与前面理论计算一致。

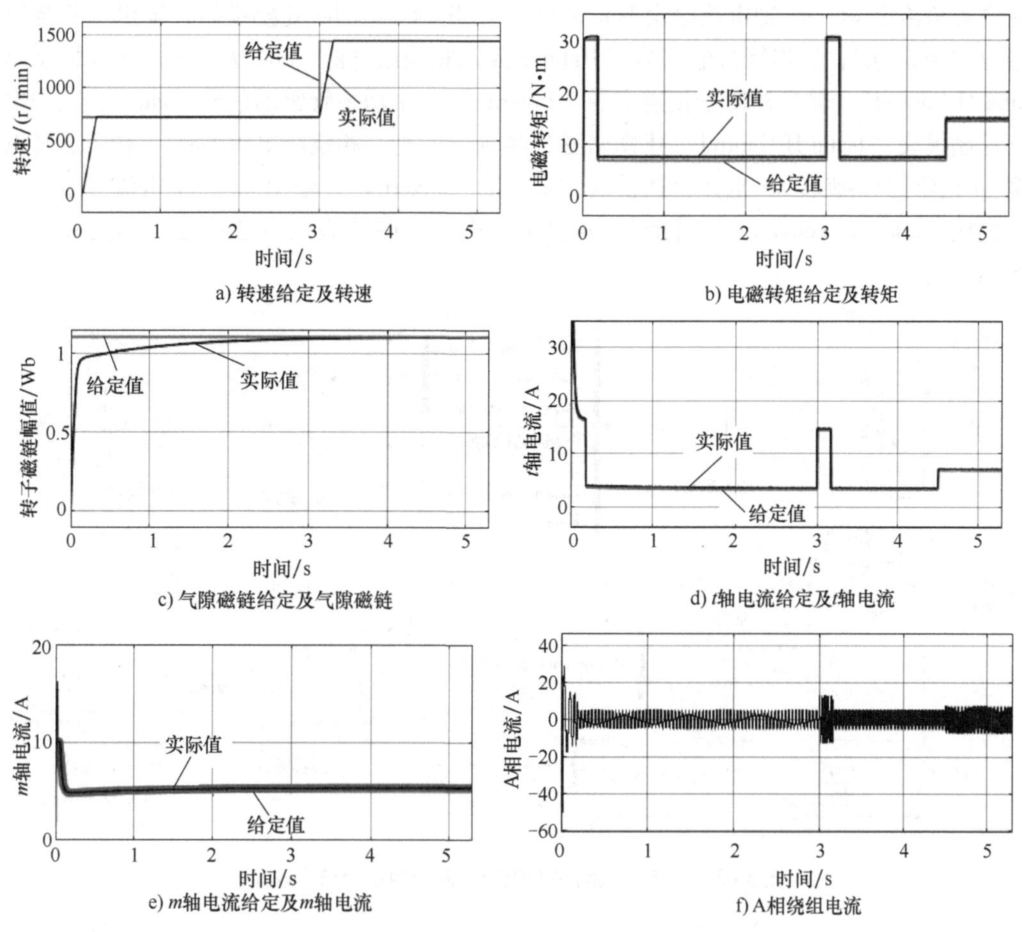

图 5-42　*mt* 坐标系电流闭环的直接型磁场定向控制仿真波形

5.7.2　间接型磁场定向控制系统仿真建模

采用附录 A 的表 A-1 异步电机参数，根据图 5-21 间接型磁场定向控制磁链开环转差型矢量控制结构建立间接磁场定向控制 MATLAB 仿真模型如图 5-43 所示。利用已知的 $|\boldsymbol{\psi}_{\mathrm{r}}|$ 计算 m 轴电流给定 $i_{\mathrm{sM}}^{*}=(1+T_{\mathrm{r}}p)|\boldsymbol{\psi}_{\mathrm{r}}|/L_{\mathrm{mdq}}=\dfrac{|\boldsymbol{\psi}_{\mathrm{r}}|}{L_{\mathrm{mdq}}}+\dfrac{L_{\mathrm{rdq}}}{R_{\mathrm{r}}}\dfrac{\mathrm{d}}{\mathrm{d}t}\left(\dfrac{|\boldsymbol{\psi}_{\mathrm{r}}|}{L_{\mathrm{mdq}}}\right)=\dfrac{\text{Phir\_gievn}}{0.207}+\dfrac{0.219}{1.55}\dfrac{\mathrm{d}}{\mathrm{d}t}\left(\dfrac{\text{Phir\_gievn}}{0.207}\right)$，图 5-43 中 m 轴电流给定为 Ism_g；转速控制误差 n_given-n 送给转速调节器 ASR，输出转矩给定 Te_g；再根据电磁转矩及 t 轴电流之间的关系，计算 t 轴电流给定 $i_{\mathrm{sT}}^{*}=L_{\mathrm{rdq}}T_{\mathrm{e}}^{*}/(n_{\mathrm{p}}L_{\mathrm{mdq}}|\psi_{\mathrm{r}}|)=\dfrac{T_{\mathrm{e}}^{*}}{n_{\mathrm{p}}L_{\mathrm{mdq}}|\psi_{\mathrm{r}}|/L_{\mathrm{rdq}}}=\dfrac{\text{Te\_g}}{2*0.207*\text{Phir\_given}/0.219}$，图 5-43 中 t 轴电流给定为 Ist_g；根据转速 ω_{r} 和 mt 轴电流计算定向位置角给定 $\theta=\displaystyle\int\dfrac{i_{\mathrm{sT}}^{*}}{(|\psi_{\mathrm{r}}|/L_{\mathrm{mdq}})\times(L_{\mathrm{rdq}}/R_{\mathrm{r}})}\mathrm{d}t+\int\omega_{\mathrm{r}}\mathrm{d}t=\int\dfrac{\text{Ist\_g}}{(\text{Phir\_given}/0.207)\times(0.219/1.55)}\mathrm{d}t+\int\omega_{\mathrm{r}}\mathrm{d}t$，图 5-43 中定向位置角给定为 wt；

定向位置角给定 wt、*mt* 轴电流给定 Ism_g 及 Ist_g 送给 dq0-abc 变换模块，输出三相绕组电流给定 “Isabc_g”；三相绕组电流给定 Isabc_g 及三相绕组电流 Isabc 送给电流滞环控制模块 “Isabc H Control”，输出控制三相逆变器 “Inverter” 六个功率管驱动信号 “gate”，其中电流滞环控制模块 “Isabc H Control” 建模如图 5-44 所示。把三相绕组电流 Isabc、转子旋转电角速度 wr 送给三相-旋转 *mt* 坐标变换模块 “abc_mt_converter”，输出 *mt* 定子电流分量 Ism 及 Ist，模块 “abc_mt_converter” 借助于 *mt* 坐标系中转子磁链观测方法构建，其模块内部见图 5-41。

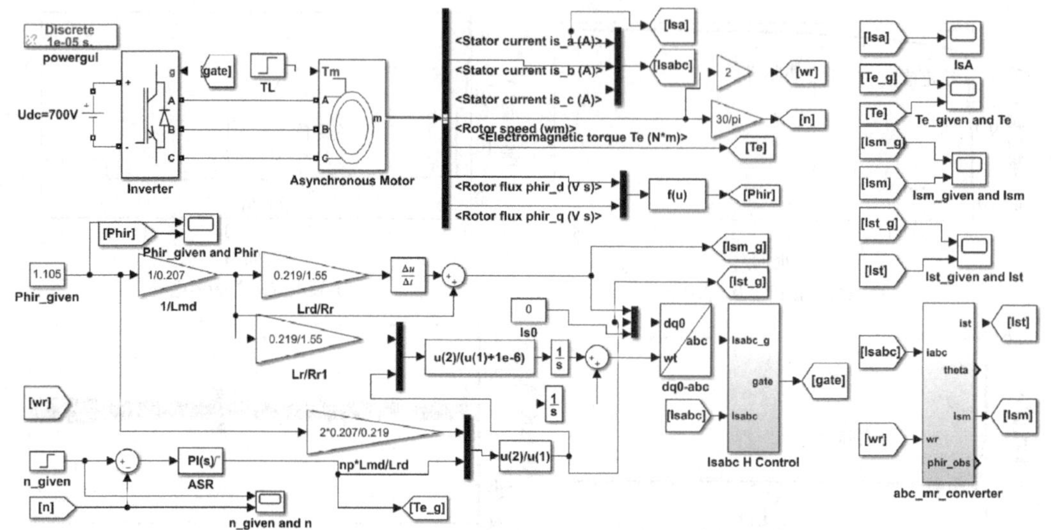

图 5-43　异步电机间接型磁场定向控制系统仿真模型

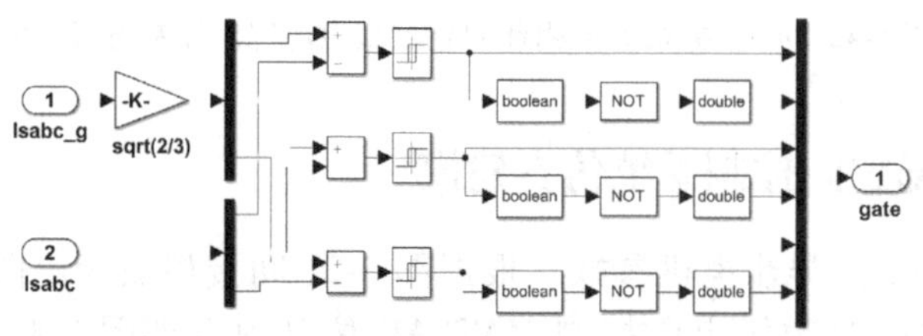

图 5-44　三相电流滞环控制模块 “Isabc H Control”

图 5-45 所示为电机在半载 7.5N · m 起动至 720r/min，然后在 3s 处升速至额定转速 1440r/min；在 4.5s 处，负载突增至额定值 15N · m 的仿真波形。根据仿真结果可见：①由于在动态过程中，转矩能够限幅至最大值 30N · m，实现了转矩以最大加速度上升至给定值；②当转子磁链上升至给定值后，转子磁链基本不再受负载突加扰动的影响，实现了转子磁链与电磁转矩的解耦控制；③由于采用了转矩环节的除法环节，*t* 轴电流能够较快速地跟踪其给定值，从而补偿负载转矩的扰动；④*m* 轴电流能够跟随其给定值，稳态后约等于 5.338A，与前面理论计算一致。相比较于直接型磁场定向控制，转子磁链在负载动态过程中会有小幅的脉动，表示磁链和电磁转矩还是有一定的耦合现象；另外，在起动过程中实际电磁转矩存在明显的冲击现象，而上述直接型磁场定向控制中不存在该现象。

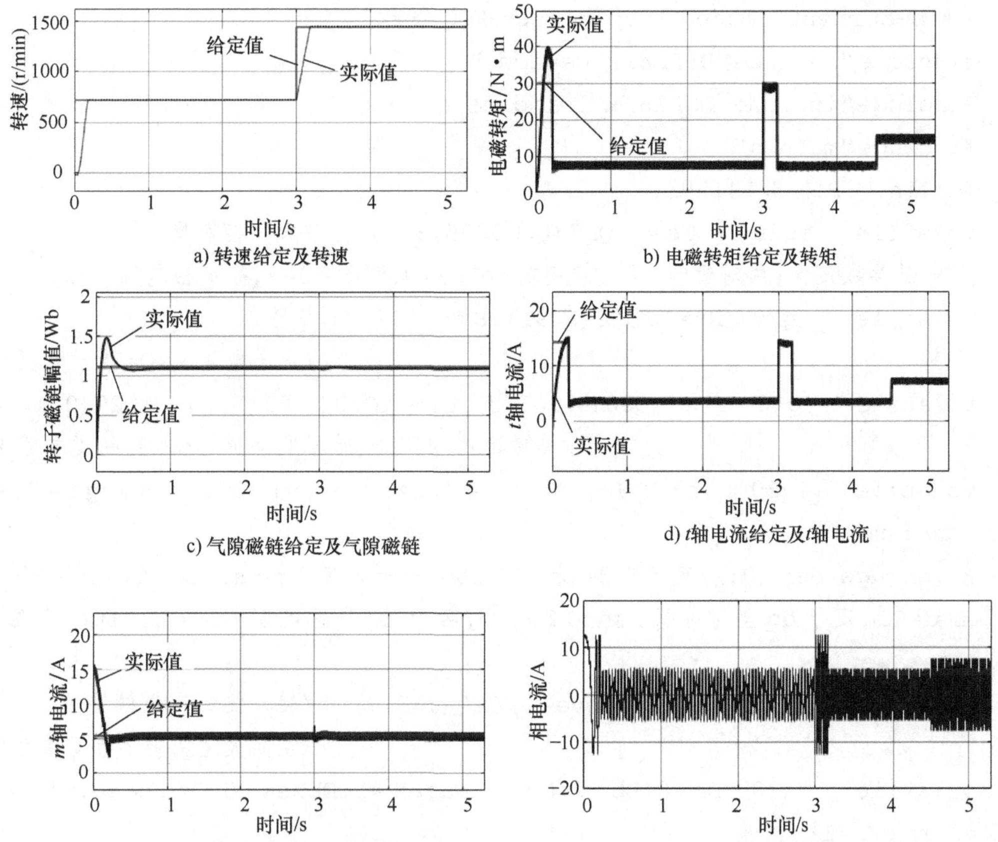

a) 转速给定及转速

b) 电磁转矩给定及转矩

c) 气隙磁链给定及气隙磁链

d) t轴电流给定及t轴电流

e) m轴电流给定及m轴电流

f) A相绕组电流

图 5-45　异步电机间接型磁场定向控制系统仿真波形

5.8　转子磁场定向控制系统案例分析

5.8.1　直接型磁场定向控制

根据前述 mt 坐标系电流闭环的直接型磁场定向控制原理阐述，采用图 5-20 所示的 mt 坐标系电流闭环的直接型磁场定向控制结构进行试验研究，以 TMS320F2812DSP 为核心构建硬件平台，对应的硬件系统设计见第 12 章内容。采用 DSP 的定时器 1（T1）以 50μs 为周期执行算法的核心程序，对应的流程图如图 5-46 所示。

利用 C 语言以定标的方式编写控制策略核心程序如下：

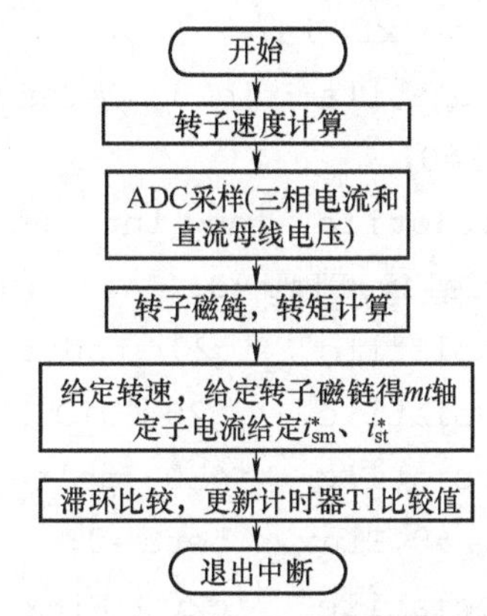

图 5-46　mt 坐标系电流闭环的直接型磁场定向控制 T1 中断程序流程图

```
/*MT-current_closed-loop_direct-FOC.c*/
#include"include/DSP281x_Device.h"
#include"include/DSP281x_Examples.h"
#include"math.h"
#define  PI  3.1415926
volatile  _iq20  Ts=_IQ20(0.00005);       //数字控制周期
//电机参数定义:两对极(4极),额定功率2.2kW,频率50Hz,额定相电压220V
volatile  _iq20  Rs=_IQ20(1.91),Rr=_IQ20(1.55);
                                           //定子电阻Rs与转子电阻Rr
volatile  _iq20  L1=_IQ20(0.00775),L2=_IQ20(0.012),Lm=_IQ20(0.207);
                                  //等效电路中定子、转子侧漏感L1、L2,励磁电感Lm
volatile  _iq20  Ls=0,Lr=0,Lmd=0,Lsd=0,Lrd=0,k_leakage=0,k_leakage_num=0,
k_leakage_den=0;//定子电感Ls=L1+Lm,转子电感Lr=L2+Lm,dq坐标中励磁电感Lmd=Lm,定子dq坐标电感Lsd=L1+Lmd,转子dq坐标电感Lrd=L2+Lmd,漏磁系数k_leakage
volatile  _iq20  Flux_r_give=_IQ20(1.3);  //转子侧给定磁链幅值
                                           //空间矢量调制环节变量定义
volatile  _iq20  Da=0,Db=0,Dc=0,Danew=0,Dbnew=0,Dcnew=0,min=0,max=1,max_1=1;
                                    //Da~Dc为abc三相逆变桥臂功率开关占空比
volatile  _iq20  Ua=0,Ub=0,Uc=1,U_alpha=0,U_beta=0,U_DC_1=0;
                                           //Ua~Uc为三相电压
volatile  _iq20  U_alphak=0,U_betak=0,is_z,is_alpha,is_beta,M_speed_DC_G3,vs3=100;
volatile  _iq20  speed3_kp=_IQ20(0.12),speed3_ki=_IQ20(0.000003),Te_Give_xf=14;
volatile  _iq20  Delta_Speed_Now3,Te_Give_kp3,Te_Give_ki3,Te_Give3=0,Te3=0;
volatile  long int  Position_Number=0,T1P_count=0,Zero_kCAP3=0,sys_delay_flag=0;
volatile  _iq20  theta_s=0,theta_r=0,sin_theta_s=0,cos_theta_s=0;
volatile  _iq20  U_DC_3=0,Us_alpha=0,Us_beta=0;
volatile  _iq20  delta_Flux_s_alpha=0,delta_Flux_s_beta=0,Flux_s_alpha=0,Flux_s_beta=0;
volatile  _iq20  Flux_r_alpha_num=0,Flux_r_beta_num=0,Flux_r_alpha=0,Flux_r_beta=0;
```

```
volatile  _iq20  square_Flux_r=0,Flux_r=0;
volatile  _iq20  delta_Flux_r=0,delta_Flux_r_kp=_IQ20(0.11),
delta_Flux_r_ki=_IQ20(0.0006);
volatile  _iq20  is_M_give=0,is_M_kp=0,is_M_ki=0,is_T_give=0,k_
Te3=0;
volatile  _iq20  is_M=0,is_T=0,delta_is_M=0,delta_is_T=0;
volatile  _iq20  Us_M_give=0,Us_T_give=0,Us_M_kp=0,Us_M_ki=0,Us_
T_kp=0,Us_T_ki=0;
volatile  _iq20  delta_is_M_kp=_IQ20(0.08),delta_is_M_ki=_IQ20
(0.04),delta_is_T_kp=
_IQ20(0.08);
volatile  _iq20  delta_is_T_ki=_IQ20(0.01),U_max=0,U_square=0,U_
amp=0,U_rate=0;
volatile  _iq20  One_F,H_fc=_IQ20(1);  //H_fc为高通截止频率
//程序声明
extern void DSP28x_usDelay(Uint32 Count);
interrupt void ISR_PDPINTA(void);          //PDPINTA中断子程序,具体程序
                                             见第3章3.5节
interrupt void ISR_T1CINT(void);           //T1比较中断子程序
interrupt void ISR_T3CINT(void);           //T3比较中断子程序,具体程序见
                                             第3章3.5节
interrupt void ISR_Cap3(void);             //捕获3中断子程序,具体程序见
                                             第3章3.5节
void Speed_Te_Given3(void);                //转速闭环,即转速ASR调节器子
                                             程序
void Motor_Init(void);                     //电机起动初始化子程序,具体程
                                             序见第3章3.5节
void DA_Out(void);                         //DA转换子程序,具体程序见第3
                                             章3.5节
void Speed_Given(void);                    //转速给定子程序,具体程序见第
                                             3章3.5节
void Duty_calculate(void);                 //计算三相逆变桥臂功率开关占空比
                                             子程序,具体程序见第3章3.5节
void Get_PWM(void);                        //刷新PWM寄存器
void MT_current_closed_loop_direct_FOC(void);
                                      //电流闭环直接型磁场定向控制子程序
#pragma CODE_SECTION(ISR_T1CINT,"TEXT_T1");
#pragma CODE_SECTION(DA_Out,"TEXT_T1");
```

```
//mmmmmmmmmmm 主函数 mmmmmmmmmmmmmmmmmmmmmmmmmmmm
void main(void)
{
        Ls=L1+Lm;                                        //20 定标,定子自电感
        Lr=L2+Lm;                                        //20 定标,转子自电感
        Lmd=_IQ20mpy(_IQ20(1),Lm);                       //dq 坐标系中互感
        Lsd=_IQ20mpy(_IQ20(1),Lm)+L1;                    //dq 坐标系定子侧电感
        Lrd=_IQ20mpy(_IQ20(1),Lm)+L2;                    //dq 坐标系转子侧电感
        k_leakage_num=_IQ20mpy(Lsd,Lrd)-_IQ20mpy(Lmd,Lmd);
                                                         //漏磁系数分子
        k_leakage_den=_IQ20mpy(Lsd,Lrd);                 //漏磁系数分母
        k_leakage=_IQ20div(k_leakage_num,k_leakage_den);  //漏磁系数
        Init_Sys();                                    //系统初始化设置,初始化中断
        EvaRegs.T1CON.all|=0x0040;                       //启动 T1 使能定时器
        EvbRegs.T3CON.all|=0x0040;                       //启动 T3 使能定时器
        IFR=0x0000;
        EINT;
        //复位 ADC 转换模块
        AdcRegs.ADCTRL2.bit.RST_SEQ1=1;                  //复位排序器 SEQ1
        AdcRegs.ADCST.bit.INT_SEQ1_CLR=1;   //清除排序器 SEQ1 中断标志位
        //使能捕获中断 3(第 3 组第 7 个中断)
        PieCtrlRegs.PIEIER3.all=0x40;                    //CAPINT3 使能(PIE 级)
        IER|=M_INT3;                       //M_INT3=0x0004,使能 INT3(CPU 级)
        //GPIO 口配置
        EALLOW;
        GpioMuxRegs.GPFMUX.all=0x0030;
        GpioMuxRegs.GPFDIR.bit.GPIOF1=1;
        GpioMuxRegs.GPFDIR.bit.GPIOF13=0; //使 I/O26 口(GPIOF13)为输入
        GpioMuxRegs.GPFDIR.bit.GPIOF0=0;    //使 I/O27 口(GPIOF0)为输入
        GpioMuxRegs.GPFDIR.bit.GPIOF10=0; //使 I/O23 口(GPIOF10)为输入
        GpioMuxRegs.GPFDIR.bit.GPIOF11=0; //使 I/O24 口(GPIOF11)为输入
        EDIS;
        while(1)//等待中断
        {
        }
}
//mmmmmmmmmmm 定时器 T1 比较中断服务子程序 mmmmmmmmmmm
interrupt void ISR_T1CINT(void)
```

```
{   AdcRegs.ADCTRL2.bit.RST_SEQ1=1;                    //复位排序器 SEQ1
    AdcRegs.ADCTRL2.bit.SOC_SEQ1=1;           //排序器 SEQ1 启动转换触发位
//=======编码器测得的位置角和转速==============//
    Position_Estimate3();                         //编码器测量转子位置角
    Speed_Estimate3();                              //计算转子旋转速度
    theta_r+=_IQ20mpy(Electric_Speed3,Ts);
                                      //从速度计算转子旋转角度 theta_r
    if(theta_r<-_IQ20(0)){theta_r=theta_r+_IQ20(2*PI);}
                                         //转子旋转角度映射到 0~2*PI
    if(theta_r>_IQ20(2*PI)){theta_r=theta_r-_IQ20(2*PI);}
//=======AD 信号采样及相关参数计算============//
    AD();//采样进来的三相电流 iA,iB,iC 以及直流母线电压 U_DC
    //===自然坐标系到静止坐标系坐标变换====//
    is_alpha=_IQ20mpy(_IQ20(0.8165),iA)-_IQ20mpy(_IQ20(0.4082),iB+
iC);                                               //定子电流 alpha 分量
    is_beta=_IQ20mpy(_IQ20(0.7071),iB-iC);          //定子电流 beta 分量
    is_z=_IQ20mpy(_IQ20(0.5774),iA+iB+iC);               //零序电流分量
    U_max=_IQ20mpy(_IQ20(0.577),U_DC);     //线性调制输出定子电压最大值
    Speed_Te_Given3();                     //转速闭环,即转速 ASR 调节器子程序
    MT_current_closed_loop_direct_FOC();//电流闭环直接型磁场定向控制
                                                  子程序
    //=============生成 PWM 波===================//
    if(PWM_En3==1)
    {   Duty_calculate();                     //三相逆变桥功率开关占空比计算
        Get_PWM();                                       //刷新 PWM 寄存器
    }
//=========清中断标志位和应答位================//
EvaRegs.EVAIFRA.bit.T1CINT=1;                               //清中断标志位
PieCtrlRegs.PIEACK.all|=0x2;                                //T1CNT 中断应答
}
//mmmmmmmmmmmmm 电流闭环直接型磁场定向控制子程序 mmmmmmmmmmmmmmmm
void MT_current_closed_loop_direct_FOC(void)
{  //重构逆变器实际输出三相电压 Ua~Uc
   U_DC_3=_IQ20div(U_DC,_IQ20(3));
   Ua=_IQ20mpy(U_DC_3,_IQ20mpy(_IQ20(2),Da)-Db-Dc);
   Ub=_IQ20mpy(U_DC_3,_IQ20mpy(_IQ20(2),Db)-Da-Dc);
   Uc=_IQ20mpy(U_DC_3,_IQ20mpy(_IQ20(2),Dc)-Db-Da);
```

```
    Us_alpha=_IQ20mpy(_IQ20(0.8165),Ua)-_IQ20mpy(_IQ20(0.4082),Ub+Uc);
                                                           //计算 alpha 电压
    Us_beta=_IQ20mpy(_IQ20(0.7071),Ub-Uc);                 //计算 beta 电压
    //计算转子磁链 Flux_r_alpha 与 Flux_r_beta
    delta_Flux_s_alpha=Us_alpha-_IQ20mpy(Rs,is_alpha);
                                                     //计算 alpha 定子感应电动势
    delta_Flux_s_beta=Us_beta-_IQ20mpy(Rs,is_beta);
                                                      //计算 beta 定子感应电动势
    One_F=_IQ20(1)+_IQ20mpy(_IQ20(0.0003141593),H_fc);
                                         //一阶惯性环节系数;0.0003141593=Ts*2pi
    Flux_s_alpha+=_IQ20mpy(delta_Flux_s_alpha,Ts);     //一阶惯性环节
    Flux_s_alpha=_IQ20div(Flux_s_alpha,One_F);  //alpha 定子磁链观测
    Flux_s_beta+=_IQ20mpy(delta_Flux_s_beta,Ts);       //一阶惯性环节
    Flux_s_beta=_IQ20div(Flux_s_beta,One_F);       //beta 定子磁链观测
    Flux_r_alpha_num=_IQ20mpy(Lrd,Flux_s_alpha)-_IQ20mpy(k_leakage_
num,is_alpha);
    Flux_r_beta_num=_IQ20mpy(Lrd,Flux_s_beta)-_IQ20mpy(k_leakage_
num,is_beta);
    Flux_r_alpha=_IQ20div(Flux_r_alpha_num,Lmd); //alpha 转子磁链观测
    Flux_r_beta=_IQ20div(Flux_r_beta_num,Lmd);    //beta 转子磁链观测
    //计算转子磁链幅值 Flux_r
    square_Flux_r=_IQ20mpy(Flux_r_alpha,Flux_r_alpha)+_IQ20mpy
(Flux_r_beta,Flux_r_beta);
    Flux_r=_IQ20sqrt(square_Flux_r);
    //计算转矩
    Te3=_IQ20mpy(_IQ20(2),_IQ20mpy(Flux_s_alpha,is_beta)-_IQ20mpy
(Flux_s_beta,is_alpha));
    //计算定向 mt 坐标系空间位置角 theta_s
    theta_s=_IQ20atan2(Flux_r_beta,Flux_r_alpha);
    if(theta_s<-_IQ20(0)){theta_s=theta_s+_IQ20(2*PI);}
                                                     //角度映射到 0~2*PI 范围内
    if(theta_s>_IQ20(2*PI)){theta_s=theta_s-_IQ20(2*PI);}
    sin_theta_s=_IQ20sin(theta_s);                  //位置角 theta_s 正弦值
    cos_theta_s=_IQ20cos(theta_s);                  //位置角 theta_s 余弦值
    //转子磁链幅值误差经 PI 得给定 is_M_give
    delta_Flux_r=Flux_r_give-Flux_r;                 //计算转子磁链控制误差
    is_M_kp=_IQ20mpy(delta_Flux_r,delta_Flux_r_kp);  //磁链 AψR 比例
    is_M_ki+=_IQ20mpy(delta_Flux_r,delta_Flux_r_ki); //磁链 AψR 积分
```

```
    if(is_M_ki>_IQ20(10.39)){is_M_ki=_IQ20(10.39);}
                                        //10.39=1.5*4.9*sqrt(2)积分限幅
    if(is_M_ki<-_IQ20(10.39)){is_M_ki=-_IQ20(10.39);}
    is_M_give=is_M_kp+is_M_ki;                          //磁链 AψR 输出
    if(is_M_give>_IQ20(10.39)){is_M_give=_IQ20(10.39);}
                                                        //磁链 AψR 输出限幅
    if(is_M_give<-_IQ20(10.39)){is_M_give=-_IQ20(10.39);}
    //算给定的 is_T_give
    k_Te3=_IQ20mpy(Flux_r,_IQ20(1.92558));    //1.92558=np*Lmd/Lrd
    is_T_give=_IQ20div(Te_Give3,k_Te3); //利用除法实现磁链和转矩的解耦
    //2s/2r 旋转坐标变换计算实际 is_M 和 is_T
    is_M=_IQ20mpy(is_alpha,cos_theta_s)+_IQ20mpy(is_beta,sin_
theta_s);
    is_T=-_IQ20mpy(is_alpha,sin_theta_s)+_IQ20mpy(is_beta,cos_
theta_s);
    //电流调节器 ACR(电流 PI)算给定 Us_M_give,Us_T_give
    delta_is_M=is_M_give-is_M;                      //m 轴电流控制误差
    Us_M_kp=_IQ20mpy(delta_is_M,delta_is_M_kp);     //m 轴电流 ACR 比例
    Us_M_ki+=_IQ20mpy(delta_is_M,delta_is_M_ki);    //m 轴电流积分
    if(Us_M_ki>U_max){Us_M_ki=U_max;}               //积分限幅
    if(Us_M_ki<-U_max){Us_M_ki=-U_max;}
    Us_M_give=Us_M_kp+Us_M_ki;                      //m 轴电流 ACR 输出
    if(Us_M_give>U_max){Us_M_give=U_max;}           //输出限幅
    if(Us_M_give<-U_max){Us_M_give=-U_max;}
    delta_is_T=is_T_give-is_T;                      //t 轴电流控制误差
    Us_T_kp=_IQ20mpy(delta_is_T,delta_is_T_kp);     //t 轴电流 ACR 比例
    Us_T_ki+=_IQ20mpy(delta_is_T,delta_is_T_ki);    //t 轴电流 ACR 积分
    if(Us_T_ki>U_max){Us_T_ki=U_max;}               //积分限幅
    if(Us_T_ki<-U_max){Us_T_ki=-U_max;}
    Us_T_give=Us_T_kp+Us_T_ki;                      //t 轴电流 ACR 输出
    if(Us_T_give>U_max){Us_T_give=U_max;}           //输出限幅
    if(Us_T_give<-U_max){Us_T_give=-U_max;}
    //电压坐标变换 2r/2s 旋转变换,获得静止坐标系定子电压给定
    U_alpha=_IQ20mpy(Us_M_give,cos_theta_s)-_IQ20mpy(Us_T_give,sin_
theta_s);                                           //alpha 电压
    U_beta=_IQ20mpy(Us_M_give,sin_theta_s)+_IQ20mpy(Us_T_give,cos_
theta_s);                                           //beta 电压
```

```
    U_square=_IQ20mpy(U_alpha,U_alpha)+_IQ20mpy(U_beta,U_beta);
    U_amp=_IQ20sqrt(U_square);                              //电压幅值
    U_rate=_IQ20div(U_max,U_amp);
    if(U_amp>U_max)
    {
        U_alpha=_IQ20mpy(U_alpha,U_rate);
        U_beta=_IQ20mpy(U_beta,U_rate);
    }
}
//mmmmmmmmmmmm 转速闭环,即转速 ASR 调节器子程序 mmmmmmmmmmmm
void Speed_Te_Given3(void)
{
    Delta_Speed_Now3=M_speed_DC_G3-Mechanism_Speed3;  //转速控制误差
    Te_Give_kp3=_IQ20mpy(Delta_Speed_Now3,speed3_kp);  //转速 ASR 比例
    Te_Give_ki3+=_IQ20mpy(Delta_Speed_Now3,speed3_ki); //转速 ASR 积分
    if(Te_Give_ki3>_IQ20(Te_Give_xf))                  //积分限幅
        {Te_Give_ki3=_IQ20(Te_Give_xf);}
    else if(Te_Give_ki3<(-_IQ20(Te_Give_xf)))
        {Te_Give_ki3=(-_IQ20(Te_Give_xf));}
    Te_Give3=Te_Give_kp3+Te_Give_ki3;                  //转速 ASR 输出
    if(Te_Give3>_IQ20(Te_Give_xf))                     //输出限幅
        {Te_Give3=_IQ20(Te_Give_xf);}
    else if(Te_Give3<(-_IQ20(Te_Give_xf)))
        {Te_Give3=(-_IQ20(Te_Give_xf));}
}
```

具有转矩除法的直接型磁场定向矢量控制系统突卸负载、突加负载实验结果如图 5-47 所示。由结果可见：①随着负载的变化，电磁转矩快速跟踪其给定值；②t 轴电流快速跟踪其给定值，以补偿负载动态对电磁转矩的需要；③为了保证动态及稳态中转子磁链幅值恒定控制的目的，m 轴电流始终跟随其给定值变化而变化。

具有转矩除法的直接型磁场定向矢量控制系统负载稳态时实验结果如图 5-48 所示，转子磁链为圆形轨迹，相电流为正弦波。

同样，根据前述具有转矩闭环的直接型磁场定向控制原理，采用图 5-18 具有转矩闭环的直接型磁场定向控制结构进行试验研究，突卸负载、突加负载实验结果如图 5-49 所示。由结果可见：①电磁转矩基本跟随其给定值变换而变化，以补偿外界负载的变化；②t 轴电流快速跟踪其给定值变化，产生满足负载转矩的电磁转矩；③m 轴电流控制在恒定值，以实现转子磁链幅值恒定控制之目的。

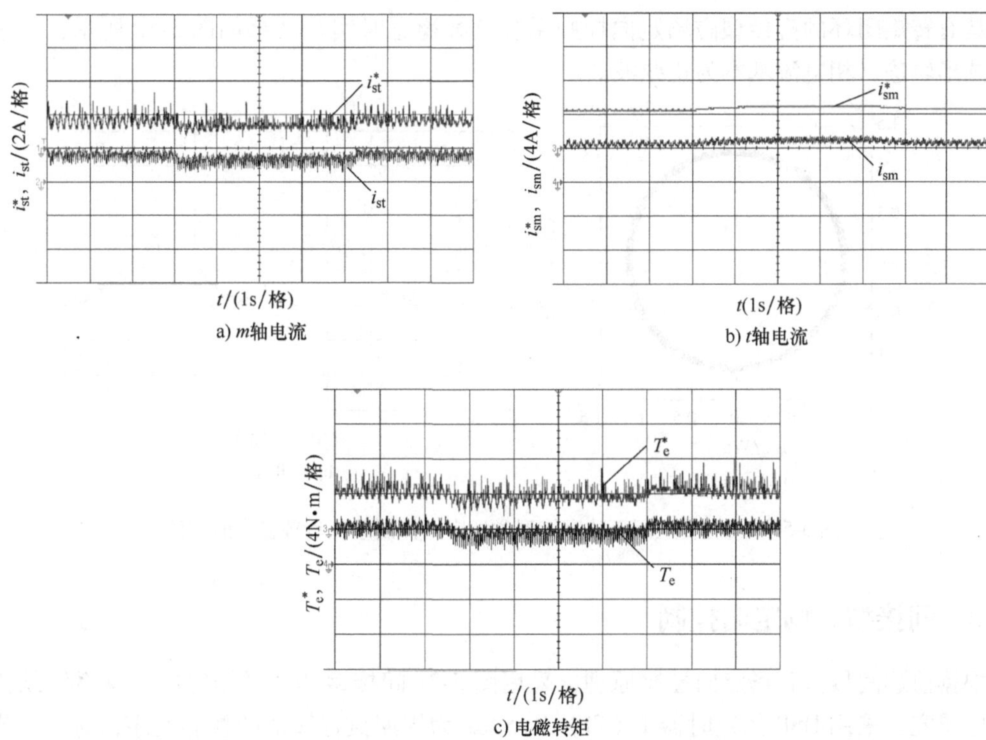

a) m轴电流　　b) t轴电流

c) 电磁转矩

图 5-47　具有转矩除法的直接型磁场定向矢量控制突卸负载、突加负载实验

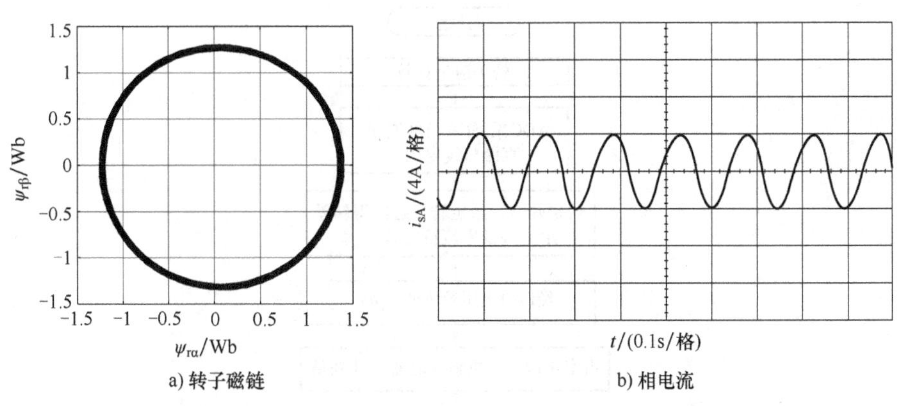

a) 转子磁链　　b) 相电流

图 5-48　具有转矩除法的直接型磁场定向矢量控制系统负载稳态实验

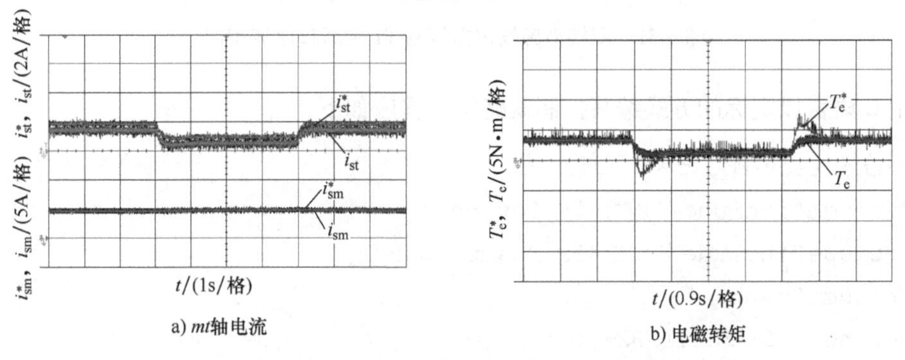

a) mt轴电流　　b) 电磁转矩

图 5-49　具有转矩闭环的直接型磁场定向控制系统突卸负载、突加负载实验

具有转矩闭环的直接型磁场定向控制系统负载稳态时实验结果如图 5-50 所示，转子磁链为圆形轨迹，相电流基本为正弦波。

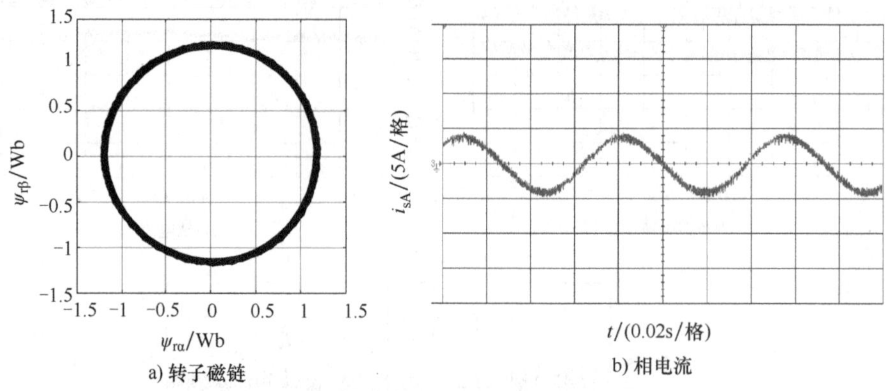

图 5-50　具有转矩闭环的直接型磁场定向控制系统负载稳态时实验

5.8.2　间接型磁场定向控制

根据前述间接型磁场定向控制原理，采用图 5-21 间接型转子磁场定向控制系统结构进行试验研究。采用 DSP 的定时器 1（T1）以 50μs 为周期执行算法的核心程序，对应的流程图如图 5-51 所示。

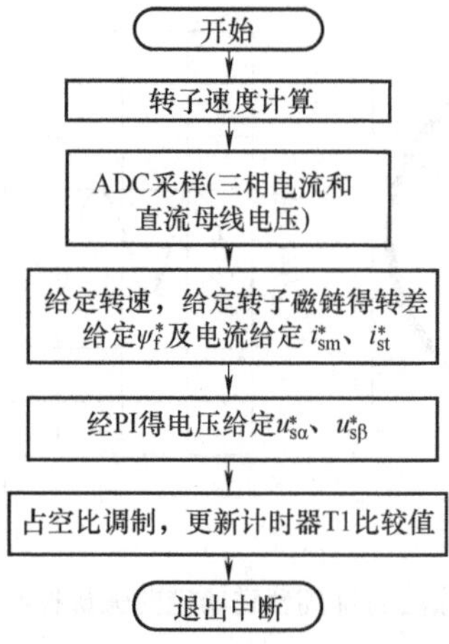

图 5-51　间接型磁场定向控制 T1 中断程序流程图

利用 C 语言以定标的方式编写控制策略核心程序如下：

```
/*indirect-FOC.c*/
#include"include/DSP281x_Device.h"
#include"include/DSP281x_Examples.h"
#include"math.h"
#define  PI  3.1415926
```

```
volatile  _iq20  Ts=_IQ20(0.00005);
volatile  _iq20  delta_Electric_Speed3=0,delta_Electric_Speed3_dem=0,T_r=0,Electric_Speed3_s=0;
//其他变量定义见 5.8.1 小节内容
//程序声明
//与 5.8.1 直接型磁场定向控制中相同的程序声明段落见 5.8.1 小节
void indirect_FOC(void);                          //间接型磁场定向控制子程序
//mmmmmmmmmmm 主函数 mmmmmmmmmmmmmmmmmmmmmmmmmmmm
void main(void)
{
    //main()主函数内容与 5.8.1 小节中相同
}
//mmmmmmmmmmm 定时器 T1 比较中断服务子程序 mmmmmmmmmmm
interrupt void ISR_T1CINT(void)
{   AdcRegs.ADCTRL2.bit.RST_SEQ1=1;          //复位排序器 SEQ1
    AdcRegs.ADCTRL2.bit.SOC_SEQ1=1;          //排序器 SEQ1 启动转换触发位
    //=======编码器测得的位置角和转速==============//
    //程序段与 5.8.1 小节中相同
    //=======AD 信号采样及相关参数计算============//
    //程序段与 5.8.1 小节中相同
    //===自然坐标到静止坐标系坐标变换====//
    //程序段与 5.8.1 小节中相同
    U_max=_IQ20mpy(_IQ20(0.577),U_DC);   //线性调制输出定子电压最大值
    Speed_Te_Given3();                        //转速闭环,即转速 ASR 调节器
                                                子程序
    indirect_FOC();                           //间接磁场定向控制子程序
    //=============生成 PWM 波====================//
    //程序段与 5.8.1 小节中相同
    //=========清中断标志位和应答位===============//
    EvaRegs.EVAIFRA.bit.T1CINT=1;             //清中断标志位
    PieCtrlRegs.PIEACK.all|=0x2;              //T1CNT 中断应答
}
//mmmmmmmmmmmm 间接型磁场定向控制子程序 mmmmmmmmmmmmmmmvoid indirect_FOC(void)
{   //重构逆变器实际输出三相电压 Ua~Uc、计算转子磁链 Flux_r_alpha 与 Flux_r_beta、计算转子磁链幅值 Flux_r、计算转矩等程序段与 5.8.1 小节中相同
    //计算给定的 is_M_give,微分项为零
    is_M_give=_IQ20div(Flux_r_give,Lmd);//计算 m 轴给定电流
```

```
    //计算给定的is_T_give
    k_Te3=_IQ20mpy(Flux_r_give,_IQ20(1.92558));
                                                //1.92558=np*Lmd/Lrd
    is_T_give=_IQ20div(Te_Give3,k_Te3);  //计算t轴给定电流
    //计算给定转差delta_Electric_Speed3,程序中将公式简化了,与控制框图中有所不一样
    T_r=_IQ20div(Lrd,Rr);                       //计算转子时间常数
    delta_Electric_Speed3_dem=_IQ20mpy(T_r,is_M_give);
    delta_Electric_Speed3=_IQ20div(is_T_give,delta_Electric_Speed3_dem);
    //计算磁链旋转角速度
    Electric_Speed3_s=delta_Electric_Speed3+Electric_Speed3;
                                                //转差角速度+转子旋转角速度
    //积分计算mt坐标系控制位置角theta_s
    theta_s+=_IQ20mpy(Electric_Speed3_s,Ts);
    if(theta_s<-_IQ20(0)){theta_s=theta_s+_IQ20(2*PI);}
                                                //角度映射到0~2*PI范围内
    if(theta_s>_IQ20(2*PI)){theta_s=theta_s-_IQ20(2*PI);}
    sin_theta_s=_IQ20sin(theta_s);             //位置角theta_s正弦值
    cos_theta_s=_IQ20cos(theta_s);             //位置角theta_s余弦值
    //2s/2r旋转坐标变换计算实际is_M,is_T
    is_M=_IQ20mpy(is_alpha,cos_theta_s)+_IQ20mpy(is_beta,sin_theta_s);
                                                //计算m轴电流
    is_T=-_IQ20mpy(is_alpha,sin_theta_s)+_IQ20mpy(is_beta,cos_theta_s);
                                                //计算t轴电流
    //电流调节器ACR(电流PI)算给定Us_M_give,Us_T_give程序段与5.8.1小节中相同
    //电压坐标变换2r/2s旋转变换,获得静止坐标系定子电压给定程序段与5.8.1小节中相同
  }
```

间接型磁场定向矢量控制系统突卸负载、突加负载实验结果如图5-52所示。由结果可见：①随着负载的变化，电磁转矩快速跟踪其给定值；②t轴电流快速跟踪其给定值，以补偿负载动态对电磁转矩的需要；③随着外界负载的变化，转差角频率随之变化，以实现电磁转矩的快速控制的目的；④为了保证动态及稳态中转子磁链幅值的恒定控制的目的，m轴电流始终跟随其给定值变化而变化。

间接型磁场定向矢量控制系统负载稳态时实验结果如图5-53所示，转子磁链为圆形轨迹，相电流基本为正弦波。

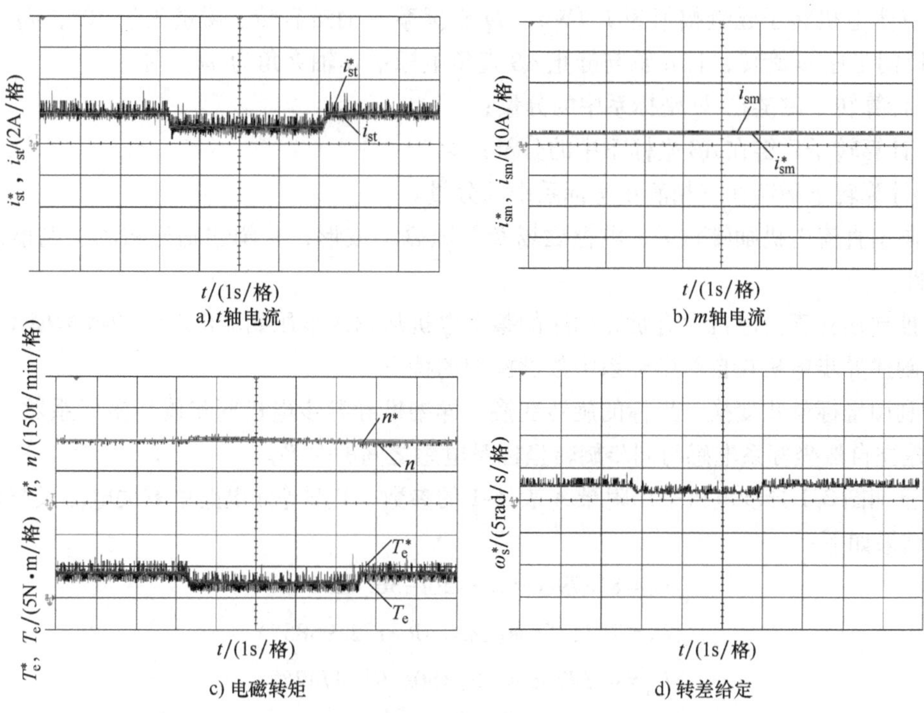

图 5-52　间接型磁场定向矢量控制系统突卸负载、突加负载实验

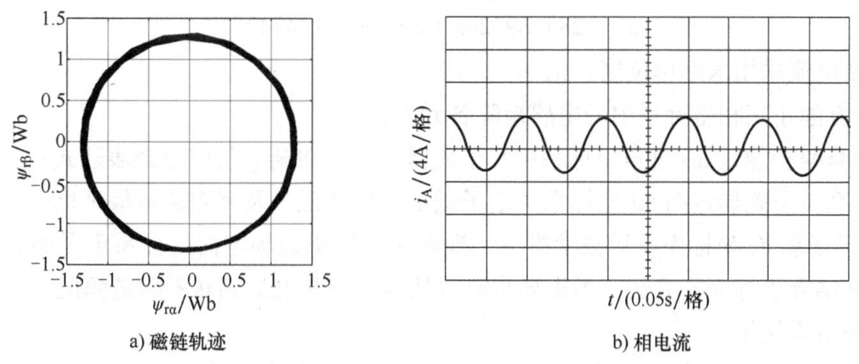

图 5-53　间接型磁场定向矢量控制系统负载稳态时实验

习题

1. 异步电机定子三相绕组电流如下所示：

$$\begin{cases} i_{sA}=10\cos(\omega t-45°) \\ i_{sB}=10\cos(\omega t-165°) \\ i_{sC}=10\cos(\omega t+75°) \end{cases}$$

1）计算定子绕组电流的 $\alpha\beta$ 坐标系电流。

2）计算定子绕组电流在定向角度为 $\omega t-30°$ 的 mt 坐标系电流。

2. 异步电机转子磁链幅值为 1.1Wb，dq 坐标系 d 轴滞后转子磁链矢量 30°，dq 坐标系在空间以同步速 ω 旋转，且 d 轴与静止 $\alpha\beta$ 直角坐标系 α 轴夹角为 ωt，则

1）计算转子磁链在 dq 坐标系中的分量；

2）计算转子磁链在 $\alpha\beta$ 坐标系中的分量；

3）计算转子磁链在三相静止坐标系中的分量。

3. 画出直流电机励磁磁场、电枢磁场及气隙磁场波形，并阐述励磁磁场、电枢磁场的正交特性。

4. 推导建立直流电机含有励磁回路的整个电机从输入电压到输出转速的数学模型。

5. 阐述异步电机在自然坐标系中数学模型的特点。

6. 利用坐标静止变换、坐标的旋转变换，详细推导异步电机同步旋转坐标系数学模型，并依此建立自然坐标系电感与同步旋转坐标系电感之间的关系。

7. 已知图 3-1 异步电机采用附录 A 表 A-1 的参数，T 型等效电路中有关电流及感应电动势求解结果如下：

$$\begin{cases} i_{sA}=8.879\cos(2\pi\times50t-36.4205°) \\ i_{rA}=7.3135\cos(2\pi\times50t+172.9685°) \\ i_{gA}=4.3778\cos(2\pi\times50t-91.4747°) \\ e_{sA}=297.6039\cos(2\pi\times50t+1.9388°) \\ e_{rA}=288.6694\cos(2\pi\times50t+3.9794°) \\ e_{gA}=284.6932\cos(2\pi\times50t-1.4747°) \end{cases}$$

电压及电流采用国际单位制，则

1）计算静止三相坐标系中的电感矩阵各元素；

2）计算两相静止 $\alpha\beta$ 直角坐标系中定子磁链、转子磁链及气隙磁链表达式；

3）计算转子磁场定向 mt 坐标系中定子磁链、转子磁链及气隙磁链极坐标表达式。

8. 基于任意 dq 坐标系电机数学模型，推导建立转子磁场定向坐标系定子侧、转子侧数学模型，并结合坐标变换方法，画出异步电机从定子三相电流到转子磁链幅值、转子转速之间的全部环节连接图。

9. 推导转子磁场定向坐标系中电磁转矩数学模型，并分析电磁转矩、转子磁链幅值控制是否解耦？若不解耦，如何从控制角度实现两者的解耦？

10. 根据转子磁场定向坐标系中定子和转子电压平衡方程式、磁链平衡方程式，推导以定子电流为状态变量的状态空间。

11. 若控制对象传递函数为 $W(s)=\dfrac{K}{(T_1s+1)(T_2s+1)}$，其中 $T_1=0.00005\text{s}$，$T_2=0.5\text{s}$，$K=20$。则

1）如果希望将该系统校正成典型Ⅰ系统，则试选择调节器结构，并确定调节器参数，绘制原系统的开环对数幅相频特性曲线、典型Ⅰ系统的开环对数幅相频特性曲线（设阻尼比为 0.707）；

2）如果希望将该系统校正成典型Ⅱ系统，则试选择调节器结构，并确定调节器参数，

绘制原系统的开环对数幅相频特性曲线、典型Ⅱ系统的开环对数幅相频特性曲线（设中频宽 $h=5$）。

12. 若控制对象传递函数为 $W(s)=\dfrac{K}{(T_1s+1)(T_2s+1)(T_3s+1)}$，其中 $T_1=0.00005\text{s}$，$T_2=0.0001\text{s}$，$T_3=0.1\text{s}$，$K=10$。则

1）如果希望将该系统校正成典型Ⅰ系统，则试选择调节器结构，并确定调节器参数，绘制原系统的开环对数幅相频特性曲线、典型Ⅰ系统的开环对数幅相频特性曲线；

2）如果希望将该系统校正成典型Ⅱ系统，则试选择调节器结构，并确定调节器参数，绘制原系统的开环对数幅相频特性曲线、典型Ⅱ系统的开环对数幅相频特性曲线。

13. 异步电机采用Y联结，额定转速为 1460r/min，额定线电压为 380V，额定功率为 6.5kW，转子电阻 $R_r'=0.49\Omega$，定子漏感 $L_{s\sigma}=0.0034\text{H}$，定子相电阻 $R_s=0.375\Omega$，转子漏感 $L_{r\sigma}'=0.0054\text{H}$，励磁电感 $L_m=0.1416\text{H}$，转动惯量 $J=0.05\text{kg}\cdot\text{m}^2$，采用直接型转子磁场定向控制策略：

1）计算转子磁链幅值及电磁转矩系数；

2）计算定子磁链、气隙磁链幅值；

3）计算定子侧电流 mt 分量；

4）若采用转子磁场定向坐标系中电流闭环形式，且不采用电压前馈解耦补偿，则计算电流 PI 控制器输出值；

5）若采用转子磁场定向坐标系中电流闭环形式，且采用电压前馈解耦补偿，则计算电流 PI 控制器输出值。

14. 异步电机参数见第 13 题，三相逆变器采用 8kHz 开关频率，采用电压前馈解耦补偿：

1）把转子磁链闭环校正为典型Ⅰ型系统，画出完整的转子磁链闭环结构框图，确定各模块参数，画出对应开环幅相频特性曲线，并由此确定稳定裕度与控制器参数的关系；

2）把定子电流闭环校正为典型Ⅰ型系统，画出完整的定子电流闭环结构框图，确定各模块参数，画出对应开环幅相频特性曲线，并由此确定稳定裕度与控制器参数的关系；

3）对定子电流闭环传递函数进行简化，并建立对应的简化条件；

4）把转速闭环校正为典型Ⅱ型系统，画出完整的转速闭环结构框图，确定各模块参数，画出对应开环幅相频特性曲线，并由此确定稳定裕度与控制器参数的关系。

15. 异步电机参数见第 13 题，三相逆变器采用 8kHz 开关频率，采用电压前馈解耦补偿。为了实现转子位置的准确控制，采用转速外环再扩展由比例调节器构成的转子位置角闭环：

1）画出完整的转子位置角、转速、电流三闭环系统结构框图；

2）推导转子位置角开环传递函数、闭环传递函数；

3）推导转子位置角闭环稳定裕度与控制器参数的关系；

4）推导转子位置角闭环控制稳态误差。

16. 从动态、稳态两个方面阐述转子磁场定向矢量控制与第 4 章变压变频控制之间的异同点。

17. 分析研究转子磁场定向控制异步电机等效绕组与直流电机绕组之间的异同点。

18. 异步电机参数见第 13 题，三相逆变器采用 8kHz 开关频率，采用间接型磁场定向控制：

1）画出系统结构框图；

2）推导定向位置角计算数学模型；

3）计算电机额定负载情况下的转差电角频率。

19. 异步电机参数见第 13 题，三相逆变器采用 8kHz 开关频率，采用间接型磁场定向控制，用 MATLAB 仿真该系统。

20. 异步电机参数见第 13 题，三相逆变器采用 8kHz 开关频率，采用直接型磁场定向控制，且没有转矩与磁链解耦环节、没有定子电压前馈环节，用 MATLAB 仿真该系统。

21. 异步电机参数见第 13 题，三相逆变器采用 8kHz 开关频率，采用直接型磁场定向控制，且具备转矩与磁链解耦环节、没有定子电压前馈环节，用 MATLAB 仿真该系统。

22. 异步电机参数见第 13 题，三相逆变器采用 8kHz 开关频率，采用直接型磁场定向控制，且具备转矩与磁链解耦环节、具备定子电压前馈环节，用 MATLAB 仿真该系统。

第 6 章 异步电机直接转矩控制

异步电机借助于直流电机的控制方法，在转子磁场坐标系中实现了交流电机数学模型退化成直流电机数学模型，从而可以借鉴直流电机转矩、磁场控制策略对异步电机的电磁转矩及磁场进行实时控制；但在具体实现过程中，逆变器等事实上处于静止坐标系，需要转子位置角实现转子磁场定向坐标系和静止坐标系之间的变换，本质上为有位置传感器控制策略。能否不把异步电机模仿成直流电机，直接在静止坐标系中构建电磁转矩及定子磁场控制数学模型？如若这样，则可以不需要转子位置角信息、无需静止坐标系与旋转坐标系之间的变换即可实现电磁转矩和磁场的瞬时控制。转子磁场定向矢量控制本质上是定子电流对电磁转矩及转子磁场进行控制，而实际的逆变器绝大多数为电压型逆变器，需要电压型逆变器输出满足要求的定子电流，从而增加了转矩及磁场控制算法的复杂性。如若能利用电压型逆变器输出的电压直接实现电磁转矩及磁场的控制，则可以进一步简化转矩及磁场控制算法。为此，本章讲解另一种电磁转矩及磁场的瞬时控制策略——直接转矩控制（Direct Torque Control，DTC），它是一种把逆变器和电机作为整体，在定子静止坐标系中利用逆变器电压矢量直接控制电机的电磁转矩及定子磁链。

6.1 异步电机直接转矩控制原理

为了分析异步电机直接转矩控制原理，采用定子磁链 ψ_s 定向坐标系 xy，定义如图 6-1 所示。

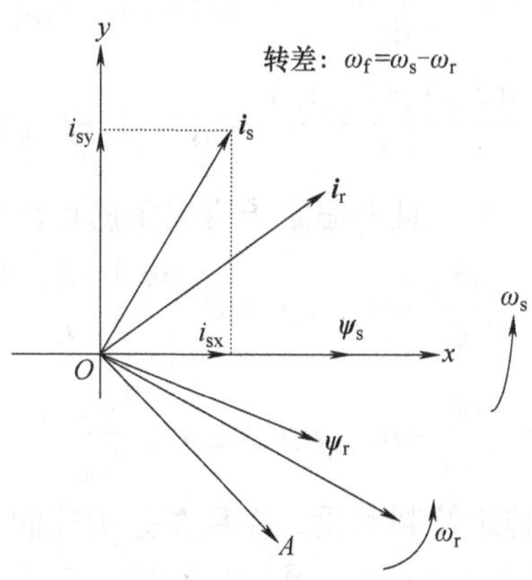

图 6-1 定子磁场定向坐标系定义

根据第5章中"5.5.1 任意直角坐标系数学模型"任意 dq 坐标系数学模型，当把直角坐标系 xy 定向于定子磁链矢量后，xy 坐标系相对于定子旋转速度 ω_{dqs} 等于定子磁链旋转速度 ω_s，相对转子旋转速度 ω_{dqr} 等于电机的转差角频率 ω_f；且定子磁链 y 轴分量等于0。所以借助于任意 dq 坐标系数学模型，结合上述条件直接建立定子磁场定向坐标系下异步电机电压、磁链、转矩数学模型如下，并把对应变量下标"d""q"分别置换为"x""y"。

$$\begin{cases} u_{sx}=R_s i_{sx}+\dfrac{d\psi_{sx}}{dt}-\omega_s\psi_{sy}=R_s i_{sx}+\dfrac{d|\boldsymbol{\psi}_s|}{dt} \\ u_{sy}=R_s i_{sy}+\dfrac{d\psi_{sy}}{dt}+\omega_s\psi_{sx}=R_s i_{sy}+\omega_s|\boldsymbol{\psi}_s| \end{cases} \tag{6-1}$$

$$\begin{cases} u_{rx}=R_r i_{rx}+\dfrac{d\psi_{rx}}{dt}-\omega_f\psi_{ry}=0 \\ u_{ry}=R_r i_{ry}+\dfrac{d\psi_{ry}}{dt}+\omega_f\psi_{rx}=0 \end{cases} \tag{6-2}$$

$$\begin{cases} \psi_{sx}=L_{sdq}i_{sx}+L_{mdq}i_{rx}=|\boldsymbol{\psi}_s| \\ \psi_{sy}=L_{sdq}i_{sy}+L_{mdq}i_{ry}=0 \end{cases} \tag{6-3}$$

$$\begin{cases} \psi_{rx}=L_{rdq}i_{rx}+L_{mdq}i_{sx} \\ \psi_{ry}=L_{rdq}i_{ry}+L_{mdq}i_{sy} \end{cases} \tag{6-4}$$

$$T_e=n_p(\psi_{sx}i_{sy}-\psi_{sy}i_{sx})=n_p|\psi_s|i_{sy} \tag{6-5}$$

式中，$\psi_{sx}=|\psi_s|$，$\psi_{sy}=0$。

根据式（6-3），可以进一步求解出转子电流 xy 轴分量如下：

$$\begin{cases} i_{rx}=\dfrac{\psi_{sx}}{L_{mdq}}-\dfrac{L_{sdq}}{L_{mdq}}i_{sx} \\ i_{ry}=\dfrac{\psi_{sy}}{L_{mdq}}-\dfrac{L_{sdq}}{L_{mdq}}i_{sy} \end{cases} \tag{6-6}$$

把式（6-4）代入式（6-2）中得

$$\begin{cases} R_r i_{rx}+\dfrac{d(L_{rdq}i_{rx}+L_{mdq}i_{sx})}{dt}-\omega_f(L_{rdq}i_{ry}+L_{mdq}i_{sy})=0 \\ R_r i_{ry}+\dfrac{d(L_{rdq}i_{ry}+L_{mdq}i_{sy})}{dt}+\omega_f(L_{rdq}i_{rx}+L_{mdq}i_{sx})=0 \end{cases} \tag{6-7}$$

把式（6-6）代入式（6-7）中，且考虑定子磁场定向情况后：

$$\begin{cases} R_r i_{sx}+\sigma L_{rdq}\dfrac{di_{sx}}{dt}-\sigma L_{rdq}\omega_f i_{sy}=R_r\dfrac{|\boldsymbol{\psi}_s|}{L_{sdq}}+\dfrac{L_{rdq}}{L_{sdq}}\dfrac{d|\boldsymbol{\psi}_s|}{dt} \\ R_r i_{sy}+\sigma L_{rdq}\dfrac{di_{sy}}{dt}+\sigma L_{rdq}\omega_f i_{sx}=\omega_f L_{rdq}\dfrac{|\boldsymbol{\psi}_s|}{L_{sdq}} \end{cases} \tag{6-8}$$

为了分析直接转矩控制中转矩控制本质，在具体分析前假设两个前提：①直接转矩控制过程中定子磁链幅值始终维持恒定值不变；②电机初始运行于理想空载状态，即转差角频率 $\omega_f=0$。在上述假设前提条件下，求解转差角频率在 $t=0$ 时刻由0阶跃至 ω_f 后电磁转矩随时间变化函数。由式（6-5）可见，若要获得电磁转矩，必须先求解定子电流的 γ 轴分量 i_{sy}。

为此，对式（6-8）进行拉普拉斯变换结果如下：

$$\begin{cases} R_r I_{sx}(s)+\sigma L_{rdq}[sI_{sx}(s)-i_{sx|t=0}]-\sigma L_{rdq}\omega_f I_{sy}(s)=R_r\dfrac{|\boldsymbol{\psi}_s|}{sL_{sdq}} \\ R_r I_{sy}(s)+\sigma L_{rdq}[sI_{sy}(s)-i_{sy|t=0}]+\sigma L_{rdq}\omega_f I_{sx}(s)=\omega_f L_{rdq}\dfrac{|\boldsymbol{\psi}_s|}{sL_{sdq}} \end{cases} \tag{6-9}$$

式中，$i_{sx|t=0}$、$i_{sy|t=0}$分别为定子电流 xy 分量的初始值。

联立式（6-9）中两个方程，求解定子电流的 y 轴分量 $I_{sy}(s)$ 如下：

$$I_{sy}(s)=\frac{\omega_f R_r L_{mdq}^2|\boldsymbol{\psi}_s|}{z^2 L_{sdq}^2}\cdot\frac{1}{s}-\frac{R_r L_{mdq}^2|\boldsymbol{\psi}_s|}{\sigma L_{rdq} z L_{sdq}^2}\cdot\frac{\left(s+\dfrac{R_r}{\sigma L_{rdq}}\right)\sin\gamma+\omega_f\cos\gamma}{\left(s+\dfrac{R_r}{\sigma L_{rdq}}\right)^2+\omega_f^2}+$$

$$\frac{1}{\sigma}\left[\frac{|\boldsymbol{\psi}_s|}{L_{sdq}}-\sigma i_{sx|t=0}\right]\frac{\omega_f}{\left(s+\dfrac{R_r}{\sigma L_{rdq}}\right)^2+\omega_f^2}+i_{sy|t=0}\frac{s+\dfrac{R_r}{\sigma L_{rdq}}}{\left(s+\dfrac{R_r}{\sigma L_{rdq}}\right)^2+\omega_f^2} \tag{6-10}$$

式中，$z=\sqrt{R_r^2+(\omega_f\sigma L_{rdq})^2}$，$\gamma=\arctan(\omega_f\sigma L_{rdq}/R_r)$

对式（6-10）拉普拉斯反变换得

$$i_{sy}=\frac{\omega_f R_r L_{mdq}^2|\boldsymbol{\psi}_s|}{z^2 L_{sdq}^2}-\left\{\frac{R_r L_{mdq}^2|\boldsymbol{\psi}_s|}{\sigma L_{rdq} z L_{sdq}^2}\sin(\omega_f t+\gamma)-\right.$$

$$\left.\frac{1}{\sigma}\left[\frac{|\boldsymbol{\psi}_s|}{L_{sdq}}-\sigma i_{sx|t=0}\right]\sin(\omega_f t)-i_{sy|t=0}\cos(\omega_f t)\right\}e^{-\frac{R_r}{\sigma L_{rdq}}t} \tag{6-11}$$

把式（6-11）代入式（6-5）得电磁转矩 T_e 如下：

$$T_e=n_p|\boldsymbol{\psi}_s|i_{sy}$$

$$=n_p\frac{\omega_f R_r L_{mdq}^2|\boldsymbol{\psi}_s|^2}{z^2 L_{sdq}^2}-n_p\left\{\begin{aligned}&\frac{R_r L_{mdq}^2|\boldsymbol{\psi}_s|^2}{\sigma L_{rdq} z L_{sdq}^2}\sin(\omega_f t+\gamma)- \\ &\frac{|\boldsymbol{\psi}_s|}{\sigma}\left[\frac{|\boldsymbol{\psi}_s|}{L_{sdq}}-\sigma i_{sx|t=0}\right]\sin(\omega_f t)-|\boldsymbol{\psi}_s|i_{sy|t=0}\cos(\omega_f t)\end{aligned}\right\}e^{-\frac{R_r}{\sigma L_{rdq}}t} \tag{6-12}$$

显然式（6-12）电磁转矩包括电磁转矩的稳态分量 T_{eW} 和电磁转矩的暂态分量 T_{eD} 如下：

$$T_{eW}=n_p\frac{\omega_f R_r L_{mdq}^2|\boldsymbol{\psi}_s|^2}{z^2 L_{sdq}^2}=n_p\frac{\omega_f R_r L_{mdq}^2|\boldsymbol{\psi}_s|^2}{[R_r^2+(\omega_f\sigma L_{rdq})^2]L_{sdq}^2} \tag{6-13}$$

$$T_{eD}=-n_p\left\{\frac{R_r L_{mdq}^2|\boldsymbol{\psi}_s|^2}{\sigma L_{rdq}\sqrt{R_r^2+(\omega_f\sigma L_{rdq})^2}L_{sdq}^2}\sin(\omega_f t+\gamma)-\right.$$

$$\left.\frac{|\boldsymbol{\psi}_s|}{\sigma}\left[\frac{|\boldsymbol{\psi}_s|}{L_{sdq}}-\sigma i_{sx|t=0}\right]\sin(\omega_f t)-|\boldsymbol{\psi}_s|i_{sy|t=0}\cos(\omega_f t)\right\}e^{-\frac{R_r}{\sigma L_{rdq}}t} \tag{6-14}$$

显然，根据式（6-13）可见在定子磁链幅值恒定情况下，电磁转矩的稳态分量 T_{eW}取决于转差角频率 ω_f。

而电磁转矩的暂态分量 T_{eD}随时间会衰减至0。为了进一步研究转差角频率在0时刻由0阶跃至 ω_f 电磁转矩的变化规律，对式（6-12）求0时刻的电磁转矩微分结果如下：

$$\frac{\mathrm{d}T_e}{\mathrm{d}t}\bigg|_{t=0}=n_p\frac{|\boldsymbol{\psi}_s|}{\sigma L_{rdq}}\left\{\left[L_{rdq}\frac{|\boldsymbol{\psi}_s|}{L_{sdq}}-\sigma L_{rdq}i_{sx\,|\,t=0}\right]\omega_f-R_r i_{sy\,|\,t=0}\right\} \tag{6-15}$$

其中

$$L_{rdq}\frac{|\boldsymbol{\psi}_s|}{L_{sdq}}-\sigma L_{rdq}i_{sx\,|\,t=0}=\frac{L_{mdq}}{L_{sdq}}(L_{rdq}i_{rx\,|\,t=0}+L_{mdq}i_{sx\,|\,t=0})=\frac{L_{mdq}}{L_{sdq}}\psi_{rx\,|\,t=0} \tag{6-16}$$

当电机处于理想空载状态时，定子、转子磁链之间的夹角等于零，即定子、转子磁链矢量重合，所以 $\psi_{rx\,|\,t=0}\approx|\boldsymbol{\psi}_s|$，所以

$$L_{rdq}\frac{|\boldsymbol{\psi}_s|}{L_{sdq}}-\sigma L_{rdq}i_{sx\,|\,t=0}>0 \tag{6-17}$$

同时，由于实际电机转子电阻较小，从而 $R_r i_{sy\,|\,t=0}\approx0$，所以

$$\frac{\mathrm{d}T_e}{\mathrm{d}t}\bigg|_{t=0}\approx n_p\frac{|\boldsymbol{\psi}_s|}{\sigma L_{rdq}}\left[L_{rdq}\frac{|\boldsymbol{\psi}_s|}{L_{sdq}}-\sigma L_{rdq}i_{sx\,|\,t=0}\right]\omega_f \tag{6-18}$$

结合上述分析可见：在初始0时刻，电磁转矩的变化率完全取决于转差角频率 ω_f，当 $\omega_f>0$ 时，电磁转矩的变化率大于零，转矩增大；当 $\omega_f<0$ 时，电磁转矩的变化率小于零，转矩减小。所以，可以利用转差角频率 ω_f实现电磁转矩的直接控制。实际电机中 $\omega_f=\omega_s-\omega_r$，由于一定的电磁转矩下，转子旋转速度的动态响应速度取决于转子的运动方程式，转速相对电流等变量动态响应很慢（秒级）。

假设定子电压、定子磁链均为正弦波，定子磁链矢量如下：

$$\boldsymbol{\psi}_s=|\boldsymbol{\psi}_s|e^{j\omega_s t} \tag{6-19}$$

定子静止坐标系中定子电压矢量与定子磁链矢量、定子电流矢量关系如下：

$$u_s=R_s i_s+\frac{\mathrm{d}\boldsymbol{\psi}_s}{\mathrm{d}t}\approx|\boldsymbol{\psi}_s|\omega_s e^{j\left(\omega_s t+\frac{\pi}{2}\right)} \tag{6-20}$$

由此可见，正弦波供电情况下，定子电压矢量 $\boldsymbol{u}_s$ 近似超前定子磁链矢量 $\boldsymbol{\psi}_s$90°电角度，且 $|\boldsymbol{u}_s|=\omega_s|\boldsymbol{\psi}_s|$。这样，在定子磁链幅值恒定情况下，利用定子电压矢量幅值即可控制定子磁链的旋转速度 ω_s。由于定子电压由前端变换器输出提供，变换器开关组合的变化到输出电压的变化延迟很小（微秒级），所以可以利用变换器输出电压实现 ω_s的快速控制，进而实现转差角频率 ω_f的快速控制，最终达到对电磁转矩的直接快速控制之目的。

6.2 逆变器电压矢量对电磁转矩及定子磁链的控制

由于实际电机采用变换器供电，以三相逆变器为例，根据第2章分析可知三相电压型逆变器（见图2-9b）输出电压矢量 $\boldsymbol{u}_s$如下：

$$\boldsymbol{u}_s=\sqrt{\frac{2}{3}}U_{dc}\left(S_a+S_b e^{j\frac{2\pi}{3}}+S_c e^{-j\frac{2\pi}{3}}\right) \tag{6-21}$$

在一个数字控制周期内，逆变器输出电压矢量对定子磁链的控制作用用表达式（6-22）表示如下：

$$\boldsymbol{\psi}_{s|t>0} \approx \boldsymbol{u}_s T_s + \boldsymbol{\psi}_{s|t=0} = \sqrt{\frac{2}{3}} U_{dc}\left(S_a + S_b e^{j\frac{2\pi}{3}} + S_c e^{-j\frac{2\pi}{3}}\right) T_s + \boldsymbol{\psi}_{s|t=0} \tag{6-22}$$

在具体分析电压矢量对定子磁链幅值及电磁转矩控制过程中，需要把逆变器输出的电压矢量沿定子磁链定向坐标系 xy 轴进行投影，具体投影如图 6-2 所示。

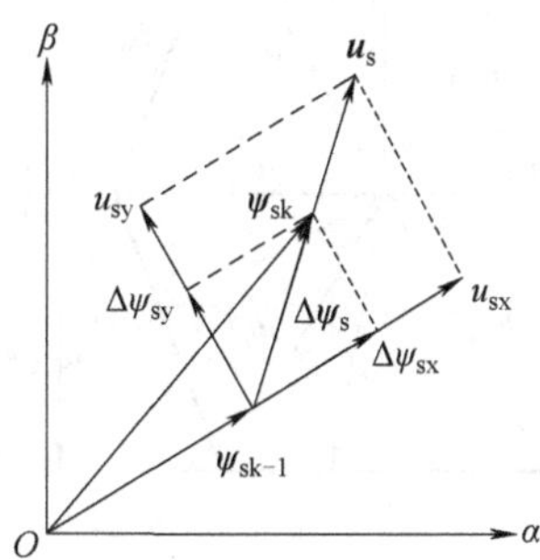

图 6-2　逆变器输出电压矢量及在 xy 轴上的投影

根据定子磁场定向前提，式（6-1）在忽略定子电阻压降后

$$\begin{cases} \dfrac{d|\boldsymbol{\psi}_s|}{dt} \approx u_{sx} \\ \omega_s = \dfrac{1}{|\boldsymbol{\psi}_s|} u_{sy} \end{cases} \tag{6-23}$$

根据式（6-23）结论可知：①定子电压 x 轴分量决定了定子磁链幅值的变化率，若 $u_{sx}>0$，则定子磁链幅值的变化率大于零，定子磁链幅值增大；若 $u_{sx}<0$，则定子磁链幅值的变化率小于零，定子磁链幅值减小；若 $u_{sx}=0$，则定子磁链幅值的变化率等于零，定子磁链幅值保持不变。所以定子磁链幅值的控制取决于 u_{sx} 分量。②定子电压 y 轴分量决定了定子磁链矢量在空间旋转速度 ω_s，假设转子旋转速度较低，若 $u_{sy}>0$，则旋转速度 $\omega_s>0$，转差 $\omega_f=\omega_s-\omega_r>0$，转矩增大；若 $u_{sy}<0$，则旋转速度 $\omega_s<0$，转差 $\omega_f=\omega_s-\omega_r<0$，转矩减小；若 $u_{sy}=0$，则旋转速度 $\omega_s=0$，电机定子磁链矢量瞬时在空间静止，转差 $\omega_f=0-\omega_r<0$，转矩减小。所以电磁转矩的控制取决于 u_{sy} 分量。

6.3　异步电机直接转矩控制系统构成

6.3.1　六边形定子磁链轨迹直接转矩控制

1. 电压矢量的选择

从前文所述直接转矩控制原理阐述可知，若要控制电磁转矩，关键是要利用电压矢量实现转差角频率 ω_f 的瞬时控制；根据式（6-22）可知，实际定子磁链矢量的变化方向与所施加的电压矢量方向一致。所以，可以把逆变器输出的六个非零电压矢量按照一定的作用时间依次作用于定子，即可在定子绕组中形成正六边形轨迹定子磁链，如图 6-3 所示。为了便于利用逆变器输出电压矢量实现正六边形磁链轨迹，把欲形成的磁链轨迹的每一个边定义一个区段，分别用 S_1、S_2…S_6 表示，分别称之为磁链轨迹的区段 S_1、区段 S_2…区段 S_6，如图 6-3 所示。

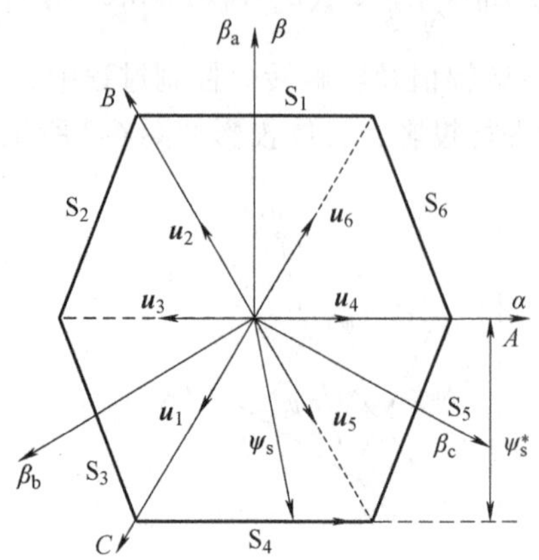

图 6-3　六边形磁链轨迹

根据磁链变化方向与施加电压方向一致事实，每一个区段上对应有两个电压矢量。将每个区段上这两个运动电压矢量定义为该区段的区段电压矢量。同时由于区段电压矢量与区段方向一致，又称各区段电压矢量为对应区段上的 0°电压矢量。

为了实现定子磁链幅值的控制，定义坐标原点至六个边的垂直距离为定子磁链量，给定值用 ψ_s^* 表示。

为了有效获得逆变器开关组合，定义三相静止坐标系 $\beta_a\beta_b\beta_c$（β_a 与 β 轴重合，且三轴互差 120°）如图 6-3 中所示。从图 6-3 中坐标轴系与磁链轨迹的关系可见，当定子磁链矢量沿逆时针方向旋转时定子磁链矢量在 β_a、β_b、β_c 三相轴上的投影波形如图 6-4 所示，各个投影波形为一梯形波。

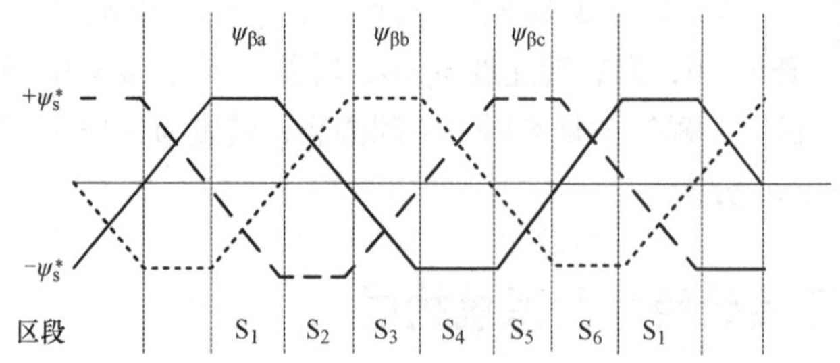

图 6-4　三相静止坐标系 $\beta_a\beta_b\beta_c$ 上磁链投影

（1）电磁转矩的控制

在正六边型 DTC 中，可以借助区段电压矢量和零电压矢量交替作用实现电磁转矩的跟踪控制，其控制示意图如图 6-5 所示。当施加 0°电压矢量后，定子磁链矢量快速向前旋转，致使 $\omega_f=\omega_s-\omega_r>0$，电磁转矩的变化率大于零，电磁转矩增大；当电磁转矩超出其给定值后，为了实现电磁转矩跟踪其给定值，施加零电压矢量，致使定子磁链矢量在空间瞬时静止，$\omega_f=0-\omega_r<0$，

电磁转矩变化率小于零，电磁转矩减小；当电磁转矩减小到其给定值后，为了实现电磁转矩跟踪其给定值，再一次施加 0°电压矢量，定子磁链矢量快速向前旋转，致使 $\omega_f=\omega_s-\omega_r>0$，电磁转矩的变化率大于零，电磁转矩增大……这样通过 0°电压矢量和零电压矢量交替作用，即电磁转矩的两点式调节，实现了电磁转矩跟踪其给定值控制。例如图 6-5 当定子磁链矢量端点处于 S_5 区段，施加 $\boldsymbol{u}_6$ 电压矢量实现定子磁链矢量快速向前旋转，电磁转矩增大。

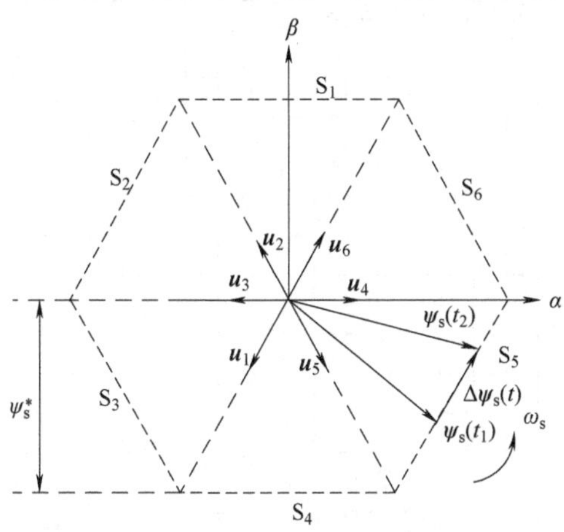

图 6-5　电压矢量对电磁转矩的控制示意图

（2）电压矢量的正确选择

正确获得区段电压矢量是实现定子磁链轨迹控制及转矩控制的关键。那么怎样获得区段电压矢量，以实现定子磁链的六边形运动轨迹？这一问题可以通过对 $\beta_a\beta_b\beta_c$ 三相轴系上定子磁链波形、区段及区段电压矢量之间关系的分析得以解决。

将 $\beta_a\beta_b\beta_c$ 三相轴系上磁链分量分别送到三个滞环比较器，如图 6-6 所示。三个滞环比较器分别输出磁链开关变量 $\overline{S\psi_a}$、$\overline{S\psi_b}$、$\overline{S\psi_c}$。

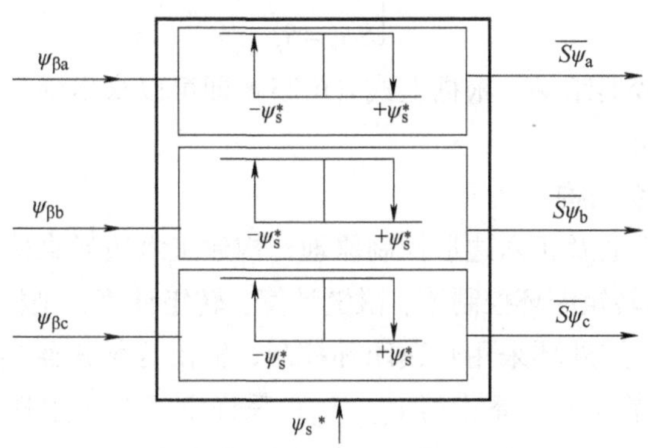

图 6-6　磁链的滞环比较器

其输入-输出关系如下：

$$\overline{S\psi_i}=\begin{cases}0 & \psi_{\beta_i}\geqslant+\psi_s^*\\1 & \psi_{\beta_i}\leqslant-\psi_s^*\end{cases},\ i=a,b,c \tag{6-24}$$

对三相逆变器桥臂开关状态 $S_i(i=a,\ b,\ c)$ 取反记为$\overline{S_i}(i=a,\ b,\ c)$，则根据滞环比较器工作原理及区段电压矢量的选择要求，得到图 6-7 波形分析结果。

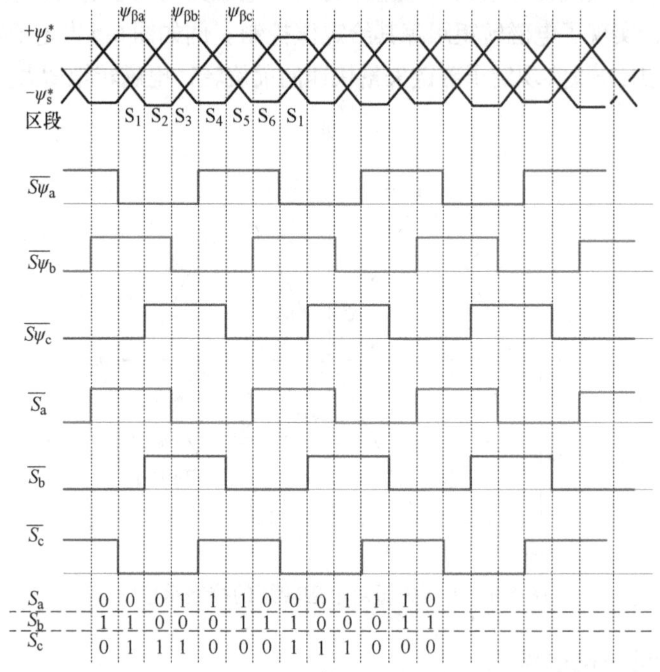

图 6-7　滞环比较结果及满足正六边形的区段电压矢量选择

根据图 6-7 分析结果可见

$$\begin{cases}\overline{S\psi_a}=\overline{S_c}\\ \overline{S\psi_b}=\overline{S_a}\\ \overline{S\psi_c}=\overline{S_b}\end{cases} \tag{6-25}$$

所以，只要已知滞环比较器结果，根据上式（6-25）即可以求出满足定子磁链轨迹正六边形控制需要的零度电压矢量。

2. 直接转矩控制系统结构

根据上述电磁转矩控制及正六边形控制原理，构建正六边形直接转矩控制基本结构框图如图 6-8 所示。内环包括转矩滞环控制器、磁链计算、转矩计算、坐标变换、磁链的滞环比较等环节。若要控制速度，则外环采用转速闭环控制，输出为转矩给定。采样定子绕组电流，并经过 3s/2s 变换至 $\alpha\beta$ 静止坐标系中得 $i_{s\alpha}$、$i_{s\beta}$；采样定子绕组电压，并经过 3s/2s 变换至 $\alpha\beta$ 静止坐标系中得 $u_{s\alpha}$、$u_{s\beta}$；计算 $\alpha\beta$ 静止坐标系感应电动势 $e_{s\alpha}=u_{s\alpha}-R_s i_{s\alpha}$、$e_{s\beta}=u_{s\beta}-R_s i_{s\beta}$；对感应电动势积分获得 $\alpha\beta$ 静止坐标系定子磁链 $\psi_{s\alpha}$、$\psi_{s\beta}$；把 $\alpha\beta$ 静止坐标系定子磁链变换至中 $\beta_a\beta_b\beta_c$ 三相轴系获得 $\psi_{\beta a}$、$\psi_{\beta b}$、$\psi_{\beta b}$；把 $\psi_{\beta a}$、$\psi_{\beta b}$、$\psi_{\beta b}$ 分别送给式（6-24）滞环比较器获得磁链开关变量$\overline{S\psi_a}$、$\overline{S\psi_b}$、$\overline{S\psi_c}$；根据式（6-25）获得各区段零度电压矢量。根据 $\alpha\beta$ 静止坐标系中定子磁链 $\psi_{s\alpha}$、$\psi_{s\beta}$ 及定子电流 $i_{s\alpha}$、$i_{s\beta}$，根据电磁转矩公式 $T_e=n_p$（$\psi_{s\alpha}i_{s\beta}-\psi_{s\beta}i_{s\alpha}$）计算

电磁转矩；根据电磁转矩给定 T_e^* 及电磁转矩 T_e 计算其控制误差，并送给转矩调节器 ATR，输出控制转矩的开关量 T_Q，输入-输出关系如下：

$$T_Q=\begin{cases}1 & T_e^*-T_e\geqslant+\varepsilon_m\\0 & T_e^*-T_e\leqslant-\varepsilon_m\end{cases}\tag{6-26}$$

式中，ε_m 为允许的转矩控制误差；$T_Q=1$ 表示需要增大转矩，$T_Q=0$ 表示需要减小转矩。

AZS 环节为零矢量选择单元，根据逆变器开关次数最少原则输出一个合适的零电压矢量，然后开关 S 在 T_Q 的作用下实时选择零度电压矢量或零电压矢量作用于定子，以实现电磁转矩的闭环控制母的。

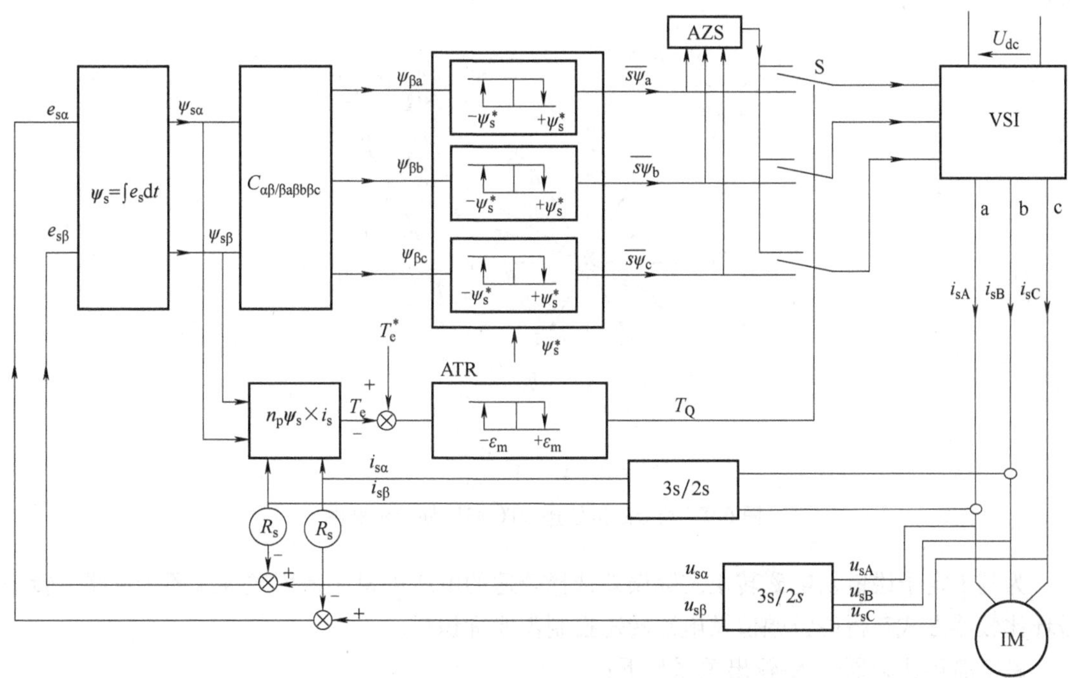

图 6-8　正六边形直接转矩控制基本结构框图

6.3.2　圆形定子磁链轨迹直接转矩控制

1. 电压矢量的选择

六边形磁链轨迹 DTC 具有系统结构简洁，转矩响应快速，对电机参数变化鲁棒性好等优点；但也存在电流非正弦，电磁干扰和运行噪声大，转矩脉动大，功率管开关频率低等缺陷。从电机学关于异步电机原理分析可见，三相绕组端电压、电流及磁场均为正弦波，所以若把定子磁链轨迹控制为圆形则更佳。

为了便于利用逆变器输出电压矢量实现定子磁链轨迹圆形控制，将电压空间矢量所在电空间均分为六个扇区如图 6-9 所示，画出相邻的两个非零电压矢量所夹角中心线，并以相邻两个中心线所夹区域定义为一个扇区，共计有六个扇区 $\theta_1\sim\theta_6$，各扇区的中心位置非零电压矢量分别为 $\boldsymbol{u}_4$、$\boldsymbol{u}_6$、$\boldsymbol{u}_2$、$\boldsymbol{u}_3$、$\boldsymbol{u}_1$、$\boldsymbol{u}_5$，每一个扇区夹角 60°。当定子磁链矢量处于某个扇区内时，采用扣除该扇区中心线上的两个非零电压矢量以外的 4 个非零电压矢量及零电压矢量

实现定子磁链幅值及电磁转矩的控制。例如当定子磁链矢量处于第一扇区时，可供选择的非零电压矢量是$\boldsymbol{u}_2$、$\boldsymbol{u}_6$、$\boldsymbol{u}_5$、$\boldsymbol{u}_1$。每一个电压矢量对定子磁链幅值及电磁转矩的控制效果取决于各电压矢量沿定子磁链定向坐标系中 xy 轴投影分量情况，具体的控制效果见图 6-9 中标注。例如，若选择电压矢量 $\boldsymbol{u}_6$，则其在 x 轴上分量大于零，作用结果使得定子磁链幅值$|\boldsymbol{\psi}_s|$增大；其在 y 轴上分量大于零，作用结果使得电磁转矩 T_e 增大。若选择电压矢量 $\boldsymbol{u}_2$，则其在 x 轴上分量小于零，作用结果使得定子磁链幅值$|\boldsymbol{\psi}_s|$减小；其在 y 轴上分量大于零，作用结果使得电磁转矩 T_e 增大。其他非零电压矢量作用结果依此类推。若选择零电压矢量 $\boldsymbol{u}_0$ 或 $\boldsymbol{u}_7$，则由于电机转差频率小于零，电磁转矩减小；同时定子磁链幅值基本不变。

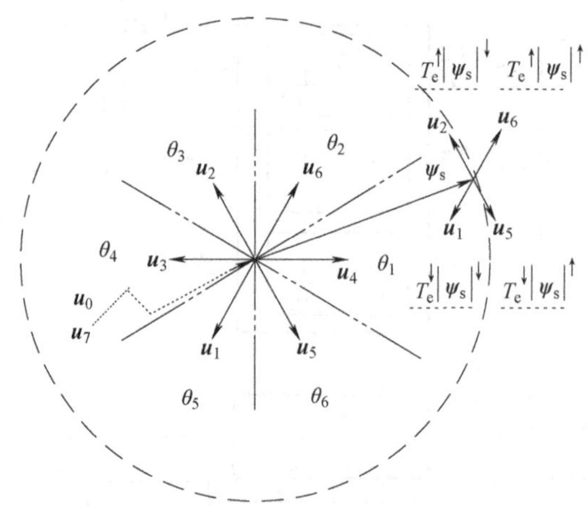

图 6-9　圆形磁链轨迹 DTC 扇区划分示意图

为基于定子磁链及电磁转矩实际误差选择合适的电压矢量，采用磁链滞环比较器、转矩滞环比较器方式获得磁链幅值及电磁转矩控制需要标识量。

磁链滞环比较器输入-输出关系如下：

$$\phi(k)=\begin{cases}1 & \psi_s^*-|\boldsymbol{\psi}_s|\geqslant+\varepsilon_\psi\\0 & \psi_s^*-|\boldsymbol{\psi}_s|\leqslant-\varepsilon_\psi\end{cases}\tag{6-27}$$

式中，ε_ψ 为磁链允许的控制误差；$\phi=1$ 表示需要增长磁链幅值；$\phi=0$ 表示需要减小磁链幅值。

转矩滞环比较器输入-输出关系如下：

$$\tau(k)=\begin{cases}1 & T_e^*-T_e>+\varepsilon_m\\0 & |T_e^*-T_e|<\varepsilon_m\\-1 & T_e^*-T_e<-\varepsilon_m\end{cases}\tag{6-28}$$

式中，ε_m 为转矩允许的控制误差，$\tau=1$ 表示需要增加电磁转矩，$\tau=-1$ 表示需要减小电磁转矩，当转矩控制误差处于$[-\varepsilon_m\quad+\varepsilon_m]$时$\tau=0$表示选择零电压矢量。

从上述电压矢量对电磁转矩控制原理可见，用于电磁转矩的减小电压矢量可以采用非零电压矢量，也可以采用零电压矢量。若非零电压矢量作用，则电机的转差角频率 $\omega_f=-|\omega_s|-\omega_r$；如果零电压矢量作用，则电机的转差角频率 $\omega_f=-\omega_r$。显然非零电压矢量会使得

电磁转矩快速降低，容易出现较大的转矩脉动，为此，$\tau=0$ 时选择零电压矢量，以减小电磁转矩脉动。

根据电压矢量对定子磁链幅值及电磁转矩的控制原理分析，可得最优开关矢量表，见表 6-1。这样根据转矩滞环比较器输出、磁链滞环比较器输出及定子磁链矢量所处的扇区编号即可查表获得一个最优开关矢量输出，从而同时实现定子磁链幅值及电磁转矩跟踪各自的给定值。

表 6-1　最优开关矢量表

ϕ	τ	θ_1	θ_2	θ_3	θ_4	θ_5	θ_6
1	1	$\boldsymbol{u}_6$	$\boldsymbol{u}_2$	$\boldsymbol{u}_3$	$\boldsymbol{u}_1$	$\boldsymbol{u}_5$	$\boldsymbol{u}_4$
	0	$\boldsymbol{u}_7$	$\boldsymbol{u}_0$	$\boldsymbol{u}_7$	$\boldsymbol{u}_0$	$\boldsymbol{u}_7$	$\boldsymbol{u}_0$
	-1	$\boldsymbol{u}_5$	$\boldsymbol{u}_4$	$\boldsymbol{u}_6$	$\boldsymbol{u}_2$	$\boldsymbol{u}_3$	$\boldsymbol{u}_1$
0	1	$\boldsymbol{u}_2$	$\boldsymbol{u}_3$	$\boldsymbol{u}_1$	$\boldsymbol{u}_5$	$\boldsymbol{u}_4$	$\boldsymbol{u}_6$
	0	$\boldsymbol{u}_0$	$\boldsymbol{u}_7$	$\boldsymbol{u}_0$	$\boldsymbol{u}_7$	$\boldsymbol{u}_0$	$\boldsymbol{u}_7$
	-1	$\boldsymbol{u}_1$	$\boldsymbol{u}_5$	$\boldsymbol{u}_4$	$\boldsymbol{u}_6$	$\boldsymbol{u}_2$	$\boldsymbol{u}_3$

2. 基于开关表的直接转矩控制系统结构

根据上述分析构建圆形磁链轨迹的 DTC 系统如图 6-10 所示，内环包括转矩滞环比较器、磁链滞环比较器、最优开关矢量表、磁链计算、转矩计算。若要控制速度，则外环采用转速闭环控制，输出为转矩给定。

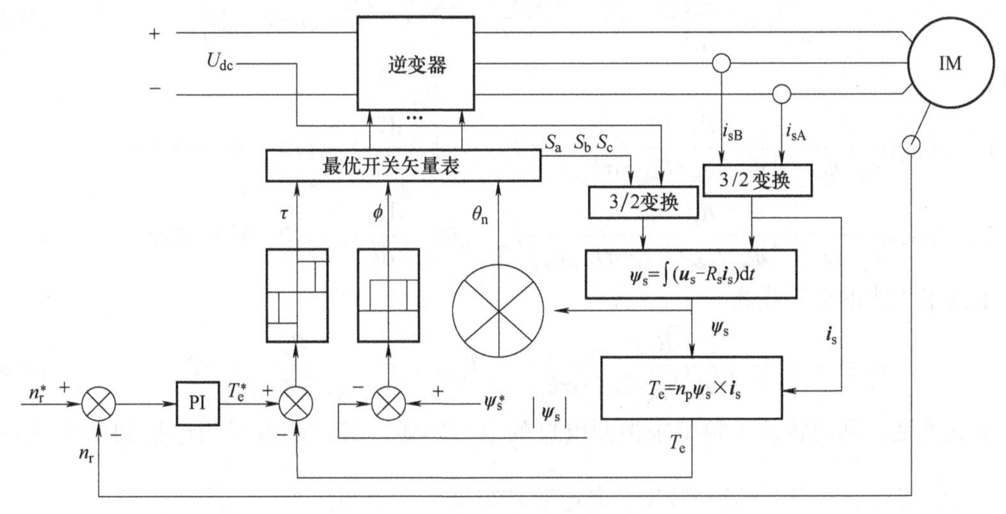

图 6-10　圆形磁链轨迹 DTC 结构

6.4　电压矢量对转矩控制的深入思考

在之前的 DTC 原理分析中，为了讲解电压矢量对定子磁链及电磁转矩控制本质，忽略了电压矢量作用时转子旋转速度的不利影响，若考虑实际转子旋转速度，则以上电压矢量对电磁转矩的控制趋势并不完全成立，具体分析如下。

根据式（6-8）第 2 方程求解定子 y 轴电流 i_{sy} 如下：

$$i_{sy}=\frac{\omega_f(|\boldsymbol{\psi}_s|L_{rdq}/L_{sdq}-\sigma L_{rdq}i_{sx})}{R_r+\sigma L_{rdq}p} \tag{6-29}$$

把式（6-29）代入式（6-5）转矩表达式中，得到电磁转矩 T_e 如下：

$$T_e=n_p|\boldsymbol{\psi}_s|\frac{\omega_f(|\boldsymbol{\psi}_s|L_{rdq}/L_{sdq}-\sigma L_{rdq}i_{sx})}{R_r+\sigma L_{rdq}p} \tag{6-30}$$

这样，式（6-30）进一步变形为一阶微分方程如下：

$$\omega_f=\frac{R_r}{n_p|\boldsymbol{\psi}_s|(|\boldsymbol{\psi}_s|L_{rdq}/L_{sdq}-\sigma L_{rdq}i_{sx})}T_e+\frac{\sigma L_{rdq}}{n_p|\boldsymbol{\psi}_s|(|\boldsymbol{\psi}_s|L_{rdq}/L_{sdq}-\sigma L_{rdq}i_{sx})}\frac{\mathrm{d}T_e}{\mathrm{d}t} \tag{6-31}$$

式（6-31）可以看成是转差角频率 ω_f 为激励、电磁转矩 T_e 为响应的等效电路，电磁转矩 T_e 响应的时间常数如下：

$$\tau_{T_e}=\sigma L_{rdq}/R_r \tag{6-32}$$

求解式（6-31）得电磁转矩：

$$T_e=\frac{n_p|\boldsymbol{\psi}_s|(|\boldsymbol{\psi}_s|L_{rdq}/L_{sdq}-\sigma L_{rdq}i_{sx})}{R_r}\omega_f+\left(T_{e|t=0}-\frac{n_p|\boldsymbol{\psi}_s|(|\boldsymbol{\psi}_s|L_{rdq}/L_{sdq}-\sigma L_{rdq}i_{sx})}{R_r}\omega_f\right)\mathrm{e}^{-\frac{t}{\tau_{Te}}} \tag{6-33}$$

式中，$T_{e|t=0}$ 为 $t=0$ 时刻电磁转矩。由此可以求解 $t=0$ 时刻的电磁转矩变化率如下：

$$\frac{\mathrm{d}T_e}{\mathrm{d}t}\bigg|_{t=0}=\frac{1}{\tau_{T_e}}\left(\frac{n_p|\boldsymbol{\psi}_s|(|\boldsymbol{\psi}_s|L_{rdq}/L_{sdq}-\sigma L_{rdq}i_{sx})}{R_r}\omega_f-T_{e|t=0}\right) \tag{6-34}$$

所以，

1）当 $\omega_f>\dfrac{R_r}{n_p|\boldsymbol{\psi}_s|(|\boldsymbol{\psi}_s|L_{rdq}/L_{sdq}-\sigma L_{rdq}i_{sx})}T_{e|t=0}$ 时，$\dfrac{\mathrm{d}T_e}{\mathrm{d}t}\Big|_{t=0}\geqslant0$，转矩增大；

2）当 $\omega_f<\dfrac{R_r}{n_p|\boldsymbol{\psi}_s|(|\boldsymbol{\psi}_s|L_{rdq}/L_{sdq}-\sigma L_{rdq}i_{sx})}T_{e|t=0}$ 时，$\dfrac{\mathrm{d}T_e}{\mathrm{d}t}\Big|_{t=0}\leqslant0$，转矩减小。

上述不等式的分界线为

$$\omega_f=\frac{R_r}{n_p|\boldsymbol{\psi}_s|(|\boldsymbol{\psi}_s|L_{rdq}/L_{sdq}-\sigma L_{rdq}i_{sx})}T_{e|t=0}\approx\frac{R_r}{n_p|\boldsymbol{\psi}_s|^2L_{rdq}/L_{sdq}}T_{e|t=0} \tag{6-35}$$

由此可见，利用转差角频率来控制电机的电磁转矩，其控制效果与电机初始电磁转矩 $T_{e|t=0}$ 有关，从而给利用转差角频率控制电磁转矩带来一个阈值 $\dfrac{R_r}{n_p|\boldsymbol{\psi}_s|^2L_{rdq}/L_{sdq}}T_{e|t=0}$。

利用附录 A 的表 A-1 中异步电机参数，且根据计算其额定定子磁链为 0.982Wb，则计算表 A-1 中异步电机对应式（6-35）如下：

$$\omega_f\approx\frac{R_r}{n_p|\boldsymbol{\psi}_s|^2\dfrac{L_{rdq}}{L_{sdq}}}T_{e|t=0}=\frac{1.55}{2\times\dfrac{0.219}{0.21475}\times1.16^2}T_{e|t=0}=0.56477T_{e|t=0}$$

根据以上表达式绘制表 A-1 中异步电机转差角频率控制电磁转矩分界线，如图 6-11 所示，初始转矩越大，转差角频率阈值越大。

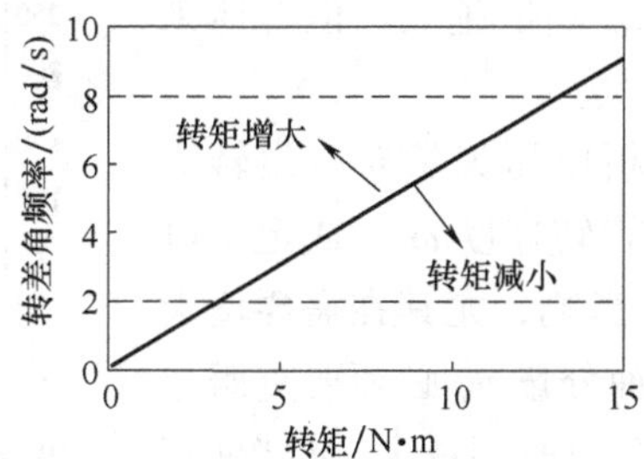

图 6-11　表 A-1 中异步电机转差角频率控制电磁转矩分界线

根据式（6-1）第 2 表达式，得

$$u_{sy}-\omega_r|\boldsymbol{\psi}_s|=R_si_{sy}+\omega_f|\boldsymbol{\psi}_s|\approx\omega_f|\boldsymbol{\psi}_s| \tag{6-36}$$

把式（6-31）代入式（6-36）中，得

$$u_{sy}-\omega_r|\boldsymbol{\psi}_s|\approx\frac{R_r}{n_p(|\boldsymbol{\psi}_s|L_{rdq}/L_{sdq}-\sigma L_{rdq}i_{sx})}T_e+\frac{\sigma L_{rdq}}{n_p(|\boldsymbol{\psi}_s|L_{rdq}/L_{sdq}-\sigma L_{rdq}i_{sx})}\frac{\mathrm{d}T_e}{\mathrm{d}t} \tag{6-37}$$

求解式（6-37）得电磁转矩：

$$T_e=\frac{n_p\left(\frac{L_{rdq}}{L_{sdq}}|\boldsymbol{\psi}_s|-\sigma L_{rdq}i_{sx}\right)}{R_r}(u_{sy}-\omega_r|\boldsymbol{\psi}_s|)+\left(T_{e|t=0}-\frac{n_p\left(\frac{L_{rdq}}{L_{sdq}}|\boldsymbol{\psi}_s|-\sigma L_{rdq}i_{sx}\right)}{R_r}(u_{sy}-\omega_r|\boldsymbol{\psi}_s|)\right)\mathrm{e}^{-\frac{t}{\tau_{Te}}} \tag{6-38}$$

由此可以求解 $t=0$ 时刻的电磁转矩变化率如下：

$$\frac{\mathrm{d}T_e}{\mathrm{d}t}\Big|_{t=0}=\frac{1}{\tau_{T_e}}\left(\frac{n_p(|\boldsymbol{\psi}_s|L_{rdq}/L_{sdq}-\sigma L_{rdq}i_{sx})}{R_r}(u_{sy}-\omega_r|\boldsymbol{\psi}_s|)-T_{e|t=0}\right) \tag{6-39}$$

所以，

1）当 $u_{sy}>\frac{R_r}{n_p(|\boldsymbol{\psi}_s|L_{rdq}/L_{sdq}-\sigma L_{rdq}i_{sx})}T_{e|t=0}+\omega_r|\boldsymbol{\psi}_s|$时，$\frac{\mathrm{d}T_e}{\mathrm{d}t}\Big|_{t=0}\geqslant 0$，转矩增大；

2）当 $u_{sy}<\frac{R_r}{n_p(|\boldsymbol{\psi}_s|L_{rdq}/L_{sdq}-\sigma L_{rdq}i_{sx})}T_{e|t=0}+\omega_r|\boldsymbol{\psi}_s|$时，$\frac{\mathrm{d}T_e}{\mathrm{d}t}\Big|_{t=0}\leqslant 0$，转矩减小。

上述不等式的分界线为

$$u_{sy}=\frac{R_r}{n_p(|\boldsymbol{\psi}_s|L_{rdq}/L_{sdq}-\sigma L_{rdq}i_{sx})}T_{e|t=0}+\omega_r|\boldsymbol{\psi}_s|\approx\frac{R_r}{n_p|\boldsymbol{\psi}_s|L_{rdq}/L_{sdq}}T_{e|t=0}+\omega_r|\boldsymbol{\psi}_s| \tag{6-40}$$

由此可见，利用定子电压的 γ 轴分量 u_{sy} 来控制电机的电磁转矩，其控制效果与电机初始电磁转矩 $T_{e|t=0}$及转子旋转速度均有关，从而给利用 u_{sy} 控制电磁转矩带来一个阈值 $R_rL_{sdq}T_{e|t=0}/(n_p|\boldsymbol{\psi}_s|L_{rdq})+\omega_r|\boldsymbol{\psi}_s|$。

利用附录 A 的表 A-1 中异步电机参数，额定定子磁链为 1.16Wb，则计算表 A-1 中异步电机对应式（6-40）如下：

$$u_{sy}\approx R_rL_{sdq}T_{e|t=0}/(n_p|\boldsymbol{\psi}_s|L_{rdq})+\omega_r|\boldsymbol{\psi}_s|=0.634T_{e|t=0}+1.16\omega_r=0.634T_{e|t=0}+0.2429n_r$$

根据以上表达式绘制表 A-1 中异步电机 γ 轴分量 $u_{s\gamma}$ 控制电磁转矩分界线如图 6-12 所示，初始转矩越大，$u_{s\gamma}$ 阈值越大；转速越高，$u_{s\gamma}$ 阈值越大。但总体来看，转速高低对 $u_{s\gamma}$ 阈值影响较大。

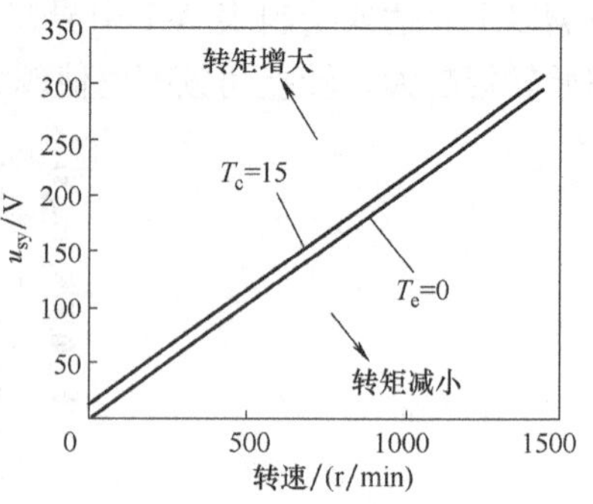

图 6-12　表 A-1 中异步电机 γ 轴分量 $u_{s\gamma}$ 控制电磁转矩分界线

根据上述分析可见，在分析电压矢量对电磁转矩控制效果时客观要求考虑转子旋转速度 ω_r（或定子电动势 $\omega_r|\boldsymbol{\psi}_s|$）对其产生的不利影响，尤其在需要增大转矩时，所选择的电压矢量 γ 轴分量 $u_{s\gamma}$ 必须要克服上述的阈值 $R_r L_{sdq} T_{e|t=0}/(n_p|\boldsymbol{\psi}_s|L_{rdq})+\omega_r|\boldsymbol{\psi}_s|$，才能使得电磁转矩产生实质增大结果。

6.5　异步电机直接转矩控制系统仿真建模

采用附录 A 表 A-1 的异步电机参数，根据图 6-10 建立圆形磁链轨迹 DTC 系统 MATLAB 仿真模型如图 6-13 所示。根据第 5 章中表 5-7 可知电机额定运行时定子感应电动势幅值 $E_{sm}=297.6\text{Wb}$，根据定子感应电动势幅值 E_{sm}、定子额定频率 f_{sN} 求解额定定子磁链 $\psi_{sN}=E_{sm}/(2\pi\times50)=297.6/(2\pi\times50)=0.947\text{Wb}$，并据此设置定子磁链给定值为 1.16Wb；转速控制误差 n_given-n 送给转速调节器 ASR，输出转矩给定值 Te_g；转矩控制误差 Te_g-Te 送给转矩滞环控制器模块“Te Controller”输出控制电磁转矩的 τ 变量，即“T”；定子磁链幅值给定 Flux_g=0.982Wb 与定子磁链幅值差值送给磁链滞环控制器“Flux Controller”输出控制定子磁链幅值的 ϕ 变量，即“phif”；T、phif 及扇区编号“Sector_N”送给开关矢量表“Switch Table”输出控制三相逆变器“Inverter”的功率管驱动信号“gate”。

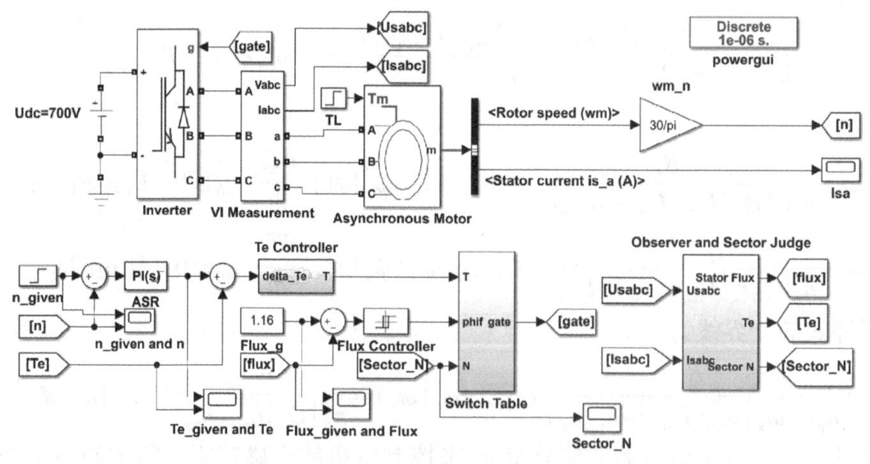

图 6-13　圆形磁链轨迹 DTC 控制系统仿真模型

转矩滞环控制器模块“Te Controller” MATLAB 建模如图 6-14 所示。根据转矩的滞环控制原理，可利用逻辑判断模块、数据转化模块、选择模块、二段式滞环模块来搭建三段式滞环模块，上部分的二段式处理满足 $|T_e^*-T_e|\geqslant\varepsilon_m$ 的数据，下部分处理 $|T_e^*-T_e|<\varepsilon_m$ 的数据；而磁链滞环为两段式滞环，直接使用 relay'模块即可。

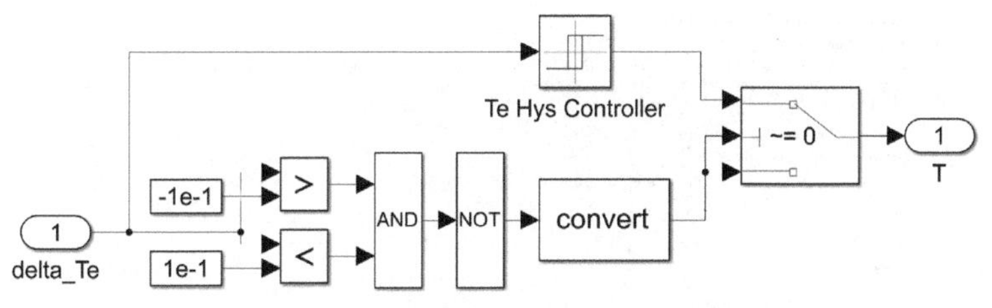

图 6-14　转矩滞环控制器模块“Te Controller”

开关矢量表“Switch Table” MATLAB 建模如图 6-15 所示。根据最优开关矢量表能够得到磁链滞环比较器输出-转矩滞环比较器输出-扇区判断的三维关系设计思路，对磁链滞环比较器输出与转矩滞环比较器输出进行线性组合，能够将三维的元素关系图转化为二维的元素关系图，再利用二维的 lookup 模块进行数据处理，简化计算过程。此二维模块输出 1~8 分别对应 $\boldsymbol{u}_1(001)$ ~ $\boldsymbol{u}_7(111)$ 与 $\boldsymbol{u}_0(000)$。其中各矢量在后一阶段的开关管控制的一维表图中都能够找到对应的开关输出并利用否定逻辑对六个开关管进行控制，六个功率管控制设置如图 6-13 中所示。“Observer and Sector Judge” 模块实现定子磁链、电磁转矩观测及定子磁链矢量所处扇区判断，其中定子磁链观测采用定子感应电动势积分方法计算；根据定子磁链及定子电流的 alpha 和 belta 分量，按照电磁转矩的计算公式进行计算。

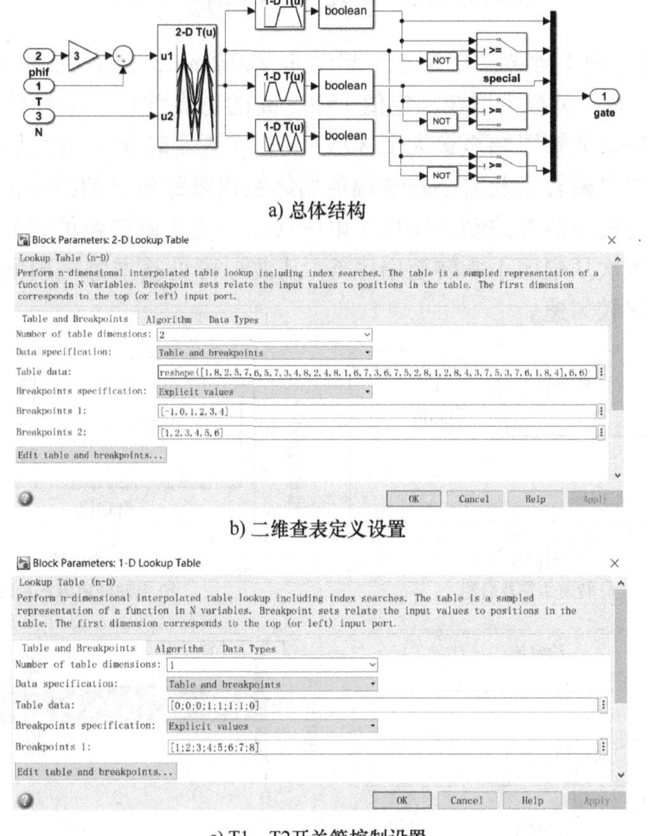

a) 总体结构

b) 二维查表定义设置

c) T1、T2开关管控制设置

图 6-15　开关矢量表“Switch Table”

Block Parameters: 1-D Lookup Table1

Lookup Table (n-D)

Perform n-dimensional interpolated table lookup including index searches. The table is a sampled representation of a function in N variables. Breakpoint sets relate the input values to positions in the table. The first dimension corresponds to the top (or left) input port.

Table and Breakpoints　Algorithm　Data Types

Number of table dimensions: 1

Data specification: Table and breakpoints

Table data: [0;1;1;0;0;1;1;0]

Breakpoints specification: Explicit values

Breakpoints 1: [1;2;3;4;5;6;7;8]

Edit table and breakpoints...

OK　Cancel　Help　Apply

d) T3、T4开关管控制设置

Block Parameters: 1-D Lookup Table2

Lookup Table (n-D)

Perform n-dimensional interpolated table lookup including index searches. The table is a sampled representation of a function in N variables. Breakpoint sets relate the input values to positions in the table. The first dimension corresponds to the top (or left) input port.

Table and Breakpoints　Algorithm　Data Types

Number of table dimensions: 1

Data specification: Table and breakpoints

Table data: [1;0;1;0;1;0;1;0]

Breakpoints specification: Explicit values

Breakpoints 1: [1;2;3;4;5;6;7;8]

Edit table and breakpoints...

OK　Cancel　Help　Apply

e) T5、T6开关管控制设置

图 6-15　开关矢量表“Switch Table”（续）

图 6-16 所示为电机在半载 7.5N·m 起动至 720r/min，然后在 3s 处升速至额定转速 1440r/min；在 4.5s 处，负载突增至额定值 15N·m 的仿真波形。根据仿真结果可见：①由于在动态过程中，转矩能够限幅至最大值 30N·m，实现了转矩以最大加速度线性上升至给定值；②动态过程中电磁转矩及定子磁链幅值始终快速跟踪各自的给定值，且不因负载转矩的变化而影响定子磁链幅值的波动，实现了电磁转矩与定子磁链幅值很好的解耦控制；③稳态时定子磁链矢量依次从扇区 1 旋转至扇区 6，从波形可见基本每一扇间隔时间相同，表明定子磁链矢量旋转比较匀速。

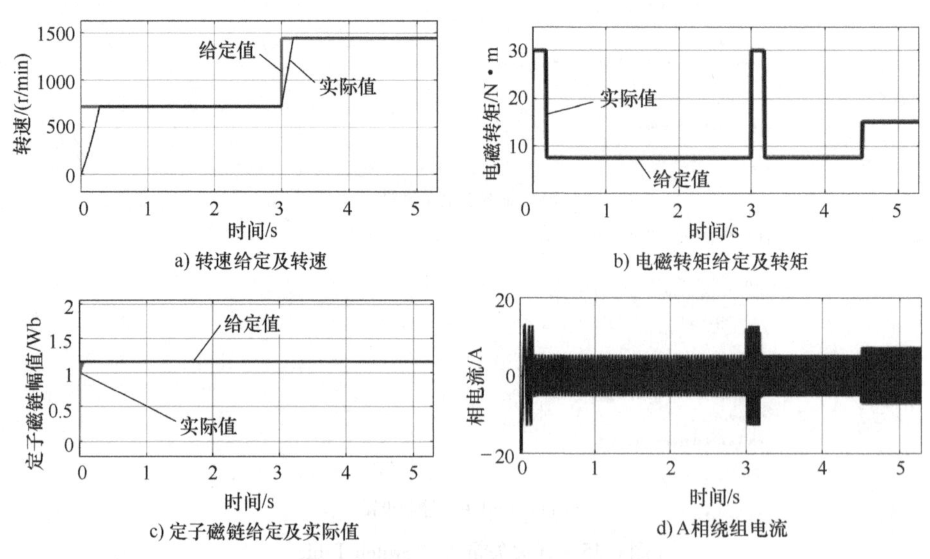

图 6-16　圆形磁链轨迹直接转矩控制仿真波形

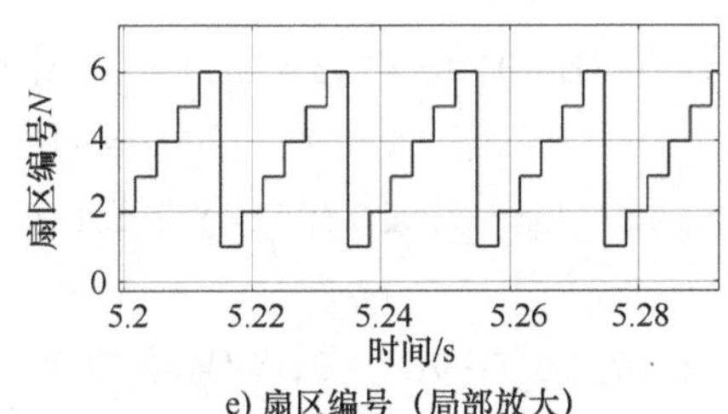

e) 扇区编号（局部放大）

图 6-16　圆形磁链轨迹直接转矩控制仿真波形（续）

6.6　异步电机直接转矩控制系统案例分析

根据前述圆形磁链轨迹直接转矩控制原理，采用图 6-10 圆形定子磁链轨迹直接转矩控制策略进行试验研究，以 TMS320F2812DSP 为核心构建硬件平台，对应的硬件系统设计见第 12 章内容。采用 DSP 的定时器 1（T1）以 50μs 为周期执行算法的核心程序，对应的流程图如图 6-17 所示。

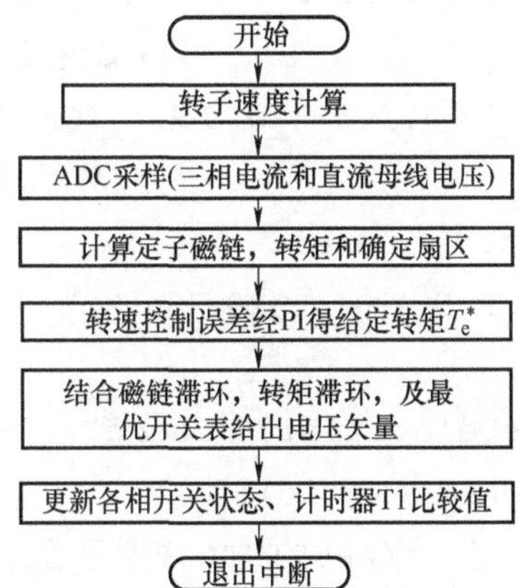

图 6-17　圆形定子磁链轨迹直接转矩控制 T1 中断程序流程图

利用 C 语言以定标的方式编写控制策略核心程序如下：

```
/ * Torque_closed-loop_direct-FOC. c * /
#include"include/DSP281x_Device. h"
#include"include/DSP281x_Examples. h"
#include"math. h"
#define  PI  3. 1415926
//变量定义时;全部要初始化为 0;防止溢出
volatile  _iq20  Ts=_IQ20(0. 00005);                    //数字控制周期
volatile  _iq20  Rs=_IQ20(1. 91),Flux_s_give=_IQ20(1. 34);
                                                //定子电阻,定子侧给定磁链幅值
volatile  _iq20  Da=0,Db=0,Dc=0,Danew=0,Dbnew=0,Dcnew=0;
                                                //Da~Dc 为 abc 三相逆变桥臂
```

```
volatile  _iq20  Ua=0,Ub=0,Uc=1,is_z,is_alpha,is_beta;
                                          //Ua~Uc 为三相电压,定子 αβ 电流
volatile  _iq20  speed3_kp=_IQ20(0.14),speed3_ki=_IQ20(0.000006);
                                                     //转速 ASR 变量定义
volatile  _iq20  Te3=0,Te_Give3=0; //电磁转矩 Te3 及转矩给定 Te_Give3
volatile  _iq20  theta_s=0,theta_r=0,theta_s_k=0,theta_ss=0;
                                                   //扇区编号 theta_s_k
volatile  _iq20  U_DC_3=0,Us_alpha=0,Us_beta=0;
                           //定子 alpha、beta 电压 Us_alpha、Us_beta
volatile  _iq20  delta_Flux_s_alpha=0,delta_Flux_s_beta=0,Flux_s_
alpha=0,Flux_s_beta=0;
//定子 alpha、beta 磁链 Flux_s_alpha、Flux_s_beta
volatile  _iq20  Flux_s_square=0,Flux_s=0;    //定子磁链幅值 Flux_s
volatile  _iq20  Flux_k=0,Flux_s_width=_IQ20(0);
                                   //磁链滞环比较器输出 Flux_k 及环宽
volatile  _iq20  Te3_k=0,Te3_k_width=_IQ20(0.2);
                                   //转矩滞环比较器输出 Te3_k 及环宽
volatile  _iq20  switch_flag=0;                       //开关矢量编号
volatile  _iq20  One_F,H_fc=_IQ20(1);          //H_fc 为高通截止频率
//程序声明
extern void DSP28x_usDelay(Uint32 Count);
interrupt void ISR_PDPINTA(void);
                     //PDPINTA 中断子程序,具体程序见第 3 章“3.5”节
interrupt void ISR_T1CINT(void);                   //T1 比较中断子程序
interrupt void ISR_T3CINT(void);
                          //T3 比较中断子程序,具体程序见第 3 章“3.5”节
interrupt void ISR_Cap3(void);
                          //捕获 3 中断子程序,具体程序见第 3 章“3.5”节
void Speed_Te_Given3(void);           //转速闭环,即转速 ASR 调节器子程序
void Motor_Init(void);  //电机启动初始化子程序,具体程序见第 3 章“3.5”节
void DA_Out(void);            //DA 转换子程序,具体程序见第 3 章“3.5”节
void Speed_Given(void);     //转速给定子程序,具体程序见第 3 章“3.5”节
void Get_PWM(void);                                   //刷新 PWM 寄存器
void Stator_magnetic_field_DTC(void);
                               //基于最优开关表的直接转矩控制子程序
void Switch_vector_control(void);      //最优开关矢量表及矢量输出子程序
```

```
//mmmmmmmmmmm 主函数 mmmmmmmmmmmmmmmmmmmmmmmmmmm
void main(void)
{
    Init_Sys();//系统初始化设置,初始化中断
    EvaRegs.T1CON.all|=0x0040;          //启动 T1 使能定时器
    EvbRegs.T3CON.all|=0x0040;          //启动 T3 使能定时器
    IFR=0x0000;
    EINT;
    //复位 ADC 转换模块
    AdcRegs.ADCTRL2.bit.RST_SEQ1=1;     //复位排序器 SEQ1
    AdcRegs.ADCST.bit.INT_SEQ1_CLR=1;   //清除排序器 SEQ1 中断标志位
    //使能捕获中断 3(第 3 组第 7 个中断)
    PieCtrlRegs.PIEIER3.all=0x40;       //CAPINT3 使能(PIE 级)
    IER|=M_INT3;//M_INT3=0x0004,使能 INT3(CPU 级)
    //GPIO 口配置
    EALLOW;
    GpioMuxRegs.GPFMUX.all=0x0030;
    GpioMuxRegs.GPFDIR.bit.GPIOF1=1;
    GpioMuxRegs.GPFDIR.bit.GPIOF13=0;   //使 I/O26 口(GPIOF13)为输入
    GpioMuxRegs.GPFDIR.bit.GPIOF0=0;    //使 I/O27 口(GPIOF0)为输入
    GpioMuxRegs.GPFDIR.bit.GPIOF10=0;   //使 I/O23 口(GPIOF10)为输入
    GpioMuxRegs.GPFDIR.bit.GPIOF11=0;   //使 I/O24 口(GPIOF11)为输
    EDIS;
    while(1)//等待中断
    {
    }
}
//mmmmmmmmmmm 定时器 T1 比较中断服务子程序 mmmmmmmmmmm
interrupt void ISR_T1CINT(void)
{  AdcRegs.ADCTRL2.bit.RST_SEQ1=1;      //复位排序器 SEQ1
   AdcRegs.ADCTRL2.bit.SOC_SEQ1=1;      //排序器 SEQ1 启动转换触发位
//=======编码器测得的位置角和转速==============//
   Position_Estimate3();                //编码器测量转子位置角
   Speed_Estimate3();                   //计算转子旋转速度
   theta_r+=_IQ20mpy(Electric_Speed3,Ts);
                                      //从速度计算转子旋转角度 theta_r
   if(theta_r<-_IQ20(0)){theta_r=theta_r+_IQ20(2*PI);}
                                        //转子旋转角度映射到 0~2*PI
```

```
    if(theta_r>_IQ20(2*PI)){theta_r=theta_r-_IQ20(2*PI);}
  //=======AD信号采样及相关参数计算============//
    AD();//采样进来的三相电流 iA,iB,iC 以及直流母线电压 U_DC
    //===自然坐标到静止坐标系坐标变换====//
      is_alpha=_IQ20mpy(_IQ20(0.8165),iA)-_IQ20mpy(_IQ20(0.4082),
iB+iC);                                    //定子电流 alpha 量
    is_beta=_IQ20mpy(_IQ20(0.7071),iB-iC);  //定子电流 beta 分量
    is_z=_IQ20mpy(_IQ20(0.5774),iA+iB+iC);  //零序电流分量
    //U_max=_IQ20mpy(_IQ20(0.577),U_DC);    //线性调制输出定子电压最
                                              大值
    Speed_Te_Given3();//转速闭环,即转速 ASR 调节器子程序
    Stator_magnetic_field_DTC();           //基于最优开关表的直接转矩控制
    //=============生成 PWM 波===================//
    if(PWM_En3==1)
    {Duty_calculate();                       //三相逆变桥功率开关占空
                                              比计算
    Get_PWM();                               //刷新 PWM 寄存器
    }
    //=========清中断标志位和应答位===============//
    EvaRegs.EVAIFRA.bit.T1CINT=1;            //清中断标志位
    PieCtrlRegs.PIEACK.all|=0x2;             //T1CNT 中断应答
  }
  //mmmmmmmmmmmmm基于最优开关表的直接转矩控制子程序mmmmmmmmmmmmm
  void Stator_magnetic_field_DTC(void)
  {  //重构逆变器实际输出三相电压 Ua~Uc
    U_DC_3=_IQ20div(U_DC,_IQ20(3));
    Ua=_IQ20mpy(U_DC_3,_IQ20mpy(_IQ20(2),Da)-Db-Dc);
    Ub=_IQ20mpy(U_DC_3,_IQ20mpy(_IQ20(2),Db)-Da-Dc);
    Uc=_IQ20mpy(U_DC_3,_IQ20mpy(_IQ20(2),Dc)-Db-Da);
    Us_alpha=_IQ20mpy(_IQ20(0.8165),Ua)-_IQ20mpy(_IQ20(0.4082),Ub+Uc);
                                             //计算 alpha 电压
    Us_beta=_IQ20mpy(_IQ20(0.7071),Ub-Uc);  //计算 beta 电压
    //计算定子磁链 Flux_s_alpha 与 Flux_s_beta 及幅值 Flux_s
    delta_Flux_s_alpha=Us_alpha-_IQ20mpy(Rs,is_alpha);
                                             //计算 alpha 定子感应电动势
    delta_Flux_s_beta=Us_beta-_IQ20mpy(Rs,is_beta);
                                             //计算 beta 定子感应电动势
    One_F=_IQ20(1)+_IQ20mpy(_IQ20(0.0003141593),H_fc);
                                 //一阶惯性环节系数;0.0003141593=Ts*2pi
```

```
    Flux_s_alpha+=_IQ20mpy(delta_Flux_s_alpha,Ts);     //一阶惯性环节
    Flux_s_alpha=_IQ20div(Flux_s_alpha,One_F);  //alpha 定子磁链观测
    Flux_s_beta+=_IQ20mpy(delta_Flux_s_beta,Ts);       //一阶惯性环节
    Flux_s_beta=_IQ20div(Flux_s_beta,One_F);       //beta 定子磁链观测
    Flux_s_square=_IQ20mpy(Flux_s_alpha,Flux_s_alpha)+_IQ20mpy
(Flux_s_beta,Flux_s_beta);
    Flux_s=_IQ20sqrt(Flux_s_square);                    //计算定子磁链幅值
    //判断定子磁链所处扇区编号 theta_s_k
    theta_s=_IQ20atan2(Flux_s_beta,Flux_s_alpha);
    if(theta_s<0){theta_s=theta_s+_IQ20(2*PI);}
    if(theta_s>_IQ20(2*PI)){theta_s=theta_s-_IQ20(2*PI);}
    theta_ss=_IQ20mpy(theta_s,_IQ20(57.2957795)); //弧度转化为角度
    if(theta_ss>=_IQ20(30)&& theta_ss<_IQ20(90)){theta_s_k=2;}
                                                        //第二扇区
    else if(theta_ss>=_IQ20(90)&& theta_ss<_IQ20(150)){theta_s_k=
3;}                                                     //第三扇区
    else if(theta_ss>=_IQ20(150)&& theta_ss<_IQ20(210)){theta_s_
k=4;}                                                   //第四扇区
    else if(theta_ss>=_IQ20(210)&& theta_ss<_IQ20(270)){theta_s_
k=5;}                                                   //第五扇区
    else if(theta_ss>=_IQ20(270)&& theta_ss<_IQ20(330)){theta_s_
k=6;}                                                   //第六扇区
    else if(theta_ss>=_IQ20(0)&& theta_ss<_IQ20(30)){theta_s_k=1;}
                                                        //第一扇区
    else if(theta_ss>=_IQ20(330)&& theta_ss<_IQ20(360)){theta_s_
k=1;}                                                   //第一扇区
    //磁链滞环比较器,输出控制磁链的开关信号 Flux_k
    if(Flux_s_give-Flux_s>Flux_s_width)
    {Flux_k=1;}
    if(Flux_s_give-Flux_s<-Flux_s_width)
    {Flux_k=0;}
    //转矩滞环比较器,输出控制转矩的开关信号 Te3_k
    Te3=_IQ20mpy(_IQ20(2),_IQ20mpy(Flux_s_alpha,is_beta)-_IQ20mpy
(Flux_s_beta,is_alpha));
    //计算电磁转矩 Te3
    if(Te_Give3-Te3>Te3_k_width)
    {Te3_k=1;}
```

```
    if(Te_Give3-Te3<-Te3_k_width)
    {Te3_k=-1;}
    if(Te_Give3-Te3<=Te3_k_width && Te_Give3-Te3>=(-Te3_k_width))
    {Te3_k=0;}
}
//mmmmmmmmmmmm最优开关矢量表及矢量输出子程序mmmmmmmmmmmmmm
void Switch_vector_control(void)
{
    switch(theta_s_k)
    {
        case 1:
        if(Flux_k==1 && Te3_k==1)  {switch_flag=6;}
        if(Flux_k==1 && Te3_k==0)  {switch_flag=7;}
        if(Flux_k==1 && Te3_k==-1)  {switch_flag=5;}
        if(Flux_k==0 && Te3_k==1)  {switch_flag=2;}
        if(Flux_k==0 && Te3_k==0)  {switch_flag=0;}
        if(Flux_k==0 && Te3_k==-1)  {switch_flag=1;}
        break;
        case 2:
        if(Flux_k==1 && Te3_k==1)  {switch_flag=2;}
        if(Flux_k==1 && Te3_k==0)  {switch_flag=0;}
        if(Flux_k==1 && Te3_k==-1)  {switch_flag=4;}
        if(Flux_k==0 && Te3_k==1)  {switch_flag=3;}
        if(Flux_k==0 && Te3_k==0)  {switch_flag=7;}
        if(Flux_k==0 && Te3_k==-1)  {switch_flag=5;}
        break;
        case 3:
        if(Flux_k==1 && Te3_k==1)  {switch_flag=3;}
        if(Flux_k==1 && Te3_k==0)  {switch_flag=7;}
        if(Flux_k==1 && Te3_k==-1)  {switch_flag=6;}
        if(Flux_k==0 && Te3_k==1)  {switch_flag=1;}
        if(Flux_k==0 && Te3_k==0)  {switch_flag=0;}
        if(Flux_k==0 && Te3_k==-1)  {switch_flag=4;}
        break;
        case 4:
        if(Flux_k==1 && Te3_k==1)  {switch_flag=1;}
        if(Flux_k==1 && Te3_k==0)  {switch_flag=0;}
```

```
        if(Flux_k==1 && Te3_k==-1)  {switch_flag=2;}
        if(Flux_k==0 && Te3_k==1)  {switch_flag=5;}
        if(Flux_k==0 && Te3_k==0)  {switch_flag=7;}
        if(Flux_k==0 && Te3_k==-1)  {switch_flag=6;}
        break;
        case 5:
        if(Flux_k==1 && Te3_k==1)  {switch_flag=5;}
        if(Flux_k==1 && Te3_k==0)  {switch_flag=7;}
        if(Flux_k==1 && Te3_k==-1)  {switch_flag=3;}
        if(Flux_k==0 && Te3_k==1)  {switch_flag=4;}
        if(Flux_k==0 && Te3_k==0)  {switch_flag=0;}
        if(Flux_k==0 && Te3_k==-1)  {switch_flag=2;}
        break;
        case 6:
        if(Flux_k==1 && Te3_k==1)  {switch_flag=4;}
        if(Flux_k==1 && Te3_k==0)  {switch_flag=0;}
        if(Flux_k==1 && Te3_k==-1)  {switch_flag=1;}
        if(Flux_k==0 && Te3_k==1)  {switch_flag=6;}
        if(Flux_k==0 && Te3_k==0)  {switch_flag=7;}
        if(Flux_k==0 && Te3_k==-1)  {switch_flag=3;}
        break;
        default : switch_flag=0;break;
    }
    if(switch_flag==0){Da=_IQ20(0);Db=_IQ20(0);Dc=_IQ20(0);}//U0
    if(switch_flag==1){Da=_IQ20(0);Db=_IQ20(0);Dc=_IQ20(1);}//U1
    if(switch_flag==2){Da=_IQ20(0);Db=_IQ20(1);Dc=_IQ20(0);}//U2
    if(switch_flag==3){Da=_IQ20(0);Db=_IQ20(1);Dc=_IQ20(1);}//U3
    if(switch_flag==4){Da=_IQ20(1);Db=_IQ20(0);Dc=_IQ20(0);}//U4
    if(switch_flag==5){Da=_IQ20(1);Db=_IQ20(0);Dc=_IQ20(1);}//U5
    if(switch_flag==6){Da=_IQ20(1);Db=_IQ20(1);Dc=_IQ20(0);}//U6
    if(switch_flag==7){Da=_IQ20(1);Db=_IQ20(1);Dc=_IQ20(1);}//U7
    //硬件上低电平有效
    Danew=_IQ20(1.0)-Da;
    Dbnew=_IQ20(1.0)-Db;
    Dcnew=_IQ20(1.0)-Dc;
}
```

异步电机圆形磁链轨迹直接转矩控制系统突卸、突加负载响应如图 6-18 所示，电磁转矩能够快速跟踪其给定值。系统稳态负载时磁链轨迹、相绕组电流如图 6-19 所示，磁链轨迹为圆形，相绕组电流基本为正弦波。

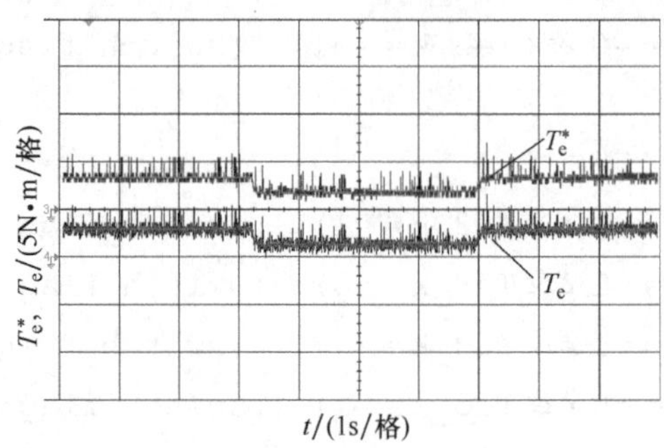

图 6-18　异步电机圆形磁链轨迹直接转矩控制系统突卸、突加负载响应

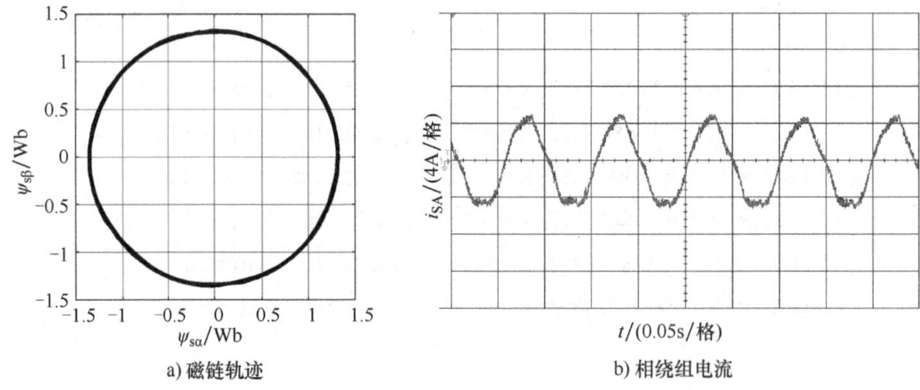

a) 磁链轨迹　　b) 相绕组电流

图 6-19　异步电机圆形磁链轨迹直接转矩控制系统负载稳态实验波形

习题

1. 推导三相电压型逆变器输出电压矢量表达式，并列出不同开关组合时电压矢量，且画出 360°电空间电压矢量分布图。

2. 推导异步电机定子磁场定向定子电压方程式，并由此说明定子电压的两个分量对定子磁链幅值、定子磁链矢量的旋转速度控制原理。

3. 阐述异步电机利用逆变器电压矢量实现电磁转矩的直接快速控制原理。

4. 异步电机采用Y联结，额定转速为 1460r/min，额定线电压为 380V，额定功率为 6.5kW，转子相电阻 $R_r'=0.49\Omega$，定子漏感 $L_{s\sigma}=0.0034$H，定子相电阻 $R_s=0.375\Omega$，转子漏感 $L_{r\sigma}'=0.0054$H，励磁电感 $L_m=0.1416$H，转动惯量 $J=0.05\text{kg}\cdot\text{m}^2$，采用六边形磁链轨迹的直接转矩控制策略：

1）计算定子磁链幅值；

2）分析研究定子磁链矢量长度的最大值及最小值；

3）若电机逆时针正向运行，则各区段电压矢量是什么；

4）推导电机反向运行时，磁链开关状态波形与逆变器桥臂开关状态之间的关系。

5. 异步电机参数见第 4 题，采用圆形磁链轨迹的直接转矩控制策略：

1）计算额定运行状态时定子磁链旋转速度；

2）不考虑转子旋转速度影响时分析各扇区内的电压矢量的最优选择；

3）定子磁链及电磁转矩计算模型；

4）画出直接转矩控制系统结构框图。

6. 异步电机参数见第 4 题所示，采用的三相电压型逆变器直流母线电压为 600V，采用圆形磁链轨迹的直接转矩控制策略：

1）计算 y 轴分量 u_{sy} 控制电磁转矩分界线；

2）分析额定转矩、半额定转速时表 6-1 最优开关矢量表扇区 1 中非零电压矢量对转矩控制是否如表 6-1 分析结果；

3）分析额定转矩、额定转速时表 6-1 最优开关矢量表扇区 1 中非零电压矢量对转矩控制是否如表 6-1 分析结果。

7. 异步电机参数见第 4 题所示，采用圆形磁链轨迹的直接转矩控制策略，假设初始电机处于理想空载，定子磁链控制为额定值，忽略 x 轴定子电流，三相逆变器数字控制周期为 100μs，则：

1）若 y 轴电压等于 440V 且 1/4 额定转速，计算作用一个数字控制周期后电磁转矩；

2）若 y 轴电压等于 440V 且 1/2 额定转速，计算作用一个数字控制周期后电磁转矩；

3）若 y 轴电压等于 440V 且 3/4 额定转速，计算作用一个数字控制周期后电磁转矩；

4）若 y 轴电压等于 440V 且额定转速，计算作用一个数字控制周期后电磁转矩；

5）若 y 轴电压等于 220V 且额定转速，计算作用一个数字控制周期后电磁转矩。

第 7 章　永磁同步电机调速控制

永磁同步电机（Permanent Magnet Synchronous Machine，PMSM）以永磁材料励磁，和电励磁式同步电机相比，其结构简单、易于加工和装配，而且省去了集电环和电刷，提高了电机运行可靠性。20 世纪 80 年代以来，随着高性能永磁体的出现，永磁同步电机更小、更轻、效率更高，不仅广泛应用于电动交通工具、家用电器等领域，而且也应用于数控机床、加工中心、智能机器人等要求高精度的伺服应用场合。因此，永磁同步电机已成为交流调速领域研究与应用的热点。近年来，随着新材料、新工艺和新设计工具的出现，永磁同步电机拓扑结构不断推陈出新，相继开发了轴向磁场永磁同步电机以及包括磁通反向永磁电机和磁通切换永磁电机在内的定子永磁型同步电机。传统永磁同步电机、轴向磁场永磁同步电机和定子永磁型同步电机的结构和运行特性存在较大差异，但电机内部发生的电磁现象和机电能量转换原理基本上相同，因而它们的数学模型具有一定的相似性，均可采用矢量控制技术进行控制。本章以传统永磁同步电机控制系统为例，分析其电枢绕组结构、转子结构、数学模型、基本特性和矢量控制原理，这些分析过程同样适用于新型永磁同步电机控制系统。

7.1　永磁同步电机概述

永磁同步电机种类众多，结构各异，但一般是由转子铁心、永磁体、定子铁心和电枢绕组等部分组成。一种转子上放置永磁体，定子铁心上嵌绕电枢绕组的典型永磁同步电机结构如图 7-1 所示。

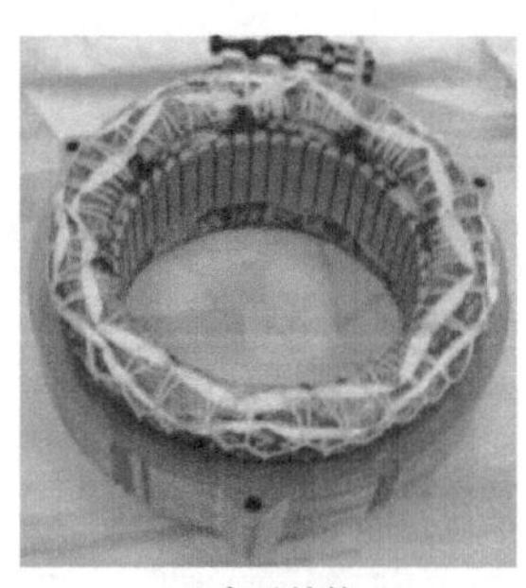

a) 定子结构

b) 转子结构

图 7-1　典型永磁同步电机结构

7.1.1　电枢绕组结构

电枢绕组是永磁同步电机进行机电能量转换的关键部件，电机的电动势和磁动势特性都与电枢绕组的构成有关。电枢绕组分类形式多样，按相数分为单相绕组和多相绕组；按层数分为单层绕组和双层绕组；按每极每相槽数分为分布绕组和集中绕组。虽然电枢绕组类型较多，但它们的构成原则基本相同，基本要求如下：

1）电势和磁势波形要接近正弦波，在一定导体数下力求获得较大基波电势和基波磁势输出；

2）三相绕组的电动势和磁动势对称，各相阻抗要相等；

3）绕组铜耗小，用铜量少；

4）绝缘可靠、机械强度高、散热条件好，而且制造和嵌线方便。

在永磁同步电机中，常用的分布绕组和集中绕组两种电枢绕组结构如图 7-2 所示。永磁同步电机的分布绕组与异步电机电枢绕组相似，一般希望分布在定子铁心槽中的电枢绕组能产生理想正弦磁动势，但实际分布绕组所产生的磁动势含有一定的谐波分量。若电机节距较大，采用双层短距绕组可改善电动势和磁动势的波形质量。极数多和节距大的永磁同步电机在制造工艺上不易实现，并且较长的端部增加了电机的铜耗。集中绕组是把电枢线圈集中绕在永磁同步电机的定子齿上，其节距为 1。与分布绕组相比，集中绕组的端部绕组较短、工艺相对简单、结构更加紧凑。采用集中绕组，电机的铜耗明显减少。集中绕组的绕线简单且可自动绕线，性价比高，受到越来越多的关注，但磁场空间谐波含量较多。

a) 分布绕组

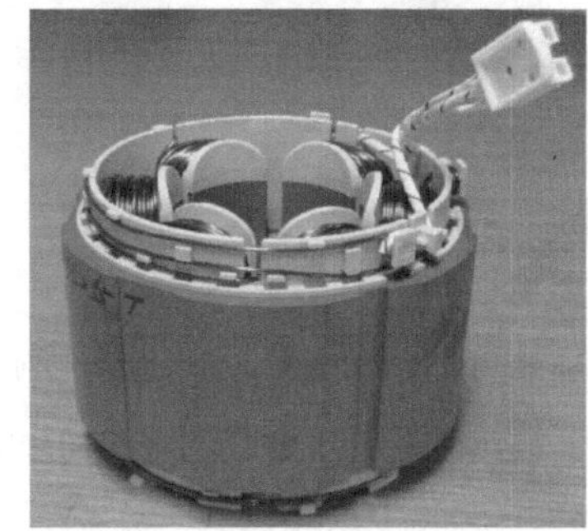

b) 集中绕组

图 7-2　永磁同步电机电枢绕组类型

7.1.2　转子结构

永磁同步电机的转子结构影响其运行性能、控制方法、制造工艺和应用场合。按永磁体在转子铁心中的位置，永磁同步电机的转子磁极结构可分为表面式与内置式两种，其中表面式磁极结构又可分为表贴式与插入式两种，典型结构如图 7-3 所示。

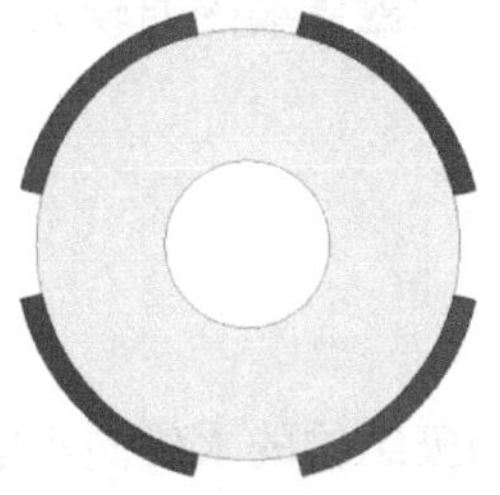

a) 表贴式磁极结构

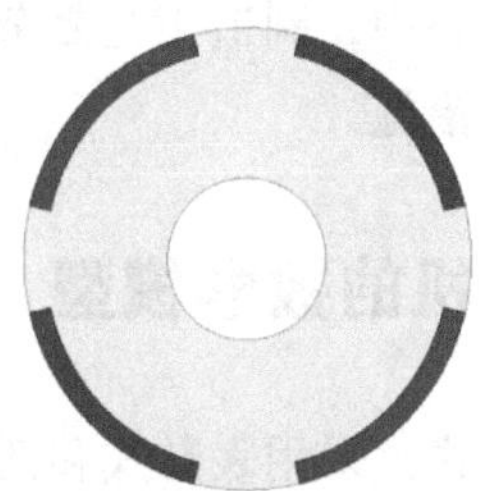

b) 插入式磁极结构

图 7-3　永磁同步电机的表面式磁极结构

永磁体磁导率与空气磁导率接近，表贴式磁极结构的交轴磁路磁阻近似等于直轴磁路磁阻，无磁阻转矩产生，表贴式永磁同步电机可认为是一种隐极转子电机。该类永磁同步电机交、直轴磁路的等效气隙很大，电枢反应比较小，弱磁能力差，恒功率运行范围通常也比较小，而且永磁体直接暴露在气隙磁场中，容易退磁，影响电机的可靠性。插入式磁极结构的永磁体被嵌于转子铁心中，其外表面直接与气隙接触，交轴磁路磁阻小于直轴磁路磁阻，转子具有凸极效应，插入式永磁同步电机是典型的凸极转子电机。因此，利用该永磁同步电机的凸极效应产生磁阻转矩，可有效提高电机的功率密度。插入式永磁同步电机的动态性能较表贴式永磁同步电机有所改善，但漏磁系数大、制造成本较高。

根据永磁体的充磁方向，内置式磁极结构可分为径向式、切向式和混合式三种，相应的结构如图 7-4 所示。内置式磁极结构的永磁体置于转子铁心中，其外表面与定子内圆之间有铁心材料制成的极靴，永磁体受到极靴保护。与插入式磁极结构类似，内置式磁极结构的直轴磁路和交轴磁路不对称性所产生的磁阻转矩有助于提高永磁同步电机的功率密度和弱磁扩速能力。此外，由于永磁体置于转子铁心中，转子结构更加牢固，适合永磁同步电机高速运行。

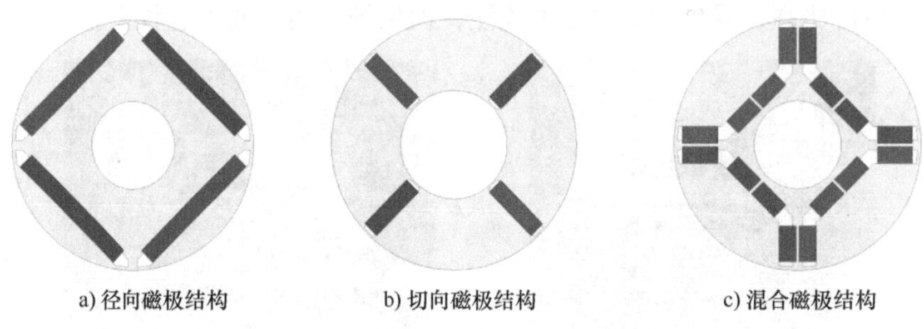

a) 径向磁极结构　　b) 切向磁极结构　　c) 混合磁极结构

图 7-4　永磁同步电机内置式磁极结构

径向式磁极结构的相邻两块永磁体是串联的，每极磁势由两块永磁体共同提供。该类永磁同步电机的气隙磁密近似等于永磁体工作点处的磁密。切向式磁极结构的相邻两块永磁体是并联的，其可提供较大的每极磁通，适用于极数较多的永磁同步电机。该类永磁同步电机的磁阻转矩在总的电磁转矩中的比例可达 40%，有利于充分利用磁阻转矩，提高永磁同步电机的功率密度和弱磁扩速能力。混合式磁极结构的每极永磁体充磁磁场既有径向分量，又有切向分量，其合成磁场方向与径向和切向均不平行。该磁极结构结合了径向式磁极结构和切向式磁极结构的优点，但磁极结构复杂，成本高。相较于表贴式磁极结构，内置式磁极结构的永磁体位于转子铁心中，制造工艺复杂，并且永磁体漏磁通较大，尤其是切向式磁极结构需要采取磁极防漏磁措施。

7.2　永磁同步电机的数学模型

按转子磁极结构形式，采用表贴式和插入式磁极结构的永磁同步电机三相二极物理模型如图 7-5 所示。由于内置式磁极结构与插入式磁极结构具有类似的凸极效应，本文以插入式永磁同步电机的三相二极物理模型为例进行分析。永磁同步电机的电枢绕组采用星形接法，三相绕组对称分布，各绕组轴线在空间互差 120°电角度，A、B、C 为各绕组首端，X、Y、Z 为各绕组尾端。规定绕组首端流入电流、尾端流出电流的方向为相电流的正方向，采用右手螺旋定则确定各绕组通入正方向电流时的磁场方向，并将其定义为绕组轴线正方向。根据三相绕组的空间轴线，可建立一个三相静止坐标系——*ABC* 坐标系。根据转子永磁体磁极轴线以及与其垂直方向，可确定一个两相同步旋转坐标系——*dq* 坐标系，其中直轴正方向定义为磁极 N 的方向，交轴正方向超前直轴 90°电角度。直轴超前 A 相轴线的电角度为 θ_r，当 $\theta_r=0$ 时，直轴与 A 相轴线重合。

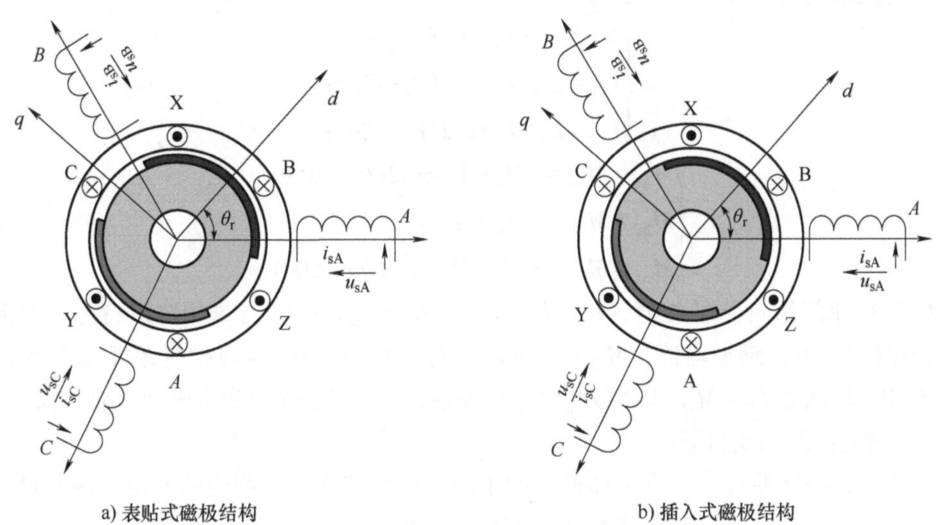

a) 表贴式磁极结构
b) 插入式磁极结构

图 7-5　永磁同步电机三相二极物理模型

为简化分析，假设永磁同步电机为理想电机，且满足如下条件：

1）三相电枢绕组在空间对称分布，各相绕组轴线空间互差 120°电角度，当三相电枢绕组通入对称三相正弦交流电时，气隙中产生正弦分布磁场；

2）永磁体在气隙中产生正弦分布磁场，在三相电枢绕组中感生的电势波形为正弦波；

3）定转子铁心磁路为线性，磁导率为无穷大，而且涡流损耗和磁滞损耗忽略不计；

4）永磁体均匀磁化，永磁体端部无漏磁，永磁体间也无交叉耦合效应。

基于上述假设，从基本电磁关系出发，推导三相永磁同步电机的数学模型。由于采用表贴式和插入式磁极结构的永磁同步电机转子磁路结构呈现不同特性，为不失一般性，假设电机的转子采用插入式磁极结构。永磁同步电机的数学模型包括磁链方程、电压方程、转矩方程和运动方程。

7.2.1　三相静止坐标系下的数学模型

1. 磁链方程

三相永磁同步电机的磁链包括相电流产生的电枢磁场匝链到相绕组自身的磁链分量和永磁体产生的永磁磁场交链到相绕组的永磁磁链分量，故三相永磁同步电机的磁链方程为

$$\begin{bmatrix}\psi_{sA}\\ \psi_{sB}\\ \psi_{sC}\end{bmatrix}=\begin{bmatrix}L_{AA} & M_{AB} & M_{AC}\\ M_{BA} & L_{BB} & M_{BC}\\ M_{CA} & M_{CB} & L_{CC}\end{bmatrix}\begin{bmatrix}i_{sA}\\ i_{sB}\\ i_{sC}\end{bmatrix}+\begin{bmatrix}\psi_{fA}\\ \psi_{fB}\\ \psi_{fC}\end{bmatrix} \tag{7-1}$$

式中，ψ_{sA}、ψ_{sB}和ψ_{sC}分别为 A、B、C 三相绕组的磁链；L_{AA}、L_{BB}和L_{CC}分别为三相绕组自感；M_{AB}/M_{BA}、M_{BC}/M_{CB}和M_{CA}/M_{AC}分别为三相绕组互感；i_{sA}、i_{sB}和i_{sC}分别为三相绕组相电流；ψ_{fA}、ψ_{fB}和ψ_{fC}分别为永磁磁场交链到 A、B、C 三相绕组的永磁磁链分量。

三相电枢绕组自感和互感分别为

$$\begin{cases}L_{AA}=L_{s0}-L_{s2}\cos2\theta_r\\ L_{BB}=L_{s0}-L_{s2}\cos2(\theta_r-120°)\\ L_{CC}=L_{s0}-L_{s2}\cos2(\theta_r+120°)\end{cases} \tag{7-2}$$

$$\begin{cases}M_{AB}=M_{BA}=-M_{s0}+M_{s2}\cos2(\theta_r+30°)\\ M_{BC}=M_{CB}=-M_{s0}+M_{s2}\cos2(\theta_r-90°)\\ M_{AC}=M_{CA}=-M_{s0}+M_{s2}\cos2(\theta_r+150°)\end{cases} \tag{7-3}$$

式中，L_{s0}为每相绕组自感平均值，$L_{s0}=L_{s\sigma}+0.25(L_{qm}+L_{dm})$；$L_{s2}$为每相绕组自感二次谐波幅值；$M_{s0}$为两相绕组互感平均值，$M_{s0}=M_{s\sigma}+0.5(L_{qm}+L_{dm})$；$M_{s2}$为两相绕组互感二次谐波幅值，且$L_{s2}$和$M_{s2}$满足$L_{s2}=M_{s2}=0.5(L_{qm}-L_{dm})$关系，$L_{dm}$、$L_{qm}$分别为主磁通直轴和交轴电感，$L_{s\sigma}$、$M_{s\sigma}$分别绕组漏感及自漏感。

在三相对称坐标系统中，永磁体产生的永磁磁场交链到三相绕组的永磁磁链分量为

$$\begin{bmatrix}\psi_{fA}\\ \psi_{fB}\\ \psi_{fC}\end{bmatrix}=\psi_f\begin{bmatrix}\cos\theta_r\\ \cos(\theta_r-120°)\\ \cos(\theta_r+120°)\end{bmatrix} \tag{7-4}$$

式中，ψ_f为永磁磁场匝链到三相绕组中永磁磁链峰值。

将式（7-2）~式（7-4）代入到式（7-1）中，可得三相永磁同步电机的磁链方程为

$$\begin{aligned}\begin{bmatrix}\psi_{sA}\\ \psi_{sB}\\ \psi_{sC}\end{bmatrix}=&\begin{bmatrix}-L_{s2}\cos2\theta_r & M_{s2}\cos2(\theta_r+30°) & M_{s2}\cos2(\theta_r+150°)\\ M_{s2}\cos2(\theta_r+30°) & -L_{s2}\cos2(\theta_r-120°) & M_{s2}\cos2(\theta_r-90°)\\ M_{s2}\cos2(\theta_r+150°) & M_{s2}\cos2(\theta_r-90°) & -L_{s2}\cos2(\theta_r+120°)\end{bmatrix}\begin{bmatrix}i_{sA}\\ i_{sB}\\ i_{sC}\end{bmatrix}+\\ &\cdots+\begin{bmatrix}L_{s0} & -M_{s0} & -M_{s0}\\ -M_{s0} & L_{s0} & -M_{s0}\\ -M_{s0} & -M_{s0} & L_{s0}\end{bmatrix}\begin{bmatrix}i_{sA}\\ i_{sB}\\ i_{sC}\end{bmatrix}+\psi_f\begin{bmatrix}\cos\theta_r\\ \cos(\theta_r-120°)\\ \cos(\theta_r+120°)\end{bmatrix}\end{aligned} \tag{7-5}$$

2. 电压方程

在 *ABC* 静止坐标系中，由图 7-5b 可得三相永磁同步电机的电压方程为

$$\begin{bmatrix}u_{sA}\\ u_{sB}\\ u_{sC}\end{bmatrix}=\begin{bmatrix}R_s & 0 & 0\\ 0 & R_s & 0\\ 0 & 0 & R_s\end{bmatrix}\begin{bmatrix}i_{sA}\\ i_{sB}\\ i_{sC}\end{bmatrix}+\frac{d}{dt}\begin{bmatrix}\psi_{sA}\\ \psi_{sB}\\ \psi_{sC}\end{bmatrix} \tag{7-6}$$

式中，u_{sA}、u_{sB}和u_{sC}分别为三相绕组相电压；R_s为三相绕组相电阻。

将式（7-1）代入式（7-6），可得永磁同步电机的电压方程为

$$\begin{bmatrix} u_{sA} \\ u_{sB} \\ u_{sC} \end{bmatrix} = \begin{bmatrix} R_s & 0 & 0 \\ 0 & R_s & 0 \\ 0 & 0 & R_s \end{bmatrix} \begin{bmatrix} i_{sA} \\ i_{sB} \\ i_{sC} \end{bmatrix} + \frac{d}{dt} \left(\begin{bmatrix} L_{AA} & M_{AB} & M_{AC} \\ M_{BA} & L_{BB} & M_{BC} \\ M_{CA} & M_{CB} & L_{CC} \end{bmatrix} \begin{bmatrix} i_{sA} \\ i_{sB} \\ i_{sC} \end{bmatrix} \right) + \frac{d}{dt} \begin{bmatrix} \psi_{fA} \\ \psi_{fB} \\ \psi_{fC} \end{bmatrix} \tag{7-7}$$

显然，式（7-7）是与转子位置有关的常系数非线性方程组，求解比较复杂。

3. 转矩方程

永磁同步电机的输入功率为

$$P_1 = u_{sA} i_{sA} + u_{sB} i_{sB} + u_{sC} i_{sC} \tag{7-8}$$

将式（7-7）代入式（7-8），电机输入功率为

$$P_1 = \begin{bmatrix} i_{sA} \\ i_{sB} \\ i_{sC} \end{bmatrix}^T \left\{ \begin{bmatrix} R_s & 0 & 0 \\ 0 & R_s & 0 \\ 0 & 0 & R_s \end{bmatrix} \begin{bmatrix} i_{sA} \\ i_{sB} \\ i_{sC} \end{bmatrix} + \frac{d}{dt} \left(\begin{bmatrix} L_{AA} & M_{AB} & M_{AC} \\ M_{BA} & L_{BB} & M_{BC} \\ M_{CA} & M_{CB} & L_{CC} \end{bmatrix} \begin{bmatrix} i_{sA} \\ i_{sB} \\ i_{sC} \end{bmatrix} \right) + \frac{d}{dt} \begin{bmatrix} \psi_{fA} \\ \psi_{fB} \\ \psi_{fC} \end{bmatrix} \right\} \tag{7-9}$$

将式（7-9）展开得

$$\begin{aligned} P_1 = {} & i_{sA}^2 R_s + i_{sA} L_{AA} \frac{di_{sA}}{dt} + i_{sA} M_{AB} \frac{di_{sB}}{dt} + i_{sA} M_{AC} \frac{di_{sC}}{dt} + i_{sA}^2 \frac{dL_{AA}}{dt} + i_{sA} i_{sB} \frac{dM_{AB}}{dt} + i_{sA} i_{sC} \frac{dM_{AC}}{dt} + \frac{d\psi_{fA}}{dt} i_{sA} + \\ & \cdots + i_{sB}^2 R_s + i_{sB} M_{BA} \frac{di_{sA}}{dt} + i_{sB} L_{BB} \frac{di_{sB}}{dt} + i_{sB} M_{BC} \frac{di_{sC}}{dt} + i_{sA} i_{sB} \frac{dM_{BA}}{dt} + i_{sB}^2 \frac{dL_{BB}}{dt} + i_{sB} i_{sC} \frac{dM_{BC}}{dt} + \frac{d\psi_{fB}}{dt} i_{sB} + \\ & \cdots + i_{sC}^2 R_s + i_{sC} M_{CA} \frac{di_{sA}}{dt} + i_{sC} M_{CB} \frac{di_{sB}}{dt} + i_{sC} L_{CC} \frac{di_{sC}}{dt} + i_{sA} i_{sC} \frac{dM_{CA}}{dt} + i_{sB} i_{sC} \frac{dM_{CB}}{dt} + i_{sC}^2 \frac{dL_{CC}}{dt} + \frac{d\psi_{fC}}{dt} i_{sC} \end{aligned} \tag{7-10}$$

根据式（7-10），定义铜耗 P_{cu}、磁场储能 W_m 和电磁功率 P_M 分别为

$$\begin{cases} P_{cu} = i_{sA}^2 R_s + i_{sB}^2 R_s + i_{sC}^2 R_s \\ W_m = i_{sA} L_{AA} \dfrac{di_{sA}}{dt} + i_{sA} M_{AB} \dfrac{di_{sB}}{dt} + i_{sA} M_{AC} \dfrac{di_{sC}}{dt} + i_{sB} M_{BA} \dfrac{di_{sA}}{dt} + i_{sB} L_{BB} \dfrac{di_{sB}}{dt} + \\ \qquad \cdots + i_{sB} M_{BC} \dfrac{di_{sC}}{dt} + i_{sC} M_{CA} \dfrac{di_{sA}}{dt} + i_{sC} M_{CB} \dfrac{di_{sB}}{dt} + i_{sC} L_{CC} \dfrac{di_{sC}}{dt} \\ P_M = i_{sA}^2 \dfrac{dL_{AA}}{dt} + i_{sA} i_{sB} \dfrac{dM_{AB}}{dt} + i_{sA} i_{sC} \dfrac{dM_{AC}}{dt} + \dfrac{d\psi_{fA}}{dt} i_{sA} + i_{sA} i_{sB} \dfrac{dM_{BA}}{dt} + \\ \qquad \cdots + i_{sB}^2 \dfrac{dL_{BB}}{dt} + i_{sB} i_{sC} \dfrac{dM_{BC}}{dt} + \dfrac{d\psi_{fB}}{dt} i_{sB} + i_{sA} i_{sC} \dfrac{dM_{CA}}{dt} + i_{sB} i_{sC} \dfrac{dM_{CB}}{dt} + i_{sC}^2 \dfrac{dL_{CC}}{dt} + \dfrac{d\psi_{fC}}{dt} i_{sC} \end{cases} \tag{7-11}$$

根据电磁功率的表达式，可得电磁转矩为

$$\begin{aligned} T_e = \frac{P_M}{\omega_r / n_p} = {} & n_p \left(\begin{aligned} & i_{sA}^2 \frac{\partial L_{AA}}{\partial \theta_r} + i_{sA} i_{sB} \frac{\partial M_{AB}}{\partial \theta_r} + i_{sA} i_{sC} \frac{\partial M_{AC}}{\partial \theta_r} + i_{sA} i_{sB} \frac{\partial M_{BA}}{\partial \theta_r} + i_{sB}^2 \frac{\partial L_{BB}}{\partial \theta_r} + \\ & i_{sB} i_{sC} \frac{\partial M_{BC}}{\partial \theta_r} + i_{sA} i_{sC} \frac{\partial M_{CA}}{\partial \theta_r} + i_{sB} i_{sC} \frac{\partial M_{CB}}{\partial \theta_r} + i_{sC}^2 \frac{\partial L_{CC}}{\partial \theta_r} \end{aligned} \right) + \\ & \cdots + n_p \left(\frac{\dfrac{d\psi_{fA}}{dt} i_{sA} + \dfrac{d\psi_{fB}}{dt} i_{sB} + \dfrac{d\psi_{fC}}{dt} i_{sC}}{\omega_r} \right) = T_r + T_{PM} \end{aligned} \tag{7-12}$$

式中，ω_r为转子旋转电角速度；T_r 为三相绕组中通入三相交流电时，电感随转子位置变化而产生的磁阻转矩，即为

$$T_r = n_p\left(\begin{array}{l} i_{sA}^2\dfrac{\partial L_{AA}}{\partial\theta_r}+i_{sA}i_{sB}\dfrac{\partial M_{AB}}{\partial\theta_r}+i_{sA}i_{sC}\dfrac{\partial M_{AC}}{\partial\theta_r}+i_{sA}i_{sB}\dfrac{\partial M_{BA}}{\partial\theta_r}+i_{sB}^2\dfrac{\partial L_{BB}}{\partial\theta_r}+ \\ i_{sB}i_{sC}\dfrac{\partial M_{BC}}{\partial\theta_r}+i_{sA}i_{sC}\dfrac{\partial M_{CA}}{\partial\theta_r}+i_{sB}i_{sC}\dfrac{\partial M_{CB}}{\partial\theta_r}+i_{sC}^2\dfrac{\partial L_{CC}}{\partial\theta_r}\end{array}\right) \tag{7-13}$$

T_{PM}为永磁磁链与相电流相互作用产生的永磁转矩：

$$T_{PM} = n_p\left(\frac{\dfrac{d\psi_{fA}}{dt}i_{sA}+\dfrac{d\psi_{fB}}{dt}i_{sB}+\dfrac{d\psi_{fC}}{dt}i_{sC}}{\omega_r}\right) \tag{7-14}$$

每相永磁磁链的一次微分为相反电动势，则式（7-14）中的三相反电动势分别记为 e_{Af}、e_{Bf}和 e_{Cf}，则永磁转矩进一步转化为

$$T_{PM} = n_p\frac{e_{Af}i_{sA}+e_{Bf}i_{sB}+e_{Cf}i_{sC}}{\omega_r} \tag{7-15}$$

由式（7-15）可见，永磁同步电机的永磁转矩与相电流、相反电动势和旋转速度有关。

4. 运动方程

根据牛顿第二定律，永磁同步电机的运动方程式为

$$T_e-T_L = J\frac{d\omega_m}{dt} \tag{7-16}$$

式中，J 为整个机械负载系统折算到电机轴端的转动惯量（$kg\cdot m^2$）；T_L 为折算到电机轴端的负载转矩（$N\cdot m$）。

综上，上述磁链方程（7-5）、电压方程（7-6）、转矩方程（7-12）和运动方程（7-16）共同组成了永磁同步电机在三相静止坐标系下的数学模型。可见，永磁同步电机在 ABC 静止坐标系中的数学模型非常复杂，它具有非线性、时变、高阶、强耦合的特征。为便于对永磁同步电机的运行过程进行分析，必须对其进行简化。

7.2.2 两相同步旋转坐标系下的数学模型

在三相静止坐标系中，永磁同步电机的磁链方程和电压方程中的电感矩阵具有非线性、时变、高阶和强耦合特征，而且电磁转矩方程也比较复杂，难以在实际调速系统中应用。采用坐标变换，将该数学模型变换到两相同步旋转坐标系中，可简化电感矩阵和电磁转矩方程，方便永磁同步电机控制系统设计。以下通过坐标变换建立永磁同步电机在两相同步旋转坐标系中的数学模型，为电机矢量控制奠定基础。

1. 磁链方程

对式（7-1）进行 Clark 和 Park 变换，可得永磁同步电机在两相同步旋转 dq 坐标系中的磁链方程为

$$C_{2s/2r}C_{3s/2s}\begin{bmatrix}\psi_{sA}\\ \psi_{sB}\\ \psi_{sC}\end{bmatrix} = C_{2s/2r}C_{3s/2s}\begin{bmatrix}L_{AA} & M_{AB} & M_{AC}\\ M_{BA} & L_{BB} & M_{BC}\\ M_{CA} & M_{CB} & L_{CC}\end{bmatrix}(C_{2s/2r}C_{3s/2s})^{-1}C_{2s/2r}C_{3s/2s}\begin{bmatrix}i_{sA}\\ i_{sB}\\ i_{sC}\end{bmatrix}+C_{2s/2r}C_{3s/2s}\begin{bmatrix}\psi_{fA}\\ \psi_{fB}\\ \psi_{fC}\end{bmatrix} \tag{7-17}$$

将式（7-17）化简得

$$\begin{bmatrix}\psi_{sd}\\ \psi_{sq}\\ \psi_0\end{bmatrix}=\begin{bmatrix}L_{sd}&0&0\\0&L_{sq}&0\\0&0&L_0\end{bmatrix}\begin{bmatrix}i_{sd}\\ i_{sq}\\ i_0\end{bmatrix}+\begin{bmatrix}\psi_f\\0\\0\end{bmatrix} \tag{7-18}$$

式中，ψ_{sd}、ψ_{sq}和 ψ_0 分别为电机在两相同步旋转坐标系下的直轴磁链、交轴磁链和零序磁链；L_{sd}、L_{sq}和 L_0 分别为电机在两相同步旋转坐标系下的直轴电感、交轴电感和零序电感；i_{sd}、i_{sq}和 i_0 分别为电机在两相同步旋转坐标系下的直轴电流、交轴电流和零序电流，并且 L_{sd}和 L_{sq}满足如下关系：

$$\begin{bmatrix}L_{sd}\\ L_{sq}\end{bmatrix}=\begin{bmatrix}1&-3/2&1\\1&3/2&1\end{bmatrix}[L_{s0}\quad L_{s2}\quad M_{s0}]^{T}=\begin{bmatrix}L_{s\sigma}+M_{s\sigma}+1.5L_{dm}\\L_{s\sigma}+M_{s\sigma}+1.5L_{qm}\end{bmatrix} \tag{7-19}$$

2. 电压方程

对式（7-6）进行 Clark 和 Park 变换，可得永磁同步电机在两相同步旋转坐标系中的电压方程为

$$\begin{bmatrix}u_{sd}\\u_{sq}\\u_0\end{bmatrix}=C_{2s/2r}C_{3s/2s}\begin{bmatrix}u_{sA}\\u_{sB}\\u_{sC}\end{bmatrix}=C_{2s/2r}C_{3s/2s}\left\{\begin{bmatrix}R_s&0&0\\0&R_s&0\\0&0&R_s\end{bmatrix}\begin{bmatrix}i_{sA}\\i_{sB}\\i_{sC}\end{bmatrix}+\frac{d}{dt}\begin{bmatrix}\psi_{sA}\\ \psi_{sB}\\ \psi_{sC}\end{bmatrix}\right\} \tag{7-20}$$

式中，u_{sd}、u_{sq}和 u_0 分别为电机在两相同步旋转坐标系下的直轴电压、交轴电压和零序电压。

将式（7-17）代入式（7-20），可得永磁同步电机在两相同步旋转坐标系中的电压方程为

$$\begin{cases}u_{sd}=R_si_{sd}+\dfrac{d\psi_{sd}}{dt}-\omega_r\psi_{sq}\\[2ex]u_{sq}=R_si_{sq}+\dfrac{d\psi_{sq}}{dt}+\omega_r\psi_{sd}\end{cases} \tag{7-21}$$

结合式（7-18），永磁同步电机在两相同步旋转坐标系中的电压方程进一步化简为

$$\begin{cases}u_{sd}=R_si_{sd}+L_{sd}\dfrac{di_{sd}}{dt}-\omega_rL_{sq}i_{sq}\\[2ex]u_{sq}=R_si_{sq}+L_{sq}\dfrac{di_{sq}}{dt}+\omega_r(L_{sd}i_{sd}+\psi_f)\end{cases} \tag{7-22}$$

当电机在稳态运行时，永磁同步电机在两相同步旋转坐标系中的电流、磁链与电压均为恒定值，式（7-22）中的磁链微分项为零。根据永磁同步电机在两相同步旋转坐标系中的稳态电压方程与磁链方程，可得永磁同步电机的动态等效电路如图 7-6 所示，磁链方程和电压方程都体现在电路中。

3. 电磁转矩方程

在两相同步旋转坐标系中，永磁同步电机的输入功率为

$$P_1=u_{sd}i_{sd}+u_{sq}i_{sq} \tag{7-23}$$

将式（7-22）代入式（7-23）得

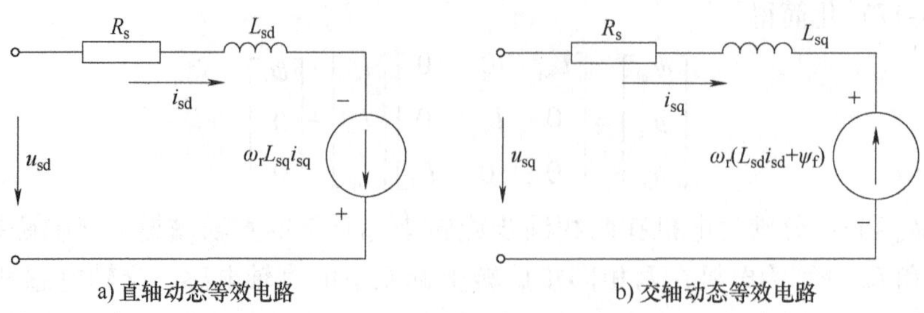

a) 直轴动态等效电路　　b) 交轴动态等效电路

图 7-6　永磁同步电机在两相同步旋转坐标系中的动态等效电路

$$\begin{aligned}P_1&=\left(R_s i_{sd}+L_{sd}\frac{\mathrm{d}i_{sd}}{\mathrm{d}t}-\omega_r L_{sq} i_{sq}\right)i_{sd}+\left[R_s i_{sq}+L_{sq}\frac{\mathrm{d}i_{sq}}{\mathrm{d}t}+\omega_r(L_{sd}i_{sd}+\psi_f)\right]i_{sq}\\&=R_s i_{sd}^2+R_s i_{sq}^2+L_{sd}i_{sd}\frac{\mathrm{d}i_{sd}}{\mathrm{d}t}+L_{sq}i_{sq}\frac{\mathrm{d}i_{sq}}{\mathrm{d}t}-\omega_r L_{sq}i_{sq}i_{sd}+\omega_r(L_{sd}i_{sd}+\psi_f)i_{sq}\end{aligned}\tag{7-24}$$

若不计铜耗和铁耗，由式（7-24）可得永磁同步电机在两相同步旋转坐标系中的电磁转矩方程为

$$T_e=n_p[(L_{sd}-L_{sq})i_{sd}i_{sq}+\psi_f i_{sq}]\tag{7-25}$$

由式（7-25）可见，永磁同步电机在两相同步旋转坐标系中的电磁转矩方程同样包括永磁转矩分量和磁阻转矩分量，即为

$$\begin{cases}T_{PM}=n_p\psi_f i_{sq}\\T_r=n_p(L_{sd}-L_{sq})i_{sd}i_{sq}\end{cases}\tag{7-26}$$

永磁转矩是由永磁体产生的永磁磁链与电枢电流转矩分量相互作用产生，磁阻转矩为凸极磁极结构转子在电枢电流励磁分量与转矩分量相互作用产生。

永磁同步电机转子采用表面式磁极结构时，电机的电磁转矩方程为

$$T_{em}=n_p\psi_f i_{sq}\tag{7-27}$$

综上，上述磁链方程（7-18）、电压方程（7-22）、转矩方程（7-25）和运动方程（7-16）共同组成了永磁同步电机在两相同步旋转坐标系中的数学模型。采用坐标变换推导所得永磁同步电机在两相同步旋转坐标系中的数学模型将电机的变系数微分方程变成常微分方程，消除了时变系数，使永磁同步电机的数学模型实现了完全解耦，简化了控制系统，便于系统的控制。

7.2.3　永磁同步电机矢量图

矢量图有助于直观、定性地对永磁同步电机各物理量的变化规律及其相互关系进行分析，图 7-7 为凸极永磁同步电机在一般运行情况下的矢量图。永磁同步电机三相绕组中通入的电流矢量 $\boldsymbol{i}_s$ 在两相同步旋转坐标系中被分解为直轴电流 i_{sd} 和交轴电流 i_{sq}，此两电流分别产生直轴电枢反应和交轴电枢反应。

在图 7-7 所示的矢量图中，电压矢量 $\boldsymbol{u}_s$ 与 $\boldsymbol{i}_s$ 夹角 φ 为功率因数角，$\boldsymbol{u}_s$ 与交轴夹角 δ 为功角，$\boldsymbol{i}_s$ 与交轴夹角 β 为内功率因数角。通过电流闭环控制使 $\boldsymbol{u}_s$ 与 $\boldsymbol{i}_s$ 夹角 φ 为零，可实现电机的单位功率因数控制。对于表面式永磁同步电机，可使 $\boldsymbol{i}_s$ 位于交轴，即 $i_s=i_{sq}$、$i_{sd}=0$，

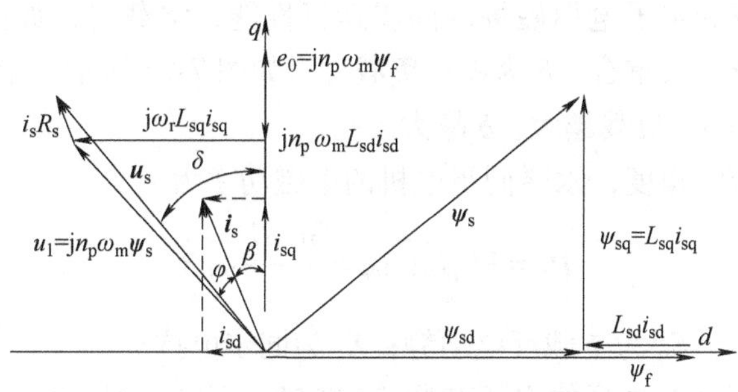

图 7-7　凸极永磁同步电机矢量图

这种控制方法称为 $i_{sd}=0$ 控制。$i_{sd}=0$ 控制方法较为简单，易于实现。

7.3　永磁同步电机的基本特性

永磁同步电机的机械特性就是电机输入电能、输出机械能的特性。永磁同步电机具有同步运行性能、恒转矩和恒功率输出性能，该电机有区别于其他类型电机的机械特性。在实际工程应用中，永磁同步电机的机械特性一般采用电机的电磁功率、效率和电流随负载变化曲线进行描述。但由于永磁同步电机负载工况变化，一个工作点的电磁功率、效率和电流无法表述电机的特性。永磁同步电机的特性一般采用不随负载工况变化的特性常数进行表征，如转矩常数、反电势常数、机械时间常数、电气时间常数和机电时间常数。这些特性常数出现在永磁同步电机的数学模型中，主要用于表征电机的静态特性和动态特性。通过计算或测量获得永磁同步电机特性常数的具体数值，可用于评价电机的特性以及比较不同电机的性能差异。

7.3.1　永磁同步电机的机械特性

1. 同步运行性能

永磁同步电机的转速由输入电机的三相电源频率决定，如果三相电源频率一定，而其负载变化，该电机的转矩-速度曲线为图 7-8a 所示的一条平行于转矩坐标轴的直线。如果输入永磁同步电机的三相电源频率改变，但负载不变，该电机的转矩-速度曲线为图 7-8b 所示的一条平行于转速坐标轴的直线。永磁同步电机不论以何种方式运行，其特性曲线各工作点均遵循电机的同步运行性能。

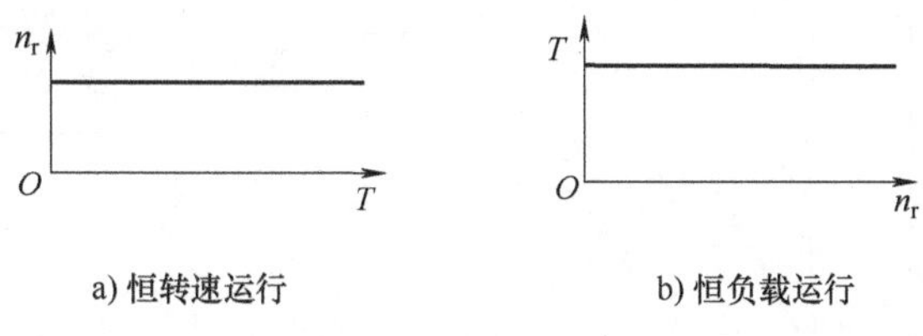

a) 恒转速运行　　b) 恒负载运行

图 7-8　永磁同步电机的同步运行性能

施加给永磁同步电机负载的大小可用功角 δ 表示，空载和负载下的功角 δ 如图 7-9 所示。由于转子永磁磁场和定子电枢磁场的同步运行性能，空载时，如图 7-9a 所示，定子电枢磁场中心和永磁磁场中心重合，δ 为零；负载时，如图 7-9b 所示，定子电枢磁场中心偏离永磁磁场中心的功角为 δ。负载越大，δ 越大。

从相电压和相电流的角度，永磁同步电机的电磁功率为

$$P_M = 3U_s I_N \cos\varphi = \frac{3U_s E_0}{X_s}\sin\delta \tag{7-28}$$

式中，U_s 为绕组相电压；E_0 为空载反电动势；X_s 为同步电抗。

永磁同步电机三相供电电源的电压和频率确定后，其空载反电动势和同步电抗即可确定。在恒定负载条件下，永磁同步电机的功角 δ 也将确定。由式（7-28）可见，电机的电磁功率是一个定值。

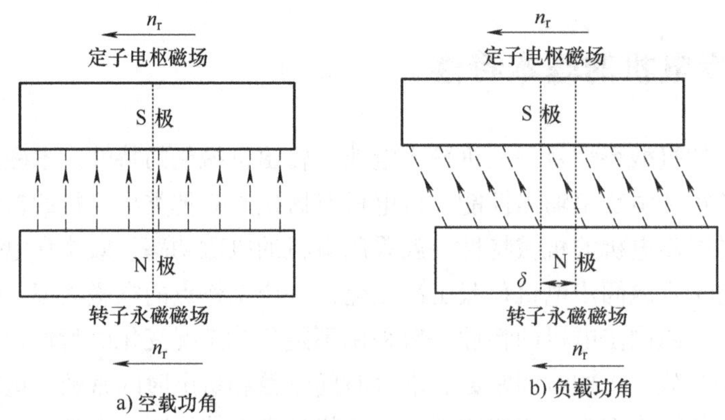

图 7-9　永磁同步电机的功角

随着负载变化，永磁同步电机的功角 δ 也将相应变化，电机的电磁功率、电流和效率也随之相应变化，形成了图 7-10 所示的以永磁同步电机的功角 δ 为自变量，电机的电磁功率、电流和效率为因变量的机械特性曲线。该机械特性曲线是电机在供电电源相电压和频率固定时所承受不同负载转矩而产生的相关输出功率、电流和效率点的集合。由于电机的转速恒定，该曲线又称为恒转速机械特性曲线。如果施加的负载转矩等于额定转矩，如图 7-10 所示，永磁同步电机的机械特性曲线上仅显示电磁功率点、电流点和效率点 3 个点，该额定点参数特性对永磁同步电机性能分析具有重要意义。

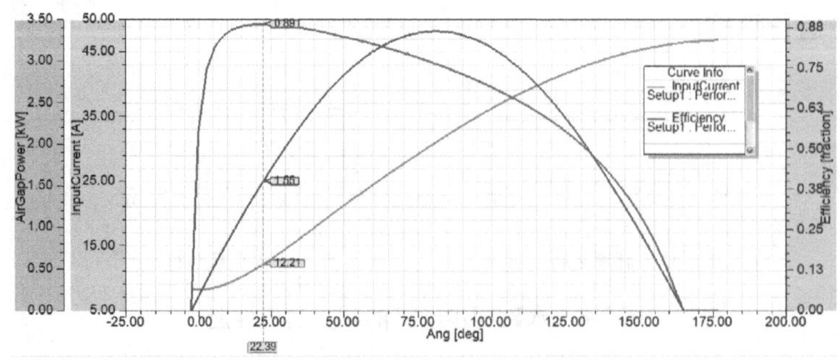

图 7-10　永磁同步电机机械特性曲线

2. 恒转矩和恒功率输出性能

永磁同步电机的负载转矩确定后，通过调节三相供电电源的相电压和频率，使电机的转速由低到高变化，并以转速为变量，可获得图 7-11a 所示的电机恒转矩和恒功率输出性能。永磁同步电机的恒转矩和恒功率输出性能是以拐点作为区分点，拐点左边的水平直线是电机的恒转矩输出曲线，拐点右边的下降曲线是电机的恒功率输出曲线。

在恒定负载转矩条件下，永磁同步电机三相供电电源的相电压和频率从零逐渐升高，电机的转速和输出功率正比例相应增加。当永磁同步电机的转速达到拐点处，电机的反电势近似等于输入电机的定子电压，此时永磁同步电机的反电势达到逆变器能提供的极限电压，将无法通过调节三相供电电源的频率进一步提高电机的转速。

为提升永磁同步电机的转速，只能进行弱磁提速，拐点右侧即为永磁同步电机的恒功率弱磁提速区域。在永磁同步电机的恒功率输出曲线上，电机的电磁转矩比恒转矩曲线处的转矩小，转速比恒转矩曲线处的速度高，其输出功率和拐点处基本相同。

为直观描述永磁同步电机的连续工作和瞬时工作状态，一般将额定工作曲线和瞬时工作曲线放置在一起，图 7-11b 所示为一台永磁同步电机的额定转矩-转速和瞬时转矩-转速曲线。

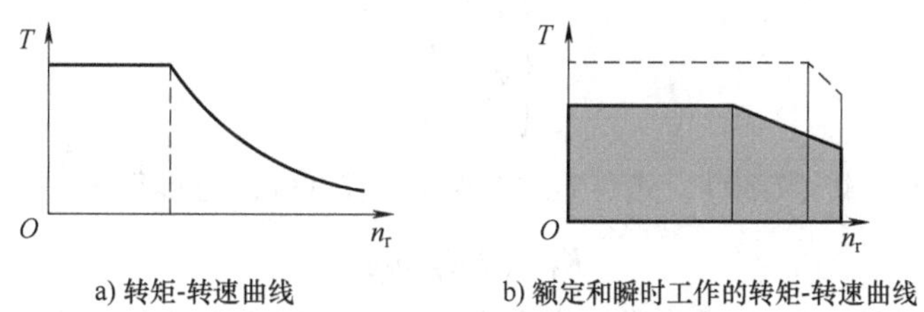

图 7-11　永磁同步电机恒转矩和恒功率输出性能

7.3.2　永磁同步电机的特性常数

由永磁同步电机的机械特性可知，在不同负载工况下，其机械特性曲线不同。为表征永磁同步电机的特性需绘制不同负载工况下的机械特性，该方法较为复杂，也不利于比较分析不同电机的特性。一台加工制造完成的永磁同步电机的转矩常数、反电动势常数、机械时间常数、电气时间常数和机电时间常数一定，并且这些常数不随电机负载工况的改变而变化。分析和研究永磁同步电机的这些重要常数有助于评价电机的特性以及比较不同电机的性能差异。

1. 转矩常数和反电动势常数

转矩常数为永磁同步电机在单位电流作用下所能产生的电磁转矩，转矩常数越大，电机产生一定转矩所需要的电流越小，常用符号 K_T 表示：

$$K_T=\frac{T_e}{I} \tag{7-29}$$

反电动势常数为永磁同步电机在单位机械角速度时所能产生的线反电动势，常用符号 K_E 表示：

$$K_E=\frac{E}{\omega_m} \tag{7-30}$$

一般用一台原动机将永磁同步电机拖拽到额定转速旋转，再通过测量该转速下的反电动势，然后根据式（7-30）计算 K_E 值。

永磁同步电机稳态运行时，其三相反电动势和电流可表示为

$$\begin{bmatrix} e_{Af} \\ e_{Bf} \\ e_{Cf} \end{bmatrix} = \begin{bmatrix} \sqrt{2}E_p\sin(\theta_r) \\ \sqrt{2}E_p\sin\left(\theta_r-\dfrac{2\pi}{3}\right) \\ \sqrt{2}E_p\sin\left(\theta_r+\dfrac{2\pi}{3}\right) \end{bmatrix} \cdots \begin{bmatrix} i_{sA} \\ i_{sB} \\ i_{sC} \end{bmatrix} = \begin{bmatrix} \sqrt{2}I_p\sin(\theta_r-\beta) \\ \sqrt{2}I_p\sin\left(\theta_r-\dfrac{2\pi}{3}-\beta\right) \\ \sqrt{2}I_p\sin\left(\theta_r+\dfrac{2\pi}{3}-\beta\right) \end{bmatrix} \tag{7-31}$$

式中，E_p 和 I_p 分别为永磁同步电机的相反电动势和相电流。

将式（7-31）代入式（7-15）中，可得永磁同步电机的电磁转矩为

$$T_e = \frac{e_{Af}i_{sA}+e_{Bf}i_{sB}+e_{Cf}i_{sC}}{\omega_m} = \frac{3E_pI_p}{\omega_m}\cos\beta \tag{7-32}$$

永磁同步电机采用星形绕组，其相反电动势和相电流为

$$\begin{cases} I_p = I \\ E_p = \dfrac{E}{\sqrt{3}} \end{cases} \tag{7-33}$$

结合式（7-29）、式（7-30）、式（7-32）和式（7-33），可推得 K_E 与 K_T 的关系为

$$K_T = \sqrt{3}K_E\cos\beta \tag{7-34}$$

由式（7-34）可见，K_T 不是常数，它和永磁同步电机反电动势与相电流的夹角 β 有关，即 β 越大，K_T 越小；反之，K_T 越大。永磁同步电机采用 $i_{sd}=0$ 控制时，$\beta=0$，此时 K_E 与 K_T 的关系为

$$K_T = \sqrt{3}K_E \tag{7-35}$$

2. 机械时间常数、电气时间常数和机电时间常数

根据永磁同步电机机电系统动态性能的固有特性，其时间常数分为电气时间常数 τ_e，机械时间常数 τ_m 和机电时间常数 τ_{me} 以及反映电机发热的热时间常数 τ_θ。由于 τ_θ 较大，在分析电机的动态或稳态性能时，一般不计 τ_θ 的影响。根据永磁同步电机数学模型，采用 $i_{sd}=0$ 控制时 q 轴电压方程和转矩方程可重写成如下形式：

$$\begin{cases} U = Ri + L\dfrac{di}{dt} + K_E\omega_m \\ K_Ti = T_L + B\omega_m + J\dfrac{d\omega_m}{dt} \end{cases} \tag{7-36}$$

式中，U 和 L 分别为永磁同步电机的端电压和绕组电感。

基于式（7-36），设 $T_L=0$，并忽略摩擦转矩，根据对电气时间常数、机械时间常数和机电时间常数三种时间常数的定义，可得到相应时间常数值。

电气时间常数 τ_e 是表示电流对所加电压的响应速度的特性常数，假定 $\omega_m=0$ 成立，在初始电流为零的条件下对式（7-36）求解，可得到

$$\begin{cases} i=\dfrac{U}{R}\left(1-e^{-\frac{t}{\tau_e}}\right) \\ \tau_e=\dfrac{L}{R} \end{cases} \tag{7-37}$$

依据式（7-37）中电气时间常数τ_e的表达式，通过直接测量永磁同步电机的相电阻和相电感量可计算得到τ_e。电机的相电阻和相电感一般采用 LCR 测试仪测量。

机械时间常数τ_m是表示电机机械响应速度的特性常数，假定 $di/dt=0$ 成立，在初始角速度为零的条件下对式（7-36）求解，可得到

$$\begin{cases} \omega_m=\dfrac{U}{K_E}\left(1-e^{-\frac{t}{\tau_m}}\right) \\ \tau_m=\dfrac{JR}{K_E K_T} \end{cases} \tag{7-38}$$

依据式（7-38）中机械时间常数τ_m的表达式，通过获得永磁同步电机的极对数、转矩常数、反电势常数、转动惯量和相电阻可计算得到τ_m。

机电时间常数τ_{me}是表示空载下在静止的永磁同步电机的端子间加上固定电压 U 后，当转速达到空载转速的 63.2%时所对应的时间。它也可由对式（7-36）求解得到，将式（7-36）整理得

$$U=\frac{JR}{K_T}\frac{d\omega_m}{dt}+\frac{JL}{K_T}\frac{d^2\omega_m}{dt^2}+K_E\omega_m \tag{7-39}$$

结合式（7-37）和式（7-38），式（7-39）转化为

$$\tau_e\tau_m\frac{d^2\omega_m}{dt^2}+\tau_m\frac{d\omega_m}{dt}+\omega_m=\frac{U}{K_E} \tag{7-40}$$

式（7-40）是二阶振荡系统，对永磁同步电机施加阶跃电压起动过程而言，其特解之一为 $\omega=\omega_0$，即转速呈指数函数上升，式（7-40）最终收敛于理想角速度 ω_0，其值为 U/K_E。

机电系统中电气过渡过程快于机械过渡过程，一般电气时间常数约为机械时间常数的 10%，永磁同步电机的机械时间常数近似于机电时间常数。机械时间常数可依据机电时间常数定义的方法测量，其测量方法为：①在绕组上加阶跃电压 U，则电机速度将呈现如图 7-12 所示的一阶滞后特性；②将速度达到最大速度的 63%时所用的时间叫做机械时间常数，同时该值也是机电时间常数。

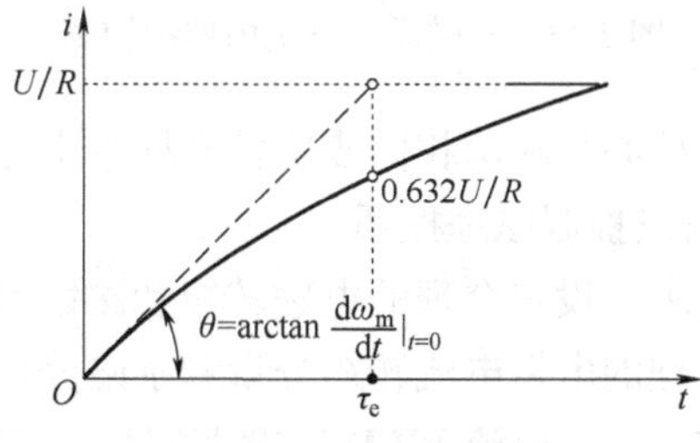

图 7-12　相对于阶跃电压 U 的 i-t 特性

假设永磁同步电机电气时间常数不再满足远小于机械时间常数的条件，其机械时间常数和机电时间常数也不能再近似相等。永磁同步电机在起动的过程中可能会产生振荡，但系统是稳定的，振荡最终会衰减并稳定在空载转速 ω_0。令 $K=4\tau_e/\tau_m$，并对式（7-40）进行改写可知，当 $K>1$ 时，电机的转速曲线是振荡的，K 增加很大时，电机振荡的振幅将会变很大，系统的稳定性变差。但实际的交流调速系统一般通过改进电流环结构或者增加补偿环节等，避免系统稳定性变差。由于电机的转速曲线在 ω_0 的上下振荡，对应于 $0.632\omega_0$ 的时间很可能不是唯一的。如果把转速首次达到 $0.632\omega_0$ 的时间定义为时间常数，它可以像定义系统的上升时间那样，反映出此时电机系统的上升快慢。在此条件下，通过进一步分析电气时间常数和机械时间常数的关系，得到永磁同步电机三种时间常数之间的关系为

$$\begin{cases}\tau_{me}\approx\tau_m\left(K=\dfrac{4\tau_e}{\tau_m}\leqslant 1\right)\\ \tau_{me}\approx\tau_m\sim4.3\tau_m\left(K=\dfrac{4\tau_e}{\tau_m}>1\right)\end{cases}\tag{7-41}$$

7.4 永磁同步电机矢量控制

7.4.1 永磁同步电机矢量控制原理

由式（7-16）可知，永磁同步电机控制系统的速度可通过控制电磁转矩来实现。永磁同步电机在两相同步旋转坐标系中的电磁转矩包括永磁转矩和磁阻转矩，并且这两个转矩均与电枢电流转矩分量成正比。因此，通过控制永磁同步电机电枢电流转矩分量，可实现电机的电磁转矩控制。永磁同步电机电枢电流转矩分量与直流电机的电枢电流对应。永磁同步电机电枢电流励磁分量与直流电机的励磁电流对应，通过调节电枢电流励磁分量，可达到弱磁升速或增加电机转矩输出的效果。借鉴直流电机的调速控制特性，结合永磁同步电机在两相同步旋转坐标系中的数学模型，图 7-13 所示为永磁同步电机的内部结构图。

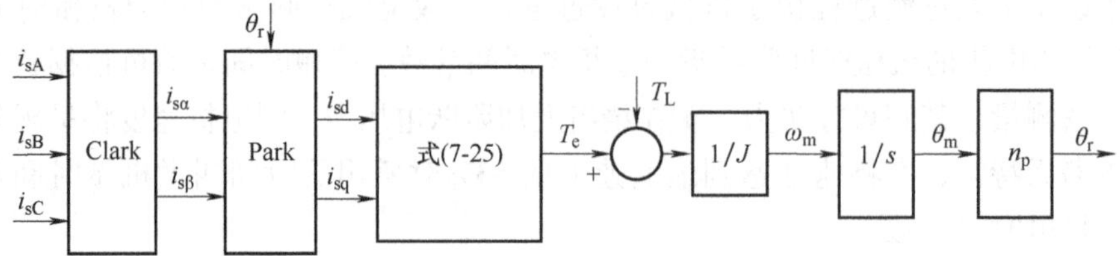

图 7-13　永磁同步电机内部结构图

永磁同步电机矢量控制的核心是在两相同步旋转坐标系中分别独立控制电枢电流转矩分量和励磁分量，图 7-14 为其矢量控制原理框图。

根据交流电机控制系统要求，设定合理的电磁转矩和磁链目标，结合式（7-25）中电磁转矩与电枢电流关系，给出合理的电枢电流转矩分量和励磁分量指令。经过 Clark 和 Park 逆变换，得到三相电枢电流指定。采用电流 PWM 脉宽调制技术使逆变器输出电流跟踪电枢电流指定。当电枢电流跟随电枢电流指令时，电枢电流转矩分量和励磁分量得到很好控制，最

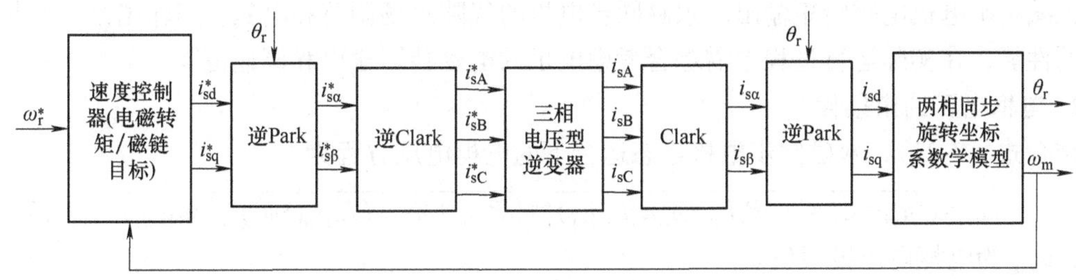

图 7-14　永磁同步电机矢量控制原理框图

终实现了永磁同步电机电磁转矩和磁场的良好控制。

7.4.2　永磁同步电机电枢电流和电压约束条件

永磁同步电机的电枢电流、电枢电压、电磁转矩和功率因数等物理量不仅与电机等效电路参数密切相关，也受到控制器的影响。因此，对于永磁同步电机的不同工况，需考虑电枢电流和电压的约束，避免电机或控制器的过热或过压而影响系统的正常运行。

1. 电枢电流约束条件

通过对永磁同步电机的三相电枢电流进行坐标变换，可等效为两相同步旋转坐标系下的电枢电流转矩分量和励磁分量。考虑到电枢电流受逆变器容量限制、导线的电流密度和绝缘等级及冷却方式等限制，永磁同步电机的电枢电流最大限制满足关系为

$$i_{sd}^2+i_{sq}^2\leqslant i_{smax}^2 \tag{7-42}$$

式中，i_{smax}为电枢电流极限值。

显然，式（7-42）是以（0，0）为原点，i_{smax}为半径的圆。如图 7-15 所示，当电枢电流 i_{s1}在电流极限圆圆周上，表示 i_{s1}达到最大电流限制。当电枢电流 i_{s2}在圆内，表明 i_{s2}尚未达到最大电流限制。因此，任意状态下的电枢电流都可以用定子电流极限圆中的一个以原点为起点的电流矢量来表示，其长度为电枢电流幅值，其与交轴的夹角为内功率因数角。

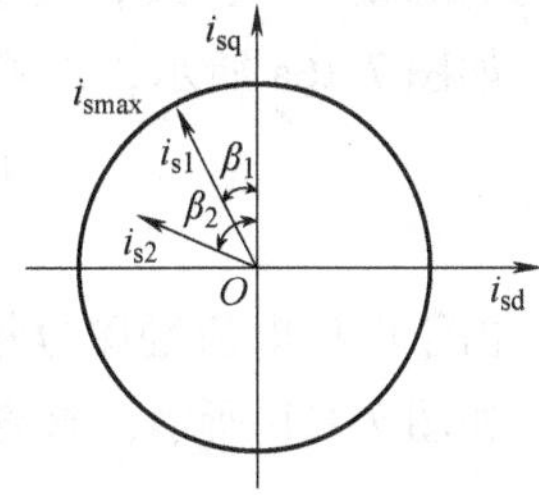

图 7-15　电流极限圆

基于电枢电流的内功率因数角，电枢电流转矩分量和励磁分量与电枢电流关系为

$$\begin{cases}i_{sd}=-i_s\sin\beta\\ i_{sq}=i_s\cos\beta\end{cases} \tag{7-43}$$

由式（7-43）可知，当 0°<β<90°时，$i_{sd}<0$，电枢电流超前反电势（交轴），电枢电流励磁分量所产生的电枢反应磁场与永磁磁场方向相反，减弱了气隙磁场。当−90°<β<0°时，$i_{sd}>0$，电枢电流滞后反电动势（交轴），电枢电流励磁分量所产生的电枢反应磁场增强了气隙磁场。随着电机转速增大，反电动势接近或达到逆变器所能输出的电压极限，这将导致电枢电流变化缓慢，进而无法保证电枢电流跟踪电枢电流指令，该现象为“电流控制器饱和现象”。

此外，当电枢电流幅值一定时，电枢电流转矩分量和励磁分量相互影响，增大的电枢电流励磁分量将导致电枢电流转矩分量减小，即通过电枢电流励磁分量调节电机气隙磁场的同

时，也减小了电机电磁转矩输出。永磁同步电机的气隙磁场调节和电磁转矩输出是一对相互矛盾的性能，在实际运行过程中需综合考虑电机的电磁转矩输出和调速范围。

2. 电枢电压约束条件

结合式（7-22），永磁同步电机稳态运行下的电枢电压方程为

$$u_s=\sqrt{u_{sd}^2+u_{sq}^2}=\sqrt{(R_s i_{sd}-\omega_m n_p L_{sq} i_{sq})^2+[R_s i_{sq}+\omega_m n_p(L_{sd} i_{sd}+\psi_f)]^2}\leqslant u_{smax} \tag{7-44}$$

式中，u_{smax}为电枢电压极限值。

忽略电枢绕组电阻压降，对式（7-44）进行整理可得

$$(L_{sd} i_{sd}+\psi_f)^2+(L_{sq} i_{sq})^2\leqslant\left(\frac{u_{smax}}{\omega_m n_p}\right)^2 \tag{7-45}$$

由式（7-45）可知，对于表贴式永磁同步电机，由于$L_{sd}=L_{sq}$，在$i_{sd}-i_{sq}$平面内，其电压轨迹是以$M(-\psi_f/L_{sd}，0)$为中心的圆。对于插入式或内置式永磁同步电机，由于$L_{sd}\neq L_{sq}$，在$i_{sd}-i_{sq}$平面内，其电压轨迹是以$M(-\psi_f/L_{sd}，0)$为中心的椭圆。

永磁同步电机矢量控制系统通常采用电压源型逆变器供电，其运行性能受到逆变器输出能力限制。当逆变器直流侧供电电压为U_{dc}时，电枢绕组线电压基波最大值为U_{dc}，则电机电枢绕组相电压最大值为

$$U_{lim}=\frac{U_{dc}}{\sqrt{3}} \tag{7-46}$$

随着速度的增加，式（7-45）右边的电枢电压达到U_{lim}后不能再继续增加，电枢电压保持为一个常数。随着速度的继续增加，式（7-46）右边的值逐渐减小，对应的电压轨迹为一系列的圆或椭圆曲线，其中插入式或内置式永磁同步电机的电压轨迹如图 7-16 所示。

如图 7-16a 所示，永磁同步电机的电压轨迹中心位于电流极限圆的外侧，电机转速为

$$\omega_{m1}=\frac{U_{lim}}{n_p[(L_{sd} i_{sd}+\psi_f)^2+(L_{sq} i_{sq})^2]} \tag{7-47}$$

由于电枢电流励磁分量较小，电机的运行速度范围也较小。

如图 7-16b 所示，永磁同步电机的电压轨迹中心位于电流极限圆上，电机转速为

$$\omega_{m2}=\frac{U_{lim}}{n_p L_{sq} i_{sq}} \tag{7-48}$$

在空载工况下，电机的运行速度可达到无穷大。

如图 7-16c 所示，永磁同步电机的电压轨迹中心位于电流极限圆的内侧，电机转速为

$$\omega_{m3}=\frac{U_{lim}}{n_p\sqrt{(L_{sd} i_{sd}+\psi_f)^2+(L_{sq} i_{sq})^2}} \tag{7-49}$$

在空载工况下，考虑到电枢电流磁链分量足够大，永磁同步电机可达到的最高转速为

$$\omega_{max}=\frac{U_{lim}}{n_p(\psi_f-L_{sd} i_{sdmax})} \tag{7-50}$$

式中，i_{sdmax}为电枢电流励磁分量最大值。

在永磁同步电机控制系统中，为避免永磁体去磁而影响电机正常工作，一般会对电枢电流励磁分量的最大值进行限制。

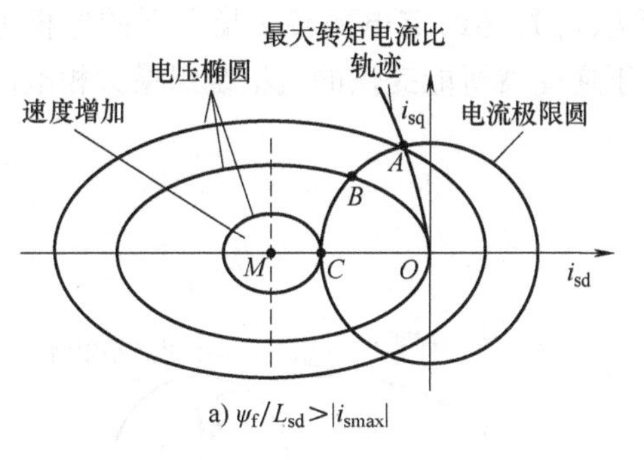

a) $\psi_f/L_{sd}>|i_{smax}|$

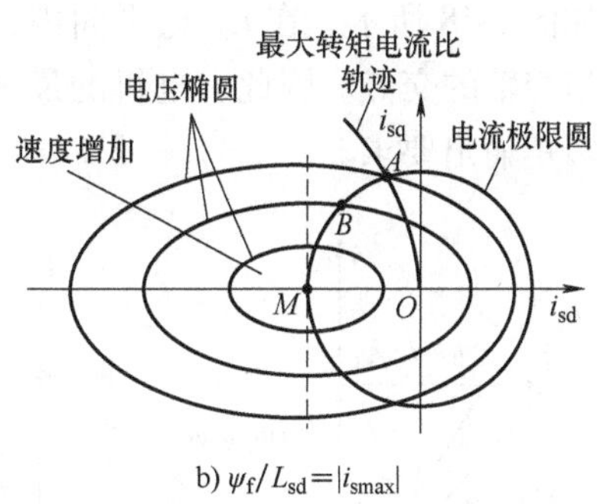

b) $\psi_f/L_{sd}=|i_{smax}|$

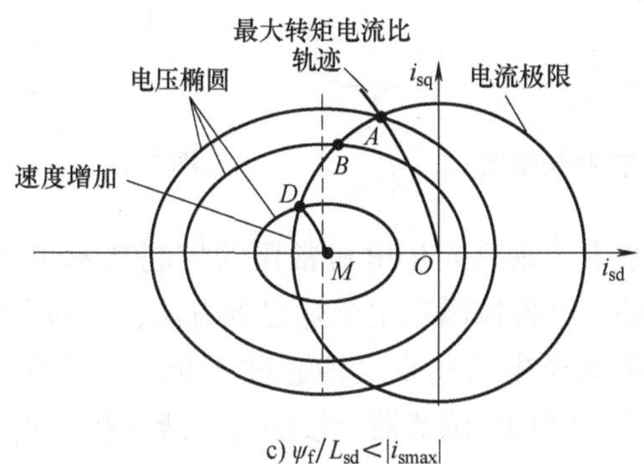

c) $\psi_f/L_{sd}<|i_{smax}|$

图 7-16　插入式或内置式永磁同步电机电压轨迹

7.4.3　永磁同步电机矢量控制策略

永磁同步电机的运行区域，一般分为低于拐点的恒转矩区域和高于拐点的恒功率区域。在恒转矩区域，常用的矢量控制策略主要包括 $i_{sd}=0$ 控制、最大转矩电流比控制。在恒功率区域，一般采用弱磁控制，通过在直轴施加一个与永磁磁势极性相反的励磁电流以减小合成气隙磁通来保持绕组的电压平衡，实现永磁同步电机的宽范围调速。这些矢量控制策略比较成熟，稳态、动态性能较佳，得到了广泛应用。

1. $i_{sd}=0$ 控制

$i_{sd}=0$ 控制是永磁同步电机的一种简单控制策略，可防止电枢电流产生的电枢磁场对永磁体产生不可逆去磁影响，特别适用于直轴磁路和交轴磁路基本对称的电机，如表贴式永磁同步电机。由于该类电机的转子磁极结构特点，其电磁转矩中不包含磁阻转矩分量。在两相同步旋转坐标系中，该电机相当于一台普通他励式直流电机，电枢电流中只有转矩电流分量，$\beta=0$。表贴式永磁同步电机的气隙磁场由永磁体独立产生，电枢电流产生的电枢磁场与永磁体产生的永磁磁场正交，其矢量图 7-17 所示。

采用 $i_{sd}=0$ 控制，在满足逆变器输出最大相电压 U_{lim}时的最高速度为

$$\begin{cases}(L_{sd}i_{sd}+\psi_f)^2+(L_{sq}i_{sq})^2\leqslant\left(\dfrac{u_{smax}}{\omega_m n_p}\right)^2\\ T_e=n_p\psi_f i_{sq}\end{cases}\Rightarrow\omega_{max}=\frac{U_{lim}}{n_p\sqrt{(\psi_f)^2+\left(\dfrac{T_eL_{sq}}{n_p\psi_f}\right)^2}}\tag{7-51}$$

如图 7-18 所示，在 i_{sd}-i_{sq}平面内，电枢电流 $i_s(i_{sq})$ 为给定电磁转矩指令下的电枢电压椭圆与交轴的交点。因此，电机的最高速度取决于逆变器所能提供的电枢绕组最大相电压和电磁转矩输出要求。

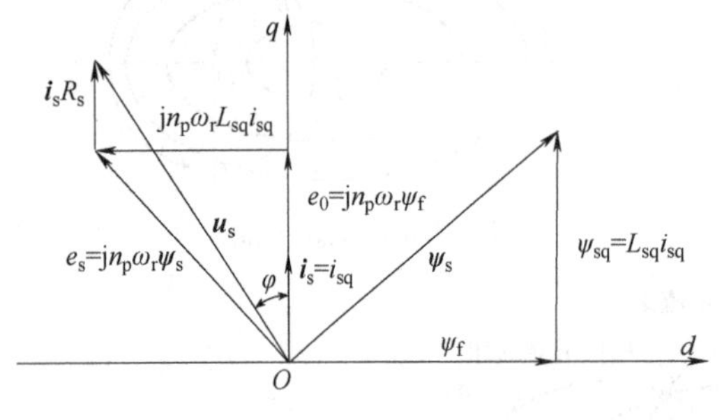

图 7-17　$i_{sd}=0$ 控制矢量图

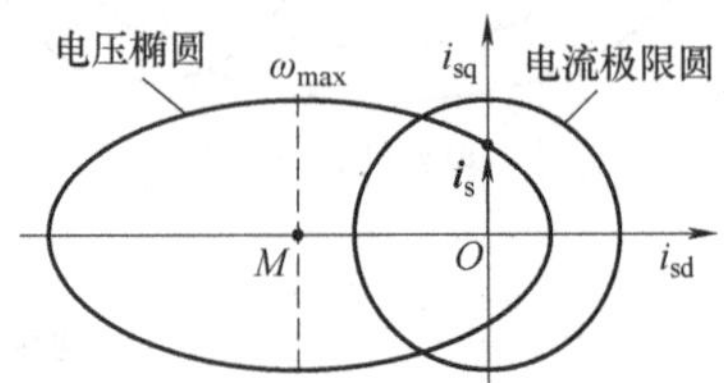

图 7-18　$i_{sd}=0$ 控制的电枢电压和电流轨迹

在两相同步旋转坐标系中，永磁同步电机常用的控制技术包括电流滞环控制和电流 PI 调节控制。电流滞环控制是一种控制瞬态电流输出的方法，将检测的逆变器输出电流与电流指令进行比较，若检测电流大于电流指令，则通过改变逆变器开关状态使之减小，反之增大。电流 PI 调节控制是采用经典 PI 调节器，按照经典线性控制理论或采用工程化设计方法设计调节器参数，使电机检测电流跟随电流指令。

图 7-19 所示为永磁同步电机电流滞环控制框图，包括一个速度控制环和三个电流滞环控制环。以 A 相为例，说明永磁同步电机的电流滞环控制原理。当 A 相电流 i_{sA}与指令 i_{sA}^*之差达到滞环宽度上限，即 $i_{sA}-i_{sA}^*\geqslant$HB/2（HB 为滞环宽度），逆变器 A 相上桥臂的功率开关器件关断，下桥臂的功率开关器件导通，A 相绕组接电压$-0.5U_{dc}$，i_{sA}下降；相反，当 $i_{sA}-i_{sA}^*\leqslant$HB/2 时，A 相上桥臂的功率开关器件导通，下桥臂的功率开关器件关断，A 相绕组接电压 $0.5U_{dc}$，i_{sA}上升。因此，通过控制逆变器上下桥臂的功率开关器件的交替通断，使得三相电流 i_{sA}、i_{sB}和 i_{sC}分别对应跟踪三相电流指令 i_{sA}^*、i_{sB}^*和 i_{sC}^*，并将各相电流偏差控制在滞环范围之内。

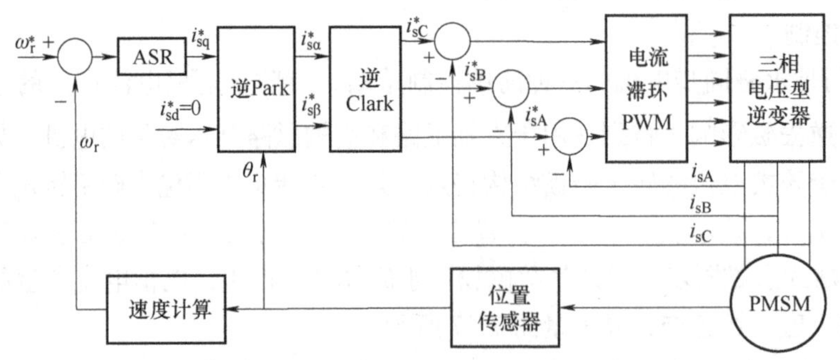

图 7-19　永磁同步电机电流滞环控制框图

电流滞环控制简单，动态响应快，且不依赖于电机参数，鲁棒性好。但该控制方法的逆变器开关频率随电机运行工况的不同而发生变化，输出电流谐波较大。通过引入频率锁定环节或采用同步开关型的数字实现方法可克服定子电枢电流滞环控制的不足，但实现过程较为复杂。

基于电流 PI 调节的 $i_{sd}=0$ 控制框图如图 7-20 所示，其主要包括一个速度外环、两个电流内环和 SVPWM 算法等。电流转矩分量指令由速度控制外环给定，电流励磁分量指令为 0。电流转矩分量和电流励磁分量指令与其实际值通过 PI 调节器获得两相同步旋转坐标系下的直轴电压和交轴电压，再经过逆 Park 变换后采用 SVPWM 算法控制电压源型逆变器向永磁同步电机供电。相较于电流滞环控制，基于电流 PI 调节的 $i_{sd}=0$ 控制开关频率一定，电磁转矩脉动小，动态响应快，但 PI 参数依赖电机参数，鲁棒性差。

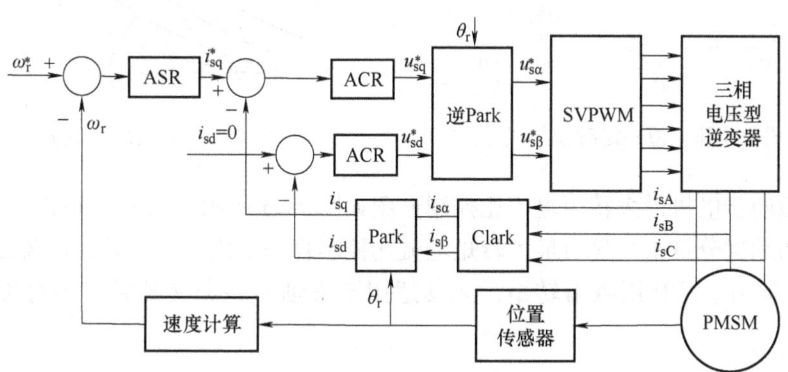

图 7-20　永磁同步电机矢量控制框图

2. 最大转矩电流比控制

当永磁同步电机运行在拐点速度以下时，电枢绕组电阻损耗比重较大。电磁转矩输出一定，如果控制电枢电流转矩分量和励磁分量使电枢电流幅值最小，就可使电枢绕组电阻损耗最小，而且也可减小逆变器的损耗，这种控制方法称为最大转矩电流比控制。

表贴式永磁同步电机满足 $L_{sd}=L_{sq}$，磁阻转矩为零，电枢电流励磁分量未能增加电磁转矩，还增大了电枢电流的幅值，采用 $i_{sd}=0$ 控制即可实现最大转矩电流比控制。对于直轴磁路和交轴磁路不对称的永磁同步电机，一般满足 $L_{sd}<L_{sq}$，为充分利用磁阻转矩，通常采用最大转矩电流比控制。

由式（7-25）和式（7-43）可得到基于 β 的电磁转矩为

$$T_e=n_p[(L_{sq}-L_{sd})|\boldsymbol{i}_s|^2\sin\beta\cos\beta+\psi_f|\boldsymbol{i}_s|\cos\beta] \tag{7-52}$$

式（7-52）对 β 求偏导，并令该偏导数方程为零，即

$$\frac{\partial T_e}{\partial\beta}=n_p[(L_{sq}-L_{sd})|\boldsymbol{i}_s|^2\cos2\beta-\psi_f|\boldsymbol{i}_s|\sin\beta]=0 \tag{7-53}$$

求解式（7-53），可得最大转矩电流比下的 β 为

$$\beta=\arcsin\left[\frac{-\psi_f+\sqrt{\psi_f^2+8(L_{sq}-L_{sd})^2|\boldsymbol{i}_s|^2}}{4(L_{sq}-L_{sd})|\boldsymbol{i}_s|}\right] \tag{7-54}$$

将式（7-54）代入式（7-43），可得使永磁同步电机获得最大转矩的 i_{sd} 和 i_{sq}。

施加一定幅值的电枢电流，且 $\beta\in[-\pi/2,\ \pi/2]$ 时，电磁转矩存在一个最大值，如图 7-21 所示。因此，在电流极限圆内，电磁转矩的恒转矩曲线与电枢电流垂足的轨迹即为最大转矩电流比轨迹，如图 7-22 所示。永磁同步电机在任意电磁转矩下都运行于最大转矩电流比状态的控制方法为通过控制电枢电流幅值与内功率因数角，使电枢电流位于最大转矩

电流比轨迹上。

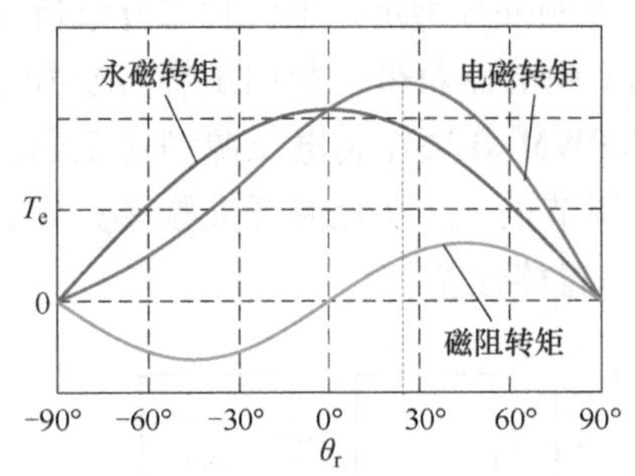

图 7-21 电枢电流幅值一定时 β 与 T_e 关系

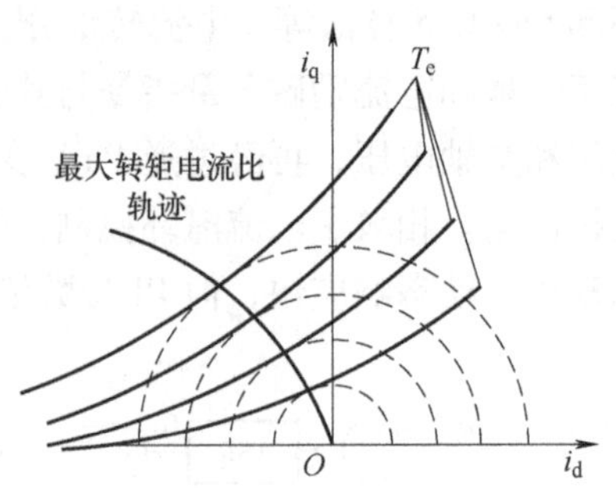

图 7-22 最大转矩电流比轨迹

一种永磁同步电机最大转矩电流比控制框图如图 7-23 所示。与 $i_{sd}=0$ 控制相比，电枢电流转矩分量和励磁分量指令是由最大转矩电流比控制算法给出。最大转矩电流比控制比 $i_{sd}=0$ 控制复杂，但由于可利用磁阻转矩，尤其适用于直轴磁路和交轴磁路不对称的永磁同步电机。

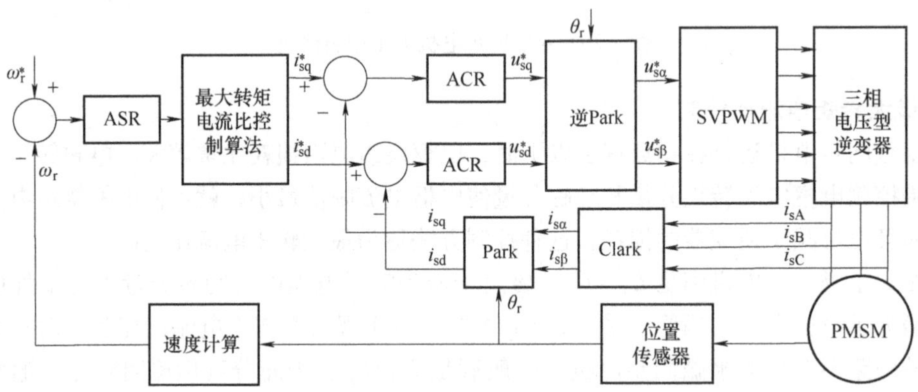

图 7-23 永磁同步电机最大转矩电流比控制框图

3. 弱磁控制

永磁同步电机的弱磁控制思想源于对他励直流电机的弱磁控制。当他励直流电机电枢电压达到电压极限时，通过降低电机励磁电流以保证电枢电压平衡，进而使电机运行于更高的速度。永磁同步电机的励磁磁势由永磁体产生而无法调节，但可通过调节电枢电流励磁分量来维持电机高速运行时的电枢电压平衡，达到弱磁扩速的目的。

由式（7-45）可知，随着永磁同步电机速度的上升，电机电枢电压将会增加到逆变器电压限制，使电机失稳，无法维持恒定的电磁转矩输出。若继续提升永磁同步电机的速度，需增大电枢电流励磁分量。输出电磁转矩一定时，由电磁转矩公式可见，在增大电枢电流励磁分量的同时，需减小电枢电流转矩分量来维持电磁转矩的恒定。

永磁同步电机的弱磁扩速原理可用电枢电流轨迹来描述，如图 7-24 所示，其中 $\omega_{m0}<\omega_{m1}<\omega_{m2}$，$T_{e0}>T_{e1}>T_{e2}$。A 点是恒转矩曲线 T_{e0} 与电枢电流极限圆的切点，在 A 点电机的电压和电流均达到最大值，对应的电磁转矩为峰值转矩 T_{e0}。当速度增加到 ω_{m1}，最大转矩电流比轨

迹与恒转矩曲线 T_{e1} 相交于 C 点，如果此时电枢电流沿恒转矩曲线 T_{e1} 移至 B 点，电枢电流从 C 点移至 B 点，增加了电枢电流励磁分量，削弱了气隙磁场，实现了弱磁扩速。当速度进一步增加到 ω_{m2} 时，可类似地分析永磁同步电机的弱磁轨迹变化。

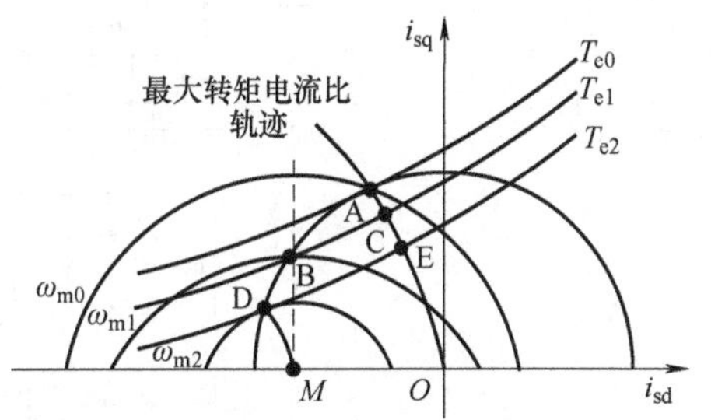

图 7-24 永磁同步电机弱磁示意图

永磁同步电机的弱磁控制方法较多，一种不依赖电机参数的电压反馈闭环弱磁控制框图如图 7-25 所示。电压反馈闭环弱磁控制的核心思想是通过 ACR 输出的 u_{sd}^* 和 u_{sq}^* 得到电枢电压矢量 $\boldsymbol{u}_s^*$，该矢量幅值 $|\boldsymbol{u}_s^*|$ 与最大电枢相电压比较后经电压调节器（AVR）得到相应的电枢电流励磁控制量 Δi_{sd}^*。在电枢电流约束条件下，Δi_{sd}^* 与 $i_{sd}=0$ 控制或最大转矩电流比控制算法给出的电枢电流励磁分量指令 i_{sd}^* 叠加，通过控制将 $|\boldsymbol{u}_s^*|$ 稳定在 U_{lim} 附近。电压反馈闭环弱磁控制不依赖电机参数，鲁棒性强，电压闭环可抵消电机恒功率区域对电枢电压的额外要求，避免电流调节器进入饱和，提高了闭环控制的有效性，并且可实现恒转矩和恒功率区域的平滑过渡。

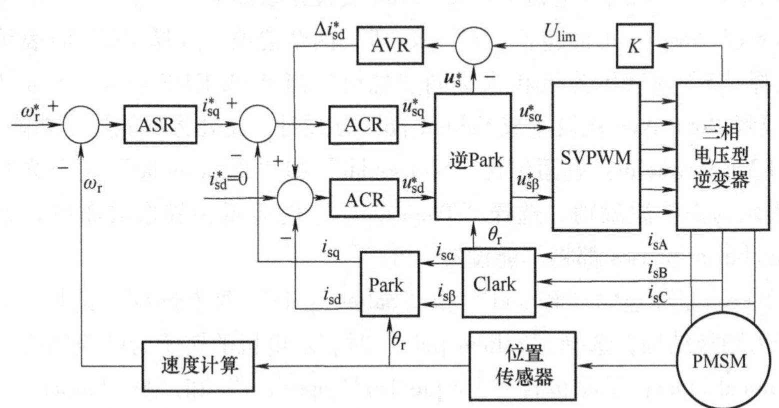

图 7-25 永磁同步电机电压反馈闭环弱磁控制框图

7.5 永磁同步电机矢量控制系统仿真建模与分析

7.5.1 永磁同步电机矢量控制仿真建模

根据三相永磁同步电机矢量控制框图，在 MATLAB/Simulink 中搭建如图 7-26 所示的 $i_{sd}=0$ 控制仿真模型，其主要包括永磁同步电机仿真模型、速度调节器、电流调节器、Clark 变换、Park 变换、逆 Park 变换及 SVPWM 算法等模块。其中永磁同步电机仿真模型采用库中模型。

速度调节器、电流调节器、Clark 变换、Park 变换、逆 Park 变换和 SVPWM 算法等模块在前述章节中已分析了。

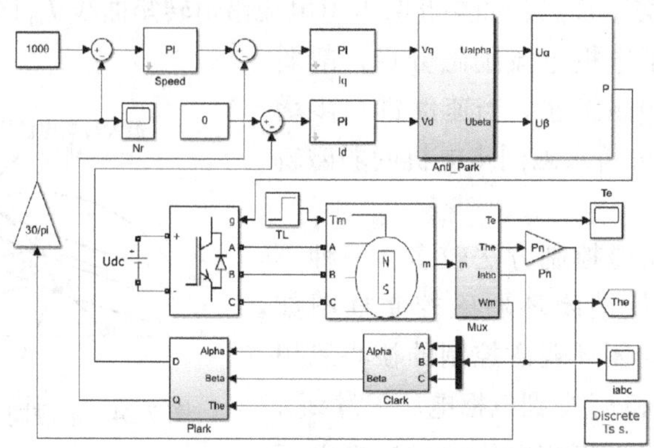

图 7-26　永磁同步电机 $i_{sd}=0$ 控制仿真模型

永磁同步电机参数设置对话框包括 Configuration、Parameters 和 Advanced 三个部分，分别如图 7-27、图 7-28 和图 7-29 所示。由于参数设置对话框涉及电机的类型和坐标系类型，直接关系到永磁同步电机的矢量控制，以下对各部分进行详细介绍。

如图 7-27 所示，永磁同步电机 Configuration 设置介绍如下：

1）Number of phases：里面包含“3”和“5”两个选项。选择“3”时表示为三相永磁同步电机，选择“5”时表示为五相永磁同步电机。当 Back EMF waveform 被设置成 Trapezoidal 方式，或者 Rotor type 被设置成 Salient-pole 方式时，此处将不能进行功能选择。

2）Back EMF waveform：里面包含“Sinusoidal”和“Trapezoidal”两个选项。选择“Sinusoidal”时表示为正弦波激励，选择“Trapezoidal”时表示为梯形波激励。无论选择哪种激励方式，Number of phases 都将不能设置为 5。

3）Rotor type：里面包含“Round”和“Salient-pole”两个选项。选择“Round”时表示电机的转子为隐极结构，选择“Salient-pole”时表示电机的转子为凸极结构。

4）Mechanical input：里面包含“Torque Tm”“Speed w”和“Mechanical rotational port”

Block Parameters: Permanent Magnet Synchronous Machine

Permanent Magnet Synchronous Machine (mask) (link)

Implements a three-phase or a five-phase permanent magnet synchronous machine. The stator windings are connected in wye to an internal neutral point.

The three phase machine can have sinusoidal or trapezoidal back EMF waveform. The rotor can be round or salient pole for the sinusoidal machine, it is round when the machine is trapezoidal. Preset models are available for the Sinusoidal back EMF machine.

The five-phase machine has a sinusoidal back EMF waveform and round rotor.

Configuration | Parameters | Advanced

Number of phases: 3

Back EMF waveform: Sinusoidal

Rotor type: Salient-pole

Mechanical input: Torque Tm

Preset model: No

Measurement output

☐ Use signal names to identify bus labels

OK | Cancel | Help | Apply

图 7-27　永磁同步电机 Configuration 设置对话框

三个选项。前两个选项较为常用，选择“Torque Tm”时表示负载转矩，选择“Speed w”时表示机械角速度。

5）Preset model：里面包含“no”和各种功率等级的电机选项。选择“no”时表示可对电机参数进行修改，选择其他类型的电机时表示电机参数已经确定，将不能对电机参数进行修改。

如图 7-28 所示，永磁同步电机 Parameters 设置介绍如下：

1）Stator phase resistance Rs（ohm）：设置电机的定子电阻大小，单位为 Ω。

2）Inductances [Ld(H)Lq(H)]：设置电机的定子电感大小，单位为 H。

3）Machine constant：Specify 选择“Flux linkage established by magnets（V. s）”时，可对 Flux linkage 进行设置，单位为 Wb；Specify 选择“Voltage Constant（V_peak L-L/krpm）”时，可对电压常数进行设置，单位为 V/(kr/min)；Specify 选择“Torque Constant（N. m/A_peak）”时，可对 Torque Constant 进行设置，单位为 N · m。

4）Inertia，viscous damping，pole pairs，static friction [J(kg. m^2) F(N. m. s) p( ) Tf(N. m)]：分别设置电机的转动惯量、阻尼系数、极对数和静态摩擦系数。

5）Initial conditions [wm(rad/s)thetam(deg)ia，ib(A)]：分别设置电机的机械角速度、转子位置、相电流 i_a 和 i_b 的初始值。

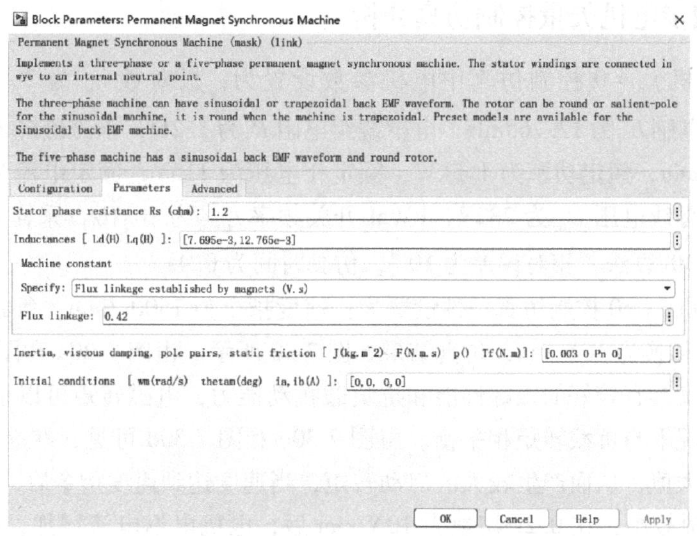

图 7-28　永磁同步电机 Parameters 设置对话框

如图 7-29 所示，永磁同步电机 Advanced 设置介绍如下：

1）Machine parameters：里面包含“Compute from standard manufacturer specifications”选项，根据标准制造商规范计算电机参数。

2）Rotor flux position when theta=0：可用于设置两相同步旋转坐标系类型。选择“Aligned with phase A axis（original Park）”，表示两相同步旋转坐标系采用的是直轴线超前 a 相轴线某一角度的坐标系，选择“90 degrees behind phase A axis（modified Park），表示两相同步旋转坐标系采用的是 MATLAB 自身采用的坐标系。因此，在搭建三相永磁同步电机仿真模型时必须统一坐标系，注意区分两种坐标系变换的差别。

Block Parameters: Permanent Magnet Synchronous Machine ×

Permanent Magnet Synchronous Machine (mask) (link)

Implements a three-phase or a five-phase permanent magnet synchronous machine. The stator windings are connected in wye to an internal neutral point.

The three-phase machine can have sinusoidal or trapezoidal back EMF waveform. The rotor can be round or salient-pole for the sinusoidal machine, it is round when the machine is trapezoidal. Preset models are available for the Sinusoidal back EMF machine.

The five-phase machine has a sinusoidal back EMF waveform and round rotor.

Configuration | Parameters | Advanced

Machine parameters

Compute from standard manufacturer specifications.

Sample time (-1 for inherited) -1

Rotor flux position when theta = 0:

Aligned with phase A axis (original Park)

OK | Cancel | Help | Apply

图 7-29　永磁同步电机 Advanced 设置对话框

7.5.2　永磁同步电机矢量控制仿真分析

永磁同步电机 $i_{sd}=0$ 控制仿真中电机参数设置为：极对数 n_p 为 2，直轴电感 L_{sd} 为 7.695mH，交轴电感 L_{sq} 为 12.765mH，电枢绕组电阻 R_s 为 1.2Ω，永磁磁链 ψ_f 为 0.42Wb，额定转速为 1500r/min，额定功率为 1.5kW，额定相电压为 115V，额定电流为 6.2A。仿真条件设置为：直流母线电压 U_{dc} 为 282V，PWM 开关频率 f_{PWM} 为 10kHz，采样周期 T_s 为 10^{-5}s，采用变步长 ode23tb 算法，相对误差为 10^{-4}，仿真时间为 0.4s。

永磁同步电机 $i_{sd}=0$ 控制仿真条件设置为：速度指令为 1500r/min，负载转矩 T_1 初始值为 0N·m，0.2s 切换为 10N·m，仿真结果如图 7-30 所示。由图 7-30a 和图 7-30b 可见，永磁同步电机的速度具有较好的跟踪性能和抗负载扰动能力，电磁转矩可以很好地进行控制，并在稳态运行工况下与负载转矩相平衡。由图 7-30c 和图 7-30d 可见，在起动加速阶段，电枢电流保持在较大值，从而产生较大的启动转矩，当速度达到速度指令后，由于负载转矩为 0N·m，电枢电流较小；在 0.2s 切换为 10N·m 后，电机电枢电流增加，从而产生较大的电磁转矩以抵抗扰动，并最终与负载转矩平衡。同时，在永磁同步电机调速过程中，电机的直轴电流在零电流附近波动，而交轴电流则随负载的变化而相应变化。

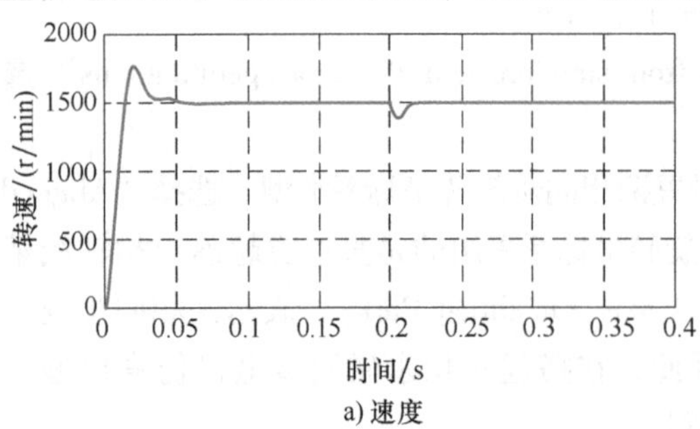

a) 速度

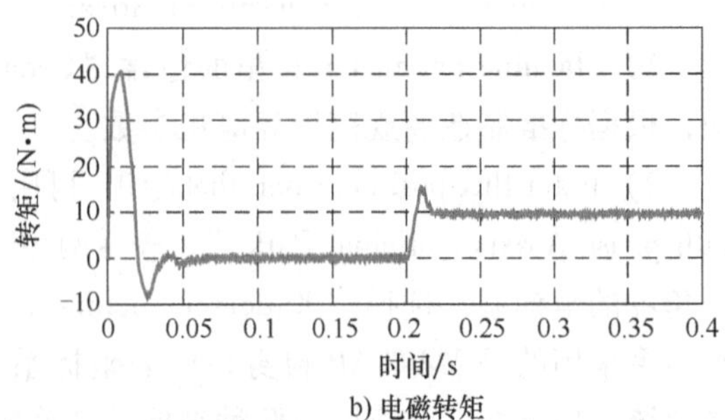

b) 电磁转矩

图 7-30　永磁同步电机 $i_{sd}=0$ 控制仿真结果

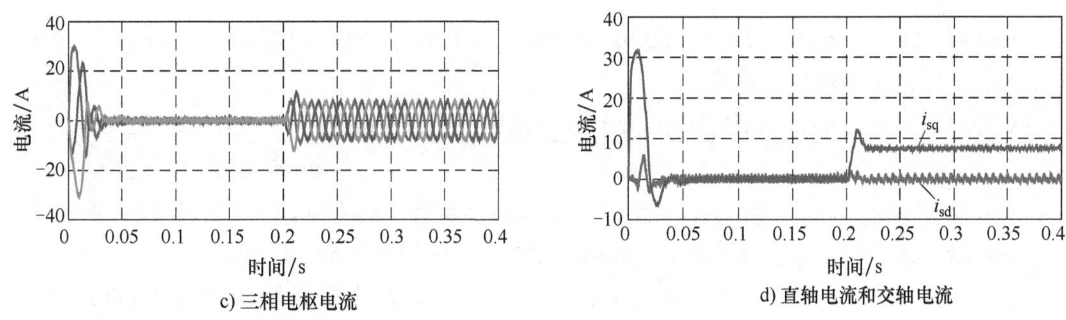

c) 三相电枢电流　　d) 直轴电流和交轴电流

图 7-30　永磁同步电机 $i_{sd}=0$ 控制仿真结果（续）

7.6　永磁同步电机矢量控制系统案例分析

以 TMS320F2812 为核心构建硬件平台，对 $i_{sd}=0$ 控制进行试验研究。采用 DSP 的定时器 1（T1）以 50μs 为周期执行算法的核心程序，对应的流程图如图 7-31 所示。

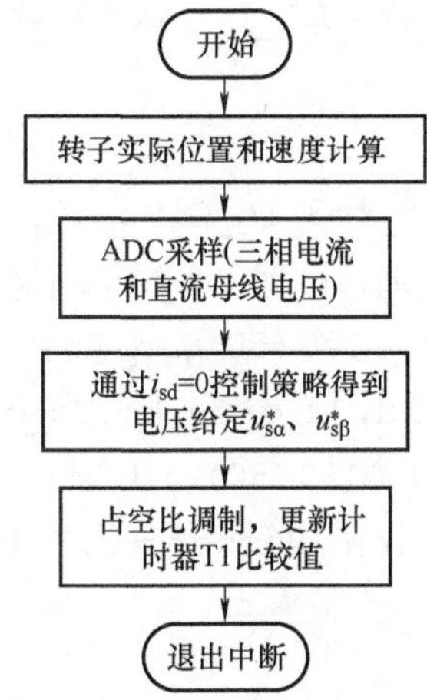

图 7-31　$i_{sd}=0$ 控制中 T1 中断程序流程图

采用 C 语言以定标的方式编写的 $i_{sd}=0$ 控制控制策略核心程序如下：

```
#include"include/DSP281x_Device.h"
#include"include/DSP281x_Examples.h"
#include"math.h"
#define  PI  3.1415926
volatile  _iq20  speed3_kp=_IQ20(0.014),speed3_ki=_IQ20(0.000006);
                                              //ASR 比例/积分系数
//电机参数定义
volatile  _iq20  Rs=_IQ20(1.2),phi_f=_IQ20(0.4534);
                                              //定子电阻、转子磁链定义
```

```
    volatile  _iq20  ls=_IQ20(0.0005),lsm=_IQ20(0.005),lrs=_IQ20
(-0.00178),ld,lq;//电感定义
    volatile  _iq20  phi_s_d,phi_s_q,phi_s_alpha,phi_s_beta,phi_s=0;
                                                    //dq 轴磁链、静止坐标磁链
    volatile  _iq20  is_d,is_q,is_alpha,is_beta;//dq 轴电流、静止坐标电流
    volatile  _iq20  Te3=0,M_speed_DC_G3,Delta_Speed_Now3;
                                                //电磁转矩、转速给定、转速误差
    volatile  _iq20  theta3,sin_theta_3,cos_theta_3;
                                                    //转子位置角及其正余弦值
    //空间矢量调制环节变量定义,Da~Dc 为 abc 三相逆变桥臂功率开关占空比
    volatile  _iq20  Da=0,Db=0,Dc=0,Danew=0,Dbnew=0,Dcnew=0,min=0,
max=1,max_1=1;
    volatile  _iq20  Ua=0,Ub=0,Uc=1,U_alpha=0,U_beta=0,U_z=0,U_d=0,
U_q=0,U_DC_1=0;
    volatile  _iq20  U_alphak=0,U_betak=0;////Ua~Uc 为三相电压,静止坐标
电压定义
    //三相 PMSM 矢量控制
    volatile  _iq20  iq_Give_kp3,iq_Give_ki3,iq_Give;      //q 轴 ACR 定义
    volatile  _iq20  Delta_iq,Uq_give_kp,Uq_give_ki,Uq_Give;
    volatile  _iq20  iq_kp=_IQ20(50),iq_ki=_IQ20(0.18);
    volatile  _iq20  Delta_id,Ud_give_kp,Ud_give_ki,Ud_Give;
    volatile  _iq20  id_kp=_IQ20(50),id_ki=_IQ20(0.18); //d 轴 ACR 定义
    volatile  longint Position_Number=0,T1P_count=0,Zero_kCAP3=0,
Zero_kCAP6=0,
    k1=0,sys_delay_flag=0;
    //程序声明
    extern void DSP28x_usDelay(Uint32 Count);
    interrupt void ISR_PDPINTA(void);
                                  //PDPINTA 中断子程序,具体程序见第 3 章“3.5”节
    interrupt void ISR_T1CINT(void);                        //T1 比较中断子程序
    interrupt void ISR_T3CINT(void);
                                     //T3 比较中断子程序,具体程序见第 3 章“3.5”节
    interrupt void ISR_Cap3(void);
                                      //捕获 3 中断子程序,具体程序见第 3 章“3.5”节
    void Motor_Init(void);   //电机起动初始化子程序,具体程序见第 3 章“3.5”节
    void DA_Out(void);                //DA 转换子程序,具体程序见第 3 章“3.5”节
    void Speed_Given(void);         //转速给定子程序,具体程序见第 3 章“3.5”节
```

```
void Duty_calculate(void);
            //计算逆变桥臂功率开关占空比子程序,具体程序见第 3 章“3.5”节
void Get_PWM(void);                                       //刷新 PWM 寄存器
void Vector_control(void);                          //id=0 矢量控制子程序
//mmmmmmmmmmmm 主函数 mmmmmmmmmmmmmmmmmmmmmmmmmmmmm
void main(void)
{
    ld=(ls+_IQ20mpy(_IQ20(3),lsm+lrs));                          //d 轴电感
    lq=(ls+_IQ20mpy(_IQ20(3),lsm-lrs));                          //q 轴电感
    Init_Sys();                                   //系统初始化设置,初始化中断
    EvaRegs.T1CON.all|=0x0040;          //启动 T1 使能定时器操用内部时钟
    EvbRegs.T3CON.all|=0x0040;                    //启动 T3 使能定时器操作
    IFR=0x0000;
    EINT;
    //复位 ADC 转换模块
    AdcRegs.ADCTRL2.bit.RST_SEQ1=1;                         //复位排序器 SEQ1
    AdcRegs.ADCST.bit.INT_SEQ1_CLR=1;         //清除排序器 SEQ1 中断标志位
    //使能捕获中断 3(第 3 组第 7 个中断)
    PieCtrlRegs.PIEIER3.all=0x40;                      //CAPINT3 使能(PIE 级)
    IER|=M_INT3;                     //M_INT3=0x0004,使能 INT3(CPU 级)
    //使能捕获中断 6(第 5 组第 7 个中断)
    PieCtrlRegs.PIEIER5.all=0x40;                      //CAPINT6 使能(PIE 级)
    IER|=M_INT5;                     //M_INT5=0x0010,使能 INT5(CPU 级)
    //GPIO 口配置
    EALLOW;
    GpioMuxRegs.GPFMUX.all=0x0030;
    GpioMuxRegs.GPFDIR.bit.GPIOF1=1;
    GpioMuxRegs.GPFDIR.bit.GPIOF13=0;    //使 I/O26 口(GPIOF13)为输入
    GpioMuxRegs.GPFDIR.bit.GPIOF0=0;     //使 I/O27 口(GPIOF0)为输入
    GpioMuxRegs.GPFDIR.bit.GPIOF10=0;    //使 I/O23 口(GPIOF10)为输入
    GpioMuxRegs.GPFDIR.bit.GPIOF11=0;    //使 I/O24 口(GPIOF11)为输入
    EDIS;
    while(1)//等待中断
    {
    }
}
```

```
//mmmmmmmmmmm 定时器 T1 比较中断服务子程序 mmmmmmmmmmm
interrupt void ISR_T1CINT(void)
{
    AdcRegs.ADCTRL2.bit.RST_SEQ1=1;          //复位序列发生器 1
    AdcRegs.ADCTRL2.bit.SOC_SEQ1=1;          //序列发生器 1 启动转换触发位
    EvbRegs.T3CNT=EvaRegs.T1CNT+8;
    //=============编码器测得的位置角和转速=========================//
    Position_Estimate3();                    //编码器检测得位置角
    Speed_Estimate3();                       //编码器检测得转速
    //角度均为 20 定标
    theta3=_IQ20mpyI32(_IQ20(0.001257),Position3);      //转子位置角
    //===============AD 信号采样及相关参数计算===================//
    AD();//采样进来的三相绕组电流 iA,iB,iC 以及直流母线电压 U_DC
    //自然坐标到静止坐标系坐标变换
    is_alpha=_IQ20mpy(_IQ20(0.8165),iA)-_IQ20mpy(_IQ20(0.4082),iB+iC);
                                             //定子电流 alpha 量
    is_beta=_IQ20mpy(_IQ20(0.7071),iB-iC);  //定子电流 beta 分量
    Vector_control();                        //调用 id=0 矢量控制子程序
    //=============生成 PWM 波===================//
    if(PWM_En3==1)
{  Duty_calculate();                          //三相逆变桥功率开关占空比
                                                计算
   Get_PWM();                                //刷新 PWM 寄存器
    }
    //=========清中断标志位和应答位===============//
    EvaRegs.EVAIFRA.bit.T1CINT=1;            //清中断标志位
    PieCtrlRegs.PIEACK.all|=0x2;             //T1CNT 中断应答
}
//mmmmmmmmmmmm id=0 矢量控制子程序 mmmmmmmmmmmmmmm
void Vector_control(void)
{
    /*转子位置角正弦余弦*/
    sin_theta_3=_IQ20sin(theta3);
    cos_theta_3=_IQ20cos(theta3);
    /*dq 轴电流*/
    is_d=_IQ20mpy(is_alpha,cos_theta_3)+_IQ20mpy(is_beta,sin_
theta_3);
    is_q=-_IQ20mpy(is_alpha,sin_theta_3)+_IQ20mpy(is_beta,cos_
theta_3);
```

```
/*dq 轴磁链*/
phi_s_d=_IQ20mpy(ld,is_d)+phi_f;
phi_s_q=_IQ20mpy(lq,is_q);
/*allpha 与 beta 轴磁链*/
phi_s_alpha=_IQ20mpy(phi_s_d,cos_theta_3)-_IQ20mpy(phi_s_q,
sin_theta_3);
phi_s_beta=_IQ20mpy(phi_s_d,sin_theta_3)+_IQ20mpy(phi_s_q,cos_
theta_3);
/*三相 PMSM 转矩*/
Te3=_IQ20mpy(_IQ20(2),_IQ20mpy(phi_s_alpha,is_beta)-_IQ20mpy
(phi_s_beta,is_alpha));
/*通过给定转速算给定 iq*/
Delta_Speed_Now3=M_speed_DC_G3-Mechanism_Speed3;     //转速误差
iq_Give_kp3=_IQ20mpy(Delta_Speed_Now3,speed3_kp);  //ASR 的比例
iq_Give_ki3+=_IQ20mpy(Delta_Speed_Now3,speed3_ki); //ASR 的积分
if(iq_Give_ki3>_IQ20(10))                          //限幅
   {iq_Give_ki3=_IQ20(10);}
else if(iq_Give_ki3<(-_IQ20(10)))
   {iq_Give_ki3=(-_IQ20(10));}
iq_Give=iq_Give_kp3+iq_Give_ki3;                   //ASR 的比例+积分
if(iq_Give>_IQ20(10))//限幅
   {iq_Give=_IQ20(10);}
else if(iq_Give<(-_IQ20(10)))
   {iq_Give=(-_IQ20(10));}
/*通过给定 iq 算给定 uq*/
Delta_iq=iq_Give-is_q;//q 轴电流误差
Uq_give_kp=_IQ20mpy(Delta_iq,iq_kp);               //q 轴 ACR 比例
Uq_give_ki+=_IQ20mpy(Delta_iq,iq_ki);              //q 轴 ACR 积分
if(Uq_give_ki>_IQ20(110))                          //限幅
   {Uq_give_ki=_IQ20(110);}
else if(Uq_give_ki<(-_IQ20(110)))
   {Uq_give_ki=(-_IQ20(110));}
Uq_Give=Uq_give_kp+Uq_give_ki;q 轴 ACR 比例+积分
if(Uq_Give>_IQ20(110))                             //限幅
   {Uq_Give=_IQ20(110);}
else if(Uq_Give<(-_IQ20(110)))
   {Uq_Give=(-_IQ20(110));}
```

```
    /*给定 id=0 算给定 ud*/
    Delta_id=_IQ20(0)-is_d;//d 轴误差
    Ud_give_kp=_IQ20mpy(Delta_id,id_kp);       //d 轴 ACR 比例
    Ud_give_ki+=_IQ20mpy(Delta_id,id_ki);      //d 轴 ACR 积分
    if(Ud_give_ki>_IQ20(110))                  //限幅
       {Ud_give_ki=_IQ20(110);}
    else if(Ud_give_ki<(-_IQ20(110)))
       {Ud_give_ki=(-_IQ20(110));}
    Ud_Give=Ud_give_kp+Ud_give_ki;             //d 轴 ACR 比例+积分
    if(Ud_Give>_IQ20(110))                     //限幅
       {Ud_Give=_IQ20(110);}
    else if(Ud_Give<(-_IQ20(110)))
       {Ud_Give=(-_IQ20(110));}
    /*坐标变换成给定 ualpha 和 ubeta*/
    U_alpha=_IQ20mpy(Ud_Give,cos_theta_3)-_IQ20mpy(Uq_Give,sin_theta_3);
    U_beta=_IQ20mpy(Ud_Give,sin_theta_3)+_IQ20mpy(Uq_Give,cos_theta_3);
}
```

基于上述程序，永磁同步电机 $i_{sd}=0$ 控制实验结果如图 7-32 所示。直轴电流和交轴电流实际值始终跟随其给定值，电磁转矩响应跟随其给定值，三相绕组电流幅值随负载变化而变化。

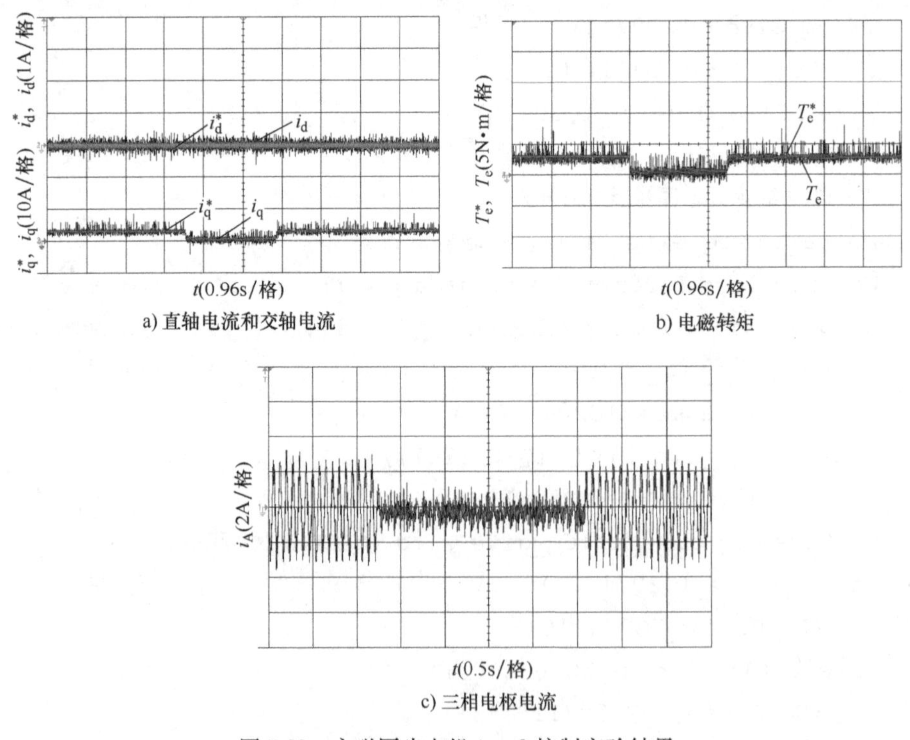

a) 直轴电流和交轴电流

b) 电磁转矩

c) 三相电枢电流

图 7-32　永磁同步电机 $i_{sd}=0$ 控制实验结果

习题

1. 简要阐述分布绕组和集中绕组的特点。

2. 永磁同步电机转子结构有哪些类型，各自有哪些特点。

3. 永磁同步电机三相静止坐标系数学模型具有哪些特点。

4. 一台三相永磁同步电机，△联结，在空载工况下，电机转速为 500r/min 时电机的线电压为 400V，在线性条件下求解电机转速为 1400r/min 时电机的线电压。

5. 一台三相 6 极内置式永磁同步电机，凸极率为 3，直轴电感 $L_d=12\text{mH}$，在额定转速 1000r/min 时测得的相电压为 200V，额定相电流 $I_N=20\text{A}$。

1）求额定频率和最大电流角 β；

2）求电机的最大转矩，相对于 $i_d=0$ 控制，电机转矩增加了多少；

3）在最大转矩输出条件下，求解电机的功角 δ。

6. 一台三相 6 极内置式永磁同步电机，直轴电感 $L_d=12\text{mH}$，交轴电感 $L_q=36\text{mH}$，额定转速 1000r/min 时测得的相电压为 200V，额定相电流 $I_N=20\text{A}$，最大电流角 $\beta=27°$，该电机由最高相电压为 280V 的三相电压型逆变器供电。

1）求永磁磁链和最大直轴电流；

2）求最大转速；

3）绘制电机的电压电流轨迹。

7. 一台三相表贴式永磁同步电机，额定功率 $P_N=20\text{kW}$，额定电压 $U_N=440\text{V}$（Y联结），额定电流 $I_N=30\text{A}$，额定频率为 100Hz，定子每相绕组电阻 $R=0.2\Omega$，在额定转速为 3000r/min 时测得的相电压为 390V。

1）求额定转矩和永磁磁链；

2）基于矢量控制，电机运行于额定负载和额定转速，测量的线电压为 440V，求电机电感和电机运行效率。

8. 一台三相表贴式永磁同步电机，额定功率 $P_N=50\text{kW}$，额定电压 $U_N=380\text{V}$（Y联结），额定电流 $I_N=90\text{A}$，额定功率因数 $\cos\varphi=0.8$（滞后），定子每相绕组电阻 $R=0.2\Omega$，同步电抗 $X_c=1.2\Omega$,。求在上述条件下运行时的感应电动势 E_0、功率角 δ 和内功率因数角，并画出相应的相量图。

9. 一台三相凸极式永磁同步电机，$U_N=6000\text{V}$，$I_N=57.8\text{A}$，Y联结。当定子电压和电流为额定值，功率因数 $\cos\varphi=0.8$（超前）时，相电动势 $E_0=6300\text{V}$，内功率因数角为 58°，若不计定子电阻 R，求同步电抗 X_d和 X_q，并画出相应的相量图。

10. 基于 MATLAB/Simulink，搭建永磁同步电机的最大转矩电流比控制仿真程序，并分析仿真结果。

第 8 章　无刷直流电机调速控制

直流电机采用机械换向装置，在运行中存在噪音、火花和无线电干扰等问题，影响了电机运行可靠性，缩短了电机使用寿命。寻找一种既能取代机械换向装置，又具有直流电机起动和调速性能的电机成为研究的新方向。20 世纪 70 年代以来，微电子技术、电力电子技术和检测技术的发展以及高性能永磁材料的问世为无刷直流电机（Brushless DC Machine，BLDCM）的出现和发展奠定了坚实基础。无刷直流电机是一种新型机电一体化电机，它以电子换向装置代替机械换向装置，既具有直流电机控制性能好、调速范围宽、起动转矩大和运行效率高等优势，又具有交流电机结构简单、运行维护方便的特点，在工业过程控制、汽车电子、家用电器、电动工具和办公自动化等领域应用广泛。

8.1　无刷直流电机概述

8.1.1　无刷直流电机结构

无刷直流电机在结构上与永磁同步电机基本类似，均主要由定子铁心、电枢绕组、永磁体和转子铁心等部分组成。转子存在外转子和内转子两种结构，转子上放置永磁体，电枢绕组嵌绕在定子铁心上，两种典型电机结构如图 8-1 所示。

a) 内转子结构

b) 外转子结构

图 8-1　无刷直流电机典型结构

由于转子磁极结构差异，无刷直流电机与永磁同步电机的区别在于，前者的气隙磁密近似为梯形波，后者的气隙磁密接近正弦波，两类电机的气隙磁密波形如图 8-2 所示。

根据相绕组连接方式，无刷直流电机电枢绕组分为星形绕组和封闭绕组两类。星形绕组是把所有相绕组的首端或末端连接在一起，应用于无刷直流电机的几种常见星形绕组结构如

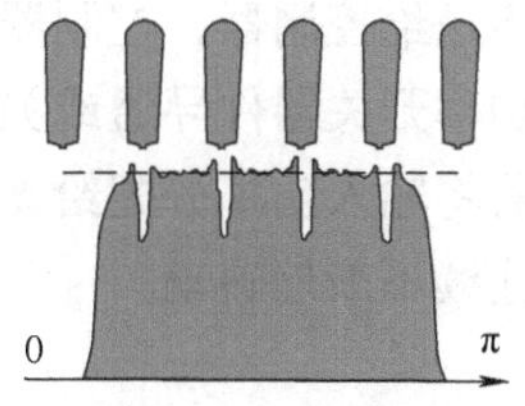

a) 无刷直流电机气隙磁通密度

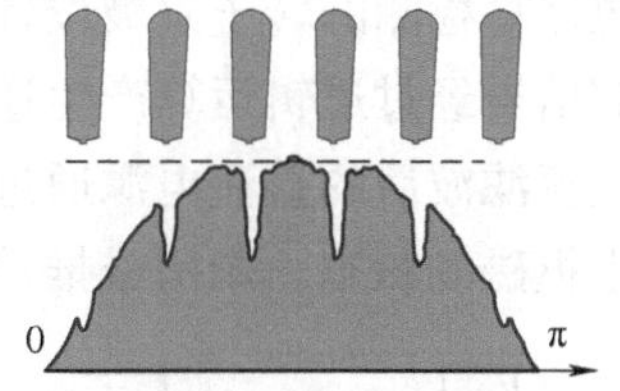

b) 永磁同步电机气隙磁通密度

图 8-2　无刷直流电机和永磁同步电机的气隙磁密波形

图 8-3 所示。当无刷直流电机采用三相绕组时，如图 8-3a 所示，星形绕组即为常用的Y绕组。

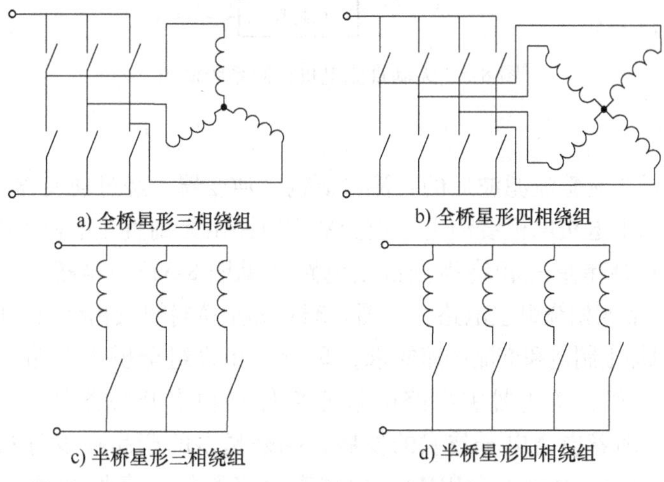

a) 全桥星形三相绕组　b) 全桥星形四相绕组

c) 半桥星形三相绕组　d) 半桥星形四相绕组

图 8-3　无刷直流电机星形绕组

封闭绕组是把第一相绕组的末端与第二相绕组的首端连接在一起，再把第二相绕组的末端与第三相绕组的首端连接在一起，依次类推，直至最后一相绕组的末端与第一相绕组的首端连接在一起，应用于无刷直流电机的几种常见封闭绕组结构如图 8-4 所示。当无刷直流电机采用三相绕组时，如图 8-4a 所示，封闭绕组即为常用的△绕组。

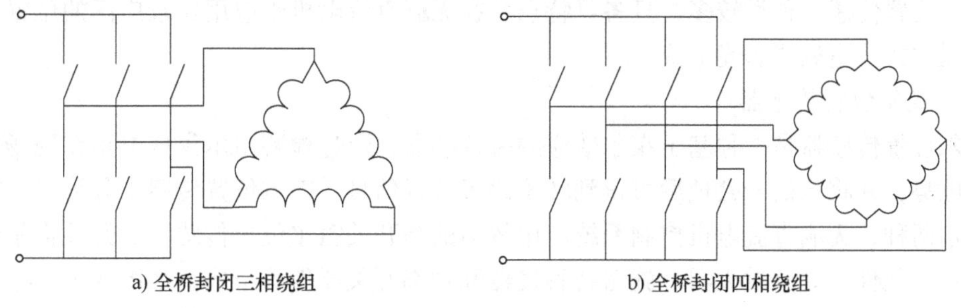

a) 全桥封闭三相绕组　b) 全桥封闭四相绕组

图 8-4　无刷直流电机封闭绕组

8. 1. 2　无刷直流电机控制系统

如图 8-5 所示，无刷直流电机控制系统主要包括逆变器、位置传感器、控制器和直流电源等模块。位置传感器将检测的转子磁极位置信号传送给控制器，控制器将接收的转子磁极位置信号和脉宽调制信号经过逻辑运算产生逆变器功率开关器件导通或关断的驱动信号，直流电源或经过交流整流滤波后的直流电源通过逆变器将输入功率分配给无刷直流电机的电枢绕组，周期性改变电枢磁场状态，牵引或推动转子连续不断地转动。

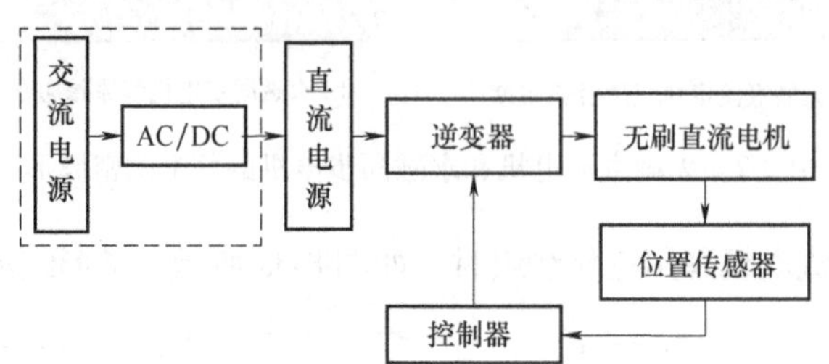

图 8-5　无刷直流电机控制系统框图

1. 逆变器

直流电源或经过交流整流滤波后的直流电源输入逆变器，经过逆变器输出频率和幅值可调的交流电源，施加于电机电枢绕组上。逆变器主电路由无刷直流电机电枢绕组类型和功率等级等决定，主要包括星形三相绕组全桥主电路（见图 8-3a）、半桥星形三相绕组主电路（见图 8-3c）、半桥星形四相绕组主电路（见图 8-3d）和全桥封闭三相绕组主电路（见图 8-4a）。考虑到无刷直流电机加工制造和交流调速要求，星形三相绕组全桥主电路是无刷直流电机应用最广的逆变器主电路。逆变器主电路的核心部件是功率开关器件，一般采用 MOSFET 或 IGBT 等。目前，随着电力电子技术的发展，越来越多的产品在设计过程中选用集成功率组件（Integrated Power Module，IPM），以提高逆变器的可靠性和减小整个控制系统的体积。

2. 位置传感器

位置传感器是无刷直流电机控制系统的重要组成部分，通过检测转子磁极相对于电枢绕组的位置，以决定逆变器中功率开关器件导通顺序，使流过电枢绕组中的电流随转子磁极位置进行一定规律地换相，进而在气隙中建立周期性旋转磁场，牵引或拖动电机转子连续不断地转动。位置传感器种类较多，且各具特点。在无刷直流电机中应用比较广泛的位置传感器主要有霍尔式、电磁式和光电式。

（1）霍尔位置传感器

霍尔位置传感器是一种基于霍尔效应的磁传感器，通过检测霍尔集成电路在磁场作用下的霍尔电势，并将该信号处理后可得到转子磁极位置信号。霍尔位置传感器分为线性霍尔和开关霍尔两种，无刷直流电机控制系统应用较多的是开关霍尔位置传感器。开关霍尔位置传感器由霍尔元件、差分放大器、施密特触发器和功率开关器件等组成，如图 8-6 所示。

开关霍尔位置传感器的输入量是磁感应强度，输出量是高低电平数字信号，其在磁场作用下的磁滞特性如图 8-7 所示。当磁感应强度由零开始增大到 B_{op}时，开关霍尔位置传感器开通，输出量是低电平数字信号 U_{OL}，当磁感应强度继续增大，开关霍尔位置传感器一直保持开通状态。磁感应强度由一个大于 B_{op}的数值开始减小，当减小到 B_{op}，开关霍尔位置传感器依然保持开通状态，输出量依然是 U_{OL}；当磁感应强度减小至 B_{rp}时，开关霍尔位置传感

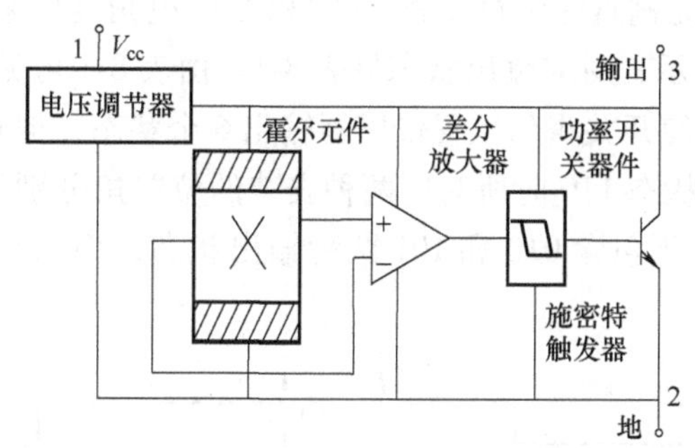

图 8-6　开关霍尔位置传感器

器关断，输出量是高电平数字信号 U_{OH}。B_{op}与 B_{rp}的差为开关霍尔位置传感器的磁滞，磁滞的存在有利于开关动作的可靠性。不同开关霍尔位置传感器的磁滞区域不同，而且不受外加磁感应强度的影响。无刷直流电机采用的开关霍尔位置传感器通常是单极性的，其开通和关断过程与外加磁场的大小有关，而与磁场的极性无关。在安装时需注意开关霍尔位置传感器极性，否则输出的信号可能有误。在交变磁场作用下，开关霍尔位置传感器的输出特性如图 8-8 所示。

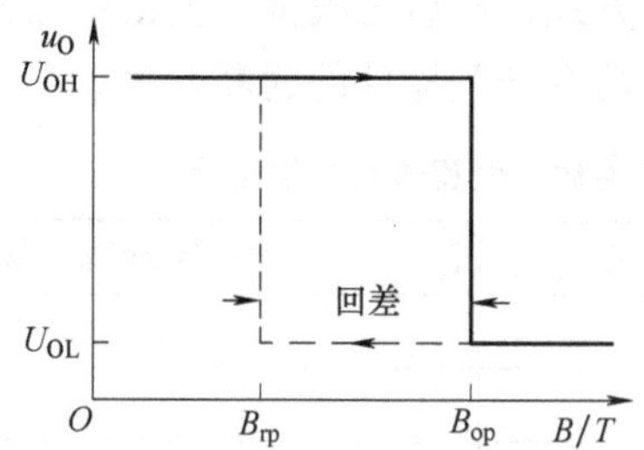

图 8-7　开关霍尔位置传感器磁滞特性

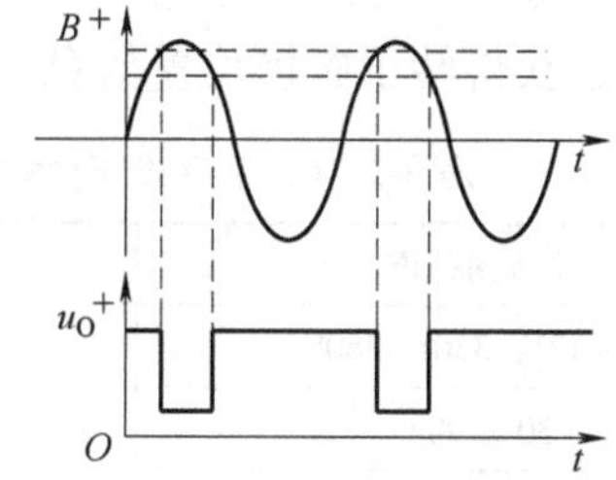

图 8-8　开关霍尔位置传感器输出特性

霍尔位置传感器具有体积小、质量小、寿命长、结构牢固、安装方便等诸多优点，在无刷直流电机中应用广泛。三相无刷直流电机的霍尔位置传感器的安装方式有两种：间隔 60°和间隔 120°电角度。以三相两极无刷直流电机为例，霍尔位置传感器的两种安装方式如图 8-9 所示，其中 A 轴为转子 0°位置。

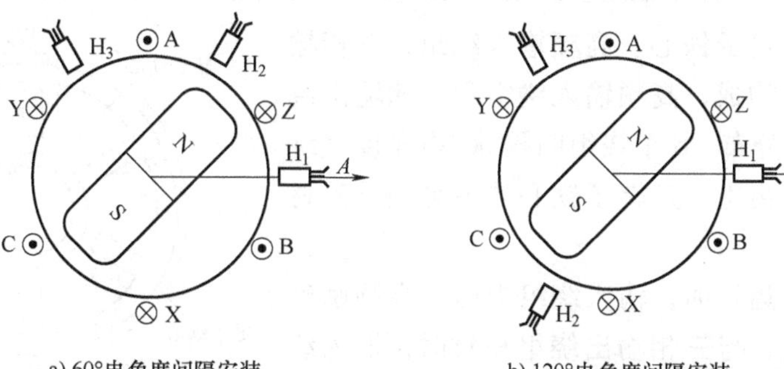

图 8-9　开关霍尔位置传感器安装示意图

对于两相导通运行的无刷直流电机而言，60°和120°电角度间隔安装的3个开关霍尔位置传感器输出如图8-10所示，对应输出状态见表8-1。由表8-1可见，在1个电周期内，60°和120°电角度间隔安装均使开关霍尔位置传感器输出6个状态，但6个输出状态对应的位置角范围有所不同，如输出状态110时所对应两种安装的位置角分别为30°~90°和90°~150°。此外，60°电角度间隔安装不包含010和101两种输出状态，而120°电角度间隔安装不包括000和111两种输出状态。

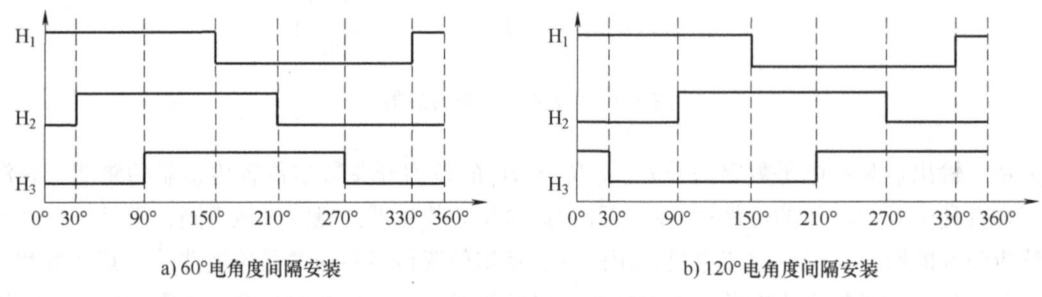

图8-10 60°和120°电角度间隔安装时3个开关霍尔位置传感器输出波形

对于开关霍尔位置传感器安装方式未知的三相无刷直流电机，可基于开关霍尔位置传感器两种安装方式所对应的输出状态判断传感器的安装方式，然后再根据开关霍尔位置传感器的输出状态获得转子磁极位置信息，进而确定逆变器功率开关器件的通断顺序。

表8-1 60°和120°电角度间隔安装时3个开关霍尔位置传感器输出状态

位置角范围	60°电角度间隔安装	120°电角度间隔安装
0°~30°，330°~360°	100	101
30°~90°	110	100
90°~150°	111	110
150°~210°	011	010
210°~270°	001	011
270°~330°	000	001

（2）电磁位置传感器

电磁位置传感器采用电磁效应测量电机的转子位置信息，一种典型结构如图8-11所示。电磁位置传感器由定子铁心、高频输入绕组、三相输出绕组和转子铁心构成。高频输入绕组和三相输出绕组在空间分别对称分布，6个绕组间隔60°电角度嵌绕于定子铁心的6个齿上。定转子铁心均由高频导磁材料制成。

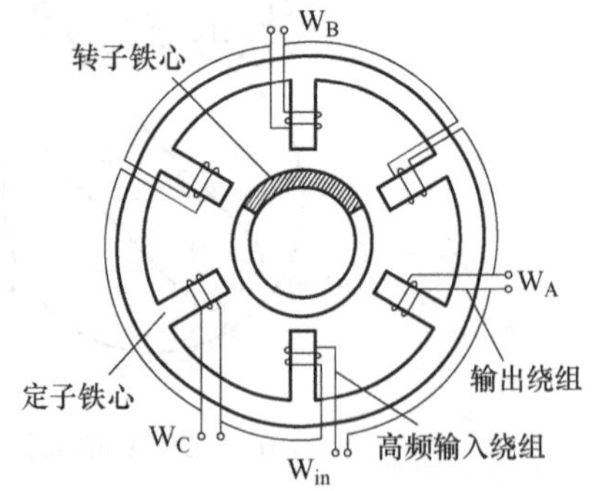

图8-11 电磁位置传感器

无刷直流电机运行时，输入绕组中通入高频励磁电流，转子扇形铁心与三相输出绕组相对时，输入绕组和三相输出绕组经定转子铁心耦合，三相输出绕组中感应出高频交流信号，经滤波整形后，直接用于控制逆变器功率开关器件的通断。电磁位置传感器机械强度高，可经受较大的振动冲击，但结构较为复杂，体积较大。

（3）光电位置传感器

光电位置传感器是由固定在定子铁心上的光电耦合开关和固定在转子轴上的遮光板组成，如图 8-12 所示。若干个光电耦合开关沿圆周均布，每个光电耦合开关由相互正对的发光二极管和光电晶体管组成。遮光板位于发光二极管和光电晶体管中间，遮光板上开设有一定角度的窗口。发光二极管通电后发出红外光，遮光板随电机转子一起旋转，红外光间断地照在光电晶体管上，使其不断地导通和截止。光电晶体管输出信号经处理后即可作为无刷直流电机的转子磁极位置信息。

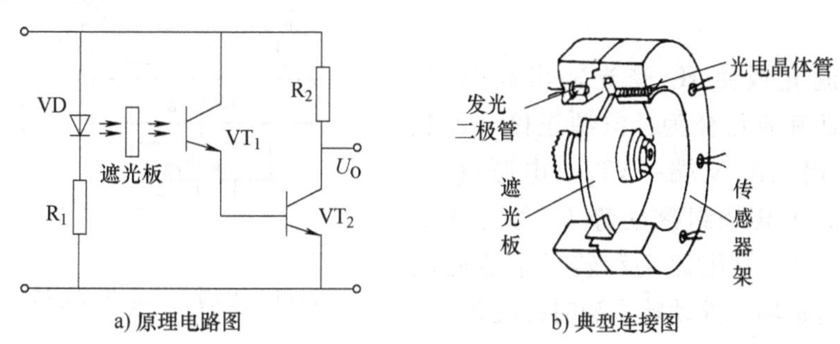

图 8-12　光电位置传感器

光电位置传感器轻便可靠、安装精度高、抗干扰能力强、调整方便，在无刷直流电机转子磁极位置检测中应用广泛。

安装在无刷直流电机中的位置传感器可方便检测转子磁极位置，但位置传感器增大了控制系统的体积，降低了控制系统的可靠性，并且对电机制造工艺提出了更高的要求。随着微处理器技术和高性能单片机的应用，无位置传感器无刷直流电机控制系统得到了迅速发展。无位置传感器无刷直流电机与有位置传感器无刷直流电机的主要区别在于前者使用硬件电路和软件编程间接获取转子磁极位置信息，简化了控制系统结构，增加了控制系统的可靠性。

3. 控制器

控制器是无刷直流电机控制系统的核心，其主要功能为：①分析位置传感器输出转子磁极信息，并根据编程者预先设定的程序，实现电机正转或反转控制以及停车控制；②控制器将转子磁极位置信息和脉宽调制信号经逻辑运算产生逆变器功率开关器件导通或关断的驱动信号；③实现电机速度外环和电流内环的双闭环控制，保证系统具有较好的调速性能；④实现电机的短路、过载、过电压、欠电压和过温等故障保护功能。

8.2　无刷直流电机运行原理

在无刷直流电机控制系统中，位置传感器输出转子磁极位置信息经处理后按照一定逻辑关系导通或关断与相绕组连接的功率开关器件，使有电流流过的相绕组关断或改变相电流流向，使没有流过电流的相绕组流入电流或改变相电流流向，通过改变电枢磁场状态使电机气隙中产生周期性的旋转磁场。以三相无刷直流电机为例，分析星形绕组无刷直流电机单相导通、两相导通、三相导通和二三相导通运行原理及封闭绕组无刷直流电机导通运行原理。

8.2.1 无刷直流电机单相导通运行原理

逆变器采用三相半桥主电路，无刷直流电机单相导通运行原理如图 8-13 所示。为说明无刷直流电机单相导通运行原理，该电机采用三相两极结构，位置传感器选用 3 只光电位置传感器。光电位置传感器 H_1、H_2 和 H_3 在空间对称分布，互差 120°电角度，遮光板与电机转子同轴连接，并使遮光板缺口与转子磁极位置相对应。

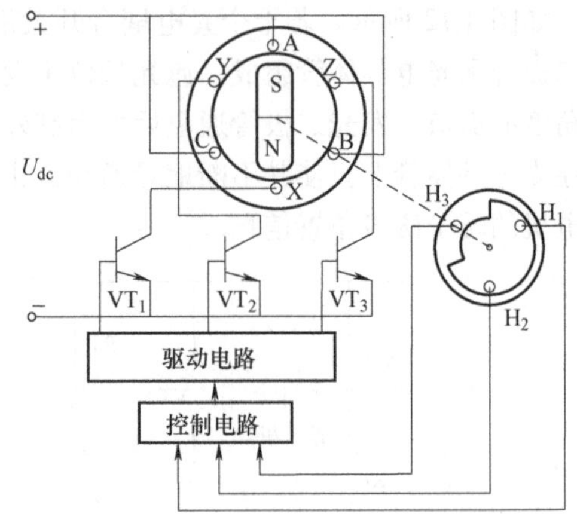

图 8-13 无刷直流电机单相导通运行原理

起始时，遮光板使 H_1 受光输出高电平，VT_1 导通，电流流通路径为：电源正极→A 相绕组 A 端→A 相绕组 X 端→VT_1→电源负极。根据右手定则，A 相绕组磁动势 F_A 的方向如图 8-14a 所示。由于电枢磁场和转子永磁磁场极性相同，电枢磁场将推动转子顺时针旋转。

当转子转过 120°电角度至 8-14b 所示位置，遮光板使 H_2 受光，H_1 遮光，VT_1 关断，VT_2 导通，A 相绕组断开，电流流入 B 相绕组，电流流通路径为：电源正极→B 相绕组 B 端→B 相绕组 Y 端→VT_2→电源负极。根据右手定则，B 相绕组的磁动势 F_B 的方向如图 8-14b 所示。由于电枢磁场和转子永磁磁场极性相同，根据同极性磁极相排斥原理，电枢磁场将推动转子顺时针旋转。

当转子再转过 120°电角度至 8-14c 所示的位置，遮光板使 H_3 受光，H_2 遮光，VT_2 关断，VT_3 导通，B 相绕组断开，电流流入 C 相绕组，电流流通路径为：电源正极→C 相绕组 C 端→C 相绕组 Z 端→VT_3→电源负极。根据右手定则，C 相绕组磁动势 F_C 的方向如图 8-14c 所示。由于电枢磁场和转子永磁磁场极性相同，电枢磁场将推动转子顺时针旋转，直至重新回到 8-14a 所示的位置。这样周而复始，无刷直流电机便不间断转动。

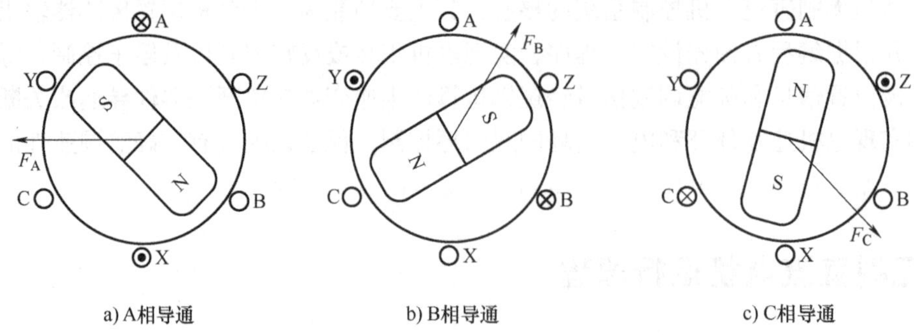

图 8-14 无刷直流电机单相导通各相绕组通电顺序和磁动势位置图

由以上分析可知，转子每转过 120°电角度，功率开关器件就换相 1 次，定子电枢磁场就改变 1 次，各相绕组的电流持续时间相当于转子转过 120°电角度的时间。在 1 个周期内，各相绕组的导通示意图如图 8-15 所示。

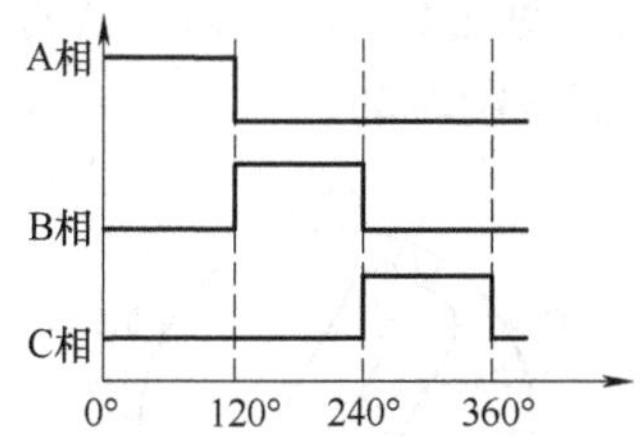

图 8-15　无刷直流电机单相导通运行各相绕组通电示意图

无刷直流电机单相导通运行的优点是功率开关器件个数少、成本低、控制简单。但由于电枢磁场是跃变的步进磁场，转矩脉动较大。同时，在 1 个电周期内每相绕组只通电 120°电角度，相绕组的利用率较低。

8.2.2　无刷直流电机两相导通运行原理

逆变器采用三相全桥主电路，无刷直流电机两相导通运行原理如图 8-16 所示，其中 3 只光电位置传感器 H_1、H_2 和 H_3 在无刷直流电机中采用 120°电角度安装方式。

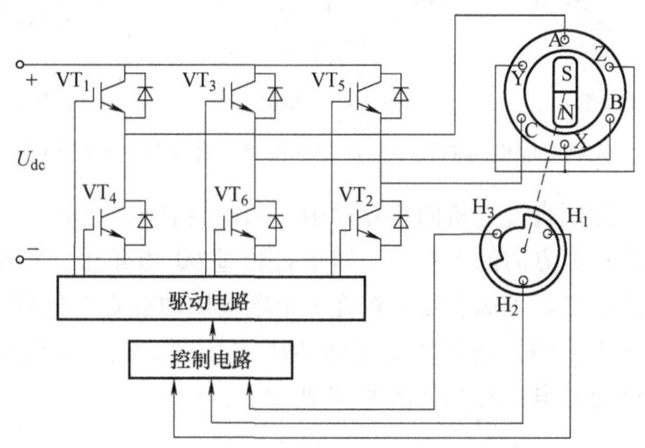

图 8-16　无刷直流电机两相导通运行原理

当转子旋转到如图 8-17a 所示的位置，控制电路根据位置传感器检测的转子磁极位置信号使 VT_1、VT_6 导通，即电机的 A、B 两相绕组通电，电流流通路径为：电源正极→VT_1→A 相绕组 A 端→A 相绕组 X 端→B 相绕组 Y 端→B 相绕组 B 端→VT_6→电源负极。根据右手定则，A、B 两相合成磁动势 F_{AB}的方向如图 8-17a 所示。由于电枢合成磁场和转子永磁磁场极性相同，电枢合成磁场推动转子顺时针转动。

当转子再转过 60°电角度，转到图 8-17b 所示的位置，控制电路根据位置传感器检测的转子磁极位置信号使 VT_6 截止，VT_1、VT_2 导通，即电机 A、C 两相绕组通电，电流流通路径为：电源正极→VT_1→A 相绕组 A 端→A 相绕组 X 端→C 相绕组 Z 端→C 相绕组 C 端→VT_2→电源负极。根据右手定则，A、C 两相合成磁动势 F_{AC}的方向如图 8-17b 所示。由于电枢合成磁场和转子永磁磁场极性相同，电枢合成磁场将推动转子转动。

依次类推，每当转子转过 60°电角度，功率开关器件就进行一次换相。随着电机转子的连续转动，功率开关器件的导通顺序依次为 VT_2、VT_3（见图 8-17c）→VT_3、VT_4（见图 8-17d）→VT_4、VT_5（见图 8-17e）→VT_5、VT_6（见图 8-17f）→VT_6、VT_1（见图 8-17a）→……使转子永磁磁场始终受到电枢合成磁场的作用而连续转动。

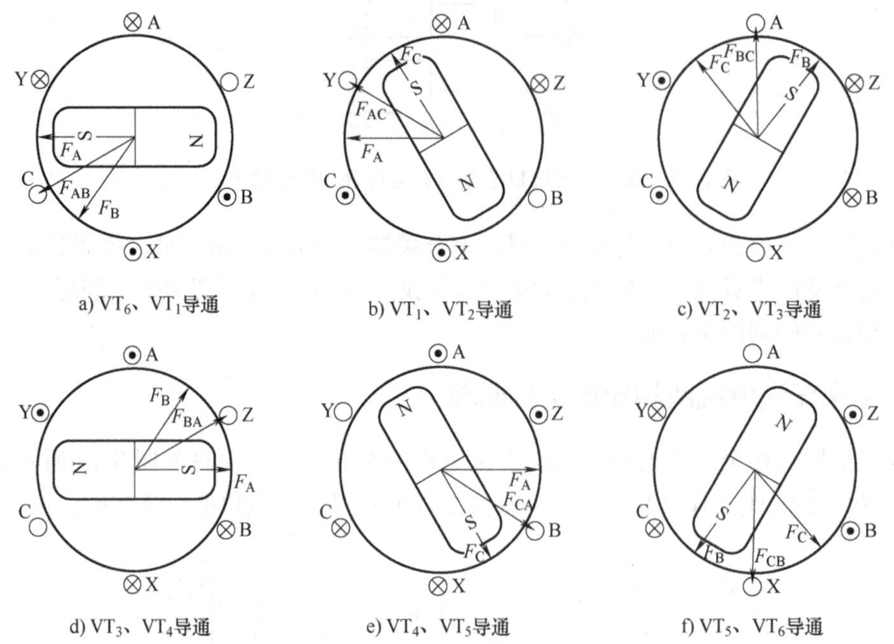

图 8-17　无刷直流电机两相导通运行各相绕组通电顺序和磁动势位置图

由以上分析可知，无刷直流电机两相导通运行的电枢合成磁场是一种每次跳跃 60°电角度的旋转磁场。为保持转矩方向的不变性，转子每转过 60°电角度，相绕组换相 1 次，电枢合成磁场也会发生 1 次跳变。无刷直流电机在 1 个电周期内有 6 个电枢合成磁场状态，每个状态都有两相绕组处于工作中，每相绕组工作 240°电角度。在 1 个电周期内，无刷直流电机两相导通运行各相绕组通电示意图如图 8-18 所示。

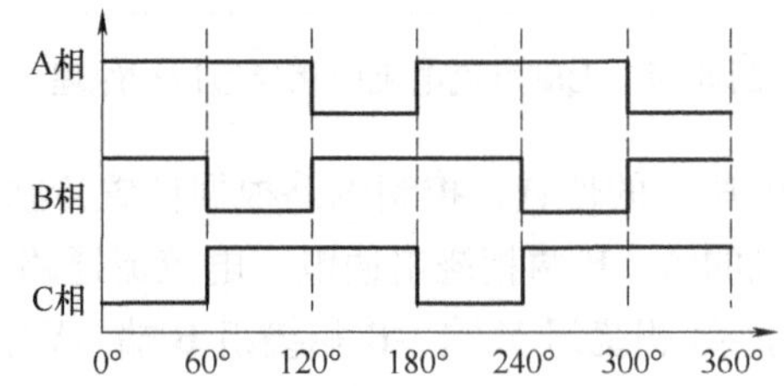

图 8-18　无刷直流电机两相导通运行各相绕组通电示意图

相较于无刷直流电机单相导通运行，两相导通运行增加了功率开关器件个数，但电枢合成磁场状态增多，降低了电机的转矩脉动。

8.2.3　无刷直流电机三相导通运行原理

基于图 8-16 所示的无刷直流电机控制系统，分析无刷直流电机三相导通运行原理。

当转子旋转到如图 8-19a 所示的位置，控制电路根据位置传感器检测的转子磁极位置信

号使 VT_1、VT_2 和 VT_6 导通，即电机 A、B 和 C 三相绕组通电，电流流通路径为：电源正极→VT_1→A 相绕组 A 端→A 相绕组 X 端→B 相绕组 Y 端（C 相绕组 Z 端）→B 相绕组 B 端（C 相绕组 C 端）→VT_6（VT_2）→电源负极。根据右手定则，A、B 和 C 三相合成磁动势 F_{ABC} 的方向如图 8-19a 所示。由于电枢合成磁场和转子永磁磁场极性相同，电枢合成磁场将推动转子顺时针旋转。

当转子再转过 60°电角度，转到图 8-19b 所示位置，控制电路根据位置传感器检测的转子磁极位置信息使 VT_6 截止，VT_1、VT_2 和 VT_3 导通，即电机 A、B 和 C 三相绕组通电，电流流通路径为：电源正极→VT_1（VT_2）→A 相绕组 A 端（B 相绕组 B 端）→A 相绕组 X 端（B 相绕组 Y 端）→C 相绕组 Z 端→C 相绕组 C 端→VT_2→电源负极。根据右手定则，A、B 和 C 三相合成磁动势 F_{ABC} 的方向如图 8-19b 所示。由于电枢合成磁场和转子永磁磁场极性相同，电枢合成磁场推动转子顺时针转动。

依次类推，每当转子顺时针转过 60°，功率开关器件就换相一次。随着电机转子连续转动，功率开关器件导通顺序依次为 VT_2、VT_3 和 VT_4（见图 8-19c）→VT_3、VT_4 和 VT_5（见图 8-19d）→VT_4、VT_5 和 VT_6（见图 8-19e）→VT_5、VT_6 和 VT_1（见图 8-19f）→VT_6、VT_1 和 VT_2（见图 8-19a）→……使转子永磁磁场始终受到电枢合成磁场的作用而顺时针连续转动。

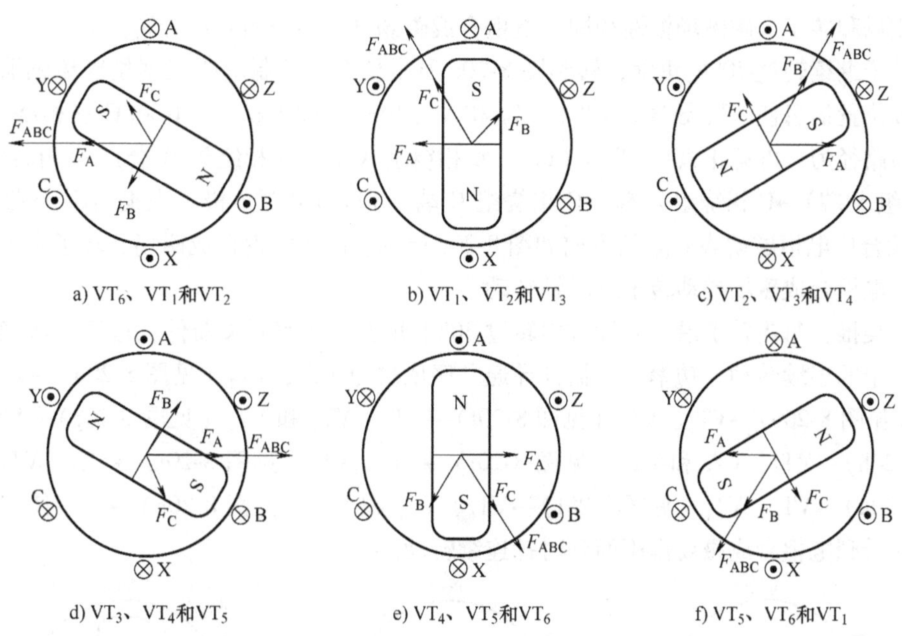

图 8-19 无刷直流电机三相导通运行各相绕组通电顺序和磁动势位置图

由以上分析可知，与无刷直流电机两相导通运行原理类似，无刷直流电机三相导通的电枢合成磁场也是每次跳跃 60°的旋转磁场。无刷直流电机在一个电周期内同样有 6 个电枢合成磁场状态，每个状态都有三相绕组处于工作中，每相绕组工作 360°电角度，其中，每相绕组均为 180°流入正向电流，剩下的 180°流入反向电流。

相比于无刷直流电机两相导通运行，无刷直流电机三相导通运行时，同一桥臂上两个功率开关器件是180°电角度导通，存在直通问题。一般通过增加死区时间避免电路直通问题，但死区时间的设置将增加相电流的谐波含量。此外，在相同的直流电源供电情况下，无刷直流电机三相导通运行比无刷直流电机两相导通运行出力小，转矩特性降低。

8.2.4 无刷直流电机二三相导通运行原理

基于图8-16所示的无刷直流电机控制系统，分析无刷直流电机二三相导通运行原理。

当转子旋转到如图8-20a所示的位置时，控制电路根据位置传感器检测的转子磁极位置信息使VT_6、VT_1和VT_2导通，即电机A、B和C三相绕组通电，电流流通路径为：电源正极→VT_1→A相绕组A端→A相绕组X端→B相绕组Y端（C相绕组Z端）→B相绕组B端（C相绕组C端）→VT_6（VT_2）→电源负极。根据右手定则，A、B和C三相合成磁动势F_{ABC}的方向如图8-20a所示。由于电枢合成磁场和转子永磁磁场极性相同，电枢合成磁场推动转子顺时针转动。

当转子再转过30°电角度，转到图8-20b所示位置，控制电路根据位置传感器检测的转子磁极位置信息使VT_6截止，VT_1和VT_2导通，即电机A和C两相绕组通电，电流流通路径为：电源正极→VT_1→A相绕组A端→A相绕组X端→C相绕组Z端→C相绕组C端→VT_2→电源负极。根据右手定则，A和C两相合成磁动势F_{AC}的方向如图8-20b所示。由于电枢合成磁场和转子永磁磁场极性相同，电枢合成磁场推动转子顺时针旋转。

当转子继续转过30°电角度，转到图8-20c所示位置，控制电路根据位置传感器检测的转子磁极位置信息使VT_3导通，VT_1、VT_2和VT_3导通，即电机A、B和C三相绕组通电，电流流通路径为：电源正极→VT_1（VT_2）→A相绕组A端（B相绕组B端）→A相绕组X端（B相绕组Y端）→C相绕组Z端→C相绕组C端→VT_2→电源负极。根据右手定则，A、B和C三相合成电枢磁动势F_{ABC}的方向如图8-20c所示。由于电枢合成磁场和转子永磁磁场极性相同，电枢合成磁场推动转子顺时针转动。

依次类推，每当转子沿顺时针方向转过30°电角度，功率开关器件就进行一次换相。随着电机转子的连续转动，功率开关器件导通顺序依次为VT_2、VT_3（见图8-20d）→VT_2、VT_3和VT_4（见图8-20e）→VT_3、VT_4（见图8-20f）→VT_3、VT_4和VT_5（见图8-20g）→VT_4、VT_5（见图8-20h）→VT_4、VT_5和VT_6（见图8-20i）→VT_5、VT_6（见图8-20j）→VT_5、VT_6和VT_1（见图8-20k）→VT_6、VT_1（见图8-20l）→VT_6、VT_1和VT_2（见图8-20a）→……使转子永磁磁场始终受到电枢合成磁场作用而顺时针连续转动。

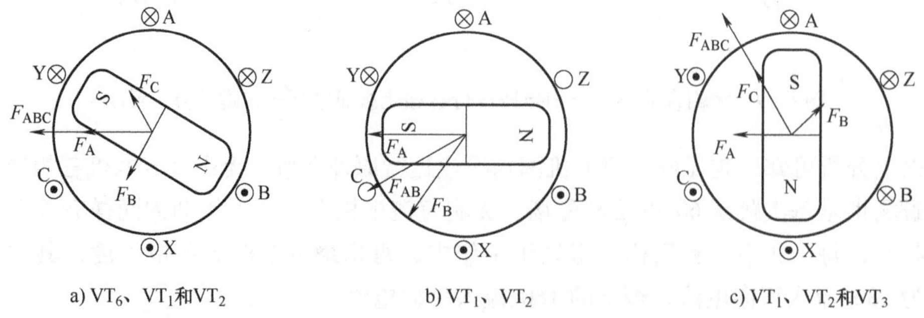

图8-20 无刷直流电机二三相导通运行各相绕组通电顺序和磁动势位置图

d) VT_2、VT_3　　e) VT_2、VT_3和VT_4　　f) VT_3、VT_4

g) VT_3、VT_4和VT_5　　h) VT_4、VT_5　　i) VT_4、VT_5和VT_6

j) VT_5、VT_6　　k) VT_5、VT_6和VT_1　　l) VT_6、VT_1

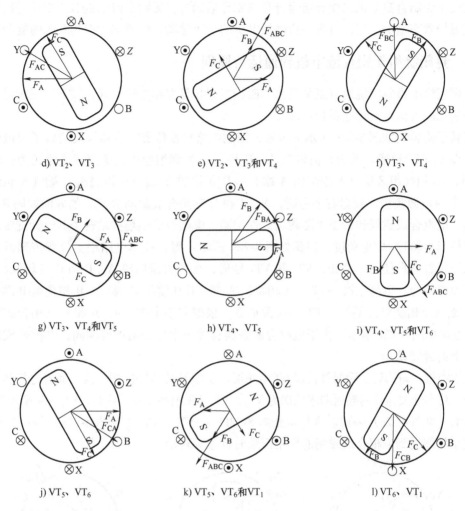

图 8-20　无刷直流电机二三相导通运行各相绕组通电顺序和磁动势位置图（续）

由以上分析可知，无刷直流电机电枢合成磁场是每次跳跃 30°电角度的旋转磁场。无刷直流电机在 1 个电周期内有 12 个电枢合成磁场状态，每个状态有时为两相导通，有时为三相导通，依次轮流导通，每相绕组工作 300°电角度，其中，每相绕组均为 150°电角度流入正向电流，剩下的 150°电角度流入反向电流。在 1 个电周期内，无刷直流电机二三相导通运行各相绕组导通示意图如图 8-21 所示。

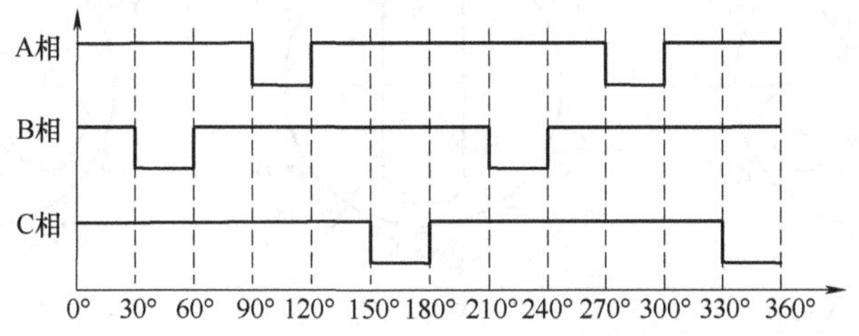

图 8-21　无刷直流电机二三相导通运行各相绕组导通示意图

相较于无刷直流电机二相导通运行和三相导通运行，无刷直流电机二三相导通运行的电枢合成磁场状态增加 1 倍，可进一步降低电机的转矩脉动，但增加了控制系统的复杂性。

8.2.5 封闭绕组无刷直流电机导通运行原理

无刷直流电机封闭绕组可以是三相、四相或五相等多相绕组形式，以下以三相封闭绕组为例分析无刷直流电机导通运行原理。

当转子旋转到如图 8-22a 所示的位置，控制电路根据位置传感器检测的转子磁极位置信息使 VT_6 和 VT_1 导通，无刷直流电机 A、B 和 C 三相绕组通电，电流流通路径为：电源正极→VT_1→C 相绕组 Z 端（A 相绕组 A 端）→B 相绕组 Y 端→B 相绕组 B 端（A 相绕组 X 端）→VT_6→电源负极。根据右手定则，A、B 和 C 三相合成磁动势 F_{ABC}的方向如图 8-22a 所示。由于电枢合成磁场和转子永磁磁场极性相同，电枢合成磁场推动转子顺时针旋转。

当转子再转过 60°电角度，转到如图 8-22b 所示位置，控制电路根据位置传感器检测的转子磁极位置信息使 VT_6 截止，VT_1 和 VT_2 导通，无刷直流电机 A、B 和 C 三相绕组通电，电流流通路径为：电源正极→VT_1→A 相绕组 A 端（C 相绕组 Z 端）→B 相绕组 B 端→B 相绕组 Y 端（C 相绕组 C 端）→VT_2→电源负极。根据右手定则，A、B 和 C 三相合成磁动势 F_{ABC}的方向如图 8-22b 所示。由于电枢合成磁场和转子永磁磁场极性相同，电枢合成磁场推动转子顺时针转动。

依次类推，每当转子顺时针转过 60°电角度，功率开关器件换相 1 次。随着电机转子的连续转动，功率开关器件的导通顺序依次为 VT_2、VT_3（见图 8-22c）→VT_3、VT_4（见图 8-22d）→VT_4、VT_5（见图 8-22e）→VT_5、VT_6（见图 8-22f）→VT_6、VT_1（见图 8-22a）→……使转子永磁磁场始终受到电枢合成磁场的作用而顺时针连续转动。

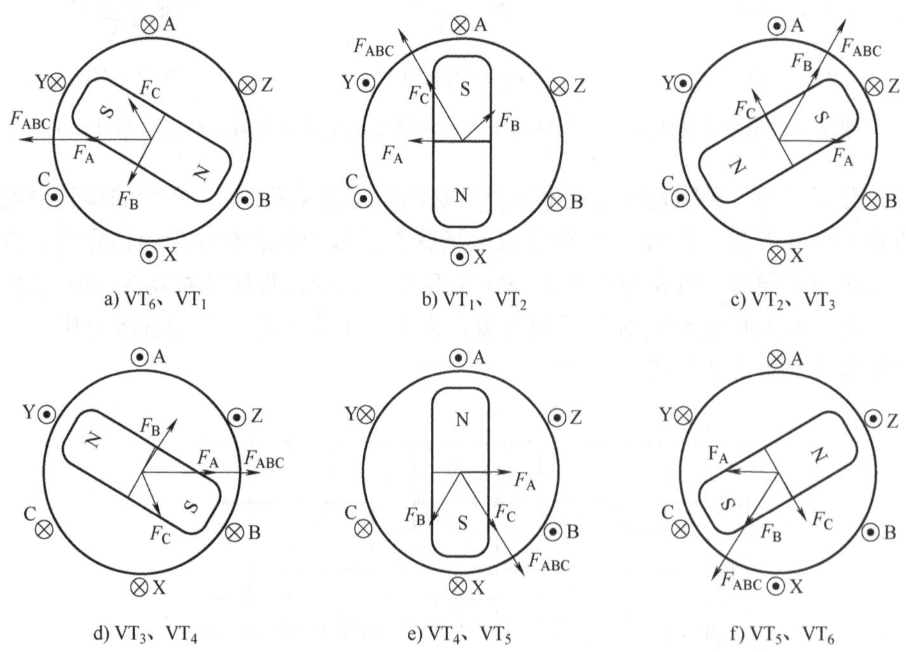

图 8-22 无刷直流电机导通运行各相绕组通电顺序和磁动势位置图

由以上分析可知，三相全桥封闭绕组无刷直流电机的电枢合成磁场是每次跳跃 60°电角度的旋转磁场。在 1 个电周期内有 6 个电枢合成磁场状态，每个状态均为三相绕组同时导通，其三相绕组通电顺序和磁动势位置图与无刷直流电机采用星形绕组时各相导通情况完全类似。

8.3　无刷直流电机控制系统

8.3.1　无刷直流电机的数学模型

无刷直流电机的气隙磁通密度、反电动势和电流波形均不为正弦量，无法如永磁同步电机那样采用坐标变换建立电机在两相同步旋转坐标系下的数学模型。

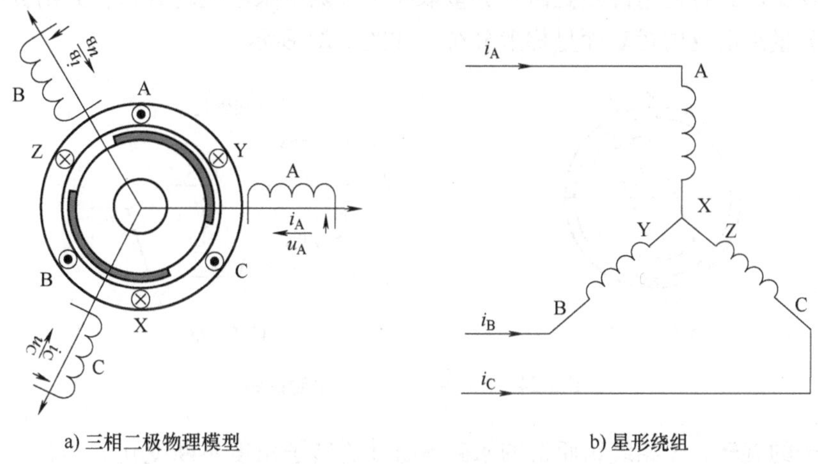

a) 三相二极物理模型　　b) 星形绕组

图 8-23　无刷直流电机三相二极物理模型和星形绕组

基于图 8-23a 所示无刷直流电机的三相二极物理模型和图 8-23b 所示星形联结电枢绕组，分析无刷直流电机在三相静止坐标系下的相量方程，在此基础上建立该电机用于交流调速控制用的数学模型。

1. 磁链方程

无刷直流电机的磁链包括相电流产生的电枢磁场匝链到各相绕组自身的磁链分量和永磁磁场交链到各相绕组的永磁磁链分量，三相绕组的磁链为

$$\begin{bmatrix}\psi_{sA}\\ \psi_{sB}\\ \psi_{sC}\end{bmatrix}=\begin{bmatrix}L_{AA} & M_{AB} & M_{AC}\\ M_{BA} & L_{BB} & M_{BC}\\ M_{CA} & M_{CB} & L_{CC}\end{bmatrix}\begin{bmatrix}i_{sA}\\ i_{sB}\\ i_{sC}\end{bmatrix}+\begin{bmatrix}\psi_{fA}\\ \psi_{fB}\\ \psi_{fC}\end{bmatrix} \tag{8-1}$$

式中，ψ_{sA}、ψ_{sB}和ψ_{sC}分别为 A、B、C 三相绕组的磁链；L_{AA}、L_{BB}和L_{CC}分别为三相绕组自感；M_{AB}/M_{BA}、M_{BC}/M_{CB}和M_{CA}/M_{AC}分别为三相绕组互感；i_{sA}、i_{sB}和i_{sC}分别为三相绕组相电流；ψ_{fA}、ψ_{fB}和ψ_{fC}分别为永磁磁场交链到 A、B、C 三相绕组的永磁磁链分量。

2. 电压方程

在三相静止坐标系中，由图 8-24a 所示无刷直流电机的三相二极物理模型，可得电机电

压方程为

$$\begin{bmatrix} u_{sA} \\ u_{sB} \\ u_{sC} \end{bmatrix} = \begin{bmatrix} R_s & 0 & 0 \\ 0 & R_s & 0 \\ 0 & 0 & R_s \end{bmatrix} \begin{bmatrix} i_{sA} \\ i_{sB} \\ i_{sC} \end{bmatrix} + \frac{d}{dt} \begin{bmatrix} \psi_{sA} \\ \psi_{sB} \\ \psi_{sC} \end{bmatrix} \tag{8-2}$$

式中，u_{sA}、u_{sB}和u_{sC}分别为三相绕组相电压；R_s为三相绕组相电阻。

将式（8-1）代入式（8-2），可得无刷直流电机电压方程为

$$\begin{bmatrix} u_{sA} \\ u_{sB} \\ u_{sC} \end{bmatrix} = \begin{bmatrix} R_s & 0 & 0 \\ 0 & R_s & 0 \\ 0 & 0 & R_s \end{bmatrix} \begin{bmatrix} i_{sA} \\ i_{sB} \\ i_{sC} \end{bmatrix} + \frac{d}{dt} \left(\begin{bmatrix} L_{AA} & M_{AB} & M_{AC} \\ M_{BA} & L_{BB} & M_{BC} \\ M_{CA} & M_{CB} & L_{CC} \end{bmatrix} \begin{bmatrix} i_{sA} \\ i_{sB} \\ i_{sC} \end{bmatrix} \right) + \frac{d}{dt} \begin{bmatrix} \psi_{fA} \\ \psi_{fB} \\ \psi_{fC} \end{bmatrix} \tag{8-3}$$

永磁磁场交链到各绕组的永磁磁链分量取决于气隙中永磁磁场分布，无刷直流电机的气隙磁场径向分量沿电枢内径表面呈梯形分布，如图 8-24 所示。

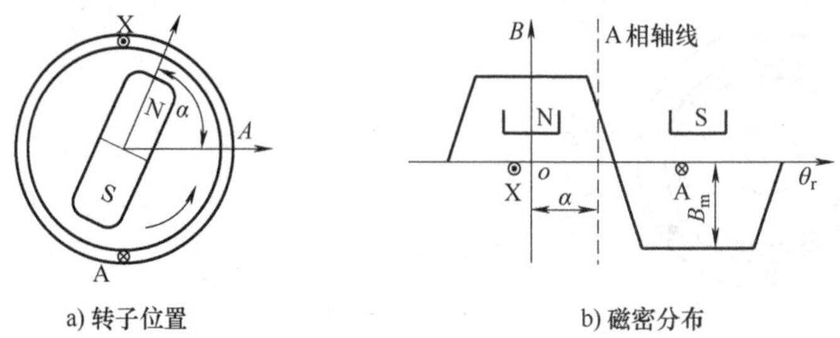

a) 转子位置　　b) 磁密分布

图 8-24　A 相绕组匝链的永磁磁链

随着转子的旋转，A 相绕组匝链的永磁磁链随着转子角度不断变化。当转子位置角为 α 时，A 相绕组匝链的永磁磁链为

$$\psi_{fA} = NS\int_{-\frac{\pi}{2}+\alpha}^{\frac{\pi}{2}+\alpha} B(\theta_r)\,d\theta_r = NS\left[B\left(\theta_r + \frac{\pi}{2}\right) - B\left(\theta_r - \frac{\pi}{2}\right)\right] \tag{8-4}$$

式中，$B(\theta_r)$ 为转子永磁体径向气隙磁密分布，其呈梯形波分布；N 为绕组匝数；S 为绕组在电枢内径表面围成的面积，等于极距和导体有效长度的乘积。

对于三相对称系统，ψ_{fB}和ψ_{fC}相对于ψ_{fA}分别滞后 120°和 240°电角度。将式（8-4）代入到式（8-3），可进一步得到无刷直流电机电压方程为

$$\begin{bmatrix} u_{sA} \\ u_{sB} \\ u_{sC} \end{bmatrix} = \begin{bmatrix} R_s & 0 & 0 \\ 0 & R_s & 0 \\ 0 & 0 & R_s \end{bmatrix} \begin{bmatrix} i_{sA} \\ i_{sB} \\ i_{sC} \end{bmatrix} + \frac{d}{dt} \left(\begin{bmatrix} L_{AA} & M_{AB} & M_{AC} \\ M_{BA} & L_{BB} & M_{BC} \\ M_{CA} & M_{CB} & L_{CC} \end{bmatrix} \begin{bmatrix} i_{sA} \\ i_{sB} \\ i_{sC} \end{bmatrix} \right) + \omega_r \begin{bmatrix} NS\left[B\left(\theta_r+\frac{\pi}{2}\right)-B\left(\theta_r-\frac{\pi}{2}\right)\right] \\ NS\left[B\left(\theta_r+\frac{\pi}{2}-\frac{2\pi}{3}\right)-B\left(\theta_r-\frac{\pi}{2}-\frac{2\pi}{3}\right)\right] \\ NS\left[B\left(\theta_r+\frac{\pi}{2}+\frac{2\pi}{3}\right)-B\left(\theta_r-\frac{\pi}{2}+\frac{2\pi}{3}\right)\right] \end{bmatrix} \tag{8-5}$$

式（8-5）最后一项为无刷直流电机的反电动势，分别记为 e_{Af}、e_{Bf}和 e_{Cf}。

根据图 8-24b 所示无刷直流电机的气隙磁密分布可知，$B(\theta_r)$ 的分布是以 2π 为周期，且满足 $B(\theta_r+\pi)=-B(\theta_r)$，将其代入 e_{Af}中得

$$
\begin{aligned}
e_{sA} &= NS\omega_r\left[B\left(\theta_r+\frac{\pi}{2}\right)-B\left(\theta_r-\frac{\pi}{2}\right)\right]=NS\omega_r\left[B\left(\theta_r+\frac{\pi}{2}\right)-B\left(\theta_r+\frac{\pi}{2}+\pi-2\pi\right)\right]\\
&= 2NS\omega_r B\left(\theta_r+\frac{\pi}{2}\right)
\end{aligned}
\tag{8-6}
$$

由式（8-6）可见，e_{Af}由永磁体旋转而在 A 相绕组产生的旋转反电动势，其随 θ_r变化的波形比气隙磁密 $B(\theta_r)$ 超前 90°电角度。对于三相对称绕组，e_{Bf}和 e_{Cf}相对于 e_{Af}分别滞后 120°和 240°电角度。

无刷直流电机一般采用表贴式转子结构，其相电感是不随时间变化的常量。由于三相绕组在空间对称分布，每相绕组的自感相等，相绕组之间的互感相等，即 $L_{AA}=L_{BB}=L_{CC}=L$，$M_{AB}=M_{BA}=M_{BC}=M_{CB}=M_{CA}=M_{AC}=M$。

无刷直流电机的相电感是不随时间变化的常量，则无刷直流电机的电压方程为

$$
\begin{bmatrix} u_{sA}\\ u_{sB}\\ u_{sC}\end{bmatrix}=\begin{bmatrix} R_s & 0 & 0\\ 0 & R_s & 0\\ 0 & 0 & R_s\end{bmatrix}\begin{bmatrix} i_{sA}\\ i_{sB}\\ i_{sC}\end{bmatrix}+\frac{\mathrm{d}}{\mathrm{d}t}\left(\begin{bmatrix} L & M & M\\ M & L & M\\ M & M & L\end{bmatrix}\begin{bmatrix} i_{sA}\\ i_{sB}\\ i_{sC}\end{bmatrix}\right)+\begin{bmatrix} e_{Af}\\ e_{Bf}\\ e_{Cf}\end{bmatrix}
\tag{8-7}
$$

无刷直流电机采用三相对称星形联结绕组，相电流满足：

$$
i_{sA}+i_{sB}+i_{sC}=0 \tag{8-8}
$$

式（8-8）两边分别乘以互感 M 得

$$
Mi_{sA}+Mi_{sB}+Mi_{sC}=0 \tag{8-9}
$$

将式（8-9）代入式（8-7）得

$$
\begin{bmatrix} u_{sA}\\ u_{sB}\\ u_{sC}\end{bmatrix}=\begin{bmatrix} R_s & 0 & 0\\ 0 & R_s & 0\\ 0 & 0 & R_s\end{bmatrix}\begin{bmatrix} i_{sA}\\ i_{sB}\\ i_{sC}\end{bmatrix}+\begin{bmatrix} L-M & 0 & 0\\ 0 & L-M & 0\\ 0 & 0 & L-M\end{bmatrix}\frac{\mathrm{d}}{\mathrm{d}t}\begin{bmatrix} i_{sA}\\ i_{sB}\\ i_{sC}\end{bmatrix}+\begin{bmatrix} e_{Af}\\ e_{Bf}\\ e_{Cf}\end{bmatrix}
\tag{8-10}
$$

令 $L_s=L-M$，则无刷直流电机的电压方程为

$$
\begin{bmatrix} u_{sA}\\ u_{sB}\\ u_{sC}\end{bmatrix}=\begin{bmatrix} R_s & 0 & 0\\ 0 & R_s & 0\\ 0 & 0 & R_s\end{bmatrix}\begin{bmatrix} i_{sA}\\ i_{sB}\\ i_{sC}\end{bmatrix}+\frac{\mathrm{d}}{\mathrm{d}t}\left(\begin{bmatrix} L_s & 0 & 0\\ 0 & L_s & 0\\ 0 & 0 & L_s\end{bmatrix}\begin{bmatrix} i_{sA}\\ i_{sB}\\ i_{sC}\end{bmatrix}\right)+\begin{bmatrix} e_{Af}\\ e_{Bf}\\ e_{Cf}\end{bmatrix}
\tag{8-11}
$$

由式（8-11）可得无刷直流电机的等效电路，如图 8-25 所示。

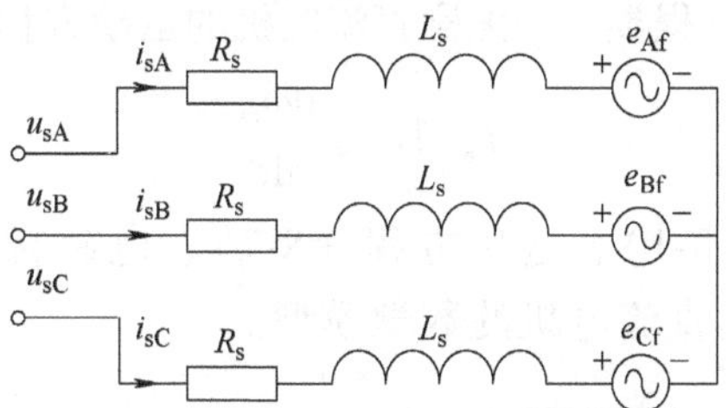

图 8-25　无刷直流电机的等效电路

无刷直流电机的星形联结绕组一般没中性点引出，其各相相电压难以直接测量，基于相电压的数学模型在某些场合并不适用。无刷直流电机的线电压测量较为简单，而且在全桥逆变器驱动下，当相应的功率开关器件开通时，无刷直流电机的线电压近似等于全桥逆变器直流侧的直流母线电压。因此，基于线电压的无刷直流电机数学模型更适合于实际应用系统。无刷直流电机的线电压方程可由相电压方程相减直接得到，无刷直流电机的线电压方程为

$$\begin{bmatrix} u_{AB} \\ u_{BC} \\ u_{CA} \end{bmatrix} = \begin{bmatrix} R_s & -R_s & 0 \\ 0 & R_s & -R_s \\ -R_s & 0 & R_s \end{bmatrix} \begin{bmatrix} i_{sA} \\ i_{sB} \\ i_{sC} \end{bmatrix} + \frac{d}{dt}\left(\begin{bmatrix} L_s & -L_s & 0 \\ 0 & L_s & -L_s \\ -L_s & 0 & L_s \end{bmatrix} \begin{bmatrix} i_{sA} \\ i_{sB} \\ i_{sC} \end{bmatrix} \right) + \begin{bmatrix} e_{Af}-e_{Bf} \\ e_{Bf}-e_{Cf} \\ e_{Cf}-e_{Af} \end{bmatrix} \tag{8-12}$$

3. 电磁转矩方程

无刷直流电机输入功率为

$$P_1 = u_{sA} i_{sA} + u_{sB} i_{sB} + u_{sC} i_{sC} \tag{8-13}$$

将式（8-11）代入式（8-13），电机输入功率为

$$P_1 = \begin{bmatrix} i_{sA} \\ i_{sB} \\ i_{sC} \end{bmatrix}^T \begin{bmatrix} u_{sA} \\ u_{sB} \\ u_{sC} \end{bmatrix} = \begin{bmatrix} i_{sA} \\ i_{sB} \\ i_{sC} \end{bmatrix}^T \left[\begin{bmatrix} R_s & 0 & 0 \\ 0 & R_s & 0 \\ 0 & 0 & R_s \end{bmatrix} \begin{bmatrix} i_{sA} \\ i_{sB} \\ i_{sC} \end{bmatrix} + \frac{d}{dt}\left(\begin{bmatrix} L_s & 0 & 0 \\ 0 & L_s & 0 \\ 0 & 0 & L_s \end{bmatrix} \begin{bmatrix} i_{sA} \\ i_{sB} \\ i_{sC} \end{bmatrix} \right) + \begin{bmatrix} e_{Af} \\ e_{Bf} \\ e_{Cf} \end{bmatrix} \right] \tag{8-14}$$

式（8-14）展开为

$$\begin{aligned} P_1 &= i_{sA}^2 R_s + i_{sA} L_s \frac{di_{sA}}{dt} + e_{Af} i_{sA} + i_{sB}^2 R_s + i_{sB} L_s \frac{di_{sB}}{dt} + e_{Bf} i_{sB} + i_{sC}^2 R_s + i_{sC} L_s \frac{di_{sC}}{dt} + e_{Cf} i_{sC} + \cdots \\ &= P_{cu} + \frac{dW_m}{dt} + P_M \end{aligned} \tag{8-15}$$

式中，铜耗 P_{cu}、磁场储能 W_m 和电磁功率 P_M 分别为

$$\begin{cases} P_{cu} = i_{sA}^2 R_s + i_{sB}^2 R_s + i_{sC}^2 R_s \\ \dfrac{dW_m}{dt} = L_s i_{sA} \dfrac{di_{sA}}{dt} + L_s i_{sB} \dfrac{di_{sB}}{dt} + L_s i_{sC} \dfrac{di_{sC}}{dt} \\ P_M = e_{Af} i_{sA} + e_{Bf} i_{sB} + e_{Cf} i_{sC} \end{cases} \tag{8-16}$$

根据电磁功率表达式，可得电磁转矩为

$$T_e = \frac{P_M}{\omega_m} = \frac{e_{Af} i_{sA} + e_{Bf} i_{sB} + e_{Cf} i_{sC}}{\omega_m} \tag{8-17}$$

4. 运动方程

与永磁同步电机的运动方程类似，无刷直流电机的运动方程为

$$T_e - T_L = J \frac{d\omega_m}{dt} \tag{8-18}$$

综上，上述磁链方程（8-1）、电压方程（8-7）、电磁转矩方程（8-17）和运动方程（8-18）共同组成了无刷直流电机的数学模型。

8.3.2 无刷直流电机的运行特性

无刷直流电机两相导通运行具有控制简单、无死区设定和调速性能好等优点，是无刷直

流电机应用较为广泛的一种控制方式。以无刷直流电机两相导通运行为例，分析无刷直流电机的运行特性。无刷直流电机两相导通运行的等效电路如图 8-26a 所示，进一步简化的等效电路如图 8-26b 所示。根据简化等效电路，无刷直流电机在稳态时的电压平衡方程为

$$U_{dc}-2\Delta U=2R_sI_{dc}+2E \tag{8-19}$$

式中，U_{dc}和 ΔU 分别为全桥逆变器直流侧直流母线电压和一个功率开关器件管压降；I_{dc}和 E 分别为流过相绕组的电流和相反电动势幅值。

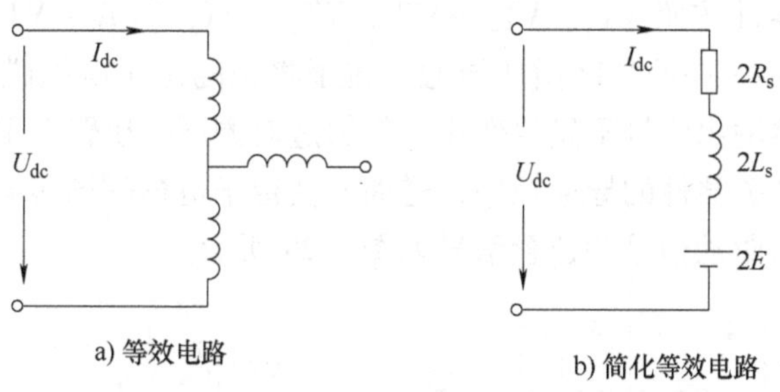

a) 等效电路　　b) 简化等效电路

图 8-26　无刷直流电机两相导通运行的等效电路

由式（8-17）可得无刷直流电机两相导通运行时的电磁转矩为

$$T_e=\frac{P_M}{\omega_m}=\frac{e_{Af}i_{sA}+e_{Bf}i_{sB}+e_{Cf}i_{sC}}{\omega_m}=\frac{2EI_{dc}}{\omega_m}=K_TI_{dc} \tag{8-20}$$

式中，$K_T=2E/\omega_m$为无刷直流电机两相导通运行时转矩系数。

将式（8-19）代入式（8-20），整理得到无刷直流电机的机械特性方程为

$$\omega_m=\frac{2E}{K_T}=\frac{U_{dc}-2\Delta U-2R_sI_{dc}}{K_T}=\frac{U_{dc}-2\Delta U}{K_T}-\frac{2R_s}{K_T^2}T_e \tag{8-21}$$

不同直流母线电压下的机械特性和调节特性如图 8-27 所示。无刷直流电机的机械特性与有刷直流电机的机械特性相同。由于转矩较大时，功率开关器件管压降随电流增大而增加，施加在绕组上的电压有所减小，使机械特性曲线偏离直线而向下弯曲，如图 8-27 所示。无刷直流电机的调节特性曲线具有与有刷直流电机一样良好的控制性能，可通过改变全桥逆变器直流侧直流母线电压实现电机的无级调速。

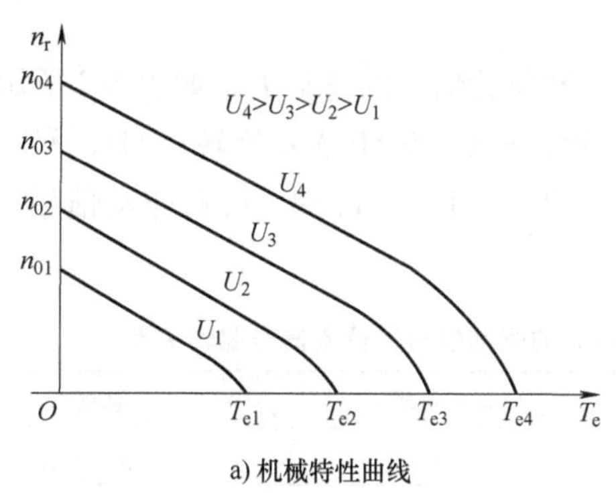

a) 机械特性曲线

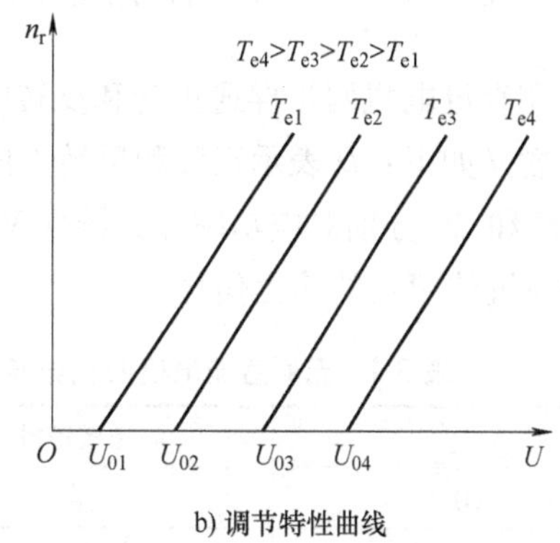

b) 调节特性曲线

图 8-27　无刷直流电机机械特性和调节特性曲线

8.3.3 无刷直流电机的控制特性

基于无刷直流电机运行原理可知，无刷直流电机按照一定方向旋转的本质是定子电枢磁场一直在推动或牵引转子运行。定子电枢磁场的旋转方向是由电枢绕组的通电规律决定的。以无刷直流电机两相导通运行为例，功率开关器件按照 VT_6、VT_1→VT_1、VT_2→VT_2、VT_3→VT_3、VT_4→VT_4、VT_5→VT_5、VT_6→VT_6、VT_1→……的顺序循环导通，转子将跟随定子电枢磁场正转；功率开关器件按照 VT_3、VT_4→VT_4、VT_5→VT_5、VT_6→VT_6、VT_1→VT_1、VT_2→VT_2、VT_3→VT_3、VT_4→……的顺序循环导通，转子将跟随定子电枢磁场反转。在正转或反转过程中，位置传感器输出信号不发生变化，仅通过对调同一桥臂上下两个功率开关器件的驱动信号，改变功率开关器件的导通顺序，进而改变定子电枢磁场转向。无刷直流电机在两相导通时的正转和反转驱动信号和位置信号如图 8-28 所示。

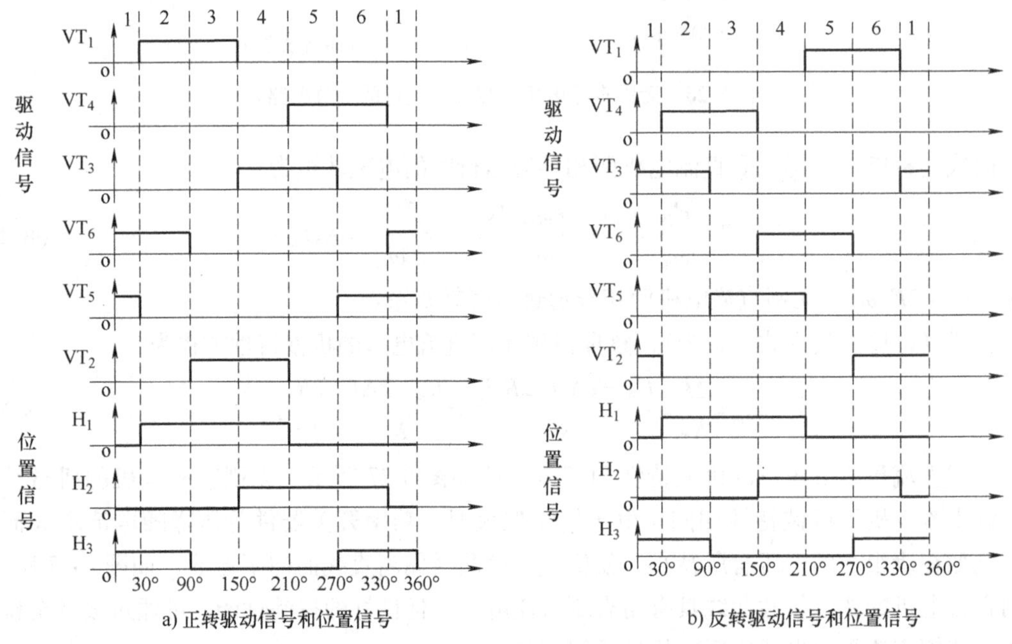

图 8-28 无刷直流电机两相导通正向和反向旋转功率开关器件驱动信号和位置信号

无刷直流电机两相导通正转和反转时驱动信号和位置信号的逻辑关系如表 8-2 所示，表中符号含义如下：D 表示正转和反转方向，$D=1$ 表示正转，$D=0$ 表示反转；AH、AL、BH、BL、CH 和 CL 分别对应功率开关器件 VT_1、VT_2、VT_3、VT_4、VT_5 和 VT_6 的驱动信号；x、y 和 z 为位置传感器的输出信号。

表 8-2 无刷直流电机两相导通正转和反转时的驱动信号和位置信号逻辑关系

	正转逻辑	反转逻辑	总逻辑
AH	$x\bar{y}$	$\bar{x}y$	$D\bar{y}+\bar{D}\bar{x}y$
AL	$\bar{x}y$	$x\bar{y}$	$D\bar{x}y+\bar{D}x\bar{y}$
BH	$y\bar{z}$	$\bar{y}z$	$Dy\bar{z}+\bar{D}\bar{y}z$

（续）

	正转逻辑	反转逻辑	总逻辑
BL	$\bar{y}z$	$y\bar{z}$	$D\bar{y}z+\bar{D}y\bar{z}$
CH	$z\bar{x}$	$\bar{z}x$	$Dz\bar{x}+\bar{D}\bar{z}x$
CL	$\bar{z}x$	$z\bar{x}$	$D\bar{z}x+\bar{D}z\bar{x}$

无刷直流电机控制系统采用直流电源供电时，一般通过 PWM 控制方法调节电机电枢绕组上的电压以实现变压调速运行。无刷直流电机两相导通采用的 PWM 控制方法包括 H_PWM-L_ON、H_ON-L_PWM、PWM-ON、ON-PWM 和 H_PWM-L_PWM，如图 8-29 所示。

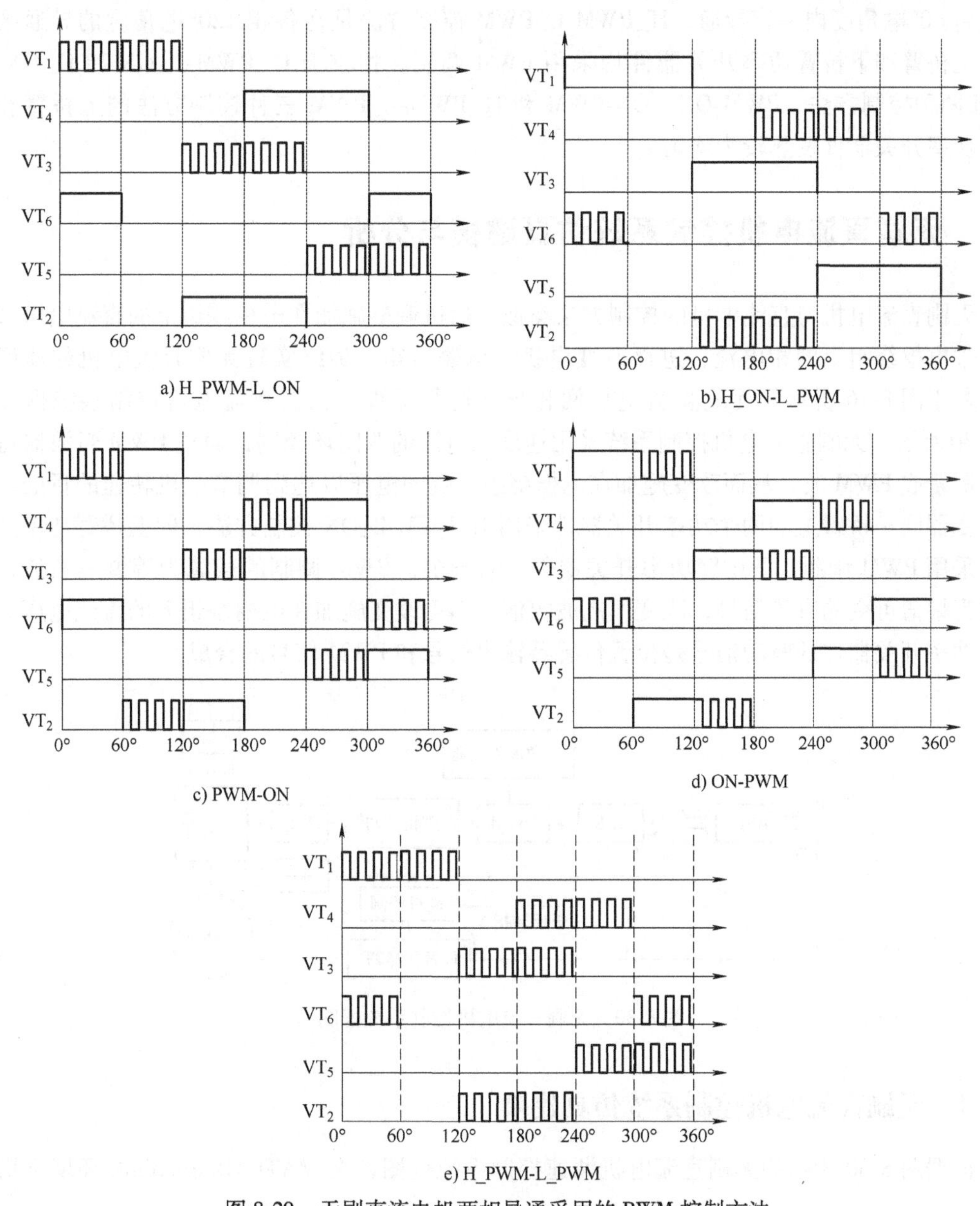

图 8-29　无刷直流电机两相导通采用的 PWM 控制方法

H_PWM-L_ON 控制方法是在各相 120°电角度的导通区间内，上桥臂功率开关器件采用 PWM 调制、下桥臂功率开关器件一直导通。H_ON-L_PWM 控制方法是在各相 120°电角度的导通区间内，上桥臂功率开关器件一直导通、下桥臂功率开关器件采用 PWM 调制。H_PWM-L_ON 和 H_ON-L_PWM 两种控制方法的上桥臂（下桥臂）功率开关器件因高频斩波而开关损耗较大，下桥臂（上桥臂）功率开关器件因低频方波信号而开关损耗较小，导致上桥臂和下桥臂功率开关器件发热不均匀。

PWM-ON 控制方法是在各相 120°电角度的导通区间内，上桥臂和下桥臂功率开关器件在前 60°电角度内一直导通，后 60°电角度内采用 PWM 调制。ON-PWM 控制方法是在各相的 120°电角度的导通区间内，上桥臂和下桥臂功率开关器件在前 60°电角度内采用 PWM 调制，后 60°电角度内一直导通。H_PWM-L_PWM 控制方法是在各相 120°电角度的导通区间内，上桥臂和下桥臂功率开关器件均采用 PWM 调制。相较于 H_PWM-L_ON 和 H_ON-L_PWM 两种控制方法，PWM-ON、ON-PWM 和 H_PWM-L_PWM 三种控制方法的上桥臂和下桥臂功率开关器件发热较为均匀。

8.4 无刷直流电机控制系统仿真建模与分析

无刷直流电机与直流电机的控制方法类似，通过调整施加在电枢绕组上的直流电压来改变流过电枢绕组上的相电流，进而改变电机的电磁转矩，最终实现无刷直流电机的速度调节。基于图 8-16 所示的无刷直流电机两相导通运行原理，无刷直流电机控制系统框图如图 8-30 所示。无刷直流电机控制系统采用速度和电流的双闭环控制，通过 PWM 斩波器将直流电源斩成 PWM 波，从而改变施加在电枢绕组两端的电压以达到调节电机转速的目的。三相逆变器同一桥臂上的两个功率开关器件采用 H_PWM-L_ON 控制方法，即上桥臂功率开关器件采用 PWM 调制，下桥臂功率开关器件一直导通。PWM 调制的载波为等腰三角波，调制波为幅值可变的直流信号，改变调制波幅值，即可改变施加在电枢绕组上的直流电压。逆变器功率开关器件的驱动信号是位置传感器输出信号和 PWM 信号的合成。

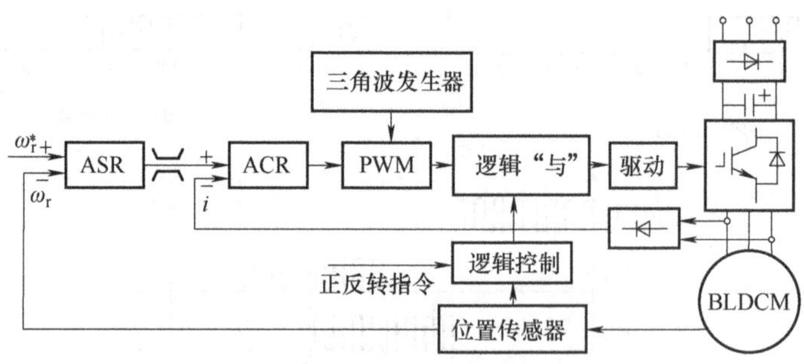

图 8-30　无刷直流电机控制系统框图

8.4.1　无刷直流电机控制系统仿真建模

根据图 8-30 所示的无刷直流电机调速控制系统框图，在 MATLAB/Simulink 环境下搭建的无刷直流电机两相导通运行仿真模型如图 8-31 所示。该仿真程序主要包括无刷直流电机仿真模型、速度调节器模块、电流调节器模块、PWM 产生模块、霍尔位置传感器输出模块、电流变换模块及功率开关器件驱动信号模块，以下分析各主要模块的仿真模型。

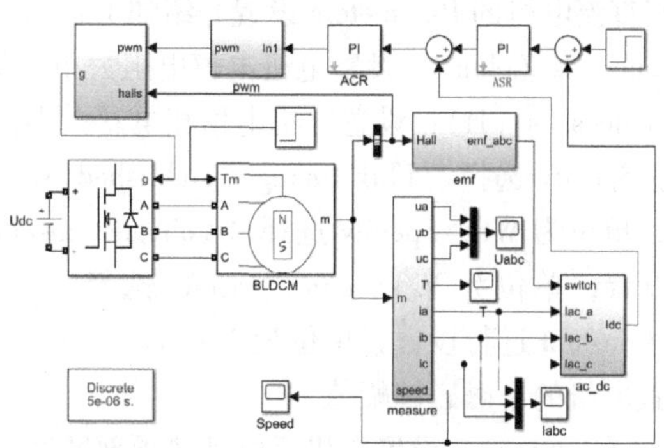

图 8-31　无刷直流电机两相导通运行仿真模型

1. 无刷直流电机仿真模型

在 Simulink Library Browser 环境下，执行 Simcape→Power Systems→Specialized Technology → Fundamental Blocks→Machine 命令，选择“Permanent Magnet Synchronous Machines”并将其拖拽到 mdl 文档界面中，通过配置参数便可获得无刷直流电机的仿真模型。无刷直流电机 Configuration、Parameters 和 Advanced 三个参数设置对话框分别如图 8-32、图 8-33 和图 8-34 所示，以下对各个部分进行详细介绍。

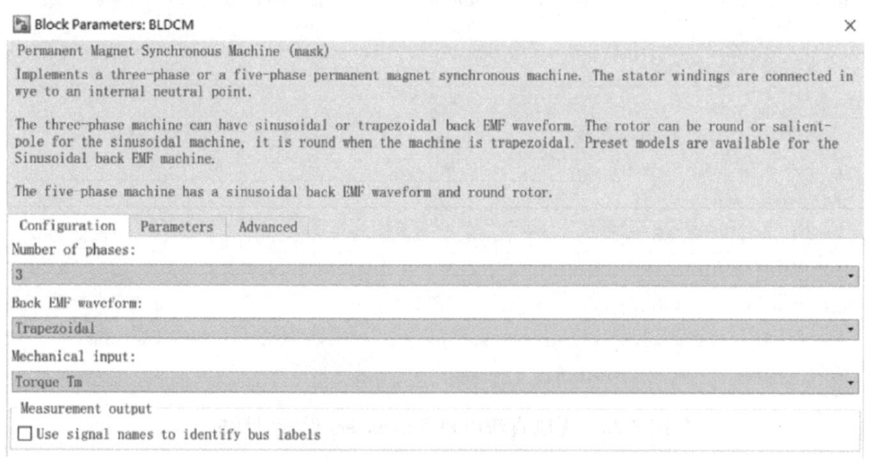

图 8-32　无刷直流电机 Configuration 设置对话框

如图 8-32 所示，无刷直流电机的 Configuration 设置介绍如下：

1）Number of phases：里面包含“3”和“5”两个选项。选择“3”时表示为三相无刷直流电机，选择“5”时，Back EMF waveform 将不能进行功能选择。

2）Back EMF waveform：里面包含“Sinusoidal”和“Trapezoidal”两个选项。无刷直流电机选择“Trapezoidal”选项，但参数 Number of phases 不能设置为 5。

3）Mechanical input：里面包含“Torque Tm”、“Speed w”和“Mechanical rotational port”三个选项。前两个选项较为常用，选择“Torque Tm”时表示负载转矩，选择“Speed w”时表示机械角速度。

如图 8-33 所示，无刷直流电机的 Parameters 设置介绍如下：

1）Stator phase resistance Rs（ohm）：设置电机电枢电阻大小，单位为 Ω。

2）Stator phase inductances Ls（H）：设置电机电枢相电感大小，单位为 H。

3）Machine constant：Specify 选择“Flux linkage established by magnets（V. s）”时，可对 Flux linkage 进行设置，单位为 Wb；Specify 选择“Voltage Constant（V_peak L-L/krpm）”时，可对电压常数进行设置，单位为 V/kr/min；Specify 选择“Torque Constant（N. m/A_peak）”时，可对 Torque Constant 进行设置，单位为 N · m。

4）Flux linkage：设置电机的永磁磁链幅值。

5）Back EMF flat area（degrees）：设置电机反电动势顶部宽度。

6）Inertia，viscous damping，pole pairs，static friction [J(kg. m^2) F(N. m. s) p() Tf(N. m)]：分别设置电机的转动惯量、阻尼系数、极对数和静态摩擦系数。

7）Initial conditions [wm(rad/s) thetam(deg) ia,ib(A)]：分别设置电机的机械角速度、转子位置、相电流 i_{sA} 和 i_{sB} 的初始值。

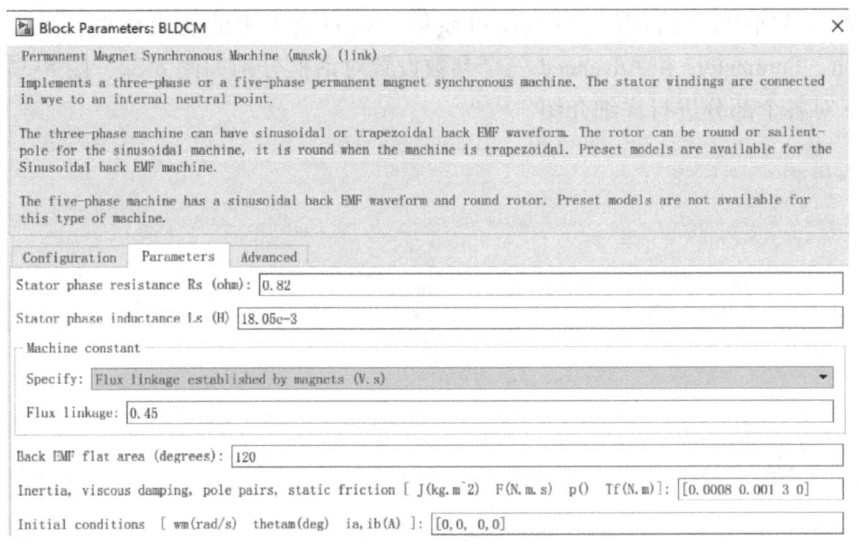

图 8-33　无刷直流电机 Parameters 设置对话框

如图 8-34 所示，无刷直流电机的 Advanced 设置介绍如下：

1）Machine parameters（电机参数）：里面包含“Compute from standard manufacturer specifications”选项，根据标准制造商规范计算电机参数。

2）Rotor flux position when theta=0：可用于设置两相同步旋转坐标系类型。由于无刷直流电机不采用坐标变换，该对话框仅适用于三相永磁同步电机仿真模型。

2. PWM 产生模块

电流调节器模块输出的调制波信号与三角载波信号经逻辑处理产生 PWM 信号，如

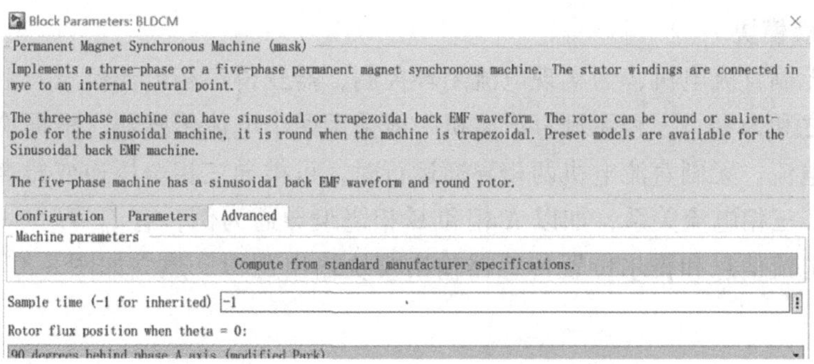

图 8-34　无刷直流电机 Advanced 设置对话框

图 8-35 所示。三角载波信号频率决定功率开关器件频率，速度给定决定相电流和相反电动势频率。

3. 霍尔位置传感器输出模块

根据图 8-28a 所示的无刷直流电机两相导通运行时的霍尔位置传感器输出信号和三相相反电动势关系，搭建如图 8-36 所示的霍尔位置传感器输出模块。

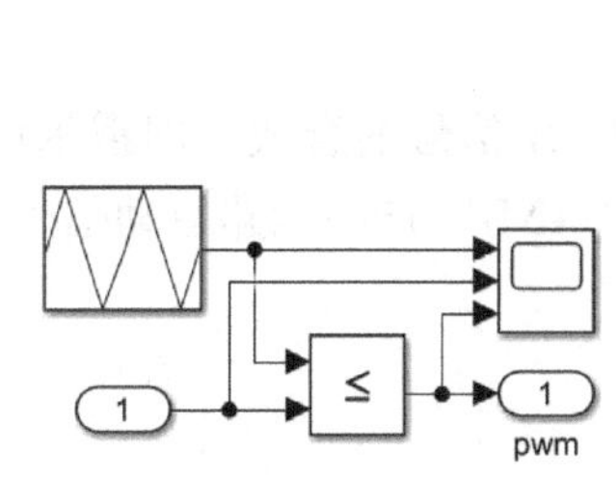

图 8-35　PWM 产生模块

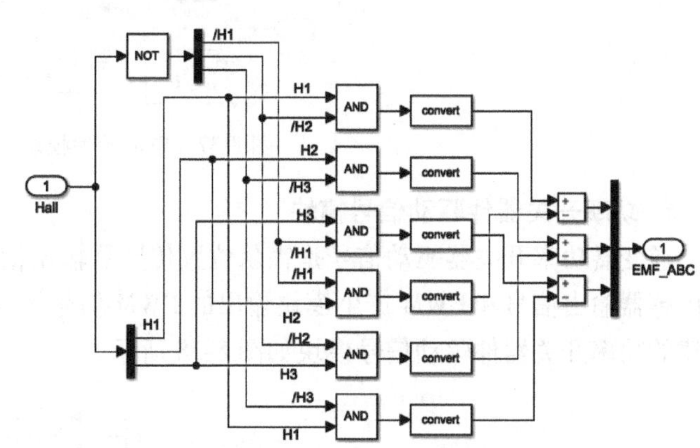

图 8-36　霍尔位置传感器输出模块

无刷直流电机两相导通正向旋转，图 8-36 所示的霍尔位置传感器输出模块输入和输出逻辑见表 8-3，其中，霍尔位置传感器输出为低电平时，功率开关器件处于关断状态。

表 8-3　正向旋转时霍尔位置传感器输出模块的输入输出逻辑

H_1	H_2	H_3	E_{sA}方向	E_{sB}方向	E_{sC}方向
1	0	1	1	0	−1
0	1	1	0	1	−1
1	1	0	−1	1	0
1	0	1	−1	0	1
0	1	1	0	−1	1
1	1	0	1	−1	0

4. 电流变换模块

对于三相无刷直流电机，为实现电流闭环控制，需获得三相电流信息。由于对称三相系统的三相电流之和为零，三相无刷直流电机一般采用两个电流传感器，根据检测的两相电流可推到第三相电流。无刷直流电机两相导通运行时，可推导三相全桥逆变器直流侧直流电流 I_{dc}和 A、B 和 C 三相电流关系，如以 A 相和 B 相绕组导通为例，有 $I_{dc}=i_{sA}=-i_{sB}$。因此，根据获得的三相电流信息和霍尔位置传感器输出模块输出逻辑，建立如图 8-37 所示的电流转换模块。

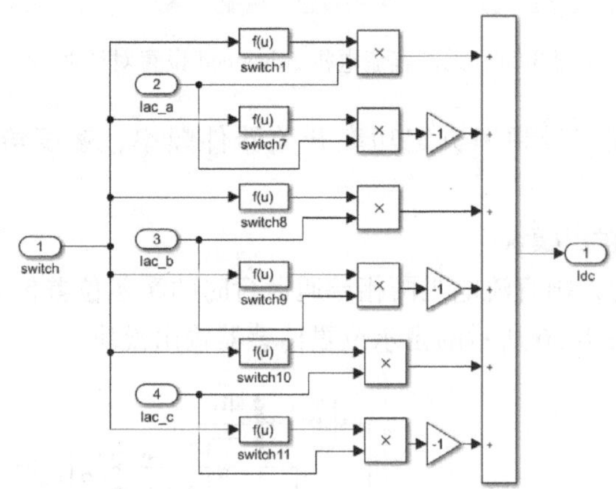

图 8-37　电流转换模块

5. 功率开关器件驱动信号模块

逆变器功率开关器驱动信号是霍尔位置传感器输出信号和 PWM 信号的合成，即霍尔位置传感器输出信号和 PWM 产生模块输出的 PWM 信号经过逻辑“AND”产生六路驱动信号，搭建的功率开关器件驱动信号模块如图 8-38 所示。

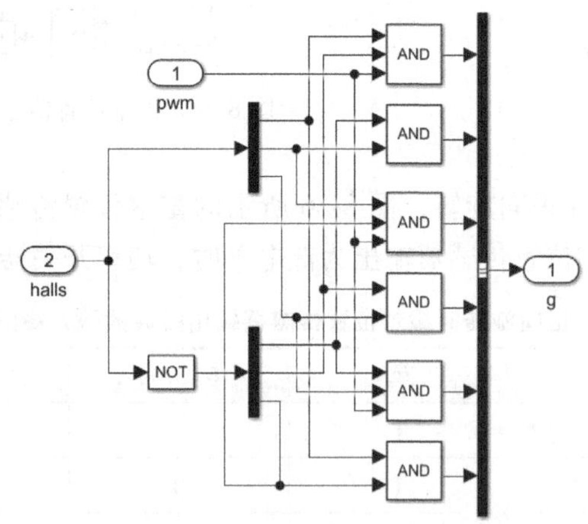

图 8-38　功率开关器件驱动信号模块

8.4.2　无刷直流电机控制系统仿真分析

无刷直流电机两相导通运行仿真中电机参数设置为：极对数 $n_p=3$，电枢相电感 $L_s=$

18.05mH，相绕组电阻 $R_s=0.82\Omega$，永磁磁链 $\psi_f=0.45\text{Wb}$，转动惯量 $J=0.0008\text{kg}\cdot\text{m}^2$，额定相电流为 6.2A。仿真条件设置为：直流母线电压 $U_{dc}=500\text{V}$，PWM 开关频率 $f_{pwm}=10\text{kHz}$，采样周期 $T_s=5\times10^{-6}$，采用变步长 ode23tb 算法，相对误差为 10^{-4}，仿真时间为 0.4s。

无刷直流电机两相导通运行，负载启动，初始负载转矩为 0N · m，速度给定为 800r/min。0.25s 时负载转矩增加到 5N · m，速度给定增加到 1500r/min，整个控制过程中速度、电磁转矩、电枢电流和相反电动势的仿真结果如图 8-39 所示。由图 8-39a 和 8-39b 可见，无刷直流电机的速度具有较好的跟踪性能和抗负载扰动能力，电磁转矩可以很好地进行控制，并在稳态运行工况下与负载转矩平衡。由图 8-39c 可见，在起动加速阶段，电枢电流保持在较大值，从而产生较大的启动转矩，当速度达到给定后，由于负载转矩为 0 N · m，电枢电流较小；在 0.25s 切换为 5N · m 后，电机电枢电流增加，从而产生较大的电磁转矩以抵抗扰动，并最终与负载转矩平衡。结合图 8-39a 和图 8-39d 可见，相反电动势幅值随着转速的升高而增大。

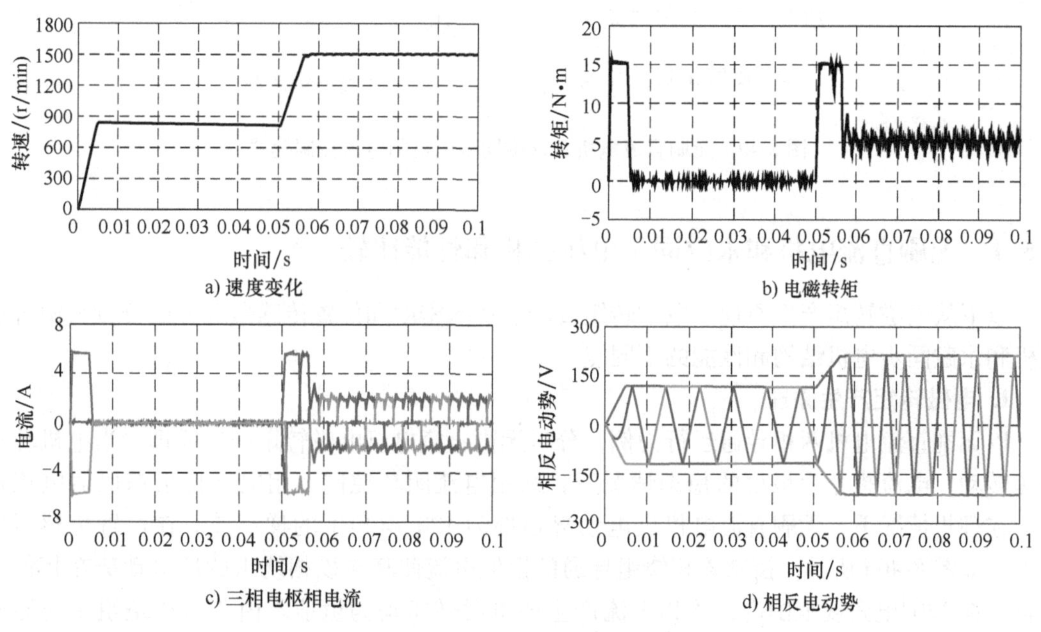

a) 速度变化　b) 电磁转矩　c) 三相电枢相电流　d) 相反电动势

图 8-39　无刷直流电机两相导通运行仿真结果

8.5　无刷直流电机和永磁同步电机比较

无刷直流电机和永磁同步电机的结构基本相同，它们均有电枢绕组、电枢铁心、永磁体和转子铁心等部分组成。但无刷直流电机的反电动势为梯形波，转子和电枢绕组需要按照等气隙磁通密度进行设计。为减小施加负载所导致的电机速度降落，无刷直流电机的电枢绕组电感一般较小，所以无刷直流电机通常采用表面式磁极结构。永磁同步电机的反电动势为正弦波，转子和电枢绕组需要按照正弦气隙磁通密度波形进行设计。

无刷直流电机和永磁同步电机的反电动势波形不同，导致这两种电机的电流控制也有所不同，无刷直流电机一般采用方波电流控制，永磁同步电机一般采用正弦波电流控制。在理想情况下，无刷直流电机的方波电流控制和永磁同步电机的正弦波电流控制模式下的气隙磁通密度分布、相反电动势、相电流和电磁转矩波形如图 8-40 所示。

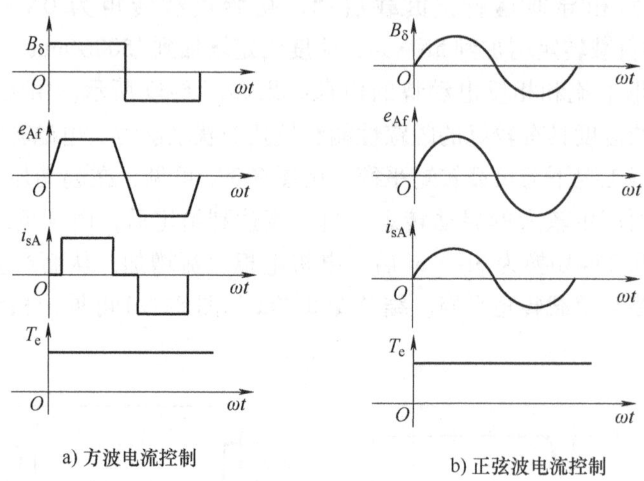

图 8-40 无刷直流电机和永磁同步电机的电流控制模式

8.5.1 无刷直流电机和永磁同步电机结构和性能比较

以下从电磁转矩产生原理、电磁转矩波动、功率密度和位置传感器等方面分析无刷直流电机和永磁同步电机结构和性能的不同点。

1. 电磁转矩产生原理

以无刷直流电机两相导通运行为例，分析无刷直流电机电磁转矩产生原理。当电机转子恒速转动，电流指令为恒值的稳态情况下，采用电流闭环控制，相电流将跟踪恒值电流指令。在理想情况下，无刷直流电机反电动势顶部为 120°电角度的梯形波。在位置传感器作用下，如图 8-40a 所示，控制该相绕组导通的恒值电流使其与该相绕组的反电动势在相位上重合。在 120°电角度范围内，该相电流产生的电磁转矩均为恒值。由于每相绕组正向导通和反向导通的对称性，以及三相绕组的空间对称性，一相合成电磁转矩亦为恒值，与电机的转角位置无关。设相电流为$\sqrt{2}I_p$，相反电动势为$\sqrt{2}E_p$，在一个电周期内，三相无刷直流电机的电磁转矩为

$$T_e=\frac{3(2\times120^\circ)}{360^\circ}\frac{2E_pI_p}{\omega_m}=\frac{4E_pI_p}{\omega_m} \tag{8-22}$$

式（8-22）表明，方波电流控制的无刷直流电机具有线性的转矩-电流特性。

永磁同步电机的反电动势波形为正弦波，采用正弦波电流控制，其电磁转矩产生原理与无刷直流电机存在区别。永磁同步电机通过位置传感器检测转子相对于电枢的绝对位置，在电流闭环控制作用下，如图 8-40b 所示，控制电机的相电流跟踪正弦波电流指令，并使该相电流与其反电动势在相位上重合。当相电流与其反电动势在相位上重合时，三相绕组的反电动势与相电流可表示为

$$\begin{bmatrix} e_{\mathrm{Af}} \\ e_{\mathrm{Bf}} \\ e_{\mathrm{Cf}} \end{bmatrix} = \begin{bmatrix} \sqrt{2}E_{\mathrm{p}}\sin(\theta_{\mathrm{r}}) \\ \sqrt{2}E_{\mathrm{p}}\sin\left(\theta_{\mathrm{r}}-\dfrac{2\pi}{3}\right) \\ \sqrt{2}E_{\mathrm{p}}\sin\left(\theta_{\mathrm{r}}+\dfrac{2\pi}{3}\right) \end{bmatrix},\ \begin{bmatrix} i_{\mathrm{sA}} \\ i_{\mathrm{sB}} \\ i_{\mathrm{sC}} \end{bmatrix} = \begin{bmatrix} \sqrt{2}I_{\mathrm{p}}\sin(\theta_{\mathrm{r}}) \\ \sqrt{2}I_{\mathrm{p}}\sin\left(\theta_{\mathrm{r}}-\dfrac{2\pi}{3}\right) \\ \sqrt{2}I_{\mathrm{p}}\sin\left(\theta_{\mathrm{r}}+\dfrac{2\pi}{3}\right) \end{bmatrix} \tag{8-23}$$

将式（8-23）代入式（8-17）中，可得永磁同步电机的电磁转矩为

$$T_{\mathrm{e}} = \frac{e_{\mathrm{sA}}i_{\mathrm{sA}}+e_{\mathrm{sB}}i_{\mathrm{sB}}+e_{\mathrm{sC}}i_{\mathrm{sC}}}{\omega_{\mathrm{m}}} = \frac{3E_{\mathrm{p}}I_{\mathrm{p}}}{\omega_{\mathrm{m}}} \tag{8-24}$$

式（8-24）表明，正弦波电流控制的永磁同步电机具有线性的转矩-电流特性。

2. 电磁转矩波动

永磁电机的电磁转矩波动不但会产生噪音和振动，而且会降低电机的使用寿命和控制系统的可靠性，制约其在高精度、高稳定性场合的应用。因此，降低永磁电机的电磁转矩波动问题一直是工程技术研究的难点。引起永磁电机电磁转矩波动的因素包括电机本体结构造成的齿槽转矩和时空电流和反电动势谐波造成的转矩波动。从电机本体入手，采用定子斜槽、转子斜极、辅助槽法、辅助齿、改变极弧宽和磁极位置等方法，改善电机气隙磁通密度波形，降低反电动势的空间谐波，进而降低齿槽转矩。在永磁电机控制中所产生的转矩波动可通过改善相电流质量来实现。

无刷直流电机和永磁同步电机的电流控制模式不同，为产生恒定的电磁转矩，无刷直流电机需要方波电流，永磁同步电机需要正弦波电流。对于无刷直流电机，绕组电感使电流从零上升到一定幅值需要一段时间，再从一定幅值降到零也需要一段时间，故输入到无刷直流电机中的相电流波形接近梯形波而不是方波。此外，无刷直流电机的实际反电动势波形顶部宽度很难达到 120°电角度，而且梯形波的顶部是平坦的直线。由无刷直流电机的电磁转矩产生原理可见，无刷直流电机在不同相绕组间换相的过程中将不可避免的产生转矩波动。永磁同步电机需要的正弦波相电流可通过电流闭环控制实现，其电磁转矩与位置角无关，理论上转矩波动为零。考虑到实际相电流和永磁同步电机反电动势中不可避免地存在着谐波分量，永磁同步电机的电磁转矩存在一定的波动，但相比于无刷直流电机，永磁同步电机的电磁转矩波动更小。

3. 功率密度

许多应用场合对永磁电机的性能要求越来越高，尤其对功率密度提出了更高的要求，即永磁电机输出功率一定时，希望其有尽可能小的体积和重量。目前，永磁电机功率密度提升技术主要包括高速度范围和高转矩两条路径。在绕组铜耗、速度和反电动势幅值分别相等的条件下，比较分析无刷直流电机和永磁同步电机两种电机的功率密度。

无刷直流电机两相导通运行，输入电机中的电流为方波，设其峰值为 I_1，则其绕组铜耗为

$$P_{\mathrm{cl\text{-}B}} = 2I_1^2R_{\mathrm{s}} \tag{8-25}$$

永磁同步电机采用正弦波电流控制，输入电机中的电流为正弦波，设其峰值为 I_2，则其绕组铜耗为

$$P_{\mathrm{cl-P}}=3\left(\frac{I_2}{\sqrt{2}}\right)^2R_{\mathrm{s}} \tag{8-26}$$

设定无刷直流电机和永磁同步电机的绕组铜耗相等，两种电机的相电流比为

$$\frac{I_1}{I_2}=\frac{\sqrt{3}}{2} \tag{8-27}$$

由无刷直流电机和永磁同步电机的速度和反电动势幅值分别相等的设定条件，可得两种电机的电磁转矩比为

$$\frac{T_{\mathrm{e1}}}{T_{\mathrm{e2}}}=\frac{\sqrt{3}}{2} \tag{8-28}$$

在速度相等的条件下，无刷直流电机和永磁同步电机的输出功率之比为1.15∶1。电机规格一样时，无刷直流电机比永磁同步电机能多提供大约15%的输出功率。因此，无刷直流电机更适合对质量和空间有严格限制的使用场合。

4. 位置传感器

无刷直流电机的方波电流控制需要转子位置信息以实现相绕组间的换流，永磁同步电机的正弦波电流控制需要转子位置信息进行坐标变换。无刷直流电机一般采用低精度、低成本和体积小的霍尔位置传感器获得离散的转子位置信息，如两相导通运行的无刷直流电机在任意时间内仅有两相导通，只需每隔60°电角度检测一次转子位置信息，即可实现不同相绕组间的换流。霍尔位置传感器的工作原理是霍尔效应，其对工作环境要求较低，稳定性较好。永磁同步电机一般采用高精度位置传感器如编码器和旋转变压器检测转子位置信息，获得连续的位置信息，在电机控制系统中应用广泛。该类型编码器虽能获取高分辨转子位置信息，但因其成本高、体积大，制约了在低成本驱动领域的应用，且编码器繁多的接口线路更易引发位置传感器的故障问题。

8.5.2 无刷直流电机和永磁同步电机的电流控制模式比较

与永磁同步电机的正弦波电流控制相比，无刷直流电机的方波电流控制优点如下：

1）相较于高精度的编码器和旋转变压器，用于无刷直流电机方波电流控制的霍尔位置传感器具有体积小、成本低、稳定性好及环境适应性强等优点。

2）霍尔位置传感器检测的位置信息仅用于逻辑处理，电流闭环控制简单，控制器系统成本较低。

3）电机规格一样时，采用方波电流控制的无刷直流电机比采用正弦波电流控制的永磁同步电机能多提供大约15%的输出功率。

与永磁同步电机的正弦波电流控制相比，无刷直流电机的方波电流控制缺点如下：

1）相电流是断续的，电机输出的电磁转矩波动较大，低速平稳性差。

2）采用低精度的霍尔位置传感器，系统控制精度较低。

3）无刷直流电机的方波电流控制弱磁能力不强，调速范围较窄。

4）定子电枢磁场是跃变型的旋转磁场，定转子铁心的损耗较大。

总而言之，对运行平稳性要求不高，对出力要求高和对成本敏感的调速系统宜采用无刷直流电机方波电流控制系统。反之，宜采用永磁同步电机正弦波电流控制系统。

8.6　无刷直流电机控制系统案例分析

采用两相导通控制，验证无刷直流电机的控制性能，程序流程图如图 8-41 所示，其中控制周期选择为 $T_s=62.5\mu s$，死区时间设置为 $T_d=3.2\mu s$。

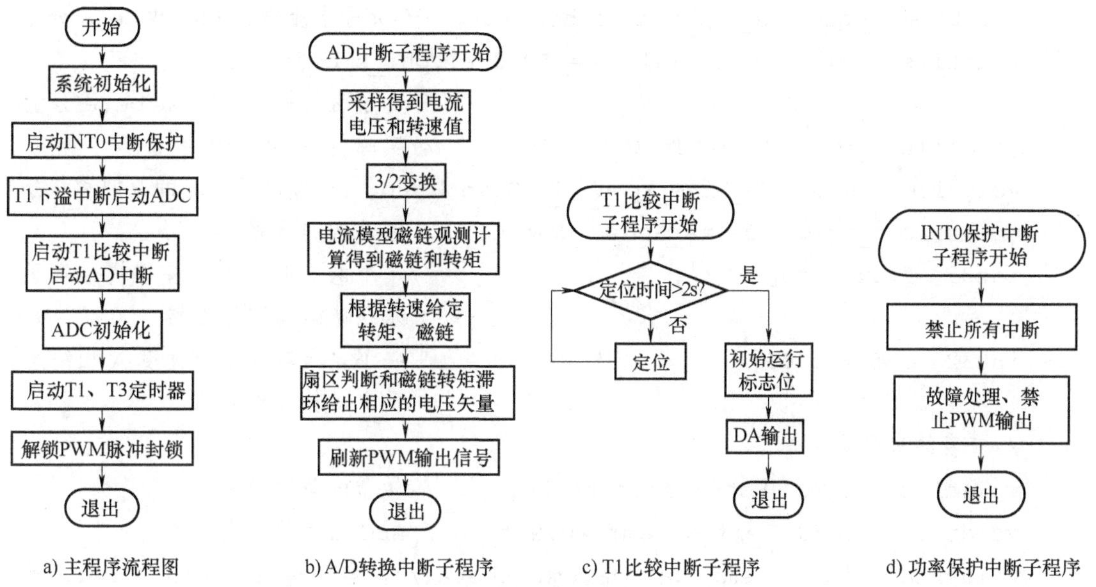

a) 主程序流程图　b) A/D转换中断子程序　c) T1比较中断子程序　d) 功率保护中断子程序

图 8-41　无刷直流电机两相导通控制程序流程图

无刷直流电机两相导通控制程序如下：

```
# include  " DSP281x _ Device.h "                  //DSP281x  Headerfile
                                                    Include File
#include "DSP281x_Examples.h"                      //DSP281x Examples In-
                                                    clude File
#include "math.h"
#define  System_Delay_Time  (10010)                //系统延迟计数
volatile  long int  T1P_count=0;                   //T1 周期计数单元
volatile  long int  Position_Number=0;             //初始定位于 A 相绕组轴线
                                                    计数
volatile  long int  sys_delay_flag=0;              //系统延时标志
volatile  long int  testN=1;                       //转子磁链的扇区判断
volatile  long int  Cmpvalue=0;                    //比较寄存器值设置
volatile  _iq20  theta=0;                          //转子位置电角度
volatile  _iq20  Cmp_off=0;                        //转矩滞环控制输出
#define Te_Give_ki_Max(_IQ20(12))                  //速度调节器积分限幅
```

```
#define Te_Give_Max(_IQ20(12))                    //速度调节器输出限幅
#defineKp_Speed(_IQ20(0.04))                      //速度调节器比例系数
#defineKi_Speed(_IQ20(0.00003))                   //速度调节器积分系数
volatile  _iq20  id=0,iq=0;                       //定子 dq 轴电流
volatile  _iq20  sin_theta=0,cos_theta=0;         //转子位置角的正余弦
volatile  _iq20  is_alpha=0,is_beta=0;     //定子电流的 alpha 和 beta 分量
volatile  _iq20  phi_s_alpha=_IQ20(0),phi_s_beta=0;
                                          //定子磁链的 alpha 和 beta 分量
volatile  _iq20  Te=0,Te_Give=0;          //实际转矩、转矩给定
volatile  _iq20  Te_Give_kp=0 ,Te_Give_ki=0;  //速度调节器的比例和积分
volatile  _iq20  Delta_Speed_Now=0;       //转速控制误差
int32  fluxr_tab[1003];                   //一个电周期内 A 相绕组耦合转子
                                            永磁体磁链波形表格
int32  emf_w[1003];                       //一个电周期内单位速度 A 相绕组
                                            反电动势波形表格
//查表的参数定义
volatile  _iq20  Rotor_elec_table;        //转子电角度查表
volatile  _iq20  emf_ka,emf_kb,emf_kc;//ABC 相单位反电动势
volatile  _iq20  emf_kalpha,emf_kbeta;//反电动势的 alpha 和 beta 轴
                                            分量
volatile  _iq20  emfa,emfb,emfc;          //ABC 相反电动势
volatile  _iq20  flux_ra,flux_rb,flux_rc; //ABC 相转子磁链
volatile  _iq20  flux_ralpha,flux_rbeta;
                                      //转子磁链的 alpha 和 beta 轴分量
volatile  _iq20  flux_ralpha1,flux_rbeta1,flux_rbeta2;
volatile  _iq20  flux_rd,flux_rq;         //转子磁链的 dq 轴分量
volatile  _iq20  phi_s_d,phi_s_q;         //定子磁链的 dq 轴分量
interrupt void ISR_PDPINTA(void);         //PDPINTA 中断子程序,具体程序
                                            见第 3 章"3.5"节
interrupt void ISR_T1CINT(void);          //T1 比较中断子程序
interrupt void ISR_ADC(void);             //AD 采样中断子程序
void Phis_NI_obser(void);                 //电流模型磁链观测
void Select_Sector(void);                 //扇区判断
void Te_bang_bang(void);                  //转矩滞环控制器
void Speed_Te_Given(void);                //转速调节器
void emf_k_fluxr_lookup(void);            //反电动势率和转子磁链查表
//mmmmmmmmmmm 主函数 mmmmmmmmmmmmmmmmmmmmmmmmmmm
```

```
void main(void)
{
    Init_Sys();//系统初始化设置
    EvaRegs.GPTCONA.all=0x0080;          //启动下溢触发 AD 转换
    EvaRegs.T1CON.all |=0x0040;          //启动 T1
    IFR=0x0000;                          //清程序中断标志位
    EINT;                                //开全局中断
    AdcRegs.ADCTRL2.bit.RST_SEQ1=1;      //复位序列发生器 1
    AdcRegs.ADCST.bit.INT_SEQ1_CLR=1;//清除 SEQ1 中断标志位
    IER |=M_INT5;                        //宏定义 M_INT5=0x0010 INT5 中
                                           断 CPU 级中断使能
    while(1)                             //无限循环等待中断
    {
        if(EvbRegs.CAPFIFOB.bit.CAP6FIFO>=1)
        {
            Zero_kCAP6=EvbRegs.CAP6FIFO;
            if(EvbRegs.CAPFIFOB.bit.CAP6FIFO>=1)
            {
                Zero_kCAP6=EvbRegs.CAP6FIFO;
                EvbRegs.CAPFIFOB.bit.CAP6FIFO=0;
                First_run=2;
                Z_Reload_Flag=1;
            }
        }
    }
}
//mmmmmmmmmm 定时器 T1 比较中断服务子程序 mmmmmmmmmm
interrupt void ISR_T1CINT(void)
{
    if(T1P_count>System_Delay_Time)
    {    ;    }
    else
    {        T1P_count++;
        if(T1P_count>System_Delay_Time)
        {        sys_delay_flag=1;          }
    }
//定位在 A 相起动
```

```
    if(sys_delay_flag==1)
    {
        if(Position_Number<30000)          //定位延迟
        {
            Position_Number++;
            EvaRegs.ACTRA.all=0x0999;
            EvaRegs.CMPR1=(6500);
            EvaRegs.CMPR2=(7500);
            EvaRegs.CMPR3=(7500);
        }
        else
        {
            First_run=1;                              //表示电机已经定位
            sys_delay_flag=0;                         //将系统延时标志位清零,
                                                        保证下次不再进行 A 相
                                                        定位
            EvbRegs.T4CON.all |=0x0040;               //T4 开始计数
            EvbRegs.CAPCONB.all     |=0x1000;         //使能捕获 6
            EvbRegs.CAPFIFOB.bit.CAP6FIFO=1;          //第一个 Z 脉冲的下降沿
                                                        就中断
            EvbRegs.EVBIFRC.all &=0x0004;             //清捕获单元 6 中断标志
            EvbRegs.EVBIMRC.bit.CAP6INT=1;            //使能获单元 6 中断
            Zero_kCAP6=EvbRegs.CAP6FIFO;              //将 FIFO 的零位数据读出
            EvbRegs.CAPFIFOB.bit.CAP6FIFO=1;          //清捕获状态
        }
    }
    EvaRegs.EVAIFRA.bit.T1CINT=1;                     //清中断标志位
    PieCtrlRegs.PIEACK.all |=0x2;                     //T1CNT 中断应答
}
//mmmmmmmm ADC 中断子程序 mmmmmmmmmmmmmmmmm
interrupt void ISR_ADC(void)
{
    Current_Voltage_AD();              //电压电流采样-->AD.c 获得 U_DC,iA,iB
    Position_Estimate();               //电机绝对位置估计-->QEP.c 获得 Position
    Speed_Estimate();                  //速度估计-->QEP.c
    theta=_IQ20mpyI32(_IQ20(0.001885),Position);//位置角转成弧度并
                                                  20 定标
```

```
    theta=theta+_IQ20(0.275);   //初始位置角并非反电动势过零点,调整
                                  theta 用来正确查表
    if(theta>_IQ20(6.283185))   //映射到 0~2pi 范围
        theta=theta%_IQ20(6.283185);
    else
        theta=theta;
    Rotor_elec_table=theta;     //查表用的转子位置电角度赋值
    emf_k_fluxr_lookup();       //三相单位反电动势及转子磁链查表
    emfa=_IQ20mpy(emf_ka,Electric_Speed);
                                //乘以速度得到实际的 A 相绕组反电动势
    is_alpha=_IQ20mpy(_IQ20(0.816496),iA)-_IQ20mpy(_IQ20(0.408248),
iB)-_IQ20mpy(_IQ20(0.408248),iC);
                           //恒功率变换计算定子 alpha 轴电流及 beta 轴电流
    is_beta=_IQ20mpy(_IQ20(0.707106),iB)-_IQ20mpy(_IQ20(0.707106),iC);
    Phis_NI_obser();            //电流模型计算定子磁链
    Te=_IQ20mpy((phi_s_alpha-flux_ralpha+emf_kbeta),is_beta)-_
IQ20mpy((phi_s_beta-flux_rbeta-emf_kalpha),is_alpha);
                                //计算一对极电磁转矩
    Te=_IQ20mpy(_IQ20(3),Te);   //乘以 3 计算整个电机电磁转矩
    Speed_Te_Given();           //速度调节器计算转矩给定
    Te_bang_bang();             //转矩滞环控制器
    Select_Sector();            //转子位置扇区判断
    Cmp_off=Cmp_off>>1;
    Cmpvalue=_IQ20mpy(_IQ20(0.5)-Cmp_off,T1_T1PR_dat);
    switch(testN)
    {
        case 5:
            EvaRegs.ACTRA.all=0x0F99;
            EvaRegs.CMPR1=Cmpvalue;
            EvaRegs.CMPR2=(T1_T1PR_dat-Cmpvalue);          //AB 相导通
            break;
    case 2:
        EvaRegs.ACTRA.all=0x0F99;
        EvaRegs.CMPR2=Cmpvalue;
        EvaRegs.CMPR1=(T1_T1PR_dat-Cmpvalue);              //BA 相导通
            break;
        case 1:
```

```
            EvaRegs.ACTRA.all=0x099F;
            EvaRegs.CMPR2=Cmpvalue;
            EvaRegs.CMPR3=(T1_T1PR_dat-Cmpvalue);//BC 相导通
            break;
        case 4:
            EvaRegs.ACTRA.all=0x099F;
            EvaRegs.CMPR3=Cmpvalue;
            EvaRegs.CMPR2=(T1_T1PR_dat-Cmpvalue);//CB 相导通
            break;
        case 3:
            EvaRegs.ACTRA.all=0x09F9;
            EvaRegs.CMPR1=(T1_T1PR_dat-Cmpvalue);
            EvaRegs.CMPR3=Cmpvalue;                    //CA 相导通
            break;
        case 6:
            EvaRegs.ACTRA.all=0x09F9;
            EvaRegs.CMPR3=(T1_T1PR_dat-Cmpvalue);
            EvaRegs.CMPR1=Cmpvalue;                    //AC 相导通
            break;
    }
    EvaRegs.EVAIFRA.all &=0x0400;                      //清除 time1 下溢中
                                                         断标志
    PieCtrlRegs.PIEACK.all |=0x0001;                   //ADC 中断
    AdcRegs.ADCTRL2.bit.RST_SEQ1=1;                    //Reset SEQ1
    AdcRegs.ADCST.bit.INT_SEQ1_CLR=1;                 //Clear INT SEQ1 bit
}
//mmmmmmm 反单位电动势和转子磁链查表 mmmmmmmmmm
void emf_k_fluxr_lookup();//反电动势率和转子磁链查表获得三相反电动势
emf_ka、emf_kb、emf_kc;三相转子磁链 flux_ra、flux_rb、flux_rc
//mmmmmmmm 根据转子磁链判断转子位置扇区 mmmmmmmmmm
void Select_Sector(void)
{
    if(flux_ralpha<0)
    {       flux_ralpha1=(-flux_ralpha);}
    else
    {       flux_ralpha1=flux_ralpha;    }
    if(flux_rbeta<0)
```

```
    {         flux_rbeta1=(-flux_rbeta);     }
    else
    {           flux_rbeta1=flux_rbeta;     }
    flux_rbeta2=_IQmpy(_IQ(1.7320508),flux_rbeta1);
        if(flux_ralpha1>flux_rbeta2)
        {
            if(flux_ralpha>0)
                {                testN=1;    //BC 相     }
            else
                {                testN=4;    //CB 相     }
}
    else if(flux_ralpha>0)
    {
        if(flux_rbeta>0)
            {             testN=2;           //BA     }
        else
{           testN=6;                         //AC     }
}
    else
{
        if(flux_rbeta>0)
            {              testN=3;          //CA     }
        else
            {              testN=5;          //AB     }
    }
}
//mmmmmmmmmmmm 转矩滞环控制器 mmmmmmmmmmmmmmm
void Te_bang_bang(void)
{
    if(Te<Te_Give)
        Cmp_off=_IQ20(1);
    else
        Cmp_off=_IQ20(-1);
}
//mmmmmmmmmm 速度调节器 mmmmmmmmmmmm
void Speed_Te_Given(void)
```

```
{
    Delta_Speed_Now=Mechanism_Speed_Give-Mechanism_Speed;
                                                                        //转速误差
    Te_Give_kp=_IQ20mpy(Delta_Speed_Now,Kp_Speed);                      //比例
    Te_Give_ki+=_IQ20mpy(Delta_Speed_Now,Ki_Speed);                     //积分
    if(Te_Give_ki>Te_Give_ki_Max)                                       //积分限幅
    {       Te_Give_ki=Te_Give_ki_Max;    }
    else if(Te_Give_ki<(-Te_Give_ki_Max))
    {       Te_Give_ki=(-Te_Give_ki_Max);    }
    Te_Give=Te_Give_kp+Te_Give_ki;          //转矩给定=转矩比例+转矩积分
    if(Te_Give>Te_Give_Max)                 //转矩给定限幅
    {       Te_Give=Te_Give_Max;    }
    else if(Te_Give<(-Te_Give_Max))
    {       Te_Give=(-Te_Give_Max);    }
}
//mmmmmmmmmmmmmm 电流模型磁链计算 mmmmmmmmmmmmmmmmm
void Phis_NI_obser(void)                    //电流模型磁链计算
{
    sin_theta=_IQ20sin(theta);              //转子位置角的正余弦
    cos_theta=_IQ20cos(theta);
    flux_ralpha=_IQ20mpy(_IQ20(0.81649658),(flux_ra-_IQ20mpy(_
IQ20(0.5),flux_rb)-_IQ20mpy(_IQ20(0.5),flux_rc)));
                                    //计算转子磁链的 alpha 和 beta 分量
    flux_rbeta=_IQ20mpy(_IQ20(0.70710678),(flux_rb-flux_rc));
    emf_kalpha=_IQ20mpy(_IQ20(0.81649658),(emf_ka-_IQ20mpy(_IQ20
(0.5),emf_kb)-_IQ20mpy(_IQ20(0.5),emf_kc)));
                                //计算单位反电动势的 alpha 和 beta 分量
    emf_kbeta=_IQ20mpy(_IQ20(0.70710678),(emf_kb-emf_kc));
    id=_IQ20mpy(cos_theta,is_alpha)+_IQ20mpy(sin_theta,is_beta);
                                                    //计算定子 dq 电流
    iq=_IQ20mpy(-sin_theta,is_alpha)+_IQ20mpy(cos_theta,is_beta);
    flux_rd=_IQ20mpy(cos_theta,flux_ralpha)+_IQ20mpy(sin_theta,
flux_rbeta);                                        //计算转子 dq 磁链
    flux_rq=_IQ20mpy(-sin_theta,flux_ralpha)+_IQ20mpy(cos_theta,
flux_rbeta);
    phi_s_d=_IQ20mpy(Ld,id)+flux_rd;                //计算定子 dq 磁链
```

```
        phi_s_q=_IQ20mpy(Lq,iq)+flux_rq;
        phi_s_alpha=_IQ20mpy(cos_theta,phi_s_d)-_IQ20mpy(sin_theta,
phi_s_q);                                    //计算定子 alpha 和 beta 磁链
        phi_s_beta=_IQ20mpy(sin_theta,phi_s_d)+_IQ20mpy(cos_theta,phi_
s_q);
    }
```

电机速度给定为 1000r/min、电磁转矩给定为 8N · m，测试的电机稳态运行波形如图 8-42 所示。从波形可见，由于转矩采用了 bang-bang 控制器，实际的电磁转矩及定子电流存在明显 PWM 斩波痕迹，且定子磁链轨迹不恒定；电流为 120°导通模式，且近似为方波。

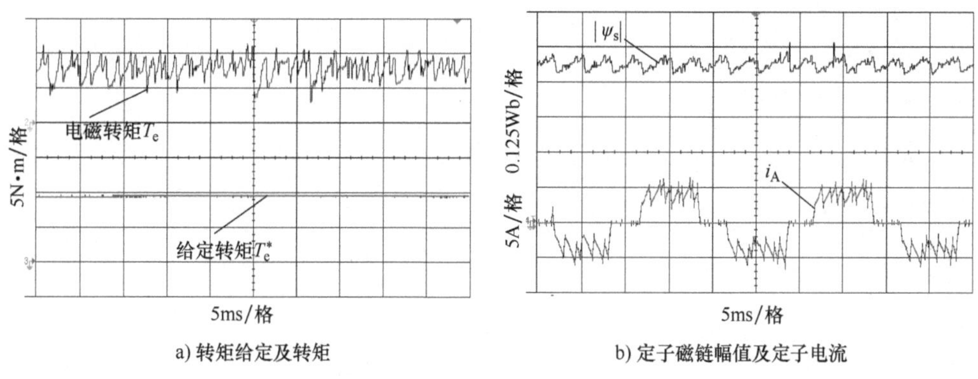

a) 转矩给定及转矩　　b) 定子磁链幅值及定子电流

图 8-42　无刷直流电机 1000r/min、8N · m 稳态运行波形

习题

1. 无刷直流电机控制系统中的逆变器主电路和电枢绕组有哪些类型。

2. 一台高速无刷直流电机，额定电压为 24V，空载转速为 15000r/min，绕组电感为 0. 13mH，相电阻为 1. 1Ω，反电动势系数为 1. 59V/(kr/min)，转矩常数为 15. 14mN · m/A。

1）使用一台控制器供电，计算单相导通运行和双相导通运行时电机输出转矩比和对应的换相周期比。

2）电机的反电动势系数和转矩常数满足什么关系？

3. 试推导无刷直流电机两相导通运行时的状态方程。

4. 一台三相无刷直流电机，额定功率 $P_N=100W$，Y形联结，极对数为 2，相绕组 $R_s=32\Omega$，相绕组 $L=107mH$，理想空载转速 $n_0=5950r/min$ 时测得的相电压为 329V，忽略等效电源内阻。

1）计算电机电磁时间常数和反电动势系数。

2）无刷直流电机采用双相导通运行控制方式，其反电动势系数等于转矩常数，电机在额定转速为 4468r/min 时输出的额定转矩为 0.215N · m 时，试计算逆变器直流侧供电电压幅值。

5. 阐述无刷直流电机两相导通控制工作原理。

6. 从转矩脉动、功率密度、位置传感器角度阐述无刷直流电机与永磁同步电机驱动系统差异。

7. 在 MATLAB/Simulink 中搭建星形绕组无刷直流电机三相导通运行仿真模型。

第 9 章　多相永磁同步电机调速控制

前面章节分析的均是三相电机，若从产生气隙旋转磁场角度而言，定子绕组还可以采用大于三相的多相绕组，从而构成多相交流电机。相对于三相交流电机，多相交流电机具有更多的可控自由度，除了用于控制电机磁场、电磁转矩的 2 个自由度之外，还有多余的自由度需要进行控制；可以利用这些多余自由度实现多相交流电机驱动系统的特殊运行性能，例如绕组缺相不间断运行、负载能力提升运行等。而且，多相交流电机采用多相绕组承担功率，可以允许驱动电路功率开关电流容量更小，或功率开关耐压更低。

实际的多相交流电机的相数有多种，本章选择六相永磁同步电机为例讲解其数学模型、直接转矩控制及矢量控制的简介等。

9.1　六相永磁同步电机数学模型

为了表述多相电机的基本模型及其直接转矩控制原理，本章从磁动势、反电动势正弦波的多相电机入手，并且以六相永磁同步电机为例，重点讲解正弦波的多相电机基本数学模型。为了便于阐述数学模型，建立六相永磁同步电机变量关系示意图如图 9-1 所示。其中符号 u、i、ψ 分别代表电压、电流及磁链，定子侧、转子侧变量分别用下标 s、r 区分；A ~ F 为对称六相绕组轴线，互差 $2\pi/6$ 电角度；$\alpha\beta$ 和 dq 分别为两相静止、两相旋转直角坐标系，其中 α 轴、d 轴分别与 A 相绕组轴线、转子永磁体 N 极方向一致；α 轴和 d 轴之间夹角 θ_r、d 轴和定子磁链 $\boldsymbol{\psi}_s$ 之间夹角 δ 分别称为转子位置角、转矩角；ω_r 为转子旋转电角速度；零序轴系变量用 z 标注。

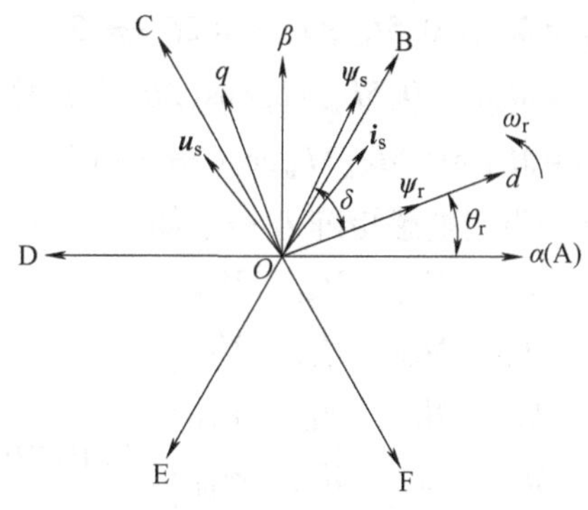

图 9-1　六相永磁同步电机变量关系示意图

9.1.1 静止坐标系数学模型

类似于三相电机各绕组轴线构成的自然坐标系数学模型的推导，结合电机学中的磁场的双反应原理，推导建立定子六相绕组 A~F 的自电感 $L_{AA}\sim L_{FF}$表达式结果如下：

$$\begin{cases}L_{AA}=L_{s\sigma1}+L_{sm}+L_{rs}\cos(2\theta_r)\\L_{BB}=L_{s\sigma1}+L_{sm}+L_{rs}\cos(2\theta_r-2\pi/6)\\L_{CC}=L_{s\sigma1}+L_{sm}+L_{rs}\cos(2\theta_r-4\pi/6)\\L_{DD}=L_{s\sigma1}+L_{sm}+L_{rs}\cos(2\theta_r-6\pi/6)\\L_{EE}=L_{s\sigma1}+L_{sm}+L_{rs}\cos(2\theta_r-8\pi/6)\\L_{FF}=L_{s\sigma1}+L_{sm}+L_{rs}\cos(2\theta_r-10\pi/6)\end{cases}\tag{9-1}$$

式中，$L_{sm}=(L_{dm}+L_{qm})/2, L_{rs}=(L_{dm}-L_{qm})/2, L_{dm}$、$L_{qm}$分别为相绕组轴线与 d 轴、q 轴重合时相绕组自电感中的气隙主电感；$L_{s\sigma1}$为自电感中的漏电感。

同样结合电机学中双反应原理推导建立各相绕组互电感 $M_{ij}(i=A\sim F, j=A\sim F$, 且 $i\neq j)$ 表达式如下：

$$\begin{cases}M_{AB}=M_{BA}=0.5L_{sm}+L_{rs}\cos(2\theta_r-\pi/3)\\M_{AC}=M_{CA}=-0.5L_{sm}+L_{rs}\cos(2\theta_r-2\pi/3)\\M_{AD}=M_{DA}=-L_{sm}+L_{rs}\cos(2\theta_r-3\pi/3)\\M_{AE}=M_{EA}=-0.5L_{sm}+L_{rs}\cos(2\theta_r-4\pi/3)\\M_{AF}=M_{FA}=0.5L_{sm}+L_{rs}\cos(2\theta_r-5\pi/3)\end{cases}\tag{9-2}$$

$$\begin{cases}M_{BC}=M_{CB}=0.5L_{sm}+L_{rs}\cos(2\theta_r-3\pi/3)\\M_{BD}=M_{DB}=-0.5L_{sm}+L_{rs}\cos(2\theta_r-4\pi/3)\\M_{BE}=M_{EB}=-L_{sm}+L_{rs}\cos(2\theta_r-5\pi/3)\\M_{BF}=M_{FB}=-0.5L_{sm}+L_{rs}\cos(2\theta_r-6\pi/3)\end{cases}\tag{9-3}$$

$$\begin{cases}M_{CD}=M_{DC}=0.5L_{sm}+L_{rs}\cos(2\theta_r-5\pi/3)\\M_{CE}=M_{EC}=-0.5L_{sm}+L_{rs}\cos(2\theta_r-6\pi/3)\\M_{CF}=M_{FC}=-L_{sm}+L_{rs}\cos(2\theta_r-\pi/3)\end{cases}\tag{9-4}$$

$$\begin{cases}M_{DE}=M_{ED}=0.5L_{sm}+L_{rs}\cos(2\theta_r-\pi/3)\\M_{DF}=M_{FD}=-0.5L_{sm}+L_{rs}\cos(2\theta_r-2\pi/3)\\M_{EF}=M_{FE}=0.5L_{sm}+L_{rs}\cos(2\theta_r-3\pi/3)\end{cases}\tag{9-5}$$

把式（9-1）~式（9-5）进一步用电感矩阵 $\boldsymbol{L}$ 表示如下：

$$\boldsymbol{L}=\begin{bmatrix}L_{AA}&M_{AB}&M_{AC}&M_{AD}&M_{AE}&M_{AF}\\M_{BA}&L_{BB}&M_{BC}&M_{BD}&M_{BE}&M_{BF}\\M_{CA}&M_{CB}&L_{CC}&M_{CD}&M_{CE}&M_{CF}\\M_{DA}&M_{DB}&M_{DC}&L_{DD}&M_{DE}&M_{DF}\\M_{EA}&M_{EB}&M_{EC}&M_{ED}&L_{EE}&M_{EF}\\M_{FA}&M_{FB}&M_{FC}&M_{FD}&M_{FE}&L_{FF}\end{bmatrix}=L_{s\sigma1}\boldsymbol{I}_6+L_{sm}\boldsymbol{L}_{DC}+L_{rs}\boldsymbol{L}_{AC}\tag{9-6}$$

式中，$\boldsymbol{I}_6$ 为 6×6 的单位矩阵，$\boldsymbol{L}_{DC}$、$\boldsymbol{L}_{AC}$分别为与转子位置无关电感分量系数阵和与转子位置有关电感分量系数阵，分别如下：

$$\boldsymbol{L}_{DC}=\begin{bmatrix} 1 & 0.5 & -0.5 & -1 & -0.5 & 0.5 \\ 0.5 & 1 & 0.5 & -0.5 & -1 & -0.5 \\ -0.5 & 0.5 & 1 & 0.5 & -0.5 & -1 \\ -1 & -0.5 & 0.5 & 1 & 0.5 & -0.5 \\ -0.5 & -1 & -0.5 & 0.5 & 1 & 0.5 \\ 0.5 & -0.5 & -1 & -0.5 & 0.5 & 1 \end{bmatrix} \tag{9-7}$$

$$\boldsymbol{L}_{AC}=\begin{bmatrix} \cos(2\theta_r) & \cos\left(2\theta_r-\frac{\pi}{3}\right) & \cos\left(2\theta_r-\frac{2\pi}{3}\right) & \cos\left(2\theta_r-\frac{3\pi}{3}\right) & \cos\left(2\theta_r-\frac{4\pi}{3}\right) & \cos\left(2\theta_r-\frac{5\pi}{3}\right) \\ \cos\left(2\theta_r-\frac{\pi}{3}\right) & \cos\left(2\theta_r-\frac{2\pi}{3}\right) & \cos\left(2\theta_r-\frac{3\pi}{3}\right) & \cos\left(2\theta_r-\frac{4\pi}{3}\right) & \cos\left(2\theta_r-\frac{5\pi}{3}\right) & \cos(2\theta_r) \\ \cos\left(2\theta_r-\frac{2\pi}{3}\right) & \cos\left(2\theta_r-\frac{3\pi}{3}\right) & \cos\left(2\theta_r-\frac{4\pi}{3}\right) & \cos\left(2\theta_r-\frac{5\pi}{3}\right) & \cos(2\theta_r) & \cos\left(2\theta_r-\frac{\pi}{3}\right) \\ \cos\left(2\theta_r-\frac{3\pi}{3}\right) & \cos\left(2\theta_r-\frac{4\pi}{3}\right) & \cos\left(2\theta_r-\frac{5\pi}{3}\right) & \cos(2\theta_r) & \cos\left(2\theta_r-\frac{\pi}{3}\right) & \cos\left(2\theta_r-\frac{2\pi}{3}\right) \\ \cos\left(2\theta_r-\frac{4\pi}{3}\right) & \cos\left(2\theta_r-\frac{5\pi}{3}\right) & \cos(2\theta_r) & \cos\left(2\theta_r-\frac{\pi}{3}\right) & \cos\left(2\theta_r-\frac{2\pi}{3}\right) & \cos\left(2\theta_r-\frac{3\pi}{3}\right) \\ \cos\left(2\theta_r-\frac{5\pi}{3}\right) & \cos(2\theta_r) & \cos\left(2\theta_r-\frac{\pi}{3}\right) & \cos\left(2\theta_r-\frac{2\pi}{3}\right) & \cos\left(2\theta_r-\frac{3\pi}{3}\right) & \cos\left(2\theta_r-\frac{4\pi}{3}\right) \end{bmatrix} \tag{9-8}$$

把转子上幅值为ψ_f的永磁体磁链分别向 A～F 轴线进行投影，得到 A～F 相绕组耦合的永磁体磁链 ψ_{Af}～ψ_{Ff}分别如下：

$$\begin{cases} \psi_{Af}=\psi_f\cos(\theta_r) \\ \psi_{Bf}=\psi_f\cos(\theta_r-\pi/3) \\ \psi_{Cf}=\psi_f\cos(\theta_r-2\pi/3) \\ \psi_{Df}=\psi_f\cos(\theta_r-3\pi/3) \\ \psi_{Ef}=\psi_f\cos(\theta_r-4\pi/3) \\ \psi_{Ff}=\psi_f\cos(\theta_r-5\pi/3) \end{cases} \tag{9-9}$$

式（9-9）进一步对时间求导数，即可推导出 A～F 相绕组中的反电动势如下：

$$\begin{cases} e_{Af}=-\psi_f\omega_r\sin(\theta_r) \\ e_{Bf}=-\psi_f\omega_r\sin(\theta_r-\pi/3) \\ e_{Cf}=-\psi_f\omega_r\sin(\theta_r-2\pi/3) \\ e_{Df}=-\psi_f\omega_r\sin(\theta_r-3\pi/3) \\ e_{Ef}=-\psi_f\omega_r\sin(\theta_r-4\pi/3) \\ e_{Ff}=-\psi_f\omega_r\sin(\theta_r-5\pi/3) \end{cases} \tag{9-10}$$

根据电机学中磁路耦合原理分析可知定子各相绕组磁链等于自电感磁链、他相对其产生的互电感磁链、永磁体耦合磁链之和，而绕组电流产生的自电感磁链及互电感磁链可以用上述推导的电感与电流的乘积表示。所以，A~F 相绕组磁链 $\psi_{sA}\sim\psi_{sF}$ 数学模型建立结果如下：

$$\begin{bmatrix}\psi_{sA}\\\psi_{sB}\\\psi_{sC}\\\psi_{sD}\\\psi_{sE}\\\psi_{sF}\end{bmatrix}=\boldsymbol{L}\begin{bmatrix}i_{sA}\\i_{sB}\\i_{sC}\\i_{sD}\\i_{sE}\\i_{sF}\end{bmatrix}+\begin{bmatrix}\psi_{Af}\\\psi_{Bf}\\\psi_{Cf}\\\psi_{Df}\\\psi_{Ef}\\\psi_{Ff}\end{bmatrix} \tag{9-11}$$

绕组电阻压降、绕组感应电动势之和与绕组端电压 $u_{sA}\sim u_{sF}$ 相平衡，从而建立绕组 A~F 电压平衡方程式如下：

$$\begin{bmatrix}u_{sA}\\u_{sB}\\u_{sC}\\u_{sD}\\u_{sE}\\u_{sF}\end{bmatrix}=R_s\begin{bmatrix}i_{sA}\\i_{sB}\\i_{sC}\\i_{sD}\\i_{sE}\\i_{sF}\end{bmatrix}+\frac{\mathrm{d}}{\mathrm{d}t}\begin{bmatrix}\psi_{sA}\\\psi_{sB}\\\psi_{sC}\\\psi_{sD}\\\psi_{sE}\\\psi_{sF}\end{bmatrix} \tag{9-12}$$

式中，R_s 为定子相绕组电阻。

为了推导电磁转矩表达式，需建立多相电机的磁共能表达式。假设，电机磁路为线性磁路，则六相永磁同步电机的磁共能 W'_m 如下：

$$\begin{aligned}W'_m&=\frac{1}{2}\boldsymbol{i}_s^{\mathrm{T}}\boldsymbol{L}\boldsymbol{i}_s+\boldsymbol{i}_s^{\mathrm{T}}\boldsymbol{\psi}_r\\&=\frac{1}{2}\boldsymbol{i}_s^{\mathrm{T}}(L_{s\sigma1}I_6+L_{sm}\boldsymbol{L}_{DC}+L_{rs}\boldsymbol{L}_{AC})\boldsymbol{i}_s+\boldsymbol{i}_s^{\mathrm{T}}\boldsymbol{\psi}_r\end{aligned} \tag{9-13}$$

式中，$\boldsymbol{i}_s=[i_{sA}\quad i_{sB}\quad i_{sC}\quad i_{sD}\quad i_{sE}\quad i_{sF}]^{\mathrm{T}}$、$\boldsymbol{\psi}_r=[\psi_{Af}\quad \psi_{Bf}\quad \psi_{Cf}\quad \psi_{Df}\quad \psi_{Ef}\quad \psi_{Ff}]^{\mathrm{T}}$ 分别为定子电流及相绕组耦合永磁体磁链列矢量。式（9-13）两边对转子位置角的机械角求偏微分得电磁转矩 T_e 如下：

$$T_e=\frac{\partial W'_m}{\partial(\theta_r/n_p)}=n_p\left(\frac{1}{2}\boldsymbol{i}_s^{\mathrm{T}}L_{rs}\frac{\partial\boldsymbol{L}_{AC}}{\partial\theta_r}\boldsymbol{i}_s+\boldsymbol{i}_s^{\mathrm{T}}\frac{\partial\boldsymbol{\psi}_r}{\partial\theta_r}\right) \tag{9-14}$$

由式（9-6）、式（9-9）和式（9-14）可见，自然坐标系中电磁转矩与转子位置角有关，是时变参数变量；若电机凸极现象不严重，则 L_{rs} 较小，磁路凸极现象带来的电磁转矩较小，电磁转矩主要由永磁体磁场与定子电流相互作用结果构成。

与传统的三相电机类似，当已知负载转矩 T_L、传动链转动惯量 J 情况下，存在如下的运动方程式：

$$T_e-T_L=\frac{J}{n_p}\frac{\mathrm{d}\omega_r}{\mathrm{d}t}=\frac{J}{n_p}\frac{\mathrm{d}^2\theta_r}{\mathrm{d}t^2} \tag{9-15}$$

以上建立了 A~F 相自然坐标系下的完整的电机数学模型，该数学模型把实际电机相绕组电路和磁链有机地联系在一起，是一种多变量、强耦合、高阶、非线性的数学模型，不利于电机电磁转矩及磁场的瞬时控制策略的建立，必须进行简化、解耦处理。为此，可以类似于三相交流电机采用坐标变换方法，选择一个 $\boldsymbol{T}_6$ 变换矩阵把实际电机模型映射到 $\alpha\beta$ 机电能量转换平面和 $z1\sim z4$ 零序轴系上，所采用的变换矩阵 $\boldsymbol{T}_6$ 如下，该变换同时遵循了变换前后系统功率不变原则。

$$\boldsymbol{T}_6=\frac{1}{\sqrt{3}}\begin{bmatrix} 1 & 0.5 & -0.5 & -1 & -0.5 & 0.5 \\ 0 & 0.5\sqrt{3} & 0.5\sqrt{3} & 0 & -0.5\sqrt{3} & -0.5\sqrt{3} \\ 1 & -0.5 & -0.5 & 1 & -0.5 & -0.5 \\ 0 & 0.5\sqrt{3} & -0.5\sqrt{3} & 0 & 0.5\sqrt{3} & -0.5\sqrt{3} \\ 0.5\sqrt{2} & 0.5\sqrt{2} & 0.5\sqrt{2} & 0.5\sqrt{2} & 0.5\sqrt{2} & 0.5\sqrt{2} \\ 0.5\sqrt{2} & -0.5\sqrt{2} & 0.5\sqrt{2} & -0.5\sqrt{2} & 0.5\sqrt{2} & -0.5\sqrt{2} \end{bmatrix} \tag{9-16}$$

式（9-11）两边同时左乘 $\boldsymbol{T}_6$ 变换阵，得到 $\alpha\beta z1\sim z4$ 轴系下的定子磁链表达式如下：

$$\begin{bmatrix} \boldsymbol{\psi}_s \\ \boldsymbol{\psi}_z \end{bmatrix}=\begin{bmatrix} \boldsymbol{L}_{\theta_r} & 0 \\ 0 & \boldsymbol{L}_z \end{bmatrix}\begin{bmatrix} \boldsymbol{i}_{s\alpha\beta} \\ \boldsymbol{i}_z \end{bmatrix}+\begin{bmatrix} \boldsymbol{\psi}_{r\alpha\beta} \\ 0 \end{bmatrix} \tag{9-17}$$

式中，$\boldsymbol{i}_{s\alpha\beta}=[\,i_{s\alpha}\quad i_{s\beta}\,]^{T}$、$\boldsymbol{\psi}_{r\alpha\beta}=[\,\psi_{r\alpha}\quad \psi_{r\beta}\,]^{T}$、$\boldsymbol{i}_z=[\,i_{sz1}\quad i_{sz2}\quad i_{sz3}\quad i_{sz4}\,]^{T}$、$\boldsymbol{\psi}_s=[\,\psi_{s\alpha}\quad \psi_{s\beta}\,]^{T}$、$\boldsymbol{\psi}_z=[\,\psi_{sz1}\quad \psi_{sz2}\quad \psi_{sz3}\quad \psi_{sz4}\,]^{T}$，其中 $\psi_{r\alpha}=\sqrt{3}\psi_f\cos\theta_r$、$\psi_{r\beta}=\sqrt{3}\psi_f\sin\theta_r$ 分别为转子永磁磁链在 $\alpha\beta$ 轴上的投影；$\boldsymbol{L}_{\theta_r}$、$\boldsymbol{L}_z$ 分别如下：

$$\boldsymbol{L}_{\theta_r}=\begin{bmatrix} L_{s\sigma1}+3L_{sm}+3L_{rs}\cos(2\theta_r) & 3L_{rs}\sin(2\theta_r) \\ 3L_{rs}\sin(2\theta_r) & L_{s\sigma1}+3L_{sm}-3L_{rs}\cos(2\theta_r) \end{bmatrix} \tag{9-18}$$

$$\boldsymbol{L}_z=L_{s\sigma1}\begin{bmatrix} 1 & 0 & 0 \\ 0 & 1 & 0 \\ 0 & 0 & 1 \end{bmatrix} \tag{9-19}$$

式（9-12）两边同时左乘 $\boldsymbol{T}_6$ 变换阵，得到 $\alpha\beta z1\sim z4$ 轴系下的定子电压表达式如下：

$$\begin{bmatrix} \boldsymbol{u}_s \\ \boldsymbol{u}_z \end{bmatrix}=R_s\begin{bmatrix} \boldsymbol{i}_s \\ \boldsymbol{i}_z \end{bmatrix}+\frac{d}{dt}\begin{bmatrix} \boldsymbol{\psi}_s \\ \boldsymbol{\psi}_z \end{bmatrix} \tag{9-20}$$

式中，$\boldsymbol{u}_s=[\,u_{s\alpha}\quad u_{s\beta}\,]^{T}$，$\boldsymbol{u}_z=[\,u_{sz1}\quad u_{sz2}\quad u_{sz3}\quad u_{sz4}\,]^{T}$。

考虑磁路线性情况下，电机的磁共能如下：

$$\begin{aligned} W'_m&=\frac{1}{2}\begin{bmatrix} \boldsymbol{i}_{s\alpha\beta} \\ \boldsymbol{i}_z \end{bmatrix}^{T}\begin{bmatrix} \boldsymbol{L}_{\theta_r} & 0 \\ 0 & \boldsymbol{L}_z \end{bmatrix}\begin{bmatrix} \boldsymbol{i}_{s\alpha\beta} \\ \boldsymbol{i}_z \end{bmatrix}+\begin{bmatrix} \boldsymbol{i}_{s\alpha\beta} \\ \boldsymbol{i}_z \end{bmatrix}^{T}\begin{bmatrix} \boldsymbol{\psi}_{r\alpha\beta} \\ 0 \end{bmatrix} \\ &=\frac{1}{2}(\boldsymbol{i}_{s\alpha\beta}^{T}\boldsymbol{L}_{\theta_r}\boldsymbol{i}_{s\alpha\beta}+\boldsymbol{i}_z^{T}\boldsymbol{L}_z\boldsymbol{i}_z)+\boldsymbol{i}_{s\alpha\beta}^{T}\boldsymbol{\psi}_{r\alpha\beta} \end{aligned} \tag{9-21}$$

式（9-21）磁共能表达式对转子位置机械角度求偏导数得电磁转矩如下：

$$T_e=n_p(\psi_{s\alpha}i_{s\beta}-\psi_{s\beta}i_{s\alpha}) \tag{9-22}$$

从式（9-22）可见，正弦波六相对称绕组永磁同步电机机电能量转换处于 $\alpha\beta$ 平面上，电磁转矩是该平面上的定子磁链矢量与定子电流矢量的叉乘；而由式（9-20）进一步可见，$\alpha\beta$ 平面上定子磁链与该平面上的定子电压、定子电流有关，若忽略定子电阻压降，则 $\alpha\beta$ 平面上定子磁链直接由该平面定子电压控制。零序轴系不参与机电能量转换，其回路通过定子电阻、漏电感构成。

9.1.2 旋转坐标系数学模型

为了进一步简化机电能量转换平面数学模型，结合图 9-1 中 $\alpha\beta$ 坐标与 dq 坐标之间关系，采用如下形式的 $\alpha\beta$ 平面向 dq 平面的变换矩阵 $\boldsymbol{T}(\theta_{\rm r})$：

$$\boldsymbol{T}(\theta_{\rm r})=\begin{bmatrix}\cos\theta_{\rm r} & \sin\theta_{\rm r}\\ -\sin\theta_{\rm r} & \cos\theta_{\rm r}\end{bmatrix} \tag{9-23}$$

式（9-17）中 $\boldsymbol{\psi}_{\rm s}$表达式左右两边同乘 $\boldsymbol{T}(\theta_{\rm r})$ 变换矩阵，得 dq 坐标系定子磁链如下：

$$\begin{bmatrix}\psi_{\rm sd}\\ \psi_{\rm sq}\end{bmatrix}=\begin{bmatrix}L_{\rm d} & 0\\ 0 & L_{\rm q}\end{bmatrix}\begin{bmatrix}i_{\rm sd}\\ i_{\rm sq}\end{bmatrix}+\begin{bmatrix}\sqrt{3}\psi_{\rm f}\\ 0\end{bmatrix} \tag{9-24}$$

式中，dq 轴电感 $L_{\rm d}=L_{\rm s\sigma1}+3(L_{\rm sm}+L_{\rm rs})$、$L_{\rm q}=L_{\rm s\sigma1}+3(L_{\rm sm}-L_{\rm rs})$

同理，根据式（9-20）中 $\alpha\beta$ 平面电压方程，推导出 dq 平面定子电压平衡方程式如下：

$$\begin{bmatrix}u_{\rm sd}\\ u_{\rm sq}\end{bmatrix}=R_{\rm s}\begin{bmatrix}i_{\rm sd}\\ i_{\rm sq}\end{bmatrix}+\frac{\rm d}{{\rm d}t}\begin{bmatrix}\psi_{\rm sd}\\ \psi_{\rm sq}\end{bmatrix}+\begin{bmatrix}0 & -\omega_{\rm r}\\ \omega_{\rm r} & 0\end{bmatrix}\begin{bmatrix}\psi_{\rm sd}\\ \psi_{\rm sq}\end{bmatrix} \tag{9-25}$$

利用式（9-23），把式（9-22）电磁转矩旋转变换至 dq 平面上：

$$T_{\rm e}=n_{\rm p}(\psi_{\rm sd}i_{\rm sq}-\psi_{\rm sq}i_{\rm sd}) \tag{9-26}$$

9.1.3 零序轴系数学模型

从上述静止坐标系数学模型分析可见，零序轴系不参与机电能量转换，每一个零序轴系电压、电流、磁链关系如下：

$$u_{{\rm sz}n}=R_{\rm s}i_{{\rm sz}n}+\frac{{\rm d}\psi_{{\rm sz}n}}{{\rm d}t} \tag{9-27}$$

$$\psi_{{\rm sz}n}=L_{\rm s\sigma1}i_{{\rm sz}n} \tag{9-28}$$

其中，$n=1\sim4$。由此可见，每一个零序轴系等效为一个定子电阻、定子漏电感串联的阻感回路。虽然，零序轴系不参与机电能量转换，但零序电流会引起定子电流畸变，从而影响电机效率的提高。所以，在实现多相电机控制过程中，需要采用合适的零序轴系变量控制策略，从而导致多相电机控制明显比三相电机复杂得多。

9.2 六相永磁同步电机直接转矩控制策略

9.2.1 转矩角对转矩的控制

由式（9-24），进一步推导 dq 平面电流表达式如下：

$$\begin{cases}i_{\rm sd}=(\psi_{\rm sd}-\sqrt{3}\psi_{\rm f})/L_{\rm d}\\ i_{\rm sq}=\psi_{\rm sq}/L_{\rm q}\end{cases} \tag{9-29}$$

根据图 9-1 变量关系示意图可得：

$$\begin{cases}\psi_{\rm sd}=|\boldsymbol{\psi}_{\rm s}|\cos\delta\\ \psi_{\rm sq}=|\boldsymbol{\psi}_{\rm s}|\sin\delta\end{cases} \tag{9-30}$$

这样，把式（9-29）和式（9-30）代入式（9-26）中，可以建立电磁转矩与定子磁链幅值、永磁体磁链幅值及转矩角关系如下：

$$T_e = n_p \frac{\sqrt{3}}{L_d} |\boldsymbol{\psi}_s| \psi_f \sin\delta + \frac{1}{2} n_p |\boldsymbol{\psi}_s|^2 \left(\frac{1}{L_q} - \frac{1}{L_d}\right) \sin 2\delta \tag{9-31}$$

式（9-31）表达形式与三相电机一样，在定子磁链幅值 $|\boldsymbol{\psi}_s|$ 控制恒定情况下，通过转矩角 δ 的控制即可实现电磁转矩的直接控制。为了实现转矩角最大值范围内，转矩角对电磁转矩的正向控制，要求：

$$\left.\frac{\partial T_e}{\partial \delta}\right|_{\delta=0} = |\boldsymbol{\psi}_s| n_p \left(\frac{\sqrt{3}}{L_d} \psi_f + |\boldsymbol{\psi}_s| \left(\frac{1}{L_q} - \frac{1}{L_d}\right)\right) \geqslant 0 \tag{9-32}$$

所以定子磁链幅值 $|\boldsymbol{\psi}_s|$ 给定时必须满足：

$$\begin{cases} |\boldsymbol{\psi}_s| \leqslant \dfrac{L_q}{L_q - L_d} \sqrt{3} \psi_f, L_q > L_d \\ |\boldsymbol{\psi}_s| \text{任意正值}, L_q < L_d \end{cases} \tag{9-33}$$

9.2.2　逆变器电压矢量的选择及最优开关矢量表的建立

六相对称绕组永磁同步电机与六相逆变器之间的连接示意图如图 9-2 所示，每一桥臂上下功率开关互补导通，各一个桥臂功率管开关状态用开关状态变量 $S_i(i=\mathrm{a}\sim\mathrm{f})$ 表示，当上桥臂功率管开通、下桥臂功率管关断时 $S_i=1$；反之，当上桥臂功率管关断、下桥臂功率管开通时 $S_i=0$。逆变器功率开关组合 $S_aS_bS_cS_dS_eS_f=000000\sim111111$，共计有 $2^6=64$ 种，对应 64 个电压矢量。

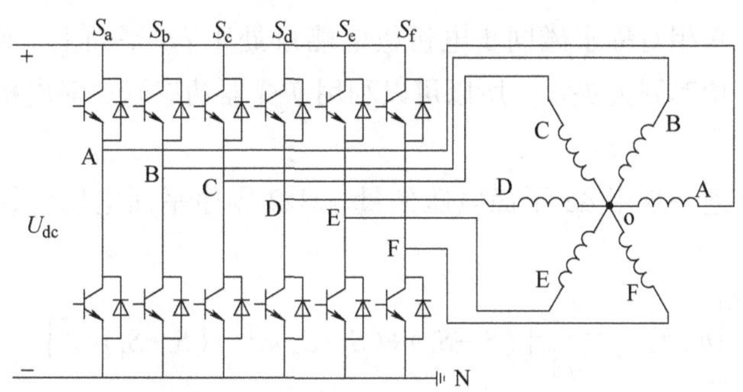

图 9-2　六相对称绕组永磁同步电机与六相逆变器之间的连接示意图

根据图 9-2 电机与逆变桥臂之间的连接关系，电机各相绕组相电压 $u_{si}(i=\mathrm{A}\sim\mathrm{F})$ 等于对应相绕组端点与直流母线负端 N 之间电压 $U_{dc}S_{si}(i=\mathrm{a}\sim\mathrm{f})$、N 与绕组中心点 O 之间电压 u_{NO} 的和，具体数学关系如下：

$$\begin{bmatrix} u_{sA} \\ u_{sB} \\ u_{sC} \\ u_{sD} \\ u_{sE} \\ u_{sF} \end{bmatrix} = U_{dc} \begin{bmatrix} S_a \\ S_b \\ S_c \\ S_d \\ S_e \\ S_f \end{bmatrix} + u_{NO} \begin{bmatrix} 1 \\ 1 \\ 1 \\ 1 \\ 1 \\ 1 \end{bmatrix} \tag{9-34}$$

式中，U_{dc}为直流母线电压。

由于六相绕组对称，所以六相相电压之和等于0，即：

$$\sum_{i=A}^{F} u_{si}=0 \tag{9-35}$$

联立式（9-34）和式（9-35）可得：

$$u_{NO}=-\frac{1}{6}U_{dc}\sum_{i=a}^{f} S_i \tag{9-36}$$

把式（9-36）代入式（9-34）中，并把式（9-34）左乘$\boldsymbol{T}_6$矩阵得逆变器在$\alpha\beta z1\sim z4$轴系上输出电压：

$$\begin{bmatrix} u_{s\alpha} \\ u_{s\beta} \\ u_{sz1} \\ u_{sz2} \\ u_{sz3} \\ u_{sz4} \end{bmatrix}=\frac{U_{dc}}{\sqrt{3}}\begin{bmatrix} S_a+0.5S_b-0.5S_c-S_d-0.5S_e+0.5S_f \\ 0.5\sqrt{3}S_b+0.5\sqrt{3}S_c-0.5\sqrt{3}S_e-0.5\sqrt{3}S_f \\ S_a-0.5S_b-0.5S_c+S_d-0.5S_e-0.5S_f \\ 0.5\sqrt{3}S_b-0.5\sqrt{3}S_c+0.5\sqrt{3}S_e-0.5\sqrt{3}S_f \\ 0 \\ 0.5\sqrt{2}(S_a-S_b+S_c-S_d+S_e-S_f) \end{bmatrix} \tag{9-37}$$

从式（9-37）逆变器在各轴系上输出电压表达式可见零序电压u_{sz3}自然等于零，对应的零序回路电流也自然等于零，这种现象是绕组对称特性、非开绕组连接的结果；零序电压u_{sz1}、u_{sz2}、u_{sz4}三个分量与开关状态直接相关，也决定了各自零序回路变量可以借助于逆变器的功率开关来控制；六相对称永磁同步电机机电能量处于$\alpha\beta$平面上，而$\alpha\beta$平面上逆变器输出电压矢量直接由功率开关决定，所以可以利用逆变器功率开关对电机的机电能量转换过程进行控制。

式（9-37）可以进一步用$\alpha\beta$平面电压矢量、$z1z2$零序平面电压矢量、$z3z4$零序轴系电压表示如下：

$$\begin{cases} u_{s\alpha}+\mathrm{j}u_{s\beta}=\dfrac{U_{dc}}{\sqrt{3}}\left[(S_a-S_d)+(S_b-S_e)\mathrm{e}^{\mathrm{j}\frac{\pi}{3}}+(S_c-S_f)\mathrm{e}^{\mathrm{j}\frac{2\pi}{3}}\right] \\ u_{sz1}+\mathrm{j}u_{sz2}=\dfrac{U_{dc}}{\sqrt{3}}\left[(S_a+S_d)+(S_b+S_e)\mathrm{e}^{\mathrm{j}\frac{2\pi}{3}}+(S_c+S_f)\mathrm{e}^{\mathrm{j}\frac{4\pi}{3}}\right] \\ u_{sz3}=0 \\ u_{sz4}=\dfrac{U_{dc}}{\sqrt{6}}(S_a-S_b+S_c-S_d+S_e-S_f) \end{cases} \tag{9-38}$$

根据式（9-17）零序磁链、零序电流关系及式（9-20）零序电压、零序电流、零序磁链的关系，零序回路可以表示为图9-3，其中第三个零序回路端电压等于0；零序回路仅由电机的漏电感和相绕组电阻串联而成，对电机的机电能量转换没有贡献；若要完全消除对应零序回路电流，只需在对应零序回路端部施加0电压即可，据此及式（9-38）零序电压表达式进一步求解对应的功率开关组合约束条件如下：

$$\begin{cases}2S_a-S_b-S_c+2S_d-S_e-S_f=0\\S_b-S_c+S_e-S_f=0\\S_a-S_b+S_c-S_d+S_e-S_f=0\end{cases} \tag{9-39}$$

显然，64 种开关组合中只有一半的电压矢量才满足消除零序电流之目的。所以，机电能量转换平面控制与零序电流轴系控制相互制约；另外，开关组合即使满足了式（9-39），但由于逆变器的开关非线性过渡过程、逆变器死区效应等实际情况，在功率管开关动作过程中，实际逆变器开关状态也很难满足式（9-39）约束条件，这就给零序回路变量的有效控制带来了挑战。

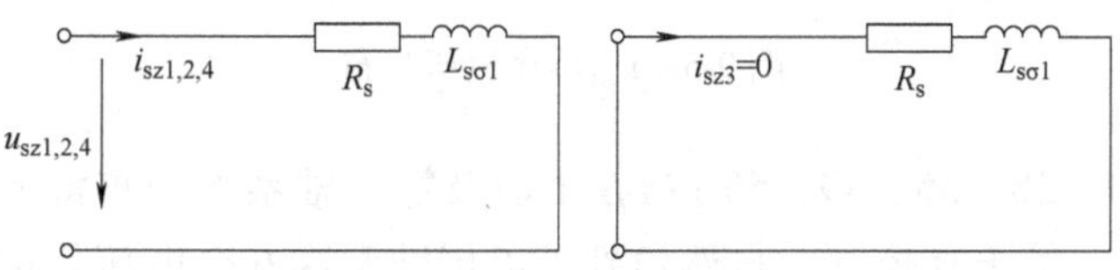

图 9-3　六相对称绕组永磁同步电机四个零序回路

根据式（9-38）可以画出 $\alpha\beta$ 平面电压矢量、$z1z2$ 零序平面电压矢量分布如图 9-4 所示。其中，矢量编号是六个逆变桥臂开关状态组合 $S_aS_bS_cS_dS_eS_f$的十进制值。$\alpha\beta$ 平面电压矢量长度有三种：$2U_{dc}/\sqrt{3}$、U_{dc}、$U_{dc}/\sqrt{3}$。

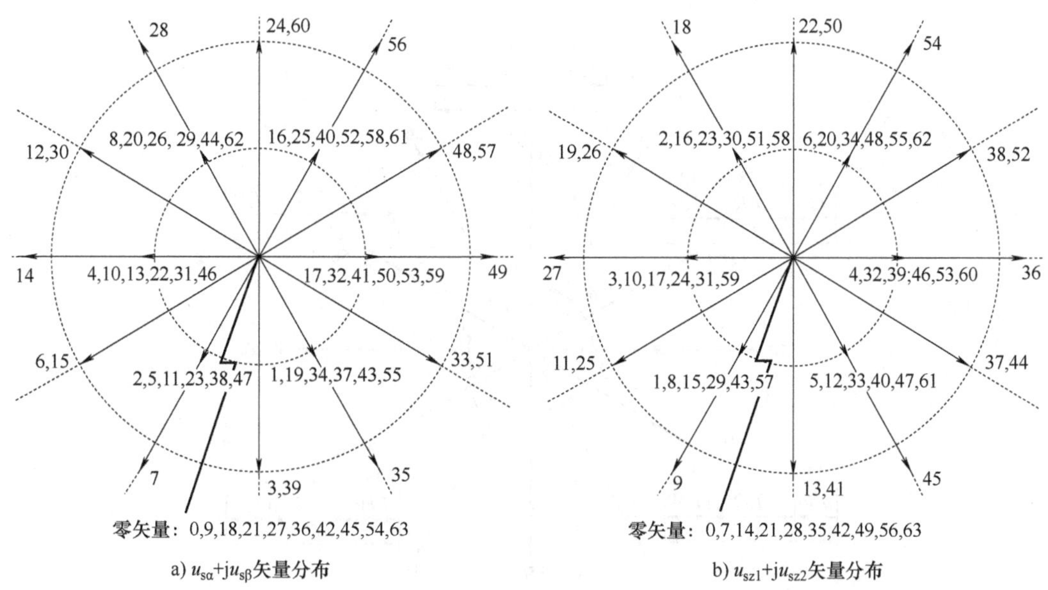

图 9-4　电压矢量分布图

从图 9-4 电压矢量分布可见，$\alpha\beta$ 平面零电压矢量是 0、9、18、21、27、36、42、45、54、63；$z1z2$ 零序平面零电压矢量是 0、7、14、21、28、35、42、49、56、63。其中，电压矢量 0、21、42、63 矢量在两个平面上均为 0 电压矢量。为了实现零序电流 i_{sz1}、i_{sz2} 为零控制效果，又兼顾机电能量转换平面的控制，零序平面上可选择的非零电压矢量只能为 7、14、28、35、49、56，并且这六个非零电压矢量开关组合自然满足式（9-39）前两个约束条件，但不满足式（9-39）最后一个约束条件，即对应 u_{sz4} 零序电压不等于 0。7、14、28、35、49、56 矢量对应 u_{sz4} 零序电压分布如图 9-5 所示，可见 7、28、49 的 u_{sz4} 零序电压大小均为 $-U_{dc}/\sqrt{6}$，14、35、56 的 u_{sz4} 零序电压大小均为 $U_{dc}/\sqrt{6}$。7、14、28、35、49、56 在 $\alpha\beta$ 平面上长度最长，均为 $2U_{dc}/\sqrt{3}$，且依次相隔 60°电角度。

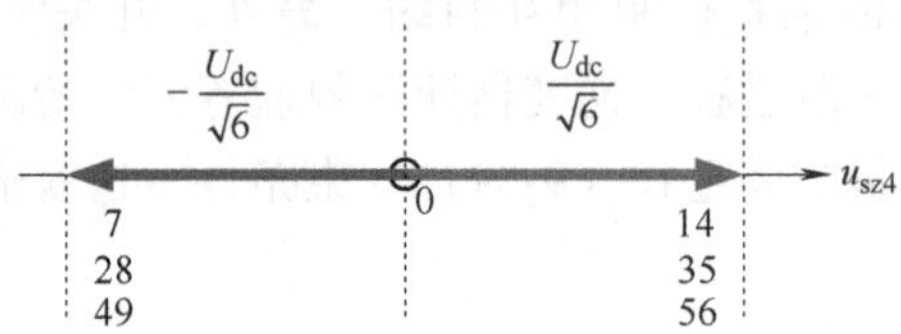

图 9-5　u_{sz4} 零序电压分布

从以上对 7、14、28、35、49、56 在 $\alpha\beta$ 平面及零序轴系上分布特征分析可见，为了进一步实现零序电流 i_{sz4} 等于 0 控制，自然想到可以借助于这 6 个电压矢量相邻 2 个电压矢量合成新电压矢量，且参与合成的两个电压矢量作用等时间长度，这样参与合成的两个电压矢量开关组合在 z4 轴上的 u_{sz4} 极性相反，等时间合成的 u_{sz4} 平均值等于 0。所以，理想情况下，合成电压矢量在一个数字控制内作用于电机引起的 i_{sz4} 平均值等于 0。利用 7、14、28、56、49、35 在 $\alpha\beta$ 平面上合成电压矢量分布及作用的顺序如图 9-6 所示。T_s 为数字控制周期。其中，56/49、56/28、14/28、14/7、35/7、35/49 为合成电压矢量。

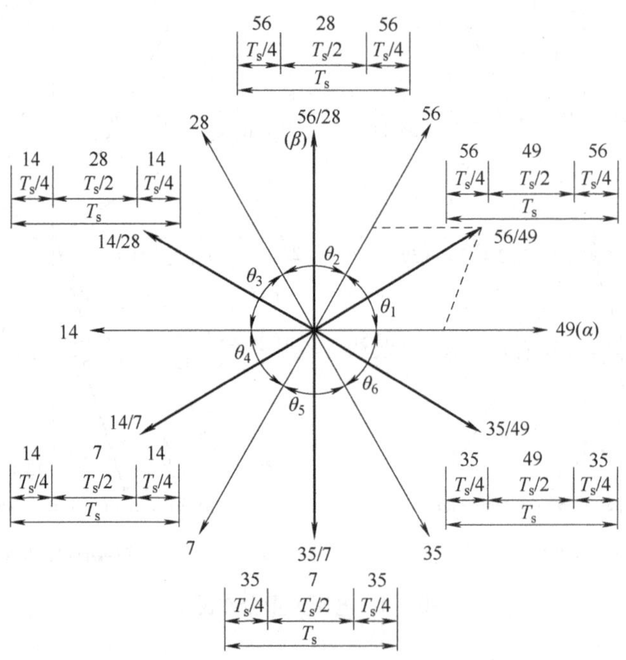

图 9-6　电压矢量合成分布及其作用顺序

新合成的电压矢量等长度，且相互间隔 60°电角度。根据电压矢量合成过程，可以推导出合成电压矢量长度 $|\boldsymbol{u}_h|$ 如下：

$$|\boldsymbol{u}_{\mathrm{h}}| = \frac{(0.5\times 2U_{\mathrm{dc}}/\sqrt{3})\sin 60°}{\sin 30°} = U_{\mathrm{dc}} \tag{9-40}$$

为了便于利用合成电压矢量实现电磁转矩及定子磁链的控制，把 $\alpha\beta$ 平面划分为 6 个扇区 $\theta_1 \sim \theta_6$ 如图 9-6 所示。类似于三相电机构建最优开关矢量表来构建六相对称绕组永磁同步电机直接转矩控制策略的最优开环矢量表。

为了根据转矩及定子磁链误差，正确控制电磁转矩、定子磁链幅值增减及减小转矩脉动，除了采用上述的六个合成电压矢量外，同时选择 0、63 两个零电压矢量参与控制电磁转矩及定子磁链。具体构建的最优开关矢量表见表 9-1 所示。

表 9-1 六相对称绕组永磁同步电机 DTC 最优开关矢量表

ϕ	τ	θ_1	θ_2	θ_3	θ_4	θ_5	θ_6
$\phi=1$	$\tau=1$	56/28	14/28	14/7	35/7	35/49	56/49
	$\tau=0$	0 或 63	0 或 63	0 或 63	0 或 63	0 或 63	0 或 63
	$\tau=-1$	35/49	56/49	56/28	14/28	14/7	35/7
$\phi=-1$	$\tau=1$	14/28	14/7	35/7	35/49	56/49	56/28
	$\tau=0$	0 或 63	0 或 63	0 或 63	0 或 63	0 或 63	0 或 63
	$\tau=-1$	35/7	35/49	56/49	56/28	14/28	14/7

其中，ϕ 及 τ 分别是磁链滞环比较器、转矩滞环比较器的输出，两个比较器的输入、输出特性与三相电机 DTC 中一样，典型的构成方式如下：

$$\phi = \begin{cases} 1: |\boldsymbol{\psi}_{\mathrm{s}}^*| - |\boldsymbol{\psi}_{\mathrm{s}}| > 0 \\ -1: |\boldsymbol{\psi}_{\mathrm{s}}^*| - |\boldsymbol{\psi}_{\mathrm{s}}| < 0 \end{cases} \tag{9-41}$$

$$\tau = \begin{cases} 1: T_{\mathrm{e}}^* - T_{\mathrm{e}} > +\Delta T_{\mathrm{e}} \\ 0: |T_{\mathrm{e}}^* - T_{\mathrm{e}}| \leqslant \Delta T_{\mathrm{e}} \\ -1: T_{\mathrm{e}}^* - T_{\mathrm{e}} < -\Delta T_{\mathrm{e}} \end{cases} \tag{9-42}$$

式中，ΔT_{e}为电磁转矩滞环比较器允许的误差带；$|\boldsymbol{\psi}_{\mathrm{s}}^*|$、$T_{\mathrm{e}}^*$ 分别为定子磁链、电磁转矩给定值；

为了实现电磁转矩及定子磁链幅值的正确控制，首先判断定子磁链矢量 $\boldsymbol{\psi}_{\mathrm{s}}$所处扇区；从六个非零电压矢量中，扣除被 $\boldsymbol{\psi}_{\mathrm{s}}$所处扇区包围的电压矢量及反向电压矢量；利用剩余的 4 个非零电压矢量及 0、63 两个零电压矢量进行电磁转矩及定子磁链幅值的控制；把非零电压矢量在定子磁链定向坐标系 xy 中进行分解，获得对应轴系分量 u_{sx}和 u_{sy}。若 $u_{\mathrm{sx}}>0$，则电压矢量作用结果使得定子磁链幅值增大；反之，$u_{\mathrm{sx}}<0$ 则电压矢量作用结果使得定子磁链幅值减小。若 $u_{\mathrm{sy}}>0$，则电压矢量作用结果使得电磁转矩增大；反之，$u_{\mathrm{sy}}<0$ 则电压矢量作用结果使得电磁转矩减小。例如，当定子磁链处于第一扇区 θ_1 时，选择 56/28、14/28、35/7、35/49 四个非零合成电压矢量及 0、63 两个零电压矢量对电磁转矩及定子磁链幅值进行控制，非零合成电压矢量控制结果如图 9-7 所示。

图中，“↑”和“↓”分别表示电压矢量作用后，变量增大及减小。例如，合成电压矢量 56/28 对应的 $u_{\mathrm{sx}}>0$、$u_{\mathrm{sy}}>0$，所以其作用结果使得定子磁链幅值、电磁转矩均增大；合成矢量 14/28 对应的 $u_{sx}<0$、$u_{sy}>0$，所以其作用结果使得定子磁链幅值、电磁转矩分别减小和增大；合成矢量 35/7 与和合成矢量 56/28 方向相反，所以其作用结果使得定子磁链幅值、电磁转矩均减小；合成矢量 35/49 与合成矢量 14/28 方向相反，所以其作用结果使得定子磁链幅值、电磁转矩分别增大和减小。当 $\tau=0$，即表示电磁转矩误差较小时，为了减小稳态时转矩脉动，选择零电压矢量 0 或 63 作用于电机，具体是选哪一个视同一扇区内开关次数最少原则确定。例如在第一扇区合成电压矢量由 56/28 转换至 35/49 对应六相逆变桥开关状态变化如图 9-8 所示。可见插入 0 电压矢量和 63 电压矢量带来的开关状态变化均是 6 次，所以选择 0 电压矢量或 63 电压矢量满足开关次数最少原则。同样分析其他情况，获得相同的开关次数均为 6 次的结论。所以，在表 9-1 中所有的零电压矢量可以选择 0 电压矢量或 63 电压矢量。

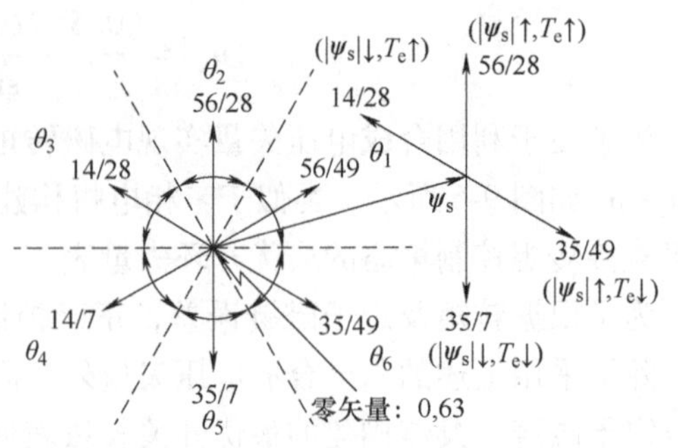

图 9-7　定子磁链处于第一扇区 θ_1 时电压矢量作用示意图

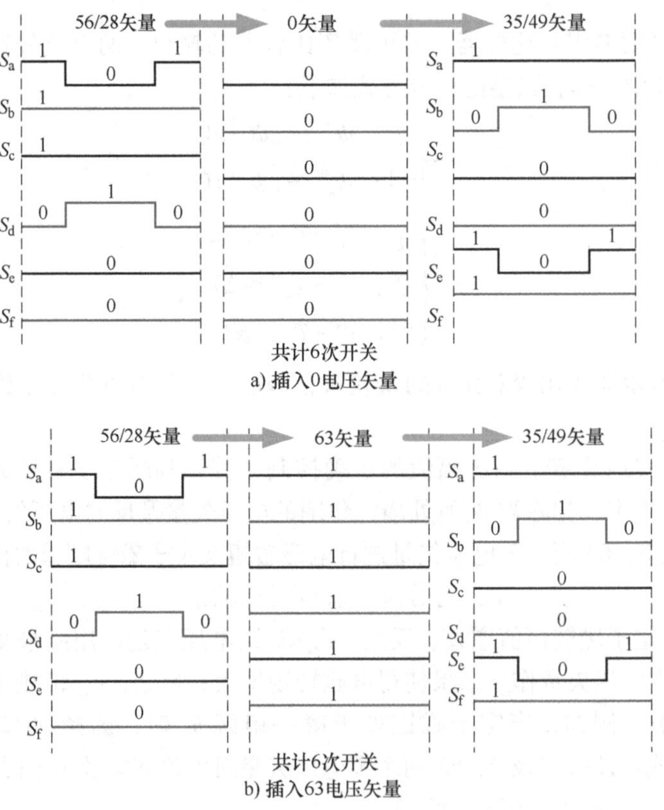

图 9-8　零电压矢量插入开关动作分析示意图

9.2.3　零序电流闭环控制

实际功率管开关存在开通、关断过渡过程，导致相同逆变桥臂功率开关之间要插入死区，从而防止功率管直通对直流母线构成短路故障。在死区期间，对应桥臂功率管全部关闭，绕组电流通过与功率管并联的二极管进行续流，具体从上、下桥臂哪一个二极管进行续流取决于电流流向。所以，在续流期间，对应桥臂输出的电压不受功率开关状态控制，使得死区期间实际逆变桥输出的电压矢量超出了表 9-1 的选择范围，从而在一个控制周期内零序电压 u_{sz4} 平均值不等于 0，进而产生较大的零序电流 i_{sz4}。可以类似于三相逆变器一样，采用死区补偿的方法。即使采用了死区补偿，由于功率开关管的开关过渡过程的非线性以及死区补偿的不完全精确，仍然会导致零序电流 i_{sz4} 非零现象的出现。为了更好地消除该零序分量，利用零序电流 i_{sz4} 闭环结构进一步调节合成电压矢量中两个分矢量作用时间，具体采用 PI 控制器形式如图 9-9 所示。若零序电流误差 $\Delta i_{sz4}=i_{sz4}^*-i_{sz4}>0$，表示实际零序电流低于其给定值，则 PI 输出值 $\Delta T_z>0$，用此值增大零序电压 u_{sz4} 为正的电压矢量 14、35、46 作用时间，同时减小零序电压 u_{sz4} 为负的电压矢量 7、28、49 作用时间，从而使得数字控制器内零序电压 u_{sz4} 的平均值大于零，以此来增大零序电流 i_{sz4}，缩小零序电流误差；反之，零序电流误差 $\Delta i_{sz4}=i_{sz4}^*-i_{sz4}<0$ 情况零序电流的调节过程类似分析。

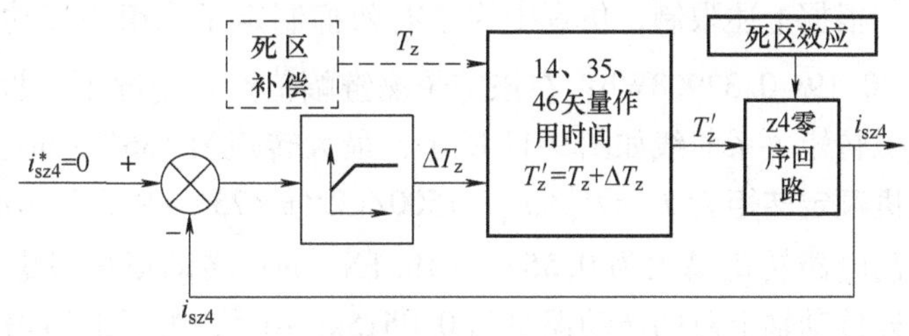

图 9-9　零序电流 i_{sz4} 闭环控制结构

9.2.4　直接转矩控制系统

根据上述电压矢量的选择、零序电流闭环控制的阐述，构建六相永磁同步电机直接转矩控制系统结构框图如图 9-10 所示。

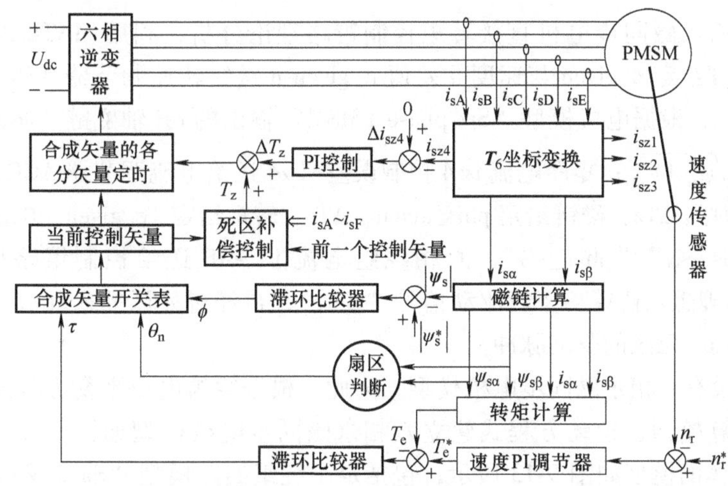

图 9-10　六相永磁同步电机直接转矩控制系统结构框图

9.3 六相永磁同步电机直接转矩控制闭环系统仿真建模

9.3.1 控制系统仿真建模

采用附录A表A-4六相永磁同步电机参数，根据式（9-33）计算定子侧最大磁链限制如下：

$$|\psi_s| \leqslant \frac{L_q}{L_q - L_d}\sqrt{3}\psi_f = \frac{2.46}{2.46-1.54}\times(\sqrt{3}\times 0.1985) = 0.919\text{Wb}$$

根据上述限制，仿真中为了有效抑制定子绕组中无功电流，定子磁链幅值给定选择为$\sqrt{3}\times 0.19 = 0.32908$Wb；在该定子磁链幅值给定情况下，根据表A-4电机参数仿真转矩角与电磁转矩关系曲线如图9-11所示，最大转矩为156N·m；根据额定功率及额定转速，计算电机额定转矩为$T_N = P_N/\omega_{rN} = 1500/(2\times\pi\times 25) = 9.55$N·m，为了避免对机械的过大冲击，限制电磁转矩最大为9.55×2=19.1N·m；转动惯量考虑了负载的转动惯量0.045kg·m^2，这样传动轴上总的转动惯量为0.0515kg·m^2，为了缩短仿真时间，将总的转动惯量缩小10倍至0.00515kg·m^2；根据dq轴电感数学模型$L_d = L_{s\sigma 1} + 3(L_{sm} + L_{rs})$及$L_q = L_{s\sigma 1} + 3(L_{sm} - L_{rs})$，计算仿真使用电机$L_{sm} = 0.6$mH、$L_{rs} = -0.1533$mH。

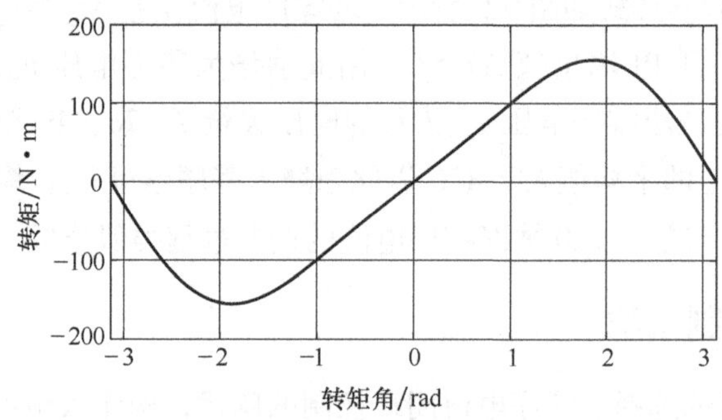

图9-11 转矩角与电磁转矩关系曲线

根据上述六相永磁同步电机直接转矩控制策略理论分析，利用MATLAB对其建模如图9-12所示。速度给定n_given与速度n差值n_given-n送给转速调节器ASR，输出电磁转矩给定值Te_given；根据电机模型“Six phase PMSM”输出的$\alpha\beta$轴磁链“ψsα”“ψsβ”计算定子磁链幅值$\sqrt{\psi_{s\alpha}^2+\psi_{s\beta}^2}$；零序电流isz4控制误差- isz4送给电流调节器ACR，输出调节非零电压矢量作用时间ΔTz；磁链给定phis_given、ΔTz、转矩给定Te_given、电磁转矩Te、$\alpha\beta$轴定子磁链“phis_sα”“phis_sβ”、六相绕组电流iA～iF送给控制策略控制器“DSP Controller”，输出理想六桥臂功率管驱动信号“Gate”，再经过死区插入环节“Dead zone”，输出经过插入3.6μs死区的驱动脉冲。

MATLAB中没有六相永磁同步电机模型，为此，根据绕组电压平衡方程式、$\boldsymbol{T}_6$坐标变换、电磁转矩计算模型、运动方程式建立六相永磁同步电机模型如图9-12中“Six phase PMSM”，其中具体的模型如图9-13所示，包括定子绕组回路模型“Sator Wingding”、感应电动势积分求取定子磁链模型“us. is-ψs”、定子磁链的$\boldsymbol{T}_6$变换模型“T6（ψs-ψsαβ）”、定

子电流的 T_6 变换模型“T6（is-isαβ）”、电磁转矩计算环节、运动方程式计算转速 ωr 及旋转角度 θr 环节，其中除了定子绕组回路模型“Sator Winding”以外的 4 个环节依据上述有关数学模型公式建立即可。而定子绕组回路模型“Sator Winding”建立则比较复杂，也很关键。为了解决 PSB 电气信号与 Simulink 信号之间转换，需要借助于六相定子绕组电路模型建立。定子绕组电路输入六相绕组端电压、转子旋转电角速度 ω_r、转子位置角 θ_r，输出为六相绕组电流。各相绕组反电动势通过受控电压源方法耦合到绕组回路中。

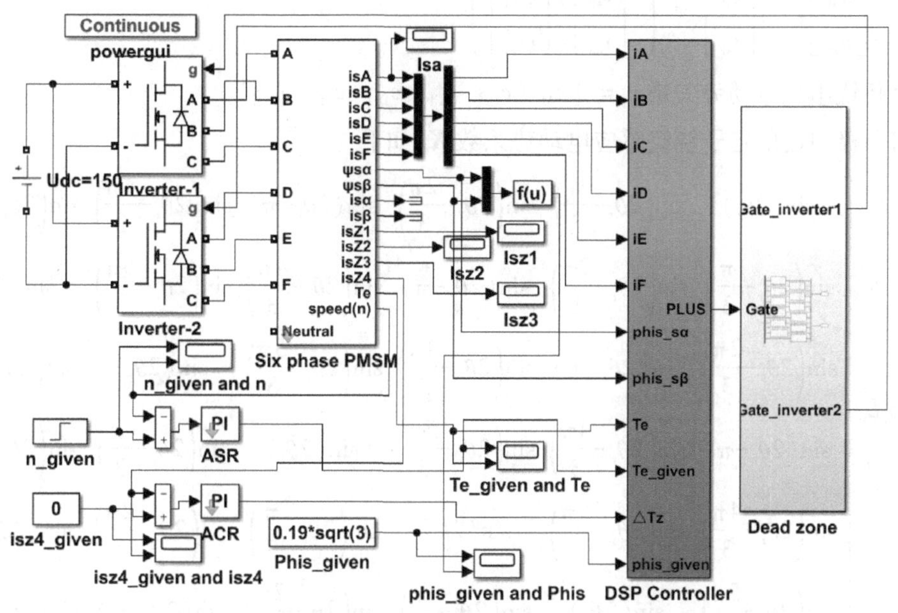

图 9-12　六相永磁同步电机直接转矩控制完整的仿真模型

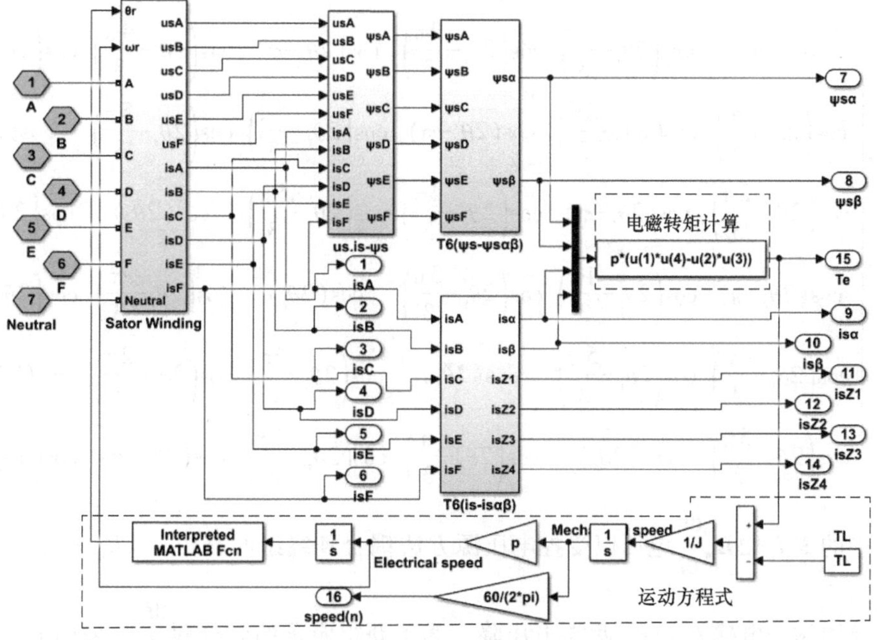

图 9-13　六相永磁同步电机完整的仿真模型“Six phase PMSM”

根据前面的定子电压方程，定子端电压方程进一步变换为

$$\begin{bmatrix} u_{sA} \\ u_{sB} \\ u_{sC} \\ u_{sD} \\ u_{sE} \\ u_{sF} \end{bmatrix} = R_s \begin{bmatrix} i_{sA} \\ i_{sB} \\ i_{sC} \\ i_{sD} \\ i_{sE} \\ i_{sF} \end{bmatrix} + \frac{d}{dt}\left(L \begin{bmatrix} i_{sA} \\ i_{sB} \\ i_{sC} \\ i_{sD} \\ i_{sE} \\ i_{sF} \end{bmatrix} + \begin{bmatrix} \psi_{Af} \\ \psi_{Bf} \\ \psi_{Cf} \\ \psi_{Df} \\ \psi_{Ef} \\ \psi_{Ff} \end{bmatrix} \right) = R_s \boldsymbol{i}_s + (L_{s\sigma1} + L_{sm}) \frac{d\boldsymbol{i}_s}{dt} + \boldsymbol{e}_r + \boldsymbol{K}_e \boldsymbol{i}_s + \Delta \boldsymbol{L}_{rs} \frac{d\boldsymbol{i}_s}{dt} \tag{9-43}$$

式中，六相绕组反电动势矢量 $\boldsymbol{e}_r = [e_{Af} \quad e_{Bf} \quad e_{Cf} \quad e_{Df} \quad e_{Ef} \quad e_{Ff}]^T$

由于电机凸极引起的定子绕组感应电动势系数 $\boldsymbol{K}_e$ 如下：

$$\boldsymbol{K}_e = -2\omega_r L_{rs} \begin{bmatrix} \sin(2\theta_r) & \sin\left(2\theta_r - \frac{\pi}{3}\right) & \sin\left(2\theta_r - \frac{2\pi}{3}\right) & \sin(2\theta_r - \pi) & \sin\left(2\theta_r - \frac{4\pi}{3}\right) & \sin\left(2\theta_r - \frac{5\pi}{3}\right) \\ \sin\left(2\theta_r - \frac{\pi}{3}\right) & \sin\left(2\theta_r - \frac{2\pi}{3}\right) & \sin(2\theta_r - \pi) & \sin\left(2\theta_r - \frac{4\pi}{3}\right) & \sin\left(2\theta_r - \frac{5\pi}{3}\right) & \sin(2\theta_r) \\ \sin\left(2\theta_r - \frac{2\pi}{3}\right) & \sin(2\theta_r - \pi) & \sin\left(2\theta_r - \frac{4\pi}{3}\right) & \sin\left(2\theta_r - \frac{5\pi}{3}\right) & \sin(2\theta_r) & \sin\left(2\theta_r - \frac{\pi}{3}\right) \\ \sin(2\theta_r - \pi) & \sin\left(2\theta_r - \frac{4\pi}{3}\right) & \sin\left(2\theta_r - \frac{5\pi}{3}\right) & \sin(2\theta_r) & \sin\left(2\theta_r - \frac{\pi}{3}\right) & \sin\left(2\theta_r - \frac{2\pi}{3}\right) \\ \sin\left(2\theta_r - \frac{4\pi}{3}\right) & \sin\left(2\theta_r - \frac{5\pi}{3}\right) & \sin(2\theta_r) & \sin\left(2\theta_r - \frac{\pi}{3}\right) & \sin\left(2\theta_r - \frac{2\pi}{3}\right) & \sin(2\theta_r - \pi) \\ \sin\left(2\theta_r - \frac{5\pi}{3}\right) & \sin(2\theta_r) & \sin\left(2\theta_r - \frac{\pi}{3}\right) & \sin\left(2\theta_r - \frac{2\pi}{3}\right) & \sin(2\theta_r - \pi) & \sin\left(2\theta_r - \frac{4\pi}{3}\right) \end{bmatrix}$$

与电机凸极效应相关的定子绕组电感 $\Delta \boldsymbol{L}_{rs}$如下：

$$\Delta \boldsymbol{L}_{rs} = L_{rs} \begin{bmatrix} \cos(2\theta_r) & \cos\left(2\theta_r - \frac{\pi}{3}\right) & \cos\left(2\theta_r - \frac{2\pi}{3}\right) & \cos(2\theta_r - \pi) & \cos\left(2\theta_r - \frac{4\pi}{3}\right) & \cos\left(2\theta_r - \frac{5\pi}{3}\right) \\ \cos\left(2\theta_r - \frac{\pi}{3}\right) & \cos\left(2\theta_r - \frac{2\pi}{3}\right) & \cos(2\theta_r - \pi) & \cos\left(2\theta_r - \frac{4\pi}{3}\right) & \cos\left(2\theta_r - \frac{5\pi}{3}\right) & \cos(2\theta_r) \\ \cos\left(2\theta_r - \frac{2\pi}{3}\right) & \cos(2\theta_r - \pi) & \cos\left(2\theta_r - \frac{4\pi}{3}\right) & \cos\left(2\theta_r - \frac{5\pi}{3}\right) & \cos(2\theta_r) & \cos\left(2\theta_r - \frac{\pi}{3}\right) \\ \cos(2\theta_r - \pi) & \cos\left(2\theta_r - \frac{4\pi}{3}\right) & \cos\left(2\theta_r - \frac{5\pi}{3}\right) & \cos(2\theta_r) & \cos\left(2\theta_r - \frac{\pi}{3}\right) & \cos\left(2\theta_r - \frac{2\pi}{3}\right) \\ \cos\left(2\theta_r - \frac{4\pi}{3}\right) & \cos\left(2\theta_r - \frac{5\pi}{3}\right) & \cos(2\theta_r) & \cos\left(2\theta_r - \frac{\pi}{3}\right) & \cos\left(2\theta_r - \frac{2\pi}{3}\right) & \cos(2\theta_r - \pi) \\ \cos\left(2\theta_r - \frac{5\pi}{3}\right) & \cos(2\theta_r) & \cos\left(2\theta_r - \frac{\pi}{3}\right) & \cos\left(2\theta_r - \frac{2\pi}{3}\right) & \cos(2\theta_r - \pi) & \cos\left(2\theta_r - \frac{4\pi}{3}\right) \end{bmatrix}$$

回路中的 $\boldsymbol{K}_e \boldsymbol{i}_s + \Delta \boldsymbol{L}_{rs} \frac{d\boldsymbol{i}_s}{dt}$电压以受控电压源方法耦合到绕组回路中；$(L_{s\sigma1} + L_{sm}) \frac{d\boldsymbol{i}_s}{dt}$为串联于定子绕组回路中电感 $L_{s\sigma1} + L_{sm}$ 两端电压降。为了获得定子的微分项$\frac{d\boldsymbol{i}_s}{dt}$，采用 $L_{s\sigma1} + L_{sm}$ 两端

电压降采样值除以电感 $L_{s\sigma1}+L_{sm}$ 方法获得，这样避免了在建模过程直接对采用电流进行微分带来很大干扰的问题。据此建立的定子绕组回路模型 “Sator Winding” 如图 9-14 所示。

控制策略控制器 “DSP Controller” 采用 m 函数方式实现 DTC 策略，对应的 m 函数 OutVector=test(x) 编程见附录 B 内容。

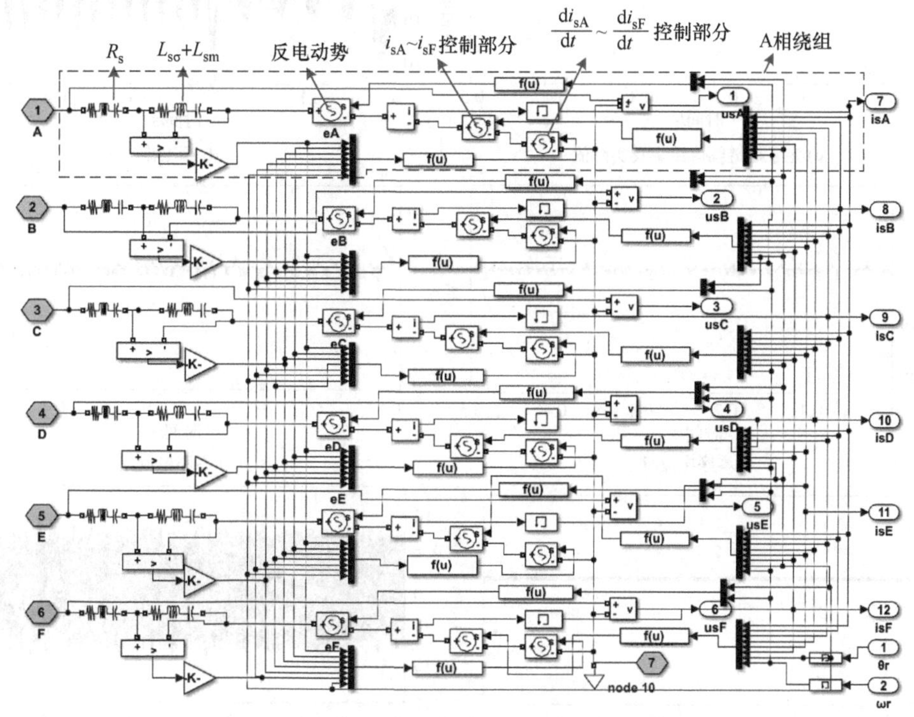

图 9-14　定子绕组回路模型 “Sator Winding”

9.3.2　控制系统仿真结果

图 9-15 所示为电机在半载 4.775N · m 起动至 750r/min，然后在 0.2s 处升速至额定转速 1500r/min；在 0.35s 处，负载突增至额定值 9.55N · m 的仿真波形。根据仿真结果可见：①由于在动态过程中，转矩能够限幅至最大值 19.1N · m，实现了转矩以最大加速度线性上升至给定值；②动态过程中电磁转矩及定子磁链幅值始终快速跟踪各自的给定值，且不因负载转矩的变化而影响定子磁链幅值的波动，实现了电磁转矩与定子磁链幅值很好的解耦控制；③零序电流平均值控制在 0 左右。

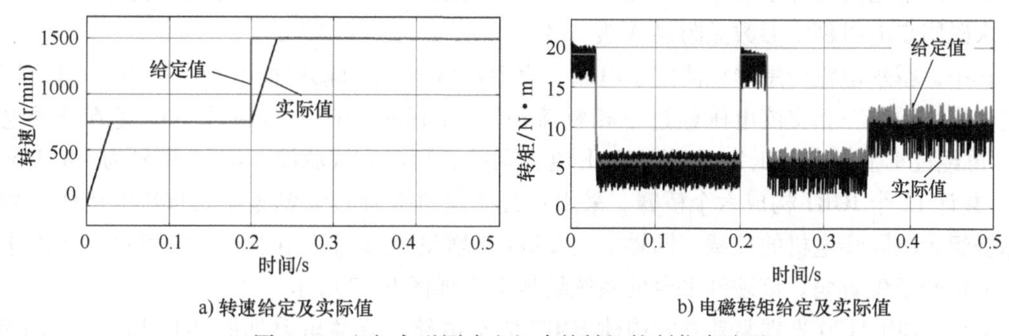

a) 转速给定及实际值　　b) 电磁转矩给定及实际值

图 9-15　六相永磁同步电机直接转矩控制仿真波形

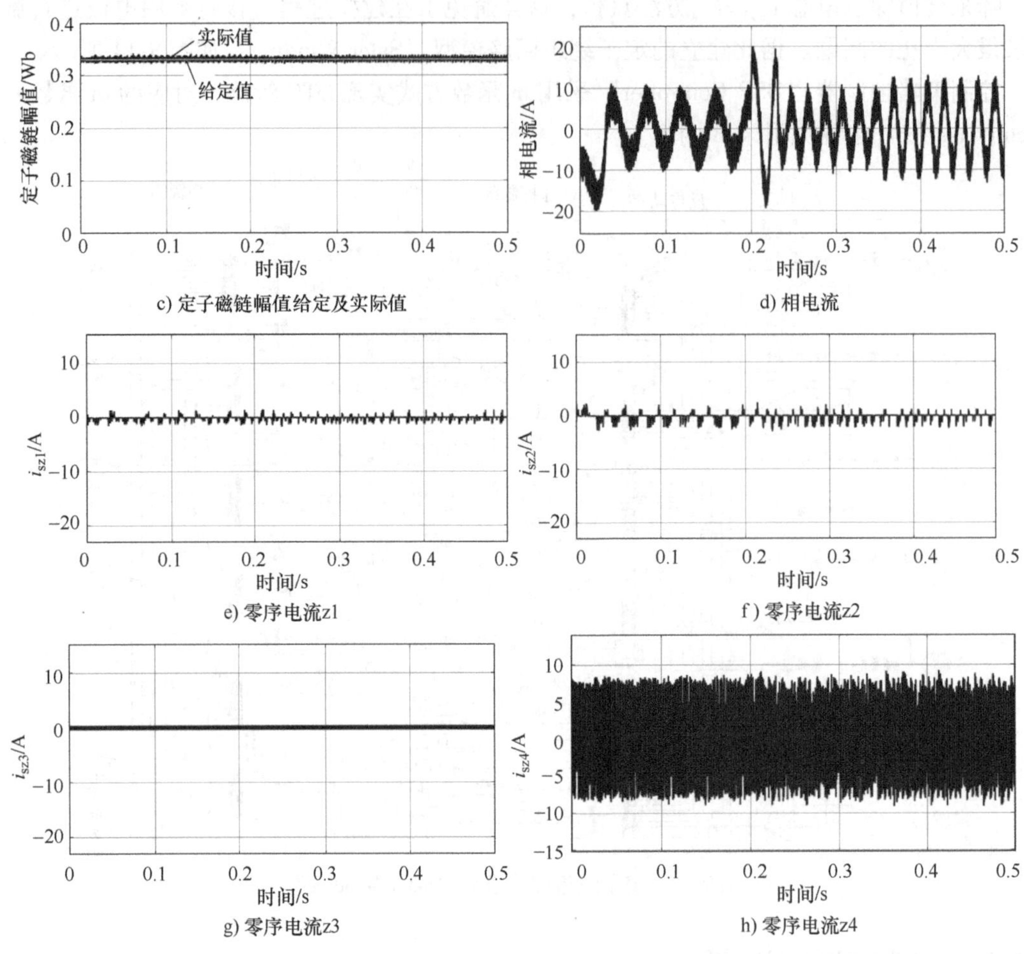

c) 定子磁链幅值给定及实际值　d) 相电流

e) 零序电流z1　f) 零序电流z2

g) 零序电流z3　h) 零序电流z4

图 9-15　六相永磁同步电机直接转矩控制仿真波形（续）

9.4　六相永磁同步电机直接转矩控制闭环系统案例分析

9.4.1　直接转矩控制闭环系统总体结构

本节所采用的硬件系统平台如图 9-16 所示，是以 TMS320F2812 为核心构建控制平台。六相永磁同步电机额定参数见附录 A 表 A-4。

其中，霍尔电流传感器检测定子电流、直流母线电流，输入输出变比为 1000：1，恒流方式输出；网侧三相交流电压经过三相整流桥（6RI100G_160）整流成不控直流母线电压 U_{dc}，再经过 4 个额定电压为 450V 680μF 电容两并、再串方式滤波；IGBT 型号为 1MBH60D-100，共计 12 个 IGBT 构成六个桥臂。采用一台额定功率为 1. 5kW 他励式直流电机作为六相对称绕组永磁同步电机的负载，同轴安装 2500 线增量式编码器用于测量六相对称绕组永磁同步电机转子位置角。该硬件平台的系统结构框图如图 9-17 所示。

采用 HCPL3120 光耦驱动方式构建 IGBT 驱动电路，具体电路如图 9-18 所示。当 PWM

a) 逆变器主电路板

b) DSP(TMS320F2812)控制板

c) 实验用机组

图 9-16　硬件系统平台

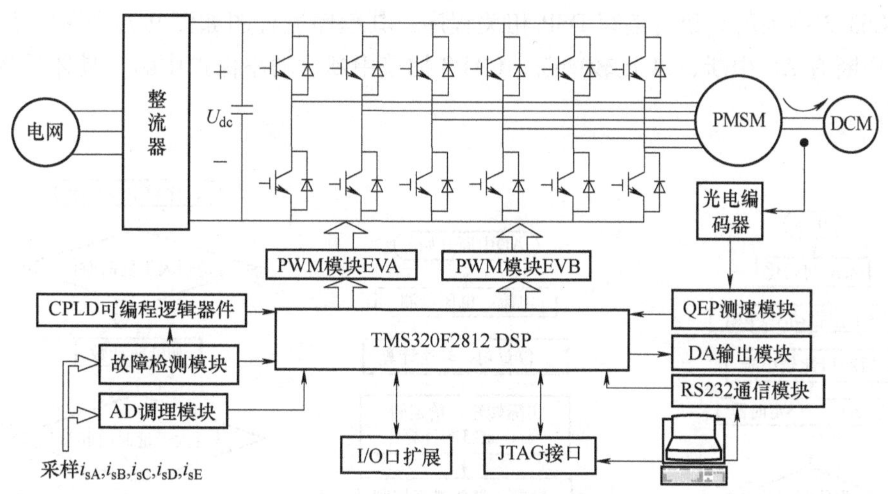

图 9-17　硬件平台系统结构框图

输入端为低电平时，光耦输出级上管导通，驱动电压+20V 通过+5V 稳压管加到 IGBT 的栅极与源极之间，以+15V 电平驱动 IGBT 导通；当 PWM 输入端为高电平时，光耦输出级下管导通，+5V 电平反向加到 IGBT 的栅极与源极之间，IGBT 关断。

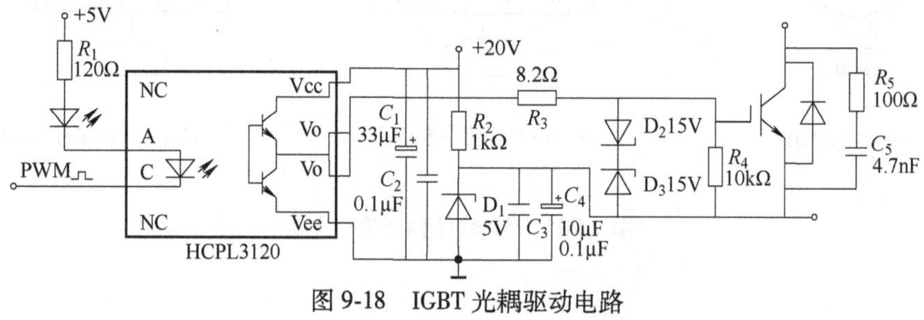

图 9-18　IGBT 光耦驱动电路

采用 LM324 运算放大器构建模拟量采用的调理电路如图 9-19 所示。通过参考电平 1.5V 把交流输入量抬升至 0V 以上送到 DSP 模数转换输入脚。

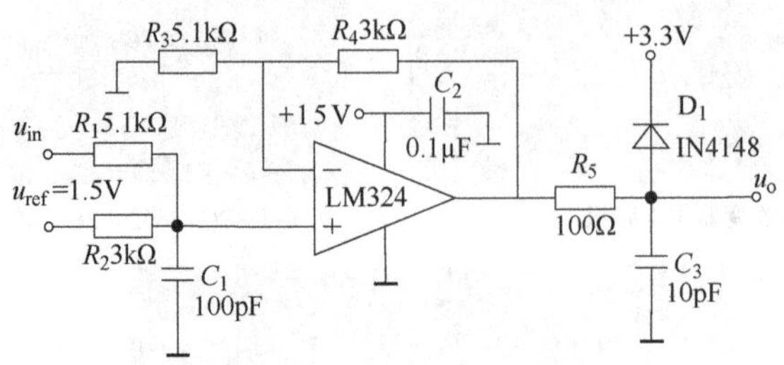

图 9-19　AD 调理电路

硬件的其他环节设计见本书第 12 章内容。

9.4.2　直接转矩控制软件

在 CCS3.3 中利用 C 语言编写 DSP 相关程序，其程序流程图如图 9-20 所示。该软件系统用到的中断有 AD 中断、T1 比较中断、CAP3 捕获中断、功率保护中断，具体见各部分流程图内容。

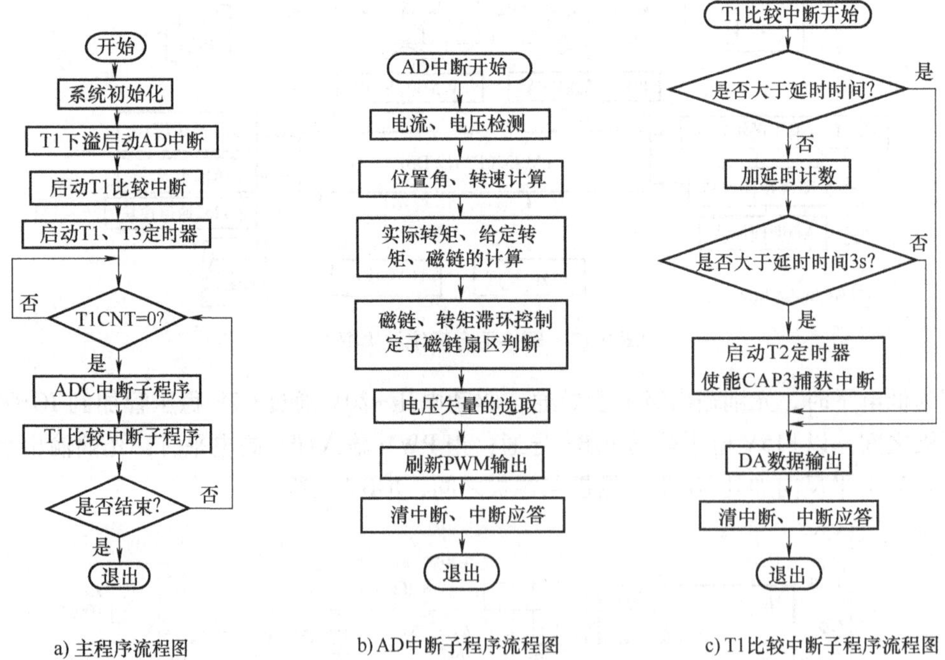

图 9-20　DSP 软件程序流程图

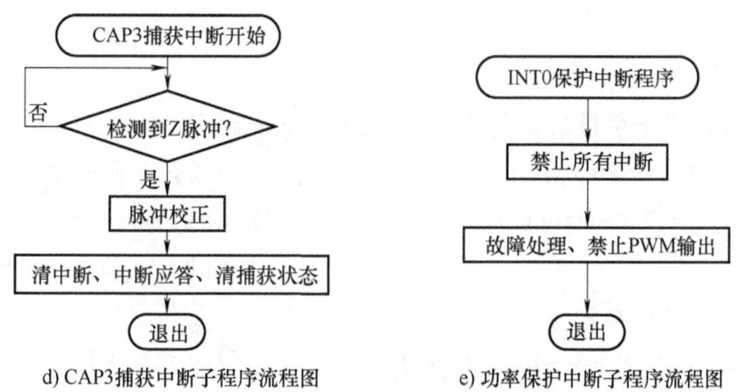

d) CAP3捕获中断子程序流程图　　e) 功率保护中断子程序流程图

图 9-20　DSP 软件程序流程图（续）

利用 C 语言以定标的方式编写控制策略核心段程序如下：

```
//mmmmmmmmmm 最优开关矢量表 9-1 定义 mmmmmmmmmmmmmmmmmmmmmmmmm
int Vector_Table[6][6]={{24,12,6,3,33,48},{0,0,0,0,0,0 },{33,48,
24,12,6,3 },
{12,6,3,33,48,24},{0,0,0,0,0,0 },{3,33,48,24,12,6 } };
//mmmmmmmmm 磁链和转矩滞环比较器 mmmmmmmmmmmmmmmmmmmmmmmmm
void Phis_Te_bang_bang(void)  //磁链-转矩滞环比较,输出变量 Phi 及 Tor
{    //=================磁链迟滞比较器=================
    if(phi_s_given>phi_s)  {   //phi_s_given 为磁链给定,phi_s 为磁链误差带
        Phi=1;                 //增加磁链 Phi=0;
    }
    else      {
        Phi=4;                 //减小磁链 Phi=4
    }
    //================转矩滞环比较器====================
    if((Te_Give-Te)>delta_Te) {  //Te_Give-Te 为转矩误差,delta_Te 为转矩误差带
        Tor=-1;                //增加转矩 Tor=0;
    }
    else if((Te_Give-Te)<(-delta_Te))    {
        Tor=1;                 //减小转矩
    }
    else                       {
        Tor=0;                 //转矩保持
```

```
    }
  }
  //mmmmmmmmm 定子磁链扇区判断 mmmmmmmmmmmmmmmmmmmmmm
  void Judge_Sector(void)                              //扇区号判断 Sx
  {   phi_s_ai=_IQ20mpy(_IQ20(0.57735027),phi_s_beta);
                                                       //phi_s_beta 为磁链β轴分量
      if(phi_s_beta >0)        {
      if(phi_s_alpha >=phi_s_ai)        {              //phi_s_alpha 为磁链α轴分量
         Sx=0;    }                                    //第 1 扇区
      else if(phi_s_alpha<=-phi_s_ai)     {
         Sx=2;    }                                    //第 3 扇区
      else    {
         Sx=1;   }                                     //第 2 扇区
      }
      else         {
      if(phi_s_alpha >=-phi_s_ai)   {
         Sx=5;    }                                    //第 6 扇区
      else if(phi_s_alpha<=phi_s_ai)     {
         Sx=3;    }                                    //第 4 扇区
      else    {
         Sx=4;    }                                    //第 5 扇区
      }
  }
```

根据 Phis_Te_bang_bang(void)滞环比较器输出变量 Phi+Tor 作为最优开关矢量表行坐标、Judge_Sector(void)扇区判断子程序输出变量 Sx 作为最优开关矢量表纵坐标，通过以下语句查矢量表 Vector_Table，输出合成矢量编号。

```
      team=Vector_Table[Phi+Tor][Sx];
  //mmmmmmmmmm 刷新 PWM 子程序 mmmmmmmmmmmmmmmmmmmmmm
  //为了实现死区补偿、i_sz4 电流闭环及合成矢量输出，编制如下 Get_PWM(void)子程序
  void Get_PWM(void)                                   //刷新 PWM
  {    //iA~iF 为实际相绕组电流,sa~sf 为功率管开关状态
       //在此处插入死区补偿部分程序段，具体补偿方法见作者的《多相永磁同步电动机直接转矩控制》学术专著，从而产生经过补偿的 Tz 时间变量。若没有死区补偿，则 Tz=1125。
       //=====设置 Delta_Tz(i_sz4 闭环控制)=====================
```

```
Delta_isz4=0-is_z4;                  //Delta_isz4 为零序电流 is_z4 误差
Delta_Tz_kp=_IQ20mpy(Delta_isz4,_IQ20(100));
                                     //is_z4 闭环 PI 控制比例部分
Delta_Tz_ki_Temp+=_IQ20mpy(Delta_isz4,_IQ20(1));
                                     //is_z4 闭环 PI 控制积分部分
Delta_Tz_ki=(Delta_Tz_ki_Temp>>20);
if(Delta_Tz_ki>300)     {            //积分限幅
    Delta_Tz_ki=300;                 }
else if(Delta_Tz_ki<-300)            {
    Delta_Tz_ki=-300;                }
else                                 {
    ;                                }
Delta_Tz=(Delta_Tz_kp>>20)+Delta_Tz_ki;                //计算 PI 结果
if(Delta_Tz>300)                     {                 //PI 结果限幅
    Delta_Tz=300;                    }
else if(Delta_Tz<-300)               {
    Delta_Tz=-300;                   }
else                                 {
            ;                        }
if((team==48)||(team==24)||(team==33))     {
    Tz1=Tz-Delta_Tz;                 }
                        //其中 Tz 来自于死区补偿,若没有死区补偿 Tz=1125
else        {     Tz1=Tz+Delta_Tz; }
if(Tz1>2250)     { Tz1=2250;         }
else if(Tz1<0) {Tz1=0;               }
else        {     ;                  }
switch(team)          {
  case 48:
      EvaRegs.ACTRA.all=0xD999;
      EvbRegs.ACTRB.all=0xA999;
      EvaRegs.CMPR1=0;
      EvaRegs.CMPR2=Tz1;
      EvbRegs.CMPR4=0;
      EvbRegs.CMPR5=Tz1;
      break;
  case 24:
      EvaRegs.ACTRA.all=0xB999;
```

```
        EvbRegs.ACTRB.all=0xC999;
        EvaRegs.CMPR1=0;
        EvaRegs.CMPR2=Tz1;
        EvbRegs.CMPR4=0;
        EvbRegs.CMPR5=Tz1;
        break;
    case 12:
        EvaRegs.ACTRA.all=0xB999;
        EvbRegs.ACTRB.all=0xC999;
        EvaRegs.CMPR1=Tz1;
        EvaRegs.CMPR2=2250;
        EvbRegs.CMPR4=Tz1;
        EvbRegs.CMPR5=2250;
        break;
    case 6:
        EvaRegs.ACTRA.all=0xA999;
        EvbRegs.ACTRB.all=0xD999;
        EvaRegs.CMPR1=0;
        EvaRegs.CMPR2=Tz1;
        EvbRegs.CMPR4=0;
        EvbRegs.CMPR5=Tz1;
        break;
    case 3:
        EvaRegs.ACTRA.all=0xC999;
        EvbRegs.ACTRB.all=0xB999;
        EvaRegs.CMPR1=0;
        EvaRegs.CMPR2=Tz1;
        EvbRegs.CMPR4=0;
        EvbRegs.CMPR5=Tz1;
        break;
    case 33:
        EvaRegs.ACTRA.all=0xC999;
        EvbRegs.ACTRB.all=0xB999;
        EvaRegs.CMPR1=Tz1;
        EvaRegs.CMPR2=2250;
        EvbRegs.CMPR4=Tz1;
        EvbRegs.CMPR5=2250;
```

```
            break;
        case 0:
            EvaRegs.ACTRA.all=0xA999;
            EvbRegs.ACTRB.all=0xA999;
            EvaRegs.CMPR1=0;
            EvaRegs.CMPR2=1;
            EvbRegs.CMPR4=0;
            EvbRegs.CMPR5=1;
            break;
    }
}
```

电机运行在额定转速 1500r/min、给定定子磁链幅值为 0.33Wb、给定负载转矩为9N · m 时稳态实验波形如图 9-21 所示。

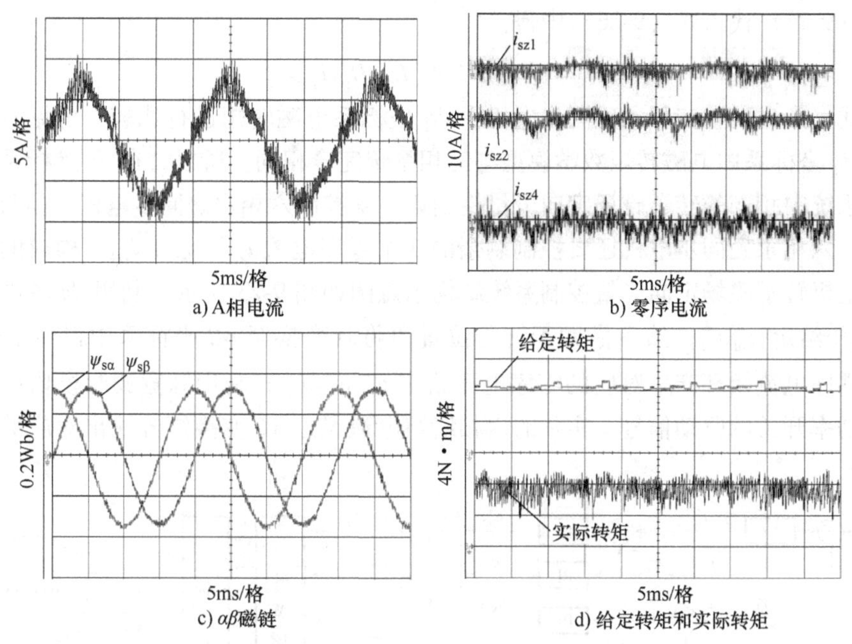

图 9-21　高转速时的稳态实验波形

由高转速时的稳态实验结果可知：①相电流基本呈正弦；②零序电流基本控制到零；③$\alpha\beta$磁链呈正弦，且相位相差 90°电角度，幅值跟踪到给定值 0.33Wb；④转矩能够有效地跟踪到给定值 9N · m，跟踪效果良好。

高转速下的突增、突降负载实验结果如图 9-22 所示。其中 t_1 为负载突增时刻，t_2 为负载突降时刻。由高转速时的动态实验结果可知：①相电流及零序电流能够迅速作出反应，动态过程中未出现大的电流尖峰，控制效果良好；②转矩及转速在负载突增、突降时，能够实现快速稳定地跟踪给定值，动态响应好。

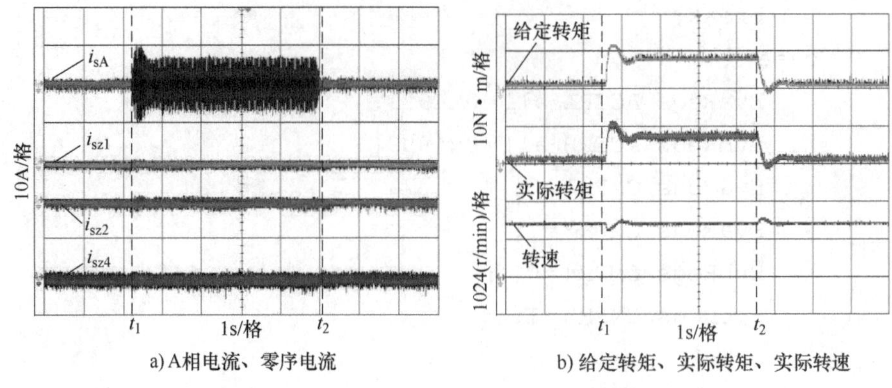

a) A相电流、零序电流　　b) 给定转矩、实际转矩、实际转速

图 9-22　高转速时的动态实验波形

9.5　六相永磁同步电机转子磁场定向矢量控制系统简介

把式（9-24）代入式（9-26）中得：

$$T_e = p[\sqrt{3}\psi_f i_{sq} + (L_d - L_q) i_{sq} i_{sd}] \tag{9-44}$$

比较式（9-44）与三相永磁同步电机中 dq 坐标系电磁转矩进行比较，可见六相永磁同步电机在 dq 坐标系中电磁转矩数学模型与三相系统完全相同。所以，在 dq 坐标系中可以采用与三相系统中相同的转子磁场定向矢量控制策略来控制六相永磁同步电机；但与三相系统不同的是，六相永磁同步电机还要控制剩余的 3 个零序电流 i_{sz1}、i_{sz2}、i_{sz4}。构成的典型六相永磁同步电机转子磁场定向矢量控制系统结构示意图如图 9-23 所示。利用 dq 轴电流闭环产生 dq 轴电压给定 $u_{sd}^* u_{sq}^*$，然后借助于转子位置角将其变换至 $\alpha\beta$ 坐标系中得给定值 $u_{s\alpha}^* u_{s\beta}^*$；利用三个零序电流闭环产生对应的零序电压给定 $u_{sz1}^* u_{sz2}^* u_{sz4}^*$；利用脉宽调制模块产生控制六相逆变器功率开关的驱动信号；实际的六相绕组电流经过 T6 变换矩阵输出对应的反馈电流分量。

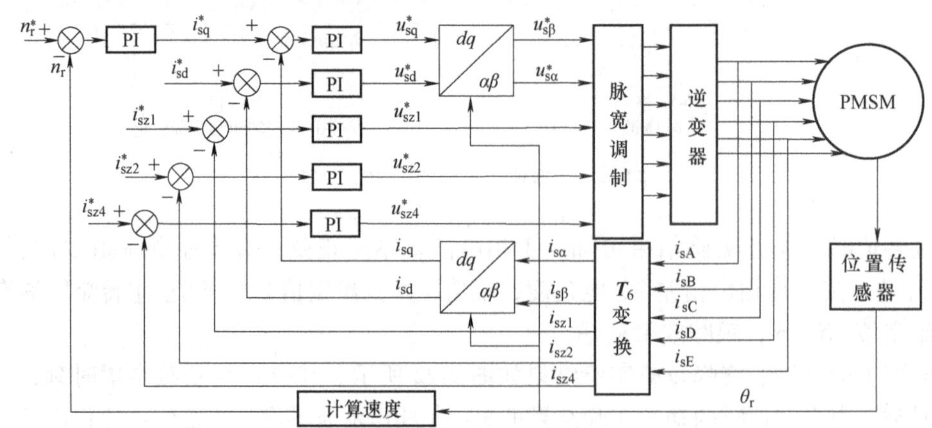

图 9-23　六相永磁同步电机矢量控制示意图

习题

1. 阐述多相交流电机调速系统的优点。

2. 已知六相电流如下：

$$\begin{cases} i_{sA}=I_m\cos(\theta_r+\pi/3) \\ i_{sB}=I_m\cos(\theta_r) \\ i_{sC}=I_m\cos(\theta_r-\pi/3) \\ i_{sD}=I_m\cos(\theta_r-2\pi/3) \\ i_{sE}=I_m\cos(\theta_r-3\pi/3) \\ i_{sF}=I_m\cos(\theta_r-4\pi/3) \end{cases}$$

静止坐标系向 dq 坐标系变换矩阵为

$$\boldsymbol{T}(\theta_r)=\begin{bmatrix} \cos\theta_r & \sin\theta_r \\ -\sin\theta_r & \cos\theta_r \end{bmatrix}$$

1）利用 $\boldsymbol{T}_6$ 矩阵进行变换，计算变换后的各电流分量；

2）计算 dq 旋转坐标系电流分量。

3. 根据本章 dq 坐标系磁链数学模型，推导电磁转矩与转矩角关系；并采用附录 A 表 A-4 六相永磁同步电机参数画出定子磁链幅值分别取值 $0.5L_q\sqrt{3}\psi_f/(L_q-L_d)$、$L_q\sqrt{3}\psi_f/(L_q-L_d)$、$1.5L_q\sqrt{3}\psi_f/(L_q-L_d)$ 情况下转矩角与电磁转矩关系曲线，以此进一步说明定子磁链幅值限定条件。

4. 根据 $\boldsymbol{T}_6$ 矩阵，求解其逆矩阵及转置矩阵，并说明 $\boldsymbol{T}_6$ 变换满足恒功率变换的理由。

5. 假设六相电压型逆变器直流母线电压 $U_{dc}=540V$，计算六相逆变器输出长矢量、中矢量、小矢量的长度。

6. 分别用六相逆变器输出的长矢量、中矢量、小矢量控制永磁同步电机机电能量转换，则在线性调制范围内 $\alpha\beta$ 平面上能够获得的电压最大值分别为多少？

7. 假设六相定子电流如第 2 题，电流幅值 I_m 为 10A。六相电机参数见附录 A 表 A-4：

1）若 dq 坐标系定向角为 θ_r，则计算电磁转矩、dq 轴定子磁链、转矩角；

2）若 dq 坐标系定向角为 $\theta_r+\pi/3$，则计算电磁转矩、dq 轴定子磁链、转矩角。

8. 分扇区分析六相逆变器输出的长矢量对电磁转矩、定子磁链幅值的控制效果。

9. 分扇区分析六相逆变器输出的中矢量对电磁转矩、定子磁链幅值的控制效果。

10. 分扇区分析六相逆变器输出的小矢量对电磁转矩、定子磁链幅值的控制效果。

11. 分析合成电压矢量控制电机线性调制范围内能够输出的最大电压为多少？相比较于三相电机，六相逆变器和三相逆变器输出电压利用率差异？

第 10 章 开关磁阻电机调速控制

在前面各类型电机原理分析中，用电机的磁共能对转子旋转的机械角求偏微分即可以获得驱动转子旋转的电磁转矩。偏微分的结果包括了电机电感随转子位置变化引起的电磁转矩，由此不难联想能否利用转子旋转引起电机电感的变化产生电磁转矩？当然，在同步电机中存在 dq 轴磁路磁阻的差异产生电磁转矩的现象，但定子通常需要分布绕组，而且要想产生较大的磁阻转矩必须对转子结构进行仔细设计，从而使得电机设计成本提高了。是否有更加简洁的电机结构产生更大的磁阻转矩？本章开关磁阻（Switch Reluctance，SR）电机就是完全利用磁阻效应产生更大转矩的典型电机，具有结构简单、制造成本低等特点。

10.1 开关磁阻电机的结构及其工作原理

10.1.1 开关磁阻电机结构

开关磁阻电机由定子、转子及气隙构成。定、转子上均存在齿和槽，均是凸极式结构，定、转子铁心均是由硅钢片叠压而成，定子齿上安装集中线圈，转子上没有绕组。根据定子、转子齿的个数关系，实际应用的开关磁阻电机有三相 6/4 极、四相 8/6 极、三相 12/8 极结构。典型的三相 6/4 极结构开关磁阻电机结构示意图如图 10-1 所示，定子上空间对称的两个线圈首尾串联构成一相，尽可能降低作用于转子的不平衡磁拉力，定子的六个线圈构成三相绕组 A ~ C。定子的六个磁极中心线夹角互差 60°，转子四个磁极中心线夹角互差 90°（即转子极距角为 90°）。

当 A 相绕组通电产生图 10-1a 所示的磁场路径，且定子齿 A、转子齿 1 中心线重合，转子齿 2 与定子齿 B 及 C′中心线夹角均为 30°；若在图 10-1a 定、转子相对位置处，定子改由 B 相绕组通电，则根据磁场走最短路径原理，产生如图 10-1b 所示磁场路径，转子上产生逆时针方向的电磁转矩，使得转子逆时针旋转；当转子旋转至定子齿 B、转子齿 2 中心线重合时转子齿 1′与定子齿 C′及 A′中心线夹角均为 30°，此时，若定子改由 C 相绕组通电，则根据磁场走最短路径原理，产生如图 10-1d 所示磁场路径，转子上继续产生逆时针方向的电磁转矩，使得转子继续逆时针旋转。显然，根据上述分析，定子 A 相—B 相—C 相依次通电流，就可以实现转子沿逆时针方向连续旋转，转子每旋转 30°，定子绕组换流一次，所以定子三相绕组换流一个循环，刚好使得转子旋转 90°，对应转子的一个极距角。改变定子三相绕组的换流频率，即可调节转子旋转速度。

若在图 10-1b 位置改由 C 相通电流，显然转子会受顺时针方向的电磁转矩驱动，转子沿

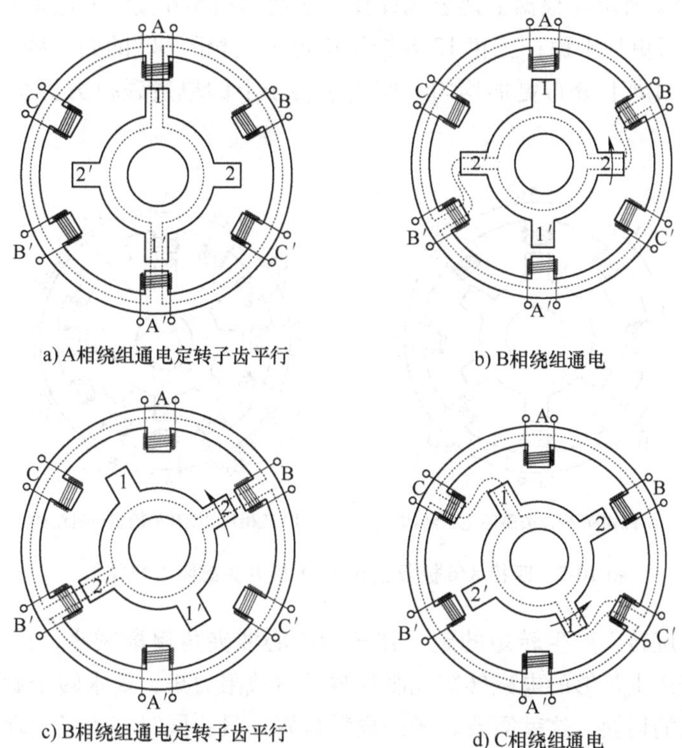

a) A相绕组通电定转子齿平行

b) B相绕组通电

c) B相绕组通电定转子齿平行

d) C相绕组通电

图 10-1　典型的三相 6/4 极结构开关磁阻电机结构示意图

顺时针方向旋转。所以改变定子三相绕组换流顺序即可改变转子旋转方向。

为了避免对转子产生单边磁拉力，电机的径向必须对称，所以定、转子极数应该为偶数；为了利用磁阻效应产生转矩，定子极数 Z_S 与转子极数 Z_R 不相等。为了尽可能提高出力，常选择：

$$Z_S = Z_R + 2 \tag{10-1}$$

若每一相绕组由 q 个线圈串联或并联，则电机的相数为

$$m = Z_S / q \tag{10-2}$$

转子极距角 θ_R 为

$$\theta_R = 2\pi / Z_R \tag{10-3}$$

转子旋转一周每一相绕组通断 Z_R 次，m 相绕组通断切换总次数 N_p 为

$$N_p = mZ_R \tag{10-4}$$

假设定子绕组通断一次转子转过一个步距角 α_p：

$$\alpha_p = \theta_R / m = \frac{2\pi}{mZ_R} \tag{10-5}$$

假设电机绕组总的通断切换频率为 f，则转子旋转的速度 n_r 如下：

$$n_r = \frac{60}{N_p/f} = \frac{60f}{mZ_R} \tag{10-6}$$

除了上面的 6/4 结构开关磁阻电机，还存在四相 8/6 极开关磁阻电机、12/8 极开关磁

阻电机结构如图 10-2 所示。根据上述公式计算，显然四相 8/6 极结构电机步距角为 15°，相较于 6/4 极结构运行更加平稳；三相 12/8 极结构定子上相距 90°的四个线圈构成一相绕组，因此产生的转矩在圆周上分布更加均匀，作用于转子上的单边磁拉力更小，电机运行噪音更小。

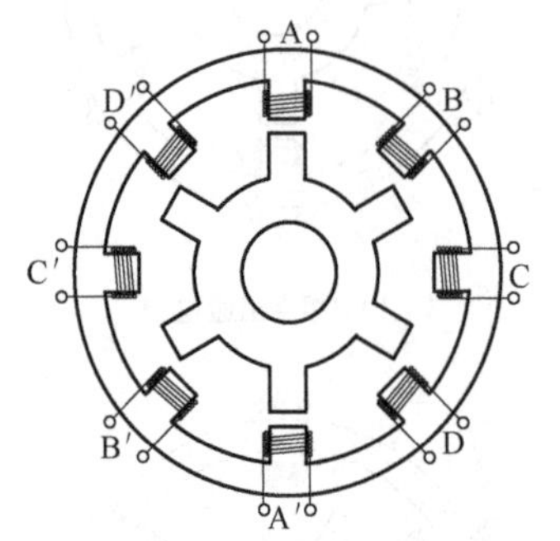

a) 四相8/6极开关磁阻电机结构　　b) 三相12/8极开关磁阻电机结构

图 10-2　四相 8/6 极及三相 12/8 极开关磁阻电机结构

由于随着转子旋转，产生转矩的定、转子齿中心线夹角逐渐减小，产生的转矩随之减小。为了使得转子产生足够的电磁转矩克服外界的负载阻力矩，要求转子旋转到合适的位置进行定子绕组通电的切换，这就需要转子的离散位置信号；同时，为了实现定子绕组通电的切换，需要适当的变换器控制绕组电流。由于电机产生磁阻转矩方向跟绕组中电流极性无关，所以常用的变换器是由不对称的半桥电路构建如图 10-3 所示。每一相绕组电流采用独立的半桥电路控制，以 A 相为例，由功率开关 VT_1、VT_4 和续流二极管 VD_1、VD_4 构成，当 VT_1、VT_4 导通时直流母线电压 U_{dc}加到 A 相绕组上，使得绕组电流增大；当 VT_1、VT_4 关断时，绕组电流通过 VD_1、VD_4 流入直流母线电源，电流幅值减小，实现能量回馈式续流。

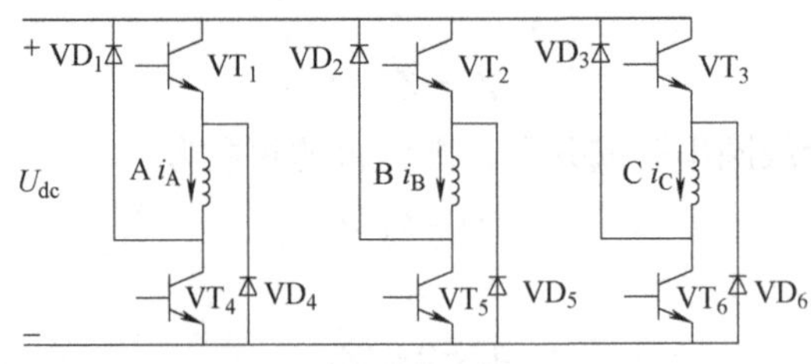

图 10-3　不对称半桥功率变换器

10.1.2　开关磁阻电机工作原理

开关磁阻电机可以用一个多输入电端口和一个机械输出端口表示成图 10-4 所示，其中 θ_r为转子位置角，u_k、i_k、e_k、$\psi_k(k=\mathrm{a}\sim n)$ 分别绕组电压、电流、反电动势及耦合磁链，且绕组耦合磁链与绕组电流 $i_k(k=\mathrm{a}\sim n)$ 及转子位置角 θ_r均有关系。

各相绕组感应电动势 $e_k(k=\mathrm{a}\sim n)$ 等于绕组磁链对时间的微分如下：

$$e_k=-\frac{\mathrm{d}\psi_k(i_k,\theta_r)}{\mathrm{d}t},\quad k=\mathrm{a}\sim n \tag{10-7}$$

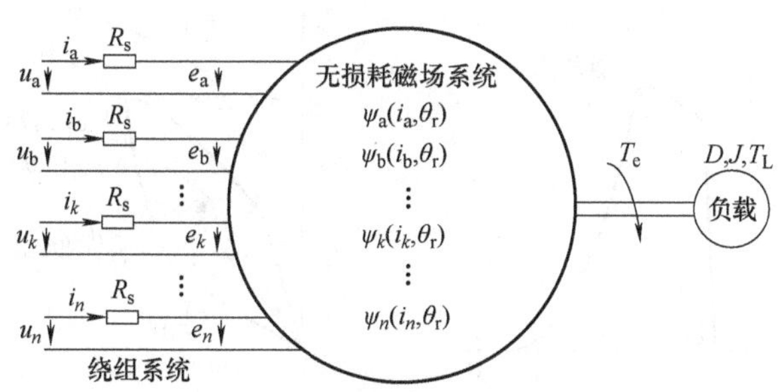

图 10-4　开关磁阻电机结构等效示意图

相绕组电压 $u_k(k=\mathrm{a}\sim n)$ 如下：

$$u_k=R_s i_k-e_k, k=\mathrm{a}\sim n \tag{10-8}$$

根据电感、电流及磁链的关系，可以建立相绕组的磁链如下：

$$\psi_k(i_k,\theta_r)=L_k(i_k,\theta_r)i_k, k=\mathrm{a}\sim n \tag{10-9}$$

式中，$L_k(i_k,\theta_r)$ 为相绕组电感，是相电流 i_k和转子位置角 θ_r的函数。正是相电感随转子位置角变化而变化才产生了开关磁阻电机的电磁转矩；而相电感与相电流有关是由于电机磁路饱和非线性的缘故。

把式（10-9）和式（10-7）代入式（10-8）中进一步得定子绕组电压：

$$\begin{aligned}u_k&=R_s i_k+\frac{\partial\psi_k(i_k,\theta_r)}{\partial i_k}\frac{\mathrm{d}i_k}{\mathrm{d}t}+\frac{\partial\psi_k(i_k,\theta_r)}{\partial\theta_r}\omega_r\\&=R_s i_k+\left(L_k(i_k,\theta_r)+\frac{\partial L_k(i_k,\theta_r)}{\partial i_k}i_k\right)\frac{\mathrm{d}i_k}{\mathrm{d}t}+\frac{\partial\psi_k(i_k,\theta_r)}{\partial\theta_r}\omega_r, k=\mathrm{a}\sim n\end{aligned} \tag{10-10}$$

由式（10-10）可见，相绕组电压由三部分构成：①第一部分是电阻与电流的乘积。显然该部分为电阻压降；②第二部分是由于电流的变化而引起的，显然该部分对应的是变压器电动势；③第三部分是由于转子旋转而产生的，显然该部分对应的是运动电动势，正是该运动电动势实现了电机机电能量转换。

与其他类型电机一样，开关磁阻电机调速的关键也是电磁转矩的控制。SR 电机一相绕组通电在一个工作周期中的机电能量转换过程可用对应的磁链-电流轨迹描述，其静态性能可用随转子位置角 θ_r和相电流 i_k周期性变化的磁链 $\psi_k(i_k,\theta_r)$ 曲线来刻画。图 10-5a 是电机采用角度位置控制方式的相电流，图 10-5b 是对应相绕组的磁链-电流轨迹。$\theta_{R_{\min}}$对应定转子齿中心线重合的最小磁阻位置，$\theta_{R_{\max}}$对应定子齿中心线与转子凹槽中心线重合的最大磁阻位置。绕组通电流后，电流快速上升，转子旋转带来定子齿、转子齿之间的夹角减小，电感增大，磁链增大；在定转子齿端面重合面积最大之前的某个时刻定子绕组通电流开始换相，这样原导通相电流快速减小，绕组磁链也减小。$\theta_r=\theta_{R_{\min}}$和 $\theta_r=\theta_{R_{\max}}$位置处电感近似恒定不变。

忽略相绕组之间的互感后，可从一相绕组通电流考察电机的电磁转矩，如图 10-5b 所示每相绕组在一个工作周期内输出的机械能为磁链-电流运动轨迹包围的面积：

$$W_m=\oint i\mathrm{d}\psi \tag{10-11}$$

在任意运动点处的瞬时电磁转矩根据虚位移原理得：

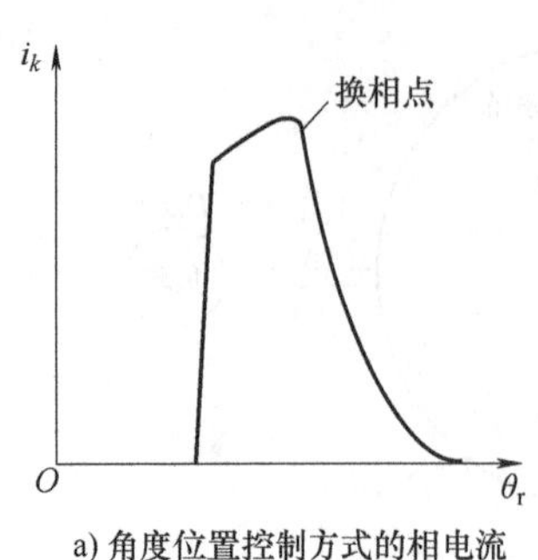

a) 角度位置控制方式的相电流

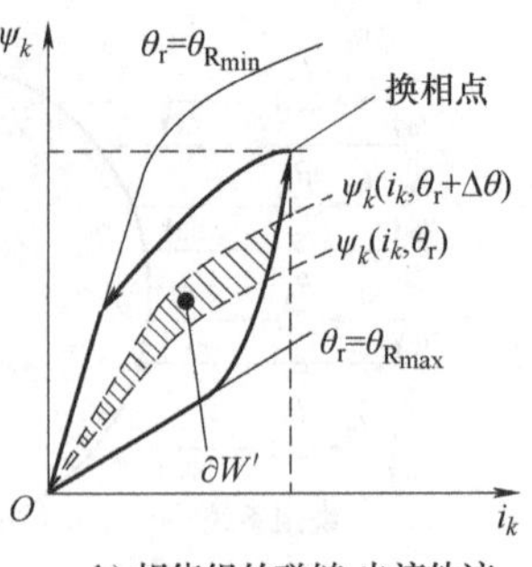

b) 相绕组的磁链-电流轨迹

图 10-5　相电流及磁链曲线示意图

$$T_x=\frac{\partial W'}{\partial\theta_r}\bigg|_{i_k=\mathrm{const}}=-\frac{\partial W}{\partial\theta_r}\bigg|_{\psi_k=\mathrm{const}} \tag{10-12}$$

式中，W'为绕组的磁共能，$W'=\int_0^{i_k}\psi\mathrm{d}i=\int_0^{i_k}L(\theta_r,i)i\mathrm{d}i$；$W$ 为绕组的储能，$W=\int_0^{\psi}i(\psi,\theta_r)\mathrm{d}\psi$。

对式（10-12）在一个工作周期内积分并取平均，得开关磁阻电机平均电磁转矩为

$$T=\frac{mN_r}{2\pi}\int_0^{2\pi/N_r}T_x(\theta_r,i(\theta_r))\mathrm{d}\theta_r=\frac{mN_r}{2\pi}\int_0^{2\pi/N_r}\int_0^{i(\theta_r)}\frac{\partial L(\theta_r,\xi)}{\partial\theta_r}\xi\mathrm{d}\xi\mathrm{d}\theta_r \tag{10-13}$$

式中，m 为开关磁阻电机的相数；N_r为转子齿数。

10.2　开关磁阻电机的运行特性

10.2.1　基于线性模型的电流及转矩特性

为了揭示 SR 电机产生电磁转矩的本质机理，首先基于电机的线性模型分析电机的运行特性，该模型假设①忽略磁路的饱和现象；②忽略铁芯损耗；③电机转速恒定；④电源电压恒定；⑤功率开关器件理想。

以定子齿和转子槽中心线重合位置为坐标原点，可以获得绕组电感线性曲线如图 10-6 所示，图中同时还给出了关键点与定、转子相对位置关系。其中，τ_r为转子极距，β_s、β_r分别定子极弧和转子极弧，θ_1对应定子齿前边沿与转子齿后边沿重合位置，θ_2对应定子齿后边沿与转子齿前边沿重合位置，θ_3对应定子齿前边沿与转子齿前边沿重合位置，θ_4对应定子齿后边沿与转子齿后边沿重合位置，θ_5对应定子齿前边沿与转子齿后边沿重合位置，$\beta_s=\theta_3-\theta_2=\theta_5-\theta_4$，$\beta_r-\beta_s=\theta_4-\theta_3$。定子齿面与转子齿面重合面积等于 0 位置绕组电感最小，记为 L_{min}；定子齿面与转子齿面重合面积最大位置绕组电感最大，记为 L_{max}。

图 10-6 的绕组线性电感与转子位置角关系如下：

$$L(\theta_r)=\begin{cases}L_{min} & (\theta_1\leqslant\theta_r<\theta_2)\\ L_{min}+K(\theta_r-\theta_2) & (\theta_2\leqslant\theta_r<\theta_3)\\ L_{max} & (\theta_3\leqslant\theta_r<\theta_4)\\ L_{max}-K(\theta_r-\theta_4) & (\theta_4\leqslant\theta_r<\theta_5)\end{cases} \tag{10-14}$$

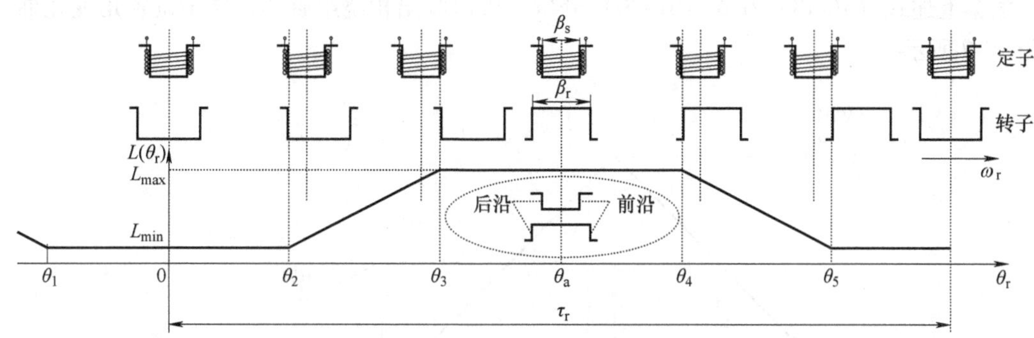

图 10-6　绕组电感线性曲线

$$K=\frac{L_{max}-L_{min}}{\theta_3-\theta_2}=\frac{L_{max}-L_{min}}{\beta_s} \tag{10-15}$$

定子电压平衡方程式（10-8）中忽略定子电阻压降后：

$$u_k=\frac{d\psi_k(i_k,\theta_r)}{dt}=\frac{d\psi_k(i_k,\theta_r)}{d\theta_r}\omega_r \tag{10-16}$$

所以

$$d\psi_k(i_k,\theta_r)=\frac{u_k}{\omega_r}d\theta_r \tag{10-17}$$

根据式（10-17）可见：转子恒定转速旋转时：①相绕组施加正向电源电压，即 $u_k=U_{dc}$，相绕组磁链以恒定的斜率 U_{dc}/ω_r 随转子位置角的增加而线性增加；②相绕组开关器件关断时刻，即 $\theta_r=\theta_{off}$ 时，磁链达到最大值；③相绕组开关器件关断后，若电源电压反向施加于相绕组上，即 $u_k=-U_{dc}$，磁链将以恒定的斜率 $-U_{dc}/\omega_r$ 随转子位置角的增加而线性下降。

具体磁链表达式推导如下：

1）相绕组开关器件开通区间

假设开关器件开通初始时刻，绕组磁链为 0，则导通相绕组磁链如下：

$$\psi_k(i_k,\theta_r)=\int_{\theta_{on}}^{\theta_r}\frac{U_{dc}}{\omega_r}d\theta_r=\frac{U_{dc}}{\omega_r}(\theta_r-\theta_{on}) \tag{10-18}$$

2）相绕组开关器件关断区间

当转子旋转至 $\theta_r=\theta_{off}$ 位置时相绕组开关器件开始关断，相绕组磁链达到最大值 ψ_{max}。根据式（10-18）可以求解出 ψ_{max} 如下：

$$\psi_{max}=\frac{U_{dc}}{\omega_r}(\theta_{off}-\theta_{on})=\frac{U_{dc}}{\omega_r}\theta_c \tag{10-19}$$

式中，$\theta_c=\theta_{off}-\theta_{on}$ 为定子相绕组通电导通角。

在相绕组开关器件关断区间，绕组磁链计算如下：

$$\psi_k(i_k,\theta_r)=\psi_{max}-\int_{\theta_{off}}^{\theta_r}\frac{U_{dc}}{\omega_r}d\theta_r=\psi_{max}-\frac{U_{dc}}{\omega_r}(\theta_r-\theta_{off})=\frac{U_{dc}}{\omega_r}(2\theta_{off}-\theta_{on}-\theta_r) \tag{10-20}$$

根据式（10-20）可见，当 $\theta_r=2\theta_{off}-\theta_{on}$ 时磁链衰减为 0。

根据上述式（10-18）和式（10-20）分析，可以画出相绕组磁链随转子位置角变化曲线如图 10-7 所示。

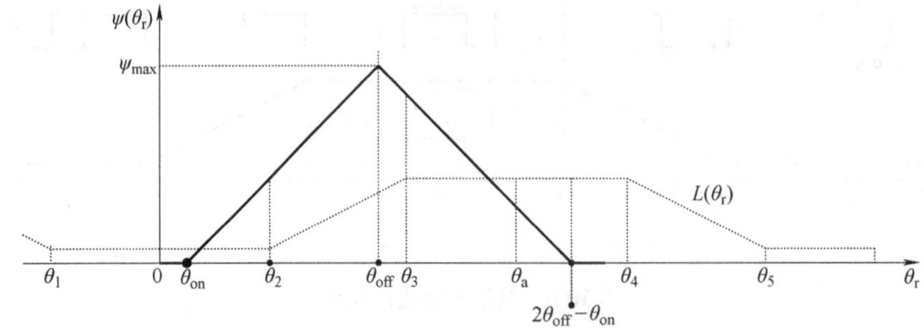

图 10-7　相绕组磁链随转子位置角变化曲线

把磁链与电感及电流的关系 $\psi_k(i_k,\theta_r)=L(\theta_r)i_k(\theta_r)$ 代入式（10-16）中得：

$$u_k=\frac{\mathrm{d}\psi_k(i_k,\theta_r)}{\mathrm{d}t}=\frac{\mathrm{d}L(\theta_r)}{\mathrm{d}\theta_r}\omega_r i_k(\theta_r)+L(\theta_r)\frac{\mathrm{d}i_k(\theta_r)}{\mathrm{d}\theta_r}\omega_r \tag{10-21}$$

式（10-21）左右两边同乘以电流 $i_k(\theta_r)$ 得绕组功率平衡方程式如下

$$u_k i_k=\frac{\mathrm{d}L(\theta_r)}{\mathrm{d}\theta_r}\omega_r i_k^2(\theta_r)+L(\theta_r)i_k(\theta_r)\frac{\mathrm{d}i_k(\theta_r)}{\mathrm{d}\theta_r}\omega_r=\frac{1}{2}\frac{\mathrm{d}L(\theta_r)}{\mathrm{d}\theta_r}\omega_r i_k^2(\theta_r)+\frac{\mathrm{d}}{\mathrm{d}t}\left(\frac{1}{2}L(\theta_r)i_k{}^2(\theta_r)\right) \tag{10-22}$$

由式（10-22）可见，当开关磁阻电机绕组通电时，若不计相绕组电阻，输入电功率一部分转化为绕组的储能 $0.5L(\theta_r)i_k^2(\theta_r)$，一部分则转换为机械功率输出 $0.5\dfrac{\mathrm{d}L(\theta_r)}{\mathrm{d}\theta_r}\omega_r i_k^2(\theta_r)$，该机械功率为绕组电流 $i_k(\theta_r)$ 与旋转电动势 $\dfrac{1}{2}\dfrac{\mathrm{d}L(\theta_r)}{\mathrm{d}\theta_r}\omega_r i_k(\theta_r)$ 乘积。

根据图 10-6 及图 10-7 曲线可见：①若在电感上升区域 $\theta_2\leqslant\theta<\theta_3$ 内绕组通电流，旋转电动势为正，产生正向电磁转矩，电源提供电能一部分转换为机械能输出，一部分以磁能的形式存储在绕组中；②若通电绕组在 $\theta_2\leqslant\theta<\theta_3$ 内断电，储存的磁能一部分转化为机械能，另一部分则反馈给电源，这时转轴上获得的电磁转矩仍然是电动转矩；③在最大电感为常数 L_{max} 的区域 $\theta_3\leqslant\theta<\theta_4$ 内，旋转电动势为 0。如果电流继续流动，绕组磁能仅反馈给电源，转轴上没有电磁转矩；④若电流在电感下降区域 $\theta_4\leqslant\theta<\theta_5$ 流动，旋转电动势为负，产生制动转矩。这时回馈给电源的能量既有绕组释放的磁能，也有制动转矩产生的机械能，SR 电机运行于发电状态。

显然，为了获得到较大的有效转矩，一方面应尽量减小制动转矩，即在绕组电感开始随转子位置减小时应尽快使绕组电流衰减到 0，为此关断角 θ_{off} 设计在最大电感达到之前；另一方面，应尽量提高电动转矩，即在绕组电感随转子位置上升区域应尽量流过较大的电流。

由于绕组电感表达式是分段线性，故需要分段求解绕组电流，具体如下。

1）转子位置处于 $\theta_1\leqslant\theta_r<\theta_2$ 区间

假设绕组在导通角 θ_{on} 处开始通电流，电源电压 U_{dc} 施加在绕组上，初始电流 $i(\theta_{on})=0$

代入式（10-21）得

$$i(\theta_r)=\frac{U_{dc}}{\omega_r}\frac{\theta_r-\theta_{on}}{L_{min}} \tag{10-23}$$

从式（10-23）可见，电流在最小电感区域 $\theta_1\leqslant\theta<\theta_2$ 内是线性上升，上升斜率为

$$\frac{di(\theta_r)}{d\theta_r}=\frac{U_{dc}}{\omega_r L_{min}} \tag{10-24}$$

由于该区域内电感恒等于最小 L_{min}，无旋转电动势，因此开关磁阻电机相电流可在该区域内迅速建立；根据式（10-23）可知，若减小 θ_{on}，则电流幅值会增加。通过合理选择开通角 θ_{on}，使得相电流在进入电感上升区域 $\theta_3\leqslant\theta<\theta_4$ 时达到一定的数值，可以保证电机产生足够的电磁转矩。

2）转子位置处于 $\theta_2\leqslant\theta_r<\theta_{off}$ 区间

根据式（10-23）可以求解出 $\theta_r=\theta_2$ 时绕组电流

$$i(\theta_2)=\frac{U_{dc}}{\omega_r}\frac{\theta_2-\theta_{on}}{L_{min}} \tag{10-25}$$

在此区域内，绕组电感为 $L_{min}+K(\theta_r-\theta_2)$，绕组端电压为 U_{dc}，则把上述条件代入（10-21）得：

$$U_{dc}=K\omega_r i(\theta_r)+(L_{min}+K(\theta_r-\theta_2))\frac{di(\theta_r)}{d\theta_r}\omega_r \tag{10-26}$$

对式（10-26）一阶微分方程在初始条件（10-25）情况下进一步求解化简如下：

$$i(\theta_r)=\frac{U_{dc}}{\omega_r}\frac{\theta_r-\theta_{on}}{L_{min}+K(\theta_r-\theta_2)} \tag{10-27}$$

根据式（10-27）进一步求解电流变化率

$$\frac{di(\theta_r)}{d\theta_r}=\frac{U_{dc}}{\omega_r}\frac{L_{min}+K(\theta_{on}-\theta_2)}{L_{min}+K(\theta_r-\theta_2)^2} \tag{10-28}$$

由式（10-28）可见：①若 $\theta_{on}<\theta_2-L_{min}/K$，则 $di(\theta_r)/d\theta_r<0$，电流将在电感上升区域内下降，这是由于 θ_{on} 较小，电流在 θ_2 处将有相当大的数值，使得旋转电动势超过了电源电压 U_{dc}；②若 $\theta_{on}=\theta_2-L_{min}/K$，则 $di(\theta_r)/d\theta_r=0$，电流将保持不变，旋转电动势恰好等于电源电压 U_{dc}；③若 $\theta_{on}>\theta_2-L_{min}/K$，则 $di(\theta_r)/d\theta_r>0$，电流将在电感上升区域内继续上升。这是由于 θ_{on} 较大，所以电流在 θ_2 处数值较小，使得旋转电动势小于电源电压 U_{dc}。对应上述三种不同 θ_{on} 的电流波形如图 10-8 所示。

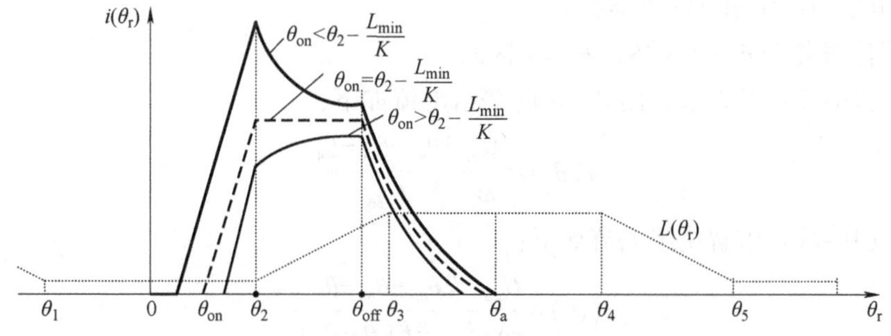

图 10-8　三种开通角 θ_{on} 时电流波形示意图

显然，$\theta_{on}=\theta_2-L_{min}/K$ 所对应的电流波形顶部平坦，这对于电机和电力电子开关器件均有利；但实际电机在某些运行速度区域通常需要通过调节开通角度 θ_{on} 实现转速调节，所以实际相电流顶部平坦是无法保证的。

3）转子位置处于 $\theta_{off}\leqslant\theta_r<\theta_3$ 区间

根据式（10-27）可以求解出 $\theta_r=\theta_{off}$ 时绕组电流

$$i(\theta_{off})=\frac{U_{dc}}{\omega_r}\frac{\theta_{off}-\theta_{on}}{L_{min}+K(\theta_{off}-\theta_2)} \tag{10-29}$$

在此区域内，绕组电感为 $L_{min}+K(\theta_r-\theta_2)$，绕组端电压为 $-U_{dc}$，则将上述条件代入(10-21)得：

$$-U_{dc}=K\omega_r i(\theta_r)+(L_{min}+K(\theta_r-\theta_2))\frac{di(\theta_r)}{d\theta_r}\omega_r \tag{10-30}$$

对式（10-30）一阶微分方程在初始条件（10-29）情况下进一步求解化简如下：

$$i(\theta_r)=\frac{U_{dc}}{\omega_r}\frac{2\theta_{off}-\theta_{on}-\theta_r}{L_{min}+K(\theta_r-\theta_2)} \tag{10-31}$$

由于电流不会反方向，故令 $i(\theta_3)=0$，得 $\theta_3=2\theta_{off}-\theta_{on}$，则①若关断角度满足 $\theta_{off}<0.5(\theta_3+\theta_{on})$ 则相电流将在电感上升区内衰减至零；②若关断角度满足 $\theta_{off}>0.5(\theta_3+\theta_{on})$ 则相绕组续流进入最大相电感区域，甚至可能进入相电感下降区域。因此，为了避免产生较大的制动转矩，应适当将 θ_{off} 提前，使得与续流起始电流相对应的相电感较小，加快续流电流衰减速度。

4）转子位置处于 $\theta_3\leqslant\theta_r<\theta_4$ 区间

根据式（10-31）可以求解出 $\theta_r=\theta_3$ 时绕组电流

$$i(\theta_3)=\frac{U_{dc}}{\omega_r}\frac{2\theta_{off}-\theta_{on}-\theta_3}{L_{max}} \tag{10-32}$$

根据式（10-21）求解绕组电流如下：

$$i(\theta_r)=\frac{U_{dc}}{\omega_r}\frac{2\theta_{off}-\theta_{on}-\theta_r}{L_{max}} \tag{10-33}$$

则电流变化率

$$\frac{di(\theta_r)}{d\theta_r}=-\frac{U_{dc}}{\omega_r L_{max}}<0 \tag{10-34}$$

上式表明续流电流线性衰减，在该区间内无旋转电动势，相电流不产生电磁转矩，只有外施的反向电压 $-U_{dc}$ 作用下线性衰减。

5）转子位置处于 $\theta_4\leqslant\theta_r<2\theta_{off}-\theta_{on}<\theta_5$ 区间

根据式（10-32）可以求解出 $\theta_r=\theta_4$ 时绕组电流如下：

$$i(\theta_4)=\frac{U_{dc}}{\omega_r}\frac{2\theta_{off}-\theta_{on}-\theta_4}{L_{max}} \tag{10-35}$$

根据式（10-21）求解绕组电流如下：

$$i(\theta_r)=\frac{U_{dc}}{\omega_r}\frac{2\theta_{off}-\theta_{on}-\theta_r}{L_{max}-K(\theta_r-\theta_4)} \tag{10-36}$$

从式（10-36）可见，若有续流电流在电感下降区流动，那么当 $\theta_r=2\theta_{off}-\theta_{on}$ 时，其衰减至零。①由于电机转矩的提高要求 θ_{off} 不可以太小；②电动运行时，电感下降区的续流电流一般较小，由此产生的制动性电磁转矩也较小；③适当选择 θ_{off} 大小，允许电流延续到该区域，则有利于产生电动性转矩的有效电流提高。所以根据上述分析，存在一个最优的 θ_{off} 取值，一般 $\theta_{off}<\theta_4$，且 $\theta_{off}-\theta_{on}\leqslant\tau_r/2$。

根据式（10-23）可见，减小 θ_{on} 可以增大电流峰值，因此调节 θ_{on} 是调整电流波形和峰值的主要手段。由于电流波形的起始段的上升率及电流峰值对系统运行性能影响很大，一般电流上升快，电流峰值高，可提高电机的出力，效率也可以提高一些，但这样会增大振动、噪声，所以应该适当选择开通角 θ_{on}。

总结以上线性化模型中电流表达式如下：

$$
\begin{cases}
i(\theta_r)=\dfrac{U_{dc}}{\omega_r}\dfrac{\theta_r-\theta_{on}}{L_{min}} & \theta_1\leqslant\theta_r<\theta_2\\
i(\theta_r)=\dfrac{U_{dc}}{\omega_r}\dfrac{\theta_r-\theta_{on}}{L_{min}+K(\theta_r-\theta_2)} & \theta_2\leqslant\theta_r<\theta_{off}\\
i(\theta_r)=\dfrac{U_{dc}}{\omega_r}\dfrac{2\theta_{off}-\theta_{on}-\theta_r}{L_{min}+K(\theta_r-\theta_2)} & \theta_{off}\leqslant\theta_r<\theta_3\\
i(\theta_r)=\dfrac{U_{dc}}{\omega_r}\dfrac{2\theta_{off}-\theta_{on}-\theta_r}{L_{max}} & \theta_3\leqslant\theta_r<\theta_4\\
i(\theta_r)=\dfrac{U_{dc}}{\omega_r}\dfrac{2\theta_{off}-\theta_{on}-\theta_r}{L_{max}-K(\theta_r-\theta_4)} & \theta_4\leqslant\theta_r<2\theta_{off}-\theta_{on}<\theta_5
\end{cases}
\tag{10-37}
$$

根据式（10-22）电磁功率，恒定电机转速下的电磁转矩如下：

$$
T_e=\frac{1}{2}\frac{dL(\theta_r)}{d\theta_r}i_k^2(\theta_r) \tag{10-38}
$$

结合式（10-14）电感表达式，可以进一步求解出恒定转速下电磁转矩如下：

$$
T_e=\frac{1}{2}\frac{dL(\theta_r)}{d\theta_r}i_k^2(\theta_r)=
\begin{cases}
0 & (\theta_1\leqslant\theta<\theta_2)\\
0.5Ki_k^2(\theta_r) & (\theta_2\leqslant\theta<\theta_3)\\
0 & (\theta_3\leqslant\theta<\theta_4)\\
-0.5Ki_k^2(\theta_r) & (\theta_4\leqslant\theta<\theta_5)
\end{cases}
\tag{10-39}
$$

把式（10-37）电流瞬时值代入式（10-39）可以进一步求解出绕组电流变化过程中电磁转矩如下式（10-40），对应的电磁转矩波形示意图如图 10-9 所示。

$$
T_e=\begin{cases}
\dfrac{1}{2}K\left(\dfrac{U_{dc}}{\omega_r}\dfrac{\theta_r-\theta_{on}}{L_{min}+K(\theta_r-\theta_2)}\right)^2 & \theta_2\leqslant\theta_r<\theta_{off}\\
\dfrac{1}{2}K\left(\dfrac{U_{dc}}{\omega_r}\dfrac{2\theta_{off}-\theta_{on}-\theta_r}{L_{min}+K(\theta_r-\theta_2)}\right)^2 & \theta_{off}\leqslant\theta_r<\theta_3\\
-\dfrac{1}{2}K\left(\dfrac{U_{dc}}{\omega_r}\dfrac{2\theta_{off}-\theta_{on}-\theta_r}{L_{max}-K(\theta_r-\theta_4)}\right)^2 & \theta_4\leqslant\theta_r<(2\theta_{off}-\theta_{on})<\theta_5\\
0 & \text{其他区域}
\end{cases}
\tag{10-40}
$$

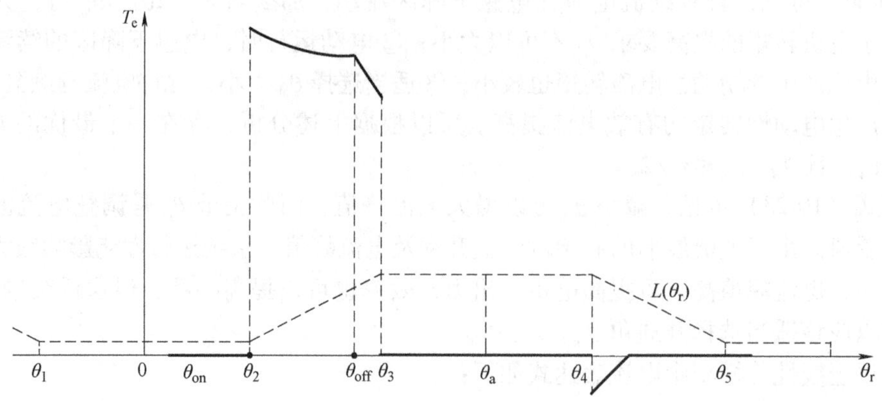

图 10-9　考虑电流动态后的电磁转矩

10.2.2　基于准线性模型的电流及转矩特性

线性模型没有考虑到电机磁路的非线性，实际磁路存在磁饱和等非线性因素。本节研究一种基于准线性模型的电流及转矩特性，该模型用两段线性曲线描述实际电机的非线性磁化曲线，如图 10-10 所示，图中 i_1 对应磁化曲线开始弯曲点，相绕组电感分段数学模型具体如下：

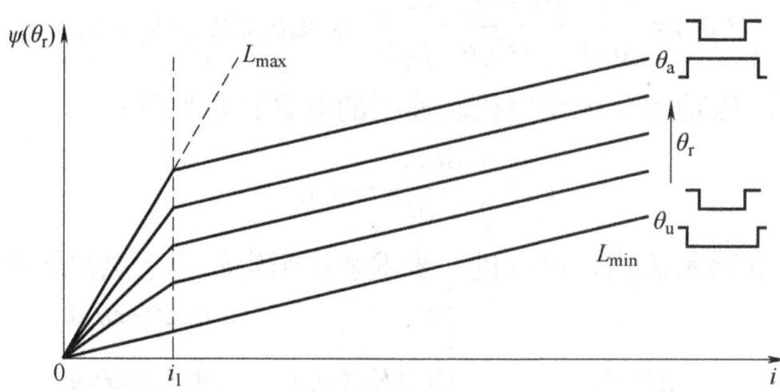

图 10-10　非线性磁化曲线模型

$$L(\theta_r,i)=\begin{cases}L_{min} & \theta_1\leqslant\theta_r<\theta_2\\ \left.\begin{array}{ll}L_{min}+K(\theta_r-\theta_2) & 0\leqslant i\leqslant i_1\\ L_{min}+K(\theta_r-\theta_2)i_1/i & i\geqslant i_1\end{array}\right\} & \theta_2\leqslant\theta_r<\theta_3\\ \left.\begin{array}{ll}L_{max} & 0\leqslant i\leqslant i_1\\ L_{min}+(L_{max}-L_{min})i_1/i & i\geqslant i_1\end{array}\right\} & \theta_3\leqslant\theta_r<\theta_4\\ \left.\begin{array}{ll}L_{max}-K(\theta_r-\theta_4) & 0\leqslant i\leqslant i_1\\ L_{min}+[L_{max}-L_{min}-K(\theta_r-\theta_4)]i_1/i & i\geqslant i_1\end{array}\right\} & \theta_4\leqslant\theta_r<\theta_5\end{cases}\tag{10-41}$$

根据式（10-41）进一步可以求解出相绕组磁链的分段解析式如下：

$$\psi(i,\theta_r)=L(\theta_r,i)\cdot i=\begin{cases}L_{\min}i & & \theta_1\leqslant\theta_r<\theta_2\\ [L_{\min}+K(\theta_r-\theta_2)]i & 0\leqslant i\leqslant i_1 & \theta_2\leqslant\theta_r<\theta_3\\ L_{\min}i+K(\theta_r-\theta_2)i_1 & i\geqslant i_1 & \theta_2\leqslant\theta_r<\theta_3\\ L_{\max}i & 0\leqslant i\leqslant i_1 & \theta_3\leqslant\theta_r<\theta_4\\ L_{\min}i+(L_{\max}-L_{\min})i_1 & i\geqslant i_1 & \theta_3\leqslant\theta_r<\theta_4\\ [L_{\max}-K(\theta_r-\theta_4)]i & 0\leqslant i\leqslant i_1 & \theta_4\leqslant\theta_r<\theta_5\\ L_{\min}i+[L_{\max}-L_{\min}-K(\theta_r-\theta_4)]i_1 & i\geqslant i_1 & \theta_4\leqslant\theta_r<\theta_5\end{cases}\tag{10-42}$$

根据式（10-42）列写电机磁共能表达式如下：

$$W'(i,\theta_r)=\begin{cases}0.5L_{\min}i^2 & & \theta_1\leqslant\theta_r<\theta_2\\ 0.5[L_{\min}+K(\theta_r-\theta_2)]i^2 & 0\leqslant i\leqslant i_1 & \theta_2\leqslant\theta_r<\theta_3\\ 0.5L_{\min}i^2+K(\theta_r-\theta_2)i_1(i-0.5i_1) & i\geqslant i_1 & \theta_2\leqslant\theta_r<\theta_3\\ 0.5L_{\max}i^2 & 0\leqslant i\leqslant i_1 & \theta_3\leqslant\theta_r<\theta_4\\ 0.5L_{\min}i^2+(L_{\max}-L_{\min})i_1(i-0.5i_1) & i\geqslant i_1 & \theta_3\leqslant\theta_r<\theta_4\\ 0.5[L_{\max}-K(\theta_r-\theta_4)]i^2 & 0\leqslant i\leqslant i_1 & \theta_4\leqslant\theta_r<\theta_5\\ 0.5L_{\min}i^2+[L_{\max}-L_{\min}-K(\theta_r-\theta_4)]i_1(i-0.5i_1) & i\geqslant i_1 & \theta_4\leqslant\theta_r<\theta_5\end{cases}\tag{10-43}$$

根据式（10-43）求解电磁转矩分段解析表达式如下：

$$T_e=\frac{\partial W'(i,\theta_r)}{\partial\theta_r}=\begin{cases}0 & & \theta_1\leqslant\theta_r<\theta_2\\ 0.5Ki^2 & 0\leqslant i\leqslant i_1 & \theta_2\leqslant\theta_r<\theta_3\\ Ki_1(i-0.5i_1) & i\geqslant i_1 & \theta_2\leqslant\theta_r<\theta_3\\ 0 & & \theta_3\leqslant\theta_r<\theta_4\\ -0.5Ki^2 & 0\leqslant i\leqslant i_1 & \theta_4\leqslant\theta_r<\theta_5\\ -Ki_1(i-0.5i_1) & i\geqslant i_1 & \theta_4\leqslant\theta_r<\theta_5\end{cases}\tag{10-44}$$

从式（10-44）可见（1）当电机相电流较小（$0\leqslant i\leqslant i_1$）时，磁路不饱和，在电感的上升及下降工作区域内，瞬时转矩与电流的二次方成正比；（2）若电机相电流较大，则电机进入饱和状态，对应的瞬时转矩与电流一次方成正比。

从电机机电能量转换角度，开关磁阻电机每一步的磁共能 $W'(i,\theta_r)$，即转换成机械功率输出的有效电磁能量，为电流变化一个周期内，磁链-电流平面各工作点所构成的闭合曲线面积 W_1，所以 m 相开关磁阻电机的总平均电磁转矩 T_{av} 为

$$T_{av}=\frac{W_1}{\alpha_p}=W_1\frac{mZ_R}{2\pi}\tag{10-45}$$

经过推导，平均转矩的表达式为

$$T_{av}=\frac{mZ_R}{2\pi}\left(\frac{U_{dc}}{\omega_r}\right)^2(\theta_{off}-\theta_2)\left(\frac{\theta_2-\theta_{on}}{L_{min}}-\frac{1}{2}\frac{\theta_{off}-\theta_2}{L_{max}-L_{min}}\right) \tag{10-46}$$

平均输出功率如下：

$$P_{av}=T_{av}\omega_r=\frac{mZ_R}{2\pi}\cdot\frac{U_{dc}^2}{\omega_r}(\theta_{off}-\theta_2)\left(\frac{\theta_2-\theta_{on}}{L_{min}}-\frac{1}{2}\frac{\theta_{off}-\theta_2}{L_{max}-L_{min}}\right) \tag{10-47}$$

从式（10-46）可见①L_{max}/L_{min}值越大，每一步的有效电磁能量 W_1 的最大值也越大，产生的电磁转矩也越大；②当 L_{max}/L_{min}已经较大时，再增大 L_{max}/L_{min}对提升 T_{av}帮助不显著，而要显著提高 L_{max}/L_{min}达到一个较高的值则比较困难。所以 L_{max}/L_{min}的值有一个比较合理的取值范围，通常选择 $L_{max}/L_{min}=6$ 较为合适。

从式（10-46）同时可以看出：①在角速度一定情况下，导通角 θ_{on}减小，在最小电感区域电流上升时间越长，从而增大进入电感上升工作区的电流，提高了电磁转矩输出，因此导通角 θ_{on}是控制电磁转矩的一个关键参数；②在导通角 θ_{on}一定情况下，增大关断角 θ_{off}，不仅可使电感上升区内的平均电流增加，从而导致电动转矩增大，但同时也可能使电感下降区域内的平均电流增加，从而引起制动转矩增加。因此，关断角 θ_{off}必有一个最佳角，当关断角大于该值，制动转矩的增值超过电动转矩的增值，平均转矩开始下降。

10.3 开关磁阻电机的调速控制

10.3.1 开关磁阻电机的调速控制方法

1. 电流斩波控制（Current Chop Control，CCC）

当电机低速运行时，绕组中旋转电动势幅值较小，相绕组电流上升很快；为了避免过大的电流脉冲对功率管及电机造成损坏，需要对电流峰值进行限定。可采用电流斩波方式获得恒定的电磁转矩输出。在电流斩波方式中，对应相绕组开通角 θ_{on}和关断角 θ_{off}一般固定，对应的电流斩波过程示意图如图 10-11 所示，其中 I_h为电流滞环比较器误差带。

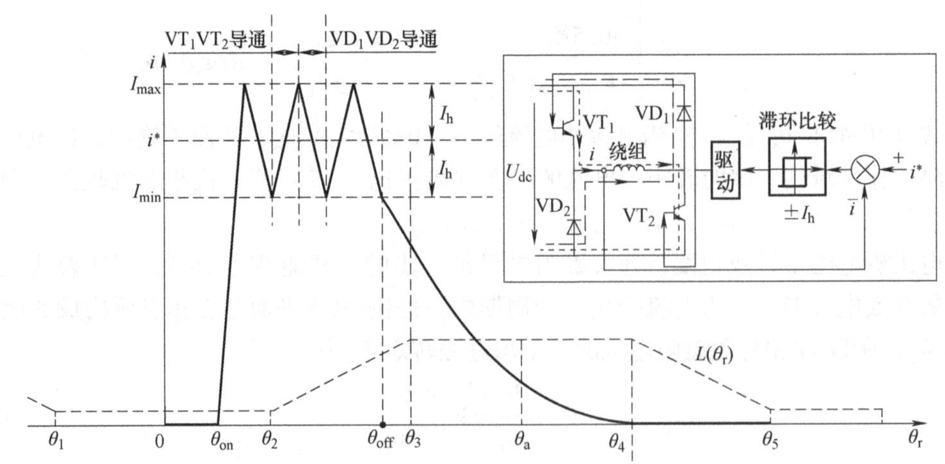

图 10-11　电流斩波控制电流波形示意图

① 当 $\Delta i=i^*-i\geqslant+I_h$时，功率开关 VT_1、VT_2同时开通，绕组上施加正向电压$+U_{dc}$，绕组电流 i 正向增大；②当绕组电流正向增大至 $I_{max}=i^*+I_h$后，$\Delta i=i^*-i\leqslant-I_h$，功率开关 VT_1、VT_2同时关断，绕组正向电流通过 VD_1、VD_2二极管回馈电源，绕组上施加反向电压$-U_{dc}$，绕组电流反向减小；③当绕组电流反向减小至 $I_{min}=i^*-I_h$后，$\Delta i=i^*-i\geqslant+I_h$，功率开关 VT_1、VT_2同时开通，绕组上施加正向电压$+U_{dc}$，绕组电流正向增大。通过改变电流给定 i^*，从而控制导通区电流平均值，实现对电磁转矩及转速的调节。

通过适当的误差带$\pm I_h$的设置可以获得较为精确的电流控制效果。CCC 方式具有控制简单，开关损耗较小，但斩波频率不固定，不利于电磁噪声的消除。

2. 电压斩波控制（Voltage Chop Control，VCC）

相绕组开通角 θ_{on}和关断角 θ_{off}不变前提条件下，功率开关器件（例如图 10-11 中的 VT_1 和 VT_2）工作于脉宽调制（PWM）方式。脉冲周期固定，通过调节 PWM 波的占空比 D 来调节施加于绕组两端电压的平均值，进而改变绕组电流的大小，实现对电磁转矩及转速的调节。按照续流方式不同可以分为单管斩波和双管斩波方式。其中双管斩波示意图如图 10-12 所示。电流误差通过 PWM 控制器产生一定占空比 D 的 PWM 波同时驱动 VT_1和 VT_2开通和关断，一个控制周期 T_s内电流流通路径如图 10-12 虚线所示。

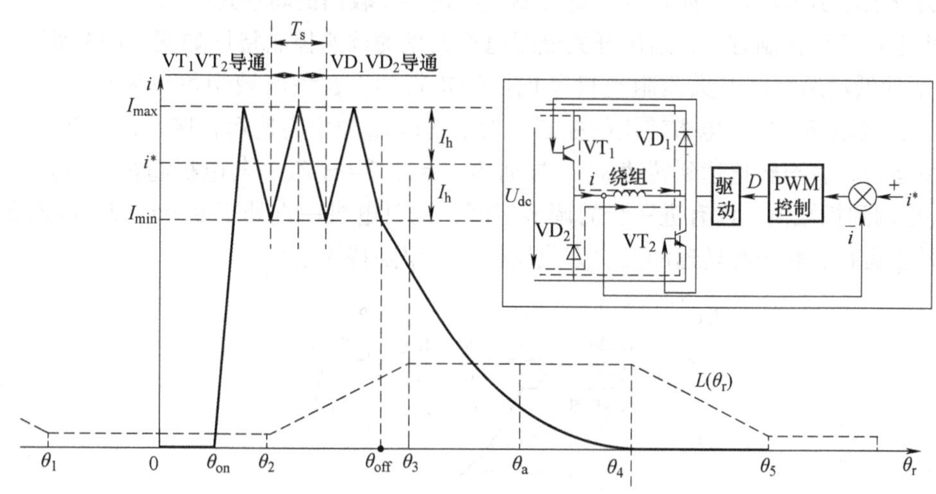

图 10-12　双管斩波示意图

单管斩波示意图如图 10-13 所示。该例中，VT_1 一直导通，VT_2 处于 PWM 控制。一个控制周期 T_s内电流流通路径如图 10-13 虚线所示，电流续流回路为 VT_1—绕组—VD_1。由于续流器件施加绕组上得外界电压为零，所以电流脉动更小。

3. 角度位置控制（Angle Position Control，APC）

APC 方式是指加在绕组上的电压一定情况下，通过改变绕组上主开关的开通角 θ_{on}和关断角 θ_{off}，来改变绕组的通电、断电时刻，调节相电流的波形，实现电磁转矩及转速控制。

APC 方式在 θ_{on}至 θ_{off}的区间内，相绕组一直通电，直到 θ_{off}处主开关器件关断，相绕组释放磁能，直到 $\theta_r=2\theta_{off}-\theta_{on}$处电流降为零，每一个步距角内开关器件仅通断一次。角度位置控制优点：①转矩调节范围大，电流占空比的变化范围几乎从 0~100%；②可以同时导通

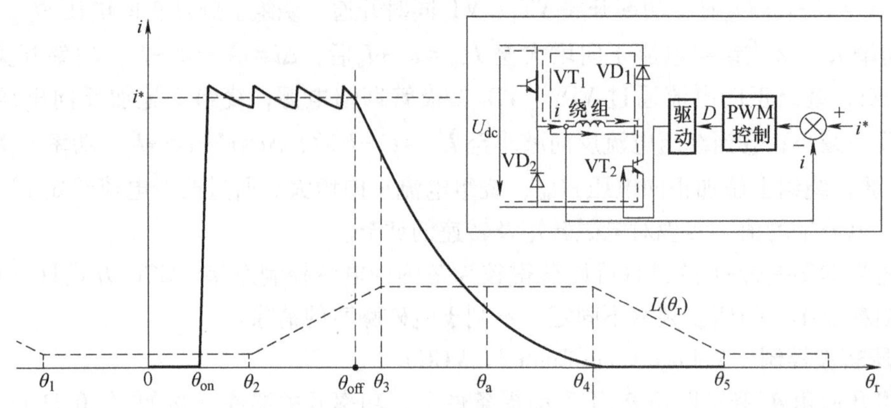

图 10-13　单管斩波示意图

多相。同时导通的相数越多，电机出力越大，转矩脉动较小；③电机运行的效率高，通过角度优化能使电机在不同负载下保持较高的效率；④不适用于低速。在 APC 中，电流峰值主要由旋转电动势限制。当转速降低时，旋转电动势减小，电流峰值有可能会超过允许值，需要添加另外的限流方法，因此角度位置控制一般适用于较高的转速运行区。

根据上述几种控制方式，给出开关磁阻电机典型的调速控制特性如图 10-14 所示。在基速 ω_b以下的低速运行区开关磁阻电机呈现恒转矩特性，在该区域中可以采用 CCC 方式或 VCC 方式控制电流来实现电磁转矩的控制；大于基速 ω_b的中高速运行区采用 APC 方式，实现恒功率运行，直至转速达到转速 ω_{sc}、导通角 $\theta_c=\tau_r/2=\pi/Z_R$；若电机超过 ω_{sc}运行，由于 θ_{on}和 θ_{off}已调到极限值，没有进一步的调节空间，这时电机一直处于 $\theta_c=\tau_r/2=\pi/Z_R$的固有机械特性上运行，转矩与转速的二次方成反比，即串励特性运行。

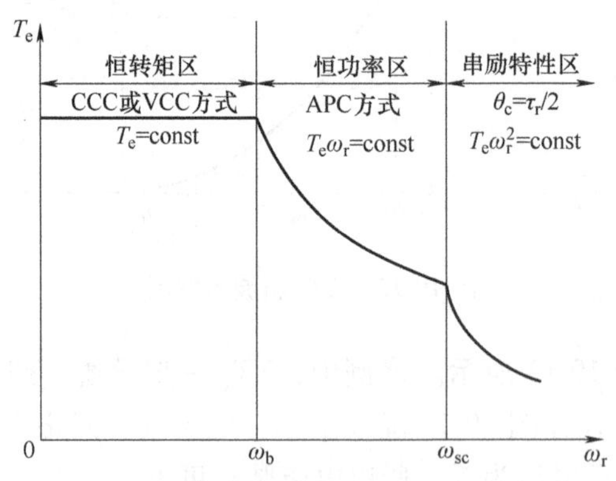

图 10-14　典型的调速控制特性

10.3.2　转速闭环的开关磁阻电机的调速系统

开关磁阻电机调速系统与其他电机类似，可以利用转速闭环结构实现转速的精确控制。但在控制过程中需要注意开关磁阻电机磁路非线性严重，而且相绕组的电流开始与转子位置直接相关。典型的转速单闭环开关磁阻电机调速系统如下图 10-15 所示。转速调速器输出绕

组电压给定 u^*，经过电压控制 PWM 单元输出控制功率开关的占空比信号 D；转子位置角 θ_r 送给开关角的预控制环节，输出绕组电流的开通角 θ_{on}和关断角 θ_{off}；开通角 θ_{on}、关断角 θ_{off}、转子位置角 θ_r及绕组电流 i 送给逻辑单元及过电流保护单元，输出控制功率开关驱动信号。

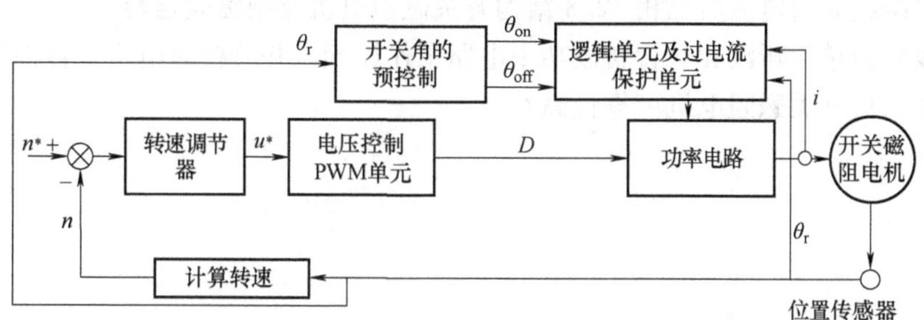

图 10-15　转速单闭环的开关磁阻电机调速系统

也可以采用转速、电流双闭环构建开关磁阻电机调速系统如图 10-16 所示，外环为转速环，转速调节器输出相绕组电流的幅值给定 i^*_{max}；根据转子位置角 θ_r对相绕组电流的幅值进行归一化处理输出绕组电流给定 i^*；利用绕组电流反馈值 i 构成绕组电流闭环，经过电流调节器输出功率开关驱动信号；具体哪一相或哪几相绕组导通取决于转子位置角 θ_r。双闭环结构可以实现绕组电流更好的规划，能够有效抑制电网电压波动对电机运行性能的影响。

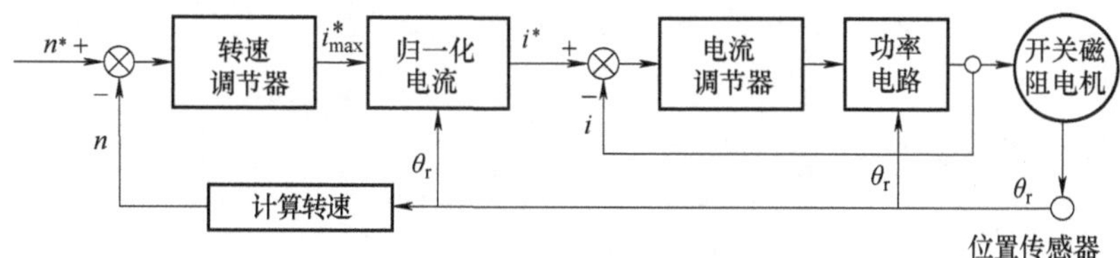

图 10-16　转速、电流双闭环开关磁阻电机调速系统

习题

1. 简述三相 6/4 结构开关磁阻电机在单相循环通断情况下转子旋转原理。

2. 阐述开关磁阻电机与永磁同步电机结构上的差异。

3. 比较三相 6/4 结构、四相 8/6 结构、三相 12/8 结构开关磁阻电机在产生电磁转矩、电磁转矩脉动、转子单边磁拉力等方面的区别。

4. 分析开关磁阻电机产生驱动性转矩、产生制动转矩时绕组导通位置，并解释为什么？

5. 画出一种开关磁阻电机调速系统结构，并比较转子位置传感器与矢量控制交流电机调速系统中转子位置传感器在选择上有何差异？

6. 推导开关磁阻电机中绕组通断切换频率与转子旋转速度之间的关系式。

7. 阐述四相 8/6 结构开关磁阻在单相循环通断情况下转子旋转原理。

8. 比较三种调速控制方法原理、运行速度区域。

9. 画出开关磁阻电机典型的调速控制特性曲线，并进行分析。

10. 画出典型的线性磁路情况下开关磁阻电机的电感特性曲线，并标明关键点处定、转子齿相对位置关系。

11. 线性磁路和饱和磁路产生电磁转矩的能力比较分析。

12. 画出绕组导通电流后三相 12/8 结构开关磁阻电机典型磁通路径。

13. 比较分析单管斩波和双管斩波功率电路工作原理，并分析对电机运行性能的影响。

14. 为什么说开关磁阻电机可靠性高？

第 11 章　电励磁同步电机调速控制

电励磁同步电机具有容量大、功率因数高、运行平稳等突出优点，在大容量电力传动或大容量发电领域获得了广泛应用。为了抑制转子动态过程中震荡问题或解决转子定频起动问题，通常在转子上安装有笼型绕组（即阻尼绕组）。转子与定子同步磁场之间存在转速差的过程中，会在阻尼绕组中产生感应电流，从而产生转矩抑制转子震荡或作为起动转矩起动转子旋转。而且，可以通过调节电励磁同步电机转子上励磁绕组电流，来调节气隙磁场大小，从而实现定子侧的运行性能的控制。由此可见，电励磁同步电机数学模型与普通的永磁同步电机有联系，也有差别。也正是这样的差别，从而导致电励磁同步电机矢量控制系统呈现出新的特点。

本章结合电励磁同步电机结构，讲解其数学模型、气隙磁场定向矢量控制原理及控制系统、转子励磁电流控制策略等。

11.1　电励磁同步电机结构及调速概述

11.1.1　电机结构

典型的电励磁同步电机结构示意图如图 11-1 所示，主要包括定子和转子两大部分。其中定子结构与异步电机类似也是由分布式三相绕组及定子铁心构成；转子由凸极式磁极、励磁绕组、阻尼导条等构成，励磁绕组通过随转轴旋转的集电环与固定在定子上电刷相连接。转子励磁绕组中流过直流电流产生气隙主磁场，阻尼导条在转子动态过程中感应产生感应电流，从而产生附加转矩阻尼转子动态中振荡。由于转子具有明显的磁凸极结构，所以电励磁同步电机一般是凸极式电机，且励磁绕组轴线方向的电感（直轴电感）大于垂直于励磁绕组轴线方向的电感（交轴电感）。

11.1.2　调速概述

根据电机学中电励磁同步电机运行原理讲解可见，转子稳态运行转速 n_r 与同步磁场旋转速度 n_s 相同，即

$$n_r = n_s = \frac{60f_s}{n_p} \tag{11-1}$$

根据式（11-1）可见，调节定子供电频率 f_s 即可调节转子速度。若忽略定子阻抗压降，则定子电压 U_s 近似如下：

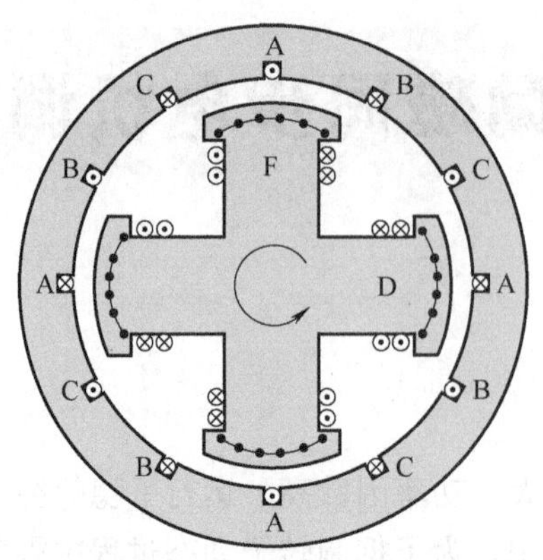

图 11-1　电励磁同步电机结构示意图

$$U_s \approx 4.44 f_s N_s K_{Ns} \phi_g \tag{11-2}$$

从式（11-2）可见，若要维持气隙磁通 ϕ_g 恒定，需要定子电压 U_s 与频率 f_s 之间近似成正比关系，即电励磁同步电机变频调速时也要变电压，具体可以分为他控式变频调速和自控式变频调速，两种变频调速系统结构框图如图 11-2 所示。其中，他控式变频调速根据外在的转速给定及 U/f 曲线直接计算施加于定子绕组的电压矢量；而自控式变频调速需要根据转子旋转速度、转子实际位置等计算施加于定子绕组的电压矢量，而且还需要依赖一定的控制目标控制转子励磁电流。

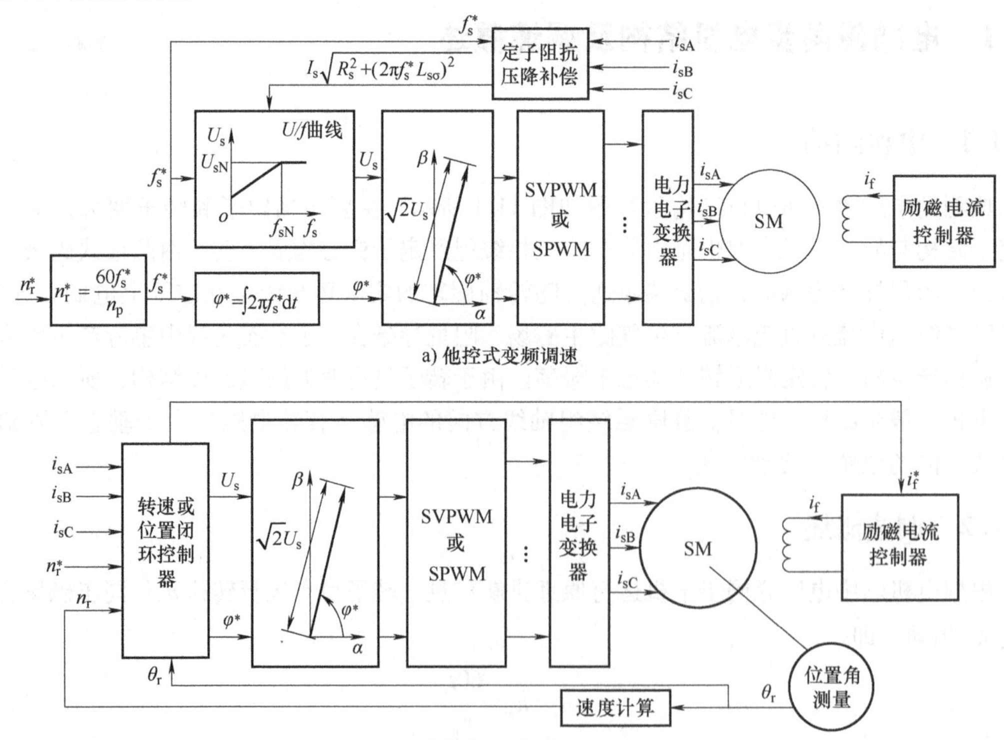

图 11-2　电励磁同步电机变频调速系统结构框图

对比分析可见：

1）他控式变频调速由于采用转子旋转速度开环结构，其典型特征为：①定子绕组频率不随转子转速变化而变化，转子动态振荡厉害，动态响应慢；②转子具有失步的危险。

2）而自控式变频调速采用转速及转子位置反馈闭环，其典型特征为：①定子绕组频率跟随转子转速变化而同步变化，转子动态响应快；②气隙磁场同步转速始终跟踪转子速度，转子负载能力强；③转子没有失步的危险。

实际构成自控式变频调速的控制策略有多种，例如负载换向的同步电机控制策略、直接转矩控制策略、磁场定向矢量控制策略等。

11.2　电励磁同步电机数学模型

11.2.1　自然坐标系数学模型

为了便于讲解自然坐标系数学模型，采用如图 11-3 所示的绕组简化示意图。存在三种坐标系，ABC 为定子自然坐标系；dq 为转子同步旋转坐标系，其中 d 轴定向于转子励磁绕组磁场 N 极方向；mt 为气隙磁场定向坐标系，其中 m 轴与气隙磁链矢量 $\boldsymbol{\psi}_g$ 同向。各变量在对应轴上投影分量用该轴符号插入下标区分。转子励磁绕组轴线与 d 轴同方向，转子阻尼绕组等效为 dq 两轴上。dq 和 mt 两坐标系夹角 φ_L 定义为负载角。$\boldsymbol{e}_g$ 为气隙感应电动势，定子电压 $\boldsymbol{u}_s$ 与定子电流 $\boldsymbol{i}_s$ 之间夹角定义为外功率因数角 φ_e，气隙感应电动势 $\boldsymbol{e}_g$ 与定子电流 $\boldsymbol{i}_s$ 之间夹角定义为内功率因数角 φ_i。

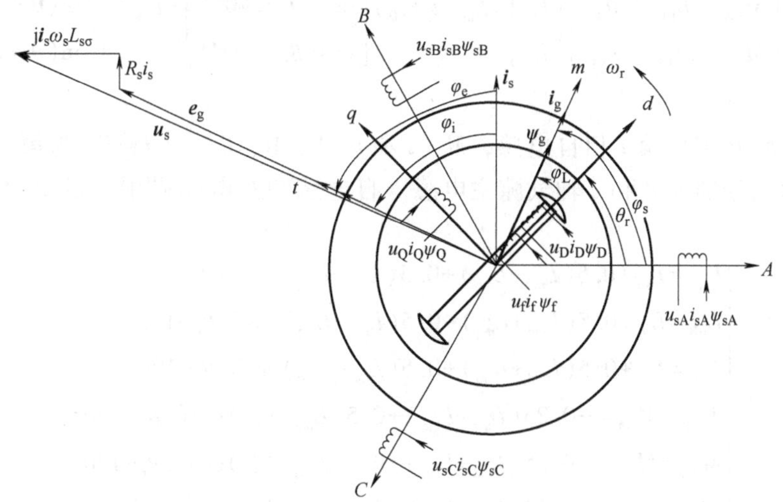

图 11-3　电励磁同步电机绕组简化示意图

根据绕组端电压等于绕组电阻压降与绕组感应电动势之和结论可得三相定子绕组电压平衡方程如下：

$$\begin{cases}u_{sA}=R_s i_{sA}+\dfrac{d\psi_{sA}}{dt}\\u_{sB}=R_s i_{sB}+\dfrac{d\psi_{sB}}{dt}\\u_{sC}=R_s i_{sC}+\dfrac{d\psi_{sC}}{dt}\end{cases}\tag{11-3}$$

式中，R_s 为相绕组电阻；$\psi_{sA}\sim\psi_{sC}$分别为三相绕组磁链；$u_{sA}\sim u_{sC}$分别为三相绕组电压；$i_{sA}\sim i_{sC}$分别为三相绕组电流。

励磁绕组电压平衡方程如下：

$$u_f=R_f i_f+\frac{d\psi_f}{dt}\tag{11-4}$$

式中，R_f 为励磁绕组电阻；u_f、i_f、ψ_f 分别为励磁绕组电压、电流、磁链。

dq 两轴上等效的阻尼绕组 DQ 电压平衡方程式如下：

$$\begin{cases}u_D=R_D i_D+\dfrac{d\psi_D}{dt}=0\\u_Q=R_Q i_Q+\dfrac{d\psi_Q}{dt}=0\end{cases}\tag{11-5}$$

式中，R_D、R_Q 分别为 dq 轴等效阻尼绕组电阻；u_D、u_Q 分别为 dq 轴等效阻尼绕组电压；i_D、i_Q 分别为 dq 轴等效阻尼绕组电流；ψ_D、ψ_Q 分别为 dq 轴等效阻尼绕组磁链。

根据相绕组磁链等于自电感磁链、互电感磁链之和关系得三相定子绕组磁链方程如下：

$$\begin{bmatrix}\psi_{sA}\\\psi_{sB}\\\psi_{sC}\end{bmatrix}=\begin{bmatrix}L_{AA}&M_{AB}&M_{AC}\\M_{BA}&L_{BB}&M_{BC}\\M_{CA}&M_{CB}&L_{CC}\end{bmatrix}\begin{bmatrix}i_{sA}\\i_{sB}\\i_{sC}\end{bmatrix}+L_{md}(i_f+i_D)\begin{bmatrix}\cos\theta_r\\\cos(\theta_r+240°)\\\cos(\theta_r+120°)\end{bmatrix}-L_{mq}i_Q\begin{bmatrix}\sin\theta_r\\\sin(\theta_r+240°)\\\sin(\theta_r+120°)\end{bmatrix}\tag{11-6}$$

式中，$L_{ii}(i=\text{A、B、C})$ 第 i 相自电感，M_{ij}（i 和 j=A、B、C，且 $i\neq j$）为第 i 相和 j 相互电感，L_{md}、L_{mq}分别为 d 和 q 轴气隙主电感。自电感和互电感采用电机学中双反应原理推导如下：

$$\begin{cases}L_{AA}=L_{s\sigma}+0.5(L_{md}+L_{mq})+0.5(L_{md}-L_{mq})\cos(2\theta_r)\\L_{BB}=L_{s\sigma}+0.5(L_{md}+L_{mq})+0.5(L_{md}-L_{mq})\cos2(\theta_r-120°)\\L_{CC}=L_{s\sigma}+0.5(L_{md}+L_{mq})+0.5(L_{md}-L_{mq})\cos2(\theta_r+120°)\\M_{AB}=M_{BA}=-0.25(L_{md}+L_{mq})+0.5(L_{md}-L_{mq})\cos(2\theta_r-120°)\\M_{AC}=M_{CA}=-0.25(L_{md}+L_{mq})+0.5(L_{md}-L_{mq})\cos(2\theta_r+120°)\\M_{BC}=M_{CB}=-0.25(L_{md}+L_{mq})+0.5(L_{md}-L_{mq})\cos(2\theta_r)\end{cases}\tag{11-7}$$

式中，$L_{s\sigma}$为定子绕组漏电感。

11.2.2 转子同步旋转坐标系数学模型

利用前面介绍的 3s/2s 变换、旋转变换把定子电压方程（11-3）、定子磁链方程（11-6）

旋转变换至 dq 同步旋转坐标系中得：

$$\begin{cases} u_{sd}=R_s i_{sd}+\dfrac{d\psi_{sd}}{dt}-\omega_r\psi_{sq} \\ u_{sq}=R_s i_{sq}+\dfrac{d\psi_{sq}}{dt}+\omega_r\psi_{sd} \end{cases} \tag{11-8}$$

$$\begin{cases} \psi_{sd}=L_d i_{sd}+L_{md}(i_D+i_f) \\ \psi_{sq}=L_q i_{sq}+L_{mq} i_Q \end{cases} \tag{11-9}$$

式中，$L_d=L_{s\sigma}+L_{md}$、$L_q=L_{s\sigma}+L_{mq}$分别为 dq 轴电感

阻尼绕组及励磁绕组磁链如下：

$$\begin{cases} \psi_f=L_f i_f+L_{md}(i_{sd}+i_D) \\ \psi_D=L_D i_D+L_{md}(i_{sd}+i_f) \\ \psi_Q=L_Q i_Q+L_{mq} i_{sq} \end{cases} \tag{11-10}$$

式中，L_f、L_D 和 L_Q 分别为励磁绕组自电感、D 轴阻尼绕组自电感和 Q 轴阻尼绕组自电感

把式（11-10）中 DQ 阻尼绕组磁链代入式（11-5）中得 DQ 阻尼绕组电流如下：

$$\begin{cases} i_D=-\dfrac{L_{md}p}{R_D+L_D p}(i_{sd}+i_f)=-\dfrac{T_{md}p}{1+T_D p}i_{gd} \\ i_Q=-\dfrac{L_{mq}p}{R_Q+L_Q p}i_{sq}=-\dfrac{T_{mq}p}{1+T_Q p}i_{gq} \end{cases} \tag{11-11}$$

式中，$i_{gd}=i_{sd}+i_f$、$i_{gq}=i_{sq}$分别为气隙合成磁化电流的 dq 轴分量。$T_D=L_D/R_D$、$T_Q=L_Q/R_Q$分别为 DQ 阻尼绕组时间常数。$T_{md}=L_{md}/R_D$，$T_{mq}=L_{mq}/R_Q$，p 代表微分因子 d/dt 符号。

根据式（11-9）可得气隙磁链 dq 坐标系分量如下：

$$\begin{cases} \psi_{gd}=L_{md}(i_{sd}+i_D+i_f) \\ \psi_{gq}=L_{mq}(i_{sq}+i_Q) \end{cases} \tag{11-12}$$

把式（11-11）阻尼绕组电流代入式（11-12）中得

$$\begin{cases} \psi_{gd}=L_{md}\dfrac{1+(T_D-T_{md})p}{1+T_D p}i_{gd} \\ \psi_{gq}=L_{mq}\dfrac{1+(T_Q-T_{mq})p}{1+T_Q p}i_{gq} \end{cases} \tag{11-13}$$

若忽略阻尼绕组自电感中的漏电感，则式（11-13）近似为

$$\begin{cases} \psi_{gd}\approx L_{md}\dfrac{1}{1+T_D p}i_{gd} \\ \psi_{gq}=L_{mq}\dfrac{1}{1+T_Q p}i_{gq} \end{cases} \tag{11-14}$$

类似于前面异步电机中分析，电励磁同步电机 dq 坐标系中的电磁转矩如下：

$$\begin{aligned} T_e&=n_p(\psi_{sd}i_{sq}-\psi_{sq}i_{sd}) \\ &=n_p[L_{md}(i_D+i_f)i_{sq}-L_{mq}i_Q i_{sd}+(L_d-L_q)i_{sd}i_{sq}] \end{aligned} \tag{11-15}$$

根据式（11-15）可见，电励磁同步电机 dq 坐标系中电磁转矩与定子电流 i_{sd}、i_{sq}、转子励磁励磁电流 i_f 及 DQ 阻尼绕组电流 i_D、i_Q 均相关，无法在 dq 坐标系中对电磁转矩进行简化控制。

11.3 电励磁同步电机气隙磁场定向矢量控制系统

11.3.1 气隙磁场定向矢量控制原理

从式（11-15）可见，影响电磁转矩的电流分量除了定子 dq 轴电流、转子励磁电流外，还包括动态过程中产生的 dq 轴阻尼绕组电流，这就给具有阻尼绕组的电励磁同步电机磁场定向带来了困难。从式（11-14）可见，气隙合成磁化电流的 dq 轴分量要经过惯性环节滞后作用于 dq 轴气隙磁链，即气隙磁链为一个大惯性环节，所以气隙磁链不易变化，据此特性可知电励磁同步电机宜采用气隙磁场定向控制。

对比式（11-9）和式（11-12）可知

$$\begin{cases}\psi_{sd}=L_{s\sigma}i_{sd}+\psi_{gd}\\ \psi_{sq}=L_{s\sigma}i_{sq}+\psi_{gq}\end{cases} \tag{11-16}$$

把式（11-16）代入式（11-15）中得

$$T_e=n_p(\psi_{gd}i_{sq}-\psi_{gq}i_{sd}) \tag{11-17}$$

采用气隙磁链定向坐标系 mt，则气隙磁链在 mt 轴上投影分量分别为 $\psi_{gm}=|\boldsymbol{\psi}_g|$，$\psi_{gt}=0$，这样把式（11-17）变换至 mt 坐标系中得

$$T_e=n_p|\boldsymbol{\psi}_g|i_{st} \tag{11-18}$$

这样，若能将气隙磁链幅值 $|\boldsymbol{\psi}_g|$ 控制为恒定，则利用定子 t 轴电流 i_{st} 即可快速控制电磁转矩。

若忽略转子阻尼绕组及电机磁凸极现象，则式（11-12）dq 坐标系气隙磁链简化为

$$\begin{cases}\psi_{gd}=L_m(i_{sd}+i_f)\\ \psi_{gq}=L_m i_{sq}\end{cases} \tag{11-19}$$

式中，$L_{md}=L_{mq}=L_m$。

把式（11-19）旋转变换至 mt 坐标系中得

$$\begin{cases}\psi_{gm}=L_m(i_{sm}+i_{fm})=|\boldsymbol{\psi}_g|\\ \psi_{gt}=L_m(i_{st}+i_{ft})=0\end{cases} \tag{11-20}$$

这样在忽略转子阻尼绕组及电机磁凸极现象后，可以发现气隙磁链幅值 $|\boldsymbol{\psi}_g|$ 可以用定子 m 轴分量 i_{sm}、转子励磁电流的 m 轴分量 i_{fm} 同时控制，这样在定子电流 t 轴分量控制电磁转矩为恒定值时存在如下变量变化趋势：

$$\left.\begin{aligned}&|\boldsymbol{\psi}_g|=L_m(i_{sm}+i_{fm})=C\text{ 时},i_{fm}\uparrow\Rightarrow i_{sm}\downarrow\\ &T_e=n_p|\boldsymbol{\psi}_g|i_{st}=C\Rightarrow i_{st}=C\end{aligned}\right\}\Rightarrow\varphi_i\downarrow,\varphi_e\downarrow\Rightarrow\cos\varphi_e\uparrow$$

根据上述变量变化趋势分析，在利用转子电流 m 轴分量 i_{fm} 控制气隙磁链幅值情况下，可以利用定子电流 m 轴分量 i_{sm} 控制定子侧的功率因数 $\cos\varphi_e$。

11.3.2　气隙磁场定向矢量控制系统

1. 忽略阻尼绕组气隙磁场定向矢量控制系统

类似于异步电机间接型转子磁场定向矢量控制系统，可以构建对应的电励磁同步电机气隙磁场定向矢量控制系统，如何获得气隙磁场定向坐标系辐角成为构建该系统的关键。

根据图 11-3 各量之间的关系，当已知控制转矩的定子 t 轴电流给定 i_{st}^*、功率因数给定 $\cos\varphi_e^*$、气隙磁链给定 $|\boldsymbol{\psi}_g|^*$，则在近似认为 $\cos\varphi_i^* \approx \cos\varphi_e^*$ 情况下：

$$i_{sm}^* = i_{st}^* \tan\varphi_i^* \tag{11-21}$$

根据式（11-20）可得：

$$i_{fm}^* = |\boldsymbol{\psi}_g|^* / L_m - i_{sm}^* \tag{11-22}$$

$$i_{ft}^* = -i_{st}^* \tag{11-23}$$

根据式（11-22）和式（11-23）可以得转子励磁电流给定值如下：

$$i_f^* = \sqrt{(i_{fm}^*)^2 + (i_{ft}^*)^2} \tag{11-24}$$

根据图 11-3 中负载角 φ_L 和各变量关系得：

$$\cos\varphi_L^* = i_{fm}^* / i_f^* \tag{11-25}$$

$$\sin\varphi_L^* = -i_{ft}^* / i_f^* \tag{11-26}$$

这样，mt 定向坐标系辐角 φ_s^* 的三角函数如下：

$$\cos\varphi_s^* = \cos(\theta_r + \varphi_L^*) = \cos(\varphi_L^*)\cos(\theta_r) - \sin(\varphi_L^*)\sin(\theta_r) \tag{11-27}$$

$$\sin\varphi_s^* = \sin(\theta_r + \varphi_L^*) = \cos(\varphi_L^*)\sin(\theta_r) + \sin(\varphi_L^*)\cos(\theta_r) \tag{11-28}$$

利用转子位置传感器测量转子位置角 θ_r，根据式（11-21）~式（11-28）计算气隙磁场定向坐标系空间位置角 φ_s^* 的方法称为电流模型法。基于电流模型法，构建电励磁同步电机间接型气隙磁场定向矢量控制系统结构框图如图 11-4 所示。转速控制误差经过转速调节器输出电磁转矩给定值 T_e^*；根据式（11-18）计算定子 t 轴电流给定值 $i_{st}^* = T_e^* /（n_p |\boldsymbol{\psi}_g|^*）$；根据式（11-21）计算 m 轴电流给定值 i_{sm}^*；把定子 mt 轴电流、气隙磁链给定值及转子位置角代入式（11-22）~式（11-28）计算气隙磁场定向空间位置角 φ_s^* 及转子励磁电流给定值 i_f^*；把 mt 轴定子电流给定旋转变换至静止 $\alpha\beta$ 坐标系，在静止坐标系中构成定子电流闭环控制；利用转子电流闭环方式实现转子电流的控制，其中“VD”环节实现两个直角坐标之间的变换。

也可以基于实时检测的定子电压、定子电流实时计算气隙磁链，以此来构建电励磁同步电机直接型气隙磁场定向控制系统。根据定子电压及定子电流的 $\alpha\beta$ 分量，基于定子磁链、定子侧感应电动势关系计算定子磁链如下：

$$\begin{cases} \psi_{s\alpha} = \int (u_{s\alpha} - R_s i_{s\alpha})\,\mathrm{d}t \\ \psi_{s\beta} = \int (u_{s\beta} - R_s i_{s\beta})\,\mathrm{d}t \end{cases} \tag{11-29}$$

从定子磁链中扣除定子侧漏磁链得气隙磁链如下：

$$\begin{cases} \psi_{g\alpha} = \psi_{s\alpha} - L_{s\sigma} i_{s\alpha} \\ \psi_{g\beta} = \psi_{s\beta} - L_{s\sigma} i_{s\beta} \end{cases} \tag{11-30}$$

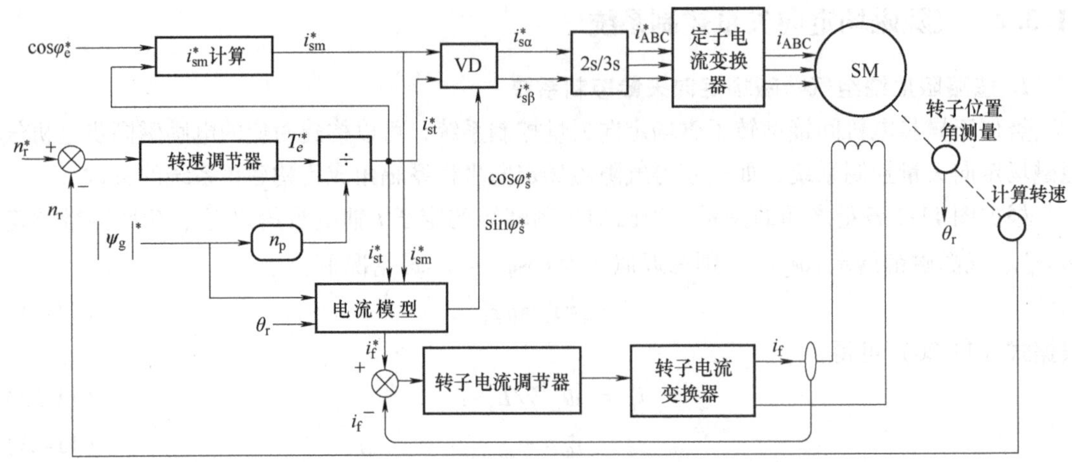

图 11-4　电励磁同步电机间接型气隙磁场定向矢量控制系统结构框图

进一步计算如下：

$$\begin{cases} |\boldsymbol{\psi}_g| = \sqrt{\psi_{g\alpha}^2 + \psi_{g\beta}^2} \\ \cos\varphi_s = \dfrac{\psi_{g\alpha}}{|\psi_g|} \\ \sin\varphi_s = \dfrac{\psi_{g\beta}}{|\psi_g|} \end{cases} \tag{11-31}$$

基于式（11-29）~式（11-31）计算获得的气隙磁链矢量构建电励磁同步电机直接型气隙磁场定向矢量控制系统如图 11-5 所示。

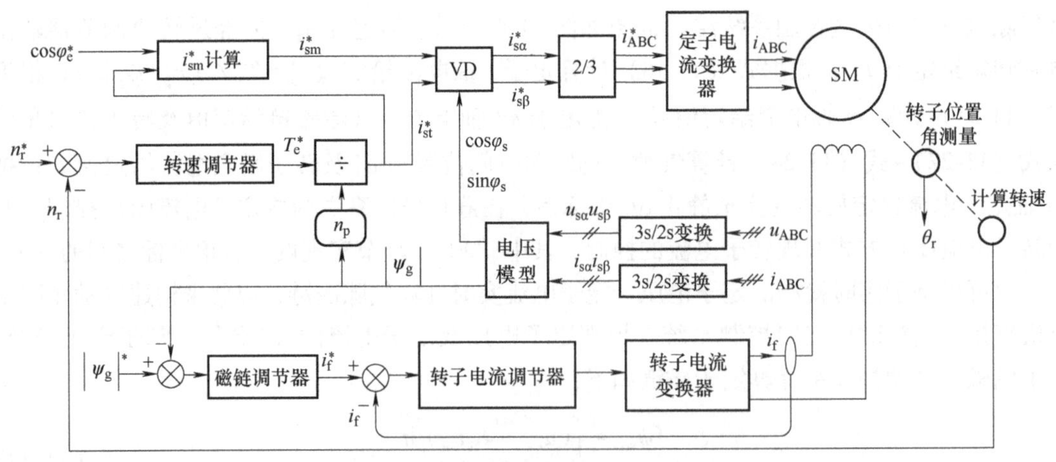

图 11-5　电励磁同步电机直接型气隙磁场定向矢量控制系统结构框图

2. 具有阻尼绕组气隙磁场定向矢量控制系统

由式（11-12）和式（11-13）气隙磁链数学模型可见，当转子上存在阻尼绕组后，气隙合成磁化电流与气隙磁链之间是一阶惯性环节，所以无法利用式（11-21）~式（11-26）方

法求解负载角，必须要考虑磁化电流与气隙磁链之间的一阶惯性动态环节；而且这种动态惯性环节处于 dq 坐标系中，所以需要借助 dq 气隙磁链惯性环节求解考虑阻尼绕组时的气隙磁场定向的电流模型。具有阻尼绕组时的气隙磁场定向电流模型具体结构框图如图 11-6 所示。借助于锁相环 PLL 思路，dq 坐标系中气隙磁链幅值 $|\boldsymbol{\psi}_\delta|'$ 与外部给定的气隙磁链幅值给定值 $|\boldsymbol{\psi}_\delta|^*$ 之间的误差经过 PI 调节器形成 m 轴气隙电流 i_{gm}^*，根据图 11-3 各变量关系

$$\begin{cases} i_{gm}=i_{fm}+i_{sm}=i_g \\ i_{gt}=i_{ft}+i_{st} \end{cases} \tag{11-32}$$

所以

$$i_{fm}=i_g-i_{sm} \tag{11-33}$$

根据图 11-3 可知

$$i_{ft}=-\frac{\sin\varphi_L}{\cos\varphi_L}i_{fm} \tag{11-34}$$

则：

$$i_{gt}=i_{ft}+i_{st}=-\frac{\sin\varphi_L}{\cos\varphi_L}i_{fm}+i_{st}=-\frac{\sin\varphi_L}{\cos\varphi_L}(i_g-i_{sm})+i_{st} \tag{11-35}$$

这样，把 mt 气隙磁化电流变换至 dq 坐标系中：

$$\begin{bmatrix} i_{gd} \\ i_{gq} \end{bmatrix}=\begin{bmatrix} \cos\varphi_L & -\sin\varphi_L \\ \sin\varphi_L & \cos\varphi_L \end{bmatrix}\begin{bmatrix} i_{gm} \\ i_{gt} \end{bmatrix} \tag{11-36}$$

式（11-14）重写如下：

$$\begin{cases} \psi_{gd}\approx L_{md}\dfrac{1}{1+T_Dp}i_{gd} \\ \psi_{gq}\approx L_{mq}\dfrac{1}{1+T_Qp}i_{gq} \end{cases} \tag{11-14}$$

把式（11-36）代入式（11-14）计算出 dq 中气隙磁链，然后据此计算负载角 φ_L 及磁链幅值 $|\boldsymbol{\psi}_g|$ 如下：

$$\begin{cases} \cos\varphi_L=\dfrac{\psi_{gd}}{\sqrt{\psi_{gd}^2+\psi_{gq}^2}} \\ \sin\varphi_L=\dfrac{\psi_{gq}}{\sqrt{\psi_{gd}^2+\psi_{gq}^2}} \\ |\boldsymbol{\psi}_g|=\sqrt{\psi_{gd}^2+\psi_{gq}^2} \end{cases} \tag{11-37}$$

由此，结合式（11-24）~式（11-28）计算 i_f^*、$\cos\varphi_L^*$、$\sin\varphi_L^*$、$\cos\varphi_s^*$、$\sin\varphi_s^*$，还可以进一步计算出 $\alpha\beta$ 坐标系气隙磁链给定值如下

$$\begin{cases} \psi_{s\alpha}^*=|\boldsymbol{\psi}_g|^*\cos\varphi_s^* \\ \psi_{s\beta}^*=|\boldsymbol{\psi}_g|^*\sin\varphi_s^* \end{cases} \tag{11-38}$$

图 11-6 电流模型中，只有当输出磁链幅值跟踪上外界的给定值，模型输出稳定的 m 轴气隙电流分量 i_{gm}^*；根据以上式（11-32）~式（11-38）计算定向坐标系 mt 空间位置角。用图 11-6

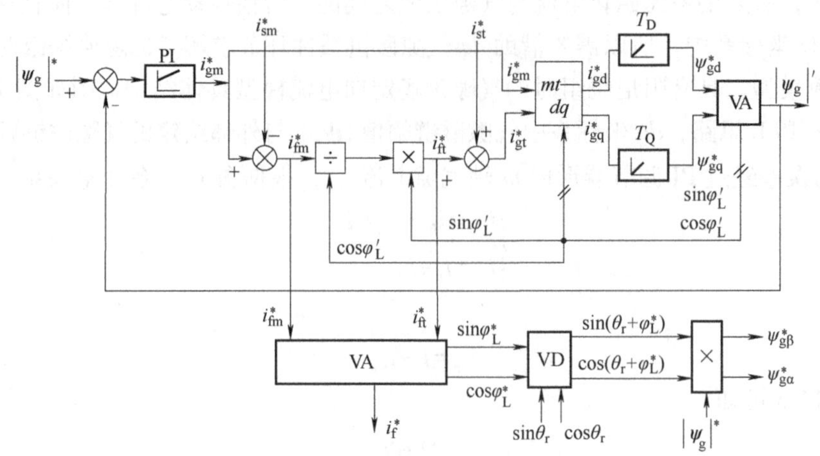

图 11-6　考虑阻尼绕组的电流模型结构框图

的电流模型替代图 11-4 系统中的电流模型即可构建转子具有阻尼绕组时电励磁同步电机间接型气隙磁场定向控制系统结构框图。

当转子具有阻尼绕组时，也可以利用式（11-29）~式（11-31）电压模型计算气隙磁链，基于此可以构建与图 11-5 一样的电励磁同步电机直接型气隙磁场定向矢量控制系统结构框图。

3. 转子励磁电流控制原理

电励磁同步电机可以利用转子励磁电流来改善定子侧功率因数，而电励磁同步电机有两种功率因数角及功率因数：内功率因数和外功率因数。实现这两种功率因数等于 1 所带来的电机运行性能有所差异。西门子公司针对气隙磁场定向矢量控制的电励磁同步电机提出一种转子励磁电流优化控制方案：①低速恒转矩运行区维持外功率因数等于 1 控制，即定子电流矢量垂直于定子磁链矢量，减少定子铜损耗，提高电机运行效率；②高速区维持内功率因数等于 1，即定子电流矢量垂直于气隙磁链矢量，增强高速区电机负载能力。具体讲解如下：

（1）内功率因数等于 1 控制

当内功率因数等于 1 时，对应的矢量图如图 11-7a 所示。其中 mt 坐标系采用气隙磁场定向。

由于采用气隙磁链定向，且定子电流与气隙感应电动势 $\boldsymbol{e}_g$ 同方向，所以气隙磁链矢量与定子电流矢量垂直，则

$$\begin{cases} i_{sm}=0 \\ i_{st}=|\boldsymbol{i}_s| \end{cases} \tag{11-39}$$

$$\begin{cases} \psi_{gm}=|\boldsymbol{\psi}_g| \\ \psi_{gt}=0 \end{cases} \tag{11-40}$$

气隙磁链在 dq 坐标系稳态值如下

$$\begin{cases} \psi_{gd}=L_{md}(i_{sd}+i_f) \\ \psi_{gq}=L_{mq}i_{sq} \end{cases} \tag{11-41}$$

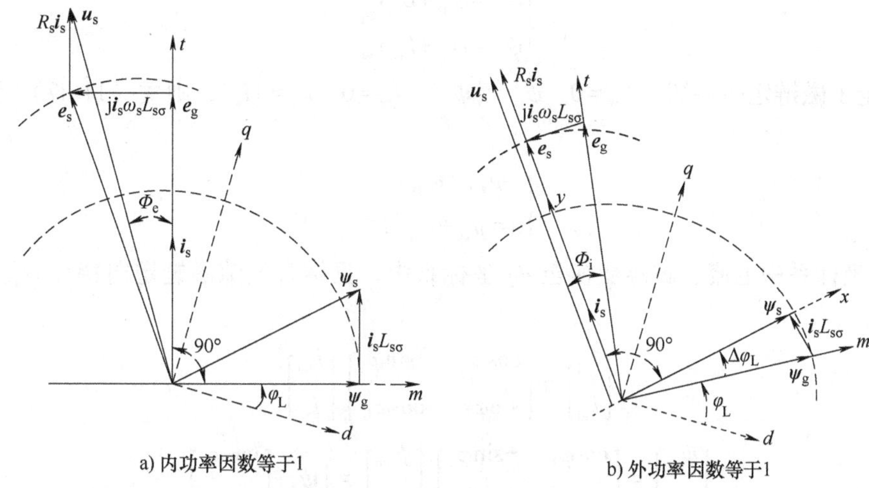

图 11-7　功率因数等于 1 时电励磁同步电机稳态运行矢量图

把 mt 坐标系定子电流式（11-39）及气隙磁链式（11-40）变换至 dq 坐标系如下：

$$\begin{bmatrix} i_{sd} \\ i_{sq} \end{bmatrix} = \begin{bmatrix} \cos\varphi_L & -\sin\varphi_L \\ \sin\varphi_L & \cos\varphi_L \end{bmatrix} \begin{bmatrix} i_{sm} \\ i_{st} \end{bmatrix} = i_{st} \begin{bmatrix} -\sin\varphi_L \\ \cos\varphi_L \end{bmatrix} \tag{11-42}$$

$$\begin{bmatrix} \psi_{gd} \\ \psi_{gq} \end{bmatrix} = \begin{bmatrix} \cos\varphi_L & -\sin\varphi_L \\ \sin\varphi_L & \cos\varphi_L \end{bmatrix} \begin{bmatrix} \psi_{gm} \\ \psi_{gt} \end{bmatrix} = |\boldsymbol{\psi}_g| \begin{bmatrix} \cos\varphi_L \\ \sin\varphi_L \end{bmatrix} \tag{11-43}$$

把式（11-42）和式（11-43）代入式（11-41）中得

$$\begin{cases} i_f = \dfrac{\psi_{gd}}{L_{md}} - i_{sd} = \dfrac{|\boldsymbol{\psi}_g|\cos\varphi_L}{L_{md}} + i_{st}\sin\varphi_L \\ |\boldsymbol{\psi}_g|\sin\varphi_L = L_{mq} i_{st}\cos\varphi_L \end{cases} \tag{11-44}$$

根据式（11-44），可以进一步求解满足内功率因数等于 1 时转子励磁电流如下：

$$i_f = \frac{\boldsymbol{\psi}_g \cos\left(\arctan\left(\dfrac{L_{mq} i_{st}}{|\boldsymbol{\psi}_g|}\right)\right)}{L_{md}} + i_{st}\sin\left(\arctan\left(\dfrac{L_{mq} i_{st}}{|\boldsymbol{\psi}_g|}\right)\right) \tag{11-45}$$

所以，当已知 t 轴定子电流给定 i_{st}^*、气隙磁链给定 $|\boldsymbol{\psi}_g|^*$ 后，可以计算满足内功率因数等于 1 时的转子励磁电流给定如下：

$$i_f^* = \frac{|\boldsymbol{\psi}_g|^* \cos\left(\arctan\left(\dfrac{L_{mq} i_{st}^*}{|\boldsymbol{\psi}_g|^*}\right)\right)}{L_{md}} + i_{st}^*\sin\left(\arctan\left(\dfrac{L_{mq} i_{st}^*}{|\boldsymbol{\psi}_g|^*}\right)\right) \tag{11-46}$$

（2）外功率因数等于 1 控制

当外功率因数等于 1 时，对应的稳态矢量图如图 11-7b 所示。定子电流与定子电压及定子感应电动势同方向，从而使得定子电流与定子磁链垂直。在定子磁链定向 xy 坐标系中，定子磁链、气隙磁链关系如下：

$$\begin{cases}\psi_{sx}=\psi_{gx}+L_{s\sigma}i_{sx}\\ \psi_{sy}=\psi_{gy}+L_{s\sigma}i_{sy}\end{cases} \tag{11-47}$$

根据定子磁链定向特征，$\psi_{sy}=0$、$\psi_{sx}=|\boldsymbol{\psi}_s|$、$i_{sx}=0$、$i_{sy}=|\boldsymbol{i}_s|$，则式（11-47）可以进一步简化为

$$\begin{cases}|\boldsymbol{\psi}_s|=\psi_{gx}\\ 0=\psi_{gy}+L_{s\sigma}|\boldsymbol{i}_s|\end{cases} \tag{11-48}$$

把 mt 坐标系中电流、磁链变换至 dq 坐标系中，且结合气隙磁链定向特征 $\psi_{gm}=|\boldsymbol{\psi}_g|$、$\psi_{gt}=0$ 得：

$$\begin{bmatrix}i_{sd}\\ i_{sq}\end{bmatrix}=\begin{bmatrix}\cos\varphi_L & -\sin\varphi_L\\ \sin\varphi_L & \cos\varphi_L\end{bmatrix}\begin{bmatrix}i_{sm}\\ i_{st}\end{bmatrix} \tag{11-49}$$

$$\begin{bmatrix}\psi_{gd}\\ \psi_{gq}\end{bmatrix}=\begin{bmatrix}\cos\varphi_L & -\sin\varphi_L\\ \sin\varphi_L & \cos\varphi_L\end{bmatrix}\begin{bmatrix}\psi_{gm}\\ \psi_{gt}\end{bmatrix}=|\boldsymbol{\psi}_g|\begin{bmatrix}\cos\varphi_L\\ \sin\varphi_L\end{bmatrix} \tag{11-50}$$

把 xy 坐标系电流变换至 mt 坐标系中得：

$$\begin{bmatrix}i_{sm}\\ i_{st}\end{bmatrix}=\begin{bmatrix}\cos\Delta\varphi_L & -\sin\Delta\varphi_L\\ \sin\Delta\varphi_L & \cos\Delta\varphi_L\end{bmatrix}\begin{bmatrix}i_{sx}\\ i_{sy}\end{bmatrix}=|\boldsymbol{i}_s|\begin{bmatrix}-\sin\Delta\varphi_L\\ \cos\Delta\varphi_L\end{bmatrix} \tag{11-51}$$

把式（11-48）中定子电流代入式（11-51）中得：

$$\begin{bmatrix}i_{sm}\\ i_{st}\end{bmatrix}=-\frac{\psi_{gy}}{L_{s\sigma}}\begin{bmatrix}-\sin\Delta\varphi_L\\ \cos\Delta\varphi_L\end{bmatrix} \tag{11-52}$$

把 mt 坐标系气隙磁链变换至 xy 坐标系，同时结合 mt 坐标系气隙磁链定向特征得：

$$\begin{bmatrix}\psi_{gx}\\ \psi_{gy}\end{bmatrix}=\begin{bmatrix}\cos\Delta\varphi_L & \sin\Delta\varphi_L\\ -\sin\Delta\varphi_L & \cos\Delta\varphi_L\end{bmatrix}\begin{bmatrix}|\boldsymbol{\psi}_g|\\ 0\end{bmatrix}=|\boldsymbol{\psi}_g|\begin{bmatrix}\cos\Delta\varphi_L\\ -\sin\Delta\varphi_L\end{bmatrix} \tag{11-53}$$

这样，把式（11-53）中 y 轴分量气隙磁链代入式（11-52）中得

$$\begin{bmatrix}i_{sm}\\ i_{st}\end{bmatrix}=\frac{|\boldsymbol{\psi}_g|\sin\Delta\varphi_L}{L_{s\sigma}}\begin{bmatrix}-\sin\Delta\varphi_L\\ \cos\Delta\varphi_L\end{bmatrix} \tag{11-54}$$

把式（11-54）代入式（11-49）中

$$\begin{bmatrix}i_{sd}\\ i_{sq}\end{bmatrix}=\begin{bmatrix}\cos\varphi_L & -\sin\varphi_L\\ \sin\varphi_L & \cos\varphi_L\end{bmatrix}\frac{|\boldsymbol{\psi}_g|\sin\Delta\varphi_L}{L_{s\sigma}}\begin{bmatrix}-\sin\Delta\varphi_L\\ \cos\Delta\varphi_L\end{bmatrix}=\frac{|\boldsymbol{\psi}_g|\sin\Delta\varphi_L}{L_{s\sigma}}\begin{bmatrix}-\sin(\varphi_L+\Delta\varphi_L)\\ \cos(\varphi_L+\Delta\varphi_L)\end{bmatrix} \tag{11-55}$$

把式（11-50）和式（11-55）代入式（11-41）中

$$\begin{cases}i_f=\dfrac{\psi_{gd}}{L_{md}}-i_{sd}=\dfrac{|\boldsymbol{\psi}_g|\cos\varphi_L}{L_{md}}+\dfrac{|\boldsymbol{\psi}_g|\sin\Delta\varphi_L}{L_{s\sigma}}\sin(\varphi_L+\Delta\varphi_L)\\ \sin\varphi_L|\boldsymbol{\psi}_g|=L_{mq}\dfrac{|\boldsymbol{\psi}_g|\sin\Delta\varphi_L}{L_{s\sigma}}\cos(\varphi_L+\Delta\varphi_L)\end{cases} \tag{11-56}$$

根据式（11-56）第 2 个表达式，可以进一步求解负载角如下：

$$\varphi_L=\arctan\frac{L_{mq}\sin\Delta\varphi_L\cos\Delta\varphi_L}{L_{s\sigma}+L_{mq}\sin\Delta\varphi_L\sin\Delta\varphi_L} \tag{11-57}$$

又根据图 11-7b 进一步推导：

$$\left\{\begin{aligned}&\sin\Delta\varphi_{\mathrm{L}}=\frac{\sqrt{i_{\mathrm{sm}}^{2}+i_{\mathrm{st}}^{2}}L_{\mathrm{s}\sigma}}{|\boldsymbol{\psi}_{\mathrm{g}}|}\\&\cos\Delta\varphi_{\mathrm{L}}=\frac{\sqrt{|\boldsymbol{\psi}_{\mathrm{g}}|^{2}-(i_{\mathrm{sm}}^{2}+i_{\mathrm{st}}^{2})L_{\mathrm{s}\sigma}^{2}}}{|\boldsymbol{\psi}_{\mathrm{g}}|}\\&\Delta\varphi_{\mathrm{L}}=\arctan\frac{\sqrt{i_{\mathrm{sm}}^{2}+i_{\mathrm{st}}^{2}}L_{\mathrm{s}\sigma}}{\sqrt{|\boldsymbol{\psi}_{\mathrm{g}}|^{2}-(i_{\mathrm{sm}}^{2}+i_{\mathrm{st}}^{2})L_{\mathrm{s}\sigma}^{2}}}\end{aligned}\right.\tag{11-58}$$

这样可以求解负载角如下：

$$\varphi_{\mathrm{L}}=\arctan\frac{L_{\mathrm{mq}}\sqrt{|\boldsymbol{\psi}_{\mathrm{g}}|^{2}-(i_{\mathrm{sm}}^{2}+i_{\mathrm{st}}^{2})L_{\mathrm{s}\sigma}^{2}}\sqrt{i_{\mathrm{sm}}^{2}+i_{\mathrm{st}}^{2}}}{|\boldsymbol{\psi}_{\mathrm{g}}|^{2}+L_{\mathrm{mq}}L_{\mathrm{s}\sigma}(i_{\mathrm{sm}}^{2}+i_{\mathrm{st}}^{2})}\tag{11-59}$$

所以根据式（11-56）第 1 表达式及式（11-58）第 3 表达式、式（11-59）计算满足外功率因数等于 1 时转子励磁电流如下：

$$\begin{aligned}i_{\mathrm{f}}=&\frac{|\boldsymbol{\psi}_{\mathrm{g}}|}{L_{\mathrm{md}}}\cos\left(\arctan\frac{L_{\mathrm{mq}}\sqrt{|\boldsymbol{\psi}_{\mathrm{g}}|^{2}-(i_{\mathrm{sm}}^{2}+i_{\mathrm{st}}^{2})L_{\mathrm{s}\sigma}^{2}}\sqrt{i_{\mathrm{sm}}^{2}+i_{\mathrm{st}}^{2}}}{|\boldsymbol{\psi}_{\mathrm{g}}|^{2}+L_{\mathrm{mq}}L_{\mathrm{s}\sigma}(i_{\mathrm{sm}}^{2}+i_{\mathrm{st}}^{2})}\right)+\frac{|\boldsymbol{\psi}_{\mathrm{g}}|}{L_{\mathrm{s}\sigma}}\sin\left(\arctan\frac{\sqrt{i_{\mathrm{sm}}^{2}+i_{\mathrm{st}}^{2}}L_{\mathrm{s}\sigma}}{\sqrt{|\boldsymbol{\psi}_{\mathrm{g}}|^{2}-(i_{\mathrm{sm}}^{2}+i_{\mathrm{st}}^{2})L_{\mathrm{s}\sigma}^{2}}}\right)\\&\times\sin\left(\arctan\frac{L_{\mathrm{mq}}\sqrt{|\boldsymbol{\psi}_{\mathrm{g}}|^{2}-(i_{\mathrm{sm}}^{2}+i_{\mathrm{st}}^{2})L_{\mathrm{s}\sigma}^{2}}\sqrt{i_{\mathrm{sm}}^{2}+i_{\mathrm{st}}^{2}}}{|\boldsymbol{\psi}_{\mathrm{g}}|^{2}+L_{\mathrm{mq}}L_{\mathrm{s}\sigma}(i_{\mathrm{sm}}^{2}+i_{\mathrm{st}}^{2})}+\arctan\frac{\sqrt{i_{\mathrm{sm}}^{2}+i_{\mathrm{st}}^{2}}L_{\mathrm{s}\sigma}}{\sqrt{|\boldsymbol{\psi}_{\mathrm{g}}|^{2}-(i_{\mathrm{sm}}^{2}+i_{\mathrm{st}}^{2})L_{\mathrm{s}\sigma}^{2}}}\right)\end{aligned}\tag{11-60}$$

这样，把 *mt* 坐标系定子电流给定值 i_{sm}^{*}、i_{st}^{*}及气隙磁链幅值给定$|\boldsymbol{\psi}_{\mathrm{g}}|^{*}$代入式（11-60），即可得到满足外功率因数等于 1 时转子励磁电流给定值 i_{f}^{*}。

11.4　直接型气隙磁场定向矢量控制仿真建模

采用附录 A 表 A-5 电励磁同步电机参数构建有阻尼绕组电励磁同步电机直接型气隙磁场定向矢量控制系统 MATLAB 仿真模型，并进行仿真研究。具体的控制策略结构如图 11-5 所示，对应的 MATLAB 仿真模型建立如图 11-8 所示。具体包括同步电机模型“synchronous motor”、气隙磁链闭环控制（包括磁链调节器“AψR”、转子励磁电流滞环控制器“IF H Control”）、转速闭环控制（包括转速调节器“ASR”、利用除法去除气隙磁链对电磁转矩动态影响的 t 轴电流计算环节“Ist_g”、*mt* 坐标向 abc 坐标变换环节“mt-abc”、定子静止坐标系电流滞环控制器“Isabc H Control”、三相电压型逆变器“Three phase Inverter”）、功率因数控制环节“cosfi_control”等。考虑定子电阻压降占额定电压的 10%，定子漏磁链占定子磁链的 10%，三相静止坐标量变换至直角坐标后幅值增大了 $(3/2)^{0.5}$，根据电机额定电压及额定转速计算气隙磁链给定值 Phi_given $=(U_{\mathrm{smax}}\times90\%/(2\times\pi\times50))\times90\%\times(3/2)^{0.5}=(310\times90\%/(2\times\pi\times50))\times90\%\times(3/2)^{0.5}=0.9789$Wb；若气隙磁链完全由转子励磁电流产生，则转子励磁电流 $I_{\mathrm{f}}=$ Phi_given$/L_{\mathrm{md}}=0.9789/0.848265=1.154$A，所以磁链调节器输出的转子电流限幅值取为$\pm1.154\times2=\pm2.308$A，AψR 比例和积分系数分别取 500、1000000；根据额定功率及额定转速，计算电机额定转矩 $T_{\mathrm{eN}}=300/(2\times\pi\times25)=1.9$N · m，所以转速调节器 ASR 输出电磁转矩给定限幅为$\pm1.9\times2=\pm3.8$N · m，ASR 的比例系数和积分系数分别为 1、0.05；

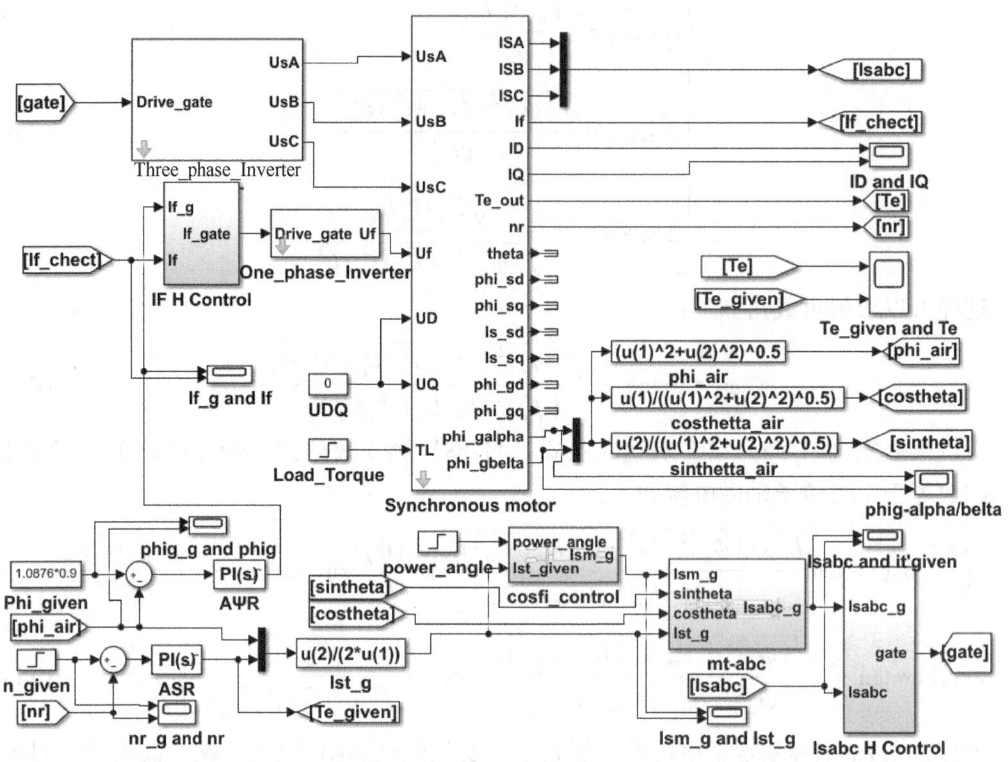

图 11-8 电励磁同步电机直接型气隙磁场定向矢量控制系统 MATLAB 模型

电流滞环控制器环宽选为±0.04A；根据外部给定的功率因数角“power_angle”，由功率因数控制环节“cosfi_control”计算 m 轴定子电流给定 Ism_g 为 Ism_g=tan(power_angle)；转速调节器 ASR 输出转矩给定“Te_given”后，利用除法方法获得定子电流 t 轴给定值 Ist_g=Te_given/(np×phi_air)=Te_given/(2×phi_air)；电机模型内部的 dq 轴定子磁链中扣除定子漏磁链获得 dq 轴气隙磁链，再旋转变换至静止 alpha-belta 坐标系，获得 alpha/belta 轴气隙磁链分量 phi_galpha、phi_gbelta；根据 phi_galpha、phi_gbelta 计算气隙磁链幅值、气隙磁链辐角的正、余弦分别为 phi_air=(phi_galpha^2+phi_gbelta^2)^0.5、sintheta=phi_gbelta/phi_air、costheta=phi_galpha /phi_air，并把 sintheta、costheta 反馈到“mt-abc”环节进行坐标变换。为了凸出气隙磁链定向矢量控制系统相关电气变量的研究，逆变器采用简化模型，对于三相逆变器“Three_phase_Inverter”各桥臂输出±0.5U_{dc}电压；励磁电流变换器采用单相逆变器，输出电压为±U_{dc}。为了配合本章电机数学模型，借助于相关数学模型建立电机的 MATLAB 模型，具体模型如图 11-9 所示。

当电机在轻载 0.1N·m 情况下由零转速起动至 750r/min，在 0.1s 处负载突升至额定负载 1.9N·m，在 0.2s 处由 750r/min 升速至额定转速 1500r/min，在 0.4s 处功率因数角由 0 升至 $\pi/6$ 对应系统仿真结果如图 11-10 所示，由仿真结果可见：①转速能够快速跟踪至给定值，且能够快速调速；②电磁转矩能够快速跟踪至给定值，0.1s 处电磁转矩快速达到外在负载转矩 1.9N·m；③气隙磁链实际值能够始终控制在其给定值 0.9789Wb，且

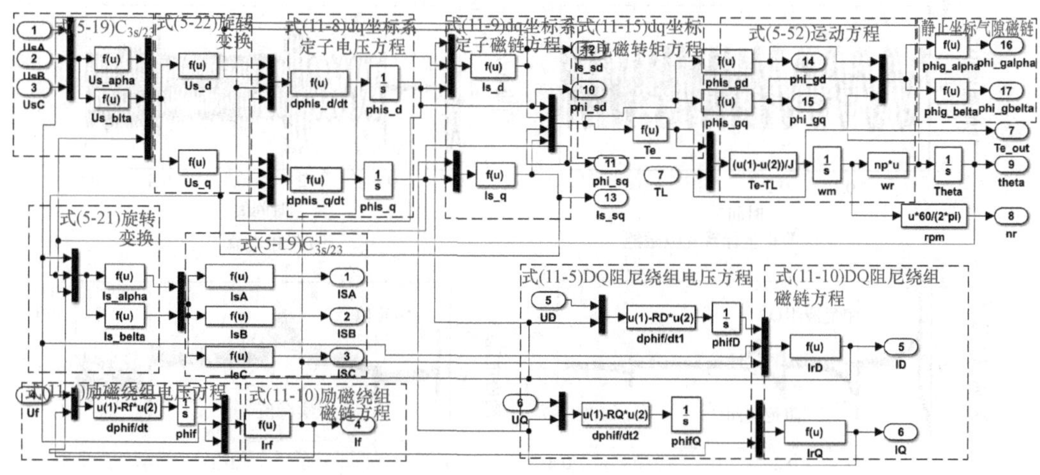

图 11-9　电励磁同步电机 MATLAB 模型

气隙磁链与电磁转矩相互解耦；④t 轴电流跟随转矩快速调节，0.4s 处由于功率因数角由 0 跳跃至 π/6 使得 m 轴电流快速跳跃至 $I_{st}\times\tan(\pi/6)$；⑤由于转速及转矩动态过程中会引起 DQ 阻尼绕组暂态电流，为了保持动态中气隙磁链幅值恒定控制，转子励磁电流随之动态调节以抵消 DQ 阻尼绕组暂态电流引起的气隙磁链变化量，从而保证气隙磁链幅值控制在其给定值。

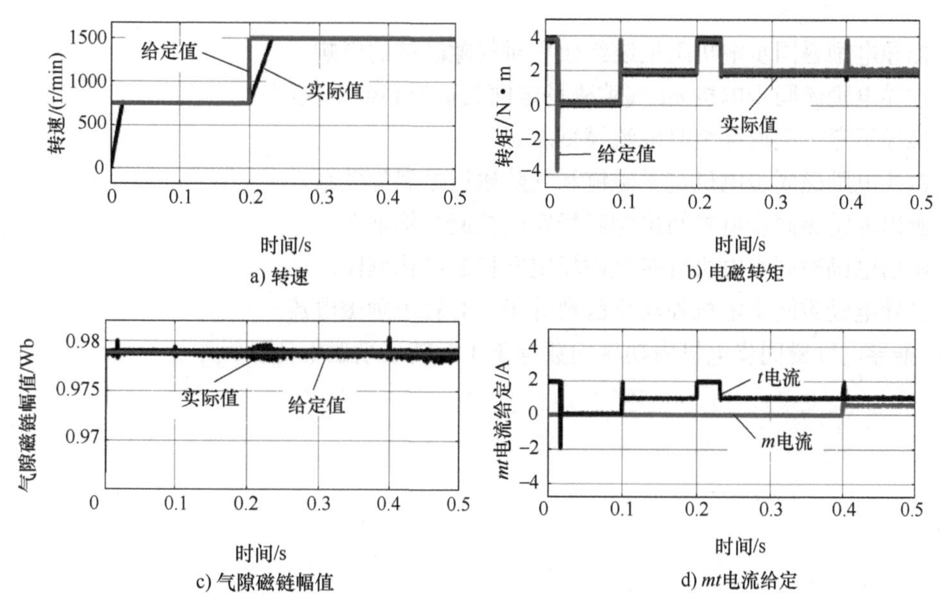

a) 转速　　b) 电磁转矩

c) 气隙磁链幅值　　d) mt电流给定

图 11-10　电励磁同步电机矢量控制仿真结果

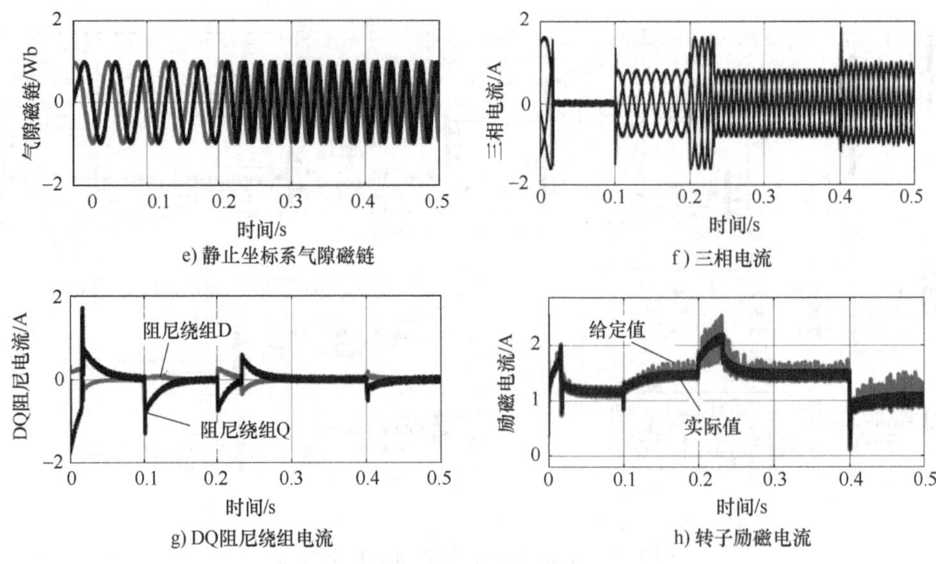

e) 静止坐标系气隙磁链　f) 三相电流

g) DQ阻尼绕组电流　h) 转子励磁电流

图 11-10　电励磁同步电机矢量控制仿真结果（续）

习题

1. 阐述电励磁同步电机一般的应用场合。
2. 推导电励磁同步电机 dq 坐标系电压平衡方程式、磁链平衡方程式、电磁转矩等数学模型。
3. 推导电励磁同步电机阻尼绕组效应对气隙磁链的影响。
4. 推导电励磁同步电机 mt 气隙磁场定向矢量控制数学模型。
5. 推导不考虑阻尼绕组时电流模型。
6. 讲述电励磁同步电机定子磁链和气隙磁链之间的关系。
7. 画出电励磁同步电机间接型磁场定向控制结构框图。
8. 画出电励磁同步电机直接型磁场定向控制结构框图。
9. 推导电励磁同步电机外功率因数等于 1 时转子励磁电流。
10. 推导电励磁同步电机内功率因数等于 1 时转子励磁电流。

第 12 章　全数字交流电机调速系统设计

目前交流电机控制系统绝大多数采用全数字控制方式构成，其中硬件是整个系统的载体。随着大规模数字信号处理（Digital Signal Processing，DSP）集成电路技术的发展，能够根据电机控制系统专有应用领域的特点和需要，将必要的接口或模块集成在其中，进一步实现了电机控制系统的集成化、紧凑化，同时也提高了控制系统的可靠性。本章介绍本书所采用的全数字电机控制系统硬件设计，包括总体结构、部分电路设计分析等。

12.1　通用全数字交流电机调速系统设计

12.1.1　硬件系统设计

图 12-1 所示为交流电机全数字调速系统结构框图，主要包括整流电路、直流母线电压滤波电路、逆变电路、控制电路、检测电路、输入-输出接口电路等。除此，有的还包括浪涌吸收电路、电容充电限流电路、直流母线电抗器、能耗制动电路等附加电路。

1. 整流电路

整流电路的作用是实现输入交流电压变换成单极性直流电压（波形通常是脉动的），以供给后一级母线电压滤波电路，产生比较平稳的直流母线电压。对于三相交流电压输入，通常采用六个功率二极管构成的整流桥（或整流模块）电路；对于单相交流电压输入，通常采用四个功率二极管构成的 H 型整流桥电路。为了抑制操作过电压及浪涌电压，有时会在各整流二极管两端并联阻容串联支路，吸收过电压；为了抑制交流电网的浪涌电压，有时会在输入交流侧并联 RC 阻容网络或压敏电阻吸收浪涌电压。

若电机负载相电流峰值为 I_{sm}，则整流二极管电流额定值可以计算为

$$I_N = \frac{1}{2.72} I_{sm} \tag{12-1}$$

根据交流输入线电压峰值 U_{2lm} 及整流桥工作过程，在考虑 2~3 的裕量情况可以计算二极管的额定电压为

$$U_N = (2 \sim 3) U_{2lm} \tag{12-2}$$

2. 直流母线滤波电路

为了获得较为平稳的直流母线电压供给后一级逆变电路，输出满足负载需要的交流电，通常在整流电路后级并联大的电解电容滤波电路。同时用两个等阻值的电阻（R_1, R_2）分别并联在串联电容（C_1, C_2）两侧，保证串联电容电压均等。假设负载的等效电阻为 R_f，则滤

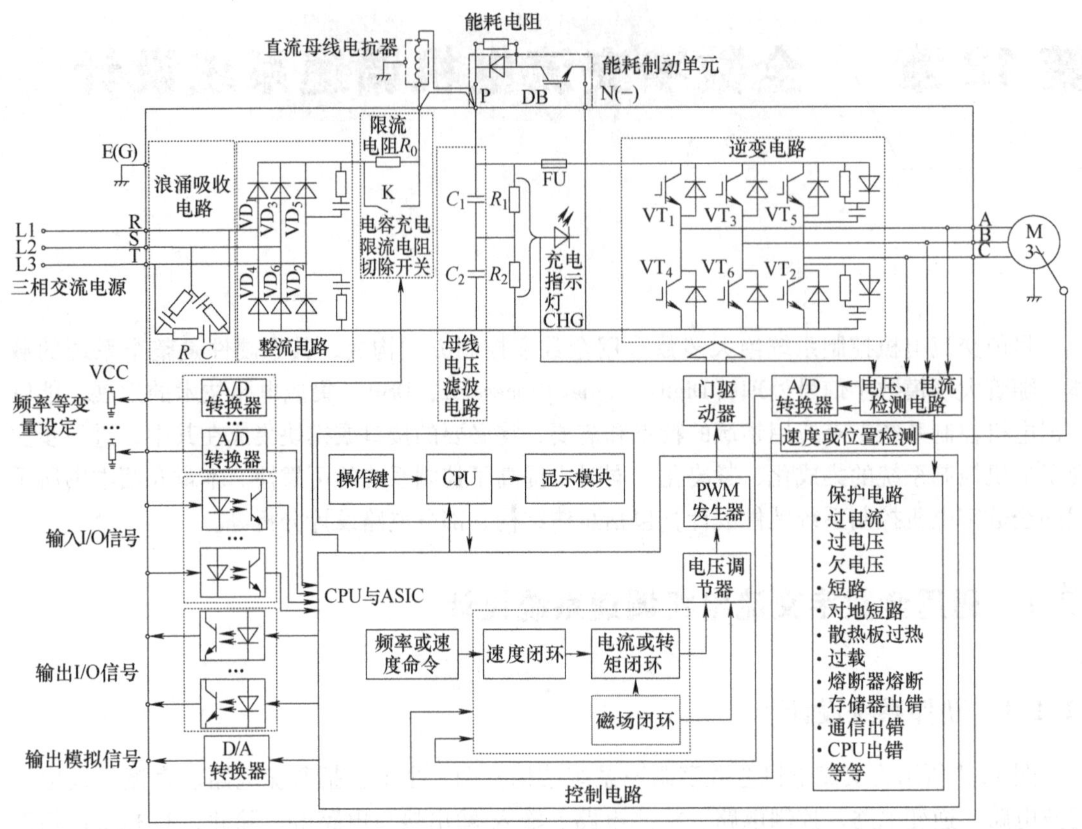

图 12-1　交流电机全数字调速系统结构框图

波电容 C 和等效负载 R_f 的乘积（即时间常数）要远大于整流桥输出电压的脉动周期 T。由此对于三相系统，滤波电容 C 计算如下：

$$C=\frac{1}{3R_f}\cdot\left(\frac{1}{f}\times\frac{1}{3}\right)\times10^6 \tag{12-3}$$

式中，C 为滤波电容（μF）；f 为交流电压频率（Hz）。

对于电机负载而言，在短时间动态运行中还有可能处于发电能量回馈运行状态；对于应用于频繁正反转运行领域的电机还可能经常处于发电能量回馈状态。电机侧的发电能量会通过逆变电路中二极管反向馈送到直流母线侧。由于整流电路中二极管的单向导电特性无法保证能量由直流母线侧馈送至交流电网侧，所以电机侧的发电能量会向直流母线电容 C 充电，使得直流母线电压升高（“泵升”效应）。为了保护逆变侧功率管不至于承受过高电压损坏，一般尽量选择较大电容值。

假设，直流母线电压初始值为 u_{dc0}，发电能量回馈后母线电压值为 u_{dc}，电机转轴上总的转动惯量为 J_Σ，转子旋转的机械角速度为 Ω，直流母线上漏电感为 L，则根据电机转子飞轮储能及漏电感储能完全转换为电容储能的增长思路获得如下能量关系：

$$\frac{1}{2}Cu_{dc}^2-\frac{1}{2}Cu_{dc0}^2=\frac{1}{2}J_\Sigma\Omega^2+\frac{1}{2}LI^2 \tag{12-4}$$

根据式（12-4）进一步推导电容值为

$$C=\frac{J_{\Sigma}\Omega^2+LI^2}{u_{dc}^2-u_{dc0}^2} \tag{12-5}$$

若取 $u_{dc}=K_{dc}u_{dc0}$，则

$$C=\frac{J_{\Sigma}\Omega^2+LI^2}{(K_{dc}^2-1)u_{dc0}^2} \tag{12-6}$$

式中，K_{dc}可以取 1.3 左右。

最终的电容 C 值取式（12-3）和式（12-6）中较大值。

3. 逆变电路

直流母线电压根据电机电压控制策略，经过逆变电路输出三相 PWM 电压施加给电机。三相 PWM 电压可以采用 SPWM、SVPWM、SHEPWM 或 CHBPWM 等电压调制策略产生，无论何种控制策略，逆变电路中的功率管可靠工作非常重要。

对于电机负载，要根据负载最严重情况选择功率管。考虑电机起动时出现峰值电流情况，则流过功率管的集电极电流如下：

$$I_c=\sqrt{2}K_I I_{sN} \tag{12-7}$$

式中，K_I可以取 1.2~2；I_{sN}为电机相额定相电流。

功率管额定电压取值如下：

$$U_{CEO}\geqslant K_V U_{dc} \tag{12-8}$$

式中，K_V可以取 1.2~2 左右。

4. 交流侧浪涌电压吸收 RC 电路

为了有效吸收浪涌电压，电容容量 C 计算如下：

$$C=\frac{1}{3}\times 6\times i_0\%\frac{S}{U_2^2} \tag{12-9}$$

式中，$i_0\%$为变压器励磁电流百分数；S 为变压器每相平均计算容量（V · A）；U_2 为变压器二次侧相电压有效值（V）。

电容 C 的耐压计算如下：

$$U_c\geqslant 1.5\times\sqrt{3}U_2 \tag{12-10}$$

阻尼电阻 R 的计算如下：

$$R\geqslant 3\times\left(2.3\times\frac{U_2^2}{S}\sqrt{\frac{u_k\%}{i_0\%}}\right) \tag{12-11}$$

式中，$u_k\%$为变压器短路比。

电阻 R 的功率计算如下：

$$P_R\geqslant(1\sim 2)\left[(2\pi f)^2 k_1(RC)+k_2\right]CU_2^2 \tag{12-12}$$

其中，$k_1=3$（对三相桥式电路），$k_2=900$。

5. 模拟信号的检测

电机驱动系统中需要检测绕组电流、母线电流及母线电压，一方面控制策略中需要这些

模拟量参与到策略算法构建中；另一方面，保护电路中需要这些模拟量，构建快速的保护逻辑。

目前，驱动系统的电流检测方法主要有采样支路串联采样电阻法、电流互感器法、霍尔传感器法。串联电阻法把待检测支路电流转化为采样电阻两端电压，为了实现功率电路与控制回路的有效隔离，一般采样电阻获得的电压通过差分运放调理后送到 ADC 输入口，但即使这样也没有完全实现功率回路与控制回路之间有效的电气隔离。电流互感器利用交变磁场耦合方式实现一、二次侧回路的信号的传递，从而有效实现了功率回路与控制回路的有效电气隔离，成本较低。霍尔传感器利用霍尔的压电效应，将待测支路电流磁场转化为霍尔应变片的电压输出，再通过内置的信号调理电路转换为电压或电流输出，检测的电流精度高，但成本相对高。

为了方便实现控制策略算法及时实现有关保护，需要对直流母线电压进行检测。目前，电压检测方法主要有并联电阻分压法、电压霍尔传感器法。前者通常后接差分运放调理后送到 ADC 输入口；后者类似于上述电流霍尔传感器，通常在传感器的输入回路中串联限流精密电阻。

6. 再生能量回馈

当电机和负载迅速减速时，负载的动能将电机转轴机械能转化为电能返送给驱动器。每一次减速的返送能量为

$$E_{dec}=0.5(J_M+J_L)(\omega_1^2-\omega_2^2) \tag{12-13}$$

式中，E_{dec}为减速器件的能量（J）；J_M和J_L分别为转子、负载转动惯量（$kg\cdot m^2$）；ω_1和ω_2分别为减速开始、减速结束时的速度（rad/s）。

由于电流通过电机绕组电阻，部分能量被电机消耗，对应能量为

$$E_{motor}=3I_M^2\frac{R_M}{2}t_d \tag{12-14}$$

式中，E_{motor}为电机消耗的能量（J）；R_M为电机线线电阻（Ω）；I_M为减速器件的电流（相电流有效值），t_d为减速时间（s）。

转子在旋转过程中还受到各种摩擦的影响，对应的摩擦消耗能量如下：

$$E_{friction}=0.5T_f(\omega_1-\omega_2)t_d \tag{12-15}$$

式中，$E_{friction}$为摩擦消耗的能量（J）；T_f为摩擦力矩（$N\cdot m$）。

逆变器消耗能量如下：

$$E_M=E_{dec}-E_{motor}-E_{friction} \tag{12-16}$$

式中，E_M为逆变器消耗的总能量（J）。

若该能量小于直流母线电容可以存储的能量，则不需要再生电阻。

而根据式（12-4）可知直流母线电容可以存储的能量如下：

$$E_{BUS}=0.5Cu_{dc}^2-0.5Cu_{dc0}^2 \tag{12-17}$$

式中，E_{BUS}为直流母线电容存储的能量（J）。

如果 $E_{BUS}>E_M$，则不需要再生电阻器；如果 $E_{BUS}<E_M$，则需要再生电阻器。

根据母线最高电压 u_{dc}（V）；减速期间的相电流有效值 I_M(A)；减速前的电机速度 n_r(r/min)，计算制动电阻最大值 R_{Max} 如下：

$$R_{Max}=\frac{u_{dc}^2}{(K_B n_r-\sqrt{3}I_M(R_M/2))I_M\sqrt{3}} \tag{12-18}$$

式中，K_B 为反电动势常数（V_{L-L}/r/min）。

根据逆变器消耗的总能量 $E_M(J)$ 等计算制动电阻平均耗散功率如下：

$$P_{AV}=\frac{E_M-0.5C(u_{High}^2-u_{Low}^2)}{t_{cycle}} \tag{12-19}$$

式中，u_{High} 为再生电路开启电压值（V）；u_{Low} 为再生电路关闭电压值（V）；t_{cycle} 为减速间隔时间与减速时间之和（s）。

根据再生电阻器电阻及最高母线电压计算制动电阻峰值功率如下：

$$P_{PK}=\frac{u_{dc}^2}{R_{Regen}} \tag{12-20}$$

式中，R_{Regen} 为再生电阻器电阻（Ω_{L-L}）。

例如：驱动器使用单相交流电压 240V 输入，$J_M=0.0006562\text{kg}\cdot\text{m}^2$，$R_M=1.32\Omega$，$I_{peak}=18\text{A}$，$T_M=16.08\text{N}\cdot\text{m}$，$C=0.001120\text{F}$，$u_{dc}=420\text{V}$，$K_B=0.0812\text{V/r/min}$，$k_t=1.042\text{N}\cdot\text{m/A}$，$T_f=2.5\text{N}\cdot\text{m}$，$J_L=0.0015\text{kg}\cdot\text{m}^2$，$n_{rMax}=2500\text{r/min}\Rightarrow\omega_M=261\text{rad/s}$，$u_N=240\text{V}_{rms}=340\text{V}_{DC}$，减速间隔时间 5s。

减速时间计算：

$$t_d=\frac{(J_M+J_L)\omega_M}{(T_M+T_f)}=\frac{(0.0006562+0.0015)\times261}{(16.08+2.5)}=0.03(\text{s})$$

减速周期计算：

$$t_{cycle}=t_d+5s=5.03(\text{s})$$

减速期间电流计算：

$$I_M=\frac{(J_M+J_L)}{k_t}\cdot\frac{\omega_1-\omega_2}{t_d}=\frac{(0.0006562+0.0015)}{1.042}\times\frac{261}{0.003}=18(\text{A})$$

能量计算：

$$E_{dec}=0.5(J_M+J_L)(\omega_1^2-\omega_2^2)=0.5(0.0006562+0.0015)(261^2-0)=73.44(\text{J})$$

$$E_{motor}=3I_M^2\frac{R_M}{2}t_d=3\times18^2\times\frac{1.32}{2}\times0.03=19.24(\text{J})$$

$$E_{friction}=\frac{1}{2}T_f(\omega_1-\omega_2)t_d=\frac{1}{2}\times2.5\times(261-0)\times0.03=9.78(\text{J})$$

$$E_M=E_{dec}-E_{motor}-E_{friction}=73.44-19.24-9.78=44.42(\text{J})$$

$$E_{BUS}=0.5Cu_{dc}^2-0.5Cu_{Low}^2=\frac{1}{2}\times0.001120\times(420^2-340^2)=34.05(\text{J})$$

由于 $E_{BUS}<E_M$，则需要再生电阻器。

$$R_{\mathrm{Max}}=\frac{u_{\mathrm{dc}}^{2}}{(K_{\mathrm{B}}n_{\mathrm{rMax}}-\sqrt{3}I_{\mathrm{M}}(R_{\mathrm{M}}/2))I_{\mathrm{M}}\sqrt{3}}=\frac{420^{2}}{(0.0812\times2500-\sqrt{3}\times18\times(1.32/2))\times18\times\sqrt{3}}=31.02(\Omega)$$

$$P_{\mathrm{AV}}=\frac{E_{\mathrm{M}}-\frac{1}{2}C(u_{\mathrm{High}}^{2}-u_{\mathrm{Low}}^{2})}{t_{\mathrm{cycle}}}=\frac{44.42-\frac{1}{2}\times0.001120\times(400^{2}-380^{2})}{5.03}=7.1(\mathrm{W})$$

$$P_{\mathrm{PK}}=\frac{u_{\mathrm{dc}}^{2}}{R_{\mathrm{Regen}}}=\frac{420^{2}}{1.32}=5686.65(\mathrm{W})$$

7. 保护电路

根据检测电路得到的各种信号来判断变频器本身或系统是否异常，完成瞬时过电流、对地短路、过电压、欠电压、变频器过载、散热器过热、控制电路异常等保护。对于像过电流这样危害大且动态响应速度快的现象必须从硬件和软件两个方面均采取措施：一旦过电流，先通过硬件电路封锁逆变电路脉冲。同时给 CPU 发出中断请求信号，CPU 响应中断并作相应的处理。为了处理系统中复杂的保护逻辑，现有的电机驱动系统中通常采用 FPGA，极大简化了逻辑电路；同时还可以利用 FPGA 中资源构建较为柔性的 PWM 波产生。

8. 驱动电路

驱动电路将控制电路送往主电路开关器件的驱动信号放大、隔离后，控制主电路开关器件的通断。隔离有 3 种：脉冲变压器、光电耦合器和光纤。

脉冲变压器：存在一定的漏感，使输出脉冲陡度受到限制，同时其绕组寄生电感和电容使脉冲前后沿出现振荡，对功率开关器件不利。

光电耦合器：隔离电压很高，能够直接驱动 IGBT 和 MOSFET 等电压控制器件，同时也降低了成本，例如，6N135，6N136，HCPL3120 等。

光纤：传递信号抗干扰能力强，可以实现强、弱电回路的完全隔离，但成本较高。

9. 主控制电路

主控制电路的核心是一个高性能的微处理器，并配以 EPROM、RAM、ASIC 芯片和其他必要的辅助电路。其中，目前通常采用高性能的数字信号处理器（DSP）作为微处理器。随着 DSP 中集成了越来越多的电机控制所必需的模块，例如 ADC 模块、PWM 模块、QEP 模块、通讯模块等，使得全数字控制电机驱动器结构更加紧凑，可靠性更高。

10. 控制电源

实际的电机驱动系统中存在大量的集成芯片及模拟运算放大器等，他们都需要相应的电源输入；而且，功率开关管的驱动也需要相互隔离的驱动电源。这些电源由控制电源部分提供，可以采用线性电源和开关电源方式构建。由于开关电源很容易实现多路输出、输入/输出隔离、体积小等特点，目前的电机驱动器中绝大多数采用开关电源作为控制电源的主体；对于少部分电平的产生，还可以配合线性电源产生。

11. 数字操作面板

为了有效实现驱动器配合实际电机以更佳的性能运行，采用数字键盘配合 LED 及 LCD 显示，实现对驱动控制策略中相关变量进行赋值或修改。数字操作面板中通常采用单片机来管理数字键盘、LED 或 LCD，采用通信的方式与主控制 CPU 之间交换数据。

12. 外部接口电路

实际的驱动器可根据控制策略对外输出模拟指令信号或 IO 开关信号，通常还配置有输出 DA 转换通道、输出光耦合隔离通道；相关的指令也可以以模拟信号的形式输入给主控制 CPU，通常还配置 ADC 转换通道。

12.1.2　软件系统设计

全数字控制电机驱动器对应软件因所采用的控制策略而异，但总体包括非实时性程序和实时性程序。其中，非实时性程序包括变量初始化、各类寄存器初始化、键盘的输入及显示输出等，而实时性程序主要涉及电机核心控制算法的计算，包括位置闭环、转速闭环、电流闭环、磁链闭环、PWM 计算、电流/电压检测、转子位置/转速检测等。通常，实时性程序放在中断子程序中，以固定周期中断的方式循环执行；而非实时性程序通常放在主程序中，以顺序方式执行。典型的软件系统流程图如图 12-2 所示。其中，由于电机传动系统的机械时间常数远大于电气时间常数，所以转速闭环中断 1 周期时间一般远大于电流闭环中断 2 周期，一般他们之间的比值会达到 20 倍，具体比值取决于电机实际转动惯量大小而定。

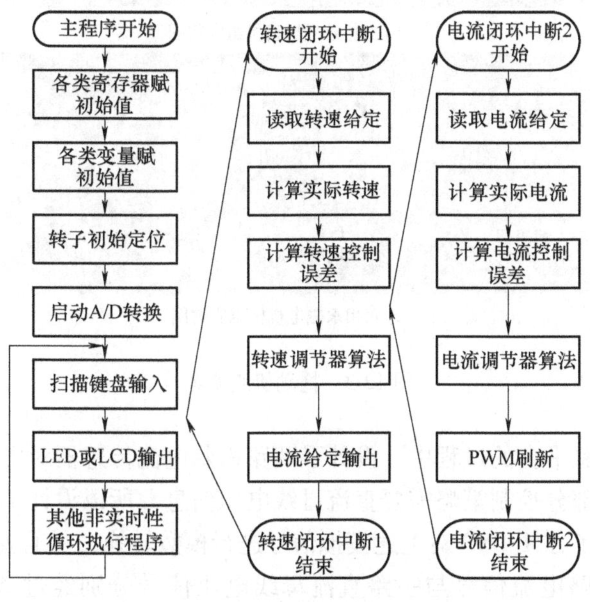

图 12-2　典型的软件系统流程图

12.2　全数字正弦波交流电机调速系统硬件设计案例

12.2.1　硬件系统总体结构

本书案例仿真及实验中所采用异步电机、永磁同步电机拖动机组分别如图 12-3 所示。以下以三相电机驱动为例重点介绍，对于六相平台是采用 DSP 的事件管理器 B 扩展另外三相控制，与三相系统设计完全相同。为了方便调节电机的负载，实验平台中与电机同轴安装他励直流电机。此外，机组上安装2500线的增量编码器检测电机转速和转子位置角。

a) 异步电机机组实物图

b) 三相永磁电机机组实物图

c) 六相永磁电机机组实物图

图 12-3　拖动机组实物

本书案例设计实验平台的过程中，设计了两路霍尔电流传感器对电机两相绕组电流信号进行采样；由于本书部分控制策略需要直流母线电压信息，所以设计了一路电压传感器对母线电压进行采样；为了方便DSP对上述模拟信号进行模数转换，并且避免DSP的A/D引脚输入过电压，上述三路电流信号与一路直流母线电压信号分别经过A/D调理模块后进入DSP的A/D模块。为了避免直流母线电压、相电流过大导致实验平台或电机的损坏，本书案例还设计了故障检测模块，一方面监测母线电压和相电流是否超出设置阈值，另一方面监测逆变器三相桥臂是否存在直通信号，当发生故障时，由CPLD封锁三相逆变器驱动信号，并向DSP发出故障信号，终止程序的运行。为了方便对控制策略中的中间变量进行观测，本书案例D/A输出模块采用数模转换芯片MX7847，将运算程序中数字量转换为模拟量，通过示波器可以轻松地观测相应变量的波形。

本书案例控制平台的硬件框图及硬件实物如图12-4所示，以TMS320F2812为核心，接下来对硬件框图的主要模块进行详细介绍。

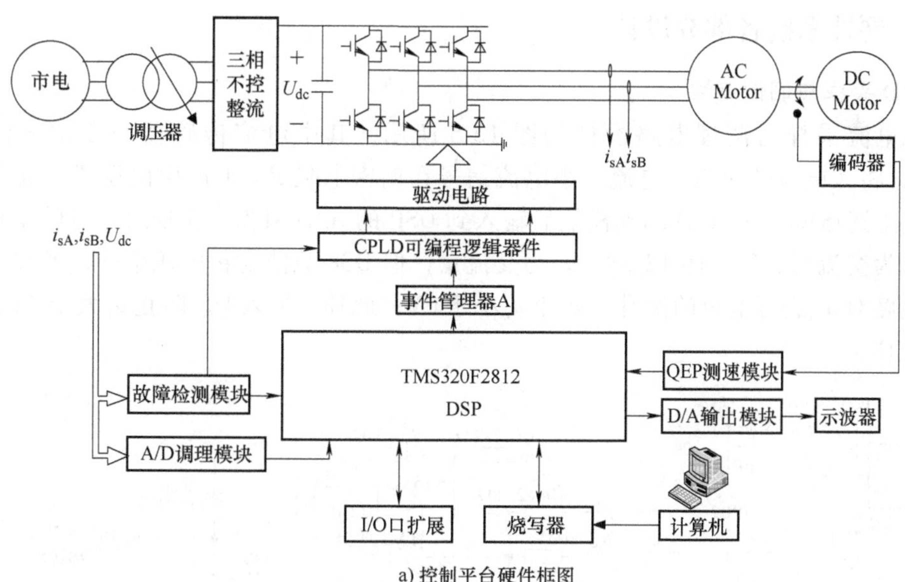

a) 控制平台硬件框图

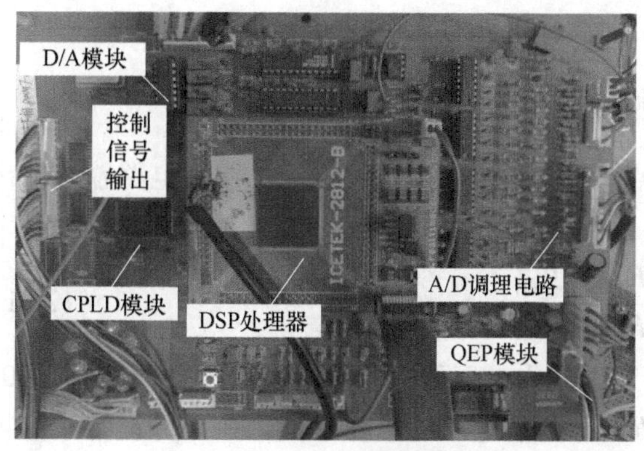

b) DSP及外围电路实物图

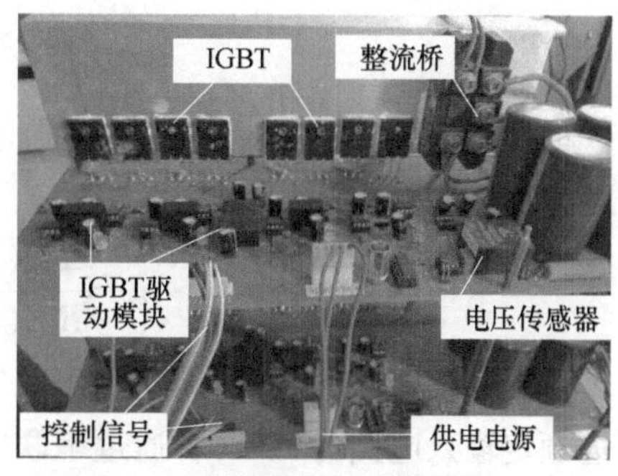

c) IGBT驱动电路实物图

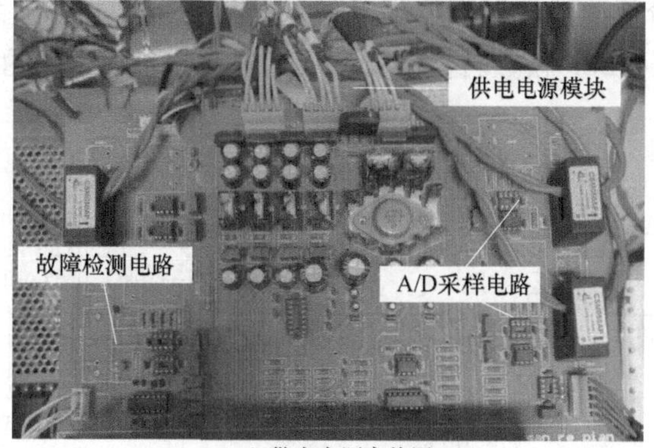

d) 供电电源实物图

图 12-4　控制平台硬件

12.2.2 硬件系统各部分设计

1. AD 采样与调理模块

三相电流采样与调理电路设计如图 12-5 所示，其中电流传感器一二次电流比为 1000∶1，将大电流转化为小电流，小电流信号在精密电阻 R_{301}上产生的压降与相电流成正比；将上述压降经过 A/D 调理模块后输入到 DSP 的 A/D 引脚，实现对电流的采样。由于相电流为交流量，所以图 12-5 中 u_{in}为交流量，但 DSP 只能对正电压采样，所以采用运算放大电路对 u_{in}进行电位的抬升，防止 u_o小于 0V；此外，加入 D_{401}防止 u_o大于 3V，造成 DSP 的损坏。

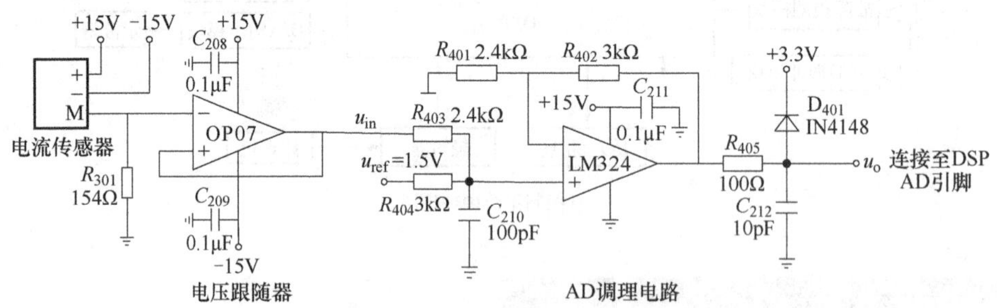

图 12-5　电流采样与调理电路

根据运算放大器“虚断”“虚短”的特点，可以得到图 12-5 中 A/D 调理电路输入输出关系为

$$u_o=\frac{R_{403}(R_{401}+R_{402})}{R_{401}(R_{403}+R_{404})}\left(\frac{R_{404}}{R_{403}}u_{in}+u_{ref}\right) \tag{12-21}$$

直流母线电压采样电路设计如图 12-6 所示，其中电压传感器原副边匝比为 2500∶1000，原边额定输入电路为 10mA，通过串联电阻 R_{326}可调节电压的采样范围，在硬件设计中为了预留一定的裕量，R_{326}取 40kΩ。此外，为了降低电磁干扰对直流母线电压采样的影响，在电压采样环节后接二阶低通滤波器，增强系统的抗干扰能力。滤波之后的电压信号同样经过 AD 调理电路之后送入 DSP 模数转换引脚，实现对直流母线电压的采用。

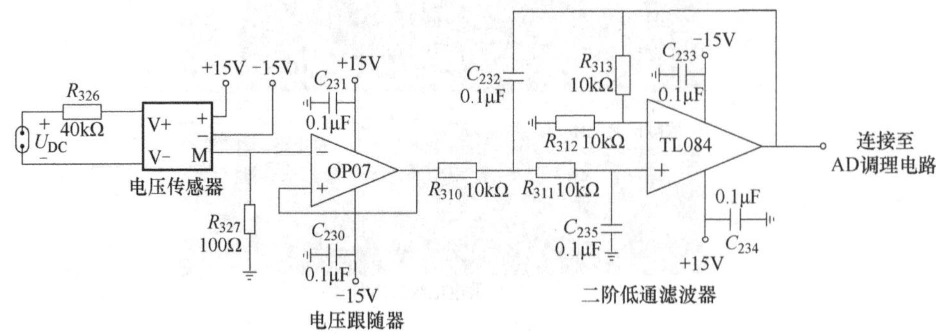

图 12-6　直流母线电压采样电路

2. 故障检测模块

本书案例设计了故障检测模块如图 12-7 所示。将电流或直流电压采样信号作为输入 u_{in}，由于电流采样信号是交流量，所以先将输入信号经过精密绝对值电路，取得输入信号的绝对值 u_{o4}，然后与迟滞比较电路设置的阈值 u_{ref} 进行比较。当输入信号绝对值 u_{o4} 较大时，输出信号 u_o 为低电平，发出故障信号，同时 u_{ref} 跳变为下限阈值；当且仅当输入信号绝对值低于下限阈值时，输出信号 u_o 才跳变回高电平，解除故障信号，同时 u_{ref} 跳变为上限阈值。

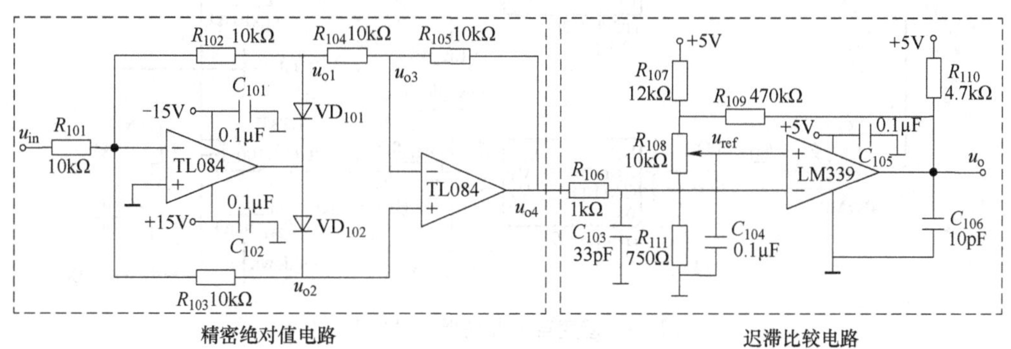

图 12-7　故障检测模块

故障检测模块的精密绝对值电路工作原理为：当 u_{in} 为正时，二极管 VD_{101} 导通、VD_{102} 截止，由于运算放大器的"虚断"特性，u_{o2}、u_{o3} 电位均为零，u_{o1}、u_{o3} 满足以下关系：

$$\frac{u_{o1}-0}{R_{102}}=\frac{0-u_{in}}{R_{101}} \tag{12-22}$$

$$\frac{u_{o4}-u_{o3}}{R_{105}}=\frac{u_{o3}-u_{o1}}{R_{104}} \tag{12-23}$$

联立（12-22）、(12-23）两式，可得 $u_{o4}=u_{in}$；当 u_{in} 为负时，二极管 VD_{101} 截止、VD_{102} 导通，此时 $u_{o2}=u_{o3}$，u_{o1}、u_{o2}、u_{o3}、u_{o4} 满足以下关系：

$$\frac{u_{o3}-0}{R_{102}+R_{104}}+\frac{u_{o2}-0}{R_{103}}=\frac{0-u_{in}}{R_{101}} \tag{12-24}$$

$$\frac{u_{o4}-u_{o3}}{R_{105}}=\frac{u_{o3}-0}{R_{102}+R_{104}} \tag{12-25}$$

联立式（12-24）、和式（12-25），可得 $u_{o4}=-u_{in}$。综上分析可知，绝对值电路的输出 u_{o4} 为输入 u_{in} 的绝对值。

同样根据运算放大器的"虚断""虚短"特性，可以得到当 R_{108} 调至最上部时迟滞比较电路的上、下限阈值电位分别为

$$u_{up}=\frac{(R_{108}+R_{111})\times 5}{(R_{109}//R_{107})R_{108}+R_{111}} \tag{12-26}$$

$$u_{down}=\frac{(R_{109}//(R_{108}+R_{111}))\times 5}{R_{107}+R_{109}//(R_{108}+R_{111})} \tag{12-27}$$

3. IGBT 驱动电路

本书为了实现强弱电的隔离，采用光耦 HCPL3120 将控制信号转换为 IGBT 的驱动信号；

此外，逆变器的同相逆变桥的上、下桥臂与不同相逆变桥的上桥臂驱动电源之间需要电气隔离，本书案例设计的功率管驱动电路如图 12-8 所示（以 A 相桥臂为例）。

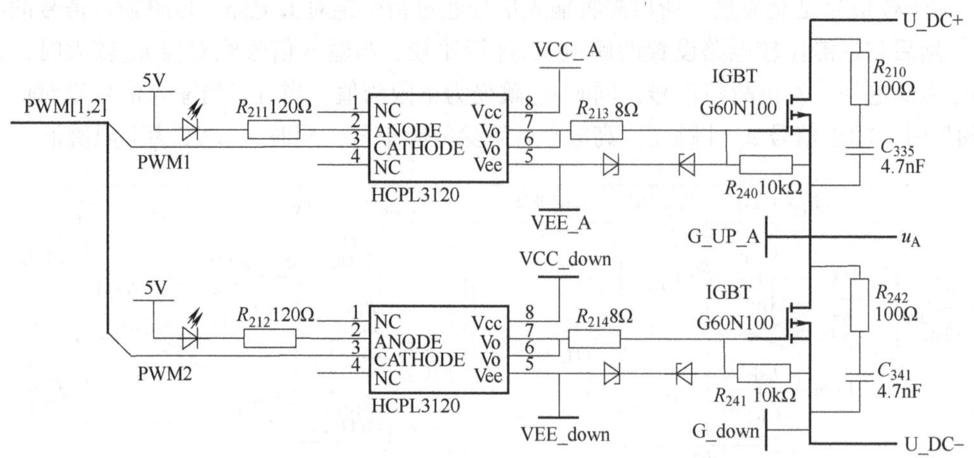

图 12-8　逆变器 A 相桥臂驱动电路

图 12-8 中，为了保证一定的电压、电流裕度，逆变桥功率器件选择 Fairchild Semiconductor 生产的 G60N100。另外，IGBT 的门极与 Vee 反向串联两个 20V 的稳压二极管，用于防止驱动信号电压超过 20V；IGBT 的门极与发射极直接并联 10kΩ 电阻防止误导通。本书案例驱动电路为低有效的设计方案，即 PWM 信号为低电平时，IGBT 导通。

4. D/A 输出模块

本书控制策略中的一些中间变量无法通过仪器直接测量得到（如电机的磁链、转矩等），为了便于观测相关波形，本案例设计了如图 12-9 所示 D/A 输出电路。D/A 转换芯片采用 MX7847，其输出电压 u_o 范围为−10V～10V。

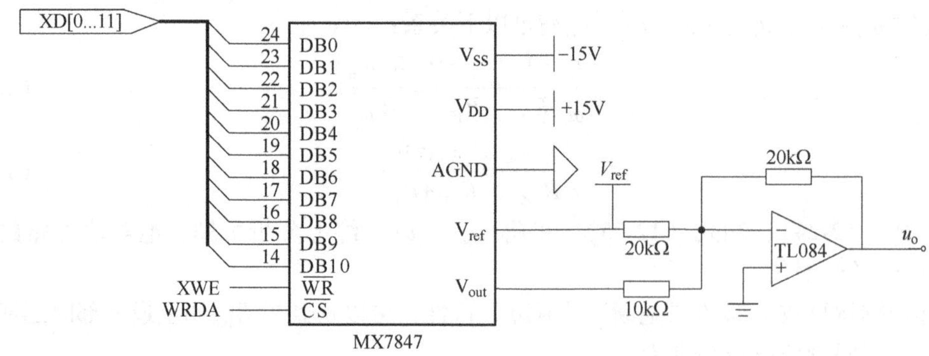

图 12-9　D/A 输出电路

5. QEP 测量位置角模块

本书所选择 TMS320F2812 DSP 具有两个 QEP 模块和 CAP 模块，可以直接对来自编码器的正交编码信号进行译码，并利用 Z 脉冲实现对计数值的校正。由于本书采用的编码器输出信号高电平为 5V，因此应对 A、B、Z 信号进行电平转换，防止过高的输入电压损坏 DSP，本书 QEP 电平转换电路如图 12-10 所示。当 A、B、Z 信号为高电平时，所在支路的二极管关断，输入到 DSP 引脚上的高电平为 3.3V；当 A、B、Z 信号为低电平时，所在支路的二极管导通，此时输入到 DSP 引脚上为低电平。

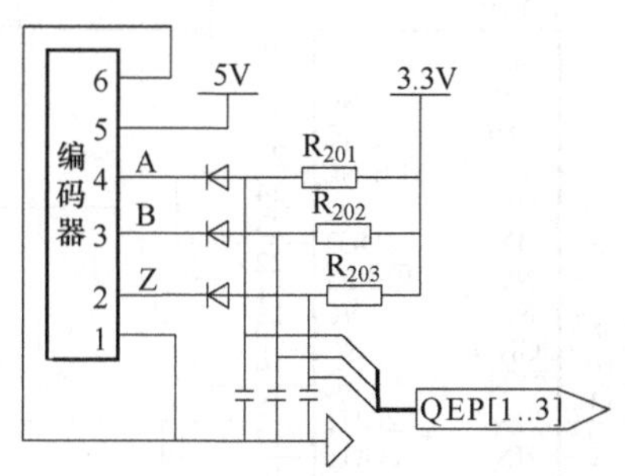

图 12-10　QEP 电平转换电路

6. 机载辅助电源设计

在本系统中需要的辅助电源有+15V、-15V、+5V、+3.3V、+1.8V、+1.5V、+20V 和+10V，其中±15V 主要提供给 A/D 调理电路中运算放大器、传感器及故障信号处理电路中比较器使用。四路+20V 分别为三相逆变桥中六个 IGBT 的驱动电源，互相隔离。+5V 供给译码保护电路，同时+5V 经过 TPS767D318 变换成 3.3V、+1.8V 供 DSP 使用。+10V 作为 D/A 双极性输出中参考电平。辅助电源结构如图 12-11 所示。

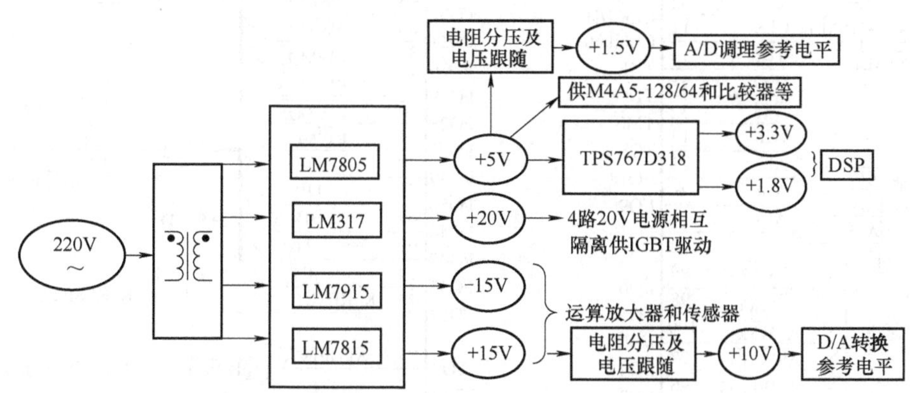

图 12-11　辅助电源结构示意图

其中，+3.3V、+1.8V DSP 工作电源采用 TI 公司提供的双端输出电源管理芯片（型号 TPS767D318）来实现，具体设计电路如图 12-12 所示。

7. 保护电路设计

系统中 D/A 输出的译码信号、PWM 死区保护和故障保护信号等通过一块可编程逻辑器件 ISPM4A5-128/64 实现。ISPM4A5 借助于 Lattice 的 ispLEVER 软件开发环境，实现功能和时序仿真并生成可执行文件。

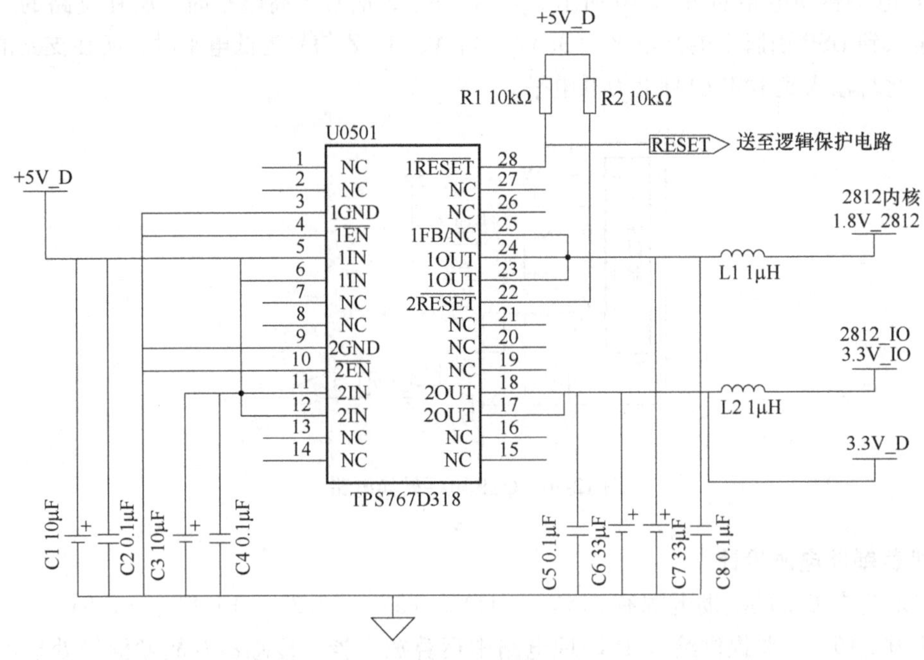

图 12-12　TPS767D318 芯片设计电路

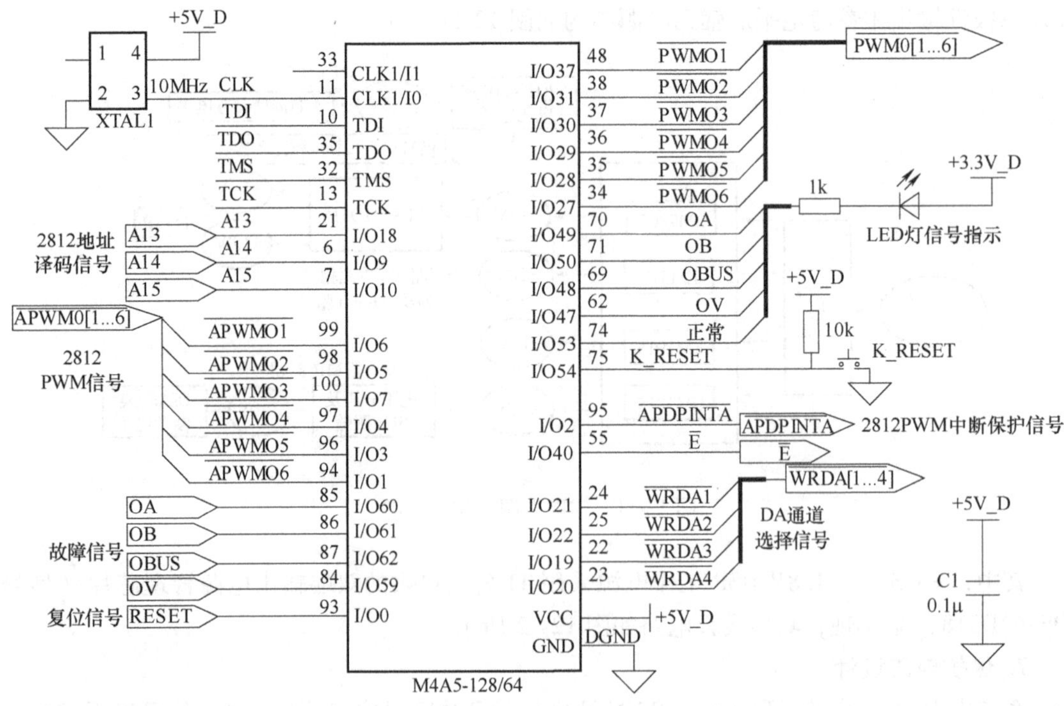

图 12-13　系统逻辑译码保护电路硬件框图

逻辑保护译码结构如图 12-13 所示。输入信号为：IGBT 功率管开关控制 PWM 信号

($\overline{\text{APWM0}}$ [1..6]，实现逆变桥驱动信号同高互锁保护，避免逆变桥直通故障)、过电流保护信号（A 相、B 相、直流母线过电流信号分别为 OA、OB、OBUS)、过电压保护信号（OV)、译码地址信号（A13~A15)，故障复位信号（K_RESET)，电源复位信号（RESET)。输出信号为：D/A 通道选择译码输出（$\overline{\text{WRDA}}$ [1..4])，74F245 使能信号（$\overline{\text{E}}$)，DSP 功率保护信号（$\overline{\text{APDPINTA}}$)，故障指示信号等。其中 XTAL1 为 10MHz 晶体振荡器。

ISPM4A5 内部逻辑功能采用 VHDL 语言编程实现，主要代码如下所示。

D/A 译码部分：

```
    WRDA1<=NOT((NOT A15)AND(NOT A14)AND(NOT A13));
    WRDA2<=NOT((NOT A15)AND(NOT A14)AND(    A13));
    WRDA3<=NOT((    A15)AND(NOT A14)AND(NOT A13));
    WRDA4<=NOT((    A15)AND(NOT A14)AND(    A13));
    同高互锁部分：
    PWM_Check<=NOT(((NOT PWM11)AND(NOT PWM12))OR((NOT PWM21)AND(NOT
PWM22))OR((NOT PWM31)AND(NOT PWM32)));
    系统故障判断部分：
    PROCESS( Aover,CLK)--                    //A 相过流故障判断
       BEGIN
       IF(Aover='1') THEN --                 //没有故障则对计数器复位
          temp_count2<="00000000" ;--       //计数值清零
          temp_PDPINTA2<='1';--              //没有故障置标志位
       ELSIF(CLK'LAST_VALUE='0'  AND  CLK'EVENT  AND CLK='1') THEN --
                                                               //上升沿检测
          temp_count2<=temp_count2 +'1'; --
                                                               //计数值加 1
          if( temp_count2 >40) then--       //4μs 延时
             temp_PDPINTA2<='0'; --          //有故障置标志位
             temp_count2<="00000000";--//计数值清零
          end if;
       END IF;
    END PROCESS;
```

在上面程序中利用 temp_count2 对外部 10MHz 时钟脉冲计数 40 次，产生 4μs 延时，对故障信号进行数字滤波，用于消除高频干扰。

8. DSP 核心板电路设计

DSP 核心电路如图 12-14 所示，采用外置的 20MHz 有源晶体振荡器提供 DSP 的精准时钟信号。

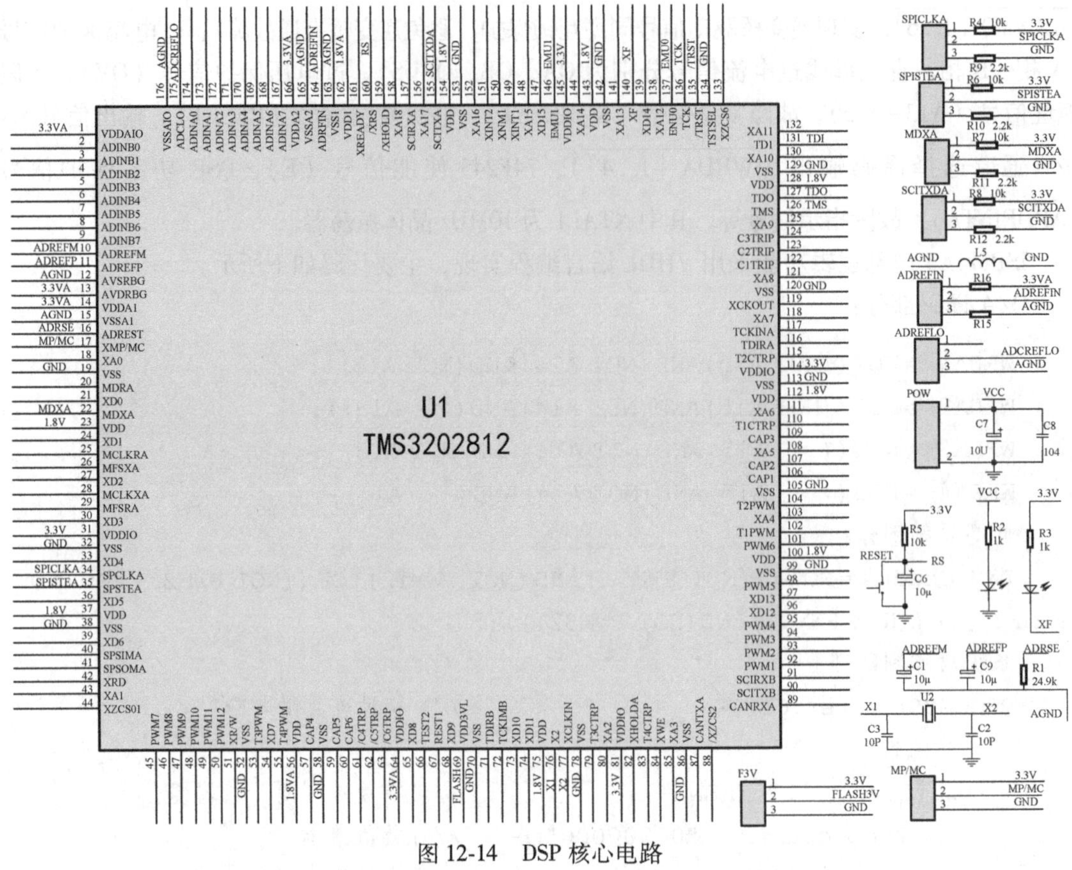

图 12-14　DSP 核心电路

12.3　全数字无刷直流电机调速系统硬件设计案例

12.3.1　硬件系统总体结构

为实现永磁无刷直流电机各种控制策略运行，定子绕组相电流、转子位置角等量需要被准确地采集并反馈给 DSP 平台。在 DSP 中，这些反馈量被用于闭环系统的控制，并根据控制需要实时地输出电压矢量。因此，系统采用全数字控制就具有明显的优势。硬件系统的具体结构图如图 12-15 所示。

该系统中，A 相电流、B 相电流、直流母线电流是通过三个电流霍尔传感器检测得到的。电机的转速与位置角信息则是通过 2500 线的光电增量式编码器检测得到。检测到的两相电流和转速等信息经过 A/D 调理后送入 DSP 中，结合控制策略算法给出对应的开关信号。系统中，通过电流霍尔传感器对直流母线电流进行检测用于系统的过电流保护，防止因电流过大而烧坏设备。

该系统的控制电路板如图 12-16a 所示。主控制芯片采用的是 TI 公司的 TMS320F2812 型号的 DSP，为了实现系统的控制性能，控制板上还扩展了一些的外围功能模块，这些外围扩展主要包括：A/D 采样、PWM 输出、I/O 口、速度检测、JTAG 程序烧写接口等。

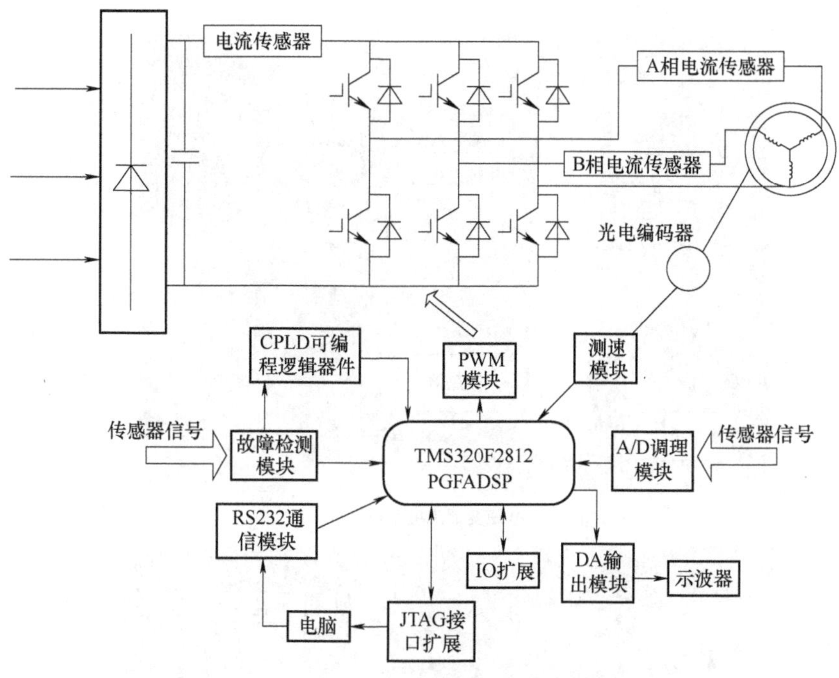

图 12-15 硬件系统的结构框图

图 12-16b 为主功率电路板。通过三个霍尔传感器可得到 A、B 两相相电流和直流母线电流，传感器的输入输出变比为 1000：1，采用电流方式输出。在霍尔传感器的副边串精密电阻，将电流信号转换为电压信号。三相整流桥（6RI100G_160）将三相交流电整流成直流，在三相整流桥的输出端用 4 个额定电压为 450V680μF 电容先并再串的方式滤波。采用六个 IGBT（1MBH60D-100）组成的三相逆变桥实现各相的导通与关断，从而完成对系统的控制。

实验所采用的电机如图 12-16c 所示，以一台额定功率为 1.5kW 他励式直流电机作为永磁无刷直流电机的负载，同轴安装一个 2500 线增量式编码器。

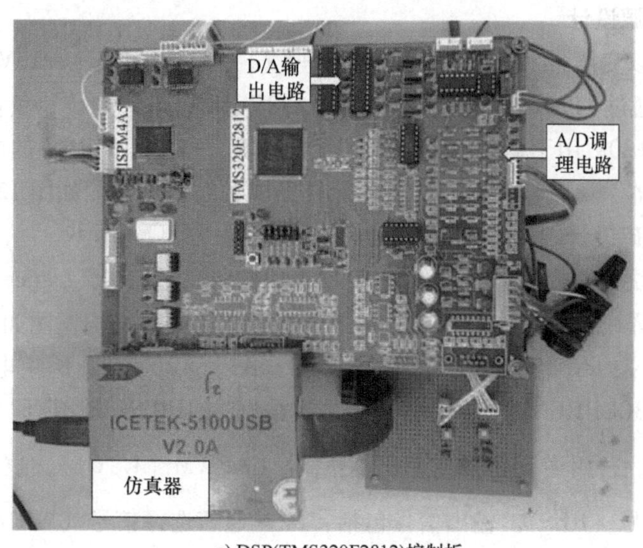

a) DSP(TMS320F2812)控制板

图 12-16 硬件系统

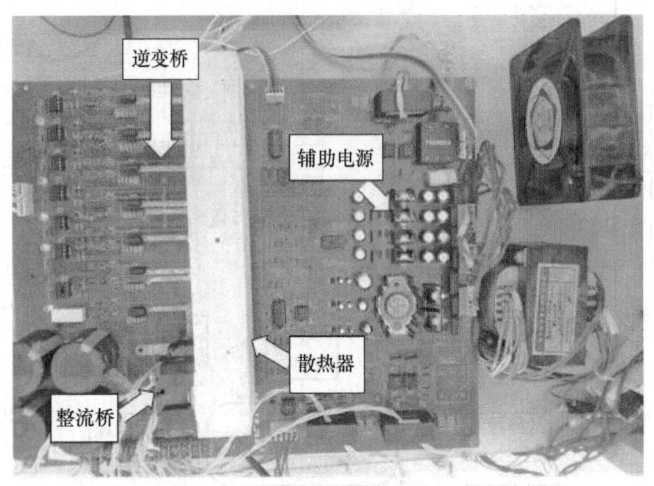

b) 逆变器主电路板

c) 永磁无刷直流电机与负载

图 12-16　硬件系统（续）

12.3.2　硬件系统各部分设计

1. 系统辅助电源设计

本书案例中，以变压器和三端稳压管产生+5V、-5V、+15V、-15V、+20V 电压。其中，+5V的电压可通过 TPS767D318 芯片转化为 1.8V 和 3.3V 的电压，负责给 DSP 芯片和译码保护电路供电。+20V 用于驱动 IGBT 的开通与关断。+15V 和-15V 的电压主要用于运算放大器、霍尔传感器、比较器等器件的供电。辅助电源结构示意图如图 12-11 所示。

2. 逻辑保护译码设计

系统中采用一块可编程逻辑器件（ISPM4A5-128/64），借助于 Lattice 的 ispLEVER 软件开发平台达到逻辑译码保护功能。系统逻辑译码保护电路硬件结构框图如图 12-17 所示。

输入信号包括：D/A 输出的译码信号（A0、A1、A2），A、B 相电流过流保护信号（HACURRENT、HBCURRENT），直流母线过流信号（HBUSCURRENT），过压保护信号（HBUSVOLTAGE），三相逆变桥开关管开关信号（$\overline{\text{APWM [1..6]}}$），故障复位信号（RESET），电源复位信号（RES）。输出信号包括：D/A 通道选择信号（$\overline{\text{WRDA [1..4]}}$），芯片 74F245 使能信号（AGATE），DSP 功率保护信号（$\overline{\text{PDPINTA}}$），故障指示信号等。其中

XTAL1 为 10MHz 晶体振荡器。

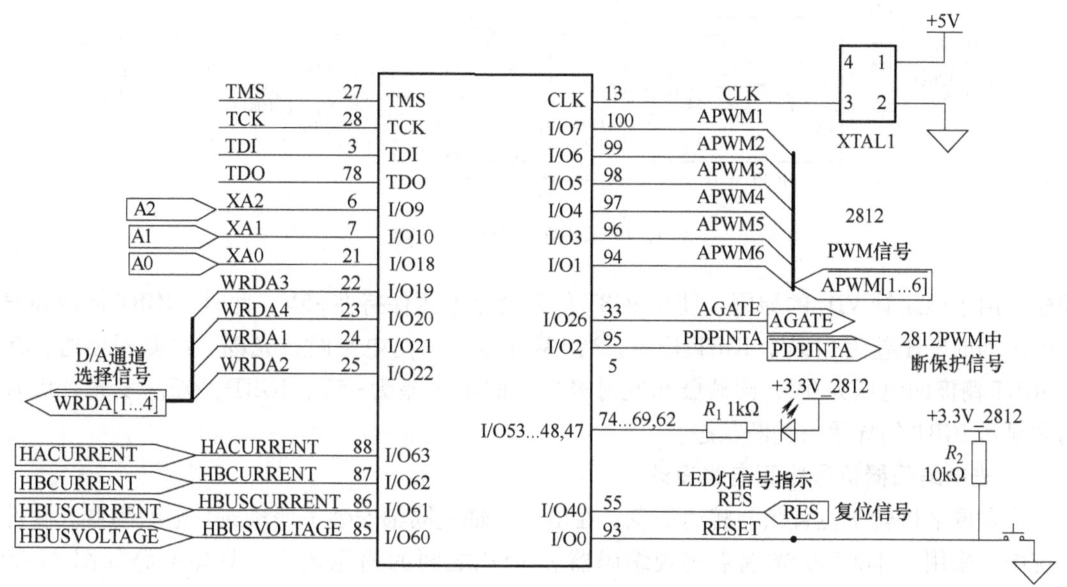

图 12-17　系统逻辑译码保护电路硬件结构框图

3. 采样电路设计

霍尔电压、电流传感器采集的信号有正有负，但 DSP 的输入信号只能是 0~3V 的电压信号。为了使 DSP 能读取这些信号，本系统设计了 A/D 调理电路，调理电路前端将采集信号按比例增大或缩小到一定范围。调理电路后端为电平抬升电路，使电压保持在 0~3V 范围内。

图 12-18 中，霍尔传感器输出为电流信号，通过电阻转变为电压信号。利用 OP07 实现电压跟随。后端电路为同相比例运算电路，将电压信号按比例增大或缩小到理想的范围。

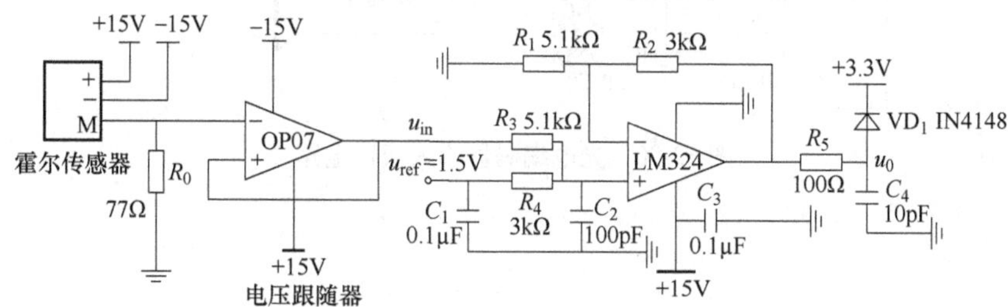

图 12-18　A/D 调理电路

4. 驱动电路设计

IGBT 的驱动电路是由光耦 HCPL3120 和稳压二极管等器件构成，如图 12-19 所示，为了实现控制信号与主功率电路之间的电气隔离，保证控制端电路的安全，驱动电路中采用了光耦。

当 PWM 输出为低电平时，光耦的一次侧导通。使得+20V 的电压通过 R_3 加到 IGBT 的

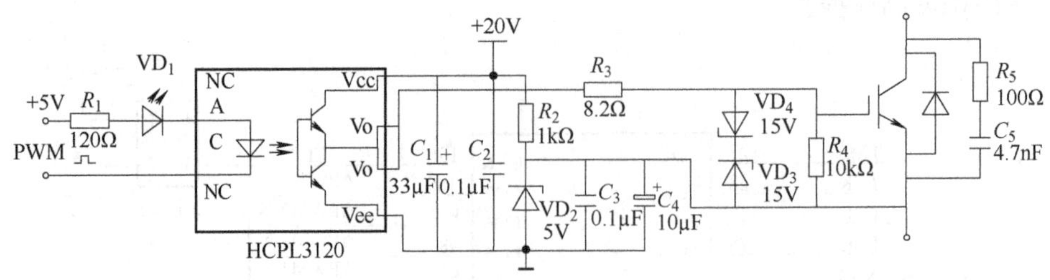

图 12-19　IGBT 光耦驱动电路

栅极，由于稳压管 VD_2 的原因，使得 IGBT 的发射极电压保持在+5V。此时，IGBT 栅极和发射极之间的电压差为+15V，IGBT 开通。当 PWM 输出为高电平时，光耦一次侧不导通，此时 IGBT 栅极的电压为 0V，则栅极和发射极之间的电压差为−5V，IGBT 关断。发光二极管用来显示 IGBT 的导通与关断状态。

5. 光电编码器信号检测电路设计

为获取电机转子位置角与转速信息，在电机转轴上同轴安装了增量式光电编码器。硬件系统中，采用了 TLP550 光耦来实现编码器和 DSP 之间的信息传递。具体电路如图 12-20 所示：

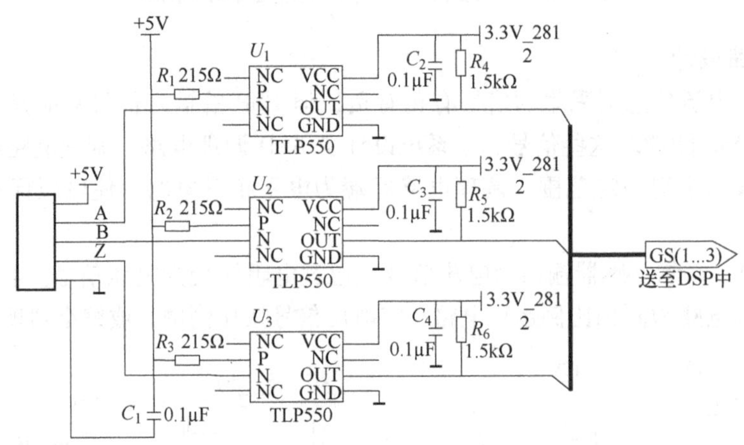

图 12-20　光电编码器输入通道电路

习题

1. 请结合本章内容及查阅其他参考书阐述通用的交流电机全数字驱动器硬件一般包括几部分？各部分功能是什么？

2. 请阐述直流滤波电容的作用？如何计算滤波电容值？

3. 请结合本章内容及查阅其他参考书阐述功率 IGBT 吸收电路形式及参数计算方法。

4. 请阐述制动环节作用？如何计算制动电阻值？

5. 请阐述电流 A/D 调理电路的作用？画出一种 A/D 调理电路，并分析该调理电路如何实现电流传感器输出的交流量变换为 DSP 的 A/D 输入端单极性直流信号的？

6. 请结合本章内容及查阅其他参考书阐述检测转子位置的几种方法构成？

7. 请结合本章内容及查阅其他参考书阐述 IGBT 功率开关的驱动电路形式？画出光耦隔离驱动典型电路，并分析其工作原理。

8. 请结合本章内容及查阅其他参考书阐述交流电机全数字驱动器中保护的种类及每一种保护的功能。

9. 画出含有绝对值精密整流后接滞环比较器比较输出的故障检测电路。

10. 阐述电压跟随器的构成及其工作原理。

11. 请结合本章内容及查阅其他参考书阐述用于交流电机全数字驱动器数字主控芯片的类型、特点。

12. 请结合本章内容及查阅其他参考书阐述画出一种可应用于交流电机全数字驱动器中多路输出开关电源原理图，并阐述其工作原理。

13. 画出利用运算放大器把 5V 电平变换为 1.5V 电平的电路，并分析输入-输出关系。

附　录

附录 A　电机参数表

表 A-1　异步电机参数

额定功率 P_N/kW	2.2	额定转速 n_N/(r/min)	1440
额定频率 f_{sN}/Hz	50	极对数 n_p	2
额定功率因数 $\cos\phi$	0.81	额定电流 I_N/A	4.9
额定相电压 U_{sN}/V	220	绕组连接方式	Y
定子电阻 R_s/Ω	1.91	定子漏感 $L_{s\sigma}$（折算到定子）/mH	7.75
转子电阻 R_r'/Ω	1.55	转子漏感 $L_{r\sigma}'$（折算到定子）/mH	12
转动惯量 J/kg·m^2	0.00776	励磁电感 L_m（折算到定子）/mH	207

表 A-2　永磁同步电机参数

额定功率 P_N/kW	1.5	额定转速 n_N/(r/min)	1500
额定频率 f_{sN}/Hz	50	极对数 n_p	2
额定相电压 U_{sN}/V	115	额定电流 I_N/A	6.2
转动惯量 J/kg·m^2	0.003	绕组连接方式	Y
定子电阻 R_s/Ω	1.2	直轴电感 L_{sd}/mH	7.695
交轴电感 L_{sq}/mH	12.765	永磁磁链 ψ_f/Wb	0.1872

表 A-3　无刷直流电机参数

额定功率 P_N/kW	0.75	额定转速 n_N/(r/min)	1500
额定频率 f_{sN}/Hz	75	极对数 n_p	3
额定相电压 U_{sN}/V	212	额定相电流 I_N/A	6.2
转动惯量 J/kg·m^2	0.0008	绕组连接方式	Y
定子电阻 R_s/Ω	0.82	定子电感 L_s/mH	18.05
永磁磁链 ψ_f/Wb	0.45	反电动势平顶区域（°）	120

表 A-4　六相对称绕组永磁同步电机参数

额定功率 P_N/kW	1.5	额定转速 n_N/(r/min)	1500
额定频率 f_{sN}/Hz	50	极对数 n_p	2
转动惯量 J/kg·m^2	0.0065	额定电流 I_N/A	6.2
额定相电压 U_{sN}/V	150	绕组连接方式	Y
定子电阻 R_s/Ω	1	相绕组耦合永磁体磁链 ψ_f/Wb	0.1985
定子 d 轴电感 L_d/mH	1.54	定子 q 轴电感 L_q/mH	2.46

表 A-5　电励磁同步电机参数

额定功率 P_N/kW	0.3	额定转速 n_N/(r/min)	1500
额定频率 f_{sN}/Hz	50	极对数 n_p	2
转动惯量 J/kg·m^2	0.00077	额定电流 I_N/A	0.6
额定相电压 U_{sN}/V	220	绕组连接方式	Y
定子电阻 R_s/Ω	13.3	定子漏感 $L_{s\sigma}$/mH	76.435
定子 d 轴电感 L_d/mH	924.7	定子 q 轴电感 L_q/mH	604
定转子 d 轴互感 L_{md}/mH	848.265	定转子 q 轴互感 L_{mq}/mH	527.565
转子励磁绕组电阻 R_f/Ω	21.36106	转子励磁绕组电感 L_f/mH	942.517
阻尼绕组 D 电阻 R_D/Ω	39.97725	阻尼绕组 D 电感 L_D/mH	942.517
阻尼绕组 Q 电阻 R_Q/Ω	25.648	阻尼绕组 Q 电感 L_Q/mH	586.183

附录 B　第 9 章仿真建模中的 m 函数

OutVector=test(x) 编程如下：

```
function OutVector=test(x);
global Te Te_given phis_given now
phis_s J Te_delta phis_delta phis_
sa phis_sb time lastaaa m n aaa bbb
k Ts Td Tz iA iB iC iD iE iF ud1 ud2
ud3 sa sb sc sd se sf
VV=[24 12 6 3 33 48;0 0 0 0 0 0 ;33 48
24 12 6 3;12 6 3 33 48 24;0 0 0 0 0 0;3
33 48 24 12 6 ];
Ts=60e-6;% control time
Td=3.2e-6;
phis_sa=x(1);
phis_sb=x(2);
Te=x(3);
Te_given=x(4);
phis_given=x(5);
now=x(6);
iA=x(7);
iB=x(8);
iC=x(9);
iD=x(10);
iE=x(11);
iF=x(12);
delta_Tz=x(13);
phis_s=sqrt(phis_sa^2+phis_sb^
2);
phis_delta=phis_s-phis_given;
Te_delta=Te-Te_given;
if now<Ts
```

```
    time=Ts; % time
    aaa=0;
    lastaaa=aaa;
elseif now>=time
    time=time+Ts;% time
    % flux determine
if phis_delta<0
    if Te_delta<-0.2
        m=1;
    end
    if(Te_delta>=-0.2) &&(Te_delta<=0.2)
        m=2;
    end
    if Te_delta>0.2
        m=3;
    end
end
if phis_delta>0
    if Te_delta<-0.2
        m=4;
    end
    if(Te_delta>=-0.2) &&(Te_delta<=0.2)
        m=5;
    end
    if Te_delta>0.2
        m=6;
    end
end
    %phis_s
if phis_sb==0
    if phis_sa>=0
        J=0;
    else
        J=180;
    end
end
if phis_sa==0
    if phis_sb>0
        J=90;
    else
        J=270;
    end
    end
    if phis_sa~=0
        if phis_sb~=0
J=atan(phis_sb/phis_sa);
            J=J*180/pi;
            if phis_sa<0
                J=J+180;
            end
            if phis_sb<0
                if phis_sa>0
                J=J+360;
                end
            end
        end
    end
    if(J>=0)&&(J<60)
        n=1;
    end
    if(J>=60)&&(J<120)
        n=2;
    end
    if(J>=120)&&(J<180)
        n=3;
    end
    if(J>=180)&&(J<240)
        n=4;
    end
    if(J>=240)&&(J<300)
        n=5;
    end
    if(J>=300)&&(J<360)
```

```
        n=6;
    end
%gain the vector
    aaa=VV(m,n);
    %lastaaa=aaa;
end
k=rem(now,Ts)/Ts;
if aaa==0
    bbb=0;
end
%======aaa=48||aaa=33=
if aaa==48 ||aaa==33
sa=1;sb=1;sc=0;sd=0;se=0;sf=1;
uz=(sa-sb+sc-sd+se-sf)/sqrt(6);
    if lastaaa==0
        sc=0;sd=0;se=0;
        if iA>0
            sa=0;
        else
            sa=1;
        end
        if iB>0
            sb=0;
        else
            sb=1;
        end
        if iF>0
            sf=0;
        else
            sf=1;
        end
    end
    if lastaaa==24
        sb=1;se=0;
        if iA>0
            sa=0;
        else
            sa=1;
        end
        if iC>0
            sc=0;
        else
            sc=1;
        end
        if iD>0
            sd=0;
        else
            sd=1;
        end
        if iF>0
            sf=0;
        else
            sf=1;
        end
    end
    if lastaaa==12 ||lastaaa==6
        if iA>0
            sa=0;
        else
            sa=1;
        end
        if iB>0
            sb=0;
        else
            sb=1;
        end
        if iC>0
            sc=0;
        else
            sc=1;
        end
        if iD>0
            sd=0;
        else
```

```
            sd=1;
        end
        if iE>0
            se=0;
        else
            se=1;
        end
        if iF>0
            sf=0;
        else
            sf=1;
        end
    end
    if lastaaa==3
        sa=1;sc=0;sd=0;sf=1;
        if iB>0
            sb=0;
        else
            sb=1;
        end
        if iE>0
            se=0;
        else
            se=1;
        end
    end
    if lastaaa==48 || lastaaa==33
sa=1;sb=1;sc=0;sd=0;se=0;sf=1;
    end
ud1=(sa-sb+sc-sd+se-sf)/sqrt
(6);
    if aaa==48
        sa=1;sb=1;sd=0;se=0;
        if iC>0
            sc=0;
        else
            sc=1;
        end
        if iF>0
            sf=0;
        else
            sf=1;
        end
ud2=(sa-sb+sc-sd+se-sf)/sqrt
(6);
        ud3=ud2;
Tz=Ts/4-(ud1+ud2+ud3-uz)*Td/(4
*uz);
        if k>=(Tz-delta_Tz)/Ts &&
k<1-(Tz-delta_Tz)/Ts
            bbb=56;
        else
            bbb=49;
        end
    end
    if aaa==33
        sa=1;sc=0;sd=0;sf=1;
        if iB>0
            sb=0;
        else
            sb=1;
        end
        if iE>0
            se=0;
        else
            se=1;
        end
ud2=(sa-sb+sc-sd+se-sf)/sqrt
(6);
        ud3=ud2;
Tz=Ts/4-(ud1+ud2+ud3-uz)*Td/(4
*uz);
        if k>=(Tz-delta_Tz)/Ts &&
k<1-(Tz-delta_Tz)/Ts
```

```
        bbb=35;
    else
        bbb=49;
    end
  end
end
%===========aaa=24==
if aaa==24
sa=0;sb=1;sc=1;sd=1;se=0;sf=0;
uz=(sa-sb+sc-sd+se-sf)/sqrt(6);
  if lastaaa==0
    sa=0;se=0;sf=0;
    if iB>0
        sb=0;
    else
        sb=1;
    end
    if iC>0
        sc=0;
    else
        sc=1;
    end
    if iD>0
        sd=0;
    else
        sd=1;
    end
  end
  if lastaaa==12 ||lastaaa==6
    sa=0;sc=1;sd=1;sf=0;
    if iB>0
        sb=0;
    else
        sb=1;
    end
    if iE>0
        se=0;
    else
        se=1;
    end
  end
  if lastaaa==3
    if iA>0
        sa=0;
    else
        sa=1;
    end
    if iB>0
        sb=0;
    else
        sb=1;
    end
    if iC>0
        sc=0;
    else
        sc=1;
    end
    if iD>0
        sd=0;
    else
        sd=1;
    end
    if iE>0
        se=0;
    else
        se=1;
    end
    if iF>0
        sf=0;
    else
        sf=1;
    end
  end
  if lastaaa==33 ||lastaaa==48
```

```
        sb=1;se=0;
        if iA>0
            sa=0;
        else
            sa=1;
        end
        if iC>0
            sc=0;
        else
            sc=1;
        end
        if iD>0
            sd=0;
        else
            sd=1;
        end
        if iF>0
            sf=0;
        else
            sf=1;
        end
    end
    if lastaaa==24
sa=0;sb=1;sc=1;sd=1;se=0;sf=0;
    end
ud1=(sa-sb+sc-sd+se-sf)/sqrt
(6);
    sb=1;sc=1;se=0;sf=0;
    if iA>0
        sa=0;
    else
        sa=1;
    end
    if iD>0
        sd=0;
    else
        sd=1;
        end
ud2=(sa-sb+sc-sd+se-sf)/sqrt
(6);
        ud3=ud2;
Tz=Ts/4-(ud1+ud2+ud3-uz)*Td/(4
*uz);
        if k>=(Tz-delta_Tz)/Ts && k<1
-(Tz-delta_Tz)/Ts
            bbb=56;
        else
            bbb=28;
        end
end
%=====aaa=12||aaa=6===
if aaa==12 ||aaa==6
sa=0;sb=0;sc=1;sd=1;se=1;sf=0;
uz=(sa-sb+sc-sd+se-sf)/sqrt(6);
    if lastaaa==0
        sa=0;sb=0;sf=0;
        if iC>0
            sc=0;
        else
            sc=1;
        end
        if iD>0
            sd=0;
        else
            sd=1;
        end
        if iE>0
            se=0;
        else
            se=1;
        end
    end
    if lastaaa==3
        sb=0;se=1;
```

```
    if iA>0
        sa=0;
    else
        sa=1;
    end
    if iC>0
        sc=0;
    else
        sc=1;
    end
    if iD>0
        sd=0;
    else
        sd=1;
    end
    if iF>0
        sf=0;
    else
        sf=1;
    end
end
if lastaaa==33 ||lastaaa==48
    if iA>0
        sa=0;
    else
        sa=1;
    end
    if iB>0
        sb=0;
    else
        sb=1;
    end
    if iC>0
        sc=0;
    else
        sc=1;
    end
    if iD>0
        sd=0;
    else
        sd=1;
    end
    if iE>0
        se=0;
    else
        se=1;
    end
    if iF>0
        sf=0;
    else
        sf=1;
    end
end
if lastaaa==24
    sa=0;sc=1;sd=1;sf=0;
    if iB>0
        sb=0;
    else
        sb=1;
    end
    if iE>0
        se=0;
    else
        se=1;
    end
end
if lastaaa==12 ||lastaaa==6
sa=0;sb=0;sc=1;sd=1;se=1;sf=0;
end
ud1=(sa-sb+sc-sd+se-sf)/sqrt
(6);
if aaa==12
    sa=0;sc=1;sd=1;sf=0;
    if iB>0
```

```
            sb=0;
        else
            sb=1;
        end
        if iE>0
            se=0;
        else
            se=1;
        end
ud2=(sa-sb+sc-sd+se-sf)/sqrt(6);
        ud3=ud2;
Tz=Ts/4-(ud1+ud2+ud3-uz)*Td/(4*uz);
        if k>=(Tz+delta_Tz)/Ts &&
k<1-(Tz+delta_Tz)/Ts
            bbb=28;
        else
            bbb=14;
        end
    end
    if aaa==6
        sa=0;sb=0;sd=1;se=1;
        if iC>0
            sc=0;
        else
            sc=1;
        end
        if iF>0
            sf=0;
        else
            sf=1;
        end
ud2=(sa-sb+sc-sd+se-sf)/sqrt(6);
        ud3=ud2;
Tz=Ts/4-(ud1+ud2+ud3-uz)*Td/(4*uz);
        if k>=(Tz+delta_Tz)/Ts &&
k<1-(Tz+delta_Tz)/Ts
            bbb=7;
        else
            bbb=14;
        end
    end
end
%========aaa=3==
if aaa==3
sa=1;sb=0;sc=0;sd=0;se=1;sf=1;
uz=(sa-sb+sc-sd+se-sf)/sqrt(6);
    if lastaaa==0
        sb=0;sc=0;sd=0;
        if iA>0
            sa=0;
        else
            sa=1;
        end
        if iE>0
            se=0;
        else
            se=1;
        end
        if iF>0
            sf=0;
        else
            sf=1;
        end
    end
    if lastaaa==33 || lastaaa==48
        sa=1;sc=0;sd=0;sf=1;
        if iB>0
            sb=0;
        else
            sb=1;
```

```
    end
    if iE>0
        se=0;
    else
        se=1;
    end
end
if lastaaa==24
    if iA>0
        sa=0;
    else
        sa=1;
    end
    if iB>0
        sb=0;
    else
        sb=1;
    end
    if iC>0
        sc=0;
    else
        sc=1;
    end
    if iD>0
        sd=0;
    else
        sd=1;
    end
    if iE>0
        se=0;
    else
        se=1;
    end
    if iF>0
        sf=0;
    else
        sf=1;
        end
    end
    if lastaaa==12 || lastaaa==6
        sb=0;se=1;
        if iA>0
            sa=0;
        else
            sa=1;
        end
        if iC>0
            sc=0;
        else
            sc=1;
        end
        if iD>0
            sd=0;
        else
            sd=1;
        end
        if iF>0
            sf=0;
        else
            sf=1;
        end
    end
    if lastaaa==3
sa=1;sb=0;sc=0;sd=0;se=1;sf=1;
    end
ud1=(sa-sb+sc-sd+se-sf)/sqrt
(6);
    sb=0;sc=0;se=1;sf=1;
    if iA>0
        sa=0;
    else
        sa=1;
    end
    if iD>0
```

```
        sd=0;
    else
        sd=1;
    end
ud2=(sa-sb+sc-sd+se-sf)/sqrt
(6);
    ud3=ud2;
Tz=Ts/4-(ud1+ud2+ud3-uz)*Td/(4
*uz);
    if k>=(Tz+delta_Tz)/Ts && k<1
-(Tz+delta_Tz)/Ts
        bbb=7;
    else
        bbb=35;
    end
end
lastaaa=aaa;
        switch bbb
         case 0
            OutVector=[0 1 0 1 0 1
0 1 0 1 0 1];
         case 7
            OutVector=[0 1 0 1 0 1
1 0 1 0 1 0];
         case 14
            OutVector=[0 1 0 1 1 0
1 0 1 0 0 1];
         case 28
            OutVector=[0 1 1 0 1 0
1 0 0 1 0 1];
         case 35
            OutVector=[1 0 0 1 0 1
0 1 1 0 1 0];
         case 49
            OutVector=[1 0 1 0 0 1
0 1 0 1 1 0];
         case 56
            OutVector=[1 0 1 0 1 0
0 1 0 1 0 1];
    end
```

参考文献

［1］王成元，夏加宽，孙宜标. 现代电机控制技术［M］. 北京：机械工业出版社，2009.

［2］柴凤. 永磁无刷电机及其驱动技术［M］. 北京：机械工业出版社，2012.

［3］郝立. 轴向磁场磁通切换永磁电机的设计、分析及控制研究［D］. 南京：东南大学，2015.

［4］程明，张淦，花为. 定子永磁型无刷电机系统及其关键技术综述［J］. 中国电机工程学报，2014，34（29）：5204-5220.

［5］史婷娜. 低速大转矩永磁同步电机及其控制系统［D］. 天津：天津大学，2009.

［6］张翊诚. 高性能交流驱动控制关键技术的研究［D］. 长沙：国防科学技术大学，2008.

［7］刘贺. 超大容量电力电子变换器同步电机调速系统关键技术研究［D］. 上海：上海交通大学，2018.

［8］柏松，李士颜，杨晓磊，等. 高压大功率碳化硅电力电子器件研制进展［J］. 科技导报，2021，39（14）：56-62.

［9］刘宏勋，徐海. 碳化硅电力电子器件及其在电力电子变压器中的应用［J］. 科学技术与工程，2020，20（36）：14777-14790.

［10］王集. 家电用三相永磁电机及其控制系统［D］. 沈阳：沈阳工业大学，2011.

［11］王兆安，刘进军. 电力电子技术［M］. 5 版. 北京：机械工业出版社，2009.

［12］洪乃刚 . 电力电子技术基础［M］. 2 版. 北京：清华大学出版社，2015.

［13］周元钧. 交调速控制系统［M］. 北京：机械工业出版社，2013.

［14］张兴. 电力电子技术［M］. 北京：科学出版社，2010.

［15］徐德鸿，等. 现代电力电子学［M］. 北京：机械工业出版社，2012.

［16］陈坚. 电力电子学——电力电子变换和控制技术［M］. 2 版. 北京：高等教育出版社，2004.

［17］李永东，等. 大容量多电平变换器：原理 · 控制 · 应用［M］. 北京：科学出版社，2005.

［18］高瞻，李耀华，葛琼璇，等. 低载波比下三电平中点钳位变流器改进型同步载波脉宽调制策略研究［J］. 电工技术学报，2020，35（18）：3894-3907.

［19］张波，丘东元. 电力电子学基础［M］. 北京：机械工业出版社，2020.

［20］周扬忠，周建红. 间接矩阵变换器供电电励磁同步电动机 DTC［J］. 电气传动，2011，41（04）：3-7+27.

［21］陈道炼. AC-AC 变换技术［M］. 北京：科学出版社，2009.

［22］J W Kolar，F Schafmeister，S D Round，et al. Novel Three-Phase AC-AC Sparse Matrix Converters［J］. IEEE Transactions on Power Electronics，2007，22（5）：1649-1661.

［23］袁雷，胡冰新，魏克银，等. 现代永磁同步电机控制原理及 MATLAB 仿真［M］. 北京：北京航空航天大学出版社，2016.

［24］庄恒泉. 高性能的永磁伺服控制系统研究［D］. 福州：福州大学，2020.

［25］阮毅，杨影，陈伯时. 电力拖动自动控制系统——运动控制系统［M］. 5 版. 北京：机械工业出版社，2016.

［26］李华德. 交流调速控制系统［M］. 北京：电子工业出版社，2003.

［27］张勇军，潘月斗，李华德. 现代交流调速系统［M］. 北京：机械工业出版社，2014.

［28］王岩，曹李民. 电机与拖动基础学习指导［M］. 北京：清华大学出版社，2012.

［29］胡寿松. 自动控制原理［M］. 4 版. 北京：科学出版社，2000.

［30］周扬忠，胡育文. 交流电动机直接转矩控制［M］. 北京：机械工业出版社，2010.

［31］周扬忠，程明，熊先云. 具有零序电流自矫正的六相永磁同步电机直接转矩控制［J］. 中国电机工程

学报，2015，35（10）：2504-2512.
[32] 周扬忠，程明. 具有零序电流自矫正的六相同步电机直接转矩控制方法：201410610713. X［P］. 2017-02-15.
[33] 熊先云. 对称六相永磁同步电机设计及其 DTC 控制研究［D］. 福州：福州大学，2015.
[34] 周扬忠. 多相永磁同步电动机直接转矩控制［M］. 北京：机械工业出版社，2021.
[35] 王宏华. 开关磁阻电动机调速控制技术［M］. 2 版. 北京：机械工业出版社，2014.
[36] 吴红星. 开关磁阻电机系统理论与控制技术［M］. 北京：中国电力出版社，2010.
[37] 周扬忠，胡育文，黄文新，等. 阻尼绕组对直接转矩控制同步电机动态行为的影响［J］. 航空学报. 2005（04）：476-481.
[38] 周扬忠，胡育文，黄文新. 基于直接转矩控制电励磁同步电机转子励磁电流控制策略［J］. 南京航空航天大学学报. 2007（04）：429-434.
[39] 周扬忠. 电励磁同步电动机直接转矩控制理论研究及实践［D］. 南京：南京航空航天大学，2007.
[40] 李志民，张遇杰. 同步电机调速系统［M］. 北京：机械工业出版社，1996.
[41] 李崇坚. 交流同步电动机调速系统［M］. 北京：科学出版社，2006.
[42] 张承慧，崔纳新，李珂. 交流电机变频调速及其应用［M］. 北京：机械工业出版社，2008.
[43] 高创传动科技开发有限公司. CDHD2 伺服驱动器用户手册［Z］. 2018.
[44] 许海军. 直接转矩控制永磁同步电机风力发电研究［D］. 福州：福州大学，2012.
[45] 段庆涛. 单逆变器供电双永磁同步电机高性能解耦直接转矩控制研究［D］. 福州：福州大学，2019.
[46] 陈旭东. 低转矩脉动凸极式永磁无刷直流电机直接转矩控制研究［D］. 福州：福州大学，2016.
[47] 张登灵. 永磁无刷直流电机低速无位置传感器驱动控制策略研究［D］. 福州：福州大学，2016.
[48] 北京瑞泰创新科技有限责任公司. F2812 最小系统板 ICETEK-F2812-B［EB/OL］.（2016-11-17）［2022-10-31］. http://www.realtimedsp.com.cn/article.asp? nid=625
[49] 冯垚径. 永磁同步电动机设计关键技术与方法研究［D］. 武汉：华中科技大学，2012.
[50] 袁登科，徐延东，李秀涛. 永磁同步电动机变频调速系统及其控制［M］. 北京：机械工业出版社，2015.
[51] 熊晶. 变频器智能化方法及关键技术的研究［D］. 武汉：武汉理工大学，2007.
[52] 韩晓博. 永磁同步电机矢量控制系统关键技术研究［D］. 合肥：合肥工业大学，2017.
[53] 李培伟. 永磁同步电机伺服系统矢量控制技术研究［D］. 南京：南京理工大学，2013.
[54] 邱鑫. 电动汽车用永磁同步电机驱动系统若干关键技术研究［D］. 南京：南京航空航天大学，2014.
[55] 王艾萌. 新能源汽车新型电机的设计及弱磁控制［M］. 北京：机械工业出版社，2014.
[56] 夏长亮. 无刷直流电机控制系统［M］. 北京：科学出版社，2009.
[57] 叶金虎. 现代无刷直流永磁电动机的原理和设计［M］. 北京：科学出版社，2007.
[58] 谭建成，邵晓强. 永磁无刷直流电机技术［M］. 北京：机械工业出版社，2018.